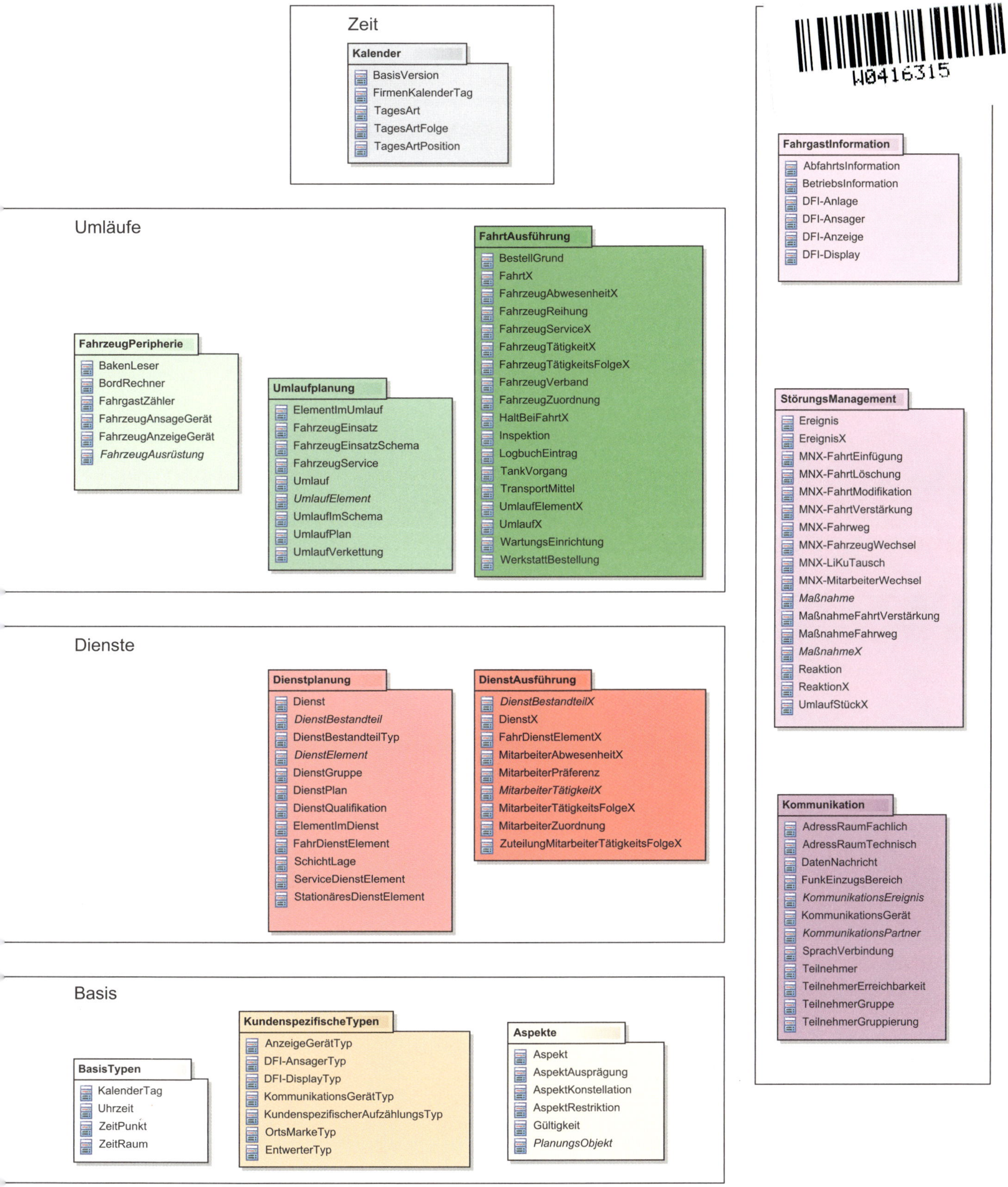

Zeit
Kalender
BasisVersion
FirmenKalenderTag
TagesArt
TagesArtFolge
TagesArtPosition
Umläufe
FahrzeugPeripherie
BakenLeser
BordRechner
FahrgastZähler
FahrzeugAnsageGerät
FahrzeugAnzeigeGerät
FahrzeugAusrüstung
Umlaufplanung
ElementImUmlauf
FahrzeugEinsatz
FahrzeugEinsatzSchema
FahrzeugService
Umlauf
UmlaufElement
UmlaufImSchema
UmlaufPlan
UmlaufVerkettung
FahrtAusführung
BestellGrund
FahrtX
FahrzeugAbwesenheitX
FahrzeugReihung
FahrzeugServiceX
FahrzeugTätigkeitX
FahrzeugTätigkeitsFolgeX
FahrzeugVerband
FahrzeugZuordnung
HaltBeiFahrtX
Inspektion
LogbuchEintrag
TankVorgang
TransportMittel
UmlaufElementX
UmlaufX
WartungsEinrichtung
WerkstattBestellung
Dienste
Dienstplanung
Dienst
DienstBestandteil
DienstBestandteilTyp
DienstElement
DienstGruppe
DienstPlan
DienstQualifikation
ElementImDienst
FahrDienstElement
SchichtLage
ServiceDienstElement
StationäresDienstElement
DienstAusführung
DienstBestandteilX
DienstX
FahrDienstElementX
MitarbeiterAbwesenheitX
MitarbeiterPräferenz
MitarbeiterTätigkeitX
MitarbeiterTätigkeitsFolgeX
MitarbeiterZuordnung
ZuteilungMitarbeiterTätigkeitsFolgeX
Basis
BasisTypen
KalenderTag
Uhrzeit
ZeitPunkt
ZeitRaum
KundenspezifischeTypen
AnzeigeGerätTyp
DFI-AnsagerTyp
DFI-DisplayTyp
KommunikationsGerätTyp
KundenspezifischerAufzählungsTyp
OrtsMarkeTyp
EntwerterTyp
Aspekte
Aspekt
AspektAusprägung
AspektKonstellation
AspektRestriktion
Gültigkeit
PlanungsObjekt
FahrgastInformation
AbfahrtsInformation
BetriebsInformation
DFI-Anlage
DFI-Ansager
DFI-Anzeige
DFI-Display
StörungsManagement
Ereignis
EreignisX
MNX-FahrtEinfügung
MNX-FahrtLöschung
MNX-FahrtModifikation
MNX-FahrtVerstärkung
MNX-Fahrweg
MNX-FahrzeugWechsel
MNX-LiKuTausch
MNX-MitarbeiterWechsel
Maßnahme
MaßnahmeFahrtVerstärkung
MaßnahmeFahrweg
MaßnahmeX
Reaktion
ReaktionX
UmlaufStückX
Kommunikation
AdressRaumFachlich
AdressRaumTechnisch
DatenNachricht
FunkEinzugsBereich
KommunikationsEreignis
KommunikationsGerät
KommunikationsPartner
SprachVerbindung
Teilnehmer
TeilnehmerErreichbarkeit
TeilnehmerGruppe
TeilnehmerGruppierung

IT-Systeme für Verkehrsunternehmen

Dr. Gero Scholz beschäftigte sich während seines Studiums an der LMU München mit dem Bereich Operations Research. Nach seiner Promotion im Feld Logistik war er bei sd&m in München für verschiedene Großprojekte zuständig, unter anderem für die Deutsche Bahn und Lufthansa. Im Anschluss war er von 1995 bis 2003 bei der Dresdner Bank Leiter des zentralen Ressorts Informatik und später CIO des Unternehmensbereichs Transaction Banking. Von 2004 bis 2007 war er bei der IVU Traffic Technologies AG Vorstand für Entwicklung, von 2008 bis 2010 war er Chefarchitekt. Heute arbeitet er als freier Berater im Bereich Verkehr und Logistik.

Gero Scholz

IT-Systeme für Verkehrsunternehmen

Informationstechnik im öffentlichen Personenverkehr

dpunkt.verlag

Dr. Gero Scholz

IVU Traffic Technologies AG
Bundesallee 88, 12161 Berlin
Telefon: +49.30.8 59 06-0
Telefax: +49.30.8 59 06-111
E-Mail: info@itvu.de

Lektorat: Vanessa Wittmer
Copy-Editing: Annette Schwarz, Ditzingen
Herstellung: Birgit Bäuerlein
Umschlaggestaltung: PLEX Berlin, www.plexgroup.com
Druck und Bindung: Himmer AG, Augsburg

Bibliografische Information der Deutschen Nationalbibliothek
Die Deutsche Nationalbibliothek verzeichnet diese Publikation in der Deutschen Nationalbibliografie; detaillierte bibliografische Daten sind im Internet über http://dnb.d-nb.de abrufbar.

ISBN 978-3-89864-770-0

1. Auflage 2012

5 4 3 2 1 0

Geleitwort

Auch wenn er auf den ersten Blick nicht so aussieht: Der Bus im öffentlichen Personenverkehr (ÖPV) ist ein Hightech-Fahrzeug. Das erkennt man nicht nur an der eingebauten Hardware, sondern vor allem an der vielfältigen Software, die darauf läuft und zusammenspielt mit zentralen IT-Systemen, verbunden mittels verschiedenartiger Funktechniken.

Deutsche Verkehrsunternehmen arbeiten mit Informationstechnik auf hohem Niveau, um ihre Flotten zu planen, zu optimieren und zu steuern. Sie benutzen ausgefeilte Softwaresysteme zur Erstellung der Fahrpläne, deren Umsetzung in Fahrzeugumläufe und Fahrerdienste, zur Disposition von Fahrzeugen und Personal, zur Steuerung und Überwachung der rollenden Flotte, zur Information der Fahrgäste, für den Verkauf von Fahrscheinen und anderes mehr.

Diese Informationstechnik hilft den Unternehmen nicht nur, ihre Betriebe effizient zu organisieren, sie nützt zugleich den Fahrgästen, weil dadurch ein hohes Maß an Verlässlichkeit, Pünktlichkeit, Informiertheit und Komfort im ÖPV möglich wird. Man denke nur an die Fahrgastinformation, also an die Anzeigen an den Haltestellen mit den tatsächlichen Abfahrtszeiten. Deren Verbreitung in den letzten Jahren ist in der Öffentlichkeit sehr gut angekommen, sie sind heute aus dem Stadtbild kaum noch wegzudenken. Welch komplexe IT-Systeme dazu nötig sind, erschließt sich bei der Lektüre dieses Buchs.

Die Unternehmen der Branche – die Verkehrs- und die IT-Anbieter – haben über Jahrzehnte hinweg Systeme gemeinsam so entwickelt, dass heute Standardlösungen existieren und Individualentwicklungen nicht mehr nötig sind bzw. sein sollten. Hierzu hat der Verband deutscher Verkehrsunternehmen mit seinen VDV-Schriften wesentlich beigetragen. Sie standardisieren die Hardwareausrüstung im Bus ebenso wie Schnittstellen zwischen zentralen Softwaresystemen.

Einen hohen Standard wie in Deutschland findet man auch in anderen Ländern Europas; in vielen Gegenden der Welt gibt es jedoch einen großen Nachholbedarf in der Entwicklung des öffentlichen Personenverkehrs und dessen IT. Sein Beitrag zu einer lebenswerten Umwelt ist offenkundig, vor allem in den großen Metropolen, die an ihrem Individualverkehr zu ersticken drohen. An vielen Stellen der Welt werden große Anstrengungen unternommen und Investitionen getätigt, um den Verkehr zu verbessern – beispielsweise in Osteuropa, in den arabischen Ländern und in Südamerika; dort kenne ich Vorhaben aus eigener Anschauung.

Allerdings sind die deutschen Arbeitsweisen und Systeme nicht ohne Weiteres exportierbar. Wo die deutschen Planer ihren Fahrplan minutengenau austüfteln, wünscht sich der Chilene dessen automatische Generierung, wobei lediglich ein paar Bedingungen erfüllt werden müssen. Die Arbeitszeitbestimmungen in Dubai sind viel einfacher als im gewerkschaftlich regulierten Deutschland. Selbst EU-Regeln dazu werden nicht einheitlich in nationale Gesetze umgesetzt, so dass die Pausenregeln in Dublin anders sind als in Budapest und diese wieder anders als in Berlin.

Große und interessante Unterschiede gibt es beim Ticketing, also beim Verkaufen und Bezahlen der Fahrten. In Deutschland haben wir eine lange Tradition von papiernen Fahrscheinen, die wir aus Automaten ziehen oder beim Busfahrer kaufen, sofern wir keine Monatskarte haben (den Schaffner, der durch die Tram geht und verkauft, kenne ich noch aus meiner Jugend, es gibt ihn schon lange nicht mehr). Der Fahrpreis ergibt sich aus einem Tarifsystem, meist mit Entfernungszonen, mit dem der Einheimische vertraut ist, das den Fremden allerdings oft vor einem Automaten verzweifeln lässt.

Hier soll nun das elektronische E-Ticketing helfen. Dieses ist in den ÖPV-Entwicklungsländern weiter als hierzulande. Dafür gibt es vor allem zwei Gründe: einfache Tarifstrukturen und geschlossene Verkehrssysteme. Eine einfache Tarifstruktur sieht beispielsweise einen Einheitspreis für jede Fahrt vor. Beim Umsteigen zahlt man also ein zweites Mal, bestenfalls wird die zweite Fahrt etwas reduziert. E-Ticketing erfordert eine Chip-Karte, von der das Fahrgeld abgebucht wird, wenn man sie an einem Entwerter vorbeiführt. Wenn dadurch eine Schranke zum ansonsten geschlossenen Bahnsteig geöffnet wird, ist gesichert, dass der Fahrgast bezahlt hat. Solch einfache Tarifstrukturen und abgeriegelten Zugang zum Bahnsteig haben und mögen wir in Deutschland nicht. Deshalb ist E-Ticketing in China und Südamerika weiter verbreitet.

IT im ÖPV ist ein weites Feld, vielfältig, interessant und anspruchsvoll, fachlich und technisch ebenso wie geschäftlich, national und international. In der teilweise glamourösen IT-Welt führt dieses Gebiet ein Schattendasein, wohl auch weil wir den öffentlichen Personenverkehr und sein reibungsloses Funktionieren – zu Recht – als etwas Selbstverständliches und Unspektakuläres empfinden. Nur die Kenner wissen, dass es keineswegs selbstverständlich ist. Das habe ich erfahren in den acht Jahren, die ich nun auf diesem Gebiet unternehmerisch tätig bin.

Warum dieses Buch? Wozu? Für wen? Zuallererst für uns selber, für unsere Mitarbeiter, die diese Systeme entwickeln, bei unseren Kunden installieren und zum Einsatz bringen. Sie müssen die Software kennen und verstehen, en gros und en detail. Das Buch ist dafür die Grundlage. Es ist natürlich auch ein Buch für unsere Kunden und die gesamte Branche, für diejenigen, die diese Systeme anwenden und genauer verstehen wollen, was dahintersteckt. Zudem denke ich, dass es den Professoren an den Fachbereichen für Verkehrstechnik und Informatik der Universitäten und Hochschulen Stoff für die Lehre geben kann. Es ist kein Buch über die IVU.suite, unsere Familie von Softwaresystemen, die nahezu alle

Anforderungen von Verkehrsunternehmen abdeckt, um deren Flotten effizient zu planen, zu optimieren und zu steuern. Zur IVU.suite, die selbstverständlich auf den hier behandelten Grundlagen beruht, gibt es anderweitig umfangreiche Informationen.

Ich wünsche dem Buch viele Leser, deren kritische Kommentare helfen, es zu verbessern.

Ernst Denert
Berlin, Dezember 2009

Vorwort

Verkehr ist ein spannendes Thema – öffentlicher Verkehr ganz besonders. Verkehrsbetriebe setzen für die Planung und den Betrieb großer Verkehrsnetze spezialisierte Computersysteme ein, die erstaunlich vielfältig und kompliziert sind.

Diesem kleinen, aber feinen Thema widmet sich die IVU Traffic Technologies AG seit nunmehr 35 Jahren. Auch wenn sich die Interpretation der drei Buchstaben verändert hat, ist der Kern gleich geblieben: Es geht um I wie Informationsverarbeitung und Informatik, um V wie Verkehr und um U wie Unternehmensforschung und Umwelt.

Und auch die Branche ist reizvoll geblieben: Verkehr und Logistik sind Dauerbrenner, die Menschen, Güter, Städte, Gesellschaften beschäftigen. Also eine »Anwendungsdomäne« bei der man seiner Schwiegermutter leicht und anschaulich erklären kann, was man den ganzen Tag so macht. »Im Prinzip«, muss man einschränken, denn schnell werden aus eigentlich sehr anschaulichen Fragestellungen sehr komplizierte und nur noch von Eingeweihten verstandene Gebilde, z. B. bei der detaillierten und kleinstteiligen Definition von Dienst- und Lohnregeln für Fahrpersonale oder der exakten Ermittlung von Fahrpreisen in Verbundstrukturen.

Gleichzeitig ist die Bedeutung von IT-Lösungen für ein Verkehrsunternehmen dramatisch gewachsen. Knappere öffentliche Kassen und steigender Wettbewerb setzen die klassischen Anbieter stark unter Druck. Die letzten Effizienzreserven müssen gehoben werden, ohne dass die Qualität des Verkehrs leidet. Der Fahrgast erwartet hohen Bedienkomfort mit umfassender Information entlang der gesamten Reisekette. Und das eigene Personal wünscht sich maßgeschneiderte Dienstpläne, perfekte Fahrerassistenzsysteme und Cent-genaue Löhne.

IT kann hier wirklich den Unterschied machen – und das auf ganz unterschiedlichen Ebenen: als elektronischer Bleistift, d. h., der Fachmann wird bei seiner Tätigkeit von lästigen Routineaufgaben entlastet, Computer und Drucker ersetzen Papier und Bleistift. Das wichtigste Ergebnis ist also der saubere, schöne, leicht änderbare Ausdruck (von Fahrplanaushängen, Dienstplänen, Fahrerkarten etc.). Dann als Rechenmaschine, d. h., die IT übernimmt aufwendige Berechnungen, z. B. von Lohnzetteln, Fahrscheinverkäufen usw.

Häufig unterschätzt wird die Bedeutung von Schnittstellen: Die Weitergabe von Informationen durch Ausdrucke oder Sprachnachrichten wird durch einen elektronischen Datenfluss ersetzt, das manuelle Auslesen und Einlesen beim Empfänger entfällt. Die nächste Stufe ist die Prozessintegration: Sequenzielle Bearbeitungsweisen werden durch integrierte Prozesse ersetzt; ein Planer kann von der Haltestelle bis zum Fahrerkonto bequem und stets aktuell Einsicht nehmen und so vor- und nachgelagerte Prozessschritte leichter mitbedenken oder mit übernehmen. Und quasi als Kür die Optimierung: Die Effizienz des Ressourceneinsatzes von Personal und Fahrzeugen wird durch kluge Algorithmen erhöht, die unlösbare Rechenprobleme lösbar machen. Der Fachmann steuert über Vorgaben, Regeln und Parameter das Ergebnis.

Dazu werden wir im Folgenden einiges erfahren: neutral, in großen Teilen dem Leistungsspektrum der IVU entsprechend, aber bewusst offen für andere Anbieter, im Geiste eines Generalunternehmers, der auch nicht alles selbst machen kann, aber das Zusammenspiel der eigenen und der fremden Systeme sicherstellen muss.

Als Lieferant von »ITVU«, also IT-Systemen für Verkehrsunternehmen, ist die IVU ganz besonders auf eine gute Verständigung mit den eigentlichen Anwendern von ITVU angewiesen, also mit den Menschen, die den öffentlichen Verkehr mit Bussen und Bahnen planen, durchführen und abrechnen. Für eine gute Verständigung hilft ein gemeinsames Verständnis, zu dem das vorliegende Buch seinen Beitrag leistet.

Neben der Verständigung über fachliche Inhalte und funktionale Anforderungen an IT-Lösungen bleibt dann aber noch die Welt der Umsetzung, der Projektarbeit, der Anwendungsbetreuung, der Softwarewartung. Auch hier lauern Herausforderungen: IT soll schnell verfügbar und leicht zu bedienen sein, dabei aber alles können und wenig kosten. Sie soll sich immer weiterentwickeln, ohne dass die Übernahme neuer Versionen Schwierigkeiten macht. Und am liebsten soll sie Standards setzen, nur eben passend zu den eigenen, oft ganz individuellen Anforderungen.

Insofern ist dieses Buch auch ein Brückenschlag, um ein gemeinsames Verständnis für die Inhalte und die hohe Komplexität der Materie zu schaffen und so die Zusammenarbeit zwischen einem Lieferanten und einem Verkehrsunternehmen wie auch zwischen verschiedenen Lieferanten und verschiedenen Verkehrsunternehmen zu erleichtern. Und vielleicht noch ganz nebenbei der Schwiegermutter das eigene Tun noch etwas näherzubringen :-)

Martin Müller-Elschner
Berlin, Juni 2011

Danksagung

Seit mehr als 30 Jahren entwickelt die IVU Softwaresysteme für Verkehrsunternehmen. Und noch immer liegt darin ein besonderer Reiz, eine besondere Herausforderung: anspruchsvolle Optimierungsverfahren, grafische Oberflächen mit Landkarten, Funktechnik und Bordrechner, Verfolgung von Fahrzeugflotten im laufenden Betrieb – all dies sind Zutaten eines IT-Systems im öffentlichen Personenverkehr.

Wenn junge Informatiker die Hochschule verlassen, müssen sie erst einmal tief eintauchen in das Fachwissen dieses Anwendungsgebiets, bevor sie auf Augenhöhe mit den Experten in einem Verkehrsunternehmen diskutieren und zusammen mit ihnen Probleme lösen können. Dabei kann ihnen dieses Buch helfen.

Wenn erfahrene Softwareentwickler und Kundenbetreuer darüber nachdenken, wie ein komplexes Planungs- oder Steuerungssystem ausgebaut werden soll, haben sie die fachlichen Besonderheiten einzelner Kunden und die Randbedingungen vieler Länder im Kopf. Sie stehen auf den Schultern ihrer »Vorfahren«, die die Lösungen von heute gestern und vorgestern geschaffen haben, mit Methoden und Werkzeugen, die heute nicht mehr modern sind, und mit einem Blickwinkel oder Projektauftrag, der bestimmte Aspekte in den Vordergrund rückte, die damals besonders wichtig waren.

Um ein Softwaresystem voranzubringen, muss man sich hineinknien und Sonderfälle durchdenken, die vielleicht nur ganz selten auftreten werden. Man muss an fehlerhafte Daten denken, an nicht verfügbare Schnittstellen und an menschliche Benutzer, die nicht genau so handeln, wie es sich der Entwickler vorgestellt hat, sondern so, wie sie es intuitiv für richtig halten. Leider ist das nicht immer dasselbe.

Noch wichtiger aber ist es, von Zeit zu Zeit einen Schritt zurückzutreten, Gedanken und Softwaremodule zu sortieren, Dinge zusammenzuführen, die sich parallel entwickelt haben, alte Zöpfe abzuschneiden und immer wieder neu eine klare Linie zu suchen. Einzugestehen, dass dies notwendig ist, ist ein Zeichen von Stärke.

Softwaresysteme für den ÖPV sind so komplex, dass sie nur arbeitsteilig entstehen können. Je umfassender das Verständnis des einzelnen Mitarbeiters ist, desto besser kann er sein Tun in den Gesamtprozess einordnen und desto leichter ist es für ihn, seine Arbeit an den Zielen des Kunden und an der Architektur der Systeme auszurichten. Wer beides nur im schmalen Ausschnitt kennt, ist weniger produktiv – und vermutlich auch weniger glücklich. Es ist anstrengend, immer wieder eine neue Perspektive einzunehmen, im Vertriebsgespräch, bei der Realisierung von Software oder im Support. Nur wenn auf dem langen Weg von der fachlichen Idee zum betriebsbereit installierten System nichts verloren geht, entstehen Lösungen, die sich in der Praxis bewähren.

So entstand die Idee, fachliche und technische Aspekte in einem Buch zusammenzufassen, ein Buch für Grenzgänger sozusagen. Es soll die Vielfalt des ÖPV beleuchten und gängige Lösungsmuster der Informatik dazu aufzeigen. In beiden Fällen geht es eher darum, das Gebiet insgesamt abzudecken, als das letzte Detail auszuloten.

Jeder Verkehrsbetrieb hält sich für etwas ganz Besonderes und will doch gleichzeitig ein Standardprodukt haben. Was ist denn nun dieser »Standard«? Worin liegt der verallgemeinerungsfähige gemeinsame Nenner zwischen der Dienstplanung einer norwegischen Fährgesellschaft und der Schweizer Bahn? Funktioniert Flottenmanagement in Kolumbien anders als in Holland? Was unterscheidet aus Informatiksicht einen Busbetrieb im Regionalverkehr vom reinen Nahverkehr?

Das Buch beschreibt ein Referenzmodell, das die Kernthemen abdeckt und Anknüpfungspunkte für spezielle Erweiterungen bietet. Es hilft, die richtigen Fragen zu stellen und sie richtig zu formulieren. Es bereitet so den Boden für den zukunftssicheren Ausbau unserer Produkte. Dabei wahrt es Neutralität in der Wortwahl. Es schärft die Klarheit der Gedanken, wenn man sich von den eigenen Produktnamen und individuellen historischen Zufälligkeiten entfernt.

Ich danke allen Kolleginnen und Kollegen der IVU, die mit Rat und Tat zum Entstehen dieses Buches beigetragen haben. Oliver Grzegorski, Perry Prust und Oliver Koch sind mit mir in die Tiefen des Klassenmodells eingetaucht, Katrin Barthel, Bastian Dittbrenner, Olaf Föllinger, Simon Heller, Ulrike Orlowski, Martin Stiel und Thomas Langkamm steuerten zahlreiche Details zur Planung und Disposition von Fahrten, Diensten und Fahrzeugen bei, Andreas Müer zu Auskunftssystemen. Lutz Trostorf hat meinen Blick für das Spannungsfeld zwischen Betreiber und Besteller geschärft, Sebastian Adlers-Flügel brachte mir Besonderheiten des Regionalverkehrs nahe. Claus Dohmen half als unermüdlicher Korrekturleser und Sparringspartner, Leitstelle, Fahrgastinformation und Fahrzeugtechnik ins rechte Licht zu setzen. Rainer Schibilla ließ die Softwareschichten eines Bordrechners im Gespräch lebendig werden. Helmut Bergstein und Dik Lokhorst standen an der Wiege des Buches und sorgten für die richtige Balance zwischen Geschäftsprozessen und Systemtechnik. Andreas Langenhan las das gesamte Manuskript zur Korrektur und gab zahlreiche wertvolle Hinweise.

Mein Dank geht ebenso an Gesprächspartner aus Verkehrsunternehmen, die geholfen haben, Wichtiges von Unwichtigem zu trennen und dennoch die eine oder andere individuelle Besonderheit zu bedenken. Frau Elke Fischer vom VDV danke ich für ihre Anmerkungen zum Ticketing.

Besonders erwähnen möchte ich, dass das Hintergrundkapitel zum öffentlichen Personenverkehr aus der Feder des Vorstandsvorsitzenden der IVU, Herr Martin Müller-Elschner, stammt.

Last not least danke ich dem früheren Vorstandsvorsitzenden der IVU, Herrn Prof. Dr. Denert, der die Anregung zu diesem Buch gab und den Freiraum gewährte, das Fachwissen zusammenzutragen und zu ordnen. Sein kritischer Blick und sein Drängen auf strukturelle Klarheit gaben mir immer wieder wichtige Impulse.

Ich wünsche Ihnen viel Spaß beim Eintauchen in die spannende Welt des öffentlichen Personenverkehrs und seiner IT-Systeme!

Dr. Gero Scholz
Berlin, August 2011

Inhaltsverzeichnis

1 Einleitung

»Da kommt mein Bus!«

Wohl jeder von uns hat dies schon einmal ausgerufen. Doch was meinen wir damit genau? Geht es bei *unserem Bus* wirklich um ein konkretes Fahrzeug? Aus der Sicht des Fahrgastes kommt es in der Regel nicht auf ein ganz bestimmtes Fahrzeug an. Für ihn ist wichtig, dass der Bus oder die Tram zur richtigen Zeit an der Haltestelle auftaucht und in die gewünschte Richtung fährt.

Bus – Fahrt

Wenn unser Fahrgast allerdings zufälligerweise Informatiker ist und es mit Begriffen genau nimmt, dann sagt er vielleicht: »Da kommt meine Fahrt!« Das klingt reichlich merkwürdig, finden Sie? Zugegeben, aber wie ist es, wenn wir am Flughafen stehen?

Flugzeug – Flug

»Unser Flug wird sich leider verspäten. Ich habe gehört, dass die Maschine noch nicht einmal gelandet ist.«

Hier unterscheidet die Alltagssprache genau zwischen »der Maschine« und »unserem Flug«. Noch ist es quasi eine fremde Maschine – zu »unserem Flugzeug« wird sie erst, wenn sie unseren Flug antritt. Wir haben nämlich einen Flug gebucht und nicht ein bestimmtes Flugzeug.

Fahrt = Linie, Richtung, Uhrzeit/Ort

Doch kehren wir auf die Erde zurück. Vielleicht haben wir beobachtet, dass unser Bus morgens oft ziemlich voll ist. Eigentlich müssten wir formulieren: Die Fahrt der Linie 12, die laut Plan um 6:50 an der Haltestelle Maiglöckchenweg in Richtung Messegelände abfährt, ist stark ausgelastet. Etwas hölzern, aber korrekt. Durch die Angabe der Liniennummer und der Fahrtrichtung in Verbindung mit einer Haltestelle und der Abfahrtszeit an dieser Haltestelle können wir eine Fahrt identifizieren.[1]

Fahrzeugtyp

Eines Tages stehen wir zehn Minuten früher an der Haltestelle. Es warten sogar noch mehr Leute als sonst. Wir haben uns gedanklich schon auf einen Stehplatz eingerichtet, doch als ein Fahrzeug um 6:43 eintrifft, sehen wir, dass es sich um einen großen Gelenkbus handelt. Offensichtlich setzt das Verkehrsunternehmen unterschiedliche Fahrzeugtypen auf dieser Linie ein, um die Beförderungskapazität an die Nachfrage anzupassen.

Fahrzeug

Eines Morgens stellen wir kurz nach dem Aussteigen fest, dass wir unseren Schirm im Bus vergessen haben. Da wir vom Bürofenster aus die Haltestelle sehen können, werfen wir immer wieder einen Blick dorthin und fragen uns, ob das

1. Zur Identifikation von Objekten vgl. Abschnitt 4.1.

Fahrzeug mit unserem Regenschirm vielleicht hier wieder vorbeikommt. Laut Fahrplan beträgt die gesamte Fahrzeit von einer Endhaltestelle zu anderen 45 Minuten. Eigentlich sollte »unser« Fahrzeug also in 90 Minuten hier wieder vorbeikommen. Oder vielleicht sogar viel früher, aber aus der anderen Richtung?

Umläufe, Pausenzeiten, Fahrerwechsel, Fahrzeugwechsel

Ein Kollege meint, wir könnten uns ruhig Zeit lassen, denn an der Endhaltestelle sei doch immer eine Pause für den Fahrer eingeplant. Ein anderer wendet ein, dass an der Endhaltestelle manchmal der Fahrer wechselt. Und dann kann die Pause für das Fahrzeug doch wegfallen? Schließlich stellt noch jemand fest, dass er nach neun Uhr noch nie einen Gelenkbus gesehen hat.

Störungen

»Als es neulich einen Stau gab, hat uns der Fahrer gebeten, auszusteigen und auf das nächste Fahrzeug zu warten. Unser Fahrzeug hat dann gewendet und ist gleich wieder zurückgefahren.« Nach so viel ermutigendem Zuspruch durch die Kollegen beschließen wir, am Nachmittag direkt beim Verkehrsbetrieb nach unserem Regenschirm zu fragen.

Disposition

Der freundliche Mitarbeiter am Telefon sagt uns: »An der Endhaltestelle Messegelände hat heute ein Fahrer der Linie 12 einen grün karierten Regenschirm gefunden. Er hat uns das über den Bordcomputer seines Fahrzeugs mitgeteilt. Das Fahrzeug ist derzeit noch im Einsatz, der Fahrer hat allerdings schon Feierabend. Heute Nacht nimmt der Fahrer, der jetzt den Bus fährt, den Regenschirm mit ins Depot. Wir sorgen dafür, dass Sie Ihren Schirm morgen früh beim Einsteigen am Maiglöckchenweg ausgehändigt bekommen. Es wird zwar ein anderes Fahrzeug sein und wiederum ein anderer Fahrer – aber lassen Sie das ruhig unsere Sorge sein! Nennen Sie dem Fahrer bitte beim Einsteigen einfach das Codewort: »*Spitzenservice.*«

Damit sind wir am – vielleicht etwas märchenhaften – Ende unserer kleinen Einführung angekommen. Es sind viele Aspekte angeklungen, auf die wir in diesem Buch ausführlich eingehen werden: Haltestellen, Strecken, Fahrwege, Linien, Fahrzeuge, Fahrzeugtypen, Fahrten, Fahrer, Dienste, Pausenregeln, Disponenten – kurzum: die gesamte, erstaunliche Vielfalt des öffentlichen Personenverkehrs (ÖPV).

1.1 IT-Systeme im ÖPV sind kompliziert!

IT-Systeme im öffentlichen Personenverkehr sind fachlich erstaunlich kompliziert und zudem technisch recht komplex:

Busse mit Elektronik

- Der Bus im öffentlichen Nahverkehr kann mehr als nur fahren: Er kennt seinen Fahrplan, sagt die Stationen an, meldet sich bei Verkehrsampeln und teilt seiner Zentrale ständig mit, wo er sich befindet. Nebenbei kümmert er sich um den Ticketverkauf und die Abrechnung der Erlöse – außerdem zeigt er Anschlüsse zum Umsteigen an, und zwar nicht nur laut Plan, sondern in »Echtzeit«.

Algorithmen

- Der Entwurf von Fahrplänen ist eine sehr anspruchsvolle Aufgabe. Um die Beförderungsleistung kostengünstig zu erbringen, muss ein kompliziertes Geflecht aus Fahrzeugbewegungen und Fahrdiensten entworfen werden. Die

Optimierung von Fahr- und Dienstplänen ist nach wie vor ein aktuelles Forschungsgebiet an Hochschulen; der Einsatz wissenschaftlicher Verfahren[2] ist ab einer gewissen Größe des Verkehrsunternehmens unverzichtbar.

- IT-Systeme in Verkehrsunternehmen beruhen auf Datenbanken mit vielen hundert Tabellen; man trifft auf komplizierte Mechanismen zur Historisierung, Versionsbildung, Mandantenfähigkeit und auf zahlreiche Methoden zur Performance-Optimierung.

Komplexe Datenbanken

- An der Benutzeroberfläche gibt es nicht nur die üblichen »grafischen« Bildschirmformulare, sondern wirklich *grafische* Oberflächen, also Landkarten und schematische Linienpläne, Gleisbilder usw.

Echte Grafik

- Man trifft mehrstufige Client-Server-Landschaften an, und es gibt sogar spezielle Hardwarekomponenten, wie z. B. Bordrechner in den Fahrzeugen sowie Automaten zum Ticketverkauf oder spezielle elektronische Anzeigetafeln.

Spezielle Hardware

- Parallel zur physikalischen Vernetzung der Verkehrssysteme und Fahrgastströme schreitet die Vernetzung der IT-Systeme zwischen den ÖPV-Unternehmen voran – es gibt daher zahlreiche Schnittstellenstandards und Protokolle auf allen Ebenen des ISO-Schichtenmodells sowie unzählige Konverter.

Zahllose Protokolle

- Das Thema Sicherheit spielt eine große Rolle beim Einsatz von Chipkarten für Fahrgäste (electronic ticketing) und Fahrer (zur Autorisierung und Abrechnung von Bargeldeinnahmen). Im Bereich Ticketing gibt es viele technische Studien und Experimente, wie z. B. das Bezahlen per Handy.

Sicherheit, Zertifikate

- Und schließlich hat man es mit speziellen Kommunikationstechnologien zu tun (Sprechfunk, Datenfunk), aus denen sich Realzeitanforderungen ergeben – sowohl in der Leitstelle als auch im Fahrzeug. Die Überwachung und Steuerung einer Fahrzeugflotte passiert »online«: Wer als Informatiker für den ÖPV arbeitet, muss also wissen, wie man eine Softwarearchitektur aus nebenläufigen Prozessen entwirft.

Kommunikation und Überwachung in Echtzeit

1.2 Standardisierung

Der deutsche Verkehrsmarkt ist hoch entwickelt – und mit ihm der Markt für IT-Systeme zur Unterstützung von Verkehrsunternehmen. In einem regen Wettbewerb haben sich mehrere Anbieter etabliert, die meist aus ihrer Unternehmenshistorie heraus auf bestimmte fachliche Teilgebiete spezialisiert sind.

Systemvielfalt

Als Folge davon haben Verkehrsunternehmen heute nicht selten Softwaresysteme mehrerer Hersteller gleichzeitig im Einsatz. So wurde es nötig, Schnittstellen zu vereinbaren. Anstatt dies jeweils der bilateralen Absprache zwischen den einzelnen Herstellern zu überlassen, haben Verkehrsunternehmen schon frühzeitig auf eine branchenweite Zusammenarbeit gedrungen.

Standardisierung in Deutschland

Unter Koordination des Verbands Deutscher Verkehrsunternehmen (VDV) entstanden so diverse Empfehlungen, an denen heute kein Softwareanbieter mehr vorbeikommt.

2. Zum Beispiel gemischt-ganzzahlige lineare Optimierung, dynamische Optimierung, maßgeschneiderte Heuristiken zur inkrementellen Verbesserung.

Verkehrsunternehmen beziehen sich in Deutschland bei der Beschaffung von IT-Systemen auf die sogenannten VDV-Schriften[3] und haben dadurch den Vorteil, dass ihnen Systeme angeboten werden, die zumindest im Prinzip fachlich und technisch zusammenpassen.

Wenn Verkehrsunternehmen sich entschließen, einer Kooperation beizutreten oder gar mit einem Nachbarunternehmen zu fusionieren, so ist die Integration der IT-Systeme zwar immer ein anspruchsvolles Thema – doch dank der bestehenden Schnittstellenstandards liegt hier oft weniger »Sprengstoff« als in anderen Branchen. Sogar in deutschsprachigen Nachbarländern nimmt man gelegentlich Bezug auf die VDV-Schnittstellennormen.

Standardisierung in Europa

Einzelne europäische Nachbarländer haben ebenfalls Standards für die Gestaltung von IT-Systemen entwickelt. Insbesondere ist hier Transmodel[4] zu nennen, ein Ansatz, der aus dem Projekt SITP hervorging, das vom französischen Transportministerium gefördert wurde. Transmodel findet zunehmend Unterstützung in Großbritannien, den Niederlanden und Deutschland[5]. Das Service Interface for Real Time Information (SIRI) baut darauf auf[6] und ist inzwischen ein CEN-Standard. An seiner Erstellung waren auch skandinavische Länder beteiligt. Ein besonders wichtiges Gebiet für die Standardisierung ist das papierlose Ticket. Wenn ein Verkehrsunternehmen »Electronic Ticketing« im Alleingang einführen wollte, so wäre das Risiko einer Fehlinvestition hoch. Denn über kurz oder lang wird der Fahrgast erwarten, dass er eine ÖPV-Chipkarte in allen Verkehrsbetrieben gleichermaßen benutzen kann, zumindest in seinem Heimatland. Die Normierung schreitet daher in diesem Gebiet stark voran (VDV-Kernapplikation, SDOA, ITSO).[7]

RailML

Schließlich sei noch auf RailML hingewiesen: RailML.org® ist ein Zusammenschluss verschiedener europäischer Eisenbahnen, Universitäten, Softwareentwickler und Ingenieurbüros, die sich seit 2001 in einem partnerschaftlichen Prozess darum bemühen, Softwareschnittstellen im Bahnbereich auf der Basis einer XML-Notation zu vereinheitlichen.

---

3. Die VDV-Schriften sind über den Beka-Verlag (www.beka.de) erhältlich.
4. Transmodel (www.transmodel.org) ist ein abstraktes Datenmodell, das zwischen einem normativen und einem informativen Teil unterscheidet.
5. Gedankengut aus den VDV-Schriften 452 und 455 ist in Transmodel eingeflossen.
6 Es gibt eine deutsche Entsprechung in den VDV-Schriften 453 und 454.
7. Abkürzungen sind im Anhang erläutert.

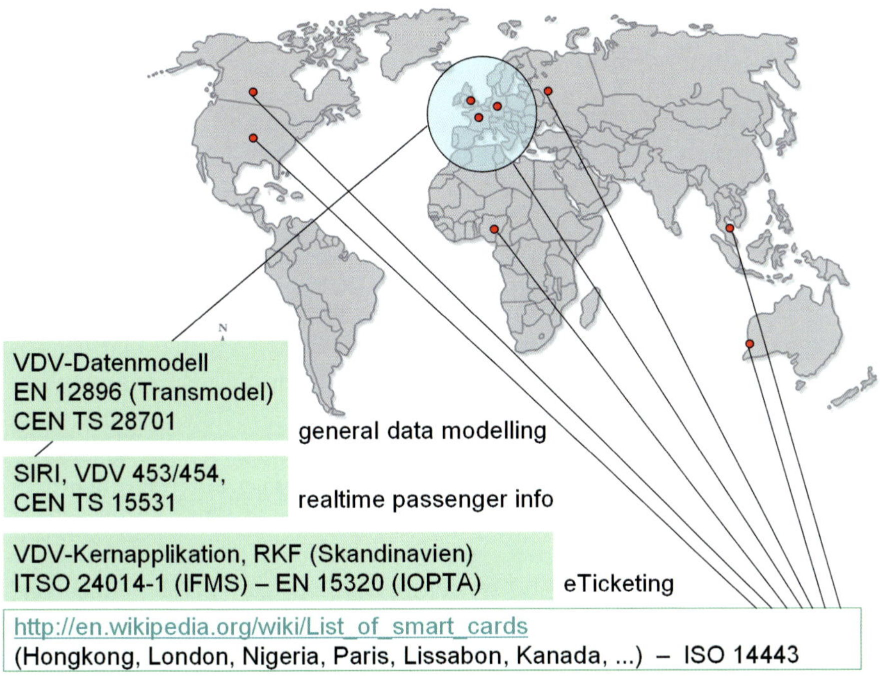

Abb. 1-1
Länder und Standards

Internationaler Wettbewerb

Für deutsche Softwareanbieter kann die Modularität ihrer Systeme im internationalen Wettbewerb von Vorteil sein. Nicht selten gibt es bei bestehenden Systemlandschaften Teilerneuerungen. Hier ist die Schnittstellenfähigkeit der neuen Komponenten ausschlaggebend.

Im internationalen Umfeld geht es – vor allem außerhalb der westeuropäischen Länder – heute jedoch oft um den Neuaufbau kompletter IT-Systeme im Rahmen großer Ausschreibungen. Mitunter wird sogar gleichzeitig der Verkehrsbetrieb selbst gegründet.

Beim Neuaufbau kompletter Systeme können Hersteller aus Ländern im Vorteil sein, die mit etwas einfacheren, monolithischen Systemen antreten. Bildlich gesprochen schleppen solche Systeme weniger »Schnittstellen-Konsens-Ballast« mit sich herum. Man kann schneller eine Änderung durchführen, ohne an die Kompatibilität mit Systemen von Wettbewerbern im heimischen Markt denken zu müssen. Und technische Effizienzgewinne lassen sich auch leichter erzielen, wenn man als Softwareanbieter nur das eigene System im Auge hat.

Immaterieller Wert

Wenn ein Verkehrsunternehmen vom langfristigen strategischen Vorteil modularer Systeme überzeugt ist, dann kann es diesen Aspekt bei der Beschaffung und Erneuerung von Systemen berücksichtigen. Doch ist dies aus Käufersicht nicht einfach, da Anbieter in einer Wettbewerbssituation zu großzügigen Versprechungen neigen und es sehr schwer ist, Begriffe wie Modularität, Flexibilität, Erweiterbarkeit und Robustheit von Softwarelösungen zu messen.

Standardisierung und Innovation

Verkehrsunternehmen müssen – besonders in einem hoch entwickelten Markt wie Deutschland – an der Standardisierung von Schnittstellen mitwirken und dabei zunehmend internationale Aspekte berücksichtigen. Es gilt, die Grundlage für Wettbewerb zu schaffen und darauf zu achten, dass Ausschreibungen effizient erstellt werden und Angebote vergleichbar sind. Verkehrsunternehmen dringen auf Kontinuität und sind dabei oft versucht, Abwärtskompatibilität auch zu stark veralteten Systemen zu fordern. Gleichzeitig müssen sie jedoch Wege finden, das Potenzial neuer Technologien voll auszunutzen und die Anbieter an die Grenze des jeweils Machbaren zu treiben.

1.3 Herausforderung für Systemanbieter

Für deutsche Systemanbieter in der ÖPV-Branche besteht die zentrale Herausforderung darin, in dem weitgehend gesättigten Heimatmarkt weiterhin anspruchsvolle Teillösungen in modularer Form zu platzieren und gleichzeitig möglichst viele Komponenten davon wiederzuverwenden, wenn sie im internationalen Umfeld komplette Systemlösungen anbieten.

Portfolio erweitern

Sie müssen dazu ihr Produktspektrum abrunden, sei es durch Eigenentwicklung oder durch den Zukauf von Produkten, durch die Beteiligung an anderen Softwarehäusern oder zumindest durch Kooperationen. Dabei ist gleichzeitig Umsicht und Nachhaltigkeit geboten, denn es dauert viele Jahre, bis ein ehemals fremdes Produkt und ein dazugehöriges Entwicklungsteam organisch in ein Unternehmen integriert sind. Reine kaufmännische Koexistenz ist jedenfalls zu wenig – der Kunde erwartet ein integriertes Produkt und nicht einen Warenkorb von Softwareunikaten.

Produktstrategie

Systemhäuser müssen eine langfristige Produktstrategie vorweisen können, um als Partner für große Projekte ernst genommen zu werden. Dazu müssen sie ihre etablierten Produkte permanent weiterentwickeln und mit dosiertem Redesign in die Produktstrategie einfügen, ohne ihre Stammkunden zu irritieren. Neue oder neu erworbene Produkte müssen voll integriert und nicht »drangeklebt« werden.

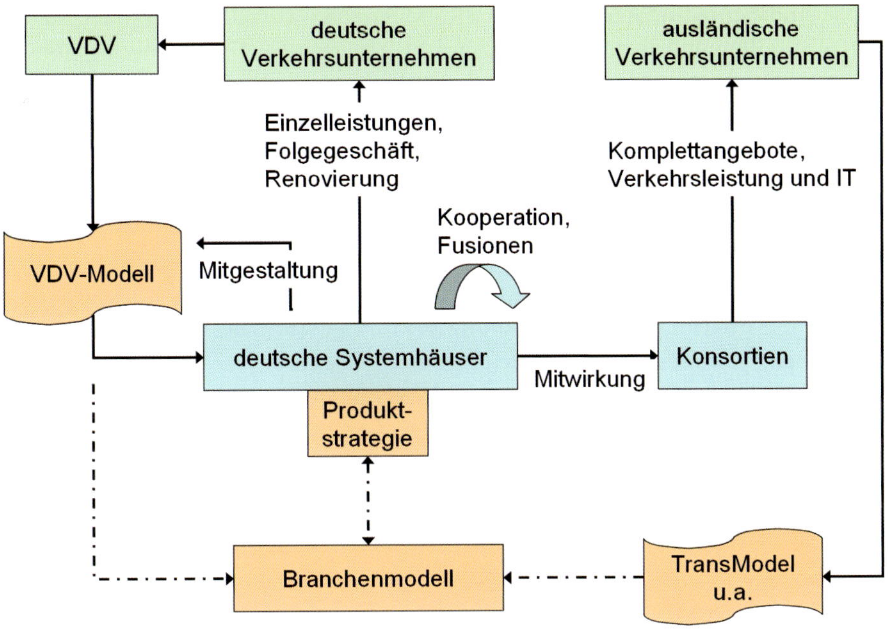

Abb. 1-2
Wechselwirkung zwischen Normen und Produktstrategie

1.4 Bedeutung eines Branchenmodells

Vor diesem Hintergrund erscheint es konsequent, dass Softwarehersteller ein Branchenmodell zur Grundlage der eigenen Produktentwicklung machen.

Branchenmodell als Grundlage der Produktentwicklung

Das in diesem Buch vorgestellte ITVU-Branchenmodell[8] berücksichtigt Erfahrungen aus dem deutschen Markt und aus dem VDV-Modell. Es enthält auch Gedankengut aus Transmodel und SIRI. Als objektorientiertes UML-Modell[9] geht es methodisch über die bisherigen reinen Datenmodelle hinaus und bildet einen gemeinsamen Nenner, der sich auch auf andere Länder übertragen lässt. Als grafisch visualisiertes und gut dokumentiertes Branchenmodell bietet es im Gespräch mit Interessenten und Kunden eine gemeinsame Landkarte, auf der man die oft recht abstrakten Strukturen von Softwaresystemen gemeinsam lokalisieren kann. So kann man rascher herausfinden, ob die Erwartungen eines Verkehrsunternehmens durch eine bestimmte Softwarelösung abzudecken sind.

Gesprächsgrundlage für Verkehrsbetriebe

Das ITVU-Modell visualisiert den Bauplan von Software. Es hat nicht den Charakter einer verbindlichen Norm, sondern stellt einen Referenzrahmen dar, der es Verkehrsunternehmen erlaubt, auf einer anschaulichen, mittleren Abstraktionsebene mit Softwareherstellern zu sprechen und dabei Besonderheiten aufzudecken. Wünsche und Ideen schlagen sich so zunächst in einer Anpassung des Modells nieder, die der Softwarehersteller und der Verkehrsbetrieb gemeinsam vornehmen. Auf diese Weise bekommen beide Partner ein Gefühl dafür, wie weit sich eine beabsichtigte Veränderung vom bisherigen Rahmen entfernen würde,

8. In Anlehnung an den Buchtitel »IT-Systeme für Verkehrsunternehmen« sprechen wir nachfolgend auch kurz vom ITVU-Modell.
9. Zur Unified Modeling Language (UML) siehe Abschnitt 3.1.

ob sie eine kleine Ergänzung in einem Randbereich wäre oder maßgeblich Strukturen beeinflussen würde. Anschließend ist zu erwägen, ob sich eine Anpassung lohnt und welche langfristigen Wartungskosten damit verbunden sind.

Brücke zum Individualverkehr

Nicht nur im ÖPV bemüht man sich um eine konsensfähige Modellierung von Prozessen und Datenstrukturen. Auch im Bereich des Individualverkehrs (IV) gibt es unter dem Stichwort »Intelligent Transport Systems« Initiativen zur Definition einer Gesamtarchitektur, in der Verkehrsleitsysteme von Autobahnen mit innerstädtischen Parkleitsystemen und Lichtsignalanlagen in Zusammenhang gebracht werden. Man kann sich vorstellen, dass ÖPV und IV nicht nur im Bereich der intermodalen Reiseplanung zusammenwachsen, sondern dass künftige Systeme parallel zur Durchführung einer Reise Alternativen aus beiden Welten prüfen und situationsabhängig maßgeschneiderte Vorschläge machen. So zum Beispiel die Nutzung von Park-and-Ride-Angeboten bei der Zufahrt auf eine Innenstadt. Das ITVU-Modell bietet hierfür Anknüpfungspunkte.

Publikation des Branchenmodells

Anspruch an Neutralität

Wir, die *IVU Traffic Technologies AG*, haben in dem ITVU-Modell unser Verständnis der ÖPV-Branche in neutraler Form zusammengefasst. Wir publizieren das Modell detailliert, weil wir es offensiv im oben beschriebenen Sinne als Instrument für den Dialog mit unseren Kunden und Wettbewerbern einsetzen. Außerdem betrachten wir es als eine Selbstverpflichtung für unsere Mitarbeiter und als Leitlinie für den Ausbau der Produktpalette unseres Unternehmens. Das publizierte Modell ist ein Entwicklungsrahmen, der bei der Gestaltung unserer Produkte zugrunde gelegt und dabei noch erheblich verfeinert wird. Natürlich würde es uns freuen, wenn unsere Überlegungen und Materialien in eine Fortentwicklung des VDV-Modells und über diesen Weg auch in künftige europäische Standards einfließen.

www.itvu.de

Wir laden interessierte Leser dieses Buches ein, sich auf den Webseiten umzusehen, die wir in Verbindung mit diesem Buch bereitstellen. Die Webseiten sind technisch als Wiki organisiert, d.h., es ist möglich, Vorschläge für Erweiterungen oder Änderungen zu machen und eigene Ergänzungsideen so zu beschreiben, dass sie sofort für alle Leser sichtbar werden. Um einen hohen Qualitätsstandard zu gewährleisten, gibt es ein persönliches Registrierungsverfahren. Details dazu finden Sie auf der Website.

1.5 Was Sie in diesem Buch erwartet ...

Systemlandschaft

In Kapitel 2 skizzieren wir die Systemlandschaft eines typischen Verkehrsunternehmens. Im Vordergrund stehen Geschäftsprozesse und die fachliche Funktionalität von Anwendungen, nicht die IT-Systemtechnik.

Kernmodell

Kapitel 3 stellt nach einer kurzen Vorbemerkung zur Methodik den fachlichen Kern des UML-Klassenmodells vor. Wir wählen dazu aus den wichtigsten Paketen repräsentative Klassen aus und erläutern, wie sie zusammenhängen.

Teilmodelle und Geschäftsprozesse

Der Hauptteil des Buches orientiert sich an den Geschäftsprozessen eines Verkehrsunternehmens und erläutert jeweils den zugehörigen Ausschnitt des Branchenmodells. Die Kapitel sind so konzipiert, dass man sie unabhängig voneinander lesen kann. Es gibt daher bewusst einige Wiederholungen und kleinere Überschneidungen.

Hintergrundwissen Verkehr und IT

Wir gehen davon aus, dass die Leser unseres Buches einen Erfahrungshintergrund im Verkehrsbereich oder in der Informatik haben. Um den Einstieg in das jeweils andere Gebiet zu erleichtern, bieten die Kapitel 12 – 14 Hintergrundinformationen.

Anhang

Alle Informationsflüsse, Pakete und Klassen des Modells sind im Anhang kompakt beschrieben. Außerdem finden Sie dort ein Glossar.

1.6 Was Sie nicht finden werden ...

Wir befassen uns nicht mit allgemeiner Logistik oder dem Güterverkehr. Taxis kommen nicht vor. Wir klammern Bedarfsverkehre (Rufbus, Anrufsammeltaxi) aus, da ihr Auftragscharakter sehr spezielle Modellerweiterungen erfordern würde. Wir gehen nicht auf konkrete Software- oder Hardwaresysteme ein.

Das Buch enthält keinen Katalog von Leistungsmerkmalen, der sich für eine Ausschreibung oder eine Produktbewertung eignen würde – aber dennoch kann es helfen, in einer Entscheidungssituation die richtigen Fragen zu stellen.

Eine englische Fassung des Modells ist in Arbeit – sie ist auf der ITVU-Webseite zu finden. Im Buch bieten wir lediglich im Anhang englische Übersetzungen für die Paket- und Klassennamen des Objektmodells an.[10]

10. Es gibt allerdings Überlegungen, das ganze Buch ins Englische zu übertragen.

Teil I

Überblick

2 Die Systemlandschaft eines Verkehrsunternehmens

In diesem Kapitel stellen wir die wichtigsten Prozesse und IT-Systeme vor, die ein Verkehrsunternehmen zur Organisation seines Betriebs einsetzt, genauer gesagt, mit denen es seine Fahrzeugflotte plant, steuert, optimiert und abrechnet.

Abschnitt 2.1 beschreibt typische Geschäftsprozesse und Systeme, ihr Zusammenspiel und ihre räumlich-organisatorische Verteilung. Nicht Gegenstand sind die kaufmännischen Anwendungen, die sog. ERP-Systeme. Lediglich die Schnittstellen zu einigen dieser Systeme, und zwar des Personal- und Finanzwesens, werden betrachtet im Zusammenhang mit der Personaldisposition und der Abrechnung von Fahrgeldeinnahmen.

In Abschnitt 2.2 charakterisieren wir die Rollen typischer Nutzer der genannten Systeme. Abschließend (Abschnitt 2.3) gehen wir auf bestimmte charakteristische Eigenschaften von IT-Systemen im ÖPV ein.

Im Anhang A befindet sich eine detaillierte und strukturierte Beschreibung von ca. 40 Systemen, die wir dem interessierten Leser zur begleitenden Lektüre oder zur Vertiefung empfehlen.

2.1 Systeme und Geschäftsprozesse im Überblick

Systeme, Prozesse, Zeitverlauf, Einsatzort

Die folgende Abhandlung orientiert sich an zwei Abbildungen: Tabelle 2-1 ordnet die Systeme und Geräte den Geschäftsprozessen des Verkehrsunternehmens zu, Abbildung 2-1 zeigt den zeitlichen Ablauf (horizontal) und den Ort (vertikal) ihres Einsatzes.

Tab. 2-1
Systeme und Geschäftsprozesse (statische Zuordnung)

Planung	Disposition	Betriebs-lenkung	Fahrgast-information	Ticketing	Auswertung
Fahrplan-entwicklung	Fahrzeug-disposition	Daten-verwaltung	Info-Aufbereitung	Tarifgestaltung	Statistik, Soll/Ist-Vergleich
Fahrplan-bearbeitung	Personal-disposition	Leitzentrale	Anzeigerüber-wachung	Ticketverkauf, Abo- und Kartenverw.	Vertrags-management
Umlauf-planung		Fahrer-Info	Anzeiger	Fahrgeld-abrechnung	Rückkopplung zur Planung
Dienst-planung		Fahrzeug-steuerung	Webauskunft	Verkaufsgerät	
Optimierung		Bord-computer	Reiseplanung	Fahrscheinkon-trolle/Sperrung	

Verallgemeinerte Referenzdarstellung

Dies ist eine verallgemeinerte Darstellung, die natürlich nicht exakt die Situation der einzelnen Unternehmen wiedergeben kann, schon allein deshalb nicht, weil Verkehrsbetriebe oftmals Systeme unterschiedlicher Hersteller in den verschiedensten Kombinationen einsetzen. Sie beansprucht jedoch, eine Referenzdarstellung zu sein, die möglichst alle Funktionen und Daten enthält, die ein Verkehrsunternehmen in irgendeiner Form benötigt. Somit kann sie die IT von Verkehrsunternehmen umfassend, allgemeingültig und zugleich konkret beschreiben.

Zu den Geschäftsprozessen (Tab. 2-1):

Planung

- Die **Planung** wird Monate und Wochen vor der eigentlichen Fahrt durchgeführt.
  - In der Netzplanung legt man Streckenführungen fest und definiert den Verlauf von Linien. Aus der technischen Beschaffenheit der Strecken und Fahrzeuge werden Fahrzeiten ermittelt (sog. Fahrplanentwicklung); aus der Beförderungsnachfrage leitet man Taktdichten ab.
  - Durch die Fahrplanerfassung und -bearbeitung entsteht der Plan mit den genauen Abfahrtzeiten, der letztlich für den Fahrgast relevant ist und den er beispielsweise in Form von Aushängen an Haltestellen lesen kann.
  - Die Umlaufplanung ist von großer betrieblicher Bedeutung. Sie legt fest, wie die Fahrzeuge eingesetzt werden, um den Fahrplan möglichst effizient abzuwickeln.
  - Für die Dienstplanung gilt dasselbe, nur eben für die Fahrer und andere Personale (Zugführer, Servicemitarbeiter). Dabei sind Randbedingungen zu berücksichtigen wie Dienstzeiten, Pausenregelungen, Einsatzorte etc.
  - Die Optimierung von Umlauf- und Dienstplanung mittels mathematischer Methoden hat zum Ziel, einen Fahrplan mit möglichst wenigen Ressourcen (Fahrzeuge, Personal) – unter Wahrung der Sozialverträglichkeit – umzusetzen.

Disposition

- Die **Disposition**, also die Zuordnung konkreter Fahrzeuge und Fahrer zum Fahr- und Dienstplan, erfolgt typischerweise einige Wochen oder Tage vorher, teilweise aber auch erst kurz vor Fahrtbeginn. Sie beinhaltet alle konkreten Änderungen vor und während des Betriebsablaufs.

Betriebslenkung

- Mit **Betriebslenkung** meint man die Steuerung und Kontrolle der fahrenden Flotte. Die Leitzentrale hat die Übersicht über die Verkehrslage; sie kann bei Unregelmäßigkeiten (Verspätungen, Unfälle etc.) schnelle Lösungen finden oder Maßnahmen einleiten. Dazu verfügen die Fahrzeuge über Bordcomputer mit Kommunikations- und Steuerungsfunktionen, u. a. zur Ampelbeeinflussung oder zur Kontrolle der Anzeigen im Fahrzeug.

Fahrgastinformation

- Die **Fahrgastinformation** dient den Passagieren, und zwar in Form der
  - *dynamischen Fahrgastinformation* zur Anzeige aktueller Abfahrtszeiten, vor allem an Haltestellen, aber auch im Web oder auf dem Handy des Fahrgasts
  - *Reise- bzw. Fahrplanauskunft*, die vorzugsweise per Internet auf beliebigen Endgeräten verfügbar ist. Wegen ihrer engen Zugehörigkeit zur Planung wird sie oft auch dort zugeordnet.

Ticketing

- Mit dem **Ticketing** erzielt das Verkehrsunternehmen einen wesentlichen Teil seiner Einnahmen. Zunächst bedarf es der Tarifgestaltung, damit der Ticketverkauf auf verschiedenartigen Verkaufsgeräten funktioniert – auf stationären Automaten und auf Geräten im Fahrzeug für Papiertickets sowie zunehmend elektronisch mit Chipkarten.

Auswertung

- Die **Auswertung** stellt Plan- und Istwerte gegenüber und steht am Ende der Kette. Ihre Erkenntnisse geben Impulse zur Verbesserung der anderen Prozessschritte. Gleichzeitig dienen sie als Grundlage für die Überprüfung und Abrechnung der Verkehrsverträge, die zwischen dem Verkehrsbetrieb und dem Bedarfsträger bestehen.

Abbildung 2-1 zeigt das Zusammenspiel der Systeme und die wichtigsten Datenflüsse zwischen ihnen[1]. Man erkennt drei Bereiche, in denen Systeme angewendet werden:

Zentral und regional

- In der **Zentrale** des Verkehrsunternehmens werden der Fahrplan entwickelt und das Fahrgeldmanagement betrieben. Wichtige operative Aufgaben werden »**halbzentral**« bearbeitet – **Betriebshof** ist hierfür nicht wörtlich zu nehmen. Dies sind die standortspezifische Disposition von Ressourcen, also von Fahrzeugen und Personal, die Betriebslenkung in der Leitstelle[2] und, damit eng verbunden, die Überwachung der dynamischen Fahrgastinformation.

Im Fahrzeug/dezentral

- Auf der **Straße** finden wir mobile und stationäre Systeme; für den Fahrgast besonders augenfällig sind die Ticketautomaten und die Anzeiger mit den

1. Ein wesentlich genaueres Modell der Datenflüsse findet sich im Anhang (Abschnitt A.2).
2. Leitstellen sind regional oder zentral angesiedelt – je nach der Größe eines Verkehrsbetriebs. In Zeiten mit niedrigem Verkehrsaufkommen werden mitunter mehrere Leitstellen zusammengelegt, teilweise sogar unternehmensübergreifend.

aktuellen Abfahrtszeiten. Auf den Bordcomputern in den Fahrzeugen laufen Softwaresysteme für unterschiedliche Zwecke: für den Ticketverkauf, zur Information des Fahrers über seine Route und Zeitlage, zur Steuerung zahlreicher technischer Funktionen (Funkverbindung zur Leitzentrale, Ortung, Ampelsteuerung, Innenansagen, Anzeiger des Fahrzeugs u. a. m.).

Überall/beim Fahrgast

- Heutzutage sucht und findet der Fahrgast vielfältige Informationen über das Internet: Fahrpläne und Tarife bzw. Preise zur Reiseplanung, aktuelle Abfahrtszeiten u. v. m.

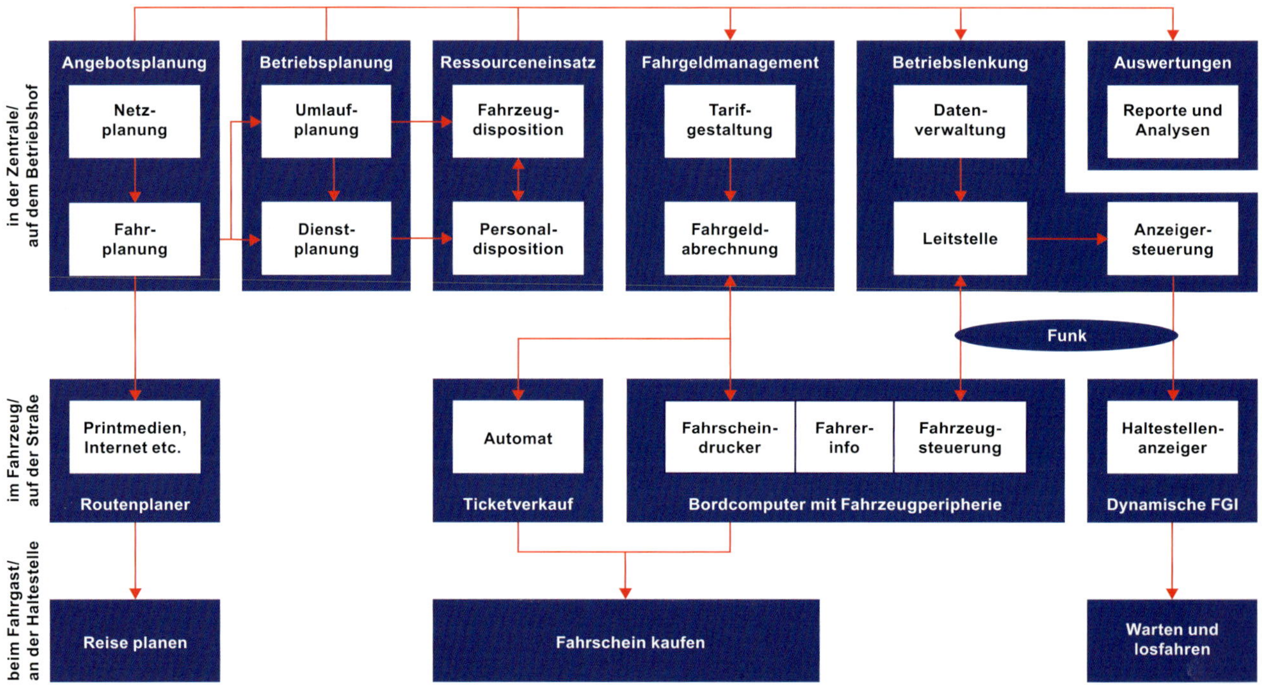

Abb. 2-1 Systeme und Geschäftsprozesse (Dynamik und räumliche Verteilung)

Informationsflüsse: inhaltlich

Die Verbindungslinien in Abbildung 2-1 haben jeweils einen inhaltlichen und einen technischen Aspekt. Aus Gründen der Übersichtlichkeit haben wir die transportierten Fachinhalte (Fahrpläne, Dienstpläne, Statusmeldungen, Dispositionsanweisungen usw.) ganz weggelassen. Sie werden im Anhang (Abschnitt A.2) ausführlich beschrieben.

Informationsflüsse: technisch

Drahtlose Übertragungsverfahren (GSM, GPRS, WLAN usw.) sind in Abbildung 2-1 lediglich an einer Stelle durch den Begriff »Funk« angedeutet. Kommunikationstechnik ist in einem Verkehrsbetrieb besonders wichtig und vielfältig – in den Abschnitten 4.9 und 8.7 gehen wir ausführlich darauf ein.

Zeitliche Ordnung der Kernprozesse

Das Zusammenwirken von Planung und Disposition, Lenkung und Auswertung ergibt sich aus dem inneren Rhythmus des öffentlichen Personenverkehrs. Abbildung 2-2 ordnet die Haupttätigkeiten prototypisch auf einem Zeitstrahl an:

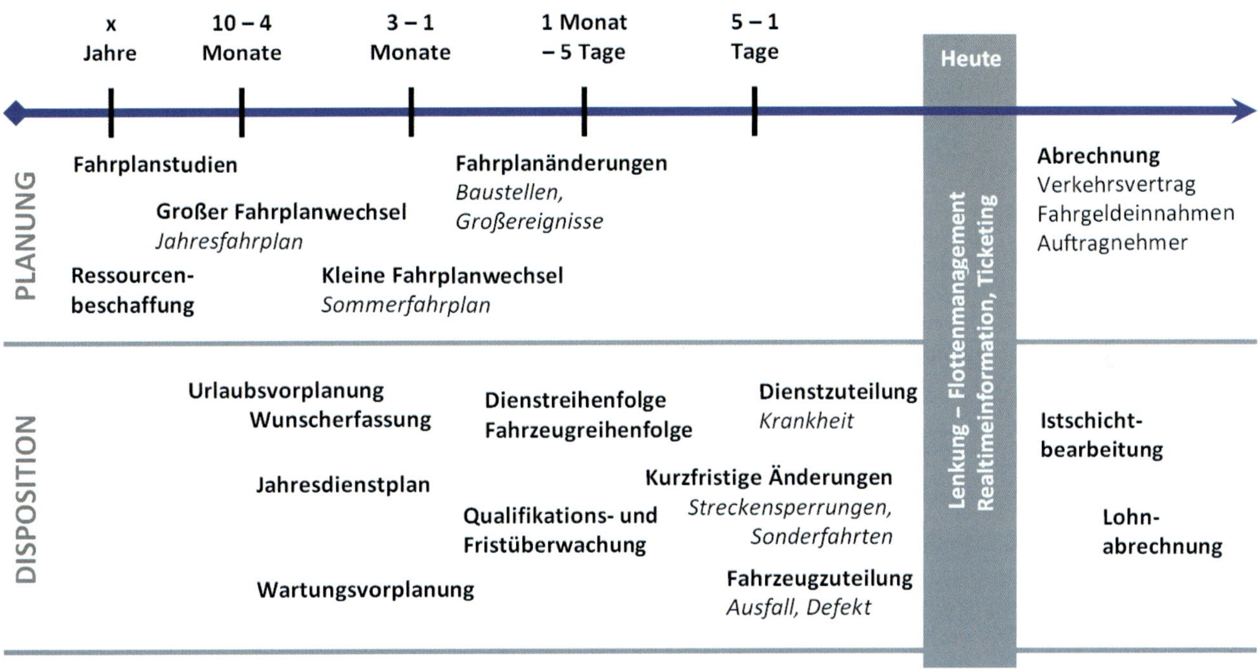

Abb. 2-2 Zeitliche Ordnung der Kernprozesse

Jahresplanung

In großen Zyklen finden Fahrplanstudien statt, mit langem zeitlichen Vorlauf wird der jährliche[3] Fahrplan erstellt. In ähnlichem Rhythmus passt man Tarifpläne an; ihr Inkrafttreten ist allerdings zeitlich nicht vom Fahrplanwechsel abhängig. Parallel zur Fahrplanung findet die langfristige Ressourcenplanung statt (Jahresdienstpläne, Urlaube, Aus- und Weiterbildungsplan, Beschaffung oder Umrüstung von Fahrzeugen). Im Schienenverkehr hat die Streckenplanung (Gleisbau) besonders lange Vorlaufzeiten.

Quartale und Monate

Mit abnehmendem zeitlichen Horizont konkretisiert sich die Planung: Man bildet Dienstreihenfolgen, berücksichtigt Fahrerwünsche, optimiert Fahrzeugumläufe, legt Wartungsfenster fest, ordnet Fahrzeuge und Mitarbeiter den abstrakten Plänen zu. Manchmal gibt es ein Wechselspiel zwischen den Planungsschritten: Beispielsweise verschiebt man bei der Optimierung der Umläufe versuchsweise Fahrten auf der Zeitachse, um den Fahrzeugeinsatz zu minimieren bzw. optimieren.

Wochen und Tage

Je näher der Tag der Ausführung rückt, desto häufiger stellt sich die Frage: Soll eine Sondersituation (z. B. ein Großereignis) noch in der Planung berücksichtigt werden oder hält man am Plan fest und überlässt es dem »Tagesgeschäft«,

3. Der »große Fahrplanwechsel« ist mittlerweile europaweit harmonisiert (Mitte Dezember). Lokale, halbjährliche Fahrplanwechsel werden bei Bedarf eingeschoben.

sich mit den absehbaren Störungen auseinanderzusetzen? Nicht selten ergibt sich ein Kompromiss: Man erhöht die Anzahl der Fahrer, die Bereitschaftsdienst haben, und sorgt dafür, dass möglichst alle Fahrzeuge einsatzbereit sind. Welche Fahrten jedoch konkret verändert oder verstärkt werden, überlässt man der Leitstelle, wenn es so weit ist.

Zeitpunkt X

Zum Ausführungszeitpunkt wird das Verkehrsgeschehen überwacht. Abweichungen vom Sollzustand lösen Maßnahmen zur Gegensteuerung aus. Auch hier ist ein Planungsprozess vorausgegangen: Die Leitstelle fängt nicht erst mit der Suche nach einer Umleitung an, wenn eine Strecke blockiert ist! Sie hat sich für zahllose Ereignisse vorbereitet und greift auf ein Arsenal von Maßnahmen zurück. Dies schließt nicht nur Eingriffe in Fahrwege und Dienste von Fahrern ein, sondern auch die gezielte Information von Fahrgästen.

Hinterher

Nach der Ausführung gabeln sich die Wege: Auf der operativen Ebene werden die geleisteten Dienste genau erfasst, denn bei Abweichungen vom Plan ergeben sich Rückwirkungen auf die Bezahlung der Fahrer, auf einzuhaltende Erholungszeiten oder auf Inspektionstermine für Fahrzeuge – d. h., die Disposition für den Folgetag wird beeinflusst, und der Kreis schließt sich. Auf der längerfristigen Ebene gilt es, Fahrleistungen zu erfassen, Einnahmen abzurechnen und aus Qualitätsmängeln zu lernen, etwa indem man den Plan anpasst, damit Anschlüsse besser klappen.

2.2 Akteure und Rollen

Die Organisationsstruktur von Verkehrsunternehmen ist individuell verschieden. Für unser Modell interessiert uns vor allem, wie die IT-Systeme benutzt werden. Wir betrachten dabei Rollen, d. h. relevante Ausschnitte aus dem Tätigkeitsbild von Mitarbeitern. Wenn wir beispielsweise von einem *Personaldisponenten* sprechen, dann meinen wir ein Aufgabenbündel, das mit der Zuordnung von Fahrern zu geplanten Fahr- und Bereitschaftsdiensten zu tun hat. Dieses Aufgabenbündel (die Rolle) kann in einem kleineren Verkehrsunternehmen durchaus von derselben Person eingenommen werden, die auch die Dienste plant (= der *Dienstplaner*).

Tätigkeitsprofile

Bei den Anwendungssteckbriefen im Anhang (Abschnitt A.2) führen wir jeweils die Rollen der beteiligten Personen auf. Im weiteren Verlauf des Buches werden sie uns immer wieder begegnen[4]. Die wichtigsten Rollen lassen sich folgendermaßen charakterisieren:

Verkehrsplaner

- Der **Verkehrsplaner** analysiert die aktuelle Nutzung öffentlicher Verkehrsmittel in einer Region und prognostiziert Veränderungen des Fahrgastverhaltens. Er berücksichtigt dabei soziologische Entwicklungen und städtebauliche Planungsvorhaben. Ergebnis seiner Arbeit ist der erwartete Mobilitätsbedarf, also die Menge der zu befördernden Personen, gegliedert nach Personengruppen

4. Wenn aus dem Zusammenhang heraus klar ist, um welche Tätigkeit es geht, verwenden wir auch verallgemeinernde Begriffe (»der Disponent«). Wir verwenden aus sprachlichen Gründen nur männliche Formen (»DER« Planer), denken aber natürlich gleichermaßen an beide Geschlechter.

(Pendler, Schüler, Schwerbehinderte, ...), Relationen (Start- und Zielort), Gebieten (Ballungsräume, Bezirke) und Zeitbereichen (Wochentag, Uhrzeit). Er erstellt beispielsweise einen *Nahverkehrsplan*, in dem die grobe Linienstruktur und die Kapazität des Angebots (Plätze und Bedienungshäufigkeit je Relation) festgelegt werden.

- Der **Netzplaner** erstellt auf der Grundlage des Verkehrsbedarfs ein Liniennetz für einen Verkehrsbetrieb oder einen Verbund, welches die Grundlage für das Beförderungsangebot ist. Er legt dazu Haltestellen, Streckenverläufe, Linien, Fahrzeiten und Fahrzeitprofile fest. Je nach Verkehrsmittel findet ein Teil der Netzplanung auch strategisch statt; so werden z. B. investitionsintensive Verkehrsmittel wie Bahnen über den Zeitraum einer Zuggeneration geplant und realisiert. Die Änderung oder Erstellung einer Buslinie ist dahingegen auch innerhalb eines Fahrplans, d. h. mit wenigen Wochen Vorlauf, möglich. Der Netzplaner ergänzt tarifrelevante Informationen (wie etwa Regeln für die Kurzstreckenbestimmung) auf Anweisung des Tarifplaners in der Definition des Verkehrsnetzes. Netzplaner
- Der **Fahrplaner** realisiert den Verkehrsbedarf auf dem zuvor erstellten Netz. Oftmals sind die Rollen von Netz- und Fahrplaner nicht getrennt, da beide Tätigkeiten eng miteinander verwandt sind. Der Fahrplaner definiert die Fahrten für jede Linie (Taktdichte und genaue Zeiten) und berücksichtigt dabei Anschlussbeziehungen. Er legt den einzusetzenden Fahrzeugtyp fest[5] und beachtet Einschränkungen, die sich aus der Streckenführung ergeben können. Zusätzlich gibt er erforderliche Sonderausstattungen vor, wie etwa einen behindertengerechten Einstieg. Die **Netz-** und **Fahrplanung** können Aufgabe des Verkehrsunternehmens sein oder im Verkehrsvertrag fest vorgegeben werden, je nachdem, wie differenziert der Aufgabenträger[6] die zu erbringende Verkehrsleistung vorgibt. Fahrplaner
- Der **Umlaufplaner** erstellt Leistungspakete für Fahrzeuge eines bestimmten Typs. Er reiht dazu Fahrten hintereinander auf, die später von einem Fahrzeug in genau dieser Reihenfolge erbracht werden sollen. Dabei werden nach Regeln und Erfahrungswerten sog. *Wendezeiten* beachtet, die u. a. für die Stabilität der späteren Planeinhaltung wichtig sind. Der Umlaufplaner muss die Reichweite des jeweiligen Fahrzeugtyps berücksichtigen und notwendige Tankstopps einplanen. Er beachtet Auf- und Abrüstzeiten sowie Wartungstätigkeiten (Waschen, kleine Inspektion), die innerhalb des Umlaufs stattfinden sollen. Er plant die Abstellung von Fahrzeugen auf Gleisanlagen oder Abstellplätzen und berücksichtigt dabei die Kapazität von Betriebspunkten und Betriebshöfen je Fahrzeugtyp (Depotausgleich). Bei Schienenfahrzeugen kümmert er sich auch um die Gleisbelegung in der Abstellanlage und erstellt Einfahr-/Ausfahrreihenfolgen. Umlaufplaner
- Der **Dienstplaner** plant alle zu erbringenden Personalleistungen auf Basis der Fahrten bzw. Umläufe. Er beachtet Dienst- und Pausenregeln und bewegt sich im Spannungsfeld zwischen effizienten und stabilen Dienstplänen. Er will die Dienstplaner

5. Er definiert nur allgemeine Merkmale, wie etwa das Platzangebot oder bestimmte Qualitätskriterien (z. B. Barrierefreiheit).
6. Vergleiche Kapitel 12.

Gesamtleistung mit der Mindestmenge an bezahlter Zeit bzw. mit möglichst wenig Diensten abwickeln und unnötige Ablösevorgänge bzw. Linienwechsel vermeiden. Da oft mehrere Lösungen mit ähnlichen Kosten möglich sind, bevorzugt er besonders sozialverträgliche Lösungen, also etwa solche mit einem besonders guten Verhältnis zwischen bezahlter Arbeitszeit und Ausbleibezeit der Fahrer. Der Dienstplaner achtet darauf, dass Dienste zu einer mehrtägigen Dienstreihenfolge zusammengesetzt werden können, die später einer einzelnen Person zugeordnet werden kann. Dazu muss er Dienstreihenfolgeregeln kennen, in denen die Mindesterholungsdauer zwischen Diensten festgelegt ist. Der Dienstplaner gibt dem Betriebsrat Gelegenheit, zu prüfen, ob gesetzliche Regeln und hauseigene Betriebsvereinbarungen bei der Aufstellung des Dienstplans beachtet worden sind.

Personaldisponent

- Der **Personaldisponent** erstellt Dienstreihenfolgen auf Basis von exemplarischen Wochen oder echten Kalendertagen (Tages-, Wochen-, Monats- und Jahresdienstpläne). Er beachtet Ruhezeitregulierungen, führt die Stundenkonten der Mitarbeiter und ordnet den Dienstreihenfolgen konkrete Personen zu. Er erstellt in diesem Zusammenhang auch die Abwesenheitsplanung (Urlaub, Fortbildung, ärztliche Untersuchungen, Betriebsrattätigkeiten). Der Personaldisponent überwacht den Dienstantritt der Mitarbeiter und kümmert sich darum, dass bei Ausfällen andere Mitarbeiter kurzfristig einspringen können (Bereitschaftsdienste, »Verfüger«). Er löst Konflikte und kommt nach Möglichkeit individuellen Wünschen entgegen (Schichtlage, Diensttausch). Der Personaldisponent informiert die Fahrer über Änderungen, die bei Dienstantritt bekannt sind (Streckensperrungen, Langsamfahrstellen). Außerdem überwacht er die Qualifikationen der Mitarbeiter und deren Erneuerung. Nach dem Ende jedes Dienstes erfasst er Soll-Ist-Abweichungen, da die Daten der Disposition Basis für die Lohnabrechnung sind.

Fahrzeugdisponent

- Der **Fahrzeugdisponent** ordnet geplanten Umläufen konkrete Fahrzeuge zu. Er teilt dem Personaldisponenten oder direkt dem Fahrer den Standort des jeweils vorgesehenen Fahrzeugs mit. Er überwacht Inspektionstermine (Zeit- und Kilometerfristen), angefangen von Routinearbeiten wie Tanken oder Waschen über kleinere Fahrzeugchecks bis zur Einplanung großer Inspektionen/Generalüberholungen (Werkstattvorplanung). In manchen Verkehrsunternehmen erstreckt sich die Rolle des Fahrzeugdisponenten bis ins fahrtbegleitende Störungsmanagement hinein. Wir ordnen solche Tätigkeiten dem Leitstellendisponenten zu.

Fleetmanager

- Der **Fleetmanager** (**Leitstellendisponent**) hat die Aufgabe, den Fahrbetrieb laufend zu überwachen und bei Störungen regulierend einzugreifen, damit der Fahrplan bestmöglich erfüllt wird. Bei Bedarf richtet er beispielsweise Umleitungen ein, sorgt für zusätzliche Fahrten, veranlasst den Tausch von Fahrzeugen oder disponiert Ersatzfahrer. Nach größeren Verkehrsstörungen (z. B. Hagel/Sturm) ordnet er Fahrzeugzuordnungen neu, um wieder in einen planungskonformen Zustand zu gelangen. Der Fleetmanager kommuniziert mit den Fahrern in Einzel- oder Gruppengesprächen. Seine Anordnungen gelangen in der Regel als Datenfunktelegramme auf den Bordrechner und werden dann dem Fahrer angezeigt. Die Arbeit des Fleetmanagers wird von einem

IT-System unterstützt, das Basisaufgaben wie Intervallregulierung und Anschlusssicherung weitgehend automatisch erledigen kann.

- Der **Tarifplaner** ist verantwortlich für die Tarifplanung, den Tarifimport, -export und die -versionsplanung. Er stellt den Bezug des Tarifnetzes zum Verkehrsnetz gemeinsam mit dem Netzdatenpfleger her. Er nimmt die tarifliche Bewertung (Preisstufe) der Verbindung vor und legt damit den Wert der Beförderungsleistung fest. Er definiert Fahrausweisarten (Produkte) und legt deren Eigenschaften fest. Tarifplaner
- Der **Fahrer** meldet den Beginn einer Fahrt beim Fleetmanager an und steuert das Fahrzeug unter Beachtung der Haltestellen, Fahrwege und Fahrzeiten. Er ist Ansprechpartner des Fleetmanagers, führt dessen Dispositionsanweisungen aus und meldet ggf. Störungen. Oft verkauft er zusätzlich Fahrausweise und übernimmt kleine Servicearbeiten (Fahrzeuginnenreinigung an der Endhaltestelle). Er berät den Fahrgast bei der Auswahl des passenden Fahrscheins und gibt Auskunft über Verbindungen. An Umsteigepunkten wirkt er bei der Sicherung der Anschlüsse mit. Fahrer
- Der **Servicetechniker** nimmt die Fahrzeugtechnik in Betrieb. Er überwacht den Betriebszustand von Systemen, Anlagen und Geräten und beseitigt auftretende Störungen. Servicetechniker
- Der **Kontrolleur** prüft Fahrausweise auf ihre räumliche und zeitliche Gültigkeit. Er stellt für Fahrgäste ohne gültigen Fahrausweis einen Ersatzfahrausweis aus und erhebt dabei ein erhöhtes Beförderungsentgelt. Kontrolleur
- Der Mitarbeiter der Abrechnungsstelle, der Kasse und der **Buchhalter** prüfen Abrechnungsbelege (Verkäufe) und Einnahmen des Fahrers bzw. Verkäufers und führen Korrekturbuchungen durch. Sie teilen die Einnahmen aus Verbundfahrausweisen nach festgelegten Regeln auf. Buchhalter
- Der **DFI-Disponent** ist für die Überwachung und Steuerung von Informationen zuständig, die live an die Fahrgäste gerichtet werden. Er überwacht den technischen Status von DFI-Anzeigen, nimmt gestörte Anzeiger außer Betrieb und veranlasst die Reparatur. Bei der Steuerung der normalen Anzeigeinhalte (hochgerechnete Abfahrtszeiten) muss er nicht eingreifen. Er ist eher in speziellen Situationen gefordert: Kommt es bei Großereignissen (Demonstrationen, Sportveranstaltungen) zu Straßensperrungen oder treten andere Unregelmäßigkeiten (Unfälle) auf, so sendet er spezielle Hinweistexte an betroffene Anzeiger; manchmal ist auch eine »frohe Botschaft« dabei (Weihnachtswünsche). DFI-Disponent
- Der **Qualitäts- und Vertragsmanager** überwacht alle Geschäftsprozesse des Verkehrsunternehmens auf die Einhaltung festgelegter Standards. Er hat besonderes Augenmerk auf übergreifende Zusammenhänge und gibt Hinweise zur Prozessverbesserung. Gegenüber dem Aufgabenträger vertritt er die Belange seines Unternehmens. Er weist die erbrachten Verkehrsleistungen nach und zieht dazu vertraglich festgelegte Kennziffern heran, wie z. B. die Pünktlichkeitsstatistik. Qualitätsmanager

Daneben gibt es natürlich noch weitere Rollen, z. B. in der *Buchhaltung* (Clearing), in der *Kundenbetreuung*, im *Verkauf*, im *Fahrzeug* (Zugbegleiter, Serviceteam) oder beim Management der Kontakte zum übergeordneten *Verkehrsverbund*.

Fahrgast

Und – last but not least – ist da noch der ***Fahrgast!*** Um ihn dreht sich letztlich alles. Er soll eine perfekte Leistung erhalten; stärker als früher sieht man ihn als aktiven Teilnehmer von Informationssystemen. Er besorgt sich Tarifinformationen, kauft seine Fahrkarte am Automaten oder im Internet, ruft aktuelle Ankunftszeitprognosen mit dem Handy ab und fordert einen individuellen Kursbuchauszug an: »mein persönlicher Fahrplan«. Er lässt sich befragen, ordert Rufbusse, validiert sein Ticket[7], teilt dem Fahrer seine Umsteigewünsche mit, nimmt an Gewinnspielen teil, lässt sich mit Werbung versorgen, zahlt seine Jahreskarte per monatlichem Lastschrifteinzug und wird immer mehr zum aktiven »Geschäftspartner« des Verkehrsunternehmens.

2.3 Besondere Anforderungen an Systeme im ÖPV

Nichtfunktionale Eigenschaften

Im Prinzip gilt für IT-Systeme im ÖPV das Gleiche wie für alle IT-Systeme: Sie sollen robust, flexibel, modular, erweiterbar, benutzerfreundlich, leistungsstark und sicher sein. Die Liste solcher »nichtfunktionaler Eigenschaften« lässt sich mühelos verlängern.

Wir greifen einige Aspekte heraus, die weniger selbstverständlich sind, jedoch im ÖPV besondere Bedeutung haben: *Mandantenfähigkeit, Versionierung, Regelbasiertheit* und *Optimierung.*

2.3.1 Mandantenfähigkeit

Kooperation und Fusion

In Deutschland gibt es viele Verkehrsbetriebe. Steigender Kostendruck führt immer häufiger zu Fusionen von Verkehrsunternehmen, zumindest jedoch zu engen Kooperationen. Dabei müssen auch die IT-Systeme der verbundenen Unternehmen zusammenwachsen. Selbst wenn zwei Verkehrsbetriebe das gleiche Softwaresystem für die Planung oder für die Leitstelle verwenden, so ist damit noch nicht gesagt, dass sie bei einer Kooperation eines davon stilllegen können. Oft muss über einen längeren Zeitraum hinweg ein Mischbetrieb gewährleistet werden.

Übergangsphasen

Man einigt sich zunächst auf ein gemeinsames Netz und legt fest, dass die Fahrzeuge sich frei durch das Gesamtnetz bewegen können. Man möchte die Haltepunkte ab sofort nur an einer Stelle verwalten – aber vorläufig sollen die Fahrzeuge noch getrennt betrieben werden. Und abends sollen sie möglichst wieder ins »eigene« Depot fahren. Im nächsten Schritt hat man eine gemeinsame Flotte und will eine gemeinsame Überwachung aller Fahrzeuge. Da jedoch aus der Historie heraus unterschiedliche Funksysteme im Einsatz sind, muss die vereinigte Leitstelle mit mehreren Systemen gleichzeitig zurechtkommen. Weil die Fahrer unterschiedliche Tarifverträge haben, muss man sie noch so lange auseinanderhalten, bis auch hier Kongruenz erzielt ist. Im Auftritt zum Fahrgast hin möchte man vielleicht sogar noch ziemlich lange den alten Namen und das bis-

7. Im Deutschen ist oft vom »Fahrscheinentwerter« die Rede, wenn es um Papiertickets geht. Eigentlich wird der Fahrschein jedoch durch den Stempelaufdruck erst gültig! Im englischen Sprachraum und zunehmend auch bei uns ist daher vom Validieren eines Tickets die Rede, besonders im Zusammenhang mit elektronischen Fahrscheinen.

herige Erscheinungsbild wahren. Oder umgekehrt: Man möchte schon sehr früh ein neues Branding haben (im Internet, am Fahrzeug), obwohl hinter den Kulissen noch zwei weitgehend getrennte Unternehmen existieren.

All dies verlangt eine enorme Flexibilität von den IT-Systemen. Technisch sollen sie möglichst rasch zusammengeführt werden, um Betriebskosten zu sparen. Aber fachlich vollzieht sich die Annäherung in subtilen Zwischenstufen.

Teilbetriebe

IT-Systeme im ÖPV haben seit langem Mechanismen, um Teilbetriebe innerhalb eines Verkehrsunternehmens gegeneinander abzuschotten, etwa nach dem Prinzip: Die *U-Bahn* plant und disponiert zwar mit derselben Software, aber ihre Fahrzeuge und Fahrer sollen für die Planer im Teilbetrieb *Trambahn* gar nicht sichtbar sein. Die Haltestellen und der Fahrplan sollen jedoch zumindest so weit einsehbar sein, wie es zur Definition von Anschlüssen oder für die Planung von Mitfahrten im Dienstplan nötig ist.

Subunternehmen

Es kommt öfter vor, dass eine Gesellschaft gegründet wird, in der neu eingestellte Fahrer zu anderen vertraglichen Bedingungen arbeiten als die bisherige Belegschaft. Außerdem gibt es vielleicht noch Leiharbeiter; es kann finanziell vorteilhaft sein, wenn man bei der Planung und bei der Disposition darauf achtet, welche Touren man bildet und welcher Personengruppe man sie zuordnet – etwa weil die Regeln für die Bezahlung von Pausen unterschiedlich sind. IT-Systeme müssen solche Unterschiede berücksichtigen.

Das Ziel ist in allen Fällen ähnlich: Man betreibt innerhalb einer einzigen Softwareinstallation mehrere »Mandanten«, die gegeneinander abgegrenzt sind. Gleichzeitig gibt es jedoch auch bestimmte Datenbereiche, die mandantenübergreifend gültig sind, d. h. nur einmal für alle existieren.

Funktionale und technische Kopplung

Um Mandantenfähigkeit zu gewährleisten, muss man funktionale Koppelungen bedenken, wie z. B. bei der Optimierung der Personalplanung. Ferner benötigt man ein stark differenziertes Berechtigungssystem. Und schließlich muss man auch technische Verflechtungen im Auge behalten: Wenn für den Teilbetrieb A eine Datenreorganisation durchgeführt werden soll und alle Tabellen in einer einzigen Datenbank liegen, dann hat dies auch Auswirkungen auf die Systemverfügbarkeit für den Teilbetrieb B.

2.3.2 Versionen und Varianten

Versionen

Planungsprozesse im ÖPV haben einen großen zeitlichen Vorlauf. Während die eine Version eines Fahrplans (der Sommerfahrplan) noch gültig ist, sind die Planer schon dabei, die nächste Version (den Winterfahrplan) aufzubauen. Gleichzeitig kommt es vor, dass kleinere Änderungen auch noch am aktuellen Plan vorgenommen werden, z. B. wenn absehbar ist, dass Baustellen den Fahrweg beeinträchtigen werden.

Im Laufe der Zeit werden Haltestellen verschoben oder umbenannt, Linien werden neu definiert, stillgelegt und wieder aufgenommen, Fahrzeuge mit neuen technischen Eigenschaften werden beschafft und vieles andere mehr.

IT-Systeme müssen in der Lage sein, mehrere Datenräume nach Versionen auseinanderzuhalten. Eine Version ist dabei so definiert, dass sie zeitlich von einer Vorgänger- und Nachfolgerversion abgegrenzt ist. Zu einem konkreten Zeitpunkt gibt es immer genau eine aktuell gültige Version.

Historisierung von Änderungen

Ein verwandtes, aber letztlich doch ganz anderes Konzept entsteht aus der Notwendigkeit, im Laufe des Planungsprozesses gemachte Änderungen nachzuvollziehen oder wieder rückgängig zu machen. Es kommt öfter vor, dass man während der Planung einen bestimmten Weg einschlägt und nach einer Weile feststellt, dass man lieber noch einmal bei einem bestimmten Zwischenstand neu aufsetzen würde. Über die Historisierung von Bearbeitungsvorgängen kann man dies erreichen. Nicht immer will man jedoch einfach nur eine einzelne Änderung zurücknehmen. Man möchte möglicherweise erst einmal sehen, wie bestimmte Fahrten und Dienste zu einem bestimmten, zurückliegenden Zeitpunkt im Planungsprozess ausgesehen haben. Dazu muss das System Fragen der Art beantworten können: Welche Stückzahlen von welchen Fahrzeugtypen hätte ich mit dem Planungsstand von vor zehn Tagen benötigt? Wie gut war bei der damaligen Dienstplanung das Verhältnis zwischen Pausen und Arbeitszeit?

Varianten

Eine weitere, dritte Dimension entsteht dadurch, dass man in der Planung verschiedene Strategien ausprobieren möchte. Man erstellt mehrere Planungen parallel und vergleicht sie miteinander. Freigeben darf man am Ende immer nur eine einzige davon, aber es kann sein, dass man die anderen Varianten in Reserve behält, um sie z. B. als Ausgangspunkt für die nächste Version des Fahrplans heranzuziehen. Man kann auch »Schubladen-Varianten« bilden, um auf Notsituationen wie gesperrte Straßen, Hochwasser oder ausgefallene Fahrzeuge vorbereitet zu sein. Wenn man erst das Nachdenken anfängt, wenn die Grippewelle die Hälfte der Fahrer erreicht hat, bleibt vieles dem Zufall überlassen. Durch Planungsvarianten sorgt man vor.

Alle drei Gesichtspunkte – *Versionsabgrenzung*, *Historisierung* und *Variantenbildung* – sind unabhängig voneinander. Jeder spannt eine Dimension zusätzlicher Komplexität auf, die von den IT-Systemen bewältigt werden muss, einerseits in der Datenbank und andererseits an der Benutzeroberfläche[8].

2.3.3 Spezielle Notation für Regeln

Planungsgewohnheiten, Präferenzen

Es klang bereits an: Verkehrsbetriebe unterscheiden sich – bei allen Gemeinsamkeiten – im Detail doch in vielen Facetten. Ganz besonders trifft dies auf Planungsgewohnheiten und Entgeltregelungen zu. Beispielsweise gibt es in Großbritannien und Irland eine Gewohnheit, dass Fahrer nach ihrer Seniorität auswählen dürfen, welche Dienste sie gerne fahren würden. In Deutschland hat man oft den Wunsch, die Dienstzuteilung so zu steuern, dass Überstundenkonten ausgeglichen werden. In Italien gelten für Aushilfsfahrer ganz andere Pausenregeln, so dass man ihnen oft die etwas »undankbareren« Fahrten überträgt. Bestimmte Personengruppen haben möglicherweise sogar das vertraglich abgesicherte Recht, an bestimmten Stellen Pause machen zu dürfen. Kurz: Es gibt kaum etwas, was es nicht gibt.

8. Hinzu kommt auch noch die Handhabung struktureller Ähnlichkeiten zwischen verschiedenen `TagesArten` innerhalb einer Variante einer Version, vgl. Abschnitt 3.4.3.

Gefahr der Redundanz und Verzettelung

IT-Systeme, die für jeden Einzelfall einen neuen Algorithmus benutzen, wachsen ihren Autoren leicht über den Kopf. Kopieren und modifizieren ist anfangs zwar bequem, aber auf Dauer führt es zu Unübersichtlichkeit und Redundanz. Selbst für den Kunden ist die maßgeschneiderte Lösung nicht immer die beste, denn beim Umstieg auf ein neues Release müssen solche Lösungen separat angepasst und getestet werden, was die Kosten in die Höhe treibt. Oft hält man deswegen lang an einem veralteten Release fest, kann also neue Funktionen nicht nutzen. Bis dann der Moment kommt, wo wegen einer gesetzlichen Änderung der Umstieg unausweichlich wird.

Generische Systeme

Der klassische Ausweg aus dieser Situation besteht im Entwurf generischer Systeme, die durch Parametersteuerung und manchmal sogar durch eigene »Regelsprachen« vom Anwender in Zusammenarbeit mit einem Experten des Herstellers angepasst werden können.

Ad-hoc-Sprachen

Obwohl dieser Weg im Prinzip der bessere ist, drohen auch hier Gefahren: Der Entwurf von Regelsprachen ist oftmals augenblicksgetrieben und wird in seiner Bedeutung unterschätzt. Gibt es erst einmal etliche installierte Systeme, kann man Kinderkrankheiten solcher spontan erfundenen Regelsprachen nicht mehr ohne große Mühe korrigieren. Im Gegenteil: Der Verkehrsbetrieb entwickelt Fantasie und wünscht sich hier und dort noch ein paar Schalter und Stellschrauben mehr. Dies reduziert die Testbarkeit und beeinträchtigt oft auch die Performance. Letztere ist ohnehin oft der große Pferdefuß bei generischen Lösungen.

Nichtfunktionale Sprachen

Eine Alternative kann der Einsatz ausgereifter nichtfunktionaler Sprachen sein (z. B. *Prolog*), doch ist das Denken in Prädikatenlogik vielen Softwareentwicklern unvertraut – und erst recht den Fachleuten im Verkehrsbetrieb. Außerdem holt man sich dabei weitere technische Plattformen in die Softwarelandschaft und schafft zusätzliche Abhängigkeiten.

Es gibt keinen Königsweg. Aber zumindest im Bereich der Dienstplanung und Personaldisposition wird man meist irgendwelche Regelwerke antreffen, die in abstrakter Form Lohnzuschläge, Pausenregeln, Dienstfolgepräferenzen und vieles andere mehr beschreiben.

2.3.4 Prozessübergreifende Optimierung

Planungsprobleme im ÖPV können sehr groß und außerordentlich kompliziert sein. Durch das Zerlegen der Gesamtaufgabe in Teilschritte wird sie beherrschbar: »Zuerst Umläufe planen, dann Dienste zuordnen.« Solche sequenziellen Strategien sind nützlich, verschenken aber Optimierungspotenzial. Man trifft daher im ÖPV IT-Systeme an, die mehrere Prozessschritte integrieren, indem sie Teillösungen erzeugen und automatische Iterationsschritte durchführen. Oft ist es eine Mischung aus exakter Optimierung, aus heuristischen Verfahren und aus steuernden Benutzereingriffen, mit der man sich an die beste Lösung herantastet. *Integrierte Optimierung im ÖPV* ist nach wie vor ein aktuelles wissenschaftliches Forschungsgebiet, und die dazu eingesetzten Verfahren spielen im Wettbewerbsvergleich von IT-Systemen eine wichtige, differenzierende Rolle.

3 Das ITVU-Kernmodell

Das Branchenmodell beschreibt einerseits *Geschäftsprozesse* und andererseits fundamentale *Datenstrukturen (Klassen)*.

Klassenmodell

Die Erfahrung zeigt, dass ein gut entworfenes *Klassenmodell* sehr stabil ist und auch bis zu einem bestimmten Grad Veränderungen bei Geschäftsprozessen überdauert. Auf der Basis eines Klassenmodells kann man mehrere IT-Systeme entwerfen, die im Prinzip Vergleichbares leisten, jedoch unterschiedliche Arbeitsabläufe unterstützen und verschiedene Bedienkonzepte verwenden. **Wir räumen dem Klassenmodell als »tragender Säule« in diesem Buch breiten Raum ein.**

Prozessmodell, Systeme

Oft ist jedoch der Einstieg in ein solches Modell mühsam, ja spröde. Besonders wenn die Materie neu ist, betrachtet man lieber Prozesse oder Systeme. Es ist ein bisschen so wie bei einem Drama im Theater: Man lässt sich zuerst von der Handlung und dem Bühnenbild fesseln; erst hinterher beginnt man, die Charakterzüge der Hauptpersonen zu analysieren, und erwirbt so ein tieferes Verständnis für ihre Motive und Spannungsfelder – man erschließt die »Konstruktion«.

Individueller Einstieg

Unser Buch bietet Ihnen mehrere Zugänge:

- Wenn Sie Vorwissen aus der Informatik und aus dem ÖPV haben und geradewegs auf den Kern der Dinge zugehen wollen, dann ist das aktuelle Kapitel der ideale Einstieg für Sie.
- Wenn Sie bisher keine berufliche Berührung mit dem öffentlichen Personenverkehr hatten, dann könnte es nützlich sein, jetzt das Hintergrundkapitel zum öffentlichen Personenverkehr (Kap. 12) zu lesen.
- Hatten Sie bisher nur sporadisch mit Informatik zu tun, so empfehlen wir Kapitel 13 und 14. Selbst wenn Sie Informatiker sind, könnte es sein, dass die detaillierte Darstellung zur UML-Modellierung in Kapitel 14 nicht nur Altbekanntes enthält.

Nun aber zum Klassenmodell: Nach einigen Hinweisen zur Notation grenzen wir das Modell inhaltlich ab und geben einen Gesamtüberblick. Danach erläutern wir das *Kernmodell* näher. Das Kernmodell ist ein inhaltlicher Ausschnitt des Gesamtmodells, dessen Schwerpunkt bei der Planung und Ausführung des Beförderungsprozesses liegt.

3.1 Hinweise zur Notation

Das Branchenmodell richtet sich an Verkehrsfachleute und an Softwareentwickler. Es muss daher in einer Sprache verfasst sein, die alle Beteiligten verstehen, in unserem Fall also Deutsch.

Deutsch

Fachliche Inhalte sind oft so diffizil, dass man sogar sprach-schöpferisch tätig werden muss, um eine schlüssige Begriffswelt zu erschaffen. Wir haben das ITVU-Modell daher zunächst in unserer Muttersprache entwickelt und betrachten diese Fassung als Master-Version.

Englisch

Weil das Modell auch international einsetzbar sein soll, wird eine englische Fassung daraus abgeleitet; sie befindet sich im Aufbau und ist auf der Website (www.itvu.de) zugänglich.

Nationale Eigenheiten

Wird das Modell in Richtung nationaler fachlicher Besonderheiten erweitert, so werden solche Erweiterungen von vornherein in der jeweiligen Landessprache entstehen und nur in dem abgeleiteten Modell existieren – eine künstliche Rückübersetzung ins Deutsche wäre in der Regel unzweckmäßig.

UML:
Unified Modeling Language

Im Laufe der letzten zehn Jahre haben sich Standards für die Darstellung von IT-Modellen herausgebildet, die unter dem Begriff der *Unified Modeling Language (UML)* zusammengefasst werden[1]. Dabei wird die bildhafte Beschreibung stark herausgestellt – meist ist von sog. UML-*Diagrammtypen* die Rede. Man sollte darüber jedoch nicht vergessen, wie wichtig die sorgfältige und präzise Textbeschreibung der einzelnen Elemente ist. Ein Bild mag zwar mehr als die berühmten tausend Worte sagen, aber wenn die Namensgebung der Elemente ungeschickt oder uneinheitlich ist, entfaltet es nur wenig Wirkung.

Klassendiagramm

Am besten eignet sich für unseren Zweck das *UML-Klassendiagramm*. Es stellt Klassen mit ihren Variablen und Funktionen dar und zeigt statische Verknüpfungen zwischen den Klassen, nämlich Vererbungen und Instanzbeziehungen.

Paketdiagramm

Auch wenn man sich auf die konzeptionelle Ebene beschränkt, können Klassenmodelle immer noch ziemlich groß werden. In unserem Fall sind es insgesamt etwa 230 Klassen. Man bildet daher Pakete aus fachlich eng zusammengehörigen Klassen. Das *Paketdiagramm* gibt einen Überblick über alle Pakete und spiegelt so den gesamten fachlichen Inhalt des Branchenmodells. Zur optischen Gestaltung eines Paketdiagramms kann man zusätzliche Stilmittel verwenden (Farben, abgegrenzte Bereiche).

Schreibkonventionen

Wir werden uns im Text immer wieder auf die Namen von `Klassen` und deren *Merkmalen* beziehen. Unter *Merkmalen* verstehen wir Attribute und Funktionen. Wir benutzen besondere Fonts, um solche Namen im Fließtext hervorzuheben. Bestehen Namen aus mehreren logischen Teilen, so schreiben wir deren Anfangsbuchstaben auch mitten im Wort groß. Klasse und Merkmal verbinden wir durch einen Punkt. Das sieht dann z. B. so aus:

`BeispielsKlasse`.*BeispielsMerkmal*
`BeispielsKlasse`.*BeispielsFunktion(BeispielsParameter)*

1. Einen guten Überblick geben Seemann/Gudenberg in *Software-Entwicklung mit UML* (Springer, Berlin, 1999).

Im Satzzusammenhang können Klassen und Merkmale auch sprachlich leicht verändert (Plural, Genitiv) auftreten. Es kann also vorkommen, dass wir von einer Besonderheit des *BeispielsMerkmals* bei den `BeispielsKlassen` sprechen.

Verweisketten

Wir benutzen einen Punkt, um Verweisketten im Modell zu verfolgen. `Fahrweg.FahrtZiel.`*SeitlicherText* bezeichnet den Text, der seitlich außen an einem Fahrzeug angezeigt wird, das sich auf einem bestimmten Fahrweg befindet.

Ist der Verweis nicht eindeutig, so fügen wir an der passenden Stelle eckige Klammern ein oder verwenden den Plural. `Linie.Fahrwege.FahrtZiele` bezeichnet die Menge aller `FahrtZiele`, die zu den `Fahrwegen` einer `Linie` gehören[2].

Daten, Werte

Benötigen wir beispielhaft Werte für die Ausprägung von Merkmalen, so sind diese kursiv gesetzt. Wir sprechen also z. B. vom *FahrzeugTyp* *Gelenkbus* oder *Triebzug*.

Grafische Notation

In der grafischen Notation folgen wir dem UML-Standard. Wir beschränken uns auf einen schmalen Ausschnitt (vgl. Abb. 3-1).

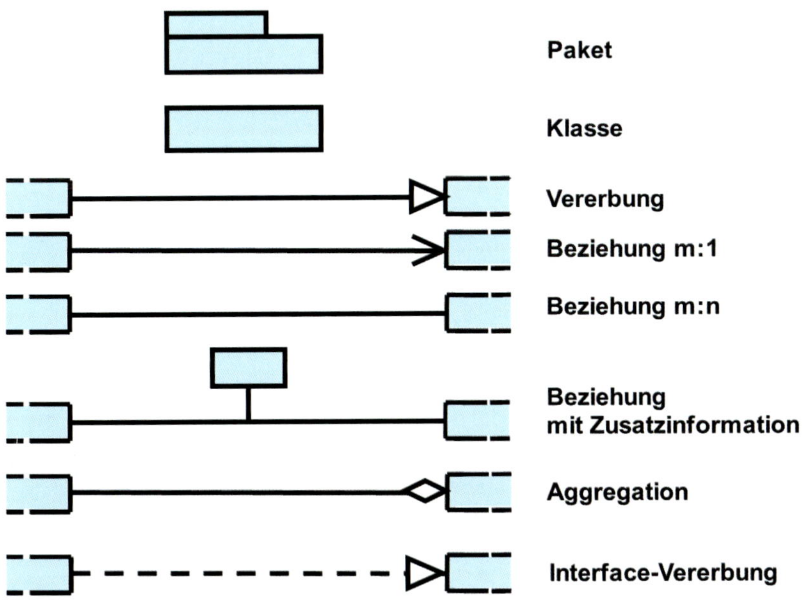

Abb. 3-1
UML-Symbole, die im ITVU-Modell verwendet werden

So viel in aller Kürze vorweg. Eine grundsätzliche Darstellung und zahlreiche weitere Details befinden sich, wie bereits erwähnt, in Kapitel 14.

2. Alternativ: `Linie.Fahrweg[ ].FahrtZiel`

3.2 Inhaltliche Abgrenzung

Beim Entwurf eines Branchenmodells muss man sich entscheiden, wie weit man den Horizont fasst:

Umfang des Modells

- Um welchen Teil des Marktes soll es gehen? Deutschland, Europa, die ganze Welt?
- Um welche Verkehrsschwerpunkte und Verkehrsmittel? Um dicht getakteten Nahverkehr in Ballungsräumen mit U-Bahn, Bus, Tram, S-Bahn? Um Regional- und Fernverkehr mit Bussen und Zügen, Fähren, Flugzeugen?
- Welcher Teil der Software soll dargestellt werden? Nur die Planung, Disposition und die Fahrtüberwachung? Oder auch Fahrgastinformation, Betriebshof-Management, Wartung und Beschaffung von Fahrzeugen, Ticketverkauf, Fahrgastzählung, Tarifgestaltung, Informationssysteme im Internet, Statistik und Abrechnung mit dem Besteller, Lohnabrechnung, Finanzbuchhaltung?

Abgrenzung des Modells

Wir haben für unser ITVU-Modell entschieden:

- Primär befassen wir uns mit dem europäischen Markt. Deutsche Besonderheiten werden ausführlich dargestellt, am Rande auch außereuropäische Besonderheiten.
- Es geht vor allem um Nah- und Regionalverkehr. Bei einzelnen Themen, wie z. B. bei der Dienstplanung, gehen wir auf Besonderheiten des Eisenbahnfernverkehrs ein. Ansonsten stehen Bus, Tram, U- und S-Bahn im Vordergrund. Der Flugverkehr wird ausgeklammert, Fährverkehr punktuell behandelt, z. B. wenn es um die Planung von (Schiffs-)Besatzungen geht.
- Wir befassen uns hauptsächlich mit dem *Verkehrsnetz*, der Erstellung von *Fahr-* und *Dienstplänen*, der *Disposition* von Fahrern und Fahrzeugen sowie der *Überwachung* der Fahrtdurchführung im rollenden Betrieb. Wir beziehen *Informationssysteme für Fahrgäste* mit ein sowie *Tarife* und *Ticketverkauf*. Betriebshöfe und Wartungsaufgaben werden angesprochen, aber nicht detailliert behandelt. Ausführlich behandelt werden wiederum (s. Kapitel 11) Fahrgastzählung, Statistik, Verkehrsverträge, Leistungsnachweise und Abrechnung. Auf Investitionsplanung (Streckennetz, Fahrzeuge) gehen wir dagegen nicht ein.
- Wir verzichten auf die Darstellung von Systemen, die man quer über alle Branchen hinweg immer wieder in ähnlicher Ausprägung findet, wie z. B. die Finanzbuchhaltung oder Gehaltsabrechnung.

3.3 Aufbau des ITVU-Klassenmodells

Um die Orientierung im Modell zu erleichtern, bilden wir neun Funktionsbereiche[3] und ordnen sie nach einem bestimmten Schema an.

Zeitachse

Funktionsachse

Wir denken uns eine horizontale »Zeitachse«, bei der die langfristigen Themen (Infrastruktur) links, die Planung in der Mitte und die kurzfristige Disposition und Realzeitsteuerung rechts angeordnet sind. Vertikal gesehen liegen allgemeine Querschnittsthemen am oberen und unteren Rand. In der Mitte liegt im oberen Teil das Fahrzeug, im unteren Teil der Mensch. Daraus ergibt sich die in Abbildung 3-2 dargestellte Grundstruktur für unser Modell. Abbildung 3-3 zeigt dieselbe Struktur, allerdings erweitert um die Paketnamen.

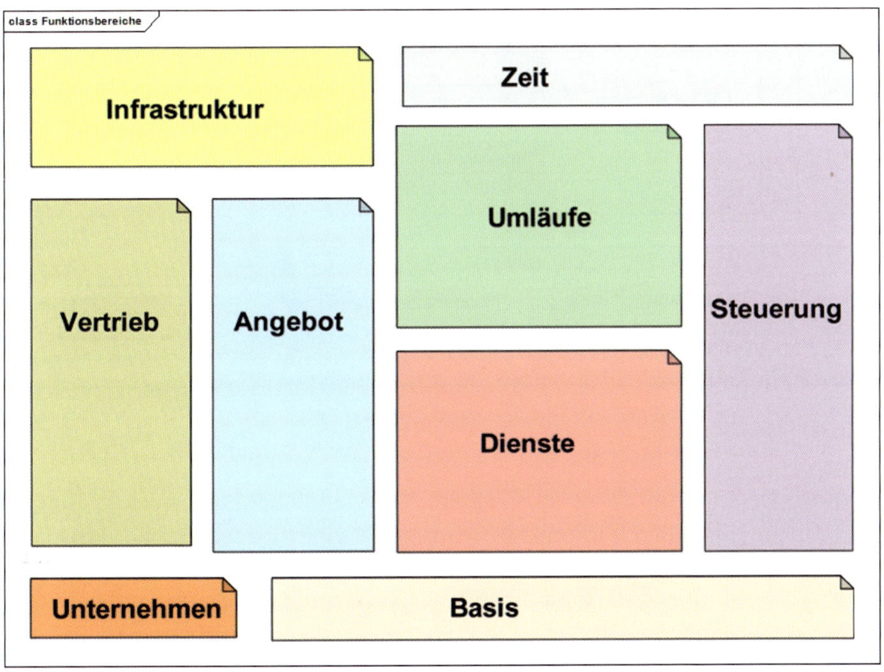

Abb. 3-2
Modellstruktur/Funktionsbereiche

Querschnittsthemen

Am oberen und unteren Rand der Grafik befinden sich drei Funktionsbereiche genereller Natur.

Kalender

- ***Zeit*** enthält die Tage, an denen Verkehrsleistungen angeboten werden sollen. Die Tage des natürlichen Kalenders werden dazu in verschiedene Kategorien eingeteilt, auf die man sich bei der Planung beziehen kann.

Betrieb

- ***Unternehmen*** beschreibt die Organisationsstruktur des Verkehrsunternehmens, z.B. die Abgrenzung von Teilbetrieben. Außerdem findet man hier Regeln, Vorgaben und Parametersätze, die auf die Planung und Disposition einwirken.

3. Aus Sicht der UML handelt es sich bei den Funktionsbereichen um Pakete, die wiederum andere Pakete enthalten.

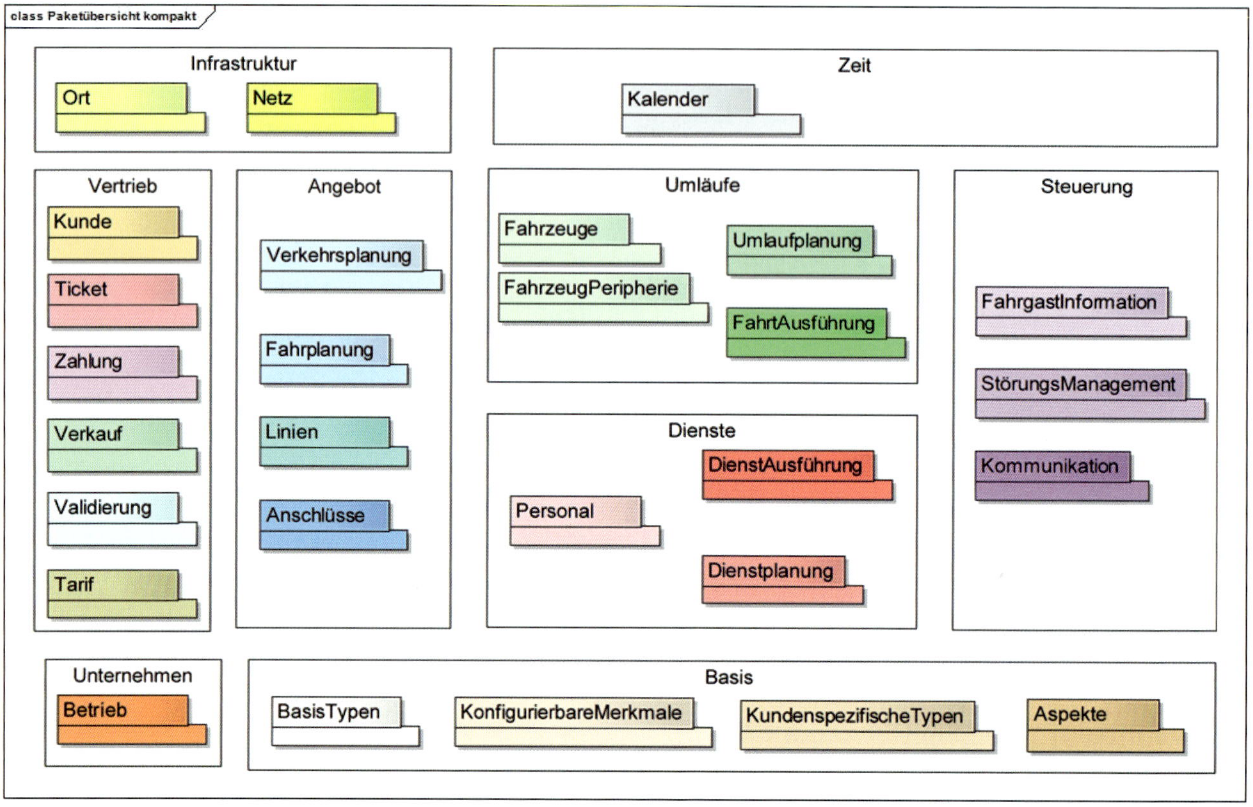

Abb. 3-3 Modellstruktur (mit Paketen)

Basis

- ***Basis*** ist eine Sammlung von Paketen, die in ähnlicher Form auch in anderen Branchenmodellen vorkommen würden: Es gibt hier technische Basistypen (Uhrzeit, Währung), einen Mechanismus zur Definition konfigurierbarer Merkmale und eine Sammlung kundenspezifischer (Geräte-)Typen. Hier würde auch die Modellierung von Mandanten, Benutzern und Rechten hingehören[4]. In der *Basis* befindet sich außerdem ein Paket zur Unterstützung von »Planungsaspekten« (vgl. Abschnitt 6.1).

Infrastruktur, Markt und Angebot

Am linken Rand befinden sich die Infrastruktur, der Markt und das Leistungsversprechen (Beförderungsangebot) des Verkehrsunternehmens:

Netz

- Die ***Infrastruktur*** befasst sich mit geografischen Orten (Haltestellen, Betriebshöfe, technische Betriebspunkte, Wendeanlagen) und mit dem Netz, d. h. mit den Strecken, die die Orte miteinander verbinden. Zu den Strecken gehören spezifische Fahrzeitprofile.

Tarif

- Im ***Vertrieb*** geht es um die Sicht des Fahrgasts und um die Preisgestaltung (Tarifmodell). Während im Kern des Modells die Innensicht des Verkehrsunternehmens auf die Beförderungsleistung dominiert (»Produktionsperspek-

4. Dieses Thema haben wir im Modell weggelassen, da es stark mit der Konstruktion konkreter Systeme zu tun hat.

tive«), konzentrieren wir uns hier auf die Planung und Durchführung einer Reise, die aus der Benutzung verschiedener Verkehrsmittel[5] bestehen kann.

- Das ***Angebot*** eines Verkehrsunternehmens besteht darin, zu festgelegten Zeiten entlang eines definierten Fahrwegs eine bestimmte Beförderungskapazität zur Verfügung zu stellen. Das Beförderungsangebot beruht auf einer Bedarfsanalyse (Verkehrsplanung) und definiert einen Fahrplan, der Verkehrszeiten und Takte für bestimmte Linien vorgibt. Für umsteigende Fahrgäste werden in der Planung die Linien über festgelegte Anschlüsse miteinander »verzahnt«.

Fahrplan

In der Mitte des Bildes steht das Erbringen der Beförderungsleistung. Die beiden zentralen Ressourcen eines Verkehrsbetriebs – Menschen und Fahrzeuge – sorgen für eine natürliche Gliederung in Dienste und Fahrzeugbewegungen (Umläufe).

Beförderungsleistung: Umläufe und Dienste

- ***Umläufe*** beschreiben die Bewegung der Fahrzeuge, während diese eine Beförderungsleistung erbringen (»Nutzfahrt«) oder auch während der Fahrt zum/vom Einsatzort (»Leerfahrt«, »Betriebsfahrt«). Zum Funktionsbereich *Umläufe* zählen wir einerseits die Planung und andererseits die eigentliche Durchführung der Fahrten[6]. In der Planung abstrahiert man sowohl vom konkreten Fahrzeug als auch vom konkreten Kalendertag, indem man sich auf Fahrzeug*typen* und bestimmte *Arten* von Tagen bezieht (z. B. *werktags*). Bei der Durchführung geht es dann um konkrete Kalendertage, und aus dem planerischen Platzhalter für ein Fahrzeug bestimmten Typs wird ein konkretes Fahrzeug. Der Funktionsbereich *Umläufe* enthält ferner Pakete, in denen die Fahrzeuge (bzw. die Fahrzeugtypen) und deren Ausstattung beschrieben werden.

Fahrzeug, Fahrt, Umlauf

- ***Dienste*** sind das Gegenstück zu den Umläufen. Sie werden von Mitarbeitern geleistet, hauptsächlich in ihrer Rolle als Führer von Fahrzeugen. Auch hier geht es einerseits um die Planung und andererseits um die Durchführung der Dienste. Analog zu den Umläufen wird auch hier bei der *Planung* abstrahiert: sie kümmert sich nicht um konkrete Tage oder einzelne Mitarbeiter, sondern um Tagesarten und Mitarbeitertypen. Ein besonders wichtiger Punkt ist die Berücksichtigung angemessener Erholungszeiten innerhalb des Dienstes (Lenkzeitregeln). Außerdem ist wichtig, die Reihenfolge der Dienste eines Mitarbeiters so zu wählen, dass die Erholungszeiten zwischen den Schichten (früh, mittel, spät, nachts) ausreichen.

Mitarbeiter, Dienst, Dienstfolge

An der Nahtstelle zwischen Mensch und Fahrzeug gibt es zwei Klassen im Modell, die die Einheit von Fahrer und Fahrzeug beschreiben. Gemeint sind die Klasse `FahrDienstElement` im Paket `Dienstplanung` und die Klasse `FahrDienstElementX` im Paket `DienstAusführung`. Erstere bezieht sich auf die Planung, letztere auf die Durchführung. Diese beiden Klassen erfassen genau den Zeitraum, in dem ein Fahrer ein Fahrzeug ununterbrochen führen soll bzw. tatsächlich führt. Wir haben die beiden Klassen etwas willkürlich im Funktionsbereich *Dienste* angesie-

Bindeglied

5. Der Fachmann spricht von »intermodalem Verkehr«.
6. Man könnte von der »Produktion« sprechen, doch ist dieser Begriff im Personenverkehr unüblich.

delt: Von ihrem Wesen her stehen sie genau an der Nahtstelle zwischen den Funktionsbereichen *Umläufe* und *Dienste*.

Steuerung

Nicht immer läuft alles nach Plan. Am rechten Rand des Bildes befindet sich die »Produktionssteuerung«.

Leitstand

Die ***Steuerung*** enthält Pakete, die dazu dienen, Störungen im Betriebsablauf zu erkennen, die Fahrgäste darüber zu informieren und Gegenmaßnahmen durchzuführen. Da hierbei die Kommunikationstechnik eine wichtige Rolle spielt, wird sie zusammen mit diesen fachlichen Komponenten beschrieben.

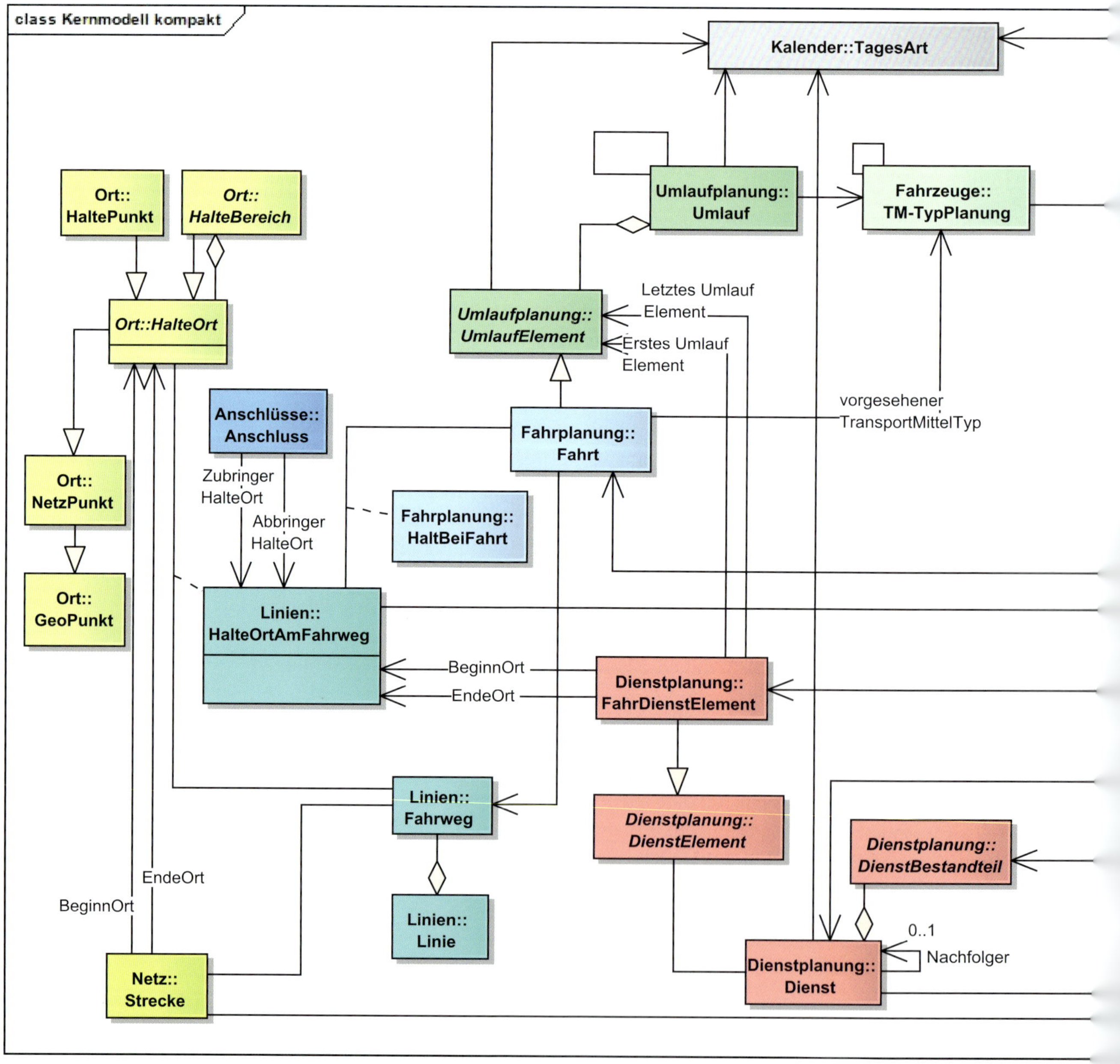

Im Anhang A finden Sie für jedes Paket und jede Klasse eine systematische Beschreibung. Die Liste ist alphabetisch nach Paketen geordnet; die Klassen sind innerhalb der Pakete (ebenfalls alphabetisch) aufgeführt.

Dokumentation aller Pakete und Klassen

Abbildung 3-4 zeigt das Kernmodell.

Zusätzlich befindet sich eine etwas ausführlichere Version dieser Grafik auf den hinteren Innenseiten des Buchumschlags.

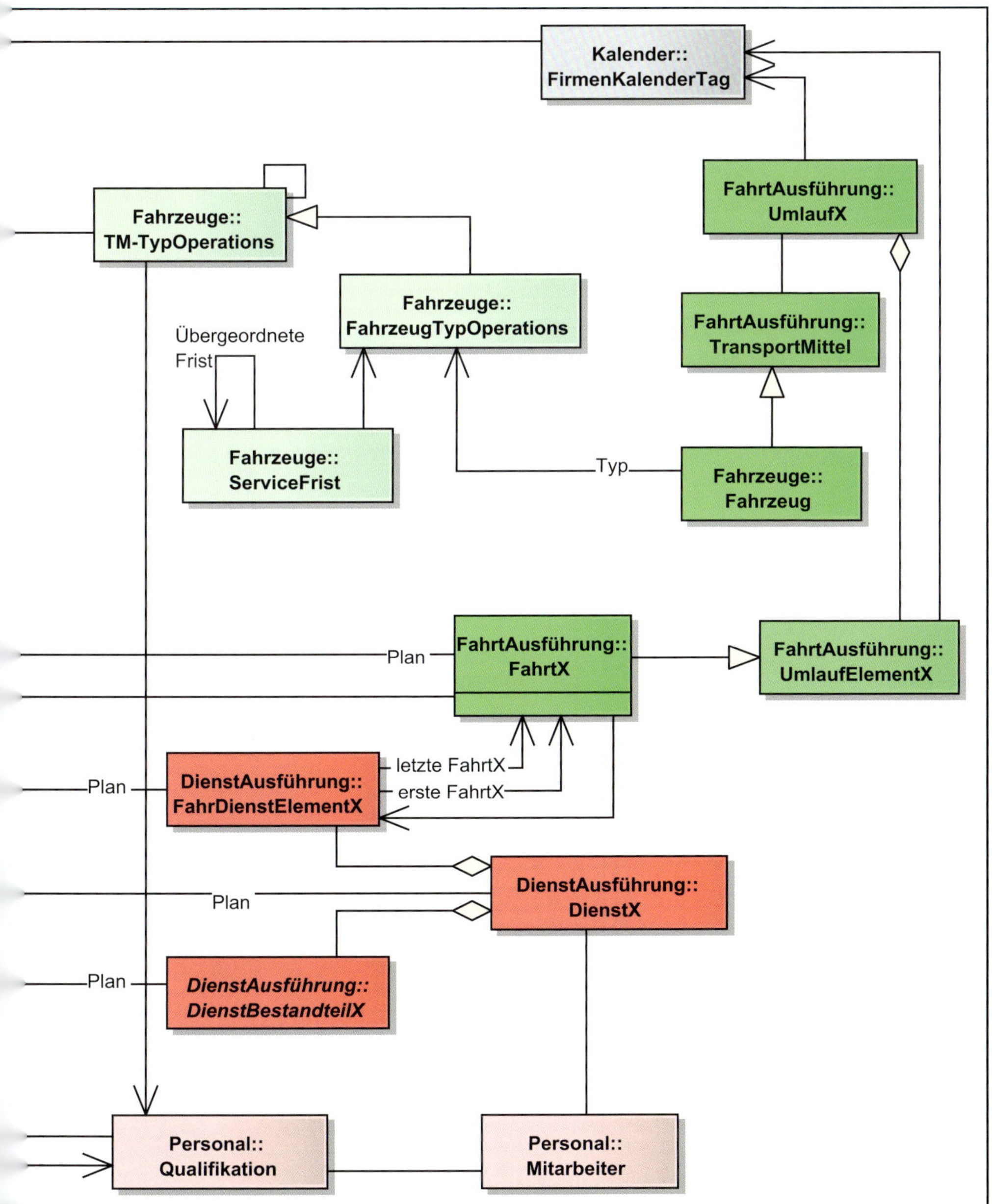

Abb. 3-4
Das Kernmodell

3.4 Die wichtigsten Beziehungen im Kernmodell

Beziehungen

Die statische Struktur des Modells ist wichtig, aber für ein tieferes Verständnis muss man vor allem das wechselseitige Verhältnis der einzelnen Elemente betrachten. Dabei genügt es nicht, auf der Ebene der Pakete zu bleiben. Die Klassen jedes Pakets haben einerseits Beziehungen untereinander[7] und andererseits zu Klassen anderer Pakete[8]. Gerade letztere sind für das Verständnis entscheidend.

Wir haben für die folgende Betrachtung Klassen ausgewählt, die zu den betrieblichen Kernleistungen eines Verkehrsunternehmens gehören. Damit meinen wir *Infrastruktur, Fahr-* und *Dienstplanung* und die *Fahrtdurchführung.*

Betrachten Sie bitte auch das **Paketdiagramm** auf den vorderen Innenseiten des Buchumschlags und das **Kernmodell** auf den hinteren Innenseiten.

im Modell gelb

3.4.1 Das Netz: Orte und Strecken

Für den Aufbau des Netzes sind diejenigen Punkte wichtig, an denen Fahrzeuge laut Plan halten sollen, die `HalteOrte`. Wie genau soll man einen `HalteOrt` definieren?

Haltestelle

Ist eine *Haltestelle* als Ganzes gemeint, also z. B. das »Rathaus«? Oder muss man zwischen den beiden Fahrtrichtungen unterscheiden? Wenn sich an einer Haltestelle mehrere Linien treffen, dann halten die Fahrzeuge in der Regel an ganz verschiedenen Punkten, siehe Abbildung 3-5.

Abb. 3-5
Haltestelle mit mehreren Linien und Masten

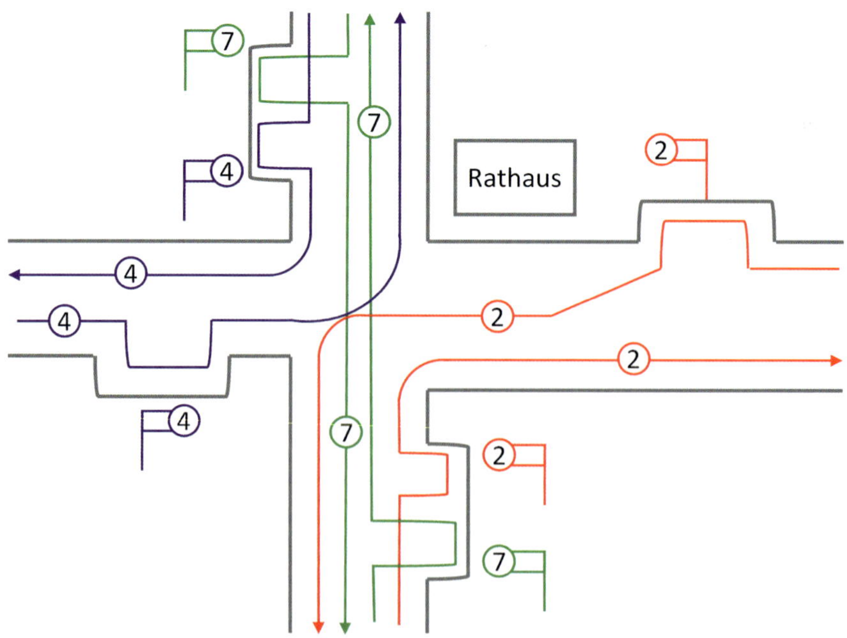

7. Man spricht von der sog. »inneren Bindung« der Klassen.
8. Analog: die »äußere Bindung« der Klassen.

Haltepunkt/Mast

Manchmal gibt es auch am selben Ort mehrere Haltestellenschilder (Haltemasten), wie z. B. in Abbildung 3-5 in der Nord-Süd-Richtung. Fahrgäste, die mit der Linie 2 nach Osten fahren wollen, erwarten das Fahrzeug am vorderen Mast; wer nach Norden mit der Linie 7 will, stellt sich am hinteren Mast an.

Haltepunkt an Schienen

Analog gibt es bei Bahnhöfen Gleise (oder Busspuren) und gekennzeichnete Haltepunkte – man denke etwa an die kleinen Tafeln, die bei U- oder S-Bahnen den Punkt bezeichnen, an dem die Spitze des Zuges zum Stehen kommt. Auch auf den elektronischen Anzeigern[9] wird in der Regel dargestellt, ob ein Zug »vorne« oder »hinten« am Bahnsteig hält. Offenbar ist es notwendig, bei der Erstellung des Fahrplans »punktgenau« zu arbeiten.

Halteregionen

Springen wir für einen Moment gedanklich ans andere Ende der Abstraktionsskala: Es gibt Fälle, in denen ein Begriff wie *Rathaus* schon *zu* genau ist. Wenn ein Verkehrsunternehmen z. B. die Taktdichte plant, dann kommt es darauf an, mit welcher Nachfrage zu welchen Tageszeiten an welchem »Ort« man rechnet. Der Ort könnte dabei *Innenstadt* oder *Rathausgegend* heißen, denn bei dieser Überlegung zieht man gedanklich mehrere Haltestellen zusammen.

Flexible Granularität

Um das Problem unterschiedlicher Abstraktionsebenen in den Griff zu bekommen, unterscheidet unser Modell zwischen dem *atomaren* `HaltePunkt` und dem *zusammengesetzten* `HalteBereich`. Das alleine genügt aber noch nicht, denn auf diese Weise könnte man nur eine einstufige Hierarchie darstellen. Und außerdem müsste man jedes Mal unterscheiden, ob man von einem `HalteBereich` oder einem `HaltePunkt` spricht. Um dies zu vermeiden, gibt es eine gemeinsame, abstrakte Oberklasse, den `HalteOrt`. Da die Aggregationsbeziehung des `HalteBereichs` vom `HalteOrt` ausgeht (und nicht vom `HaltePunkt`), können `HalteBereiche` beliebig tief »geschachtelt« werden. Und das ist genau das, was man haben will.

Arten von Punkten

Nicht alle Orte in unserem Modell sind `HalteOrte`. Wir benötigen z. B. auch allgemeine Wegpunkte zur Routenbeschreibung. Außerdem gibt es Punkte, an denen Fahrzeuge sich bei einer Verkehrsampel per Funk anmelden müssen, um grünes Licht anzufordern[10]. Wieder andere Punkte kennzeichnen Gebietsgrenzen, die für Fragen der Tarifermittlung, der Erlösabgrenzung oder der Statistik relevant sind.

NetzPunkt und GeoPunkt

So entsteht eine Vererbungshierarchie von Klassen, die im Kernmodell allerdings lediglich angedeutet ist: Wir finden hier den `NetzPunkt` und den `GeoPunkt` als Elternklassen des `HalteOrts`.

Koordinaten

Betrachten wir z. B. das Merkmal *Koordinate* eines `GeoPunkts`. Wir verstehen darunter die Angabe folgender Werte:

- geografische Breite, geografische Länge
- geografische Höhe, Geschossebene

Die geografische Höhe (gegenüber dem Meeresspiegel) ist für den Verkehrsplaner nur selten interessant. Um Fußwegzeiten und die Benutzung von Aufzügen und

9. Vergleiche Abschnitt 9.2.
10. Der Fachbegriff dafür heißt LSA-Meldepunkt (LSA = Lichtsignalanlage).

Rolltreppen beim Umsteigen der Fahrgäste zu bedenken, hilft ihm eher der Hinweis auf die *Geschossebene*.

»Geerbte« Koordinaten, Messfahrt

Da der `HalteOrt` ein `GeoPunkt` ist, erbt er die *Koordinaten* des zugrunde liegenden `GeoPunkts`. In der Praxis werden sie meist dadurch ermittelt, dass der Bordrechner in einem Bus bei einer Messfahrt die GPS-Koordinaten der Haltepunkte aufzeichnet. Doch auch der `HalteBereich` ist ein `HalteOrt` und damit ein `GeoPunkt`. Auch er muss also Koordinaten besitzen. Was soll passieren, wenn man einen `HalteBereich` nach seinen *Koordinaten* fragt?

Mittelwerte

Man muss für zusammengesetzte `HalteOrte` offenbar irgendeine Art Mittelwert der *Koordinaten* der beteiligten `HalteOrte` bilden. Man kann dies durch eine mathematische Funktion tun, die den Schwerpunkt ermittelt, oder auch durch individuelle Festlegung, z.B. indem man den Kreuzungsmittelpunkt in Abbildung 3-5 wählt.

Technisch kann man formulieren, dass das Attribut *Koordinate* der Klasse `GeoPunkt` in der abgeleiteten Klasse `HalteBereich` durch eine Funktion ersetzt wird, die sich fachlich »vernünftig« verhält, d.h. einen sinnvollen Wert liefert.

Strecken haben eine Richtung.

Fahrzeuge bewegen sich zwischen `HalteOrten` und benutzen dazu `Strecken`. Es kann sein, dass die Strecke von A nach B eine andere ist als die Strecke von B nach A, z.B. wenn eine Einbahnstraße zu berücksichtigen ist. Eine exakte Abbildung von Fahrwegen setzt daher voraus, dass `Strecken` als *gerichtete Verbindung* zwischen zwei `HalteOrten` definiert werden. Manchmal verlaufen zwei Strecken ein Stück weit gemeinsam, z.B. bis zu einer Abzweigung. Später werden wir sehen, dass die Untergliederung von Strecken in `WegStücke` benutzt werden kann, um solche gemeinsamen Teile redundanzfrei zu beschreiben.

Parallelstrecken

Es kann vorkommen, dass Fahrzeuge unterschiedliche Fahrstrecken von einem `HalteOrt` A zu einem benachbarten `HalteOrt` B benutzen – man denke etwa an Ausweichstrecken. Dadurch ergeben sich unterschiedliche *Längen* und auch unterschiedliche *Fahrzeiten*. Während der veröffentlichte Fahrplan auf der Standardstrecke beruht, wird z.B. bei der Planung einer Umleitung, die durch eine Straßenbaustelle notwendig wird, die Fahrzeit der Alternativstrecke berücksichtigt.

Streckenvarianten

Unser Modell identifiziert daher die Strecke fachlich nicht durch den *BeginnOrt* und den *EndeOrt*, sondern sieht zusätzlich eine *Variante* vor.

im Modell türkis

3.4.2 Fahrwege und Linien

Linie

Eine Linie verbindet zwei Punkte. Oder auch mehrere: die Haltestellen einer Strecke im öffentlichen Personenverkehr. Diese Linie ist abstrakt – man kann den Weg, den ein Fahrzeug nehmen wird, nicht sehen – und zugleich konkret, nämlich für den Fahrgast, der nicht auf ihr fahren will, sondern mit ihr. Die Linie hat eine Nummer, wird am Bus angezeigt, steht im Fahrplan und hat sogar ihren Weg ins deutsche Liedgut gefunden[11].

11. Weiß Ferdl (1883–1949): *Ein Wagen von der Linie 8.*

Man spricht vom *Linienverkehr* und meint damit ein Angebot, das auf einer bestimmten Streckenführung und zugesagten, regelmäßigen Bedienungszeiten beruht.

Linienverkehr vs. Bedarfsverkehr

Obwohl der Begriff »*Bedarfsverkehr*« manchmal als Gegenbegriff zum »*Linienverkehr*« verwendet wird, bezieht sich auch der Bedarfsverkehr in der Regel auf feste `HalteOrte` und Linienführungen. Der Gegensatz zum Linienverkehr liegt vielmehr darin, dass man als Fahrgast ein Fahrzeug zu demjenigen *Zeitpunkt* rufen (bestellen) kann, zu dem man es benötigt, und dass nur diejenigen `HalteOrte` der `Linie` bedient werden, die aktuell nachgefragt werden.

Linienvarianten

Betrachtet man eine `Linie` genauer, so stellt man fest, dass es manchmal mehrere Varianten gibt (s. Abb. 3-6): In den Abendstunden fährt z. B. nur noch jedes zweite Fahrzeug bis zur Endhaltestelle, die anderen Fahrzeuge kehren früher um. Im Sommer wird das Freibad angefahren. An Feiertagen wird das Gewerbegebiet ausgelassen, an Ferientagen die Schule. Manchmal gabeln sich Fahrwege: Dabei werden z. B. zwei verschiedene Endhaltestellen im Wechsel angefahren.

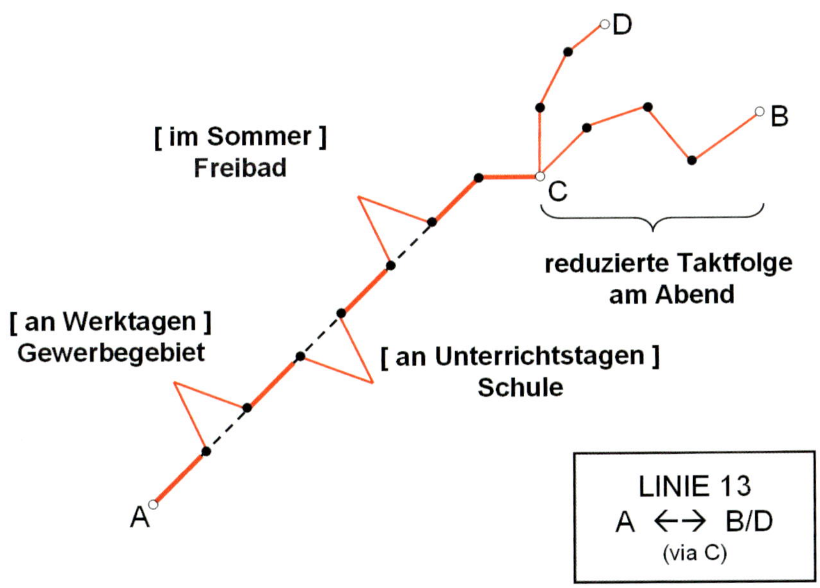

Abb. 3-6
Linienvarianten

Fahrweg

Wir bezeichnen jede Variante einer `Linie` als `Fahrweg`; die Linie selbst fasst alle `Fahrwege` zusammen, die die Fahrzeuge der Linie benutzen (Aggregation).

Ein Fahrweg je Richtung

Der `Fahrweg` ist eine *geordnete* Folge von `HalteOrten`. Da Fahrwege gerichtet sind, `Linien` jedoch nicht, besitzt jede Linie zumindest zwei `Fahrwege`: einen für jede Richtung. In ganz seltenen Fällen gibt es nur einen einzigen Fahrweg, nämlich bei einer Ringlinie, die nur in einer Richtung befahren wird.

Bezeichnung von Linien

Das typische Merkmal der `Linie` ist ihr *Name*. Meist handelt es sich dabei um eine Nummer. Es wäre jedoch falsch, hier einen *numerischen Datentyp* zu fordern, denn es handelt sich nicht um Zahlen. Rechenoperationen mit Liniennummern wären schließlich unsinnig. Was sich jedoch anbietet, ist eine Wertebereichsbeschränkung, die den Konventionen des jeweiligen Verkehrsunternehmens entspricht. Man könnte z. B. ein statisches Attribut *NamensMuster* bei der

Klasse Linie vorsehen[12], das einen regulären Ausdruck[13] zur Beschreibung des zulässigen Wertevorrats enthält.

Wenn ein Unternehmen maximal zweistellige Nummern vergeben will und bei Bedarf ein »N« für Nachtlinien und ein »X« für Sonderlinien voranstellt, so würde man das entsprechende Namensmuster folgendermaßen notieren:

```
^[XN]?[1-9][0-9]?$
```

Anordnung der HalteOrte

Im Modell finden wir eine Beziehung zwischen HalteOrt und Fahrweg. Da ein HalteOrt in vielen Fahrwegen vorkommen kann und ein Fahrweg – abgesehen von reinen Pendelverkehren – immer aus mehreren HalteOrten besteht, handelt es sich um eine m:n-Beziehung. Wir beschreiben diese Beziehung näher in der Klasse HalteOrtAmFahrweg. Dort wird insbesondere die *Reihenfolge* der HalteOrte hinterlegt (vgl. Abb. 3-7).

Abb. 3-7
Ausschnitt aus dem Kernmodell (Fahrweg)

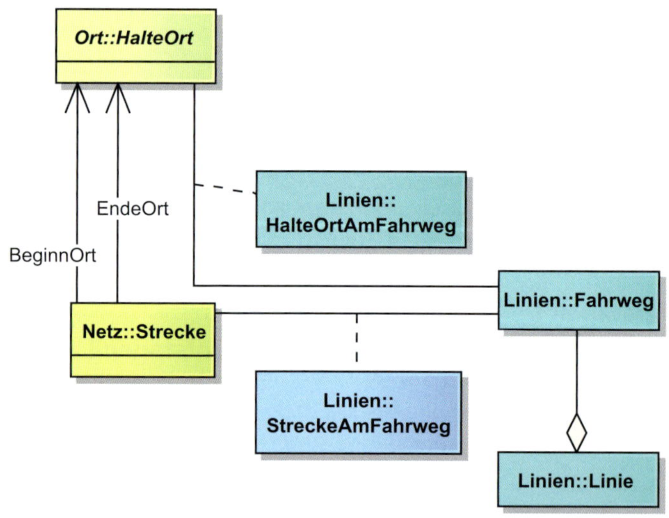

Durch diese Art der Modellierung können wir auch den Sonderfall bequem abbilden, dass ein Fahrzeug während einer Fahrt zweimal denselben HalteOrt anfährt (vgl. Abb. 3-8).

Anordnung der Strecken

Anstatt einen Fahrweg durch eine Folge von HalteOrten zu beschreiben, kann man ihn auch durch die Reihenfolge der benutzten Strecken definieren. Diese Art ist sogar noch präziser, da es wie oben geschildert zwischen denselben HalteOrten mitunter mehrere Streckenführungen gibt; bei reiner Betrachtung der Orte weiß man in solchen Fällen nicht, welche Strecke benutzt werden soll. Im Gesamtmodell verwenden wir die Beziehungsklasse StreckeAmFahrweg für die Darstellung der Streckenfolge (vgl. Abb. 3-7). Im Kernmodell haben wir uns zeichnerisch auf eine Linie zwischen Fahrweg und Strecke beschränkt.

12. Alternativ könnte man das Namensmuster auch in dem Paket Unternehmen ansiedeln.
13. Reguläre Ausdrucke sind ein mächtiges Stilmittel für die Spezifikation von Textmustern; viele Programmiersprachen bieten entsprechende Bibliotheksfunktionen.

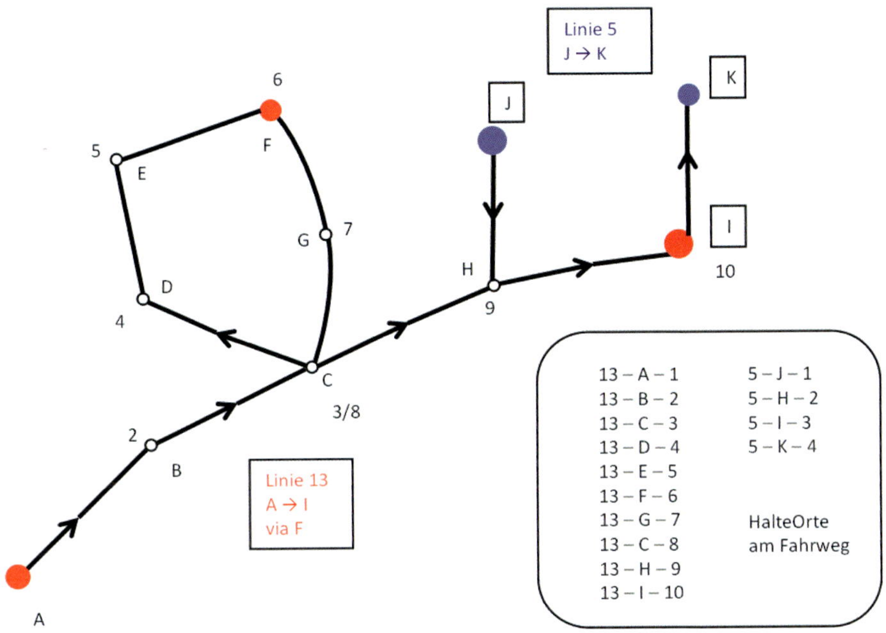

Abb. 3-8
Fahrweg mit Schleife

Ablösepunkte

Wie wir später noch sehen werden, ist es für die Planung der `Dienste` von Fahrern wichtig, `HalteOrte` festzulegen, an denen ein *Fahrerwechsel* stattfinden kann. Es kann sich dabei um betriebsinterne HalteOrte handeln, wie z. B. um das Depot, oder auch um normale Haltestellen für Fahrgäste. Man könnte dazu einfach ein Attribut *IstAblösePunkt* beim `HalteOrt` vorsehen, das den Wert *ja* oder *nein* hat. Dies genügt jedoch nicht in allen Fällen, da man gelegentlich ausdrücken will, dass nur die Fahrer einer bestimmten `Linie` an einem bestimmten Ort wechseln können (z. B. in der Abbildung: Ort »H« für Fahrer der Linie 13, nicht jedoch für Linie 5). Auch hier hilft der `HalteOrtAmFahrweg` weiter: Indem wir das Attribut *IstAblösePunkt* an den `HalteOrtAmFahrweg` knüpfen, können wir bei den Ablösemöglichkeiten nach `Fahrwegen` bzw. `Linien` unterscheiden.

3.4.3 Kalender und Uhrzeit

im Modell grau

Fahrplanperiode

Fahrpläne werden immer für eine bestimmte zeitliche Gültigkeitsperiode erstellt. Oft wird zwischen Sommer- und Winterfahrplan unterschieden, aber auch andere Rhythmen kommen vor. Alle folgenden Ausführungen beziehen sich auf die jeweils gültige *Fahrplanperiode*.

Klassifikation von Tagen

Im Fahrplan wird beschrieben, an welchen Tagen eine `Fahrt` stattfindet. Typische Beispiele sind:

- täglich
- nur montags
- Montag bis Freitag
- an Sonn- und Feiertagen
- an Werktagen

- an Schultagen
- an Werktagen, jedoch nicht am 24.12. und nicht am 31.12.

Gruppierung von Tagen

Offenbar bezeichnen solche Formulierungen jeweils eine *Gruppe von Tagen*. Für einen konkreten Kalendertag kann man immer entscheiden, zu welcher Gruppe er gehört und zu welcher nicht. Meist ist dies offensichtlich (wie beim Wochentag), doch im Einzelfall braucht man Spezialwissen, etwa wenn es um Schultage oder Werksferien geht. Für eine allgemeine Lösung muss man dem Verkehrsplaner anbieten, die Zuordnung manuell festzulegen.

Gebietsabhängigkeit

Genau genommen benötigt man noch eine räumliche Angabe dazu, denn manche Bezeichnungen sind weniger eindeutig, als es auf den ersten Blick scheint. So sind zwar viele Feiertage landesweit einheitlich, doch gibt es auch einige, die sich von Bundesland zu Bundesland unterscheiden. Wenn ein Verkehrsunternehmen eine Strecke bedient, die zwei Gebiete mit unterschiedlicher Feiertagsregelung berührt, so muss individuell entschieden werden, welche Fahrten (ganz oder teilweise) stattfinden sollen. Dasselbe gilt für Schulferien.

TagesArt

Die allgemeine Lösung für die Gruppierung von Tagen besteht darin, dass man `TagesArten` einführt und ihnen symbolische *Namen* gibt, die z. B. der obigen Liste entsprechen. Meist legt man zusätzlich noch eine *Kurzbezeichnung* fest, wie z. B. *1–4* oder *Mo–Do* für *Montag–Donnerstag*. Wenn `TagesArten` in kompakten Darstellungen erscheinen, benutzt man die Kurzform und erläutert diese in einer Fußnote oder als Tooltip[14] im Bildschirmdialog.

Firmenkalender

In vielen Verkehrsunternehmen ist es üblich, neben dem offiziellen Datum eine betriebsinterne Bezeichnung von Kalendertagen zu verwenden. Es kann sein, dass diese Bezeichnung über die Jahre hinweg einfach fortlaufend hochgezählt wird. Oder sie besteht aus dem laufenden Tag innerhalb der aktuellen Fahrplanperiode und einer Ziffer oder einem Buchstaben zur Kennzeichnung der Fahrplanperiode. Oder sie hat mit dem kaufmännischen Jahr des Unternehmens (Bilanzstichtag) zu tun.

Die Klasse `FirmenKalenderTag` trägt dem Rechnung. Sie ordnet jedem kalendarischen Tag exakt eine Instanz und damit eine individuelle *Bezeichnung* zu.

Betriebstag

In der Praxis hört man in diesem Zusammenhang oft den Begriff *Betriebstag*. Leider wird er mit unterschiedlicher Bedeutung verwendet:

> Manche Unternehmen verwenden ihn als Synonym zum `FirmenKalenderTag`. Sie sprechen vom Betriebstag 9107 und meinen damit, dass es sich um den 107. Tag innerhalb des Jahres 2009 handelt.
>
> Andere Unternehmen sprechen davon, dass eine Fahrt am Betriebstag »Mo–Fr« stattfindet, d. h., sie meinen im Sinne unseres Modells eine `TagesArt`.

14. Das heißt, der Langtext erscheint, wenn man die Maus auf die Kurzbezeichnung bewegt.

Um solche Missverständnisse zu vermeiden, verzichten wir in unserem Modell auf den Begriff des Betriebstags.

Ansatz 1: eindeutige `TagesArten`

Ein **einfacher und häufig verwendeter Ansatz** besteht nun darin, von dem `FirmenKalenderTag` und von der `Fahrt` aus jeweils auf genau eine `TagesArt` zu verweisen[15]. Wenn eine Fahrt für die `TagesArt` *Schultag* geplant ist und wenn man gleichzeitig festlegt, welche `FirmenKalenderTage` als *Schultage* gelten, dann ist für jeden Kalendertag klar, ob die `Fahrt` durchgeführt wird oder nicht.

Überschneidungen

Stellen wir uns vor, dass die Fahrten der Linie 11 nur an *Schultagen* stattfinden sollen; Linie 6 verkehrt hingegen an allen *Werktagen*. Da der 12. Mai (FirmenKalenderTag 512) ein *Donnerstag* und gleichzeitig ein *Schultag* ist, müssten wir eigentlich zwei Verweise gleichzeitig anbringen. Eine entsprechende Erweiterung des Modells wäre durchaus möglich[16]; in der Praxis arbeiten viele Unternehmen jedoch lieber so, dass sie `TagesArten` überschneidungsfrei festlegen. Sie definieren gedanklich eine Hierarchie, bei der die `TagesArten` den Elementen der untersten Ebene entsprechen:

- Feiertage *[SO = Sonn- und Feiertage]*
- Werktage
  - Werktage mit Schule *[WE = werktags]*
  - Werktage ohne Schule *[FE = an Ferientagen]*

Jetzt genügt ein eindeutiger Verweis vom `FirmenKalenderTag`, denn jeder konkrete Tag muss in eine der drei Kategorien fallen. Wenn man eine Abkürzung wie *FE* (=Ferientag) wählt, muss man allerdings immer im Kopf behalten, dass ein Sonn- oder Feiertag innerhalb der Schulferien ein Feiertag (*SO*) ist und nicht etwa ein Ferientag. Es ist daher besser, von »Werktagen ohne Schule« zu sprechen. Noch problematischer sind die »normalen« Werktage. Hier drängt es einen, bei der Namensgebung einfach nur von werktags (*WE*) zu sprechen und nicht von »Werktagen mit Schule«.

Beschränkung auf Basiskategorien

Aus dem Beispiel ist klar geworden, dass eindeutige `TagesArten` möglichst nur dann eingesetzt werden sollten, wenn es ein natürliches Kriterium zur überschneidungsfreien Kategorisierung gibt. Typische `TagesArten` sind beispielsweise:

- MO–DO
- *FR*
- *SA*
- *SO* (inkl. Feiertage)
- *Silvester*

Den *Freitag* definiert man gern als eigene `TagesArt`, da der Nachmittagsverkehr früher einsetzt und manchmal auch die Abstellung der Fahrzeuge am Tagesende anders ist. Denn der Folgetag ist ein Samstag; das Beförderungsangebot an Samstagen unterscheidet sich von anderen Werktagen.

15. Im Modell verläuft die Beziehung nicht direkt von der `Fahrt` zur `TagesArt`, sondern sie geht von ihrer Elternklasse aus, dem `UmlaufElement`.
16. Im Abschnitt 6.1 werden wir unter dem Stichwort »aspektbasierte Planung« hierauf näher eingehen.

Singuläre Tage

Daneben kann man noch einzelne, singuläre Tage mit stark abweichendem Verkehrsangebot als eigene `TagesArt` definieren. Dies klappt vor allem dann gut, wenn man als Ausgangspunkt für das Fahrtangebot an *Silvester* den normalen Wochentag heranzieht[17] und lediglich zusätzliche Fahrten hinzufügt. Man kann diese Fahrten dann im Fahrplan gesondert ausweisen (»nur an Silvester«).

Modellsicht vs. Benutzersicht

Der Benutzer eines Softwaresystems zur Fahrplanung, der *Fahrplaner*, hat das Bedürfnis, Ähnlichkeiten zwischen mehreren `TagesArten` rasch zu erkennen. Der *Freitag* mag zwar eine eigene `TagesArt` sein, aber in vielen Punkten (z. B. vormittags) unterscheidet sich das Beförderungsangebot[18] an einem *Freitag* nicht von *MO–DO*. Je nachdem, worauf der Fahrplaner sich gerade konzentriert, möchte er identische Fahrten auf einen Blick erkennen oder die *Abweichungen* optisch herausgehoben sehen. Seine Erwartung geht sogar noch weiter: Eine *Änderung* im gemeinsamen Teil soll sich auf alle `TagesArten` gleichzeitig auswirken.

Benutzeroberfläche

Diese Anforderung ist vom konzeptionellen Standpunkt des Modells nicht unmittelbar abgedeckt, denn im Modell existieren die `Fahrten` des »gemeinsamen Teils« mehrfach, nämlich einmal je `TagesArt`. Bei der Gestaltung der Benutzeroberfläche muss man daher dafür sorgen, dass Gemeinsamkeiten und Unterschiede geeignet behandelt werden können. Je nach »Intelligenz« der Benutzeroberfläche kann man dabei nicht nur buchstäbliche Gemeinsamkeiten identifizieren, sondern auch *Analogien*. Beispielsweise kommt es manchmal vor, dass eine Gruppe von Fahrten an einem *Samstag* im Prinzip genauso stattfindet wie an einem *MO–DO*, jedoch mit einer bestimmten zeitlichen Verschiebung. Eine gute Benutzeroberfläche erkennt auch solche Gemeinsamkeiten und erspart dem Planer manuellen Aufwand für stereotype Änderungen.

Zusammenfassung

`TagesArten` sind ein einfaches, robustes Konzept zur eindeutigen Kategorisierung von Kalendertagen. Indem man jede `Fahrt` genau einer `TagesArt` zuordnet, legt man fest, dass diese `Fahrt` an all den `FirmenKalenderTagen` durchgeführt wird, die in die entsprechende Kategorie gehören (d. h. die einen Verweis auf die angegebene `TagesArt` haben). Eine Softwarelösung, die sich primär auf das Konzept der `TagesArten` verlässt, muss den Fahrplaner beim Umgehen mit Ähnlichkeiten und Unterschieden des Beförderungsangebots verschiedener `TagesArten` unterstützen.

Ansatz 2: mehrdeutige TagesArten

Ein **alternativer Ansatz** besteht darin, `TagesArten` als eine mehrdeutige Charakterisierung von Kalendertagen zu betrachten. Man würde dann weiterhin jeder `Fahrt` eine `TagesArt` zuordnen, jedoch würde man erlauben, dass bei einem `FirmenKalenderTag` mehrere `TagesArten` gleichzeitig eingetragen werden.

Auf den ersten Blick wirkt dieser Weg sehr attraktiv, denn er löst das oben geschilderte Problem mit Werktagen und Schultagen sehr elegant.

---

17. Man kopiert dazu die Menge der Fahrten einer TagesArt auf eine andere TagesArt.
18. Also die Menge der `Fahrten`, die dieser `TagesArt` zugeordnet sind.

Die Begriffe

- *Sonntag* (auch Feiertag)
- *Samstag*
- *Werktag*
- *Schultag*
- *Ferientag*

Keine Hierarchie

würden alle als TagesArt bezeichnet, d.h., es entfiele die Notwendigkeit, eine Hierarchie zu bilden. Der FirmenKalenderTag *512* (Donnerstag, 12. Mai) würde auf *Schultag* und *Werktag* zeigen, 515 nur auf *Sonntag*. Eigentlich bräuchte man den *Ferientag* in diesem Modell gar nicht, denn FirmenKalenderTage, die keine *Schultage* sind, erhalten einfach keinen Verweis auf *Schultag*. Wenn an *Ferientagen* jedoch zusätzlich Schwimmbadverkehr angeboten werden soll, dann würde man wohl eher eine TagesArt *Schwimmbadbetrieb* einführen und bei den entsprechenden FirmenKalenderTagen einen Verweis auf diese TagesArt ergänzen.

Fragmentierung

Der Nachteil dieses Ansatzes ist die Fragmentierung der Fahrtenmasse. Wenn man erkennen will, welche Fahrten an einem bestimmten Tag stattfinden, dann muss man zunächst alle benutzten TagesArten suchen und daraus den Gesamtfahrplan bestimmen. Da man nicht ohne Weiteres vorhersehen kann, in welcher Kombination die TagesArten bei der Abbildung auf den realen Kalender vorkommen werden, kann es passieren, dass bei der Bildung von Umläufen zusätzliche Fahrzeuge benötigt werden, die bei einer ganzheitlichen Vorgehensweise vermeidbar gewesen wären.

Beschränkung auf Addition von Fahrten

Hinzu kommt, dass mit dem geschilderten Verfahren Fahrten nur *additiv zusammengesetzt* werden können. In der Praxis gibt es aber öfter auch den Wunsch, an manchen Tagen bestimmte Fahrten zu *verschieben* oder zu *streichen*. Man müsste quasi »negative« Fahrten einführen, um auch diesem Wunsch gerecht zu werden.

Unser Modell beruht auf dem Prinzip der eindeutigen Tagesarten.

Algebraische Verknüpfung von Gültigkeiten

Dieser einfache Ansatz kann jedoch nicht die volle Flexibilität bieten, die letztendlich benötigt wird. Wir ergänzen ihn daher um ein Konzept, das beliebige mengentheoretische Verknüpfungen (nicht nur die Addition) von Gültigkeitsmustern vorsieht. Dazu im Abschnitt 6.1 unter dem Stichwort »Aspekte« mehr.

Tagesgenaue Gültigkeiten

In **beiden Ansätzen** kommt bei der praktischen Implementierung von Planungssystemen noch die Möglichkeit hinzu, Fahrten gezielt für einen ganz bestimmten FirmenKalenderTag für gültig zu erklären oder an diesem Tag zu streichen. Diese Erweiterung erlaubt, gezielt Ausnahmen von den hier vorgestellten Gültigkeitskonzepten festzulegen. Solche »tagesscharfen Gültigkeiten« sind in der Praxis zweifellos wichtig, und eine effiziente technische Implementierung ist nicht einfach. Konzeptionell stellen sie jedoch keine Besonderheit dar; sie wurden im Modell daher weggelassen.

Uhrzeit

Um einen **Zeitpunkt** festzulegen, benötigt man die Kombination von Datum und **Uhrzeit**. Im ÖPV gehen die Uhren zwar nicht anders, aber der Begriff der Uhrzeit ist flexibler als im normalen Sprachgebrauch: Man kennt hier auch Uhrzeiten wie *25:18*. Dahinter steht die Überlegung, dass das Planungsvolumen eines Arbeitstages eine logische Einheit bildet und nicht durch die Tagesgrenze willkürlich zerschnitten werden soll[19]. Eine Fahrt, die real um 1:18 stattfindet, gehört planerisch meist zum Vortag.

Tagesschnitt

Die eigentliche Tagesgrenze für den Planungsprozess im Stadtverkehr ist die »Betriebspause«, die in der Regel zwischen 2:00 und 4:00 nachts liegt.

Interne und externe Darstellung

Am einfachsten kann man diesen zeitlichen Versatz bewältigen, indem man den Begriff der Uhrzeit in der internen Darstellung des Modells auf beliebige Sekundenzahlen ausweitet. Man kann sogar negative Werte zulassen: *-6001* entspricht z. B. *22:19:59* des Vortags. Bei der Darstellung am Bildschirm und in Printmedien wird man geeignet umrechnen.

Offset zum Tagesbeginn

Die `Uhrzeit` ist in unserem Modell daher als *eine Differenz in Sekunden relativ zum Tagesbeginn* definiert – dies gilt gleichermaßen für konkrete `FirmenKalenderTage` wie auch für abstrakte `TagesArten`.

im Modell blau

3.4.4 Das Beförderungsangebot: Fahrt und Anschluss

Fahrt = Fahrweg + TagesArt + FahrzeugTyp

Eine `Fahrt` ist die geplante Nutzung des `Fahrwegs` einer `Linie` an einer bestimmten `TagesArt` durch ein Fahrzeug, das bestimmte Eigenschaften besitzt (Kapazität, niedriger Einstieg, Fahrradmitnahmemöglichkeit, ...). Im Gegensatz zu einer `Reise`, die dem Weg eines *Fahrgastes* entspricht, beschreibt die `Fahrt` die Sicht des *Fahrzeugs*, also die »Produktionsseite« des Verkehrsunternehmens.

`Reise`

`Reisen` ergeben sich dadurch, dass Fahrgäste einen oder mehrere Ausschnitte von `Fahrten` in Anspruch nehmen[20]. Auch wenn es sich ein wenig überzogen anhört: Ein Fahrgast, der ein öffentliches Verkehrsmittel nur für einen einzigen kurzen Streckenabschnitt zwischen zwei Haltestellen benutzt, absolviert im Sinne unseres Modells eine `Reise` (und keine `Fahrt`).

Interne Fahrten

`Fahrten` werden im `Fahrplan` veröffentlicht. Allerdings nicht alle, denn zusätzlich zu den Passagierfahrten gibt es auch technisch notwendige Hilfsfahrten, z. B.

- Einsetzfahrten und Aussetzfahrten, d. h. Fahrten zwischen dem Betriebshof und den Einsatzorten
- Überführungsfahrten, also Leerfahrten von der Endhaltestelle einer Linie zur Anfangshaltestelle einer anderen Linie
- Betriebsfahrten (zur Werkstatt, Probefahrten, Messfahrten)

19. Dies gilt insbesondere für den Stadtverkehr.
20. Die `Reise` kommt im Kernmodell nicht vor, da dieses sich auf die Produktionssicht konzentriert.

Während man im Busverkehr derartige Hilfsfahrten manchmal etwas weniger genau plant, gelten beim Schienenverkehr die gleichen strengen Regeln für das Bereitstellen einer Trasse wie im Passagierverkehr, denn es muss auch bei diesen Fahrten dafür gesorgt werden, dass das Gleis zum gewünschten Zeitpunkt frei ist und Abstandsregeln eingehalten werden.

HalteBeiFahrt

Eine `Fahrt` wird dadurch beschrieben, dass man jedem `HalteOrtAmFahrweg` die genaue *Ankunfts-* und *Abfahrtszeit* des Fahrzeugs zuordnet[21]. So ergibt sich die Klasse `HaltBeiFahrt` als Beziehung zwischen der `Fahrt` und dem `HalteOrtAmFahrweg`. Eine Instanz von `HaltBeiFahrt` entspricht einem einzelnen Beitrag in einer Zeile in der klassischen Darstellung eines Fahrplans. Wir werden später sehen, dass *Fahrzeiten* und *Haltezeiten* einem `Streckenprofil` zugeordnet werden und so die Grundlage für die Ermittlung der Ankunfts- und Abfahrtszeiten für den einzelnen `HaltBeiFahrt` bilden.

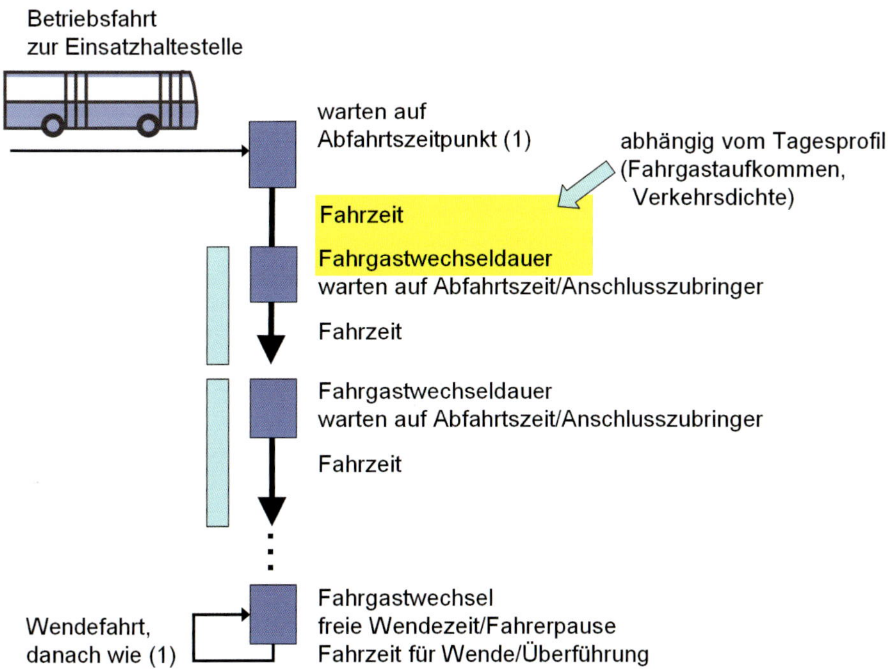

Abb. 3-9
Fahrzeit und Haltezeit

Identifikation einer Fahrt

Während der Planung wird eine Fahrt durch ihre Linie, Richtung, TagesArt und den Abfahrtsort samt Abfahrtsuhrzeit identifiziert, also z. B.

> Linie 7, Richtung Westbahnhof
> Mo–Do
> ab Rathausplatz um 16:03

21. Es handelt sich dabei um `Uhrzeiten` im zuvor beschriebenen Sinn.

Verstärkerfahrten

In Ausnahmefällen möchte man eine zweite Fahrt zur gleichen Uhrzeit planen, z. B. wenn eine Großveranstaltung zu Ende geht. Man richtet dann eine *Verstärkerfahrt* ein, die zur gleichen Uhrzeit in die gleiche Richtung fährt[22]. Bei der Implementierung einer Datenbanktabelle zur Verwaltung von Fahrten ist man gut beraten, wenn man einen technischen Schlüssel (also eine laufende Nummer) zur Identifikation von Fahrten verwendet. Damit der Benutzer nicht unabsichtlich zwei gleiche Fahrten anlegt, wird man ihn warnen und z. B. auffordern, solche Zusatzfahrten geeignet zu kennzeichnen[23].

Gleichheit aus Planungssicht

Interessant wird die Frage, ob es sich bei zwei Fahrten um »die gleiche Fahrt« handelt, wenn man verschiedene TagesArten betrachtet. Nehmen wir einmal an, dass an Wochentagen die Linie 7 im 10-Minuten-Takt verkehrt, an Samstagen jedoch alle 20 Minuten. Außerdem liege die Abfahrtszeit samstags etwas anders, nämlich um 16:00, 16:20 usw. Ein Fahrplaner wird möglicherweise so argumentieren, dass es sich bei der Mo–Do-Fahrt um 16:03 für ihn um die gleiche Fahrt wie samstags um 16:00 handelt. Es kann also nützlich sein, neben dem strengen informatischen Konzept der technischen Identität zusätzlich Konzepte zur Verwaltung von »fachlichen Gleichheiten« zu benutzen.

Anschlüsse

Bei der Planung von `Fahrten` versucht man *Umsteigezeiten* zu optimieren, damit die *Reisezeiten* der Fahrgäste möglichst kurz werden. Natürlich kann man es nicht allen recht machen, aber mit dem Wissen über typische Pendlerströme kann man z. B. dafür sorgen, dass morgens bestimmte `Anschlüsse` in Richtung Innenstadt gut passen und abends in der Gegenrichtung. `Anschlüsse` werden in unserem Modell als eine Verknüpfung von zwei `HalteOrtenAmFahrweg` dargestellt[24]. Was bedeutet dies?

Gerichtete Abhängigkeit von Fahrten

Da Fahrwege gerichtet sind und `HalteOrteAmFahrweg` das Passieren eines `HalteOrts` bei der Ausführung von `Fahrten` beschreiben, ist ein `Anschluss` die Definition einer Abhängigkeit von zwei `Fahrten`, bezogen auf einen bestimmten `HalteOrt`. Der ÖPV-Anbieter verspricht, dass ein Fahrgast, der auf einer Zubringerfahrt ankommt, für das Umsteigen in die nächste Abbringerfahrt mindestens eine Übergangszeit von X Minuten haben wird. »X« wird dabei so festgelegt, dass ein gewisser Sicherheitspuffer vorhanden ist, auch wenn man beim Umsteigen Aufzüge benutzen oder eine Straße überqueren muss.

Übergangszeiten

Eine automatische Abschätzung der erforderlichen Übergangszeit setzt eine punktgenaue Planung und eine detaillierte Modellierung der Haltestellenörtlichkeit voraus. Und selbst dann wird ein ortskundiger Planer nicht immer mit den Fußwegübergangszeiten zufrieden sein, die ein IT-System ihm vorschlägt.[25]

22. Aus Fahrgastsicht ist es eigentlich *dieselbe Fahrt*, nicht jedoch aus der Produktionssicht des Verkehrsbetriebs.
23. Unser Modell bietet hierfür das Merkmal der *FahrtArt* an.
24. Im Gesamtmodell unterscheiden wir zwischen dem Einzelanschluss und dem – für einen gewissen Zeitraum gültigen – Systemanschluss.
25. Die Übergangszeit hängt natürlich auch vom Fahrgast ab. Für Fahrgäste mit Mobilitätseinschränkungen gelten andere, größere Werte.

Die Regel ist daher, dass die *MinimaleUmsteigeDauer* eines `Anschlusses` manuell vorgegeben wird.

Konsistenz wahren, optimieren

Wenn in einem Planungssystem für zwei Fahrten oder für mehrere Paare von Fahrten innerhalb eines gewissen Zeitraums Anschlüsse definiert sind, so muss das System darauf achten, bei Aktionen des Benutzers und bei automatischen Optimierungsverfahren den zeitlichen Abstand dieser Fahrten in der Nähe der minimalen Umsteigedauer (aber natürlich auf der sicheren Seite) zu halten.

Wartedauer des Abbringers

Noch etwas ist wichtig: Wenn die Zubringerfahrt bei der tatsächlichen Ausführung der Fahrten verspätet ist, dann soll der Fahrgast darauf vertrauen dürfen, dass der Abbringer solange wartet, dass die minimale Umsteigedauer erhalten bleibt. Aus Sicht des Verkehrsbetriebs besteht jedoch die Gefahr, dass sich Verspätungen im gesamten Netz aufschaukeln, wenn dies immer bedingungslos eingehalten wird. Man legt daher zusätzlich bereits in der Planung die *MaximaleWarteDauerAbbringer* fest, d. h., man begrenzt das Warten auf eine Zeitspanne, die das wartende Fahrzeug innerhalb einer gewissen Zeit voraussichtlich wieder einholen kann.

Anschlüsse ausweisen oder nicht?

Ob ein Verkehrsunternehmen Anschlüsse im Fahrplan ausweist oder nicht, ist eine Frage der Philosophie. Im Prinzip kann der Fahrgast bei der Planung seiner Reise ja selbst erkennen, dass es »mit dem Umsteigen eigentlich klappen müsste«. Auskunftssysteme suchen von sich aus diejenigen Fahrten heraus, die laut Planung ausreichende Fußwegübergangszeiten haben[26]. Die explizite Zusicherung eines Anschlusses bindet den Verkehrsbetrieb zusätzlich – aber sie ist eben auch Teil seines *Leistungsversprechens*.

Nachweis und Pönale

Der Aufgabenträger hat – stellvertretend für die Interessen der Fahrgäste – beispielsweise das Anliegen, dass bei sehr langen Taktabständen in den späten Abendstunden bestimmte Verbindungen nicht nur statistisch passen, sondern dass hier Anschlüsse auch tatsächlich garantiert werden. Solche Anschlüsse werden dann auch meist im Fahrplan ausgewiesen. Das erfolgreiche Einhalten solcher Anschlüsse ist Teil der Qualitätsmetrik; Verletzungen können Kürzungen der finanziellen Zuschüsse des Aufgabenträgers an den Verkehrsbetrieb nach sich ziehen.

3.4.5 Fahrzeuge und Umläufe

im Modell grün

Umlaufbildung

Ein wichtiger Planungsschritt ist das Bilden von Fahrzeugumläufen. Ausgehend von der Menge aller Fahrten versucht man *Tagestouren* zu bilden, bei denen ein *gedachtes Fahrzeug eines bestimmten Typs* möglichst viele Fahrten hintereinander ausführt. Zwischen den Fahrten liegen zeitliche Lücken, die dem Wenden an der Endhaltestelle dienen oder für die Fahrt zu einem neuen Einsatzort benötigt werden (Leerfahrten). Aus Effizienzgründen sollen derartige zeitliche Lücken möglichst gering sein. Sie haben jedoch gleichzeitig eine Funktion als Puffer, der verhindert, dass Verspätungen einer Fahrt auf die nachfolgende Fahrt übertragen werden. Letztlich verfolgt man das Ziel, die gesamte »Fahrtenmasse« mit möglichst wenigen Fahrzeugen *betriebsstabil* zu bewältigen. Busse sind zwar nicht

26. Sie können dabei das Mobilitätsprofil des Anfragers berücksichtigen.

ganz so teuer wie Flugzeuge, aber auch im ÖPV gilt, dass ein Fahrzeug nur dann Geld verdient, wenn es rollt.

UmlaufElement

`Umläufe` bestehen also aus `Fahrten`. Im Modell besteht die zugehörige Aggregationsbeziehung zwischen dem `UmlaufElement` und dem `Umlauf`. Wir haben das `UmlaufElement` als abstrakte Elternklasse der `Fahrt` zwischengeschaltet, weil es auch Elemente eines `Umlaufs` gibt, die keine `Fahrten` sind, wie etwa der Aufenthalt in der Waschstraße. Mehr dazu später.

Ein- und Ausrückfahrten

Umläufe bestehen nicht nur aus den im Fahrplan ausgewiesenen Nutzfahrten (Fahrgastfahrten); als erstes und letztes `UmlaufElement` fügt man noch *interne* Fahrten hinzu, die den Weg vom und zum Depot abdecken. Dies gilt vor allem für den Stadtverkehr, da dort die Fahrzeuge in der Regel ein Heimatdepot haben, in dem sie jede Nacht stehen.

Umlaufverkettung

Im Fernverkehr und teilweise auch im Regionalverkehr muss der Abstellort der Fahrzeuge jeweils explizit angegeben werden. Er ergibt sich aus den Umlaufplänen der benachbarten Tage[27]. Deshalb spielen die `Umlauf-Verkettungen`[28] hier eine bedeutsame Rolle. Im Regionalverkehr kommt es zudem häufiger vor, dass ein Fahrzeug vom Zielort einer Fahrt leer zum Startort seines nächsten UmlaufElements fahren muss. Da solche Fahrten in die Berechnung wirtschaftlicher Kennziffern einfließen und sich dort negativ auswirken, versuchen Verkehrsunternehmen Leerfahrten zu vermeiden. Wenn eine Fahrt aus technischen Gründen unvermeidbar erscheint (weil sonst »die Umlaufbildung nicht aufgeht«), dann kann man sogar auf die Idee kommen, diese ohnehin notwendige Fahrt auch im Fahrplan als Nutzfahrt auszuweisen und sozusagen zu »legalisieren« – ob es dann auch Fahrgäste gibt, die diese Fahrt nutzen wollen, steht allerdings auf einem anderen Blatt.

Fahrzeugtyp

Bei der Betrachtung von Umläufen und Umlaufverkettungen sollte man immer im Auge behalten, dass es nicht um konkrete, individuelle Fahrzeuge geht, sondern um gedachte Instanzen eines benötigten *Fahrzeugtyps*. Zum Zeitpunkt der Planung von Umläufen ist es noch nicht absehbar und auch völlig unnötig zu wissen, welches konkrete Fahrzeug den Umlauf an einem bestimmten Kalendertag ausführen wird. Dies wird erst später im Rahmen der Einsatzdisposition festgelegt.

Sortenreine Umläufe

Bei der Bildung von `Umläufen` darf man nur `Fahrten` zusammenfassen, die kompatible Anforderungen an den benötigten *Fahrzeugtyp* haben. Wenn man zwei Fahrten mit gegensätzlichen Anforderungen zusammenfasst – etwa große Kapazität und sehr kleinen Wendekreis –, so kann es sogar passieren, dass es gar kein geeignetes Fahrzeug gibt. Der Doppelgelenkbus ist zu sperrig für die enge Altstadt, und der flexible Minibus ist zu klein. Der Ausweg kann darin liegen, dass man eine größere Fahrtdichte (kürzere Takte) anbietet, um eine geringere Fahrzeuggröße zuzulassen.

27. Genauer gesagt ergibt er sich aus den `TagesArten`, die typischerweise an die betroffene TagesArt im Kalender angrenzen – denn wir betrachten bei der Umlaufbildung ja TagesArten und nicht konkrete Kalendertage.
28. im Modell durch die *Nachfolger*-Beziehung am `Umlauf` dargestellt

Im Modell sprechen wir von `TM-TypPlanung` und meinen damit den Typ eines Transportmittels aus Sicht der Fahrplanung. Der Unterschied zwischen *Fahrzeug* und *Transportmittel* besteht darin, dass ein Transportmittel aus *mehreren Fahrzeugen zusammengesetzt* sein kann. Beispiele dafür findet man vor allem im Schienenverkehr, etwa bei S-Bahn-Triebzügen. Ob ein Triebzug aus mehreren Teilen besteht, die bei Bedarf (an einem anderen Tag oder zu einer anderen Tageszeit) auch alleine fahren können, ist aus Sicht des Fahrplans unerheblich. Die `Fahrt` bezieht sich daher auf den Transportmitteltyp und nicht auf den Fahrzeugtyp.

Fahrzeug vs. Transportmittel

Der Zusatz *Planung* im Namen der Klasse `TM-TypPlanung` weist darauf hin, dass sie sich an den Planer richtet. Er interessiert sich nicht für technische Details von Fahrzeugen, sondern vor allem für die Kapazität. Er spricht manchmal etwas locker davon, dass er eine bestimmte »Gefäßgröße« benötigt. Gelegentlich gibt es auch Einschränkungen, die durch die Streckenführung bedingt sind: Niedrige Brücken verhindern z.B. den Einsatz von Doppeldeckerbussen, Elektroloks brauchen eine elektrifizierte Strecke usw.

Typbildung aus Planungssicht

Bei der Bildung von Umläufen wird die rekursive Beziehung bei der Klasse `TM-TypPlanung` benutzt, um die *Kompatibilität* unterschiedlicher Typen zu prüfen.

Typ-Kompatibilität

Analog zur planerischen Sicht gibt es die *Operations*-Sicht auf die Fahrzeugtypen, also die Klasse `TM-TypOperations` mit ihren eigenen Vorstellungen von *Kompatibilität* sowie die davon abgeleitete Klasse des `FahrzeugTypOperations`[29].

Operations

Anders als auf der planerischen Ebene genügt hier nicht die Abstraktion des »Transportmittels«. Vielmehr betrachtet man konkrete Fahrzeug-Baureihen. Ein wichtiger Grund dafür liegt in der *Instandhaltung*. Verkehrsbetriebe müssen planerisch sicherstellen, dass alle Inspektionsfristen eingehalten werden, die die Hersteller empfehlen und Behörden vorschreiben[30]. Diese `ServiceFristen` sind auf den einzelnen `FahrzeugTyp` bezogen, nicht auf einen Fahrzeugverband, der heute so und morgen wieder anders zusammengesetzt sein kann. Bei der näheren Betrachtung von `ServiceFristen` stellt man fest, dass es größere und kleinere Fristarbeiten gibt, die sich nach einem festen Schema wiederholen. Die rekursive Beziehung zur *ÜbergeordnetenFrist* deutet dies an.

FahrzeugTyp Operations

Die Sicherheitsauflagen für Fahrzeuge, die im ÖPV eingesetzt werden, sind erheblich höher als für private Kraftfahrzeuge. Es gibt auch Vorschriften, die sich auf einzelne Bauteile beziehen – man denke etwa an die Radsätze der IC-Hochgeschwindigkeitszüge, die immer wieder für Turbulenzen sorgen und im Jahr 2009 von der Deutschen Bahn mit immensem Aufwand überwacht wurden.

Instandhaltung von Bauteilen

Unser Modell besitzt keine Mechanismen, um Bauteile eines Fahrzeugs zu verwalten, die einer *eigenständigen* Inspektion unterliegen, d.h. unabhängig davon, in welchem Fahrzeug sie gerade eingebaut sind. In der Praxis kann man

29. Mit »Operations« meint man die Sicht des Fahrzeugbetriebs, der Leitstelle, des Depots, der Werkstatt. Wir haben leider keinen passenden deutschen Begriff dafür gefunden.
30. Zum Beispiel das Eisenbahnbundesamt

immer wieder beobachten, wie Modelle unter dem Druck aktueller Anforderungen vergewaltigt werden, um neue Aspekte hineinzupressen. Bei unserem Modell könnte man z. B. auf die Idee kommen, jeden Radsatz als eigenes Fahrzeug zu behandeln (mit dem dazu passenden »Fahrzeug«-Typ *Radsatz*). Der Radsatzwechsel würde dann als »Bildung eines Zugverbands« abgebildet ...

Diese Art von Vorgehen hat die Eigenart, dass sie rasch zu einer halben Lösung eines Problems führt – doch eine ganze Lösung zuverlässig auf Dauer verhindert. Die Behauptung »Im Sinne des Gesetzes ist der Frosch ein Fisch« mag zwar für eine Fischereiordnung zulässig sein, aber nicht für Softwaresysteme des 21. Jahrhunderts.

Fahrzeuge, Fahrtausführung

Der dritte große Block (neben Umlauf und Fahrzeugtypen) betrifft die *konkreten Fahrzeuge* sowie die *Ausführung der geplanten Fahrten*.

Namensgebung → Anhang

Wir müssen in unserem Modell unterscheiden zwischen der Planung einer `Fahrt` und ihrer Ausführung, denn zu einer Planung gibt es viele Ausführungen: eine für jeden `FirmenKalenderTag`, der zu der `TagesArt` gehört, für die die `Fahrt` vorgesehen ist. Wir haben im Anhang ausführlich beschrieben, welche Alternativen für die Wahl der Klassennamen in Betracht kommen. Wenn Ihnen unsere `FahrtX` etwas merkwürdig vorkommt oder wenn Sie wissen wollen, warum wir diese Art der Bezeichnung für die beste halten, dann sollten Sie jetzt einen Blick in Abschnitt 14.5 werfen.

Abbildung 3-10 stellt exemplarisch die Planungswelt der Ausführung gegenüber.

Abb. 3-10
TagesArten vs. Kalendertage

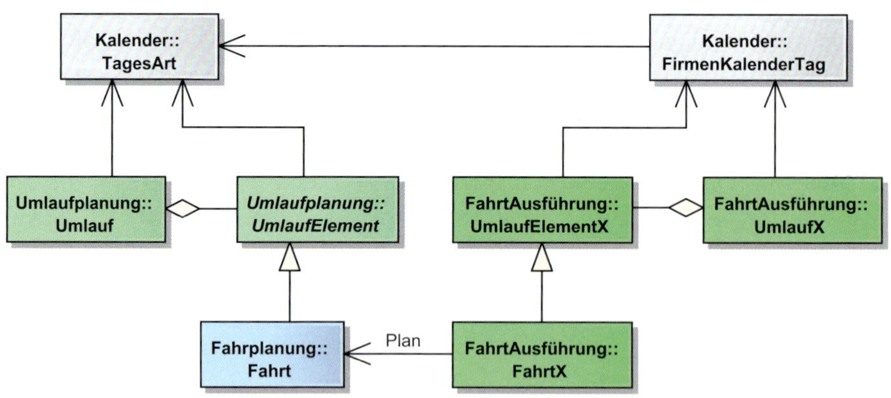

Analogie zur Planung

Bei der Durchführung von Fahrten gibt es zahlreiche Analogien zum Planungsbereich, die wir durch die Art unserer Bezeichnung zum Ausdruck bringen:

FahrtX

- Der geplanten `Fahrt` entsprechen die ausgeführten `FahrtenX`; jede `FahrtX` trägt einen Verweis auf die zugehörige `Fahrt`. Auf diese Weise wird die Verbindung zwischen den Solldaten (*Abfahrtzeit* der `Fahrt`) und den möglicherweise davon abweichenden Istdaten (*Abfahrtzeit* der `FahrtX`) hergestellt[31].

HaltBeiFahrtX

- Es genügt nicht, wenn die Verbindung zwischen Plan und Ausführung nur auf der Ebene der `Fahrt` insgesamt hergestellt wird. Beim Erzeugen von Pünkt-

31. Vergleiche dazu auch Abschnitt 14.9.

lichkeitsstatistiken ist es beispielsweise üblich, jeden einzelnen Haltevorgang zu betrachten und die Differenz zwischen Soll und Ist zu betrachten. Selbst wenn eine Fahrt pünktlich beginnt und endet, kann sie unterwegs Verspätungen auf- und wieder abbauen. Es gibt daher eine Beziehung von der `FahrtX` zum `HalteOrtAmFahrweg`. Die im Kernmodell nicht dargestellte Klasse `HaltBeiFahrtX` bildet jeden einzelnen tatsächlichen Haltevorgang ab und setzt ihn in Beziehung zur entsprechenden Planung.

- Im Zusammenhang mit der Bildung von Umläufen fassen wir die `Fahrt` als `UmlaufElement` auf. Ganz analog interpretieren wir die `FahrtX` als ein `UmlaufElementX`. UmlaufElementX
- Dem geplanten `Umlauf` entsprechen die ausgeführten `UmläufeX`. Sie setzen sich genau wie dieser aus ihren Elementen zusammen. UmlaufX

Abweichungen

Wir betonen die strukturelle Ähnlichkeit zwischen der Ausführungs- und der Planungsebene. Allerdings müssen wir uns darüber im Klaren sein, dass im realen Leben zahlreiche Abweichungen auf der Instanzebene auftreten können:

- Verkehrsstaus führen zu Verspätungen.
- Unfälle oder Materialschäden zwingen dazu, ein Fahrzeug aus dem Verkehr zu ziehen und ein Ersatzfahrzeug einzusetzen.
- Es steht gerade kein passendes Fahrzeug zur Verfügung, so dass ein »falscher« Fahrzeugtyp benutzt werden muss.
- Fahrer erkranken und müssen ihren Dienst vorzeitig abbrechen.
- Verkehrsstörungen oder Baustellen machen andere Fahrtrouten notwendig.

Maßnahmen, MaßnahmenX

Mit diesem Themenkreis befasst sich das Störungsmanagement. Es ergreift `MaßnahmenX`, um adäquat zu reagieren und den Normalzustand wiederherzustellen[32]. Für den Augenblick genügt es uns, auf die *eindeutige*[33] Pfeilspitze des Verweises von der `FahrtX` zur `Fahrt` hinzuweisen. Sie dokumentiert, dass unser Modell eine strenge Planungsphilosophie vertritt. Sie verlangt, dass es zu jeder ausgeführten `FahrtX` eine planmäßige `Fahrt` geben muss, also z. B. auch für »spontane« Ersatz- und Verstärkerfahrten oder für Ad-hoc-Umleitungen. In der Gegenrichtung gilt dies nicht: Zu einer geplanten Fahrt kann es an ein und demselben FirmenKalenderTag mehrere (Teil-)Ausführungen geben.

Fahrzeuge, TransportMittel

Eine weitere Analogie gibt es bei der Bildung von Fahrzeugverbänden: So wie wir zwischen `TM-TypOperations` und `FahrzeugTypOperations` sprachlich unterscheiden, trennen wir auch zwischen dem – potenziell zusammengesetzten – konkreten `TransportMittel` und dem konkreten `Fahrzeug`.

Fahrzeugeinsatz, Fahrzeugwechsel

Die Beziehung zwischen dem `TransportMittelX` und dem `UmlaufX` entspricht inhaltlich dem Verweis vom `Umlauf` zum `TM-TypPlanung`. Sie ist jedoch anders als ihr Gegenstück in der Planung vom Typ »m:n«, denn man muss abbilden können, dass ein ungeplanter Fahrzeugwechsel mitten in einem `UmlaufX` passieren kann. Eine (in der Grafik nicht dargestellte) Klasse `FahrzeugZuordnung` hält in solchen Fällen fest, wo und wann der Fahrzeugwechsel stattgefunden hat.

32. Dies ist nicht im Kernmodell, sondern in einem eigenen Teilmodell dargestellt.
33. Vergleiche Abschnitt 14.9.

im Modell rot

3.4.6 Fahrer und Dienst

Last not least geht es im ÖPV um den Einsatz von Fahrern: Ohne sie dreht sich kein Rad! Auch hier wird zunächst auf abstrakter Ebene ein Plan aufgestellt, in dem nicht von einzelnen Fahrern und von konkreten Kalendertagen die Rede ist, sondern von `TagesArten` und Mitarbeiterarten.

Dienste

So wie elementare Fahrzeugbewegungen (`Fahrten`) zu `Umläufen` zusammengefasst werden, bildet man aus elementaren Tätigkeiten der Fahrer `Dienste`. Die elementaren Tätigkeiten der Fahrer sind natürlich vor allem die Lenkzeiten, *die sich aus den Fahrten ergeben*, aber es gibt auch Rüst- und Wegezeiten und diverse andere Tätigkeitsarten. Sie alle werden zeitlich hintereinander aufgereiht und bilden gemeinsam einen Dienst. Um zu verstehen, wie ein Dienst zustande kommt, muss man den Zusammenhang zwischen der Fahrzeugplanung und der Personalplanung betrachten. Wir stellen diesen Punkt zurück (→ Abschnitt 3.4.7) und betrachten zunächst den Dienst als Ganzes.

Analogie und Abstraktion

Es gibt deutliche Analogien zwischen der Planung für Fahrzeuge und Personal. So wie zu einem geplanten `Umlauf` eines Fahrzeugs mehrere `UmläufeX` gehören, gibt es beispielsweise zu einem geplanten `Dienst` mehrere `DiensteX`. Die objektorientierte Modellierung bietet die Möglichkeit, gemeinsame Elternklassen für einander entsprechende Klassen zu definieren, wie z. B. »Ressource« für die Abstraktion von Fahrer und Fahrzeug. Bei näherer Betrachtung sind jedoch aus *fachlicher Sicht* die Unterschiede zwischen Personen und Fahrzeugen so groß, dass man in der täglichen Praxis der Verkehrsbetriebe kaum jemals eine Sprechweise antrifft, die beide gemeinsam behandelt. Wir meinen, dass ein konzeptionelles Modell sich nicht zu weit von der Sprach- und Denkwelt des Anwenders entfernen darf, und haben daher auf die explizite Einführung solcher abstrakter Klassen verzichtet. Bei der *technischen Umsetzung* des Modells kann es allerdings durchaus sinnvoll sein, solche Konstrukte zu benutzen. Tabelle 3-1 zeigt die wichtigsten Analogien.

Tab. 3-1
Analogie zwischen Fahrzeugen und Fahrern

Bereich Fahrzeuge	**Bereich Fahrer**	**Abstraktion**
Fahrzeug	Mitarbeiter	Ressource
Fahrzeugtyp	Qualifikation	Ressourcentyp
Umlauf	Dienst	Aufgabe, Pensum, Tätigkeit
UmlaufX	DienstX	AufgabeX, PensumX, TätigkeitX
Fahrt	Dienstelement	Aktion, Aufgabenelement
FahrtX	DienstelementX	AktionX, AufgabenelementX

Im Gegensatz zu Fahrzeugtypen, die jeweils eine feste Kombination von Fahrzeugeigenschaften repräsentieren, verwendet unser Modell bei den Mitarbeitern ein Konzept frei definierbarer Eigenschaften, die sogenannten `Qualifikationen`. Sie bilden die Brücke zwischen dem Anspruch, den ein `Dienst` an Mitarbeiter stellt, und dem einzelnen Mitarbeiter. Dies macht das Modell einerseits flexibler, andererseits wächst jedoch bei unbedachtem Vorgehen für den Planer das Risiko, dass er Dienste bildet, die eine ungewöhnliche Kombination von Qualifikationen erfordern.

Klassifizierung von Mitarbeitern: Qualifikationen

Jeder reale Mitarbeiter verfügt über einen bestimmten Mix an Qualifikationen. Man muss den Planer systemtechnisch davor bewahren, einen Dienst zu definieren, den kein realer Mitarbeiter ausführen kann. Man kann ihm z. B. bei jeder Aktion zeigen, wie groß die Menge der Mitarbeiter ist, die die geforderte Kombination von Qualifikationen haben. Wenn er zwei gegensätzliche Fahrdienstelemente zu einem Dienst zusammenfasst, muss er erkennen können, wie sich die Anzahl der geeigneten Mitarbeiter reduziert, um entsprechend gegenzusteuern. Ein guter Dienstplaner wird immer das Ziel verfolgen, den Handlungsspielraum für die anschließende Personaldisposition[34] möglichst wenig einzuengen.

Qualifikationsmix überwachen

Was verbirgt sich hinter der `Qualifikation`? Im Modell gibt es Beziehungen zur `Strecke` und zum Fahrzeugtyp (`TM-TypOperations`). Es mag trivial erscheinen, aber Fahrer müssen einen passenden Führerschein besitzen. Anders als im Individualverkehr muss dieser (die Personenbeförderungserlaubnis) regelmäßig erneuert werden. Wenn Sie als Privatperson von einem Jeep auf einen Sportflitzer umsteigen, dann machen Sie sich im eigenen Interesse mit der unterschiedlichen Bedienung vertraut. Gewissenhafte Fahrer machen vielleicht sogar vorher ein Schleuderkurstraining. Im ÖPV muss der Verkehrsbetrieb nachweisen, dass die Fahrer eine ausreichende Einweisung in die Besonderheiten der Fahrzeugtypen erhalten haben. Auch hier gibt es Verfallszeiten: Wer drei Jahre lang nicht mehr auf dem alten Straßenbahntyp im Einsatz war, sollte vielleicht besser eine Probestunde nehmen, bevor er die ersten Fahrgäste einsteigen lässt.

Fahrzeugtyp

Ähnliches gilt für die `Strecke`: Möglicherweise sind in den letzten drei Jahren neue Signalanlagen oder Weichen eingebaut worden, es gibt andere Langsamfahrzonen oder spezielle Sicherheitshinweise für einen Streckenabschnitt.

In unserem Modell ist die `Qualifikation` eine abstrakte Fähigkeit[35], die nach bestimmten Verfahren erworben und erhalten werden kann und nach bestimmten Regeln wieder erlischt. Die Kenntnis einer Strecke ist ebenso eine Qualifikation wie die Vertrautheit mit einem bestimmten Fahrzeugtyp. Daneben gibt es noch andere Qualifikationen, die für die Dienstplanung berücksichtigt werden, wie z. B. Fremdsprachenkenntnisse. Der *Verbindlichkeitsgrad* ist jedoch unterschiedlich: Es ist zwar wünschenswert, dass Fahrer auf der Linie zum Flughafen Englisch sprechen, aber zur Not geht es auch ohne.

Befristung von Qualifikationen

Bei genügender »Flughöhe der Betrachtung« findet man auch hier wieder Analogien zwischen Personal und Fahrzeug: Was für den Fahrer der Besitz einer Qualifikation ist, ist für das Fahrzeug die Ausstattung und die Verkehrstüchtig-

Inspektionen für Mensch und Material

34. Dort werden den abstrakten `Qualifikationen` konkrete `Mitarbeiter` zugeordnet.
35. Ob und seit wann ein Fahrer bestimmte Qualifikationen besitzt, schlägt sich im Modell in der Beziehung zwischen dem `Mitarbeiter` und der `Qualifikation` nieder.

keit. Was für den einen die Schulungsmaßnahme ist, ist für das andere die Durchführung von Fristarbeiten. Vielleicht ist es ja nur noch eine Frage der Zeit, bis ein regelmäßiger »Inspektionsrhythmus« in Form von Checkfahrten im Fahrsimulator (natürlich mit eingespielten Störsituationen) zur Regel wird[36]. Informatiker freuen sich, wenn sie Analogien entdecken und Lösungen in verwandten Anwendungsbereichen ganz oder teilweise wiederverwenden können. Es ist ein erstrebenswertes Ziel, einen generischen Mechanismus zu entwerfen, der den Aufbau und Erhalt von Qualifikationsnachweisen so abdeckt, dass er in der Software für Personen und Fahrzeuge gleichermaßen zum Einsatz kommen kann. Aus Sicht des ITVU-Modells passiert das jedoch quasi »unter der Haube«, denn man möchte normalerweise weder im Fachgespräch noch im Benutzerhandbuch oder gar an der Benutzeroberfläche eine identische Terminologie verwenden.

Dienst, Schicht

Die zentrale Klasse der Dienstplanung ist der `Dienst`. Er definiert das Aufgabenpaket eines Mitarbeitereinsatzes. Dieses Aufgabenpaket hat üblicherweise eine Dauer von 7–9 Stunden und wird manchmal auch als »Tour« bezeichnet; nach seiner zeitlichen Lage lässt es sich als Früh-, Tages-, Spät- oder Nachtschicht charakterisieren.

Bedarfsschwankung, geteilte Dienste

Verkehrsbetriebe müssen die eingesetzte Personalkapazität dem Tagesrhythmus der Nachfrage nach Beförderungsleistungen anpassen. Da es morgendliche und abendliche Spitzen im Verkehr gibt, ist es ideal, wenn einige Mitarbeiter genau zu diesen Zeiten arbeiten, in der Zwischenzeit jedoch nicht. Man kann dies durch den Einsatz von Halbtagskräften erreichen oder durch die Bildung geteilter Dienste. Diese sind so definiert, dass die Arbeitsleistung in zwei Blöcken erbracht wird, zwischen denen eine längere Unterbrechung liegt. Manchmal wird die hierbei geforderte Flexibilität der Fahrer durch finanzielle Zuschläge entgolten. Für die Planung bedeutet dies, dass es im Einzelfall auch einmal finanziell günstiger sein kann, einen Dienst nicht zu teilen. Automatische Optimierungsverfahren sollten solche Kostenfaktoren berücksichtigen.

Pause

Als Pause bezeichnet man kürzere Ruhephasen innerhalb eines zusammenhängenden Einsatzzeitraums[37]. Es gibt umfangreiche Regelwerke, die sich mit der Frage beschäftigen, wie lange eine Pause im Verhältnis zur vorausgehenden oder nachfolgenden Lenkzeit[38] mindestens sein muss. Auch macht es einen Unterschied, ob ein Pausenraum zur Verfügung steht. Manchmal wird vom Fahrer erwartet, dass er in der Nähe des Fahrzeugs bleibt und dieses bewacht. Auch kann es sein, dass im Rahmen einer Lenkzeitunterbrechung der Fahrer an der Endhaltestelle den Innenraum des Fahrzeugs reinigt. All dies und noch vieles mehr ist Bestandteil von gesetzlichen Regeln, Tarifverträgen, Betriebsvereinbarungen und informellen Absprachen.

36. Einzelne Verkehrsbetriebe haben bereits heute Simulatoren im Einsatz.
37. Die Zeit zwischen den beiden Hälften eines geteilten Dienstes ist keine *Pause*.
38. Bei Schienenfahrzeugen spricht man besser von *Führerstandszeiten*.

Regeln wuchern

Wie penibel Regeln formuliert und eingehalten werden, ist natürlich auch eine Frage des Kulturkreises. Prinzipiell gilt jedoch, dass im Laufe der Jahre immer weitere Regeln hinzukommen – und dass kaum jemals Regeln abgeschafft werden. Wenn zwischen Betriebsrat und Unternehmensleitung eine neue Vereinbarung getroffen wird, dann erwarten beide Parteien selbstverständlich, dass die neue Regel auch umgehend in die Planung einfließt. Ein Beispiel möge dies illustrieren:

Stellen wir uns einen Zug mit Zweirichtungsbetrieb vor. Er fährt bis zur Endhaltestelle und dort wechselt der Fahrer in den Führerstand am anderen Ende des Fahrzeugs und fährt nach einer Pause wieder los. Wenn man nun die Zeit zwischen Ankunft und Abfahrt des Zuges als Pausenzeit des Fahrers betrachtet, so vernachlässigt man einige Details: Der Fahrer muss den alten Führerstand stilllegen (»abrüsten«), das Fahrzeug verschließen, zum Pausenraum gehen, danach von da aus zum anderen Ende des Zuges und dort den neuen Führerstand in Betrieb nehmen (aufrüsten).

Berücksichtigt man die Rüstzeiten, so bleibt immer noch die Frage, was mit den Wegezeiten entlang des Zuges ist. Selbst wenn Wegezeiten während der Pause laut aktueller Vereinbarung unbezahlt wären: Müsste man nicht mindestens die Wegezeit zwischen den Triebköpfen subtrahieren, da sie ja auch normalerweise anfallen würde, wenn die Wendezeit laut Fahrplan so kurz ist, dass keine Pause für den Fahrer möglich ist?

Wenn Personalvertreter und Manager über solche Themen verhandeln, kommt nicht selten eine Lösung heraus, die die Planung noch komplizierter macht. Sie könnten zum Beispiel festlegen, dass die Wegezeit nur abgezogen wird, wenn der Pausenraum nicht räumlich zwischen den beiden Triebkopfenden liegt...

Physikalische Abläufe modellieren

Auch wenn das Beispiel vielleicht etwas überzogen ist: Anzahl und Detaillierungsgrad von Pausenregeln sind in Ländern mit »teurer Arbeitszeit« in der Regel sehr hoch. Für Planungssysteme bedeutet dies, dass sie die physikalischen Abläufe[39] intern modellieren müssen, um die Einhaltung der Regeln gewährleisten zu können. Dies schlägt sich hauptsächlich in Algorithmen nieder, manchmal jedoch auch in zusätzlichen Klassen. Im Beispiel würde man den Pausenraum vielleicht als `NetzPunkt` ansehen und die – eigentlich für die Fahrgäste gedachten – Verfahren zur Fußwegermittlung anwenden. Aber selbst dabei muss man noch aufpassen, denn der Fahrer darf wahrscheinlich Wege benutzen, die für normale Fahrgäste gesperrt sind.

---

39. In unserem Beispiel wären dies die Rüstvorgänge, die Lage des Pausenraums für jede Endhaltestelle und die erforderlichen Wegstrecken und -zeiten.

Dienstpläne

Wir haben viel über Pausen gesprochen, denn die Sicherheit der Fahrgäste hängt davon ab, dass der Fahrer ausgeruht und konzentriert am Steuer sitzt. Jenseits der kurzfristigen Erholung innerhalb einer Schicht muss auch die Schichtenfolge für jeden Fahrer geplant werden. Darf z. B. unmittelbar nach einer Spätschicht eine Frühschicht folgen? Ist ein Zeitraum von sechs Stunden als Nachtruhe ausreichend? Darf man 10 Tage ohne Unterbrechung arbeiten, wenn sich mindestens 4 Tage Erholungszeit anschließen? Arbeitsphysiologen haben viele Untersuchungen angestellt und sind immer wieder zu ähnlichen Ergebnissen gekommen: Der Biorhythmus des Menschen liegt im Durchschnitt eher bei 25 als bei 24 Stunden. Wenn man optimale Erholung gewährleisten will, dann sollten sich im Laufe einer Woche die Dienstbeginnzeiten eher nach hinten verschieben als nach vorn.

Wünsche der Fahrer

Der einzelne Fahrer mag allerdings ein gegenteiliges Interesse haben: Wenn er am Ende eines 5- oder 7-tägigen Arbeitszyklus eine Frühschicht hat, dann verlängert sich die anschließende freie Phase entsprechend. Manche Fahrer spezialisieren sich auf Nachtdienst, andere meiden ihn möglichst. Es ist statistisch nachweisbar, dass der Krankenstand sinkt, wenn man es bei der Planung schafft, den Wünschen der Fahrer möglichst gut zu entsprechen.

Wie auch immer man die Planung im Einzelfall gestaltet – auch hier gibt es wieder zahlreiche Regeln, teils mit bindendem und teils mit Empfehlungscharakter. In unserem Kernmodell haben wir die Bildung von Dienstfolgen und die Berücksichtigung von Fahrerpräferenzen ausgespart, um es nicht zu überfrachten. Abschnitt 6.6.4 vertieft das Thema.

Pausen modellieren

Wie stellen sich Arbeits- und Pausenzeiten im Modell dar? Eine Möglichkeit besteht darin, Pausen gar nicht explizit zu modellieren, sondern im Modell nur die Arbeitsanteile eines `Dienstes` abzubilden. Die Pausen wären dann die Lücken zwischen den Arbeitsblöcken. Dieser Ansatz greift jedoch zu kurz: Wenn es beispielsweise bezahlte Pausen gibt, die auf der Lohnabrechnung auftauchen sollen, so gilt möglicherweise für die Bezahlung der Pausenzeit ein anderer Tarif als für die Arbeitszeit.

`DienstBestandteile`

Um solche und andere Details abzubilden, ist es besser, auch geplante Pausen als *explizite Bestandteile von Diensten* zu modellieren. Die `DienstBestandteile` übernehmen genau diese Funktion. Bei einer weiteren Ausdifferenzierung des Modells wird man Subklassen wie `PausenDienstBestandteile` ableiten, um Besonderheiten der Pausen gegenüber den normalen (Arbeits-)`DienstBestandteilen` adäquat abzubilden. Natürlich gibt es auch bei den `DienstBestandteilen` das zugehörige Pendant in der »X-Welt«, die `DienstBestandteileX`. DienstBestandteile sind ein Konzept zur mengenmäßigen Erfassung von Tätigkeitsarten, also z. B. Lenkzeiten und Pausen. Sie bilden in ihrer Gesamtheit den Dienst zeitlich lückenlos ab. Sie orientieren sich an tariflichen Merkmalen und sind die Ausgangsbasis für die Lohnabrechnung.

Sie stellen jedoch keinen Bezug zur Fahrt her!

3.4.7 Zusammenhang zwischen Fahrt und Dienst

Zwei mögliche Vorgehensweisen

Damit ein Fahrer genau weiß, wann er wo seinen Einsatz hat, muss man in der Planung eine Verbindung zu den Fahrten schaffen, die er durchführen soll. Prinzipiell sind zwei Vorgehensweisen möglich, von denen sich jedoch eine als wesentlich praxistauglicher erwiesen hat als die andere.

- Entweder beginnt man mit der Planung der Fahrzeugumläufe und baut danach passende Dienste dazu auf.
- Oder man beginnt mit den Mitarbeitern, indem man ihre verfügbaren Zeitblöcke definiert, passende Fahrten zuordnet und erst anschließend Fahrzeugumläufe konstruiert.

Zuerst Umlaufbildung, dann Dienstbildung

In der Praxis wählt man fast immer den ersten Weg, d. h., man fasst Fahrten so zu Umläufen zusammen, dass möglichst geringe Stillstandszeiten und wenige Leerfahrten für die Fahrzeuge entstehen. Danach kümmert man sich im zweiten Schritt um die Bildung von Mitarbeiterdiensten. Dafür gibt es mehrere Gründe:

- Fahrzeuge sind verhältnismäßig teuer; man möchte sicherstellen, dass sie möglichst effizient eingesetzt werden. Das gelingt eher, wenn man die Dienstbildung zunächst hintanstellt.
- Es gibt viel mehr Fahrer als Fahrzeuge – in der Regel etwa dreimal so viele. Man hat also mehr Manövriermasse für die Planung; das ist günstig, wenn die Fahrtenfolge bereits durch die Umlaufbildung festliegt.
- Ein Fahrzeug braucht innerhalb eines Tages in der Regel keine Pause, während man es im selben Zeitraum mit drei, vier oder noch mehr Fahrern zu tun hat. Als Planungsprinzip ist es günstig, die kleineren Elemente zuletzt zuzuordnen, ähnlich, wie man bei einem Puzzle aus unterschiedlich großen Teilen zunächst versuchen wird, die großen Teile unterzubringen und danach mit den kleineren Teilen den verbliebenen Raum aufzufüllen.
- Auch wenn man mit der Zuordnung von Fahrern zu Fahrten beginnen würde, müsste man gedanklich doch gleichzeitig Fahrzeugtouren bilden, um den raum-zeitlichen Zusammenhang zwischen Fahrzeug und Fahrer nicht aus dem Auge zu verlieren.[40] Eine Planung, bei der an jeder zweiten Haltestelle der Fahrer wechseln soll, wäre inakzeptabel.

Nachteile sequenzieller Planung

Allerdings ist auch das Vorgehen »zuerst die Fahrzeuge, dann die Fahrer« nicht ideal. Man stellt manchmal hinterher fest, dass man wesentlich günstigere Dienste hätte bilden können, wenn die Umlaufplanung auch nur ein klein wenig anders ausgesehen hätte. Was »günstig« dabei im Einzelnen bedeuten mag, ist gar nicht so wichtig – natürlich hat der Verkehrsbetrieb die Effizienz im Auge, während der einzelne Mitarbeiter vielleicht bestimmte Ablösestellen bevorzugt, weil sie in der Nähe seiner privaten Wohnung liegen. Es ist ein prinzipbedingter Nachteil, dass Optimierungsziele schlechter erreicht werden, die bei sequenziellem Vorgehen erst im zweiten Schritt einfließen.

40. In Ausnahmefällen (lange Strecken im Regionalverkehr ohne Ablösepunkte) gibt es eine durchgängige Bindung zwischen Fahrer und Fahrzeug. In solchen Fällen könnte man bei der Planung auch von der Personalseite her beginnen.

Integrierte Optimierung

Es gibt wissenschaftliche Ansätze, die das Problem der Umlaufbildung und der Dienstbildung in einem gemeinsamen Arbeitsschritt angehen. Menschen sind damit überfordert, aber bei präziser mathematischer Modellierung kann der Computer heute in vielen Fällen eine Lösung erzeugen, die der manuellen Planung überlegen ist. Dazu muss man ihm allerdings einiges beibringen. Menschliche Planer haben oft Dinge im Kopf, die sie intuitiv einfließen lassen. Beispielsweise wissen sie, dass Aushilfsfahrer nur eingeschränkt verwendbar sind, sie denken daran, dass strapazierte Schulbusse nicht nachmittags im Nobelviertel der Stadt zum Einsatz kommen sollen usw. Je mehr dieser Bedingungen man in ein Optimierungsverfahren einfließen lässt, desto besser werden die Ergebnisse in der Praxis akzeptiert. Allerdings können viele zusätzliche Regeln den Rechenaufwand in die Höhe treiben und den Optimierungsspielraum einengen.

FahrDienstElement

Wo finden wir nun im Modell die Verbindung zwischen Fahrzeugen und Fahrern? Die entscheidende Klasse ist das `FahrDienstElement`. Es entsteht dadurch, dass man `Umläufe` in Abschnitte zerteilt, die jeweils an Ablösestellen für Fahrer beginnen und enden. Man bezeichnet Ablösestellen auch als *Brechpunkte*, da sie festlegen, wo man – aus Fahrersicht – einen Umlauf *aufbrechen* oder *zerschneiden* kann. Ablösestellen sind wie bereits erwähnt[41] im Sinne des Modells `HalteOrteAmFahrweg`.

Optimale Größe

Man wählt die Größe der `FahrDienstElemente` so, dass sich für den Aufbau von `Diensten` genügend viele »Bausteine« ergeben. Je kleiner die Bausteine sind, desto eher gelingt es, die Fahrer gut auszulasten. Die `FahrDienstElemente` müssen zeitlich deutlich kürzer sein als der größte zusammenhängende Arbeitszeitblock[42] eines Mitarbeiters. Ein guter Wert liegt bei 30–60 Minuten. Gibt es sehr viele mögliche Ablösepunkte, so wird man vielleicht nicht jeden zum Aufbrechen der Umläufe nutzen wollen, denn mit wachsender Zahl an `FahrDienstElementen` steigt die kombinatorische Vielfalt und sinkt der Überblick. Das gleiche Problem haben übrigens auch maschinelle Optimierungsverfahren: Je mehr Ablösepunkte man zulässt, desto mehr Alternativen müssen sie durchprobieren und bewerten.

Ausschnitt eines Umlaufs

Das `FahrDienstElement` besitzt zwei Beziehungen, die auf das erste und das letzte `UmlaufElement` zeigen, das zu dem `FahrDienstElement` gehört (vgl. Abb. 3-11). Es kann sich – bei sehr langen Fahrten mit mehreren Ablösestellen – auch um dieselbe `Fahrt` handeln, auf die hier verwiesen wird. Andererseits können zwischen der ersten und der letzten `Fahrt` eines `FahrDienstElements` weitere `Fahrten` liegen, ja es kann sogar ein Linienwechsel vorkommen. Die Kette der Fahrten ist über die Aggregationsbeziehung des `UmlaufElements` zum `Umlauf` jederzeit ermittelbar[43]. Auch Pausenzeiten können in einem `FahrDienstElement` versteckt sein, sofern der Fahrer das Fahrzeug nicht verlässt.

---

41. Vergleiche Abschnitt 3.4.2.
42. Gemeint ist die maximale Lenkzeit bzw. Führerstandszeit.
43. Um die genaue Reihenfolge zu beschreiben, benötigen wir die (im Kernmodell nicht dargestellte) Beziehungsklasse `ElementImUmlauf`.

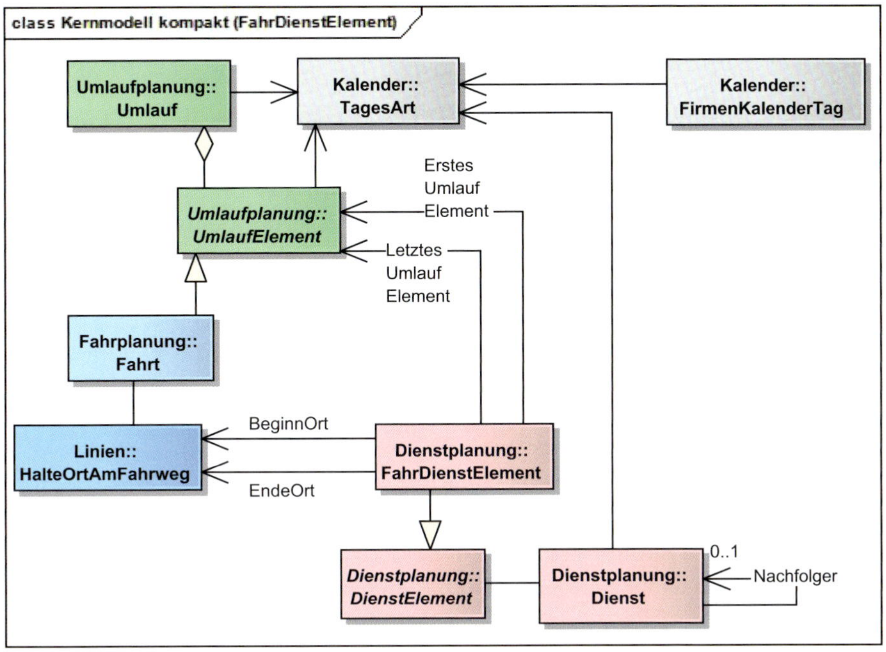

Abb. 3-11
Bedeutung des FahrDienstElements

Punktgenau

Zwei weitere Beziehungen des `FahrDienstElements` zeigen auf die genauen Ablösepunkte (`HalteOrteAmFahrweg`) innerhalb der ersten bzw. der letzten Fahrt.

Bindung zum Dienst

Mit dem `Dienst` ist das `FahrDienstElement` über seine Elternklasse (`DienstElement`[44]) verbunden. Vom Charakter her handelt es sich um eine »Besteht-aus«-Beziehung; auf das Aggregationssymbol haben wir jedoch hier verzichtet, da `DienstElemente` nicht den Anspruch haben, eine vollständige Zerlegung des `Dienstes` zu sein. Anders als die `DienstBestandteile` erfassen sie nämlich nur den Transportvorgang im engeren Sinne. Außerdem entstehen im Arbeitsprozess zunächst die `FahrDienstElemente` und danach erst die `Dienste`. Dieser Kausalverlauf wäre zumindest ein wenig ungewöhnlich für eine Aggregationsbeziehung.

FahrDienstElementX

Auch beim `FahrDienstElement` wiederholt sich die Analogie zwischen Planung und Ausführung: Das `FahrDienstElementX` beschreibt, an welchem konkreten Tag welcher konkrete Fahrer mit welchem Fahrzeug zwischen welchen Ablösepunkten im Einsatz war. Wie bereits erwähnt, kann es bei der Ausführung zu Abweichungen vom Plan kommen.

Abweichungen zwischen Ist und Plan

Wenn ein Fahrer aus irgendeinem Grund ein `FahrDienstElementX` nicht so ausführen kann, wie es laut Planung in dem entsprechenden `FahrDienstElement` vorgesehen ist, so muss es eine Möglichkeit geben, diesen Sachverhalt genau abzubilden. Denn es droht immer die Gefahr, dass gesetzliche Ruhezeitregeln verletzt werden. Von einem ordnungsgemäß geführten Verkehrsunternehmen wird man im Sinne der ISO-Qualitätsnormen (ISO 9001) erwarten, dass es jeder-

44. Es gibt noch andere `DienstElemente`, die keine `FahrDienstElemente` sind, wie z. B. Vor- und Nachbereitungstätigkeiten oder die Reservebereitschaft.

zeit nachweisen kann, wann und wo ungeplante Fahrerwechsel stattgefunden haben und wer zu welchem Zeitpunkt am Steuer eines Fahrzeugs gesessen hat.

Es kann daher sein, dass zu einem `FahrDienstElement` am selben `FirmenKalenderTag` mehrere `FahrDienstElementeX` existieren. Eine interessante Frage ist in diesem Zusammenhang, ob die neu eingefügten `FahrDienstElementeX` zum selben `DienstX` gehören sollen oder zu einem anderen. Das Modell trifft darüber keine Aussage, da es sich hierbei um Beziehung auf der Ebene von Objektinstanzen (und nicht auf Strukturebene) handelt. Ein Beispiel:

> Ein Fahrer muss seine aktuelle Fahrt ungeplant abbrechen, z. B. weil ihm übel wird. Das Verkehrsunternehmen sendet einen Ersatzfahrer an den nächstmöglichen Ort. Es muss sich dabei nicht um eine reguläre Ablösestelle handeln.
>
> Einerseits übernimmt der Ersatzfahrer nun den restlichen Dienst des ausgefallenen Fahrers. Andererseits hängt z. B. die Frage, wann der Ersatzfahrer die nächste Pause machen muss, auch davon ab, wie lange er selbst zuvor schon (anderweitig) im Einsatz war. Man muss offenbar den aktuellen Dienst irgendwie teilen, ohne dabei den Bezug zur Welt der Planung zu verlieren.

Umgang mit Störungen

Wir empfehlen, den `DienstX` des ausgefallenen Fahrers zu verändern, indem sein aktuelles `FahrDienstElementX` korrigiert wird (es zeigt dann als *letzteFahrt* auf die aktuelle `FahrtX`), und ein neues `FahrDienstElementX` in den aktuellen `DienstX` des Ersatzfahrers[45] einzufügen. Synchron dazu muss der `DienstBestandteilX`, der die Lenkzeit des abgebrochenen `FahrDienstElementX` repräsentiert, beendet und durch einen passenden anderen Bestandteil (z. B. *Krankheit*) ergänzt werden.

Falls der aktuelle `DienstX` des Ersatzfahrers ein aktives `FahrDienstElementX` besitzt, muss dieses zuvor beendet werden (d. h., der Ersatzfahrer lässt sein aktuelles Fahrzeug stehen). In der Regel wird es jedoch kein solches Element geben, sondern nur einen `DienstBestandteilX`, der auf einen `DienstBestandteil` vom Typ *Bereitschaft* zeigt. Man bricht ihn ab und fügt einen neuen `DienstBestandteilX` vom Typ »Lenkzeit« hinzu, denn vermutlich wird das Fahren anders bezahlt als das Warten in Bereitschaft. Außerdem dokumentiert man so den tatsächlichen Verlauf der Ereignisse am besten. Den *BeginnOrt* des neuen `FahrDienstElementX` kann man explizit vermerken oder aus dem aktuellen Fahrzeugstandort entnehmen, der sich in der Klasse `HaltBeiFahrtX` (s. Hauptmodell) jederzeit niederschlägt. Der *Plan*-Verweis des neu eingefügten `FahrDienstElementX` wird auf dasselbe `FahrDienstElement` gerichtet, das bereits dem `FahrDienstElement` des ursprünglichen Fahrers zugrunde lag. So ist die Beziehung zur Planung wiederhergestellt.

Weitere Details zum Umgehen mit Störungen werden in Kapitel 8 dargestellt.

45. Es kann sich dabei z. B. um einen Bereitschaftsdienst handeln.

3.5 Ausblick

Dies war ein einführender Überblick des ITVU-Kernmodells. Sie haben bisher etwa ein Viertel aller Klassen kennengelernt. Die beschriebenen Kerngebiete der Leistungserbringung bilden das Rückgrat des gesamten Modells, d. h., wir haben damit schon etwa die Hälfte der Gesamtkomplexität ausgebreitet.

In den folgenden Kapiteln kommen weitere Details und etliche neue Aspekte hinzu:

- Tarifgestaltung, Ticketverkauf, Fahrgeldmanagement
- Auskunft für Fahrgäste im Internet und auf elektronischen Anzeigetafeln
- Kommunikation (Funksprechverkehr, Datenfunk)
- Auswertungen (z. B. Pünktlichkeitsstatistiken), Qualitätsmanagement, Abrechnung von Verkehrsverträgen, Fahrgastzählung

Teil II

Geschäftsprozesse und IT-Systeme

4 Fahrzeuge, Fahrzeugtypen und Verbände

In diesem Kapitel geht es um das einzelne, konkrete Fahrzeug, aber auch um die Beschreibung von Fahrzeugtypen und um die Gruppierung von Fahrzeugen zu Verbänden.

Gleichzeitig nutzen wir die ersten drei Unterkapitel zur Erläuterung *grundlegender Konzepte*, die auch auf andere Teile des ITVU-Modells übertragbar sind.

Zu Beginn (Abschnitt 4.1) befassen wir uns mit der Frage, wie man Objekte *identifiziert*. Die Abschnitte 4.2 und 4.3 behandeln am Beispiel der Fahrzeugmerkmale *generelle Designüberlegungen* zur Historisierung und Schichtenbildung, zu Beziehungsmerkmalen und konfigurierbaren Merkmalen.

In Abschnitt 4.4 greifen wir das Klassenmodell auf und geben einen *systematischen Überblick*. Danach (Abschnitt 4.5 ff) vertiefen wir in weiteren Unterkapiteln einzelne Themen, wie etwa *Fahrzeugausrüstung*, *Kommunikation* und *Bordrechner*.

4.1 Identifikation von Objekten – dargestellt am Beispiel von Fahrzeugen

Amtliches Kennzeichen

Zunächst benötigen wir eine unverwechselbare Identifikation für jedes Fahrzeug. Das KFZ-Kennzeichen eignet sich nicht dafür, da Schienenfahrzeuge keines besitzen. Außerdem kann ein Fahrzeug im Laufe seines Lebens an- und wieder abgemeldet werden und dabei ein anderes Kennzeichen erhalten.

Fahrgestellnummer

Eine bessere Wahl ist die Fahrgestellnummer. Da diese von jedem Hersteller nach eigenem Ermessen vergeben werden kann, müsste man allerdings noch ein Herstellerkürzel dazunehmen, um Eindeutigkeit zu garantieren. Hersteller verstecken in der Fahrgestellnummer gern alle möglichen Eigenschaften des Fahrzeugs, wie z. B. Jahr und Monat der Herstellung, Bauartmerkmale, Produktionsstandorte usw. Diese Art der Identifikation ist daher recht unhandlich (20 und mehr Zeichen).

Abb. 4-1
Fahrzeug mit Fahrzeugnummer (3402) an der Außenseite

Fahrzeugnummer

Einfacher ist es, alle Fahrzeuge mit einer eigenen Nummer zu versehen. Oft wird diese Nummer in großen Ziffern auf die Außenseite des Fahrzeugs gemalt (vgl. Abb. 4-1). So kann man Fahrzeuge rasch identifizieren, wenn sie z. B. in langer Reihe geparkt sind[1]. Wenn zwei Fahrzeuge hintereinander fahren, kann der Fahrer des hinteren Fahrzeugs die Fahrzeugnummer erkennen. Ist das Funksystem passend eingerichtet, so kann er das vorausfahrende Fahrzeug über diese Nummer gezielt ansprechen, z. B. um mitzuteilen, dass er Fahrgäste an Bord hat, die in das vorausfahrende Fahrzeug umsteigen möchten.

Der Rest dieses Kapitels enthält einen Exkurs über die Verwendung fachlicher Schlüssel – ein Thema, das zwar nicht spezifisch für den ÖPV ist, in der Praxis jedoch eine Quelle von Problemen sein kann, wenn man unbedacht damit umgeht.

1. Wie das BVG-Beispiel zeigt, gelingt es einzelnen Verkehrsbetrieben, bei Bussen die Fahrzeugnummer mit dem KFZ-Kennzeichen zu synchronisieren. Das ist praktisch, aber ein Softwaresystem darf sich auf so etwas nie verlassen.

Sprechende Nummern?

Ein beliebtes Verfahren besteht darin, irgendeine Art von »Ordnung« in die Fahrzeugnummer zu bringen, z. B. indem man vierstellige Nummern verwendet und die erste Ziffer mit dem Fahrzeugtyp verbindet (1=*Doppelstockbus*, 2=*Gelenkbus*, 3=*normaler Bus*, 4=*Trambahnwagen*, 5=*U-Bahn-Wagen* usw.). Da zwischen Schienenfahrzeugen und Bussen keine Verwechslungsgefahr besteht, könnte man auch dieselbe Nummer zweimal vergeben. Auf diese Weise könnte man bei 4-stelligen Nummern vielleicht sogar die ersten beiden Ziffern für eine fachliche Klassifikation benutzen – vorausgesetzt, man kann sicher sein, dass es nicht mehr als 99 Fahrzeuge des jeweiligen Typs gibt.

Informatiker wenden sich mit Schaudern ab, wenn sie Softwaresysteme antreffen, in denen das Wissen um die fachliche Codierung von Schlüsselbegriffen ausgenutzt wird. Solche Systeme werden schnell unwartbar und unflexibel. Es ist wenig erhellend, wenn man in Programmen auf Codestellen trifft, in denen die zweite Ziffer der Fahrzeugnummer abgefragt wird, um fachliche Entscheidungen abzuleiten (»*Wenn die 2. Ziffer eine 7 ist, dann dürfen Aushilfsfahrer mit diesem Fahrzeug nicht fahren*«).

Sprechende Schlüssel: nur für den Benutzer!

Es ist dennoch ein legitimes Bedürfnis der Anwender von IT-Systemen, einfache und (in Maßen) sprechende Schlüsselbegriffe zu benutzen. Aus Sicht des ITVU-Modells spricht nichts dagegen, wenn ein Verkehrsunternehmen eine »Schlüsselsystematik« zur Vergabe fachlicher IDs (*Fahrzeugnummern*) für Fahrzeuge und andere Objekte des Klassenmodells erfindet. Wir dürfen nur nicht den Fehler machen, die so codierte fachliche Ordnung in irgendeiner Weise innerhalb der IT-Anwendungen auszunutzen. Wir müssen also technisch die Eindeutigkeit sicherstellen, dürfen den Inhalt aber nicht weiter analysieren. Wenn wir dann eine Tabelle von Fahrzeugen ausdrucken, kann der Anwender zum Beispiel nach der Fahrzeugnummer sortieren, um einen besseren Überblick zu haben.

Hierarchien codieren

Fachliche Systematiken beruhen meist auf einer Hierarchie, und nicht selten kommt es vor, dass sie »platzen« oder aus den Fugen geraten, weil an irgendeiner Stelle der reservierte Zahlenbereich nicht ausreicht. Wenn wir keine fachliche Logik innerhalb der IT-Anwendungen an die Identifikation gekoppelt haben, kann uns dies jedoch egal sein. Der Anwender muss selbst sehen, wie er damit zurechtkommt, dass ihm seine Systematik aus dem Ruder gelaufen ist. In der Regel wird es dafür nötig sein, das bisher verwendete Nummernschema zu ändern, z. B. durch das Einfügen einer weiteren Ziffer an geeigneter Position[2].

Hierarchien unterstützen

Wenn es aus fachlicher Sicht wünschenswert ist, eine hierarchische Klassifikation zu bilden, dann sollten wir diese aus Sicht des Modells dadurch unterstützen, dass wir geeignete zusätzliche Klassen und Beziehungen einführen. Mehr dazu später. Sind solche Mechanismen vorhanden, entdeckt der Anwender schnell, dass es auch ohne sprechende Nummern ganz gut geht, und irgendwann wissen nur noch altgediente Mitarbeiter, dass früher Werkstattwägen eine Nummer hatten, die mit einer »9« anfing.

2. Spätestens jetzt käme ein Softwaresystem in Schwierigkeiten, das in seiner Funktion auf dem ursprünglichen Nummernschema aufbaut.

Objekt-ID aus technischer Sicht

Wir haben die Frage nach der Identifikation eines Objekts (hier: eines Fahrzeugs) bisher ausschließlich aus fachlicher Sicht betrachtet. Es gibt jedoch auch einen technischen Aspekt, den wir zumindest kurz skizzieren wollen:

IT-Systeme benötigen grundsätzlich eindeutige Identifikationsbegriffe für jedes Objekt. Man könnte dazu den Namen der jeweiligen Klasse und den fachlichen Schlüsselbegriff (hier: die Fahrzeugnummer) verwenden.

Es gibt jedoch gute Gründe, einen weiteren, generellen technischen Identifikationsbegriff einzuführen, der alle Objekte über alle Klassen hinweg eindeutig ansprechbar und auffindbar macht. Während ein Programm läuft, genügt dafür eine Adresse (bzw. der Name einer Variablen) im Arbeitsspeicher; innerhalb der Datenbank braucht man dazu ein dauerhaftes Kriterium. Man verwendet meist eine Zahl (Objekt-ID), die von einer speziellen Funktion erzeugt wird; diese Zahl wird im einfachsten Fall immer weiter hochgezählt; sie kann jedoch auch technische Zusatzinformationen enthalten, wie z. B. eine Installationskennung. Dies hat den Vorteil, dass bei Bedarf Datenbankinhalte verschiedener Verkehrsbetriebe in einer gemeinsamen Datenbank zusammengeführt werden können, ohne dass ein technisches Problem entsteht.

Technische Objekt-IDs sind dem Benutzer grundsätzlich nicht bekannt. Sie wären für ihn unhandlich und nutzlos.

Entkopplung von technischem und fachlichem Schlüssel

Der kurze Ausflug in die Technik war nötig, um ein weiteres Problem darzustellen, nämlich die Änderung eines fachlichen Schlüssels. Nehmen wir einmal an, der Anwender möchte den fachlichen Schlüssel eines Objekts ändern, d. h., er will einem Fahrzeug eine andere Nummer geben.

Ein Fahrzeug umbenennen

Dies ist zwar eine heikle Sache, aber es mag Fälle geben, in denen eine solche Änderung aus Sicht des Benutzers sinnvoll ist. Nehmen wir außerdem an, das Fahrzeug sei bereits für eine bestimmte Fahrt vorgesehen. Der Benutzer wird erwarten, dass die Zuordnung zwischen der Fahrt und dem Fahrzeug erhalten bleibt, denn es soll sich ja »nur« die Nummer des Fahrzeugs ändern. Würde man bei der technischen Umsetzung des ITVU-Modells die Fahrzeugnummer als primären technischen Schlüssel einer Datenbanktabelle verwenden, so hätte der Wunsch nach Umbenennung erhebliche Konsequenzen: Man müsste das alte Fahrzeug löschen (oder als gelöscht kennzeichnen) und ein neues Fahrzeug mit der neuen Nummer anlegen. Dabei müsste man sämtliche Merkmale des bisherigen Tabelleneintrags übernehmen und auch alle Verweise »umbiegen«, so dass z. B. die Fahrt auf das »neue« Fahrzeug zeigt. Benutzt man wie oben dargestellt einen technischen Schlüssel in der Datenbank, um das Fahrzeug zu identifizieren, so genügt es im Prinzip, die Fahrzeugnummer zu ändern[3]. Natürlich muss die neue Nummer frei sein, damit weiterhin die Eindeutigkeit gewährleistet ist. An den Beziehungen der Fahrten müssen wir nichts ändern, denn diese benutzen weiterhin die unveränderte interne technische Objekt-ID.

3. Es bleibt ein Problem bestehen, wenn man Daten an Nachbarsysteme exportiert hat, denn dabei wird meist nur der fachliche Schlüssel und nicht die Objekt-ID übertragen. Man muss dann z. B. spezielle Änderungsmitteilungen generieren.

Lebensdauer fachlicher Schlüssel

Bisher drehten sich unsere Überlegungen um die Frage, wie man einen Schlüssel für ein neues Fahrzeug (bzw. allgemein für ein neues Objekt) vergibt oder im Ausnahmefall abändert. Was soll eigentlich passieren, wenn das Fahrzeug ausgemustert worden ist? Gerade wenn Nummernbereiche »eng werden«, kommen Anwender auf die Idee, ausgediente Nummern neu zu vergeben. Die gesamte praktische Erfahrung lehrt, dass man eine Fülle von Problemen vermeidet, wenn man dies *nicht* zulässt. Für ein einzelnes System im Bereich der Planung oder Fahrzeugverfolgung kann man zwar noch überblicken, ob es mit dem Wiederaufleben alter Nummern zurechtkäme, aber oft werden Daten in Nachbarsysteme exportiert. Solche Systeme können ein längeres Gedächtnis haben als das operative System. Während die Fahrzeugdisposition beispielsweise immer nur mit der aktiven Flotte hantiert, muss die Buchhaltung auch noch Jahre später mit Fahrzeugen zurechtkommen, die ausgemustert oder verkauft worden sind. Vergibt man eine alte Nummer neu, so bringt man solche Nachbarsysteme in Konflikte. Um zuverlässig zu verhindern, dass ein alter fachlicher Schlüsselbegriff erneut vergeben wird, muss man spezielle Vorkehrungen treffen (z. B. indem man sich bei Umbenennungen den alten Schlüssel merkt und gegen Wiederverwendung schützt).

Löschen eines Fahrzeugs

Wenn ein Anwender der Auffassung ist, ein Fahrzeug nicht mehr zu benötigen (weil es z. B. verkauft worden ist), dann sagt er, er wolle das betreffende Fahrzeug *löschen*. Genauere Analysen zeigen in der Regel, dass er eigentlich etwas anderes meint: Das Fahrzeug soll nicht mehr in aktuellen Listen erscheinen, man darf ihm keine Fahrten mehr zuweisen, es darf nicht mehr für Wartungsarbeiten eingeplant werden, es benötigt keinen Abstellplatz mehr. Wenn ein Informatiker von »Löschen« spricht, dann meint er das Entfernen eines Datenbankeintrags aus einer Tabelle. Je nach dem gewählten Datenbankdesign kann dies bedeuten, dass dadurch eine ganze Menge alter Einträge »in der Luft hängen«, z. B. alte Fahrtlogbücher, Tankbelege, Reparaturberichte usw.

Statuskonzept

Ein fachlicher Löschvorgang ist daher etwas anderes als ein technischer Löschvorgang. Häufig wird ein differenziertes *Statussystem* benötigt, um einem bestimmten Sachverhalt gerecht zu werden. Wenn z. B. ein Fahrzeug verkauft werden soll, dann will der Fahrzeugdisponent das Fahrzeug ab sofort nicht mehr sehen (»löschen«), da er es nicht mehr einsetzen kann. Es kann jedoch sein, dass dasselbe Fahrzeug auf dem Betriebshof einen Stellplatz belegt, während es auf den Verkauf wartet. Aus Sicht des Stellplatzmanagements ist das Fahrzeug also durchaus noch vorhanden. Aus solchen Betrachtungen ergeben sich Statusmerkmale[4], wie z. B. `Fahrzeug`.*IstDisponierbar*, `Fahrzeug`.*BenötigtStellplatz*, `Fahrzeug`.*wartetAufErsatzteil*.

Status: explizit/implizit

Der Status eines Fahrzeugs kann das Ergebnis einer expliziten fachlichen Festlegung sein; er kann jedoch auch funktional von Fakten abhängen, die anderweitig im Modell verfügbar sind.

4. Wir haben solche Merkmale im ITVU-Modell nur punktuell aufgeführt.

Im Beispiel:

> Das Merkmal *IstDisponierbar* kann explizit auf »*Nein*« gesetzt werden, wenn man das Fahrzeug verkaufen möchte. Unabhängig davon muss das Merkmal jedoch immer automatisch auf »*Nein*« gesetzt werden, wenn eine Inspektionsfrist versäumt wurde. Verwirft man nach einiger Zeit die Verkaufsabsicht, so darf man nicht einfach *IstDisponierbar* auf »*Ja*« setzen, falls während der Wartezeit auf den Verkauf eine Inspektionsfrist abgelaufen ist.

Fachlicher Geltungsbereich der Fahrzeugnummer

Weiter oben klang die Überlegung an, dass man Fahrzeugnummern für unterschiedliche Betriebsteile (z. B. U-Bahn und Tram) doppelt vergeben könne. Ob dies möglich sein soll oder nicht, ist eine Designentscheidung auf Modellebene. Unser Modell ordnet jedes `Fahrzeug` dem `Verkehrsunternehmen` insgesamt zu, nicht jedoch dem `BetriebsBereich`. Dies bedeutet, dass wir einen fachlichen Schlüsselbegriff voraussetzen, der jedes Fahrzeug innerhalb des gesamten Verkehrsunternehmens identifiziert.

Geltungsbereiche zuordnen

Vielfach ist es üblich, dass Verkehrsunternehmen strikt in Betriebsbereiche getrennt sind. In solchen Fällen kann man z. B. bereits aus der Benutzeridentifikation ableiten, auf welchen Betriebsteil sich alle Angaben beziehen sollen. Mit dieser Information ist es dann möglich, eine lokal eindeutige Fahrzeugnummer einer unternehmensweit eindeutigen Fahrzeugnummer richtig zuzuordnen.

4.2 Ausstattung von Fahrzeugen: Gruppierung von Merkmalen

Es gibt Fahrzeugeigenschaften, die unmittelbar mit der *Passagierbeförderung* zu tun haben. Für sie interessiert sich beispielsweise der Umlaufplaner:

- Die *Kapazität*: Sie ist grundsätzlich durch die Bedarfsplanung vorgegeben, aber man kann möglicherweise[5] differenzieren. Für kurze Innenstadtstrecken sind viele Stehplätze mit hoher Packungsdichte günstig, im Außenbereich sind eher Sitzplätze erwünscht.
- Die *Fahrgastwechselgeschwindigkeit*: An zentralen Umsteigepunkten ist bei dichter Taktfolge ein rascher Fahrgastwechsel erwünscht – also setzt man z. B. lieber einen Gelenkbus ein als einen Doppelstockbus mit nur einer Treppe.
- Spezielle *Einstiegshilfen*, niedrige *Einstiegshöhe*: Wenn ein Umlauf Kliniken und Kindergärten berührt, sind diese Eigenschaften wichtig.
- Die *Inneneinrichtung* (Polsterung, Erhaltungszustand, DFI-Anzeige): Im Schülerverkehr setzt man eher robuste und alte Fahrzeuge ein, auf dem Weg zum Flughafen will man ein großes Gepäckabteil haben.
- Die Möglichkeit zur Mitnahme von *Fahrrädern*.

5. Manche Verkehrsverträge machen hierzu bindende Vorgaben.

Daneben gilt es *betriebliche Randbedingungen* zu beachten:

- Das *Gesamtgewicht* (es schränkt die Befahrbarkeit von Brücken ein)
- Die *Fahrzeughöhe* und *-breite* (Brücken, Tordurchfahrten)
- Der *Wendekreis* (enge Kurven, Abbiegungen)
- Die *Fahrzeuglänge* (Auslegung von Haltebuchten)
- Die *Leistung* (Steigfähigkeit bei steilen Strecken)
- Die *Höchstgeschwindigkeit* (Schnellstraßenanteile)
- Der *Standardkraftstoffverbrauch* und das *Tankvolumen* (Reichweite)
- Die *Ausrüstung* mit Funk: Manche Verkehrsbetriebe[6] verwenden im Zentrum des Verkehrsgebiets ein eigenes Funksystem und nutzen im Außenbereich das öffentliche Funknetz. Fahrzeuge, die beide Bereiche befahren, sollten auch beide Funksysteme an Bord haben.
- Die Ausstattung mit *Funksendern* und *Transpondern*: Manche Innenstadtbereiche sind mit fernsteuerbaren Hubsäulen oder Schranken ausgestattet, um den Individualverkehr auszusperren. Fahrzeuge, die dort verkehren, müssen einen entsprechenden Sender dabeihaben.
- *Technische Einrichtungen* anderer Art, z. B. Ausrüstung mit einer Rückfahrkamera oder Innenraumüberwachung

`FahrzeugTyp`-gebundene Merkmale

Viele Eigenschaften, die wir aufgeführt haben, sind durch die Bauart vorgegeben und gelten für alle Fahrzeuge eines bestimmten Typs. Im ITVU-Modell finden wir sie daher nicht unmittelbar am `Fahrzeug`, sondern beim `FahrzeugTyp`.

Defaultwerte beim `FahrzeugTyp`

Manche Eigenschaften sind durch bauliche Veränderungen am einzelnen Fahrzeug beeinflussbar, wie z. B. die Nachrüstung von Kameras zur Innenraumüberwachung. Man kann in solchen Fällen einen Standardwert beim Fahrzeug-Typ vorgeben und zusätzlich das gleiche Merkmal beim einzelnen Fahrzeug erfassen. Man muss dann nur Sonderfälle festhalten; eine fehlende Angabe wird durch das entsprechende Merkmal des jeweiligen `FahrzeugTyps` ersetzt.

Ausstattungsmerkmale mit eigenständiger Bedeutung

Auch die Funkeinrichtung kann von Fahrzeug zu Fahrzeug variieren. Hier ist es jedoch so, dass das ITVU-Modell sich nicht nur pauschal für das Vorhandensein eines Funkgeräts interessiert, sondern dass das Gerät selbst eine Rolle spielt und wiederum eigene Eigenschaften hat (*Bauart*, *Gerätenummer*, *Frequenzbereiche*, *Netzzuordnung*, *technische Funkadresse* usw.). Funkgeräte können ein- und ausgebaut werden und landen nach einer Reparatur nicht unbedingt wieder im selben Fahrzeug. Wenn der Disponent ein `Fahrzeug` für einen bestimmten `UmlaufX` auswählt, fragt er aus Sicht des Modells nach der *Beziehung* zwischen Fahrzeug und Funkgerät. Wobei ihn allerdings nur interessiert, ob überhaupt ein Funkgerät eingebaut ist. Um *welches* Gerät es sich handelt, ist jedoch für die Leitstelle wichtig, denn wenn sie mit einem Fahrzeug Kontakt aufnehmen will, muss sie die Funkadresse dieses Geräts ansprechen.

Beziehungsmerkmale

Es gibt noch andere Dinge, die man im weiteren Sinne als Merkmal eines Fahrzeugs ansehen kann, die jedoch im Modell bei Bedarf als Beziehung abgebildet werden, wie z. B. der Standardabstellplatz eines Fahrzeugs oder eine Liste von Fahrern, die bevorzugt auf diesem Fahrzeug eingesetzt werden sollen.

6. Zum Beispiel Bremen (Innenstadt) mit Verbindung nach Bremerhaven.

Beziehung oder Attribut?

Ein weiteres Beispiel zeigt, dass die Frage »Beziehung oder Attribut« nicht immer eindeutig zu beantworten ist: die *Werbeaufschrift*. In einem einfach gestalteten Planungssystem könnte es ein Attribut beim Fahrzeug geben, das eine symbolische Bezeichnung für den Werbetext aufnimmt. Wenn der Planer im Kopf hat, auf welchen Strecken Fahrzeuge mit einer bestimmten Werbeaufschrift bevorzugt eingesetzt werden sollen, dann mag das genügen. Wenn das Geschäft jedoch gut läuft, dann entsteht der Bedarf, Details zum Werbevertrag zu erfassen: *Gültigkeitszeitraum*, zugesagte *räumliche Bindung* an Stadtteile oder Linien, vielleicht hat man sogar versprochen, dass die Fahrzeuge mit der Werbung häufiger eine Außenwäsche bekommen als die normalen Fahrzeuge[7]. Eine entsprechende Erweiterung des Modells würde dazu führen, dass sich das ehemals einfache Attribut *Werbetext* in eine Beziehung des Fahrzeugs zu einer Klasse `WerbeVertrag` verwandelt.

Kommerzielle Attribute

Zur Fahrgastsicht und zur betrieblichen Sicht tritt als dritte Perspektive die kommerzielle Sicht auf das Fahrzeug (Beschaffungsdatum, Kaufpreis, Abschreibungsverfahren, Restwert, Verbrauchskosten, Ausgaben für Reparaturen). Eigentlich blenden wir diese Sicht aus, da sie sich in Nachbarsystemen niederschlägt, die nicht zu unserem Modell gehören. Aber ganz zulässig ist diese Vereinfachung nicht, denn bei der Angebotsplanung und bei der Optimierung spielen Wirtschaftlichkeitsüberlegungen durchaus eine Rolle.

Wie oft sieht man große Busse oder lange Züge mit einer Handvoll Fahrgästen fahren?

Optimierungsverfahren und Disponenten benötigen kaufmännische Indikatoren, um Alternativen wirtschaftlich zu bewerten. Der Fahrzeugdisponent kann das Ziel verfolgen, weitgehend abgeschriebene Altfahrzeuge vorrangig einzusetzen oder umgekehrt für eine gleichmäßige Nutzung der Flotte sorgen. Optimierungsverfahren können dem Planer helfen, den günstigsten Fahrzeugtyp zu wählen oder eine »Make or buy«-Entscheidung zu treffen, etwa wenn im Außenbereich eines Verkehrsgebiets zu Schwachlastzeiten Ruftaxi-Angebote mit den eigenen Kosten für die Bedienung der Strecken verglichen werden sollen.

Man muss auf einen angemessenen Komplexitätsgrad achten, sonst ertrinkt der Planer in Kostenziffern. Ein reiner Kilometerkostensatz pro FahrzeugTyp ist allerdings sehr wenig. Wenigstens einen Fixkostenblock pro Einsatztag (Umlauf) sollte man zusätzlich haben.

Temporale Merkmale

Neben den bisher angeführten, eher statischen Merkmalen von Fahrzeugen (bzw. Fahrzeugtypen) gibt es andere Merkmale, die sich im Zeitablauf mehr oder weniger rasch verändern (*temporale* Merkmale). Man kann sie als *Funktionen des Fahrzeugs* auffassen.

7. Der Fahrzeugdisponent müsste dies ggf. überwachen.

Typische Beispiele sind:

- der aktuelle *Kilometerstand* des Fahrzeugs
- der Stand des *Betriebsstundenzählers*
- der *Tankfüllstand*
- die aktuelle Zahl der *Fahrgäste* im Fahrzeug
- das *FahrtZiel*
- der *Standort*
- die aktuelle *Geschwindigkeit*
- der aktuelle *Fahrer*

Äpfel und Birnen

Hinter diesen Funktionen verstecken sich höchst unterschiedliche Dinge. Und natürlich ist z. B. das *FahrtZiel* ein originäres Merkmal[8] der `FahrtX` – die dieses wiederum in der Regel von der zugehörigen `Fahrt` übernimmt[9]. Dennoch ist es bei der Entwicklung eines Modells und erst recht bei der Entwicklung von IT-Systemen nützlich, dem natürlichen Sprachgebrauch und dem Denken der Systembenutzer so nahe wie möglich zu kommen. Also sollte man z. B. eine Funktion *FahrtZiel* beim Fahrzeug anbieten. Diese Funktion erledigt die Navigation zur aktuellen `FahrtX` im Hintergrund und besorgt sich das `FahrtZiel`.

Blickwinkel

Wenn der Disponent fragt: »*Welcher Fahrer sitzt denn gerade auf dem Bus, der heute noch in die Werkstatt soll?*«, dann ist für ihn der *Fahrer* ein Merkmal des `Fahrzeugs`. Fragt er »*Welches Fahrzeug hat Heini Müller denn vorhin auf die Linie 13 mitgenommen?*«, so ist umgekehrt das *Fahrzeug* ein Merkmal des `Fahrers`. Für beide »Denkrichtungen« sollte das Modell passende Funktionen anbieten. Wenn es öfter vorkommt, dass man wissen will, welches Fahrzeug Heini Müller *gestern* gefahren hat, wird man die entsprechende Funktion um einen Parameter erweitern, der eine Zeitangabe erlaubt.

Navigation und Algorithmen kapseln

Manchmal ist es nur eine einfache Navigation, manchmal auch ein kleiner Algorithmus, der hinter solchen Funktionen steckt. Das Schöne daran ist, dass derjenige, der die Funktion benutzt, nicht wissen muss, wie das Ergebnis zustande kommt. So könnte es etwa sein, dass eine Funktion den aktuellen Füllstand des Tanks dadurch schätzt, dass sie den letzten Tankvorgang ermittelt und über den Durchschnittsverbrauch und die Differenz zwischen aktuellem Kilometerstand und dem Kilometerstand beim letzten Tankvorgang den Füllstand abschätzt. Verfügt ein Fahrzeug über eine technische Schnittstelle (z. B. CAN-Bus), so kann der Wert aber auch direkt abgefragt werden. Welche Methode bei welchem Fahrzeug anwendbar ist, bleibt ein Geheimnis der Funktion.

Basisdaten und Handlungsziele

Das Beispiel zeigt noch mehr: Bei der Beschreibung von Merkmalen (Funktionen) sollte man nicht bei technischen Phänomenen stehen bleiben, sondern rigoros nach dem eigentlichen fachlichen Ziel des Anwenders fragen. Warum möchte jemand eigentlich den aktuellen Füllstand erfahren? Was nützt ihm eine Antwort, die den Tankinhalt in Litern angibt? *Was wird er tun, wenn er die Antwort erfahren hat?*

---

8. Genaugenommen ist das `FahrtZiel` sogar eine eigene Klasse, die als Merkmal die unterschiedlichen Darstellungsformen (Langtext, Kurztext, Sprachansage) hat.
9. Vergleiche Abschnitt 14.5.

Geschäftsprozesse analysieren

Der wichtigste Anwendungsfall besteht darin, dass ein Disponent ein Fahrzeug anders einsetzen möchte als geplant, nachdem es bereits eine Reihe von Stunden im Einsatz war. Im Normalfall fließt die Reichweite der Fahrzeuge bereits in den Planungsprozess mit ein; wenn nötig, werden Tankstopps von vornherein eingeplant. Wenn ein Fahrzeug jedoch plötzlich anders als geplant fahren soll, muss man prüfen, ob dies ohne Zwischentanken möglich ist. Eine Literzahl im Tank ist nur die halbe Antwort. Eigentlich möchte man – bildlich gesprochen – das Fahrzeug fragen: »Kannst du deine aktuelle Tour soundso abändern, ohne dass du zwischendurch tanken musst?«[10]

Höherwertige Funktionen

Geht man so an das Problem heran, dann entsteht eine höherwertige, abstrakte Funktion, die einen Touränderungsvorschlag entgegennimmt und als Antwort zurückgibt, wie groß die verbleibende Reichweite nach Ausführung dieser Tour wäre. Ist sie kleiner als ein konfigurierbares Sicherheitspolster oder gar negativ, dann muss man einen Tankstopp einbauen.

Höhere Abstraktionsebene

Durch das Aufeinanderschichten von Funktionen entsteht eine Abstraktionsebene, die auch auf andere Fahrzeugtypen übertragbar ist. Haben wir nämlich ein Fahrzeug mit Gas- oder Elektroantrieb vor uns, so kommt es auf andere Messgrößen an. Das abstraktere Konzept der *Überprüfung der aktuellen restlichen Reichweite* ist auf beide Fahrzeugtypen anwendbar; es baut auf unterschiedlichen Verfahren zur Ermittlung des Energievorrats auf und verbirgt diese nach außen.

Schichtenarchitektur

Informatiker sprechen in solchen Fällen oft von einer Schichtenarchitektur, weil bildlich gesprochen die höherwertigen, abstrakteren Funktionen auf den Schultern der niedrigeren Funktionen stehen. Funktionen, die zu unterschiedlichen Schichten gehören, können – so wie in unserem Beispiel – Bestandteil der gleichen Klasse sein. Um die Schichtzugehörigkeit auszudrücken, gruppiert man Funktionen in »Interfaces«. So ergibt sich ein *Low-Level Interface* beim Fahrzeug, das technische Basisdaten wie *Füllstände* liefert, und ein *High-Level Interface*, das man mit *Fahraufträgen* konfrontieren kann und das aktuelle Restreichweiten ermittelt.

Wie bereits an anderer Stelle erläutert, haben wir im ITVU-Modell keine Interfaces beschrieben, da dies das Modell überfrachten würde. Auch haben wir nur einen winzigen Bruchteil der Funktionen aufgenommen, die in einem realen IT-System zu finden sind.

Entwurfsprinzip zur Schichtentrennung

Es kommt uns vor allem darauf an, ein allgemeines Entwurfsprinzip beispielhaft darzustellen und auf *Kriterien* hinzuweisen, die zu gutem Design führen. Bei der Bildung von Schichtenarchitekturen besteht das wichtigste Kriterium darin, die *Abstraktionsebene* einer Schicht zu definieren, indem man festlegt, was sie »wissen darf« und was sie »nicht wissen darf«. Jede Schicht hat ihre eigene Aufgabe und darf nach oben hin nur ein bestimmtes, in sich schlüssiges Konzept sichtbar machen. Nach unten hin benutzt sie die Konzepte der darunter liegenden Ebene, reicht diese jedoch nicht nach oben hin zu ihren eigenen Benutzern durch.

---

10. Informatiker stellen sich gerne vor, dass sie Botschaften an beliebige Objekte richten können und dass diese dann aus eigenem Wissen heraus antworten. Diese Denkweise hat eine gewisse Parallele zum *Animismus* von Naturreligionen.

Vorgangsgebundene Merkmale

Wir haben den Kilometerstand als temporales Attribut bezeichnet. Bei solchen Merkmalen stellt sich die Frage, wie man die *Veränderung der Werte überwacht*. Es wäre z. B. denkbar, dass jeweils am Ende eines Umlaufs der Kilometerstand in einem Logbuch erfasst wird. War dies früher ein physischer Vorgang auf Papier, so trifft man heute immer häufiger elektronische Logbücher an. Ob es sinnvoll ist, diese »Datenhistorie« wirklich zu erfassen, kann man wieder nur im Zusammenhang mit Geschäftsprozessen beantworten:

Nehmen wir einmal an, dass es Inspektionsarbeiten gibt, die spätestens bei einem bestimmten Kilometerstand durchzuführen sind. Möglicherweise hat jemand früher im Depot die Fahrzeugbücher daraufhin durchgesehen, wann Fahrzeuge für die Inspektion reif sind. Informatiker würden dies als »Polling« bezeichnen, also als das regelmäßige Erfassen und Abfragen eines Datenwertes durch einen Außenstehenden (Werkstattleiter, Fahrzeugdisponent).

Schwellwerte überwachen

Wenn wir wieder das »animistische Prinzip« anwenden, d. h. uns das Fahrzeug als lebendiges Gegenüber vorstellen, dann können wir das Fahrzeug einfach bitten, uns rechtzeitig vor Erreichen der nächsten Inspektionsfrist Bescheid zu geben. Wir verlagern damit gedanklich die Überwachungstätigkeit auf das Fahrzeug selbst. Wenn Bordrechner und Fahrzeug über eine passende Schnittstelle verfügen, kann das Fahrzeug seinen Kilometerstand problemlos im Minutentakt überwachen – wobei bezweifelt werden darf, ob diese Genauigkeit erforderlich ist. Der entscheidende Punkt ist, dass die Historie der Kilometerstände im Fahrzeug verborgen bleiben kann. Sobald der Schwellwert erreicht ist, meldet sich das Fahrzeug von sich aus. Ein Fahrzeug ohne entsprechende Technik zum Abfragen des Kilometerstands könnte sich auf seine Kenntnis der Fahrstrecken stützen und den Kilometerstand auf dieser Basis fortschreiben, z. B. nach jedem Umlauf. Ab und zu präsentiert es den ermittelten Wert dem Fahrer, und dieser muss vermutlich nur leichte Korrekturen vornehmen.

Schichtenbildung

Wie schon zuvor bei der Restreichweite haben wir auch hier eine abstrakte Funktion geschaffen: An die Stelle vieler einzelner historischer Werte tritt das Prinzip der integrierten Schwellwertüberwachung. Wenn bei einem bestimmten Fahrzeugtyp das Inspektionsintervall vom *Betriebsstundenzähler* abhängt und nicht von der *Kilometerleistung*, dann kann diese Funktion an ihrer Schnittstelle unverändert bleiben – im Inneren muss sie natürlich durch zusätzliche Logik erweitet werden.

Das eigentliche Ziel …

Sind wir damit schon bei der perfekten Lösung für die Überwachung der Laufleistung angelangt? Ja und nein. Ja, wenn wir die Aufgabe darauf beschränken, rechtzeitig aufmerksam zu werden, wenn eine Inspektion für ein Fahrzeug ansteht. Nein, wenn wir nach dem eigentlichen Ziel des Disponenten fragen. Er will aus wirtschaftlichen Gründen den *Spielraum möglichst gut ausnutzen*. Wenn wir ihm eine Funktion geben, die auf einen Schwellwert reagiert, dann wird er diesen Wert vorsichtig einstellen, um frühzeitig eine Warnung zu erhalten. Und dann? Muss er alles Weitere im Kopf behalten? Wäre es nicht schöner, wenn das Fahrzeug[11] ihm sinngemäß Folgendes sagen würde:

> Ich habe bemerkt, dass ich in letzter Zeit regelmäßig auf zwei verschiedenen Umläufen eingesetzt worden bin; der eine ist 200km lang, der andere 300 km. Ich habe jetzt noch 550 km bis zur nächsten Inspektion frei. Damit könnte ich eine lange und eine kurze Tour fahren (50 km Rest). Alternativ zwei kurze Touren (150 km Rest). Gibt es keine kurzen Touren mehr, so müsste ich bereits nach der nächsten langen Tour in die Werkstatt (250 km Rest).

Das klingt merkwürdig? Mag sein, aber es sind solche Gedankengänge, die zu innovativen Lösungen führen, die das letzte Prozent an Wirtschaftlichkeit ausschöpfen. Im konkreten Fall könnte man den Dialog aus Sicht des Disponenten wie folgt fortspinnen:

> Du solltest nicht versuchen, aus Vergangenheitsbetrachtungen abzuleiten, welche Touren morgen anstehen. Aber ich kann dir eine Liste von Touren geben, die für morgen und übermorgen in Frage kommen, und dann gibst du mir eine sortierte Liste derjenigen Kombinationsmöglichkeiten zurück, die du noch bis zur nächsten Inspektion fahren könntest.

Vorgangsgebundene Historie

Temporale Merkmale haben allerdings nicht immer nur den Zweck, beim Erreichen eines Schwellwertes eine Eskalation auszulösen. Sprechen wir zur Abwechslung einmal über den Ölstand und versetzen uns in die Lage eines Qualitätsmanagers. Er möchte Fahrzeuge mit überdurchschnittlichem Ölverbrauch identifizieren – nicht unbedingt nur wegen der Kosten für das Öl, sondern weil ansteigender Ölverbrauch ein Indikator für heraufziehende Motorschäden ist. Oder weil er probeweise ein Hochleistungsöl einsetzt, das den Kraftstoffverbrauch angeblich um mindestens 1 % senkt.

Historie auslagern

Die Frage aus Sicht der Modellierung lautet: Wie organisiert man den Aufbau der Daten, die unser Qualitätsmanager gerne bekommen würde? Idee (1) besteht darin, dass man das Fahrzeug zu beliebigen Messzeitpunkten (typischerweise beim Ölwechsel und beim Tanken) auffordert, sich seinen Kilometerstand zu merken. Idee (2) besteht darin, den Kilometerstand im richtigen Moment abzufragen und ihn zusammen mit dem Tankvorgang und der nachgefüllten Ölmenge abzuspeichern. Der erste Weg belässt die Historie dort, wo sie eigentlich hingehört, nämlich beim Fahrzeug. Allerdings fehlt dort der logische Bezug zum Tanken oder zum Ölwechsel. Er kann nur über den Zeitstempel hergestellt werden. Der zweite Weg stellt den logischen Bezug her, bemächtigt sich allerdings der Daten.

11. Das *Fahrzeug* im Sinne des folgenden Beispiels ist eine »intelligente« Repräsentation des echten Fahrzeugs innerhalb des Softwaresystems zu Disposition.

Der zweite Weg ist in der Regel besser und auch in der technischen Umsetzung effizienter. Wenn der *Zweck* einer Historienbildung für ein Fahrzeug-Merkmal von vornherein bekannt ist, dann ist es legitim und sinnvoll, das Merkmal sofort dem Vorgang (Tanken, Ölwechsel) zuzuordnen. In unserem Modell gibt es daher beim `TankVorgang` ein Merkmal *Kilometerstand*.

Abgeleitete Attribute
Auswertungen
Data Warehouse

Der Qualitätsmanager möchte die Entwicklung des durchschnittlichen Öl- und Kraftstoffverbrauchs über die letzten sechs Monate hinweg verfolgen. Dazu müssen viele einzelne Vorgangsdaten aufsummiert werden. Ein häufig gewählter Ansatz besteht darin, dass operative Systeme sich auf das Sammeln von Rohdaten beschränken. Die Auswertung findet später in einem spezialisierten System statt (*Analytical Processing* in einem »Data Warehouse«). Unser Modell kennt keine solche Systemtrennung, denn es lebt in einer *einheitlichen fachlichen Modellwelt*. Wenn wir also eine Funktion zur Ermittlung des durchschnittlichen Verbrauchs beschreiben wollen, dann brauchen wir einen Anker im Modell dafür. Der natürliche Ort dafür ist das Fahrzeug. So wird eine Fülle weiterer Merkmale beim Fahrzeug angesiedelt. Man kann sie sich als Funktionen vorstellen oder als *algorithmisch redundante* (d.h. durch Berechnung ermittelbare) Attribute. Obwohl man dabei unwillkürlich an den Rechenvorgang denkt, sollte man bei der Namensgebung substantivische Konstrukte verwenden und keine Verben. Also z.B.

`Fahrzeug`.*mittlererKraftstoffverbrauch*
`Fahrzeug`.*mittlereZeitZwischenDefekten*
`Fahrzeug`.*SummeAllerStillstandszeitenWegenReparaturen*

4.3 Konfigurierbare Merkmale

Umwidmung

Die Merkmale eines Fahrzeugs[12] sind vielfältig. Softwarehersteller erleben es immer wieder, dass in der Praxis Merkmale erfasst werden sollen, die im System nicht vorgesehen sind.

In solchen Fällen kommen Anwender schnell auf die Idee, Felder »umzuwidmen«. Das Softwaresystem besitzt ein Merkmal *Fahrzeughöhe*, aber für den Anwender, der es mit engen Kurven in der Altstadt zu tun hat, ist eigentlich nur der *Wenderadius* wichtig für die Planung. Gibt es kein entsprechendes Feld, so schreibt er eben den Wenderadius in das Feld für die Fahrzeughöhe. Anwender sind kreativ – aber dass solche »Lösungen« einen Missbrauch der Software darstellen, und in der Regel über kurz oder lang zu Schwierigkeiten führen, muss nicht weiter betont werden.

Individuelle Softwareanpassungen durch Programmierung

Die klassische Lösung des Problems besteht darin, das Datenbankschema zu erweitern und die Dialogoberfläche anzupassen. Wenn der Hersteller glaubt, dass der betreffende Ergänzungswunsch des Kunden in die allgemeine Weiterentwicklung des Produkts einfließen kann, ist das gut für beide Seiten. Das neue Merkmal wird aufgenommen und steht über Updates im Rahmen der Wartungs-

12. Die Ausführungen in diesem Kapitel gelten auch für andere zentrale Klassen des Modells, nicht nur für `Fahrzeuge` oder `FahrzeugTypen`.

verträge bald auch allen anderen Nutzern des Produkts zur Verfügung. Ist das Merkmal jedoch zu speziell, so führt der Hersteller die entsprechende Ergänzung durch und liefert das angepasste System nur an diesen Kunden aus. Der Hersteller spricht in solchen Fällen davon, dass er einen *Seitenzweig im Release-Baum* des Produkts eröffnet.

Release-Bäume managen

Wenn nun an einem solchermaßen veränderten Programmstück einige Zeit später aus anderem Grund eine Änderung vorgenommen wird, die für alle Kunden gemeinsam gelten soll, dann muss der Hersteller diese Änderung zweimal durchführen: einmal im allgemeinen Release (dem sog. *Stamm* des Release-Baums) und einmal in der speziell angepassten Variante.

Testaufwand für Varianten

Bevor der Hersteller das neue Release ausliefert, testet er den Stamm des Release-Baums ausführlich. Bei der veränderten Variante, dem *Seitenzweig*, muss der Kunde beim Test selbst intensiv mitwirken. Trotz aller Sorgfalt kann es beispielsweise unbeabsichtigte Rückwirkungen der Spezialfunktionalität auf die neu hinzugekommene allgemeine Erweiterung geben.

Konfiguration

Um diesem Dilemma möglichst zu entgehen, enthalten viele Softwaresysteme einen *Konfigurationsmechanismus*, über den man zu bestehenden Klassen Attribute hinzufügen kann, ohne dass deswegen ein Seitenzweig im Release-Baum eröffnet werden muss. Der eigentliche Programmcode bleibt dabei unangetastet. Solche Konfigurationsverfahren benutzen meist generische Hilfstabellen (»Metatabellen«) in der Datenbank und parametrisierbare Benutzeroberflächen (»dynamische Dialoge«).

Achtung: Metaebene!

Man könnte argumentieren, dass ein fachliches Modell Metatabellen ignorieren kann, denn die Fachlichkeit wird durch solche Mechanismen geradezu verschleiert. Sie steckt quasi implizit in den *Daten* der Metatabellen anstatt explizit im Modell. Doch das ITVU-Modell steht vor demselben Problem wie die Softwareentwickler im ÖPV-Bereich: Die Welt ist so vielgestaltig, dass eine vollständige Aufzählung der Merkmale nicht gelingt. Wenn man dies anerkennt, ist es legitim, ja sogar notwendig, Metaklassen in ein Branchenmodell aufzunehmen. Denn diese Klassen finden sich in realen Systemen wieder, und der Verkehrsbetrieb wird mit diesen Metaklassen zumindest während der Einrichtungsphase eines neuen Systems konfrontiert[13].

Auch andere Branchenmodelle verwenden Metaklassen, teilweise noch intensiver als das ITVU-Modell und nicht nur zur Beschreibung zusätzlicher, konfigurierbarer Merkmale:

Im *Transmodel* sind beispielsweise wichtige Arten von Netzpunkten explizit abgebildet. Zusätzlich gibt es jedoch noch eine sehr abstrakte Hilfskonstruktion, die auf Metaklassen zur Typisierung von Punkten und Verbindungen aufbaut (TYPE OF POINT, TYPE OF LINK). Durch den Abstraktionsschritt hin zu einer Typ-Klasse kann man zwar mit Recht behaupten, dass das Modell alle Arten von Netzpunkten abdeckt; doch steigt die Komplexität. Außerdem

13. Dieses Phänomen kommt natürlich auch außerhalb des ÖPV vor, z. B. bei der Einrichtung von SAP-Systemen.

kommt es aus systematischen Gründen zu unschönen Doppelungen (so gibt es in *Transmodel* mehrere analoge Verknüpfungen zwischen POINT und LINK, einmal auf der abstrakten Ebene und zusätzlich nochmals für jede ausmodellierte Unterart dieser Entitäten).

Das ITVU-Modell versucht, insgesamt so konkret zu sein wie möglich – es enthält jedoch auch ein kleines Teilmodell zur Abbildung generischer Felder (vgl. Abb. 4-2). Dieses stellen wir jetzt kurz vor. Sollten Ihnen diese Ausführungen zu abstrakt sein, so können Sie den Rest des Kapitels problemlos überspringen.

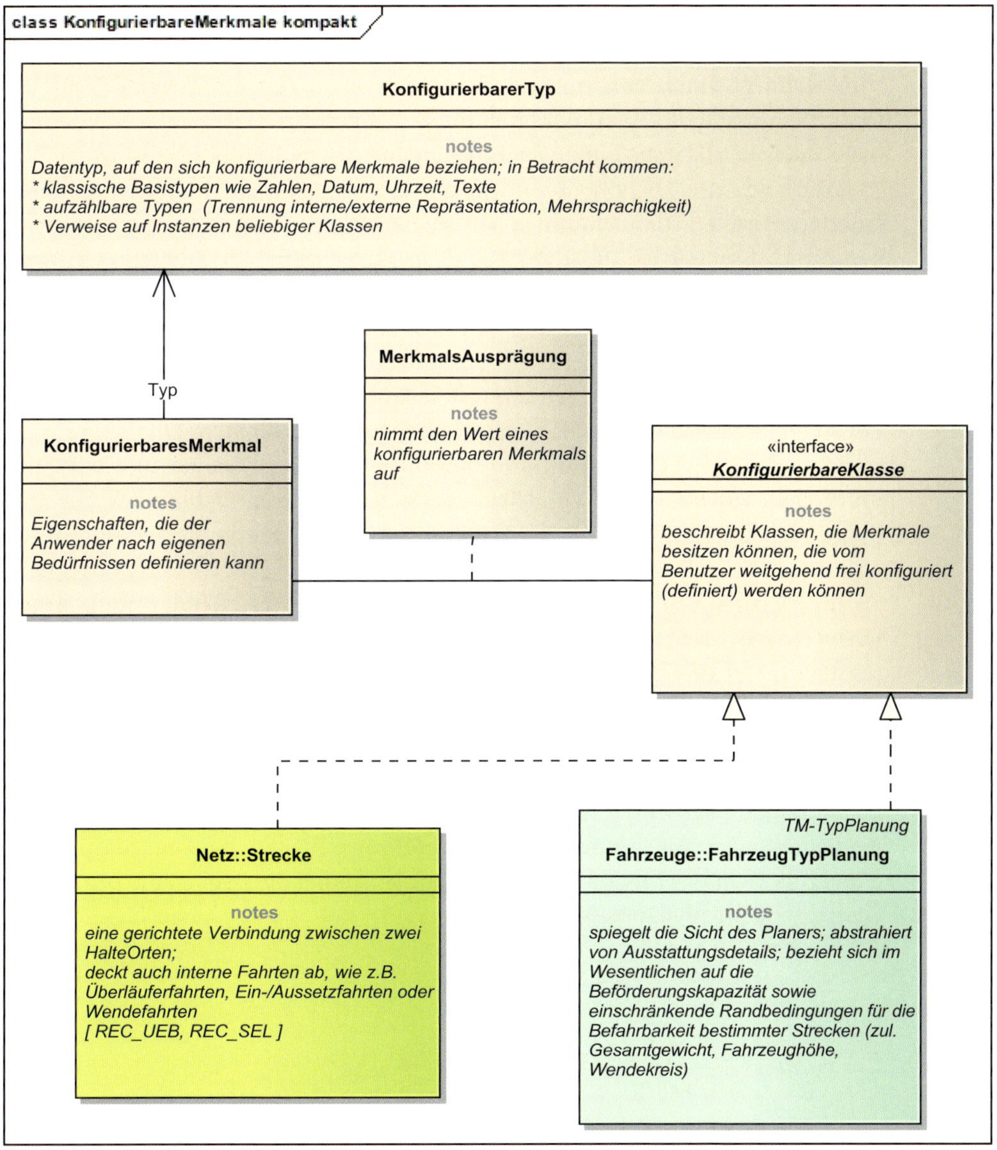

Abb. 4-2
Konfigurierbare Merkmale

Bodenfreiheit

Nehmen wir an, auf bestimmten Strecken sind die Bordsteine am Straßenrand besonders hoch, oder es gibt Unebenheiten auf der Straße. Die Flotte besteht aus verschiedenen FahrzeugTypen – man möchte auf den fraglichen Strecken möglichst nur Fahrzeuge mit etwas größerer Bodenfreiheit einsetzen.

Konfigurierbares Merkmal

Wir legen ein `KonfigurierbaresMerkmal` mit der *Bezeichnung Mindestbodenfreiheit* an. Eventuell geben wir zusätzlich einen *Kurznamen* an. Wenn wir ein System entwerfen wollen, mit dem Anwender parallel in verschiedenen Sprachen arbeiten können sollen, dann benötigen wir z. B. eine englische und eine spanische Fassung für den Kurznamen und die Bezeichnung. All diese Namen sind *Merkmale* der Klasse `KonfigurierbaresMerkmal`. Außerdem sollten wir eine *Maßeinheit* (z. B. *cm*) festlegen.

Numerischer Typ

Danach müssen wir uns für den Datentyp entscheiden. Wir tun dies, indem wir einen Verweis vom `KonfigurierbarenMerkmal` auf einen passenden `KonfigurierbarenTyp` einrichten, im Beispiel also auf einen Typ, der positive Ganzzahlen aufnehmen kann. Wenn das Metamodell differenziert genug ist, können wir dabei auch *Wertebereichsgrenzen* festlegen, um Eingabefehler zu vermeiden.

Aufzähltypen

Wenn wir den Disponenten nicht mit cm-Angaben zur Bodenfreiheit konfrontieren wollen, dann könnten wir alternativ ein einfaches »Ampelsystem« benutzen. Wir würden dazu anstelle einer numerischen Bodenfreiheitsangabe drei Klassen bilden und einen Aufzähltyp (*niedrig, mittel, hoch*) definieren. Oft wird dabei zwischen interner und externer Darstellung des Typs unterschieden, d. h., intern werden die Werte als Zahlen codiert, der Anwender sieht (ggf. in seiner Muttersprache) die textuelle Ausprägung. All dies muss über Merkmale des `KonfigurierbarenTyps` festlegbar sein. Es kann auch nützlich sein, eine sprachunabhängige Sortierordnung festzulegen. Zudem könnte konzeptionell unterschieden werden, ob Vergleichsoperationen (*größer, kleiner*) auf den Ausprägungen möglich sind (wie bei *klein, mittel, groß*) oder ob sie fachlich sinnlos wären (wie bei *gelb, blau, violett*).

Fachliche Klassen aus dem Modell zuordnen

Im nächsten Schritt legen wir diejenigen Klasse(n) fest, bei denen das Merkmal verfügbar sein soll. Wir implementieren dazu bei den entsprechenden Klassen das Interface `KonfigurierbareKlasse`[14]. Im Beispiel sind dies die Klassen `Strecke` und `FahrzeugTypPlanung`.

`MerkmalsAusprägung`

Damit haben wir die Grundlagen dafür geschaffen, dass zum Zeitpunkt der Ausführung des Systems den Instanzen dieser beiden Klassen Werte für die *Bodenfreiheit* zugeordnet werden können. Aus Sicht des Anwenders verhält sich die *Bodenfreiheit* wie ein normales *Merkmal* von `Strecke` und `FahrzeugTypPlanung`. Aus Sicht des Metamodells ist die Bodenfreiheit hingegen eine *Instanz* der Klasse `KonfigurierbaresMerkmal`.

14. Die Benutzung von Vererbung halten wir an dieser Stelle für weniger gut geeignet.

Bodenfreiheit im Planungsprozess

Was kann der Benutzer nun damit anfangen? Früher musste er die Nebenbedingung der Bodenfreiheit im Kopf haben – jetzt kann er Konflikte zumindest am Bildschirm erkennen. Wenn es einen generischen Filtermechanismus für `KonfigurierbareMerkmale` gibt, kann er sich z. B. nur `FahrzeugTypen` mit einer bestimmten Mindestbodenfreiheit anzeigen lassen.

Grenzen der Konfigurierbarkeit

Aber zufrieden wird ein Planer damit vermutlich noch nicht sein. `FahrzeugTypen` werden nicht direkt einzelnen `Strecken` zugeordnet, sondern einem ganzen `Umlauf`. Der Planer benötigt also eigentlich ein Merkmal wie *erforderliche Bodenfreiheit* bei der Klasse `Umlauf`. Und damit kommen wir an die Grenze der üblichen Konfigurationsmechanismen. Aus fachlicher Sicht ist die Sache zwar ganz einfach: Die schlechteste Teilstrecke legt die Bodenfreiheit für den ganzen Umlauf fest. Aus Sicht des Metamodells müsste man jedoch *konfigurieren* können, dass die Merkmalsausprägung der *Bodenfreiheit* bei der Klasse `Umlauf` als das Maximum der beteiligten `Strecken` ermittelt wird. Es mag sich einfach anhören, aber es ist enorm schwierig, das Metamodell so zu erweitern, dass solche Regeln ebenfalls in allgemeiner, abstrakter Form erfasst und zur Laufzeit des Systems ausgeführt werden können. Selbst wenn man den dafür erforderlichen Aufwand treibt, kann es sein, dass die Performance bei der Ausführung solcher Regeln erheblich schlechter ist als bei einer direkten Anpassung der Software.

Fazit

Als Fazit halten wir fest, dass generische Mechanismen benutzt werden können, um bei Klassen Merkmale zu ergänzen, die im Design des fachlichen Modells bzw. des jeweiligen IT-Systems ursprünglich nicht vorgesehen waren. Dies geht in der Regel so lange gut, wie solche Attribute einfach nur »mitschwimmen«. Sie können eingegeben, angezeigt, ausgedruckt werden. Man kann nach ihnen sortieren und filtern. Damit ist aber das Ende der Fahnenstange erreicht. Wechselseitige Verknüpfungen solcher Attribute oder die Beeinflussung vorhandener Algorithmen durch konfigurierbare Attribute übersteigen die Möglichkeiten der Konfiguration. Es ist daher wichtig, dass Erweiterungswünsche gründlich durchdacht werden, bevor man entscheidet, ob Konfigurationsmöglichkeiten zur Umsetzung ausreichen.

4.4 Auszug aus dem Klassenmodell

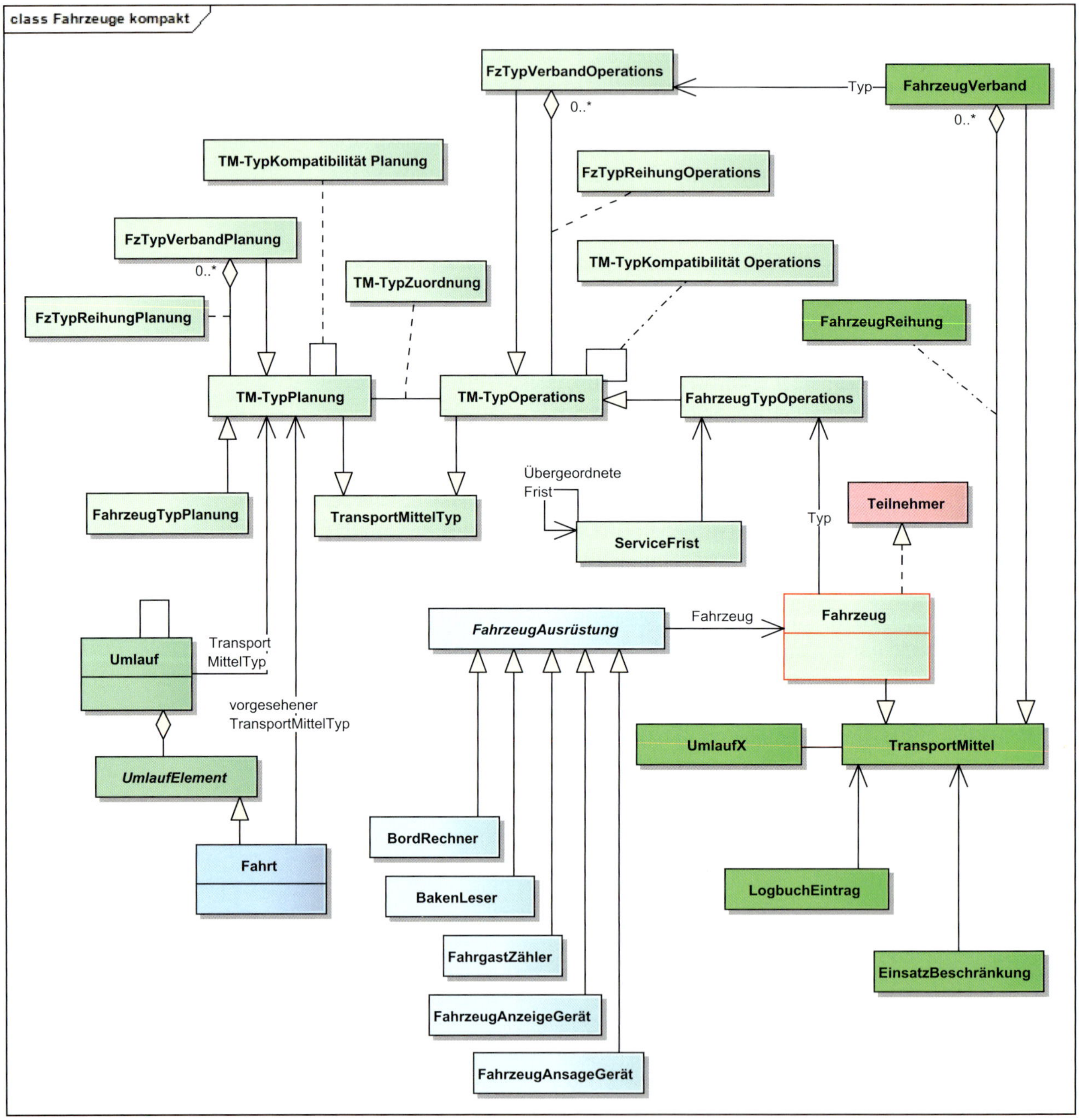

Abb. 4-3 Klassenmodell: Fahrzeugtypen, Verbände und Fahrzeuge

Das Teilmodell enthält Klassen zur *Typisierung von Fahrzeugen* sowie die einzelnen Fahrzeuge selbst. Die Klassen fassen Fahrzeuge aus zwei verschiedenen Perspektiven zu Typen zusammen: zum einen aus der operativen Sicht des Fahrzeugdisponenten, der die konkrete Einsatzentscheidung trifft, und zum andern aus der Sicht des Fahrplaners, der bestimmte Anforderungen an Fahrzeuge formuliert, die für einen geplanten Umlauf eingesetzt werden sollen.

Die Bildung von Fahrzeugverbänden spiegelt sich auf beiden Ebenen der Typisierung, einmal als `FzTypVerbandPlanung` und einmal als `FzTypVerbandOperations`. Die Klasse `TransportMittelTyp` ist eine Abstraktion, die sowohl den einzelnen Fahrzeugtyp als auch den Verband von Fahrzeugtypen abdeckt. Über das Composite Pattern erlauben wir die Schachtelung von Fahrzeugtyp-Verbänden. Daraus ergibt sich insgesamt eine große Zahl von Klassen, die jedoch wegen der klaren Namensgebung relativ leicht einzuordnen sind.

Die Klasse `ServiceFrist` dient zur Beschreibung von Regeln für die Durchführung von *Wartungsarbeiten*.

Fahrzeuge können als `Teilnehmer` eines Funksystems agieren. Dies drücken wir durch eine Interface-Vererbung aus (vgl. die gestrichelten Linien zwischen `Fahrzeug` und `Teilnehmer` in Abb. 4-3). Das Teilmodell Kommunikation wird in Kapitel 8 beschrieben.

Das Bild deutet außerdem – in hellblauer Farbe – Klassen an, die die Ausrüstung eines Fahrzeugs beschreiben (vgl. Abschnitt 4.7). Da es sich um Klassen handelt, die sehr unterschiedliche Methoden anbieten, stehen sie alle als Kindklassen der `FahrzeugAusrüstung` nebeneinander[15].

Um den Zusammenhang zum restlichen Modell herzustellen, zeigt die Abbildung auch Klassen aus der Planung und Durchführung von Fahrten (`Fahrt`, `UmlaufElement`, `Umlauf`, `UmlaufX` – vgl. Kap. 5).

4.5 Bildung von Verbänden

Selbst fahrende Einheiten

Planer und Disponent konzentrieren sich im Wesentlichen auf selbst fahrende Einheiten, denn diese müssen Umläufen zugeordnet und mit Fahrern besetzt werden. Während Busse immer solo unterwegs sind, können Schienenfahrzeuge gekoppelt werden – man denke etwa an S-Bahn-Triebzüge. Es entsteht ein Verband, bei dem die ehemals selbstständigen Einheiten nur noch eine untergeordnete Rolle spielen: Schließlich fahren sie alle zwangsweise gemeinsam, und es gibt nur einen Fahrer.

Verbände aus konkreten Fahrzeugen

Ein Verband besteht zwar aus zwei oder drei `Fahrzeugen`, verhält sich aber in vieler Hinsicht genau so wie ein einzelnes `Fahrzeug`, das besonders lang ist und eine besonders große Kapazität hat. Im Modell haben wir daher eine gemeinsame Elternklasse für den `FahrzeugVerband` und das `Fahrzeug` geschaffen: das

15. Eine generische Modellierung, etwa über eine Metaklasse `AusrüstungsTyp`, würde wenig helfen, da man damit allenfalls Unterschiede in den Merkmalen ausdrücken könnte, vgl. Abschnitt 4.3.

`TransportMittel`. Über die `FahrzeugReihung` halten wir fest, an welcher Position des Verbands sich das einzelne `Fahrzeug` befindet.[16]

Abgrenzung: fest verbundene Wägen

Wenn man einen S-Bahn-Zug genau betrachtet, so kann man z. B. in Berlin feststellen, dass er aus zwei, vier oder sechs einzelnen Wägen besteht. Die kleinste Einheit ist ein technischer Verbund von zwei Wägen; sie können *zusammen* selbstständig fahren und gelten daher im Sinne unseres Modells als *ein* Fahrzeug. Ähnlich ist es auch bei Straßenbahnen: Häufig bestehen sie aus zwei Wägen, die nur in der Werkstatt getrennt werden können. Manchmal haben zwar beide Wägen einen Führerstand, dieser dient aber nur zur Vereinfachung beim Wenden[17]. Ein Softwaresystem für eine Werkstatt wird zwischen diesen beiden Wägen noch weiter differenzieren – wir tun das nicht. *Verbandbildung* ist für uns das temporäre Zusammenfügen von Fahrzeugen.

Abbildung von Verbänden auf Typen

Wie bereits erläutert, befasst sich der Planungsprozess nicht mit konkreten Fahrzeugen, sondern mit Fahrzeugtypen. Man könnte nun einfach jede Art von Fahrzeugkombination in der Planung als einen spezifischen `FahrzeugTyp` ansehen. Dies würde dem typischen Sprachgebrauch der Anwender entsprechen: »Auf der Strecke von Starnberg nach München setzen wir sonntags *Kurzzüge* (1 Einheit) ein, werktags *Normalzüge* (2 Einheiten), jedoch zu den Verkehrsspitzenzeiten *Langzüge* (3 Einheiten).«

Stärken, schwächen, flügeln

Dieser Ansatz ist allerdings ziemlich unzweckmäßig. Ein `FahrzeugVerband` kann im Laufe eines Tages mehrfach gebildet und wieder aufgelöst werden. Man unterscheidet dabei

- *Stärken*:
  An ein Fahrzeug oder an einen bestehenden Verband wird ein anderes Fahrzeug oder ein Verband angehängt.
- *Schwächen*:
  Von einem Fahrzeugverband wird ein Teil abgehängt; der abgehängte und der verbleibende Teil können ihrerseits Verbände oder Einzelfahrzeuge sein.
- *Trennen/Vereinigen (Y-Verkehr)*:
  Fahren nach einer Trennung beide Teile in unterschiedliche Richtungen weiter, so spricht der Fachmann vom *Flügeln* des Fahrzeugs.
- *X-Verkehr*:
  eine Kombination aus zwei Einzelfahrten, die sich an einem Punkt treffen, dann ein Stück gekoppelt fahren und danach geflügelt werden.

Modellierung von Verbänden in der Planung

Diese Vorgänge muss der Fahr- und Umlaufplaner im Detail festlegen. Er muss die Zerlegung und Zusammensetzung von Verbänden daher in seiner abstrakten Welt der Fahrzeugtypen beschreiben können. Andernfalls würde beim Flügeln ein Fahrzeug plötzlich von der Bildfläche verschwinden und stattdessen würden zwei andere aus dem Nichts auftauchen. Auch für die Dienstplanung (die ebenfalls auf Fahrzeugtypen operiert und nicht auf konkreten Fahrzeugen) ist der Zerle-

16. Auch hier begegnet uns wieder das Composite Pattern.
17. Das heißt, man benötigt keine Wendeschleife am Umkehrpunkt, da der Fahrer einfach den Führerstand wechselt.

gungsvorgang wichtig. Man muss beispielsweise dafür sorgen, dass beim Flügeln der abgekoppelte Zugteil mit einem eigenen Fahrer besetzt wird. Damit der betreffende Fahrer seinen Einsatzort erreicht, ist es manchmal zweckmäßig, wenn er bereits vorher innerhalb des Verbandes im Führerstand seines Fahrzeugs mitfährt – zumindest auf dem letzten Fahrtstück bis zum Ort des Flügelns. All dies könnte man nicht ausdrücken, wenn man einen Fahrzeugverband planerisch einfach nur als einen »Fahrzeugtyp wie jeden anderen« behandeln würde.

Umlaufplanung

Bei der Umlaufplanung hat es sich als zweckmäßig erwiesen, die Fahrzeuge eines Verbandes von Anfang an eigenständig zu betrachten, da anders das Bilden und Auflösen eines Verbands außerhalb des Fahrzeugdepots nur unzureichend abgebildet werden kann. Allerdings muss man durch spezielle Konstrukte dafür sorgen, dass die Fahrzeuge in der Planung zwangssynchron behandelt werden, während sie gekoppelt fahren. Hierzu sind Erweiterungen des Modells nötig, die den Rahmen unserer Ausführungen übersteigen.

Zwei Sichten

Wie in Abschnitt 4.6 erläutert wird, enthält unser ITVU-Modell zwei unterschiedliche Dimensionen zur Typisierung von Fahrzeugen, um der Sicht des Planers und der Sicht des Disponenten gerecht zu werden. Der Mechanismus der Verbandbildung findet sich daher an *drei Stellen* im Modell:

- beim konkreten Fahrzeug in den Klassen `FahrzeugVerband`, `FahrzeugReihung`, `Fahrzeug` und `TransportMittel`
- beim betrieblichen Fahrzeugtyp aus Sicht des Disponenten in den Klassen `FzTypVerbandOperations`, `FzTypReihungOperations`, `FahrzeugTypOperations` und `TM-TypOperations`
- beim planerischen Fahrzeugtyp in den Klassen `FzTypVerbandPlanung`, `FzTypReihungPlanung`, `FahrzeugTypPlanung` und `TM-TypPlanung`

Berechnete Attribute

Viele Attribute, die wir in Abschnitt 4.2 dem `FahrzeugTyp` zugeordnet hatten, gehören originär zum `TransportMittelTyp` und werden von dort aus an den Fahrzeugtyp, aber auch an den Fahrzeugtyp-Verband vererbt. Hier begegnet uns wieder das Problem der berechneten Attribute[18]. Wir müssen für jedes Attribut festlegen, wie sein Wert für einen FahrzeugVerband zu ermitteln ist:

- *Summation* (Kapazität, Fahrzeuglänge, Gewicht)
- *Maximum* oder *Minimum* (Fahrzeughöhe, Höchstgeschwindigkeit)
- *Explizite Festlegung* (Wendekreis)
- *Durchschnittsbildung* (Komfort, Inneneinrichtung)
- *Identität* (Momentangeschwindigkeit, Standort)
- *Nicht anwendbar* (Kilometerstand, Betriebsstunden)

Für `KonfigurierbareMerkmale` bietet man zweckmäßigerweise auf der Metaebene die Auswahl zwischen diesen Verfahren an. In dem Beispiel mit der *Bodenfreiheit* würde man sich bei `FahrzeugTypVerband`.*Bodenfreiheit* für die Ermittlung des Minimums[19] entscheiden, bei `Strecke`. *Bodenfreiheit* hingegen für das Maximum.

18. Vergleiche z. B. Abschnitt 3.4; dort ging es um die Aggregation von NetzPunkten.
19. Ebenso gut könnte man jedoch auch festlegen, dass das Merkmal für Verbände *undefiniert* sein soll, da es in dem Beispiel um Busse ging und nicht um koppelbare Schienenfahrzeuge.

4.6 Fahrzeugtypen

Die wenigsten Verkehrsbetriebe haben eine vollkommen einheitliche Flotte.

Baureihen, Ausstattungsunterschiede

Natürliche Unterschiede zwischen den Fahrzeugen ergeben sich meist schon allein dadurch, dass die Fahrzeuge zu unterschiedlichen Zeitpunkten beschafft wurden. Mit dem jeweiligen Herstellungsjahr gehen zahlreiche kleinere technische Unterschiede einher, die die Hersteller in ihre Modellreihe einfließen lassen. Während diese Unterschiede für den Planer überwiegend uninteressant sind, beachtet sie der Fahrzeugdisponent durchaus, beispielsweise wird er Fahrzeuge mit höherem Sicherheitsstandard (Kamera zur Innenraumüberwachung) bevorzugt auf problematischen Linien einsetzen.

Hersteller-Mischung

Sehr viel größere Unterschiede ergeben sich, wenn ein Verkehrsbetrieb die Politik verfolgt, Fahrzeuge von zwei unterschiedlichen Herstellern einzusetzen. So verbessert sich seine Verhandlungsposition bei der Beschaffung neuer Fahrzeuge – allerdings steigt auch die Komplexität bei der Wartung.

Andere Unterschiede

Aus der Analyse des Verkehrsbedarfs kann der Wunsch entstehen, Fahrzeuge unterschiedlicher Kapazität einzusetzen. Der Wunsch nach abgasarmen, kostengünstigen Fahrzeugen führt dazu, dass neue Techniken ausprobiert werden (Erdgas, Hybridantrieb).

Technische Fahrzeugtypen

Die genannten Ursachen führen im Ergebnis dazu, dass eine Reihe unterschiedlicher Fahrzeugtypen in der Flotte vertreten sind. Wir bezeichnen diese Typen als technische Fahrzeugtypen (`FahrzeugTypOperations`). Jedes konkrete `Fahrzeug` gehört genau einem solchen Typ an (Beziehung vom `Fahrzeug` zum `FahrzeugTypOperations`).

Multiple Hierarchien

Um dem Fahrzeugdisponenten das Leben zu erleichtern, sollten wir ihm die Möglichkeit bieten, Fahrzeugtypen zu gruppieren. Oft will er eine *Baumstruktur* definieren, in der z. B. das oberste Kriterium der *Hersteller* ist[20]. Man könnte für diesen Zweck eine einfache rekursive Beziehung auf der Klasse `FahrzeugTypOperations` definieren. Etwas komfortabler wird es, wenn man mehrere Hierarchien parallel darstellen kann. Man könnte z. B. in einem zweiten Baum bereits ganz oben danach unterscheiden, mit welcher Antriebstechnik ein Fahrzeugtyp ausgestattet ist oder nicht. Das Kriterium *Hersteller* spielt in diesem Baum erst auf niedrigeren Stufen eine Rolle. Das ITVU-Modell erlaubt mehrere unabhängige Hierarchien: Es sieht für die rekursive Fahrzeugtyp-Beziehung eine eigene Klasse vor (`TM-TypKompatibilitätOperations`). Ein einzelnes Attribut dieser Klasse (*Art*) genügt, um zwischen den verschiedenen Klassifikationshierarchien zu trennen.

Eigentlich könnte man über diesen Mechanismus auch eine oder mehrere Typhierarchien aufbauen, die auf die Bedürfnisse des Planers zugeschnitten sind. Wir meinen jedoch, dass es das Verständnis steigert, wenn man die planerische Sicht im ITVU-Modell explizit darstellt, und haben daher entsprechende Klassen geschaffen[21].

20. Während es in der Umlaufplanung vor allem um die Kapazität geht, denkt man bei der Zuordnung konkreter Fahrzeuge oft vom technischen Fahrzeugmodell aus.
21. Bei der technischen Umsetzung könnte man diese Verdoppelung weglassen bzw. durch ein trennendes Merkmal und eine Reihe von Konsistenzbedingungen ersetzen.

Sicht des Planers

Ein Fahr- oder Umlaufplaner konzentriert sich auf wenige einzelne Punkte. Er hat primär die Transportkapazität im Auge. Bei manchen Strecken legt er zusätzliches Augenmerk auf niedrige Einstiegshöhen oder Behindertenplätze. Im Ausnahmefall muss er einschränkende Merkmale (Wendekreis, Fahrzeughöhe, Gewicht) beachten. Er baut sich z. B. folgende Hierarchie auf (`TM-TypKompatibilität-Planung`):

- Standardbus
- Großbus
  - Doppelstockbus[22]
    - Doppelstockbus mit einer Treppe
    - Doppelstockbus mit zwei Treppen
  - Gelenkbus

Technisch orientierte Klassifikation

Er lässt sich bei dieser Klassifikation im Wesentlichen von äußeren Merkmalen leiten, hat aber eigentlich einen bestimmten planerischen Gedanken im Kopf, der mit der Kapazität und dem *Durchsatz* der Fahrzeuge zu tun hat. Mit *Durchsatz* ist die Zeit gemeint, die an einer Haltestelle für das Ein- und Aussteigen der Passagiere benötigt wird. Diese sog. Fahrgastwechselzeit ist bei einem Doppelstockbus mit einer einzigen Treppe recht hoch; hat der Doppeldecker eine zweite Treppe, so geht es schon etwas schneller; am günstigsten ist der Gelenkbus, da er über drei Türen verfügt. Dabei spielt es natürlich auch eine Rolle, ob das Einsteigen immer oder zumindest zu bestimmten Tageszeiten an allen Türen erlaubt ist. Kommt es dem Planer nur auf die »Gefäßgröße« an, so trägt er bei einem Umlauf einfach *Standardbus* oder *Großbus* ein. Wenn ein Umlauf an Haltestellen vorbeikommt, an denen sich viele Linien treffen, dann wird er vielleicht den *Gelenkbus* oder den *Doppeldecker mit zwei Treppen* als gewünschten FahrzeugTyp vorgeben wollen, da mit vielen umsteigenden Fahrgästen zu rechnen ist.

Abstrakte Klassifikation

Ein anderer Planer könnte auf die Idee kommen, seine Hierarchie so aufzubauen, dass sie seinen Gedankengang unmittelbar reflektiert. Er kommt zu folgender Hierarchie:

- Standardbus
- Großbus
  - Großbus mit hohem Durchsatz
  - Großbus mit besonders hohem Durchsatz
    - Großbus mit besonders hohem Durchsatz und kleinem Wendekreis

In dieser Hierarchie ist nicht mehr von der Bauform der Fahrzeuge die Rede, sondern sie zielt direkt auf das planerische Kriterium.

Theorie und Praxis

Aus theoretischer Sicht bietet die zweite Variante den Vorteil, dass der Planer nicht »überspezifizieren« muss, indem er eine konkrete Bauform vorgibt, obwohl es ihm in Wahrheit auf ein ganz bestimmtes Kriterium ankommt. Der Fahrzeugdisponent erkennt den fachlichen Willen des Planers und behält ein Maximum

22. Das Beispiel bezieht sich auf Berlin.

an Freiheitsgraden für seine Entscheidungen übrig. In der Praxis erfordert es einige Disziplin vom Fahr- und Umlaufplaner, seine Anforderungen abstrakt und »minimalistisch« zu spezifizieren. Gerade wenn er selbst früher als Fahrer eingesetzt war, denkt der Planer naturgemäß in konkreten Fahrzeugtypen und neigt dazu, dies unmittelbar vorzugeben. Softwarehersteller, die abstrakte Konzepte in ihren Systemen einbauen, können nicht erwarten, dass diese von Praktikern sofort angenommen und begeistert genutzt werden. Nur im intensiven Dialog kann vermittelt werden, welche Möglichkeiten Softwaresysteme bieten, und nur durch das gemeinsame Durchsprechen von Beispielen kann Akzeptanz für die Verwendung solcher Konzepte gewonnen werden.

Abbildung fachlicher Typen auf technische Typen

Durch die Trennung zwischen fachlichen und technischen Typen entsteht die Gefahr, dass der Planer sich ein Fahrzeug wünscht, das es gar nicht gibt. Ein Großbus mit besonders hohem Durchsatz benötigt aufgrund seiner technischen Bauform beispielsweise einen großen Wendekreis, d. h., der letzte Unterpunkt im obigen Beispiel (*Großbus mit besonders hohem Durchsatz und kleinem Wendekreis)* war unrealistisch. Damit die planerische Typenwelt den Bezug zu den realen Fahrzeugen nicht verliert, besitzt das ITVU-Modell die verbindende Klasse `TM-TypZuordnung` (vgl. Abb. 4-4). Sie kann nicht nur benutzt werden, um festzustellen, ob der Wunsch eines Planers überhaupt erfüllbar ist, sondern auch dem Abgleich der Mengenstruktur dienen.

Abb. 4-4
Fahrzeugtypen: Verbindung zwischen Planung und Operations

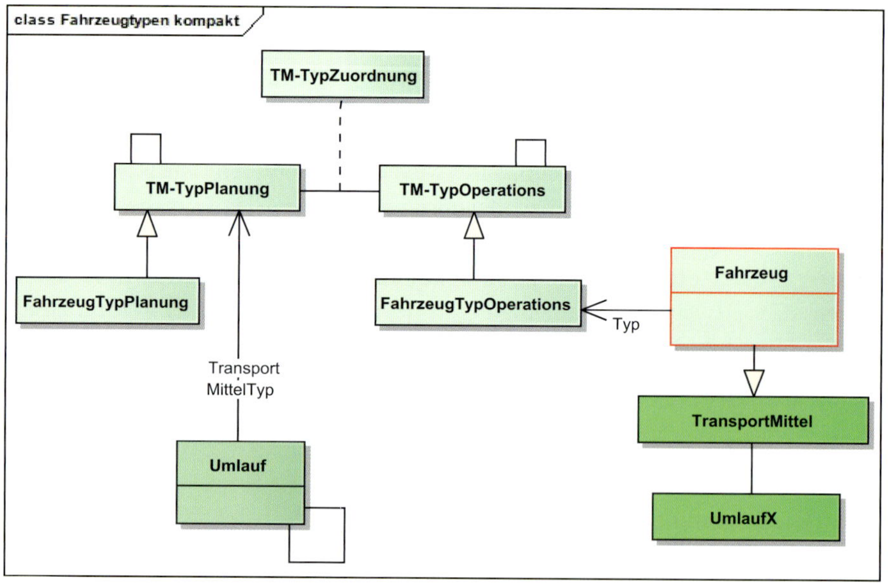

Ein kleines Beispiel:

Ein Verkehrsunternehmen verfügt über 10 Gelenkbusse (GB). Diese Fahrzeuge haben einen Niederflureinstieg. Außerdem gibt es noch 200 normale Fahrzeuge; davon besitzen 20 Fahrzeuge ebenfalls einen Niederflureinstieg (NFE).

Wenn der Planer sich mit Linie 1 befasst, die hohe Kapazität und kurze Fahrgastwechselzeit erfordert, so kommen vor allem die GB in Frage. Auf den Linien 7 und 19, die an Altenheimen vorbeiführen, ist ein Niederflureinstieg besonders erwünscht. Hier kann man GB und NFE einsetzen. Beide Linien konkurrieren also um die GB. Wenn an Feiertagen die Linie 1 seltener fährt, könnte man frei werdende GB auf den Linien 7 und 19 einsetzen. Ein gutes Planungssystem wird dem Planer jederzeit anzeigen, wie viele Fahrzeuge von welchem Typ in einem bestimmten Planungszeitraum noch nicht verplant sind. Dabei wird das System die technischen Fahrzeugtypen (GB, NFE) in die planerische Typenwelt projizieren, d. h., der Planer sieht z. B., dass er Sonntag nachmittags noch 3 »*große Fahrzeuge mit hohem Durchsatz*« frei hat und noch *7 Fahrzeuge mit Niederflureinstieg*. In der letzteren Zahl stecken die 3 freien Gelenkbusse mit drin. Benötigt er z. B. 4 Fahrzeuge, so kann er entweder offen lassen, ob 3 davon GB sein sollen, oder dies explizit vorgeben oder explizit ausschließen.

Das Beispiel zeigt nebenbei auch, dass die planerischen Fahrzeugtypen (`TM-TypPlanung`) nicht unbedingt auf einen technischen Typ der untersten Ebene (»*MAN-GB, Typ 4711, Baujahr 2007*«) abgebildet werden müssen, sondern auch auf höhere Generalisierungsstufen (»*MAN-GB*«).

Aufgabenteilung Planer/Disponent

Je nachdem, welchen Bezug der Fahrplaner zum konkreten Fuhrpark hat, wird er eine mehr oder weniger differenzierte Hierarchie innerhalb des `TM-TypPlanung` anlegen. Der Fahrzeugdisponent wird es zu schätzen wissen, wenn der Planer möglichst geringe Vorgaben macht. Er hat nämlich andere Optimierungskriterien im Kopf als der Planer. Beispielsweise möchte er möglichst wenig Rangieraufwand im Betriebshof haben. Ohne eine besondere Vorgabe wird er also möglicherweise einfach das Fahrzeug von der vordersten Abstellposition nehmen. Oder er hat im Kopf, dass ein bestimmtes Fahrzeug am nächsten Tag in die Werkstatt muss, und setzt es deswegen heute besonders gern auf einem Umlauf ein, der ein frühzeitiges Ende hat (»Dann können die Kollegen in der Werkstatt kurz vor Feierabend schon mal nachsehen, ob irgendwelche größeren Defekte vorliegen«). Oder er möchte in Problemstadtteilen abends nur alte Fahrzeuge einsetzen (Vandalismusgefahr). Je mehr technische Typen (`TM-TypOperations`) zu einem vom Planer vorgegebenen Fahrzeugtyp kompatibel sind, desto mehr Spielraum bleibt für den Fahrzeugdisponenten.

Fahrzeugtyp und Eigenschaften der Strecke

Wir haben bereits erläutert, dass der vom Planer ausgewählte Fahrzeugtyp zu den Fahrwegen des Umlaufs passen muss. In seltenen Fällen genügt es nicht, einfach nur den richtigen Fahrzeugtyp zuzuordnen, sondern man muss noch weitere Details der Fahrtausführung festlegen:

Ein Verkehrsunternehmen[23] setzt Fahrzeuge ein, die einen elektrischen Energiespeicher auf dem Dach haben. Beim Bremsen wird dieser Speicher aufgeladen, später kann Energie entnommen werden, um einen elektrischen Fahrmotor anzutreiben. Die Zwischenspeicher (»HiCaps«) haben allerdings nur begrenztes Fassungsvermögen. Wenn nun eine längere Gefällestrecke durchfahren wird, so muss man dafür sorgen, dass diese Zwischenspeicher rechtzeitig vorher geleert werden. Andernfalls müsste man doch wieder konventionell bremsen, und Energie ginge verloren. Ein Planer kann daher für diesen speziellen Fahrzeugtyp Punkte im Streckenverlauf angeben, an denen die HiCaps entleert werden sollen. Natürlich möchte man während der Fahrt nicht den Fahrer zusätzlich belasten: der Bordrechner kennt diese Streckenpunkte und kann im geeigneten Augenblick einen entsprechenden Hinweis an das Antriebssystem geben[24].

4.7 Wartung

Bindung an den Fahrzeugtyp

Fahrzeuge müssen regelmäßig gewartet werden. Die Klasse `ServiceFrist` beschreibt die vorkommenden Arten von Wartungsarbeiten und ordnet sie dem jeweiligen `FahrzeugTypOperations` zu. In der Regel gibt es verschiedene Klassen von Wartungsarbeiten (A-Check, B-Check, C-Check), wobei der kleinere Check entweder bereits per Definition in den größeren enthalten ist oder von den Fristen her mit diesen synchronisiert ist (Beziehung: `ÜbergeordneteFrist`).

Auslösekriterien

Eine ServiceFrist gilt als erreicht, wenn ein oder mehrere Auslösekriterien eingetreten sind. Solche Kriterien können absolute Laufleistungen (Kilometerstand), Einsatzdauern (Betriebsstunden) oder Zeitpunkte sein; manchmal sind sie aber auch relativ definiert: »*A-Checks sind spätestens alle 7000 km fällig.*« Hat man in so einem Fall einen Check bei 98.000 km gemacht und den nächsten bei 104.000 km, dann ist der folgende Check bei 111.000 km fällig und nicht bei 112.000 (= 98.000 + 2 × 7000) km.

Sind mehrere Kriterien definiert, so gilt dasjenige Kriterium als Auslöser, das als erstes erreicht wird. Wenn für eine Frist also »alle 40.000 km, spätestens jedoch alle 6 Monate« gilt, dann kann es nützlich sein, die durchschnittliche Fahrleistung pro Tag im Auge zu behalten:

Sind nach 4 Monaten 30.000 km gefahren, so ist damit zu rechnen, dass die Kilometerschranke in ca. 5 Wochen erreicht ist. Wenn der Disponent dem Fahrzeug Umläufe zuteilen kann, bei denen es im Durchschnitt nur 160 km pro Tag fährt, dann treten beide Kriterien etwa gleichzeitig ein. Eine Ausnutzungs-

23. Vergleiche *Nahverkehrspraxis*, 7/8-2009, S. 29ff.
24. Voraussetzung ist, dass der Fahrzeughersteller einen entsprechenden Impuls des Bordrechners (z. B. via CAN-Schnittstelle) akzeptiert. Das Signal des Bordrechners wird immer nur den Charakter eines Vorschlags haben können; die eigentliche Verantwortung bleibt bei der Motorsteuerung im Fahrzeug.

differenz von 3 Wochen mag für das einzelne Fahrzeug nicht sehr bedeutsam erscheinen, aber der Effekt summiert sich bei einer großen Flotte.

Fristen bündeln

Nicht alle Fristen folgen einem hierarchischen Schema. Wenn zwei Fristen jeweils einen eigenen Rhythmus haben, dann kann es passieren, dass sie relativ kurz hintereinander fällig werden. Um dies zu erkennen, generiert man für jedes Fahrzeug eine Fristvorschau. Der Fahrzeugdisponent kann auf dieser Grundlage entscheiden, beide Fristen zusammen erledigen zu lassen. Er verliert zwar ein wenig an der Intervallausnutzung, dafür fallen Stillstandszeiten und Anfahrtszeiten zur Werkstatt weg.

Zuordnung zum ganzen Fahrzeug

Das ITVU-Modell ist nicht in der Lage, Fristen für individuelle Teile zu verfolgen (z. B. Radsätze, Bremsen). Werden solche Teile getauscht, so muss man die Frist insgesamt auf Fahrzeugebene korrigieren.

4.8 Fahrzeugausrüstung

ÖPV-Fahrzeuge haben eine spezielle Ausrüstung, um Fahrgäste zu informieren, den Fahrer zu unterstützen oder auf vielfältige Art über Funk zu kommunizieren:

- Für die Fahrgäste:
  - Außenanzeigen für Linie, Fahrtziel, Zwischenpunkte, Sondertexte (»*Betriebsfahrt*«)
  - Innenanzeigen für die nächste(n) Haltestelle(n), Ankunftszeit, Ausstiegsrichtung
  - Lautsprecher im Fahrgastraum für Sprachansagen des Fahrers oder der Leitstelle sowie für automatische Ansagen zu Haltestellen und Umsteigemöglichkeiten
  - Anzeigen zu erreichbaren Anschlüssen (DFI, vgl. Kap. 9)
  - Knöpfe, über die Fahrgäste ihren Haltewunsch mitteilen
  - Videobildschirme für die Fahrgäste (Infotainment)
  - Elektronische oder mechanische Entwerter, Lesegeräte für Chip-Karten (eTickets)
  - Fahrschein-Verkaufsautomaten (z. B. in Straßenbahnen)
  - Außenlautsprecher (sehbehinderte Fahrgäste können die Ansage der Liniennummer auslösen)
- Für den Fahrer
  - Bildschirm zur Überwachung der Fahrplanlage, zur Anzeige des Standorts, zur Funkbedienung und Steuerung von Bordgeräten usw.
  - Freisprecheinrichtung und Funkgerät
  - Sprechtaste (»Push-to-Talk«)
  - Videosignale (Rückfahrkamera)
  - Verkaufsgerät für Tickets (Fahrscheindrucker)
  - Lesegerät für Chipkarten zur Identifikation des Fahrers

- Sicherheitseinrichtungen
  - Innenraumüberwachung (Kamera, Mikrofon)
  - Verdeckte Notrufauslösung für den Fahrer
  - Rückfallebene für manuelle Funkbedienung bei Ausfall des Bordrechners
  - Fernbedienung der Sprechtaste durch die Zentrale
- Funkeinrichtungen
  - Sprachverständigung zwischen dem Fahrer und der Leitstelle
  - Übertragung kleiner Datenpakete zwischen Fahrzeug und Zentrale (Standort des Fahrzeuges, Anweisungen an das Fahrzeug)
  - Übertragung größerer Datenmengen (Ticketverkaufsdaten, Fahrplan, Werbemedien, Sprachansagedateien)
  - Beeinflussung von Verkehrsampeln
  - Kommunikation zwischen Fahrzeug und Anzeigen an der Haltestelle
  - Ansteuerung von Schranken oder Straßenblockaden (Hubpoller)
- Infrastruktur im Fahrzeug
  - Bordrechner (evtl. mehrere)
  - Kontakte, über die das Öffnen der Tür dem Bordrechner mitgeteilt wird – er kann dann z. B. automatisch am Fahrerarbeitsplatz einen Verkaufsdialog für Fahrscheine aufschalten
  - GPS-Empfänger zur Standortbestimmung
  - Empfänger für Ortsbaken
  - Radimpulszähler (eindimensionale Ortung, Stillstandserkennung)
  - Schnittstelle zu einem digitalen Tachometer (Kilometerstand, Geschwindigkeit)
  - Schnittstelle zur Fahrzeugelektrik (CAN-Bus)
  - Fahrgastzählgeräte
  - Sprachansagegeräte, die MP3-Dateien abspielen oder Text in Sprache verwandeln; entsprechende Funktionen können auch als Teil des Bordrechners realisiert sein
  - Eingebauter Speicher für fahrzeugspezifische Daten (Fahrzeugnummer, Kalibrierdaten)
  - Anschluss für Diagnosegeräte
  - Wechseldatenspeicher (z. B. chiffrierte Speicherung der Ticketverkaufsdaten)

Abbildung 4-5 zeigt die typische Ausrüstung eines ÖPV-Fahrzeugs in Piktogrammen und ihre Vernetzung mit der Umwelt.

Detaillierungsgrad des Modells

Lassen sich all diese Dinge in dem ITVU-Modell wiederfinden? Die Antwort auf diese Frage lautet: *Nein*. Der Detaillierungsgrad des ITVU-Modells reicht bei weitem nicht aus, um alle oben genannten Details der Fahrzeugausrüstung abzubilden. Aber es lassen sich Anknüpfungspunkte finden. Dies demonstrieren wir nachfolgend an zwei Beispielen, nämlich am Thema *Fahrgastzählung* und an den *Sicherheitseinrichtungen für Fahrer*.

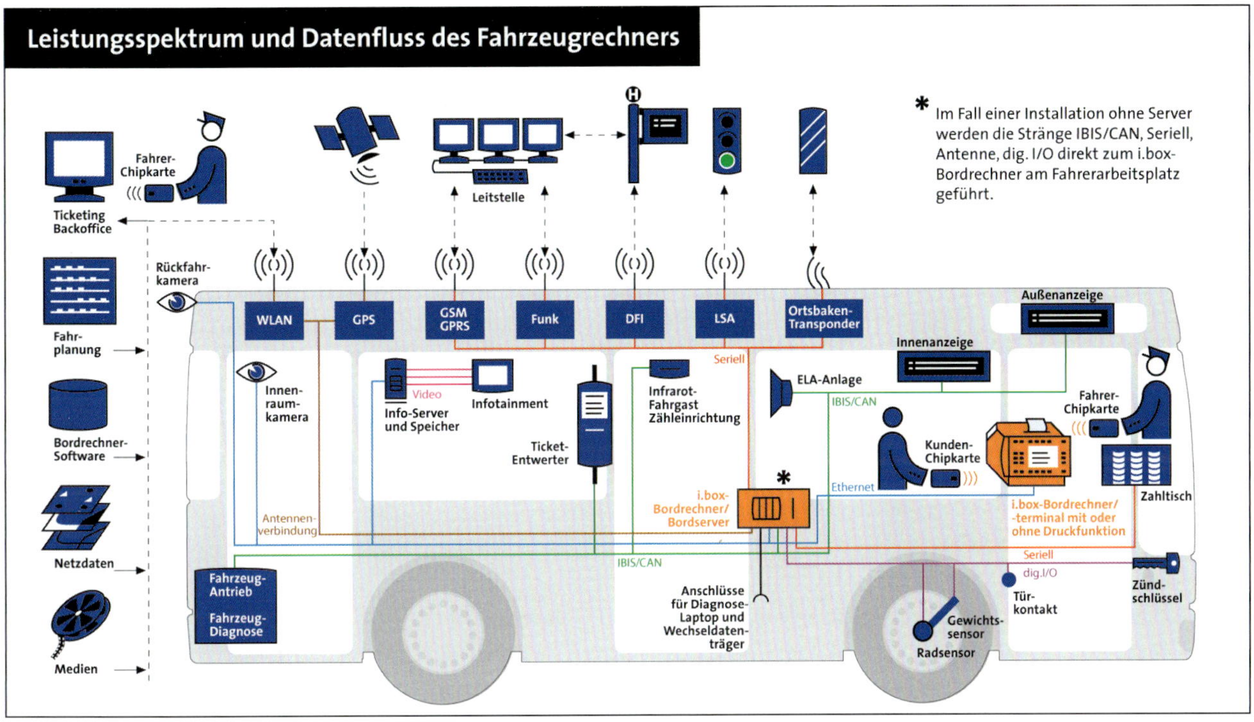

Abb. 4-5 Bordelektronik

Fahrgastzählung

Es gibt eine Reihe verschiedener Geräte, mit denen man erfassen kann, wie viele Fahrgäste sich in einem Fahrzeug befinden. Typischerweise erfasst ein Sensor an den Türeinstiegen Personen beim Ein- und Aussteigen. Zählgeräte speichern diese Daten zunächst; zu einem späteren Zeitpunkt kann man sie auslesen. Folgende Aspekte sind aus Sicht des ITVU-Modells relevant:

Einzelnes Zählergebnis

- Zuallererst interessiert uns das Ergebnis. Da die Fahrgastzahlen bei jedem Halt ermittelt werden, suchen wir eine Klasse im Modell, die den Haltevorgang einer konkreten Fahrt charakterisiert. Eine `FahrtX` ist im Modell mit dem `HalteOrtAmFahrweg` über eine Beziehung verbunden, die den Namen `HaltBeiFahrtX` trägt. Dies ist die gesuchte Klasse. Ihr können wir zwei Attribute mit dem Namen *AnzahlZusteiger* und *AnzahlAussteiger* zuordnen.

Zählgeräte

- Die Zählgeräte sind als `FahrgastZähler` im Modell enthalten. Über die Beziehung der Elternklasse `FahrzeugAusrüstung` zum `Fahrzeug` hält man fest, in welchem Fahrzeug ein bestimmtes Gerät eingebaut ist. Ein Modell für das Zählgerät selbst würde beispielsweise auch *Sensor* und *Zähleinheit* (= Baugruppe aus mehreren Sensoren) als Klassen enthalten. Im ITVU-Modell ignorieren wir all dies.

Datenzuordnung

- Wir haben bei der Betrachtung des Zählergebnisses unterstellt, dass dieses der jeweiligen Haltestelle zugeordnet werden kann. Da viele Zählgeräte über den IBIS-Bus[25] mit dem Bordrechner zusammenarbeiten, ist das oft auch problem-

25. Vergleiche Abschnitt 4.9.

los möglich. Ein isoliertes Gerät liefert aber möglicherweise nur eine lange Liste mit vier Spalten ab: *Datum, Uhrzeit, Anzahl einsteigende Passagiere, Anzahl aussteigende Passagiere*. In diesem Fall müssen wir über das Wissen, wo das Gerät eingebaut ist, die `UmläufeX` des betreffenden Fahrzeugs ermitteln und über deren `HaltBeiFahrtX`.*AnkunftZeitPunkte* die Zähldaten richtig zuordnen. Wurden isolierte Zählgeräte je Fahrzeugtür benutzt, so müssen deren Werte noch addiert werden, bevor sie sich im Modell als `HaltBeiFahrtX`.*AnzahlZusteiger* bzw. *AnzahlAussteiger* niederschlagen.

Verdichtungen

- Anschließende Verdichtungen der elementaren Zähldaten folgen der Logik des ITVU-Modells. Vor allem interessiert die Anzahl der Fahrgäste je *Strecke*. Über die `FahrtX` gelangen wir zum `HalteOrtAmFahrweg` und von dort aus über den `HalteOrt` zur `Strecke`.

Schlussfolgerungen

- Der Weg vom Zählergebnis je Teilstrecke bis zur Wirtschaftlichkeitsbetrachtung erfordert weitere Schritte; in Kapitel 11 greifen wir das Beispiel nochmals auf.

Sicherheitseinrichtungen

Fahrgäste und Fahrer sind – leider nicht zu Unrecht – um ihre Sicherheit besorgt. Die folgenden Ausführungen beziehen sich primär auf die Sicherheit des Fahrers, lassen sich aber teilweise auch auf den Schutz der Fahrgäste übertragen. Mit unserer Konzentration auf Kommunikationstechnik wollen wir nicht den Eindruck erwecken, dass sie der einzige Weg zur Vorbeugung oder Abhilfe sei, jedoch ist sie ein bedeutsamer Baustein.

Kontrolle des Kommunikationsverlaufs

Verkehrsunternehmen stellen Kommunikationseinrichtungen zur Verfügung, um im Notfall (Unfall, Überfall) eine Hör- und Sprechverbindung herzustellen. Anders als im Normalfall erfolgt die Auslösung dabei teilweise verdeckt (etwa durch einen Taster in der Nähe des Knies). Die Zentrale soll hören können, ohne dass Geräusche der Zentrale in das Fahrzeug übertragen werden (»stilles Hineinhören«). Es soll aber auch möglich sein, dass die Zentrale in das Fahrzeug hineinspricht. Wenn ein Funksystem Hören und Sprechen nicht gleichzeitig erlaubt (sog. *Semi-Duplex-Betrieb*), so muss normalerweise der Fahrer eine Push-to-Talk-Taste[26] betätigen, um sprechen zu können. Nach Auslösung eines stillen Alarms soll die Zentrale in der Lage sein, die Richtung der Übertragung vorzugeben – es könnte schließlich sein, dass der Fahrer nicht mehr in der Lage ist, die PTT-Taste zu betätigen. Wenn es die technischen Möglichkeiten erlauben, dann wäre es auch wünschenswert, aufgrund einer ungewöhnlich starken Erschütterung (Unfall) oder eines plötzlichen sehr lauten Geräuschs einen Notruf auszulösen.

Fallback

Normalerweise wird das Funksystem eines ÖPV-Fahrzeugs vom Bordrechner angesteuert. Fahrer und Verkehrsunternehmen wollen häufig sicherstellen, dass eine Sprechverbindung auch dann noch möglich ist, wenn der Bordrechner ausgefallen ist. Der Wunsch nach einem Backup erstreckt sich aber nicht nur auf den Bordrechner: Ganz generell versucht man bei sicherheitsrelevanten Anwen-

26. Die PTT-Taste kann als Hand- oder Fußschalter realisiert sein. Auch automatische Lösungen, die auf das Mikrofonsignal reagieren, kommen vor.

dungen einen »*single point of failure*« zu vermeiden. Daher sollte man auch für das Funkgerät eine Rückfallebene schaffen, etwa durch eine zusätzliche, unabhängige GSM-Verbindung.

Verfügt das Fahrzeug über eine Einrichtung zur Videoaufzeichnung, so wünscht man sich, dass im Video der Moment markiert wird, in dem der Notruf ausgelöst wurde. Gibt es zumindest ein Innenraummikrofon, so wünscht man sich, dass der Bordrechner die Signale dieses Mikrofons ab dem Zeitpunkt der Alarmauslösung aufzeichnet. Aufzeichnung

Im Modell treten manche dieser Aspekte nicht auf, andere sind als Funktionen dargestellt:

- Das Modell bildet den Notruftaster oder die PTT-Taste nicht ab. Es lebt in der Vorstellung, dass derartige Eingabegeräte ein *Ereignis* erzeugen, das zum *Aufruf einer Funktion* führt. Das passiert genaugenommen auf zwei Ebenen: Funktionsaufruf
  - Auf der unteren Ebene überwacht eine Softwarekomponente den Taster; sie kann feststellen, ob der Taster gedrückt ist oder nicht. Bordrechner haben meist spezielle Eingänge, an die man solche Taster anschließen kann. Da das ITVU-Modell sich auf die fachliche Ebene beschränkt, kommen die dazu notwendigen Klassen und Methoden nicht vor. Tastendruck erkennen
  - Auf der oberen, fachlichen Ebene gibt es eine Klasse namens `DatenNachricht` im Modell. Das Betätigen des Notruftasters fassen wir als einen speziellen Konstruktor dieser Klasse auf. Für eine genauere Modellierung wäre es zweckmäßig, eine Subklasse der `DatenNachricht` namens `NotrufNachricht` zu definieren. Solche Nachrichten werden in vielen Funknetzen bevorzugt behandelt. Details zum Teilmodell Kommunikation erläutern wir in Kapitel 8. Nachricht erzeugen
- Aus fachlicher Sicht muss festgelegt werden, welche Inhalte die `NotrufNachricht` enthalten soll. Zwei Philosophien kann man hier verfolgen: Umfang der Nachricht
  - So kurz und rasch wie möglich. Sogar ein leerer Inhalt würde ausreichen. Die Zentrale weiß ja, von welchem Funkteilnehmer die Nachricht kommt. Daraus kann sie das Fahrzeug ermitteln, dessen letzten Standort, den aktuell angemeldeten Fahrer usw.
  - So umfassend wie möglich. Alle oben genannten Daten kennt das Fahrzeug in der Regel auch selbst. Es kann den aktuellen Standort nochmals ermitteln (der letzte in der Zentrale bekannte Wert ist ja grundsätzlich immer etwas veraltet). Das Fahrzeug kann sogar die aktuelle Zahl der Fahrgäste mitteilen, wenn eine Zähleinrichtung an Bord ist, die mit dem Bordrechner Verbindung hat. Sogar ein Kamerastandbild aus dem Fahrzeug könnte man anhängen. Der Vorteil ist, dass man alles in einer Transaktion gebündelt hat. Nachteilig ist, dass Beschaffung und Übertragung dieser Dateninhalte etwas länger dauern können.
- Schließlich ist noch zu entscheiden, an wen die Nachricht adressiert werden soll. Wenn wir als Privatperson einen Notruf auslösen, wählen wir eine spezielle Nummer. Ein ÖPV-Fahrzeug adressiert seine Nachrichten jedoch in aller Adressierung von Nachrichten

Regel immer nur an die eigene Zentrale[27]. Dort wird die Art der Nachricht erkannt und – je nach Philosophie – an einen speziellen Arbeitsplatz geleitet oder auf allen Arbeitsplätzen aufgeblendet. Werden offizielle Hilfskräfte (Polizei, Sanitäter) benötigt, so alarmiert die Zentrale diese auf konventionellem Weg.

Ferngesteuerte Kommunikation

- Betrachten wir die nächste Anforderung: Die Zentrale soll bei einem verdeckten Alarm entscheiden können, wer hört und wer spricht, obwohl das Funksystem im Fahrzeug normalerweise nur auf die PTT-Taste des Fahrers reagiert. Der Lösungsweg sieht ähnlich aus wie zuvor: Die Zentrale erzeugt – parallel zu einem bereits aufgebauten Gespräch – eine `DatenNachricht`[28]. Diesmal handelt es sich allerdings nicht um eine `NotrufNachricht`, sondern um eine *Steuernachricht zur Beeinflussung einer laufenden Sprachkommunikation*. Man könnte sie in einem erweiterten Modell beispielsweise als `Kommunikations-KontrollNachricht` darstellen. Das wichtigste Merkmal dieser Nachricht wäre ein *AktionsCode*, der den Bordrechner veranlasst, ein Signal an das Funkgerät zu senden, welches dem Drücken der PTT-Taste entspricht. Letztlich läuft es darauf hinaus, dass bestimmte Methoden des `FunkGeräts`, wie z. B. die Umschaltung zwischen Hören und Sprechen, nicht nur direkt bei der Klasse `FunkGerät` modelliert werden, sondern zusätzlich über eine `DatenNachricht` ansprechbar sind[29].

Lebenssignal statt Totenschein

- Wenn der Bordrechner ausfällt, kann natürlich all dies nicht mehr funktionieren. Um für diesen Fall vorzusorgen (»Rückfallebene«), muss man eine elektronische Schaltung entwerfen, die das Funkgerät direkt mit dem Fahrerarbeitsplatz verbindet, sobald sie entdeckt, dass der Bordrechner nicht mehr arbeitet. Man sollte annehmen, dass dieser Sachverhalt aus prinzipiellen Gründen nicht im Modell auftauchen kann. Aber ganz richtig ist das nicht: Wie soll die elektronische Schaltung denn herausfinden, dass der Bordrechner nicht mehr arbeitet? Sie könnte sich auf einen elektrischen Spannungspegel an einem Ausgangskabel des Rechners stützen; doch kann man nicht sicher vorhersagen, welchen Zustand dieser Spannungspegel beim Ausfall des Rechners haben wird. Besser ist es daher, wenn der Rechner regelmäßig kurze Spannungsimpulse generiert[30], die von der elektronischen Schaltung ausgewertet werden. Fehlen die Impulse, so wird die Rückfallebene aktiviert. Das *Erzeugen der Lebenssignale* ist daher als eine Funktion des Bordrechners im Modell dargestellt. Es handelt sich um eine typische Hintergrundfunktion, d. h., sie wird mit dem Hochfahren des Rechners automatisch aktiviert und erlischt nur

27. Andere Empfänger, wie etwa die allgemeine Notrufzentrale (112), könnten mit der Datennachricht nichts anfangen.
28. Bei manchen Digitalfunksystemen gibt es zusätzlich noch andere Möglichkeiten, die Kommunikation fernzusteuern.
29. Auf die detaillierte Modellierung solcher `DatenNachrichten` verzichten wir im ITVU-Modell. Man könnte so z. B. auch auswählen, ob die Zentrale zum Fahrer spricht oder über die Lautsprecher im Wageninnenraum zu den Fahrgästen.
30. Noch besser wäre ein Reiz-Reaktions-Schema, wobei der Rechner auf eine von der Schaltung ausgelöste Änderung an einem digitalen Eingang mit einer entsprechenden Änderung an einem digitalen Ausgang antwortet.

durch das Herunterfahren des Rechners oder durch ein Problem in der Software oder Hardware.

- Für das Auslösen der Sprachaufzeichnung gelten sinngemäß dieselben Überlegungen wie zuvor. Das Betätigen der Notfalltaste erzeugt nicht nur eine `NotfallNachricht`, sondern ruft auch eine Methode auf, die Mikrofonsignale aufzeichnet. Eine solche Methode könnte etwa `AudioRecorder`.*startenAufzeichnung* heißen. Den `AudioRecorder` sollte man sich dabei nicht als ein konkretes Gerät vorstellen, sondern als eine Softwarekomponente innerhalb des Bordrechners. — Aufzeichnung

---

Technik und Ergonomie

Bei der Fahrzeugausrüstung spielen technische und ergonomische Gesichtspunkte eine wichtige Rolle. Der Fokus dieses Buches liegt zwar in einem anderen Bereich, aber wir wollen zum Abschluss des Unterkapitels zumindest einzelne Punkte nennen:

- Erreichbarkeit und Energieverbrauch: Fahrzeuge sollen auch Daten empfangen und senden können, während die Zündung ausgeschaltet ist. Beispielsweise möchte man diese Zeiten für die Übertragung aktualisierter Fahrpläne und Tarifdaten nutzen, neue Softwareupdates aufspielen oder umfangreiche Medieninhalte für die Fahrgastunterhaltung übertragen. Wenn der Bordrechner jedoch einfach dauernd aktiv bleibt, entzieht er der Batterie einiges an Energie (man denke an die mehrtägige Außenabstellung von Fahrzeugen im Winter). Ein gut konzipierter *Sleepmode* (evtl. mit sporadischem Aufwachen) und eine passend eingestellte »Nachlaufzeit« nach dem Abstellen des Motors sorgen für bescheidenen Stromverbrauch und garantieren dennoch die Erreichbarkeit des Fahrzeugs.
- Helligkeitsanpassung: Ein Bildschirm am Fahrerarbeitsplatz muss in hellstem Sonnenlicht noch lesbar sein – aber er darf nachts nicht leuchten wie eine Taschenlampe. Fahrer wissen es zu schätzen, wenn sie aus mehreren Konfigurationen auswählen können, denn vieles ist hier eine Frage des individuellen Empfindens. Eine automatisierte allmähliche Anpassung in der Dämmerung und eine rasche Anpassung, wenn man tagsüber durch einen Tunnel fährt, sind gleichermaßen wünschenswert.
- Lautstärkeanpassung: Die Lautstärke bei Fahrgastansagen und bei der Freisprecheinrichtung des Fahrers sollte sich automatisch an die Fahrgeschwindigkeit – oder noch besser: an den aktuellen Lärmpegel im Fahrzeug – anpassen[31].
- Tasten oder Touch? Ob der Bildschirm des Fahrers berührungsempfindlich ist oder ob mechanische Tasten (haptische Kontrolle) für Eingaben verwendet werden, ist eine Frage persönlicher Präferenzen. Hier tut der Verkehrsbetrieb gut daran, bei der Beschaffung neuer Geräte für eine innerbetriebliche Willensbildung zu sorgen. Früher häufig geäußerte Bedenken gegenüber der Stabilität und Robustheit von Touchscreens sind heute nicht mehr begründet: Diese Technik ist inzwischen ausgereift und fahrzeugtauglich.

31. Manche Audiosysteme nutzen beispielsweise die Lautsprecher in Ruhepausen als Mikrofon und errechnen so einen mittleren Umgebungsgeräuschpegel.

4.9 Kommunikationsarchitektur im Fahrzeug

Vernetzung von Geräten im Fahrzeug

Bei den Erläuterungen zur Fahrgastzählung klang es bereits an: In einem ÖPV-Fahrzeug befinden sich mehrere Geräte, die miteinander zusammenarbeiten sollen. In Deutschland haben Verkehrsbetriebe und Systemlieferanten bereits sehr früh einen Standardisierungsvorschlag entwickelt, der als IBIS bezeichnet wird[32]. Die Abkürzung steht für »Integriertes Bord-Informations-System« und legt ein Kommunikationsprotokoll fest[33], das im deutschsprachigen Raum – und darüber hinaus – fest etabliert ist.

IBIS-Standard

IBIS zielte ursprünglich auf die Ansteuerung elektrischer Anzeiger für Fahrtziel und Liniennummer, auf Fahrscheinentwerter, Fahrscheindrucker und andere Peripheriegeräte im Fahrzeug. Diese Geräte waren damals relativ einfach gebaut und im Vergleich zum Bordrechner mehr oder weniger »passiv«. IBIS wurde daher als Single-Master-Protokoll konzipiert. Gemäß der damals verfügbaren Technik beschränkte man sich auf eine niedrige Übertragungsrate (1200 Baud). Da man eine hohe Robustheit anstrebte, verwendete man auf der elektrischen Ebene eine Stromschleife anstelle eines Spannungspegels. Spezielle Erweiterungen sorgten dafür, dass auch bei den manchmal etwas schwierigen elektrischen Verhältnissen in Straßenbahnen ein stabiler Betrieb möglich wurde, etwa zur Übertragung der Steuersignale zwischen den beiden Führerständen.

(TCP)/IP-Protokoll

Heute findet man neben IBIS eine Vielzahl weiterer Kommunikationsverbindungen[34] zwischen den Geräten in einem Fahrzeug. Fahrscheinentwerter sind z. B. über RS 485/422 oder über Ethernet erreichbar, teilweise sogar ohne Kabel (WLAN). USB und Videoverbindungen kommen vor, Bluetooth und manches andere mehr.

Der Trend geht in den letzten Jahren eindeutig zu IP-basierten Verbindungen. Auf den oberen Protokollebenen gibt es die üblichen Verfahren zum Datei- und Messagetransfer (telnet, ftp, http), zur Ressourcenbereitstellung (nfs) sowie zur Interprozesskommunikation (CORBA, SOAP). Oft haben Geräte in einem Fahrzeug zwar noch fest vergebene IP-Adressen, aber perspektivisch wird das Fahrzeug-LAN wohl auch DNS- und DHCP-Dienste besitzen.

Kommunikation nach außen

Ist heute noch oft der Bordrechner der einzige von außen erreichbare Anlaufpunkt, so zeichnet sich auch hier ein Wandel ab: Entweder bauen andere Geräte im Fahrzeug eigene Verbindungen auf, oder Router werden über kurz oder lang dafür sorgen, dass die Kommunikation zentral organisiert wird.

Skizze einer Kommunikationsarchitektur

Aus theoretischer Sicht wäre eine Architektur wünschenswert, bei der das Wissen um die jeweilige technische Erreichbarkeit eines Fahrzeugs zentral gebündelt und von den Kommunikationsbedürfnissen der einzelnen Anwendungen entkoppelt wird. Im Rahmen des Forschungsprojekts DISTEL wurde ein Konzept für eine

32. Die erste Publikation des VDV stammt von 1984.
33. Manche Systemlieferanten haben das Kürzel IBIS sogar in ihre Gerätebezeichnung übernommen.
34. Die nachfolgend verwendeten Abkürzungen sind im Anhang erläutert.

solche Komponente entwickelt. Wir skizzieren nachfolgend kurz die Idee und verweisen im Übrigen auf die VDV-Schrift 423, die auf der Basis des DISTEL-Abschlussberichts vollständig überarbeitet wird[35].

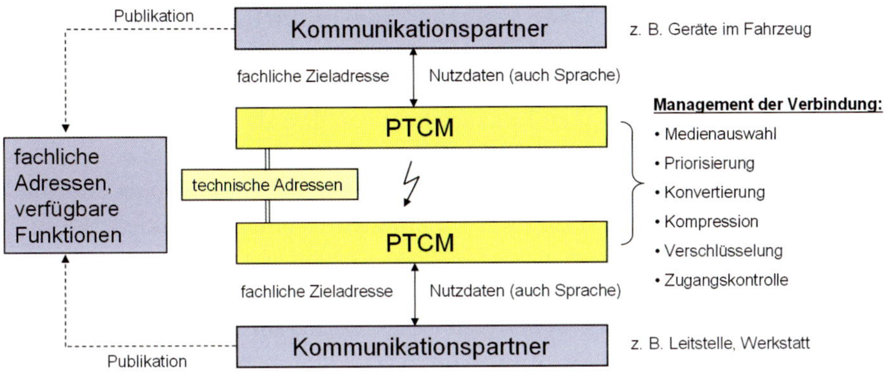

Abb. 4-6
Kommunikationsarchitektur

PTCM: PublicTransport-ComManager

Die einzelnen Systeme im Fahrzeug würden in einer solchen Architektur ihr Kommunikationsbedürfnis (Art der Kommunikation[36], Übertragungsvolumen, Dringlichkeit) einer gemeinsamen Kommunikationskomponente (»*PublicTransportComManager*« = PTCM) mitteilen. Der PTCM ermittelt den geeigneten Übertragungsweg und organisiert die eigentliche Übertragung. Er kennt z. B. den Standort von WLAN-Access-Points und weiß, wann das Fahrzeug am nächsten Punkt vorbeikommt. Daten, die nicht sofort übertragen werden müssen, puffert der PTCM bis zu diesem Moment. Er kennt die Reichweite von Funknetzen und stützt sich auf das jeweils am besten geeignete bzw. kostengünstigste Netz (GSM, TETRA); er arbeitet mit allen Sprachcodierern zusammen und beherrscht z. B. auch VoIP. Der PTCM weiß also nicht nur, wie man eine Sprachverbindung mit der Zentrale herstellt, sondern auch wie man eine Lichtsignalanlage ansprechen kann und wie man mit einer DFI-Anzeige Kontakt aufnimmt. Der PTCM könnte sogar laufende Verbindungen abbrechen, um eine Notrufnachricht bevorzugt zu übermitteln.

Umfassendes logisches Adressierungsschema

Wesentlicher Vorteil eines PTCM wäre, dass man ein einheitliches, abstraktes Adressierungsschema für alle Kommunikationspartner einführen könnte. Dieses Schema würde das komplette Spektrum umfassen, vom Nachbargerät innerhalb des *eigenen Fahrzeugs* über Kommunikationspartner in der *Zentrale* (Leitstelle, Rechnungswesen, Fahrzeugdisposition und in der *Fläche* (andere Fahrzeuge, DFI-Anzeigen, Ampelanlagen) bis hin zu *externen Partnern* (Fremdfahrzeuge, Werkstatt, Umweltmessstation). Zweckmäßigerweise würde man das Adressschema in Anlehnung an eine URI gestalten, so dass z. B. ein einzelner elektronischer Fahrscheinleser in einer Straßenbahn in Essen als »*ptcm://evag.de/Tram/Fz_4711/ Entwerter/3*« ansprechbar wäre.

35. Die ersten beiden Teile der überarbeiteten VDV423 haben (Stand Sommer 2011) das interne Review-Verfahren der VDV-Mitgliedsunternehmen durchlaufen und werden in Kürze veröffentlicht. Weitere Teile 3 bis 5 werden im Laufe 2011/12 folgen.

36. Also z. B. *Sprache* oder *Daten*

Physikalische Adressierung

Es wäre die Aufgabe des PTCM, eine solche logische Adresse in eine physikalische Adresse zu übersetzen. Steht die Straßenbahn gerade im Depot, so würde eine PTCM-Instanz in der Zentrale des Verkehrsunternehmens vermutlich eine WLAN-Verbindung zu dem Bordrechner des Fahrzeugs aufbauen und die dortige PTCM-Instanz bitten, eine Verbindung zum Entwerter Nummer 3 herzustellen. Setzt sich das Fahrzeug in Bewegung, so verständigen sich die beiden PTCM-Instanzen, auf eine Digitalfunkverbindung zu wechseln.

Remote Procedure Call

Das in DISTEL entwickelte Konzept sieht vor, dass der PTCM nicht einfach nur eine irgendwie geartete »Verbindung« herstellt, sondern dass er objektorientierte Kommunikation anbietet, also den Aufruf entfernter Methoden unterstützt. Dazu müssen die verfügbaren Methoden in einer abstrakten Notation syntaktisch präzise beschrieben werden. Liegt eine solche Notation vor, so könnte das Rechnungswesen in der Zentrale z. B. die Blacklist[37] eines Entwerters aktualisieren, indem es eine Nachricht an das Gerät *evag.de/Tram/Fz_4711/Entwerter/3* sendet und dabei mitteilt, dass die Funktion *AktualisierenBlacklist* aufgerufen werden soll. Als Bestandteil der Nachricht würden die Nummern der Chipkarten beigefügt, die seit der letzten Aktualisierung hinzugekommen sind.

Brücke zum ITVU-Modell

Dies bringt uns zurück zum ITVU-Modell: Die Methode `Entwerter`.*aktualisierenBlackList(Kartennummern)* ist Bestandteil unseres Modells. Der PTCM könnte eine Brücke schlagen zur technisch präzisen Signatur einer entsprechenden Interface-Methode. Und er könnte dafür sorgen, dass diese Methode von überall aus aufrufbar ist, indem er eine effiziente, serialisierte Form des Methodenaufrufs in standardisierter Form durch die Kommunikationsnetze schleust. Man müsste dazu lediglich bei der Definition eines Kommunikationsteilnehmers dessen Typ festlegen, etwa durch einen Verweis auf die entsprechende Klasse im ITVU-Modell. Bei passendem Aufbau der Adressen steckt dieser Verweis andeutungsweise sogar bereits im Namen: *evag.de/Tram/Fz_4711/Entwerter/3*.

4.10 Softwarearchitektur eines Bordrechners

Bildung von Schichten

Die Umsetzung eines Modells in ein Softwaresystem erfordert einen Bauplan, der verschiedene Komponenten definiert und deren Aufgabenteilung festlegt. Es existiert eine weitgehend allgemeingültige Vorstellung davon, welche Prinzipien dabei zu beachten sind. Typischerweise wird man eine *Schichtenarchitektur* antreffen, wie sie in Abbildung 4-7 dargestellt ist.

37. Die *Blacklist* enthält die Nummern von Chipkarten, die als verloren oder gestohlen gemeldet und deswegen gesperrt sind.

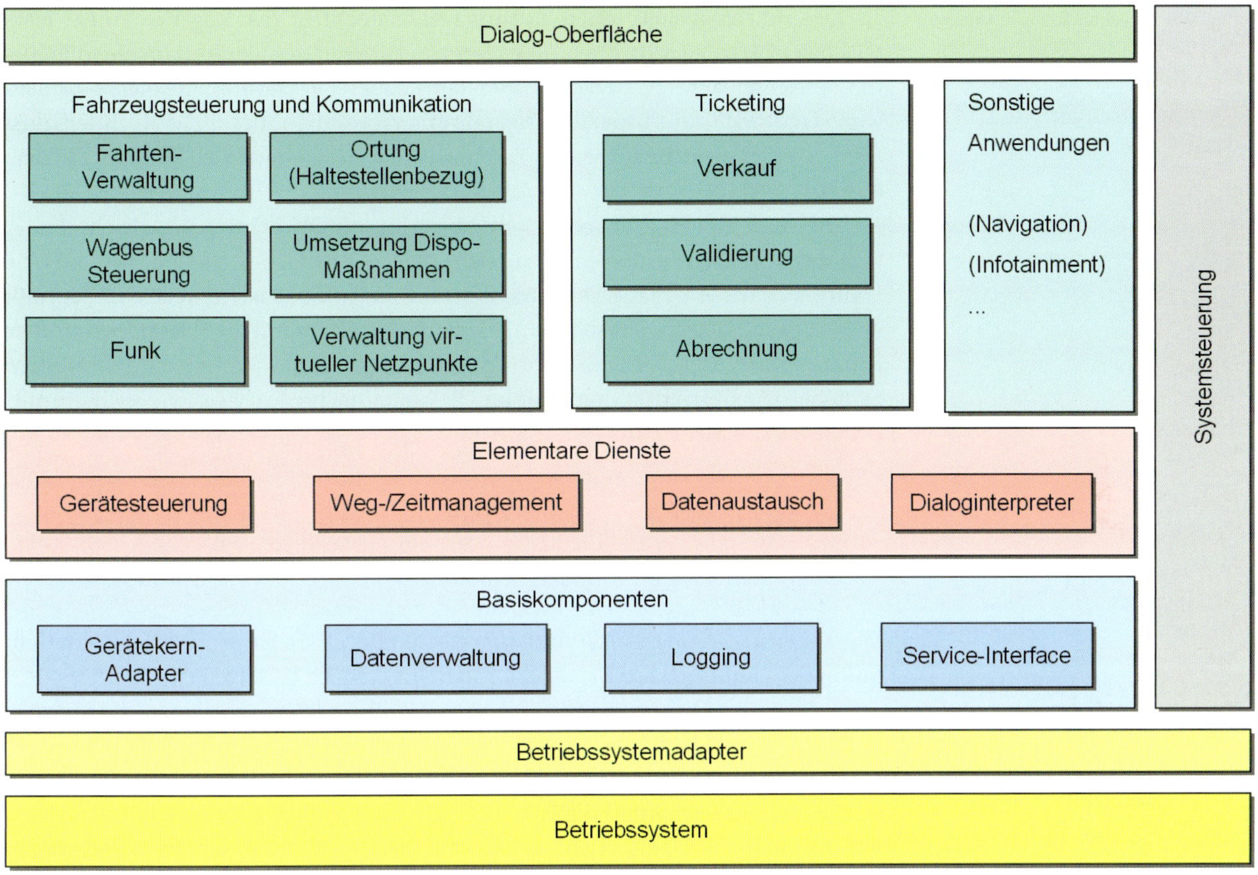

Abb. 4-7 Bordrechner – Schichtenarchitektur

Wir skizzieren kurz die Aufgaben der einzelnen Softwareschichten:

> Der **Betriebssystemadapter** vereinheitlicht elementare Aufrufschnittstellen über mehrere **Betriebssysteme** hinweg.

Taskmanagement

Bei der Entwicklung von Bordrechnern wird eine spezielle Windows-Variante für *embedded systems* oder Unix eingesetzt. Man benötigt insbesondere Funktionen zur Verwaltung und Priorisierung nebenläufiger Prozesse[38]. Im Zusammenhang mit der Ansteuerung mancher Funksysteme kommt es beispielsweise darauf an, zuverlässig innerhalb sehr kurzer Zeit (Millisekunden) zu reagieren.

Hardwareansteuerung

Bordrechner besitzen zusätzlich zu den üblichen Standardschnittstellen (Ethernet, RS232, USB usw.) auch digitale Ein- und Ausgänge, über die beispielsweise erkannt wird, ob die Zündung eingeschaltet ist oder ob die Tür geöffnet ist. Das Betriebssystem muss auf solche Interfaces hin speziell zugeschneidert werden.

38. In einem Bordrechner können durchaus 50 und mehr Tasks gleichzeitig aktiv sein.

Firmware-Update

Das Betriebssystem eines Bordrechners steckt in der Regel in einem elektrisch löschbaren Chip (Flash-Speicher) im Inneren des Geräts. Um einen Fehler im Betriebssystem zu beheben oder eine neuere Version einzuspielen (»Firmware-Upgrade«), sind spezielle Verfahren erforderlich, denn der Rechner muss ferngesteuert ohne Benutzereingriff quasi »den Ast austauschen können, auf dem er sitzt«.

Adapter

Die verwendeten Betriebssysteme bieten zwar im Prinzip die gleiche Funktionalität, jedoch unterscheiden sich ihre Aufrufschnittstellen syntaktisch. Damit sich diese Unterschiede nicht an den verschiedensten Stellen in der Software niederschlagen, kapselt man alle Betriebssystemaufrufe (Dateioperationen, Prozesserzeugung, Systemzeitabfragen, Portzugriffe usw.) durch eine zusätzliche Schicht, den **Betriebssystemadapter**. Er bietet nach oben hin eine vollkommen einheitliche Aufrufschnittstelle.

> Die **Systemsteuerung** startet alle Prozesse und sorgt für das Powermanagement.

Die Systemsteuerung startet und überwacht alle Tasks. Sie ermittelt die Konfiguration des Geräts und prüft, welche Nachbargeräte (z. B. Anzeigen) oder Ressourcen (z. B. Flash-Disks) ansprechbar sind. Sie übernimmt das Powermanagement (Nachlaufzeit, Sleepmode, Umschalten auf Notstromversorgung bei Spannungsverlust, geordnetes Herunterfahren des Bordrechners) und gibt das bereits erwähnte Lebenszeichen für die Fallback-Erkennung; bleibt es aus, so können Hardwaremechanismen eingreifen, um die Rückfallebene der Funkverbindung zu aktivieren und den Rechner neu zu starten (»Hardware-Watchdog«). Eine weitere Aufgabe der Systemsteuerung ist die Benutzerverwaltung (Fahreranmeldung). Wenn in einem Fahrzeug mehrere Bordrechner eingesetzt werden, so ist die Systemsteuerung für deren Zusammenspiel verantwortlich.

> Über dem Betriebssystem liegen allgemeine **Basiskomponenten**, die nichts mit der Fachlichkeit des ÖPV zu tun haben.

Gerätekern-Adapter

- Um spezielle Hardwarebausteine anzusteuern, die das Betriebssystem nicht kennt, benötigt man **Gerätekern-Adapter**. Sie erlauben den darüber liegenden Schichten beispielsweise den Zugriff auf den aktuellen Stand des Wegimpulszählers und bieten eine Reset-Operation für diesen Zähler an. Ein anderes Beispiel ist die Überwachung der Betriebsspannung: Damit der Bordrechner immer geordnet herunterfährt – auch wenn die Dauerplus-Leitung ausfällt, weil die Fahrzeugbatterie abgeklemmt wird –, besitzt er eine unterbrechungsfreie Stromversorgung (USV), die von einem entsprechenden Gerätekern-Adapter kontrolliert wird.

- Das **Datenhaltungssystem** organisiert den Zugriff auf Daten, wie z. B. Fahrpläne oder Tarifzonen, die der Bordrechner kennen muss. Heute setzt man normalerweise *indexbasierte Datenverwaltungskomponenten* ein. Echte Datenbanksysteme wären zwar komfortabler, verbrauchen jedoch mehr Ressourcen und bringen zahlreiche Fähigkeiten mit, die für die Anforderungen eines Bordrechners an die Datenhaltung nicht unbedingt gebraucht werden. Auch sind die Flashspeicher, die in Fahrzeugen aus Robustheitsgründen anstelle von Festplatten eingesetzt werden, mit den Speicherzugriffsstrategien von Datenbanken meist nicht gut vereinbar. Diese Situation mag sich jedoch in Zukunft ändern: Manche Anbieter von Datenbanksystemen zielen in letzter Zeit speziell auf den Markt der *embedded systems*.

Datenverwaltung

- Das **Logging**: Wenn auf einem Bordrechner ein technisches Problem auftritt, dann ist es oft extrem schwer, die genaue Ursache dafür zu finden. Gab es einen Fehler in der Datenversorgung? Hat die Software Fehler? Lag es an einer Hardwarekomponente? Lag es am Zusammenspiel mit anderen Geräten im Fahrzeug? Wenn ein Servicetechniker Stunden oder Tage später das defekte Gerät in der Hand hat, muss er wissen, in welcher Situation der Fehler aufgetreten ist. Das ist nur möglich, wenn während des Betriebs Hilfsdaten aufgezeichnet werden. Da dies den Rechner zusätzlich belastet (und man nicht zahllose irrelevante Logeinträge produzieren will), benötigt man ein differenziertes Konzept, um das Logging einzelner Softwarekomponenten ein- und auszuschalten.

Logging

- Treten in einem Bordrechner Probleme auf, so ist es am besten, wenn man live mitverfolgen kann, was auf dem Rechner passiert. Man kann allerdings unmöglich vom Fahrer erwarten, dass er während der Fahrt an der Fehlersuche mitwirkt. Dies bringt uns zur Notwendigkeit einer **Serviceschnittstelle**. Sie bietet die Möglichkeit, alle Kommandos auszuführen, die der Fahrer auslösen kann – aber auch noch wesentlich mehr (Servicefunktionen). Damit ein Softwareentwickler den Bordrechner im laufenden Betrieb überwachen kann, sollte das Service-Interface über eine Funkverbindung erreichbar sein. Ist allerdings das Funksystem selbst von der Störung betroffen, so bleibt manchmal nichts anderes übrig, als einen Laptop im fahrenden Fahrzeug an das Service-Interface anzuschließen.

Service-Interface

In der nächsten Schicht befinden sich **elementare Dienste**, die mit der Ansteuerung von Geräten, der Standortermittlung, dem Datenaustausch und der Dialogsteuerung zu tun haben.

- In der Architektur eines Bordrechners gibt es für jedes Peripheriegerät eine zugeordnete Softwarekomponente: die **Gerätesteuerung**. Sie bietet eine möglichst abstrakte Kommandoschnittstelle nach oben hin an und verbirgt nach unten die Unterschiede zwischen Gerätevarianten und Protokollen.

Gerätesteuerung

Einige Beispiele:

- Bei der Abwicklung des Sprechfunkverkehrs soll es irrelevant sein, welches Modem und welches Funkverfahren konkret zum Einsatz kommen: Der Aufbau eines Gesprächs passiert immer durch das gleiche Kommando.
- Eine Ortungskomponente soll den zurückgelegten Weg in Metern abfragen können, ohne sich mit der Umrechnung von Radumdrehungen zu befassen.
- Geokoordinaten sollen zur Verfügung stehen, ohne dass der Aufrufer sich mit der Syntax des (oft verwendeten) NMEA-Protokolls befassen muss.
- Man möchte viele verschiedene Kartenleser anschließen können, ohne dass der Aufrufer den genauen Typ des Lesers oder der Karte kennen muss.

- In der Praxis kann nicht jede Gerätesteuerung den gesamten Funktionsumfang bereitstellen, denn die Leistungsfähigkeit der Gerätevarianten unterscheidet sich erheblich: Über GSM ist beispielsweise kein Gruppenruf möglich, Magnetkarten sind weniger leistungsfähig als Chipkarten. Das Ziel aber bleibt, »höhere« Softwareschichten von den Eigenheiten der Gerätevielfalt zu befreien, indem man eine abstrakte Kommandoschnittstelle definiert. So können Softwarekomponenten in oberen Schichten unverändert bleiben, wenn »unten« eine andere Variante eines Peripheriegeräts angeschlossen wird.
- Weg-/Zeitmanagement — Es gibt viele Verfahren zur physikalischen Standortermittlung: Früher musste man sich ganz auf die »eindimensionale« Ortung verlassen, indem man die Radumdrehungen seit der letzten Haltestelle zählte. Später kamen Ortsbaken dazu, die an ganz bestimmten Stellen (z. B. an einer Ampel) montiert sind und beim Vorbeifahren erkannt werden. Heute dominiert die GPS-Ortung. Ein allgemeiner Ortungsdienst fasst die unterschiedlichen Möglichkeiten zusammen. Häufig wird er zu einem umfassenderen Weg-/Zeitdienst erweitert. Dieser bietet dann z. B. die Möglichkeit, Aufträge zur Ortsüberwachung anzunehmen. Wenn die Anwendungsschicht beispielsweise an einem bestimmten Punkt eine Sprachansage auslösen möchte, so kann sie diesen Dienst auffordern, ihr ein Signal zu geben, wenn ein vorgegebener Wegzählerstand erreicht wird oder ein bestimmter Zeitpunkt gekommen ist.
- Datenaustausch — Das Übertragen von Daten zu anderen Geräten innerhalb und außerhalb des Bordrechners erfordert nicht nur die Ermittlung des richtigen Adressaten und den technischen Verbindungsaufbau. Daten können in mehreren Versionen vorliegen, zwischen denen man umschalten muss; bei der Synchronisierung größerer Bestände ist ein Abgleich von Differenzen nötig. Es kann sein, dass Dateien portionsweise übertragen, komprimiert, verschlüsselt oder umformatiert werden müssen. Dies und manches andere erledigt die Datenaustauschkomponente. Sie wäre auch der Ort, an dem man das in Abschnitt 4.9 skizzierte Konzept eines *PublicTransportComManagers* ansiedeln würde.
- Dialoginterpreter — Manche Hersteller programmieren die Benutzeroberfläche (vgl. die oberste Schicht in Abb. 4-7) ihrer Geräte direkt durch Aufrufe einer GUI-Bibliothek. Andere benutzen einen **Dialoginterpreter**. Dieser kann einerseits GUI-Ele-

mente darstellen[39] und andererseits die Verknüpfung von Dialogschrittfolgen abwickeln. Da der Interpreter Beschreibungsdaten benutzt, die er zur Laufzeit auswertet, ist er selbst vollkommen unabhängig von der ÖPV-Fachlichkeit. Layoutänderungen erfordern nur den Austausch einer Steuerdatei und nicht die Installation einer veränderten Softwareversion. Nachteilig kann die langsamere Geschwindigkeit des Interpreter-Prinzips sein.

In der **Anwendungsschicht** wird die fachliche Logik realisiert. Die Anwendungsschicht korrespondiert am stärksten mit dem Domänenmodell.

In der Anwendungsschicht spiegelt sich das fachliche Modell. Idealerweise trifft man hier in der implementierten Software auf Klassen, die denselben Namen tragen wie im ITVU-Modell. Beziehungen sind als Attribute (oder get-Funktionen) abgebildet, deren Typ der Klasse am anderen Ende der Beziehung entspricht. Die Strukturierung der Anwendungsschicht lehnt sich an die Paketbildung des Branchenmodells an.

Ganz oben im Schichtenmodell befindet sich die **Benutzeroberfläche.**

Den Fahrer eines ÖPV-Fahrzeugs kann man nicht mit einer Standard-GUI-Oberfläche konfrontieren. Er hat keine Maus in der Hand, sondern ein Lenkrad. Ob er zur Eingabe einen Touchscreen nutzt oder doch mechanische Tasten bevorzugt, ist eine Geschmacksfrage – Anbieter von Bordrechnern tun gut daran, beide Varianten anzubieten und die Software so zu entwerfen, dass dieser Unterschied in der Bedienphilosophie an einer Stelle gekapselt ist.

Das Design von Benutzeroberflächen für den Fahrerarbeitsplatz ist anspruchsvoll und folgt ganz eigenen Regeln der Wahrnehmungspsychologie – auf die wir jedoch im Rahmen dieses Buches nicht weiter eingehen wollen. Wir beschränken unsere Darstellung auf eine Liste der Informationsinhalte, die dem Fahrer typischerweise angeboten werden: GUI-Inhalte

- Aktuelle Position relativ zum Fahrweg
- Fahrplanlage, oft als Farbcode dargestellt (vgl. Abschnitt 8.2)
- Im Regionalverkehr oder bei starker Fluktuation der Fahrer gelegentlich: geografischer Streckenverlauf/Navigationshilfe
- Datum/Uhrzeit, Funkstatusanzeige, Notrufstatus
- Sprechfunkbedienung
- Linie, Kurs, Umlaufnummer, Fahrtziel
- Türstatus, Rückfahrkamera
- Verkaufsdialog für Tickets, Anzeige von Tarifzahlgrenzen, Sperrung der Entwerter (»Razzia«)
- Erfassungsdialoge für Störmeldungen oder Schäden (Vandalismus, Unfall)

39. Dazu stützt er sich natürlich auch auf eine portable GUI-Bibliothek.

4.11 Hardware für Bordrechner

In diesem Buch geht es vor allem um Softwaresysteme. Doch gerade im Fall der Bordrechner lohnt sich ein kurzer Blick auf die Hardware (vgl. auch die nachfolgenden Abbildungen).

Robustheit

Damit ein Rechner fahrzeugtauglich ist, muss er sehr robust sein:

- Im 24-Volt-Bordnetz eines Fahrzeugs treten große Spannungsschwankungen und mitunter extreme Spannungsimpulse auf (150 Volt und mehr).
- Wenn ein Fahrzeug in der Sonne abgestellt wird, können im Einbaubereich des Rechners (z. B. hinter der Windschutzscheibe) Temperaturen von 70 Grad und mehr entstehen.
- Beim Betrieb in feucht-heißen Ländern muss man mit 100 % Luftfeuchtigkeit rechnen.
- Auch mitteleuropäische Straßen sind nicht immer perfekt asphaltiert (Kopfsteinpflaster) und Schienenfahrzeuge erfahren bisweilen erhebliche Stoßbelastungen. Erschütterungen können bei Fahrzeugrechnern daher sehr hohe Spitzenwerte erreichen und sind in geringerem Umfang ständig vorhanden. Bewegliche Bauteile wie Festplatten kommen nicht in Frage, Steckverbinder müssen äußerst robust sein.
- Je nach Fahrzeugtyp trifft man auf unterschiedliche Situationen für die Verkabelung. Man muss Antennenkabel für GPS, Funk und WLAN zum Rechner führen, es gibt diverse digitale I/O-Signale, Audioanschlüsse, LAN, den IBIS-Bus, die Stromversorgung u. v. a. m. Mitunter sieht der Hersteller ein eigenes »Compartment« für die Bordelektronik weiter hinten im Fahrzeug vor. Man muss dann Videosignale in den Fahrerbereich transportieren oder gar ein Konzept mit verteilten Rechnern entwickeln. Bei Zügen gibt es mitunter sogar drei Rechner: einen zentralen Steuerrechner und zwei »Hilfsrechner« in den beiden Führerständen/Triebköpfen. Die Kabelverbindung zwischen diesen Rechnern muss ggf. beim Kupplungsvorgang getrennt werden können; sie war zumindest in der Vergangenheit oft nur sehr schmalbandig.
- An die Lesbarkeit des Displays für den Fahrer werden sehr hohe Ansprüche gestellt: Es muss noch im hellsten Sonnenlicht gut erkennbar sein und darf nicht spiegeln. Oft kommen Spezialbauteile mit transflektiver Technik zum Einsatz, in letzter Zeit immer häufiger kombiniert mit Touchscreen-Fähigkeiten.
- Touch-Technologie als Bedienkonzept ist zwar ausgereift und erprobt, trotzdem nicht in allen Verkehrsunternehmen gleichermaßen beliebt, da die taktile Rückmeldung, die der Fahrer beim Drücken eines mechanischen Knopfes erhält, entfällt. Bei berührungsempfindlichen Bildschirmen muss er optisch kontrollieren oder an einem Quittungston erkennen, dass er »richtig getroffen« hat. Da die Bordrechner viele Echtzeitaufgaben parallel abwickeln und aus mancherlei Gründen oft mit sparsamen CPUs ausgestattet sind, muss man bei der Entwicklung der GUI für einen Touchscreen besonders auf Performance achten.

Zu all diesen technischen Argumenten kommt hinzu, dass die Ausrüstung einer Fahrzeugflotte mit Bordrechnern eine erhebliche Investition darstellt und Verkehrsbetriebe daher erwarten, dass der IT-Lieferant Software *und* Hardware für einen langen Einsatzzeitraum unterstützen wird.

Paketbildung: Hardware und Software

Aus all dem folgt, dass der »Fahrzeugrechner von der Stange« derzeit nicht existiert. Die IT-Anbieter entwickeln selbst oder in Partnerschaft mit Subunternehmen Hardwarelösungen, die dann im Verbund mit der eigenen Software angeboten und oft auch projektspezifisch konfiguriert werden. In seltenen Fällen – vor allem bei einem Generations- und Anbieterwechsel – kommt es vor, dass ein Verkehrsbetrieb die Software eines Herstellers an die Hardware eines anderen Anbieters anpassen lässt. Generell bevorzugen jedoch Lieferanten und Verkehrsbetriebe die Lösung aus einer Hand, da sie Verantwortung klarer abgrenzt und die Wartung vereinfacht.

Bordrechner und Zentrale

Ein Fahrzeugrechner agiert nicht nur autonom, sondern arbeitet fast immer auch mit einer zentralen Leitstelle zusammen (vgl. Kap. 8). Hier stellt sich erneut die Frage, ob es für einen Verkehrsbetrieb möglich oder ratsam ist, Produkte unterschiedlicher Hersteller zu kombinieren. Da die Protokollschnittstellen heute nicht streng standardisiert sind, ist eine freie Kombinierbarkeit noch eine Utopie. Allerdings gibt es durchaus Fälle, in denen verschiedene Hersteller über Protokollkonverter ein Zusammenspiel ermöglichen. Wachsen beispielsweise zwei Verkehrsbetriebe zu einem Verbund zusammen, so werden sie die Fahrzeugausrüstungen möglichst beibehalten wollen, jedoch eine gemeinsame Leitstelle betreiben. Mehr dazu an anderer Stelle.

Abb. 4-8 Beispiele für Bordrechner

5 Verkehrsnetz und Linien

Netz = Graph

Öffentlicher Verkehr setzt ein fest definiertes Netz aus Haltestellen und Verbindungswegen voraus. Aus mathematischer Sicht handelt es sich um einen *gerichteten Graphen*, d. h., jeder Verbindungsweg wird durch zwei Kanten repräsentiert – eine für die Hinfahrt und eine für die Gegenrichtung. Selbst zu einer eingleisigen Schienenverbindung gibt es zwei Kanten[1]. Die natürliche Abbildung eines Verkehrsnetzes besteht darin, Haltestellen als *Knoten* und Verbindungswege als *Kanten* des Graphen aufzufassen. Prinzipiell kann man jedoch auch die gegenteilige Darstellung wählen.[2]

Inkrementelle Netzplanung

In Deutschland und vielen anderen europäischen Ländern vollzieht sich Netzplanung heute nur noch inkrementell, d. h., man denkt beim Ändern und Erweitern des Verkehrsnetzes darüber nach, wie sich Fahrgastströme gegenüber dem bestehenden Netz verändern werden. Man baut auf Messungen der aktuellen Netzauslastung auf und besitzt aus früheren Netzänderungen Erfahrungen darüber, wie stark die Nachfrage der Fahrgäste auf gesteigerte Attraktivität (neue Strecken, dichtere Bedienungstakte) reagieren wird. Zur Unterstützung benutzt man Softwaresysteme, in denen für jede Region Daten zur Bevölkerungsdichte und Wirtschaftsstruktur hinterlegt sind.

Neuplanung

Eine besondere Herausforderung entsteht in den rasch wachsenden Metropolen außerhalb Europas, wenn systematischer ÖPV erstmals etabliert werden soll. Vielfach ist dort bisher üblich, dass private Unternehmer mit eigenen Bussen irgendwelche Routen befahren, die sich im Lauf der Zeit etabliert haben. Gehalten wird dort, wo ein Fahrgast am Straßenrand steht und winkt. Ein Fahrplan fehlt ganz oder gilt nur als ungefährer Anhaltspunkt. Kassiert wird sofort in bar, was für die Fahrer das Risiko mit sich bringt, überfallen zu werden.

Schienenverkehr

Der klassische Weg, die verstopften Straßen solcher Metropolen zu entlasten, besteht im Bau von Bahnstrecken, entweder als U-Bahnen oder als Hochbahnen. Wo es der Platz zulässt, verlegt man Schienen auch ebenerdig. In jedem Fall garantiert der abgetrennte Fahrweg feste, kurze Fahrzeiten. Bei der Planung von Schienenstrecken muss man die spätere Taktdichte bedenken; wenn in Randbezirken eingleisige Strecken gebaut werden, muss man eine ausreichende Zahl von Begegnungsstellen in regelmäßigen Abständen vorsehen. Hat man Fahrzeuge

1. Abgesehen von Ringlinien, die nur in einer Richtung befahren werden können.
2. In einigen Fällen gehen IT-Systeme tatsächlich so vor, d. h., sie operieren auf dem transformierten, »dualen Graphen«.

mit Zweirichtungsbetrieb, so spart man die Kosten für den Bau von Wendeschleifen. Bei gemischtem Fahrzeugpark muss später die Fahrplanung dafür sorgen, dass nur geeignete Fahrzeuge Strecken ohne Wendemöglichkeit befahren. Die Gestaltung von Einstiegsstellen hängt ebenfalls vom Fahrzeugtyp ab, wie etwa bei Hoch- bzw. Niederflurwagen.

Rapid-Bus-Systeme

Bestimmte Schnellbussysteme (»Bus Rapid Transit«), die ihre Wurzeln in Lateinamerika haben, sind fast wie ein Schienensystem konzipiert: Die Busspuren liegen in der Straßenmitte und sind von der normalen Fahrbahn abgetrennt. Die Einstiegstüren der entsprechenden Fahrzeuge sind links, denn die Fahrgäste steigen von einer erhöhten Verkehrsinsel aus zu, die in der Mitte zwischen den beiden Spuren liegt. Der Vorteil solcher Systeme liegt darin, dass sie geringere Investitionen erfordern als U- oder S-Bahnen.

Abb. 5-1
Transmilenio Bussystem in Bogotá (Kolumbien)

Mischbetrieb

Kann man in manchen Gegenden der Erde völlig neu planen, so ist man in Ländern mit langer ÖPV-Tradition oft mit einer Vielfalt an Normen und Systemen konfrontiert. Soll beispielsweise ein Straßenbahnnetz ausgeweitet werden, so will man manchmal auch Teilstrecken des Eisenbahnnetzes mitnutzen. Dazu müssen die Fahrzeuge allerdings EBO-tauglich sein, also der Eisenbahn-Betriebsordnung entsprechen. Schiene ist nicht gleich Schiene: Hat man gleichzeitig ältere, abgenutzte Schienenprofile im Straßenbereich liegen, die nicht von der Autostraße getrennt sind, so kann es sein, dass die Profiltiefe solcher Schienen für die EBO-tauglichen Fahrzeuge nicht ausreicht und erhöhter Spurkranzverschleiß an den Rädern droht. Aus technischen Eigenheiten des Netzes ergeben sich so Einsatzbeschränkungen für Fahrzeuge, die bei der Fahr- und Umlaufplanung (Abschnitte 6.3 und 6.4) zu berücksichtigen sind.

Ausstattung von Haltestellen

Haltestellen sind sehr vielfältig ausgestattet. Die Existenz von Papierkörben, Beleuchtung, Sitzgelegenheiten, Witterungsschutz oder Vitrinen ist für die Planung und Abwicklung der eigentlichen Beförderungsleistung zwar kaum relevant. Doch Sauberkeit und Komfort gehören zum Service eines Verkehrssystems; sie enden nicht an der Fahrzeugtüre. Zudem können aus Werbeflächen oder aus der Vermietung von Verkaufsflächen zusätzliche Einnahmen entstehen. Technische Anlagen an Haltestellen wie etwa elektrische Anzeigen, Lautsprecheranlagen, Rolltreppen oder Fahrstühle müssen überwacht und regelmäßig gewartet werden; eine genaue Fahrplanauskunft, etwa zur behindertengerechten Ausstattung, muss entsprechende Informationen bieten können. Es gibt IT-Systeme, die auf die Verwaltung solcher Anlagen spezialisiert sind.[3]

Einzelfahrten, Züge

Das Netz ist die Grundlage für die Definition des Verkehrsangebots. Um eine einzelne Fahrt festzulegen, listet man die Folge der durchfahrenen Netzpunkte auf und gibt dazu Planzeiten an. Man benennt bei diesem Vorgehen, das vor allem im Fern- und Regionalverkehr üblich ist, jede `Fahrt` individuell und ordnet ihr ein zeitliches Wiederholungsmuster auf Tagesebene zu – wie etwa bei den beiden Zugnummern im folgenden Beispiel. Fahrten, die so definiert sind, stehen vollkommen unabhängig nebeneinander. Wenn ein Fahrzeug am Zielbahnhof umkehrt und exakt dieselbe Strecke wieder zurückfährt, so erhält die Rückfahrt eine neue, ganz andere Identifikation. Stimmt bei zwei Fahrten die Haltestellenfolge teilweise überein, so wird man sich bei der Planung bemühen, sie zeitlich miteinander zu verzahnen, d.h., man legt die Abfahrtszeiten (im Beispiel ein 2-Stunden-Takt) an den Endpunkten so fest, dass das gemeinsame Mittelstück möglichst regelmäßig bedient wird:

	IC 2872 *)		IC 74 **)
---		Zürich	10:02
Stuttgart	11:27	│	
│		Freiburg	11:49
Mannheim	12:06	│	
│		Karlsruhe	12:51
Frankfurt	**12:58**	**Frankfurt**	**13:58**
Kassel	**14:22**	**Kassel**	**15:22**
Göttingen	**14:43**	**Göttingen**	**15:43**
Hannover	**15:20**	**Hannover**	**16:20**
Hamburg	**16:52**	**Hamburg**	**17:54**
---		Kiel	19:02

*) Mo–Sa, nicht Nov 15–19

**) täglich, nicht Okt 17, 26–30, Nov 2–5, 15–19

Abb. 5-2
Beispiel für verzahnte Fahrten mit gleichen Teilstrecken

Linie

Verkehren innerhalb eines Tages immer wieder Fahrzeuge auf derselben Route in dichtem Takt, so verliert die Identifikation der einzelnen Fahrt an Bedeutung. Stattdessen tritt der *Fahrweg* in den Vordergrund – man erhebt ihn zur »Linie« und ordnet dieser eine eigenständige Identifikation zu, die beide Fahrtrichtungen umfasst. Dieses Vorgehen ist im Stadtverkehr die Regel und kommt auch im Re-

3. In diesem Buch betrachten wir derartige IT-Systeme nicht näher.

gionalverkehr vor. Es hat u. a. den Vorteil, dass Fahrgäste mit räumlicher Kenntnis vermuten können, wo eine Linie vorbeikommt, auch wenn sie nicht jede Haltestelle einzeln kennen.

Linienvarianten

Im Standardfall legt man für eine `Linie` je einen `Fahrweg` für beide Verkehrsrichtungen fest. Man kann auch weitere Fahrwege definieren, in denen zusätzliche oder alternative Haltestellen aufgeführt sind. Der Fachmann bezeichnet alle Fahrwege einer Linie als *Linienvarianten;* dieser Begriff wird auch im Datenmodell des VDV verwendet. In unserem Modell bevorzugen wir jedoch den Begriff des *Fahrwegs*, da er anschaulicher ist. Bei aller Variantenbildung muss das Schema einer Linie so einfach bleiben, dass man es dem Fahrgast noch vermitteln kann. In unserem Beispiel mit den beiden IC-Zügen könnte man eine »Linie 13« einführen und die Streckengabelung in Frankfurt durch unterschiedliche Fahrwege abbilden.

Linie oder einzelne Fahrten?

Etwas problematisch dabei wäre, dass die Definition der Verkehrstage nicht übereinstimmt (vgl. die Fußnoten im Beispiel). Wichtiger aber noch ist die Frage, ob sich ein solcher Linienbegriff überhaupt durchsetzen könnte, denn Großstädte sind sehr prominente Haltestellen, die man einzeln kennt und die trotz immer schnellerer Züge zeitlich relativ weit voneinander entfernt sind[4]. Die Linie hat dort ihre Stärke und Berechtigung, wo Haltestellen sehr dicht liegen, häufig befahren werden und namentlich nicht sehr prominent sind. IT-Systeme zur Netz und Fahrplanung benötigen das Konzept der Linie unbedingt, sie müssen aber auch über die Fähigkeit verfügen, es dort in den Hintergrund treten zu lassen, wo es fachlich wenig angemessen erscheint.

Definition von Linien

Im Umland von Städten hat man oft S-Bahn-Linien, die sternförmig angeordnet sind (Abb. 5-3).

Abb. 5-3
Linienbildung bei sternförmiger Verkehrsnachfrage

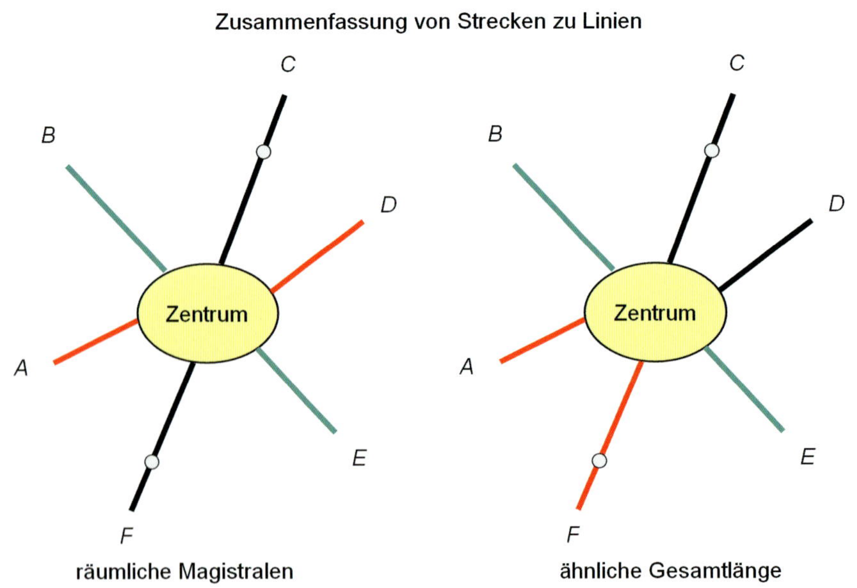

4. Das heißt, eine nennenswerte Zahl von Fahrgästen fährt nur eine oder zwei Haltestellen weit. Für derartige Fahrgäste ist der Begriff der *Linie* wenig relevant.

Zusammenfassung von Strecken

Typischerweise gibt es eine hohe Verkehrsnachfrage entlang der Strahlen. Die meisten Fahrgastfahrten beginnen oder enden in Zentrumsnähe, d. h., der Verkehrsstrom von A über das Zentrum nach B, C, D, E, F ist annähernd gleich verteilt und im Vergleich zum Strom von A zum Zentrum relativ dünn. Fahrgäste, die von einem Strahl zum anderen wollen, rechnen damit, im Zentrum umsteigen zu müssen. In Deutschland ist es üblich, geografisch gegenüberliegende Strahlen zu einer Linie zusammenzufassen (Linie 1 von A nach D, Linie 2 von B nach E usw.). Man könnte die Art der Zusammenfassung auch an Gesichtspunkten der Umlaufbildung ausrichten. Beispielsweise könnte man die Strahlen so kombinieren, dass sie mit dem Grundtakt des Verbundsystems gut harmonieren, d. h., die Summe aus der Fahrzeit auf beiden Strahlen und einer ausreichenden Wendezeit sollte ein Vielfaches vom Takt betragen (rechte Bildhälfte in Abb. 5-3). Doch können sich Strecken im Lauf der Zeit ändern, ebenso wie Fahrgeschwindigkeiten oder die Vorstellung darüber, wie groß die ideale Wendezeit sein soll (vgl. Abschnitt 6.4 zur Funktion der Wendezeit). Außerdem wird das Angebot zu bestimmten Tageszeiten nach außen hin verdünnt, d. h., manche Fahrzeuge fahren gar nicht bis zu den Endhaltestellen[5].

Separate Linien je Strahl

Andere Länder verwenden ein System, bei dem jeder Strahl eine eigene Linie darstellt, die im Zentrum endet. So behalten sie mehr Dispositionsspielraum für die Umlaufplanung. Beispielsweise können sie Züge unterschiedlicher Länge nach dem Durchfahren des Zentrums immer dorthin fahren lassen, wo das Fahrgastaufkommen höher ist. Das Springen der Fahrzeuge zwischen den Linien kann bei diesem System untertags situationsbedingt wechseln.

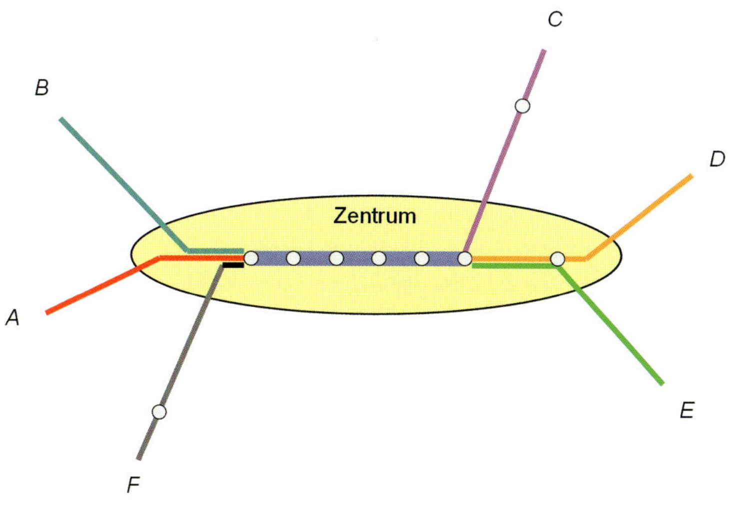

Abb. 5-4
Stammstrecke

Stammstrecke

Ein reiner Pendelverkehr zwischen Zentrum und Endhaltestellen ist allerdings unzweckmäßig, denn das »Zentrum« ist nur selten ein einziger Punkt; vielmehr gibt es einen Teil des Netzes, auf dem mehrere Linien parallel verlaufen (Abb. 5-4: blau gekennzeichnete »Stammstrecke«). Außerdem wäre ein zentraler Wende-

5. Im Bild durch kleine Kreise auf den langen Strahlen in N/S-Richtung angedeutet.

punkt zumindest bei Schienenfahrzeugen wegen der höheren Gleisbelegungsdauer für die Wendevorgänge problematisch.

Fahrgastkomfort

Fahrgäste wollen, egal von welchem Ast sie kommen, möglichst in ihrem Fahrzeug sitzen bleiben, sofern ihr Ziel irgendwo innerhalb der Stammstrecke liegt. Die Zugzielanzeiger müssen rechtzeitig anzeigen, in welche andere Linie sich ein Zug »verwandeln wird«, nachdem er das Zentrum erreicht hat. Moderne Technik macht dies problemlos möglich. Die Frage bei der Konzeption eines Liniennetzes ist eher, welche Art der Definition für die Fahrgäste leichter zu erfassen ist. Aus betrieblicher Sicht schafft die Aufteilung der Strahlen in einzelne Linien jedenfalls *zusätzliches Potenzial für Umlaufoptimierungen*, weil die Kombination der Äste von der Fahrplanung in die Umlaufplanung verlagert wird und bei Bedarf sogar untertags angepasst werden kann.

Investor, Betreiber, Benutzer von Netzen

Wer baut und betreibt das Netz? Die Antwort auf diese Frage ist nicht einheitlich, sie hängt von der Region ab und unterliegt dem zeitlichen Wandel. Oft hat das staatliche Gemeinwesen (Zentralstaat, Land, Kommune) die Rolle des Investors, für den Straßenbau wie auch für Schienenwege. Immer häufiger ist es üblich, dass der *Betrieb von Schienennetzen* und auch die Investition in Erweiterungen an eine rechtlich und wirtschaftlich selbstständige Einheit übertragen werden. Mit *Betrieb* ist hierbei nicht das Befahren der Strecken gemeint, sondern die Verwaltung und Vergabe von Rechten, die Strecken zu bestimmten Zeiten zu benutzen[6]. Europäische Richtlinien fordern seit einiger Zeit sogar explizit die Trennung zwischen *Betrieb* und *Benutzung* von Schienennetzen, um den Wettbewerb zu fördern. Historisch lagen beide Aufgaben oft in einer Hand bei staatlichen Monopolunternehmen. Heute betreibt beispielsweise in Deutschland die *DB Netz AG* das deutsche Fern- und Regionalschienennetz. Eine staatliche Agentur[7] hat den Auftrag, die Fairness und Transparenz bei der Vergabe von Trassen zu überwachen. *Benutzt* wird dieses Netz von mehreren verschiedenen Verkehrsunternehmen – die *Deutsche Bahn AG* ist zwar immer noch der wichtigste Nutzer, aber längst nicht mehr der einzige.

Großprojekte

Wer legt fest, wie das Netz weiterentwickelt und wie intensiv es genutzt werden soll? Investitionen in Verkehrsnetze sind langfristig, teuer und unterliegen praktisch in allen Ländern der politischen Willensbildung. Wegen ihrer strategischen Bedeutung werden sie manchmal sogar zur Chefsache erklärt[8]. Die Wirtschaftlichkeitsrechnung für Großinvestitionen hängt von vielen Annahmen ab und ist daher mitunter umstritten. Im Herbst 2010 hat die öffentliche Auseinandersetzung um »Stuttgart 21« dazu geführt, dass Kosten-Nutzen-Überlegungen in einer bis dahin nicht gekannten Detailtiefe vor einem Millionenpublikum im Fernsehen erörtert wurden.

Besteller und Betreiber

Abstimmzyklen

Sieht man von spektakulären Großprojekten ab, so spielt sich meist eine jährliche Abstimmrunde zwischen Politik und Verkehrsunternehmen ein[9]. Die

6. Der Fachmann spricht hier von »Trassen«.
7. Bundesnetzagentur für Elektrizität, Gas, Telekommunikation, Post und Eisenbahnen
8. Dies gilt für Großvorhaben in China, Russland oder Südamerika, aber genauso auch für umstrittene Erweiterungen des deutschen Bahnnetzes.
9. Netzänderungen werden häufig zeitlich mit dem jährlichen »großen Fahrplanwechsel« synchronisiert.

Verkehrsunternehmen können Ideen zur Netzoptimierung aus ihrer täglichen Erfahrung heraus einbringen, die großen Weichen werden jedoch von einer öffentlichen Organisation gestellt, die als *Auftraggeber (»Besteller«)* und oft auch als *finanzieller Zuschussgeber* fungiert. Im Ergebnis werden Rahmenverträge geschlossen, die nicht nur das *Netz* festlegen (wo findet überhaupt Verkehr statt?), sondern auch Vorgaben zur *Bedienart* (Schiene, Straße, Expresslinien, Schülerverkehr), zur *Kapazität* und zur *Art der Bedienung* (Tageszeiten, Taktdichte, Anschlüsse) machen. Letztere ergibt sich in dicht besiedelten Gebieten automatisch aus der Notwendigkeit, das Passagieraufkommen zu bewältigen. In Randzeiten und vor allem in strukturschwachen Regionen ist es jedoch immer eine politische Entscheidung, wie groß das Angebot sein soll, denn bei isolierter Betrachtung von direkten Kosten und Erlösen sind viele Verkehrsangebote auf solchen Strecken vollkommen unwirtschaftlich.

5.1 Modellierung des Netzes in IT-Systemen

Wir stellen den relevanten Ausschnitt des ITVU-Modells vor und betrachten dabei im Vorgriff auf Kapitel 6 auch die Dynamik der Netzbenutzung, die sich im `Fahrweg` und vor allem in den `Fahrten` niederschlägt. Wir beginnen mit dem Netz, also mit unterschiedlichen Arten von Knoten und Kanten eines Graphen (Abb. 5-5).

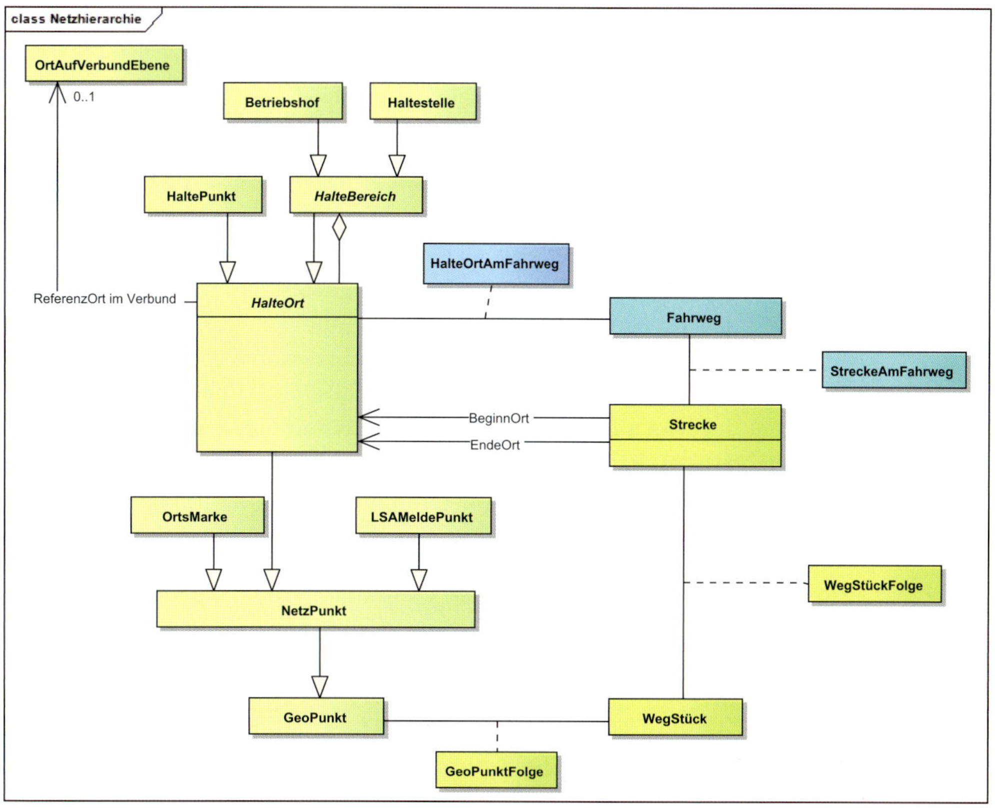

Abb. 5-5
Hierarchie von Knoten und Kanten im Netzgraph

Netzgraph

Die linke Seite von Abbildung 5-5 zeigt die Vererbungshierarchie der Knoten, rechts sieht man parallel dazu, wie im Modell Kanten auf unterschiedlichen Abstraktionsebenen abgebildet werden.

Knoten

- Objekte der Klasse `GeoPunkt` repräsentieren geografische Punkte mit *x/y/z-Koordinaten* und *GeschossEbene* als Attribut. Alle anderen Klassen zur Beschreibung von Orten[10] sind vom `GeoPunkt` abgeleitet, darunter insbesondere die `HalteOrte`. Aus der Sicht des Fahrplans halten Fahrzeuge nur an `HalteOrten` – unbeschadet irgendwelcher technisch bedingter Haltevorgänge an Signalen oder Ampeln.

Orte auf Verbundebene

- Jedes Verkehrsunternehmen ist frei bei der technischen Identifikation seiner `HalteOrte`. Damit Anschlüsse zu anderen Unternehmen hergestellt werden können und eine übergreifende Fahrplanauskunft möglich ist, wird den `HalteOrten` eine Referenz zugeordnet, die auch extern gültig ist und stabil bleibt: der `OrtAufVerbundEbene`. Im Bahnbereich gibt es dazu einen bestimmten UIC-Code, ansonsten wirken die Verkehrsverbünde normierend (vgl. Abschnitt 6.3.4).

Haltestellen

- Über das Composite Pattern werden `HalteOrte` zu `HalteBereichen` zusammengefasst. `Haltestellen` sind `HalteBereiche` für den Fahrgastverkehr; einfache `Haltestellen` bestehen aus zwei richtungsbezogenen `HaltePunkten`, komplexe `Haltestellen`, wie große Bahnhöfe, können viele `HaltePunkte` umfassen oder sogar aus mehreren `HalteBereichen` zusammengesetzt sein. Zu einer Haltestelle können auch *technische Betriebspunkte* gehören – man denke etwa an den Ort, an dem ein Bus an der Endhaltestelle steht, während der Fahrer Pause macht. Manche Planungssysteme legen per Konvention fest, dass interne Fahrten nur zwischen solchen Betriebspunkten definiert werden können; der (meist sehr kurze) Weg vom Betriebspunkt zum nächsten `HaltePunkt` für den Fahrgastbetrieb kommt dann noch als Endstück dazu. Haltestellen, die einen Betriebspunkt besitzen, werden manchmal als *Brechpunkte* bezeichnet, da sie bei der Umlaufbildung dazu benutzt werden können, das natürliche Pendeln von Fahrzeugen entlang einer Linie »aufzubrechen«. Die technische Identifikation einer Haltestelle ist nicht an ihren Namen gekoppelt. Namen sind mit zeitlicher Gültigkeit versehen, so dass bei Umbenennungen von Straßen die Bezüge nicht verloren gehen.

Betriebshöfe

- Auch `Betriebshöfe` sind im Sinne des Modells `HalteBereiche`; sie können pauschal oder auch sehr detailliert abgebildet werden, bis hin zum exakten Gleisplan (vgl. Abb. 7-9, S. 227) innerhalb des Betriebsgeländes. Die `HaltePunkte` innerhalb eines Betriebshofs sind Abstellplätze für Fahrzeuge, Waschanlagen oder Tankstellen.

10. Die Attribute dieser Klassen sind durch den jeweiligen Zweck geprägt, bei *Lichtsignalanlagen* (`LSAMeldePunkt`) findet man beispielsweise Angaben zum Procedere der An- und Abmeldung; bei *Funksendern* stehen Frequenzbänder, *Gemeindezugehörigkeiten* spielen für die Tarifrechnung eine Rolle, *Ablösebereiche* und *Pausengebiete* sind für die Dienstplanung wichtig, *Richtungswechselpunkte* beschreiben Orte, an denen Fahrzeuge die Fahrtrichtung wechseln, usw.

- Wenn man zwei oder mehr `GeoPunkte` miteinander verkettet (`GeoPunkt-Folge`), so entsteht eine Kante im Netzgraph, nämlich das `WegStück`. Das `WegStück` dient dazu, den exakten geografischen Verlauf einer durchfahrenen Teilstrecke zu beschreiben. Wiederholt man das Prinzip, indem man `WegStückFolgen` bildet, so gelangt man zu `Strecken`, also zu gerichteten Verbindungen zwischen `HalteOrten`. Der Vorteil dieser Zweistufigkeit bei der Definition liegt darin, dass man die Geometrie des Streckennetzes redundanzfrei abbilden kann, auch wenn es *Streckengabelungen* gibt (Abb. 5-6, violett gekennzeichnete Weiche). Die technische Länge einer `Strecke` ergibt sich aus der Summe der Längen ihrer `WegStücke`. Für die Ermittlung und die Abrechnung erbrachter Verkehrsleistungen gilt gelegentlich eine andere, »kaufmännische« Länge, die daher zusätzlich als direktes Attribut der Strecke vermerkt wird. Kanten

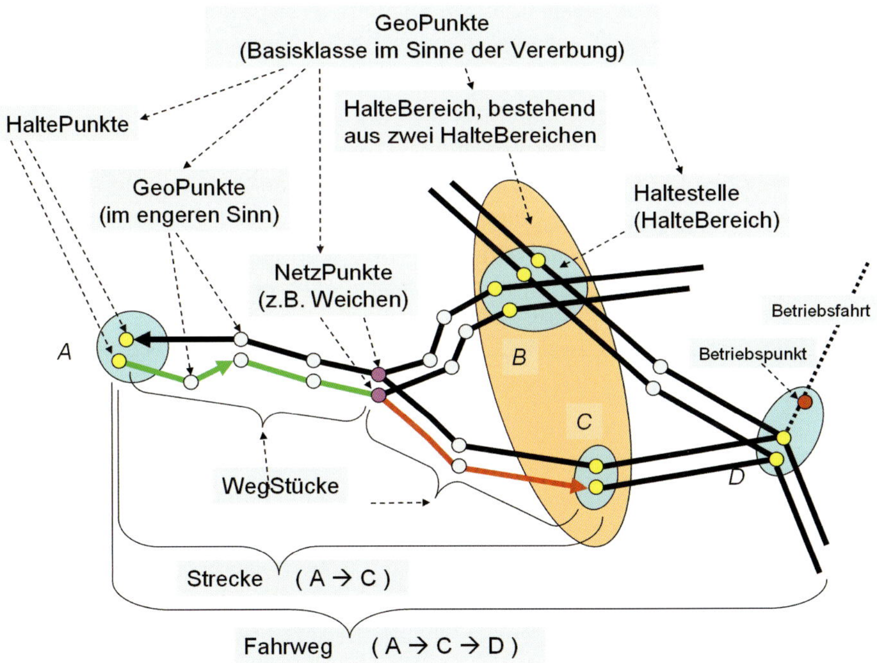

Abb. 5-6
Strecken und Wegstücke

- In der Terminologie von Bahnunternehmen wird der Begriff der Strecke ganz anders verwendet. Dort dient eine *Strecke* als übergreifendes Ordnungsprinzip: Sie hat einen Nullpunkt und eine fortlaufende Kilometerzählung bis zu ihrem Endpunkt. Entlang der Strecke können sich Bahnanlagen aller Art befinden (Bahnhöfe, Begegnungsstellen, Blockstellen, Abzweigstellen, Überleitstellen, Anschlussstellen usw.). Im ITVU-Modell ist eine `Strecke` hingegen wie beschrieben eine elementare Verbindung zwischen zwei `HalteOrten`. Begriff: Strecke
- Im ITVU-Modell ordnen die `Linien` bzw. deren Varianten (die `Fahrwege`) Netzpunkte so an, wie sie durchfahren werden, d.h., eine Sequenz von Strecken (`StreckeAmFahrweg`) bildet einen `Fahrweg`. Häufig werden Fahrwege als Verbindungskanten zwischen `Haltestellen` interpretiert, etwa wenn ein Fahrgast die »Haltestellenfolge« einer Linie studiert. Bei einer einfachen Fahr- Fahrweg

planauskunft werden Abfahrtszeiten pauschal der jeweiligen Haltestelle zugeordnet; bei genauer Auskunft wird jedoch auch das Gleis angegeben und eine Abschätzung des Zeitbedarfs für Umsteigevorgänge vorgenommen. Damit dies gelingt, muss der Fahrweg im IT-System exakt abgebildet sein. `Strecken` und `Fahrwege` werden daher in der Regel auf `HaltePunkte` bezogen und nicht nur pauschal auf `HalteBereiche`. Das Modell erzwingt dies jedoch nicht, denn in manchen Fällen kann man auch mit geringerer Genauigkeit leben – man denke etwa an eine grobe Planung, die im Rahmen einer Ausschreibung erstellt wird, wenn sich ein Verkehrsunternehmen um eine Lizenz bewirbt.

`HalteOrtAmFahrweg`

- Das ITVU-Modell definiert einen `Fahrweg` sowohl durch die Streckenfolge (`StreckeAmFahrweg`) als auch durch die Haltestellenfolge (`HalteOrteAmFahrweg`). Dies wirkt auf den ersten Blick überflüssig, denn die Folge der `HalteOrte` ergibt sich zweifelsfrei aus der Folge der `Strecken`[11]. Der `HalteOrtAmFahrweg` ist als eigene Klasse modelliert, da es bestimmte Attribute gibt, die man dem *HalteOrt in Verbindung mit einem ganz bestimmten Fahrweg* zuordnen möchte, dies betrifft beispielsweise Ablösevorgänge (Abschnitt 6.6.1) oder Veröffentlichungsverbote[12]. Wegen der inneren Abhängigkeit zwischen `Strecken` und `HalteOrten` müssen IT-Systeme strenge Konsistenzbedingungen zwischen `StreckenAmFahrweg` und `HalteOrtenAmFahrweg` beachten.

Einsatzbeschränkung für Fahrzeuge

- Manchmal ergeben sich aus der Geografie eines Netzes Einschränkungen für den Einsatz bestimmter Fahrzeugtypen (Brückenhöhen, Kurvenradien, Gleisbelastbarkeit). Bei der Definition von `HalteOrten` und `Strecken` muss man daher angeben können, welche Fahrzeugtypen jeweils zulässig sind. Besondere Restriktionen sind bei eingleisigen Schienensträngen zu beachten: Von den beiden zugehörigen, richtungsbezogenen `Strecken` darf zu jedem Zeitpunkt immer nur eine einzige benutzt werden. Damit IT-Systeme dies bei der Fahrplanung überprüfen können, verknüpft man die beiden Strecken durch ein *Begegnungsverbot*. Fahren zwei Fahrzeuge hintereinander auf demselben Gleis, so muss ein Mindestabstand eingehalten werden. Sogar bei zwei parallel liegenden Gleisen gibt es Einschränkungen (Überholverbot, Begegnungsverbote im Bereich von Weichen oder Tunnels). Wir haben all diese Aspekte im ITVU-Modell weggelassen; entsprechende Beziehungen zwischen `Strecken` oder zum `TM-TypPlanung` könnten jedoch leicht ergänzt werden.

11. Umgekehrt gilt dies nicht, denn zwischen denselben `HalteOrten` kann es bei gleicher Fahrtrichtung mehr als eine Strecke geben (alternative Wege, Umleitungen).
12. Veröffentlichungsverbote bewirken, dass ein `HalteOrt` bei einer Fahrplanauskunft nur als Einstieg, nur als Ausstieg oder gar nicht erscheint.

Für die nachfolgenden Erläuterungen beziehen wir weitere Klassen ein; die optische Anordnung ist dabei leicht verändert (Abb. 5-7).

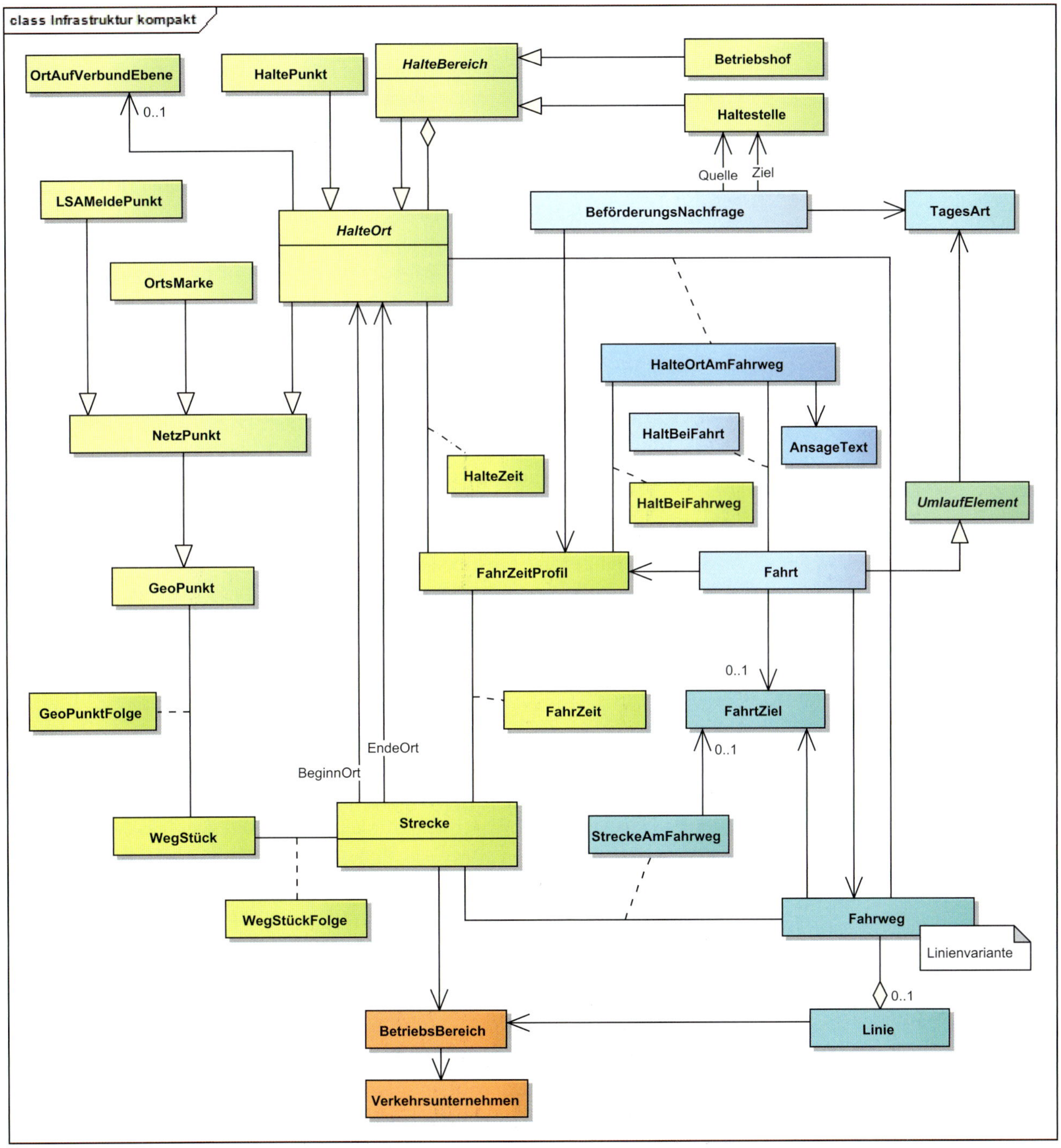

Abb. 5-7 ITVU-Modell: Netz und Linien

Fahrzeitprofile

- Fahrzeiten sind nicht konstant: Sie unterliegen zufälligen und systematischen Schwankungen. Die Fahrplanung kann natürlich nur systematische Schwankungen berücksichtigen, die erfahrungsgemäß durch tageszeitbedingte Stausituationen im Straßenverkehr auftreten. Auch im Schienenverkehr gibt es vorhersehbare Situationen, in denen Fahrzeiten variieren – etwa als Folge von Baumaßnahmen am Gleiskörper. Das ITVU-Modell verwendet `FahrzeitProfile` zur Kategorisierung von Fahr- und Haltezeiten. `FahrZeiten` werden durch einen Bezug zur jeweiligen `Strecke` definiert, `HalteZeiten` durch die Verknüpfung mit dem `HalteOrt`; will man spezifische Ausnahmen für bestimmte `Fahrten` definieren, so verknüpft man das Profil über den `HaltBeiFahrweg` mit dem `HalteOrtAmFahrweg`. Typische Namen von Fahrzeitprofilen leiten sich von der Tageszeit ab (*morgens*, *untertags*), von Tagen oder Sondersituationen (*sonntags, Messebetrieb, Streckenbauarbeiten*) oder kategorisieren allgemein die Fließgeschwindigkeit des Verkehrs (*normal*, *langsam*, *schnell*).

Tageszeitabhängige Fahrzeitprofile

- Technisch ist es durchaus möglich, `FahrzeitProfile` direkt an die Uhrzeit zu koppeln (»Rush Hour«). Man legt dazu für jede Strecke tageszeitabhängige Fahrzeiten fest. Durch das Zusammenspiel der einzelnen Streckenfahrzeiten entsteht ein uhrzeitgenaues Profil für das ganze Netz. Allerdings ist die Datenermittlung für dieses Verfahren sehr aufwendig, selbst wenn empirische Daten aus dem RBL dazu herangezogen werden.

Explizite Zuordnung von Profilen

- Einfacher und für den Fahrgast leichter vermittelbar ist es, wenn man das `FahrzeitProfil` jeweils nur für diejenigen Fahrzeuge wechselt, die rund um die kritische Zeit herum eine Fahrt antreten bzw. beenden. Da hier sehr viel Erfahrungswissen gefragt ist, ziehen es die meisten Planer vor, die direkte Kontrolle über `FahrzeitProfile` durch eine explizite Zuweisung an jede `Fahrt` zu behalten.

Beförderungsnachfrage

- In unserem Modell wird die `BeförderungsNachfrage` nach `TagesArten`, Verbindungen (`Haltestelle` von → nach) und `FahrzeitProfilen` differenziert. Dahinter steht die Idee, dass man Verkehrsströme abschätzt, die sich nach einem bestimmten Muster über die Tage und Tageszeiten verteilen. Will oder kann man keine Annahmen über Quelle und Ziel von Fahrgastbewegungen treffen, so ist es auch denkbar, für jeden `HalteOrt` die Zahl der zusteigenden und aussteigenden Fahrgäste abzuschätzen. Der Vorteil dieses Ansatzes liegt darin, dass durch einfache, teilweise automatisierbare Zählungen empirische Daten als Grundlage oder zur Validierung der Schätzungen erhoben werden können.

`HaltBeiFahrt`

- Der einzelne Haltevorgang während einer Fahrt spiegelt sich im `HaltBeiFahrt`. Er kann beispielsweise dazu benutzt werden, um die allgemeinen Richtwerte für Haltezeiten an einem bestimmten `HalteOrt` für eine ganz bestimmte `Fahrt` spezifisch abzuändern. Die Algorithmen der Fahrplanung suchen immer zuerst nach solchen spezifischen Festlegungen, bevor sie generellere Angaben heranziehen, die beim `HaltBeiFahrweg`, bei der `HalteZeit` oder gar als globaler Defaultwert für alle `HalteOrte` festgelegt sind.

Ansagetexte

- Die Ansage von Stationsnamen erfolgt heute fast durchweg automatisch. Bei vereinfachter Betrachtung könnte man die zugehörige Sprachaufzeichnung als ein Attribut des `HalteOrts` ansehen. Die Ansagen enthalten jedoch meist auch Umsteigehinweise, die von der Fahrtrichtung oder gar von der Tageszeit abhängig sind. Sie gehören daher zum `HalteOrtAmFahrweg`. Wir haben sie als eigene Klasse modelliert, da sie in der betrieblichen Praxis oft als separate Audiodateien erfasst und auf die Fahrzeuge verteilt werden, möglicherweise sogar mit unterschiedlichen Sprechern bzw. in verschiedenen Sprachen.

- Fahrtziele — Auch die Darstellung des `FahrtZiels` mag auf den ersten Blick verwundern. Handelt es sich nicht einfach um die letzte `Haltestelle` eines `Fahrwegs`? Einerseits ja, andererseits möchte man bei der Anzeige von Fahrtzielen Zwischenziele aufführen, die für Fahrgäste besonders interessant sind. Nachdem ein solches Zwischenziel durchfahren ist, soll es jedoch nicht mehr auf der Zielanzeige erscheinen, um eine Irritation des Fahrgasts zu vermeiden. Die Klasse `FahrtZiel` modelliert daher das ortsbezogene Erscheinungsbild der Zwischen- und Endziele einer Fahrt. Obligatorisch ist sie mit dem `Fahrweg` verbunden, fakultativ kann nach der `StreckeAmFahrweg` differenziert werden, bei Bedarf sogar nach einzelnen `Fahrten` – etwa wenn die letzte Fahrt eines Tages bis zum Depot weiterfährt und man Fahrgästen anbieten möchte, bis dorthin noch mitzufahren. Um einen Zieltext einer ganzen Zielregion zuzuordnen, kann man ihn an einen aggregierten `HalteBereich` (»Nordstadt«) binden. Anzeigen für das Fahrtziel können technisch sehr unterschiedlich sein; manchmal ist nur für wenige Zeichen Platz, manchmal verwendet man Laufschriften, mitunter hat man einen frei gestaltbaren Bildschirm. All dies spiegelt sich in den Attributen des `FahrtZiels`.
- Linie — Die `Linie` ist im ITVU-Modell vom Charakter her ein Container, der als eigene Attribute vor allem diverse Bezeichnungen für unterschiedliche Darstellungszwecke enthält. Aus übergeordneter Sicht ist die Linie wichtig, da sie als Basis für Ausschreibungen und Lizenzvergaben an Verkehrsunternehmen dient. Der wesentliche fachliche Gehalt einer `Linie` steckt in ihren `Fahrwegen`. Gabeln sich diese, so benötigt man für die Darstellung in Fahrplänen eine plausible Gesamtreihenfolge. Diese Gesamtfolge, bei der manchmal zwischen »Hauptstrang« und »Nebenstrang« unterschieden wird, kann man als ein (komplexes) Attribut der `Linie` auffassen.
- Fahrt — Eine `Fahrt` ist die geplante Bewegung eines Fahrzeugs von einer Anfangs- zu einer Endhaltestelle entlang eines definierten `Fahrwegs`. Die zeitliche Struktur einer Fahrt folgt einem Dreischritt, der sich ständig wiederholt: (1) Fahrgastwechsel, (2) Warten auf den planmäßigen Abfahrtszeitpunkt, (3) Fahren bis zum nächsten Halt. Die Aktivitäten (1) und (2) laufen parallel, d. h., der Fahrgastwechsel findet im Zeitraum zwischen Ankunft und Abfahrt statt. In IT-Systemen werden jedoch beide Zeiten unabhängig voneinander verwaltet. Jede `Fahrt` hat einen *BeginnOrt* und einen *EndeOrt*; normalerweise sind dies der Anfang und das Ende des Fahrwegs, eine Fahrtverkürzung kann jedoch einfach dadurch ausgedrückt werden, dass hier andere `HalteOrte` des `Fahrwegs` angegeben werden. Außerdem hat jede Fahrt einen *BezugsOrt*, der als *zeitlicher Referenzpunkt* gilt. Dies ist oft gerade *nicht* einer der Endpunkte, sondern ein zentraler Umsteigepunkt, an dem sich die Fahrwege vieler Linien kreuzen. Der *BezugsOrt* ist der zeitliche Synchronisationspunkt für alle Rhythmen, deren Takt in der Planung gekoppelt werden soll. Zu ihm gehört die

Bezugs-*Uhrzeit* der Fahrt – nicht jedoch der Tag, an dem sie stattfindet, denn dieser ergibt sich aus der Beziehung zur `TagesArt`, welche die `Fahrt` vom `UmlaufElement` erbt. Weitere Details zur Fahrt finden sich in Abschnitt 6.3.

5.2 Darstellung des Netzes im Benutzerdialog

GIS-Systeme, Kartenmaterial

IT-Systeme zur Planung eines Verkehrsnetzes müssen die Geografie visualisieren. Waren dazu früher spezielle GIS-Systeme und teures Kartenmaterial erforderlich, so geht man heute dazu über, alternativ – oder zumindest ergänzend – gängige Geoauskunftssysteme des Internet einzubinden (*Microsoft Virtual Earth*, *Google Maps* u. a.). Diese Systeme haben offengelegte Schnittstellen und bieten den großen Vorteil, dass das Kartenmaterial ständig aktualisiert wird. Sie erlauben das Umschalten zwischen vektorbasierten Karten und Luftaufnahmen (Rasterbilder) und bieten zum Teil sogar Bildfolgen einzelner Straßenzüge an. Arbeiten mehrere Verkehrsunternehmen in einem Verbund zusammen, so sind einheitliche Koordinaten und Streckenlängen durch das gemeinsame Kartenmaterial garantiert. Allgemein relevante ÖPV-Objekte wie etwa Haltestellen sind schon in den Systemen vorhanden, spezifische Elemente (Wendeanlagen, Pausenräume, Betriebshöfe) können ergänzt und einer eigenen Betrachtungsebene zugeordnet werden. Durch die Einbindung populärer grafischer Systeme wächst zudem die Affinität der Mitarbeiter zu solchen Systemen; über die Vernetzung mit Fahrplanauskunftssystemen freut sich auch der Fahrgast (vgl. Abb. 5-8).

Abb. 5-8
Luftaufnahme einer Haltestelle (Berlin)

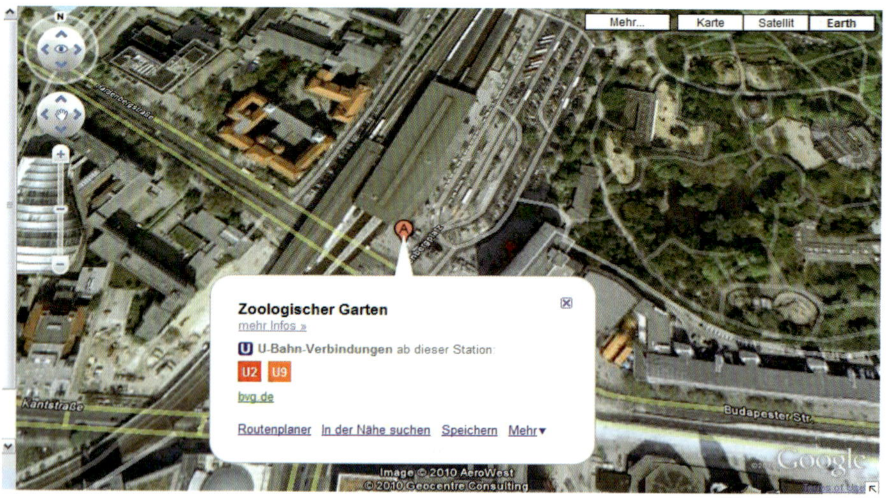

Hilfsstrecken für Leerfahrten

Ein großes Netz besitzt z.B. 30.000 Netzpunkte und 50.000 Strecken. Der Erfassungsaufwand dafür ist nicht unerheblich. Wenn man Umlaufpläne für Busse bildet, so kommen jedoch noch potenziell sehr viel mehr Strecken hinzu, über die Fahrzeuge zwischen verschiedenen Fahrwegen wechseln können (Leerfahrtstrecken, vgl. Abschnitt 6.4). Wenn man dem Computer die Bildung oder Optimierung eines Umlaufplans überträgt, dann benötigt er für jede beliebige Leerfahrtstrecke Angaben zu ihrer Länge und Fahrzeit. Bei Schienenfahrzeugen sind auch Leerfahrten an das Gleisnetz gebunden; bei Bussen kommen jedoch potenziell alle Straßen in Betracht. Da ein echtes Routing auf dem Straßennetz während der Optimierung meist zu aufwendig wäre, behilft man sich mit Luftlinienentfernungen und korrigiert diese mit einem empirischen Umwegfaktor. Ist am Ende der Optimierung klar, welche Leerfahrtstrecken tatsächlich benötigt werden, so nimmt man sie noch mit ihren exakten Maßen in das Netz auf.

Schematische Grafiken

So anschaulich eine geografische Karte ist: Der typische Verkehrsplaner oder Disponent bevorzugt schematische Darstellungen – ähnlich wie ein Elektroniker lieber mit einem Schaltplan arbeitet als mit dem Layout der Kupferbahnen auf der Platine. Die Anordnung der Haltestellen orientiert sich bei dieser Art von Darstellung nur lose oder gar nicht an der Geografie – die Topologie der Fahrwege, Umsteige- und Wendemöglichkeiten steht im Vordergrund. Man findet daher hier vektorbasierte Grafiksysteme, die eine Fülle betrieblich-technischer Details mit der optischen Darstellung verbinden – mehr dazu im Kapitel zur Betriebslenkung (vgl. Abb. 8-8, S. 256). Im Bahnbereich sind die Anforderungen an die »naturnahe« Darstellung von Strecken besonders hoch; gleichzeitig setzt man jedoch auch genormte Zeichenelemente ein, etwa für Weichen und Signale. So entstehen Grafiken, die *räumlich ungefähr richtig*, von der Abbildung der Struktur her jedoch *exakt* sind[13].

Individualgrafik

Auf oberster Ebene verwendet man zwar auch grafische Darstellungen, doch ist die typische »Netzspinne« eines Verkehrsunternehmens vor allem das optische Aushängeschild nach außen (vgl. Abb. 5-9). Man möchte Sondersymbole verwenden (Flughafen, Zoo, Messezentrum); Farbgebung, Strichstärke und optischer Gesamteindruck sind wichtig; Haupt- und Nebenlinien sollen unterscheidbar sein, Linien im Bau werden angedeutet – und vieles andere mehr. Diese Art von Bildern entsteht daher in individuellen Zeichenprogrammen. Ihre Übereinstimmung mit tabellarischen und grafischen Darstellungen der Planungssysteme muss von Hand sichergestellt werden.

13. Ein Beispiel einer solchen Darstellung findet sich unter:
http://www.sma-partner.ch/images/stories/produkte/viriato/viriato_netzgrafikg.gif.

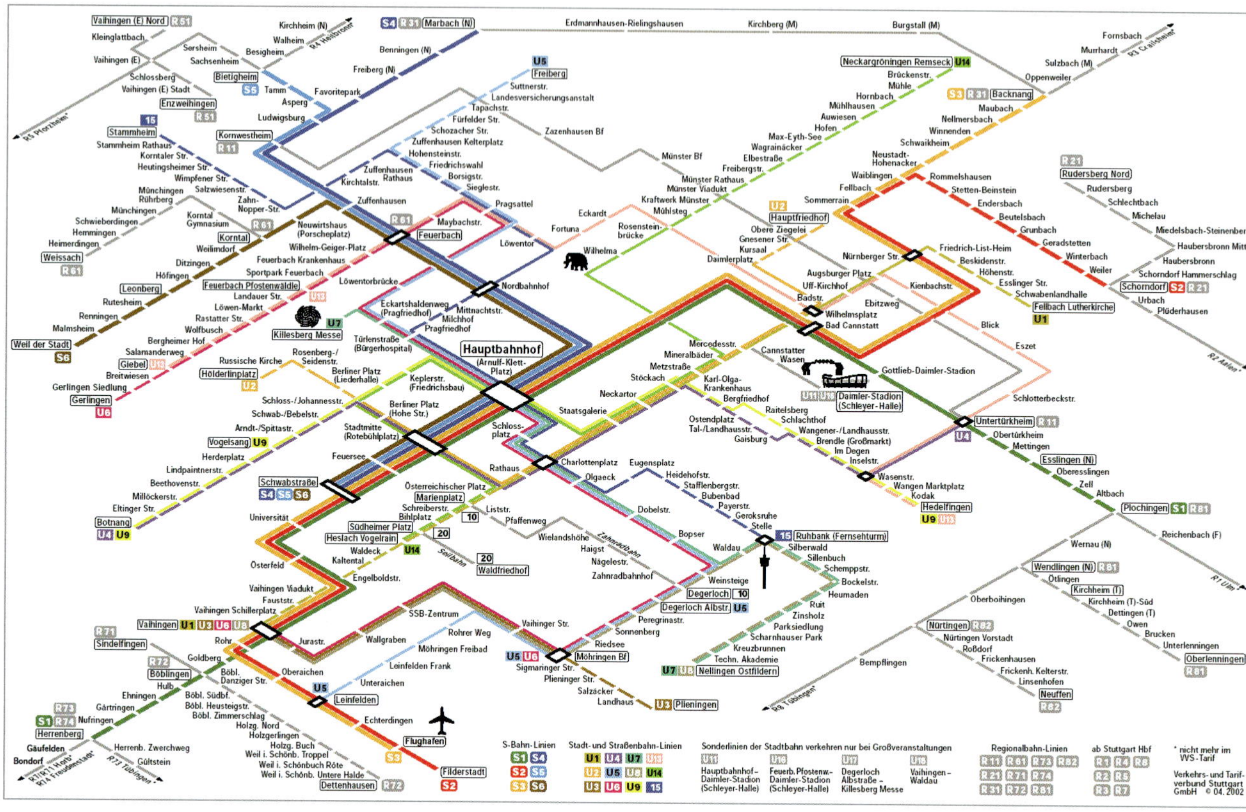

Abb. 5-9 Beispiel einer Netzspinne (Stuttgart, 2002)

Visualisierung von Auswertungen

Grafische Netzdarstellungen spielen nicht nur als Grundlage der Fahr- und Umlaufplanung eine Rolle. Sie sind auch gut geeignet, Datenauswertungen (vgl. Abschnitt 11.4.3) zu unterstützen. Beispielsweise kann man Verspätungsstatistiken so aufbereiten, dass neuralgische Strecken in einer grafischen Netzdarstellung farbig hervorgehoben werden. Oder man kann im Betriebshof eine Ausschnittdarstellung des Netzes dazu verwenden, um Unterschiede zwischen geplanten und tatsächlichen Abstellorten von Fahrzeugen bzw. Fahrzeugverbänden aufzuzeigen.

6 Planung

Planung ist die Festlegung eines Sollzustands. Kommt es bei der Durchführung zu Abweichungen, so muss man steuernd eingreifen, um den Sollzustand wiederherzustellen. Zwischen diesen beiden Polen, der *Planung* und der *Steuerung*, steht die *Disposition*; sie bewegt sich zeitlich meist im engeren Vorfeld der Ausführung, vor allem jedoch befasst sie sich mit konkreten Ressourcen. Planung geht der Disposition voraus und findet meist auf der Ebene zeitlicher Wiederholmuster[1] statt, bei der Disposition geht es um konkrete Kalendertage.

Planung
Disposition
Steuerung

In der Praxis ist die Abgrenzung zwischen den Begriffen *Planung*, *Disposition* und *Steuerung* nicht immer eindeutig und vor allem nicht einheitlich. Beispielsweise spricht man von der Jahresurlaubs*planung*, obwohl es dabei um konkrete Mitarbeiter und konkrete Kalendertage geht. Die Mitarbeiter in einer Leitstelle, die das Verkehrsgeschehen live verfolgen und bei Störungen steuernd eingreifen, werden oft als *Disponenten* bezeichnet. Der Verkehrsmeister und seine Mitarbeiter, die den Einsatz von Fahrern und Fahrzeugen disponieren, sagen hingegen möglicherweise von sich, dass sie den optimalen Ressourceneinsatz *steuern*.

Widersprüchlicher Begriffsgebrauch

Um begriffliche Verwirrungen zu vermeiden und die Inhalte der folgenden Hauptkapitel (Planung, Disposition und Steuerung) abzugrenzen, treffen wir folgende Festlegungen:

Begriffsabgrenzung

- Solange es um abstrakte Kapazitäten, Tagesarten, Fahrzeugtypen und Personalqualifikationen geht, sprechen wir von ***Planung***.
- Wenn es um konkrete Mitarbeiter und Fahrzeuge im zeitlichen Umfeld der Durchführung geht, sprechen wir von ***Disposition***.
- Am Tag der Ausführung sprechen wir von ***Steuerung*** (oder auch in Anlehnung an die Praxis von ***Lenkung***).

1. Wenn in der Planung Sondereffekte berücksichtigt werden (Baustellen, Ferienzeiten, Großereignisse), so kann deren Kombination dazu führen, dass bereits aus der Sicht des Planers kaum ein Tag wie der andere ist.

Beispiele zur Begriffsabgrenzung

Eine zweistündige Straßensperre handelt man in der **Steuerung** ab, selbst wenn sie einen Tag vorher bekannt ist.

Eine Dreitagesbaustelle berücksichtigt man auf jeden Fall in der **Disposition**. Ob sie in die Planung einfließt, hängt davon ab, wie stark der betriebliche Ablauf sich dadurch ändert und wie lange vorher sie bekannt ist. Manche Verkehrsbetriebe ziehen die Grenze bei zwei bis drei Tagen Vorlauf, andere bei zwei bis drei Wochen.

Kurzzeitige Lastspitzen fließen in die **Planung** ein, sofern sie lange genug vorher bekannt sind (Wiener Opernball, Kieler Woche).

Die Erneuerung des Gleisbetts einer Straßenbahnlinie ist Monate im Voraus absehbar. Sie wird als Großbaustelle in der **Planung** berücksichtigt (Schienenersatzverkehr).

Ein rapider Anstieg im Krankenstand von Fahrern ist ein Thema für die **Disposition**. Durch Überstunden, Urlaubssperren und andere Maßnahmen versucht sie kurzfristig gegenzusteuern.

Die langfristige Vorschau auf die Verfügbarkeit und den Erhalt konkreter Ressourcen (Fahrzeugbeschaffung, Wartung, Personalbeschaffung, Urlaubs- und Schulungsplan) rechnen wir gemäß unserer Definition zur **Disposition**.

Wenn der Leiter einer Schule am Nachmittag beim Regionalverkehrsbetrieb anruft und mitteilt, dass die Kinder morgen früh in der Turnhalle bleiben sollen, weil das Wetter für die geplante Fahrt ins Freibad zu schlecht ist, ist dies ein Fall für die **Disposition**.

Ein Unfall oder eine defekte Oberleitung fallen in den Bereich der **Steuerung**. Sie entscheidet, was mit den Fahrgästen passiert, und kümmert sich um die Behebung der Störung. Die Fahrgäste werden spontan informiert (Dynamische Fahrgastinformation, Kap. 9).

Während und nach der Fahrtdurchführung werden den Solldaten die Istdaten gegenübergestellt – tatsächliche Abfahrtszeitpunkte, tatsächliche Arbeitszeiten, tatsächliche Kilometerleistungen usw. Wir rechnen Aufgaben der *Nachsorge* und *Abrechnung* zur **Disposition**.

Prozessübergang

An den Prozessgrenzen werden Daten transformiert: Aus einem »beliebigen Donnerstag« wird der 20.10.2011, aus einem »beliebigen Niederflurfahrzeug« wird ein ganz konkretes Fahrzeug, aus einem »beliebigen Mitarbeiter mit dem Qualifikationsbündel X« wird Heinz Müller. Manchmal sagen Praktiker dazu, »der Plan wird ausgerollt«, oder sie sprechen vom »Export« eines Plans. Die letzte Art der Formulierung ist im Zeitalter integrierter IT-Systeme nicht mehr ganz passend; eher könnte man von der »Produktionsfreigabe« sprechen, um zu betonen, dass der Planer ab einem bestimmten Moment keine Änderungsmöglichkeit mehr hat, weil die Daten in der nächsten Prozessstufe benutzt werden[2].

Iterationen

Normalerweise werden die Stufen *Planung → Disposition → Steuerung → Disposition* (*Nacharbeit*) sequenziell durchlaufen. Iterationen beschränken sich auf

2. Eine besonders enge Verzahnung von Planung und Disposition trifft man bei der Bildung von Dienstreihenfolgen an, vgl. Abschnitt 6.6.4.

das Innere der einzelnen Prozessstufen – beispielsweise auf ein Wechselspiel zwischen Umlauf- und Dienstplanung. Mitunter kommt es jedoch vor, dass man eine planerische Änderung noch durchführen möchte, obwohl die Disponenten bereits mit der Zuordnung von Fahrern oder Fahrzeugen begonnen haben. IT-Systeme müssen mit solchen Fällen »intelligent« umgehen können, d. h., sie müssen erkennen können, welche Planungsobjekte nachträglich verändert wurden und in welchem Umfang bereits getroffene Zuordnungen in der Disposition dadurch tangiert werden. Wurde beispielsweise ein Dienst nach vorn verlegt, so muss geprüft werden, ob die Ruhezeit des betroffenen Mitarbeiters von seinem vorhergehenden Dienst bis zum nunmehrigen Dienstbeginn ausreicht. IT-Systeme kennzeichnen tangierte Objekte und bieten an, schematische Anpassungen selbstständig durchzuführen. In schwierigeren Fällen erleichtern sie zumindest durch unterschiedliche Arten der Markierung die manuelle Nachbearbeitung.

Rückkopplung

Eine direkte inhaltliche Rückkopplung der drei Prozesse findet in der Regel nicht statt. Wenn allerdings systematische Effekte erkannt werden, so genügt es nicht, ständig »hinten zu reparieren«, sondern man muss eine Stufe weiter vorn ansetzen.

In einem Verkehrsbetrieb gibt es täglich 100 Verspätungen. Eine kleine Ungeschicklichkeit in der Gleisbelegungsplanung führt dazu, dass (nur an Donnerstagen) immer zwei bestimmte Züge auf die Einfahrt in den Bahnhof X warten müssen und regelmäßig verspätet sind. Bei den Mitarbeitern in der Leitstelle gehen solche banalen Störungen vermutlich »im Rauschen unter«. Eine systematische Datenanalyse erkennt jedoch die Regelmäßigkeit der Störung. Die Behebung durch eine Gleisänderung ist ziemlich einfach, und der Fahrplan wird wieder ein bisschen robuster.

Systemgrenzen

IT-Systeme zur *Steuerung* sind historisch meist in einer speziellen technischen Umgebung entstanden und relativ lose durch einen einmaligen täglichen Datenexport an Dispositions- und Planungssysteme gekoppelt. Viele dieser Steuerungssysteme erlauben es, Solldaten zu verändern, also etwa die Abfahrtszeiten von Fahrten zu verschieben. Durch den Systembruch ergeben sich jedoch schnell Ungereimtheiten, etwa wenn geänderte Fahrten im Auskunftssystem noch mit den ursprünglichen Daten erscheinen.

Aufbau des Kapitels

Das nachfolgende Kapitel zur **Planung** behandelt *Fahrplanung*, *Umlaufplanung* und *Dienstplanung* jeweils einzeln. Zusätzlich werden *integrierte Planungsformen* und *Optimierungsverfahren* dargestellt, bei denen die klassische Trennung der Prozessschritte überwunden wird, um zusätzliche Effizienzsteigerungen zu erzielen.

An den Anfang des Kapitels stellen wir die Erläuterung eines neuartigen Querschnittskonzepts, das auf die Planung von Fahrten, Umläufen und Diensten gleichermaßen anwendbar ist (»*Aspekte*«) sowie einige Anmerkungen zur *Systemtechnik*, die für alle Planungssysteme gelten.

Wir betrachten also der Reihe nach:

- Aspekte (ein neuartiges Konzept)
- IT-Architektur von Planungssystemen
- Fahrplanung
- Umlaufplanung
- Optimierung von Fahrten und Umläufen
- Dienstplanung
- Integrierte Umlauf- und Dienstplanung

6.1 Berücksichtigung von Unregelmäßigkeiten (Aspekte)

Planbare Unregelmäßigkeiten

In Abschnitt 3.4.3 haben wir das Konzept der `TagesArten` erläutert. Es ist einfach und robust und für die grobe Klassifikation des Verkehrsangebots sehr zweckmäßig. Es ist jedoch nicht gut geeignet, um *planbare, phasenweise auftretende Unregelmäßigkeiten* abzubilden. Was ist damit gemeint?

- Es sind *Schulferien*; einige Linien werden daher nur mit halber Taktfrequenz bedient.
- Ein Verkehrsbetrieb im Bergland will sein Angebot an die Skisaison anpassen (Vor-, Haupt- und Nachsaison).
- Die Gemeinde führt einige *verkaufsoffene Sonntage* ein; Linien, die zu Einkaufszentren führen, sollen dichter bedient werden als an normalen Sonntagen.
- Im Stadtteil X findet ein *Volksfest* statt; wir setzen zusätzlich Pendelverkehre zum Bahnhof ein.
- Das Gleisbett der Straßenbahn wird im Bereich Y saniert; bestimmte Fahrtstrecken sind verkürzt; es gibt Umleitungen und Ersatzverkehr mit Bussen um die *Baustelle* herum.
- In der Vergangenheit gab es schon zweimal eine *Hochwassersituation*, bei der bestimmte Verkehrswege blockiert waren. Wir möchten uns auf eine Wiederholung dieser Situation vorbereiten.

Kombinationen durchdenken

Es ist unpraktikabel, für jede denkbare Kombination dieser Sondereinflüsse jeweils eine eigene `TagesArt` auf Vorrat anzulegen, denn die Zahl der Kombinationen ist sehr groß – selbst wenn man berücksichtigt, dass bestimmte Ereignisse wie z. B. Schulferien und verkaufsoffene Sonntage sich nicht gegenseitig beeinflussen.

Kalenderbezug herstellen

Also stellt man sich einen konkreten Tag vor (z. B. *Skihauptsaison* in den *Schulferien* mit *Baustelle Y*) und kopiert einen »normalen Tag« der betreffenden `TagesArt` (z. B. *Dienstag*) als Ausgangsbasis für die Planung des betreffenden Tages. Dann führt man die Änderungen durch, die sich aus der erwarteten Kombination der Sondereinflüsse an diesem Tag ergeben. Dabei werden Fahrten gestrichen, neue Fahrten eingefügt, Abfahrtszeiten verschoben, Umläufe anders zusammengebaut und Dienste modifiziert.

Zeitliche Ungewissheit

Ist man fertig, so kann es passieren, dass sich etwas ändert, noch bevor der Plan wirksam wird: Beispielsweise verzögert sich der Beginn der Baustelle, die man bereits mit eingeplant hatte. Oder der Schneefall bleibt aus. Nun muss man einen Teil der Änderungen wieder rückgängig machen. Dies hört sich einfach an, ist aber in der Praxis mit erheblichem Aufwand verbunden.

Begriff: Aspekt

Wir stellen in diesem Kapitel ein neuartiges Verfahren vor, um mit Sondereinflussfaktoren in der Planung elegant umzugehen. Dazu führen wir einen Begriff ein, der bislang in der Informatik des ÖPV noch nicht belegt ist: den `Aspekt` (vgl. Tab. 6-1). Ein `Aspekt` bezeichnet die **fachliche Ursache einer Planabänderung.** Damit Aspekte gut handhabbar sind, charakterisieren wir sie jeweils durch ein einzelnes Wort und eine Abkürzung:

- Ferien: **Fe**
- Skisaison (Vor-, Haupt- und Nebensaison): **SkiV, SkiH, SkiN**
- Sonntagsverkauf: **SoV**
- Volksfest: **VoF**
- Baustelle-Y: **BauY**
- Hochwasser: **HW**

Binäre und mehrwertige Aspekte

Die meisten unserer Aspekte beschreiben einen Einflussfaktor auf die Planung, der entweder vorliegt oder nicht. Wir bezeichnen solche Aspekte als zweiwertig. Beispielsweise können wir dem Aspekt *Volksfest* die beiden Ausprägungen VoF und ~VoF zuordnen. Die »Schlangenlinie« benutzen wir dabei als Negationssymbol. Die *Skisaison* ist ein mehrwertiger Aspekt. Auch hier müssen wir die Negation mit berücksichtigen, denn es gibt ja auch (viele) Tage außerhalb der Saison. Tabelle 6-1 zeigt die Aspekte und ihre Ausprägungen:

Tab. 6-1
Aspekte und ihre Ausprägungen (Beispiel)

Aspekt	Ausprägungen
Ferien	Fe, ~Fe
Skisaison	SkiV, SkiH, SkiN, ~Ski
Sonntagsverkauf	SoV, ~SoV
Volksfest	VoF, ~VoF
Baustelle Y	BauY, ~BauY
Hochwasser	HW, ~HW

Situation

Planer sprechen in Verbindung mit Aspekten häufig von »Situationen«, z. B. von einer »Hochwasser-Situation«. Für unser Modell ist es wichtig, *Situation* und *Aspekt* sauber voneinander zu trennen.

Eine »Hochwasser-Situation« besteht umgangssprachlich dann, wenn der Aspekt »Hochwasser (HW)« vorliegt. Gleichzeitig müssen wir jedoch auch die anderen `Aspekte` bedenken: Tritt das Hochwasser an einem verkaufsoffenen Sonntag auf? Wird gerade am Gleisbett der Straßenbahn Y gebaut? Sind wir in der Schulzeit? Findet gerade das Volksfest statt?

`AspektKonstellation`

Die *Situation* an einem konkreten `FirmenKalenderTag` lässt sich präzise dadurch beschreiben, dass man für jeden Aspekt dessen Ausprägung benennt. Im Modell sprechen wir von der `AspektKonstellation`[3] eines Tages. Aus formalen Gründen beziehen wir dabei auch negierte Aspekte mit ein.

Logische Terme

Zweckmäßigerweise verwendet man zur Darstellung von `AspektKonstellationen` mathematisch-logische Terme. Der 4. Januar 2011 könnte beispielsweise durch den Term

```
Fe & SkiV & ~SoV & ~VoF & BauY & ~HW
```

beschrieben werden. Eine solche Darstellung ist für interne Rechenoperationen in einem Softwaresystem nützlich, für den menschlichen Benutzer jedoch weniger gut geeignet. Der Hinweis auf die negierten `AspektAusprägungen` kann an der Benutzeroberfläche wegfallen, anstelle des & genügt auch ein Komma. So kann man viel rascher erkennen, dass es um einen Ferientag in der Skivorsaison geht, an dem die Straßenbahnbaustelle besteht:

```
Di, 4.1.2011 = Fe, SkiV, BauY
```

Positive Formulierung von Aspekten

Erste Erfahrungen mit dem Konzept der Aspekte haben gezeigt, dass Aspekte zweckmäßigerweise »positiv« formuliert werden sollten, d.h., der Name des Aspekts sollte

- ... auf eine Ursache hinweisen, die zu einer Erweiterung des Verkehrsangebots führt. *Skisaison*, *verkaufsoffene Sonntage* und *Großveranstaltungen* sind ideale Beispiele hierfür.
- ... eine Abweichung vom Normalfall benennen (*Baustellen* und *Hochwasser*).

Schule/Ferien

Bei einem unserer Beispiele geraten diese beiden Kriterien miteinander in Konflikt: *Schulferien* sind zwar der Ausnahmefall, sie führen aber dazu, dass bestimmte Fahrten *wegfallen*. In der Sprache der Planer gibt es den Begriff des *Schülerverkehrs*; damit ist in der Regel ein einzelner Einsatzwagen gemeint, der speziell für Schülerfahrten vorgesehen ist. Wenn man diesen Begriff etwas umfassender interpretiert und beispielsweise auch Taktverdichtungen auf Linien darunter versteht, die typischerweise von Schülern mitbenutzt werden, dann eignet sich der Begriff auch als Name für einen `Aspekt` im Sinne unseres Modells. *Schülerverkehr* (SV) betont die Schulzeit als Ursache für das zusätzliche[4] Verkehrsangebot, während ein Aspektname wie *Ferien* (Fe) den Ausnahmecharakter der Ferientage herausstellt. Als eleganter Kompromiss bietet sich an, im Sinne des Modells den *Schülerverkehr* als Aspekt zu definieren und an der Benutzeroberfläche bei Bedarf die invertierte Sicht anzuzeigen; anstelle von ~SV kann man dabei das Wort *Ferien* (Fe) als Aliasname benutzen. So bleibt es der individuellen Präferenz des Planers überlassen, ob er den Aspekt »Schule/Ferien« lieber im Sinne der Mehrleistung (SV) oder lieber als Ausnahme (Fe) dargestellt haben möchte[5].

3. Der Begriff »Situation« ist zwar treffend, erscheint uns jedoch zu allgemein und missverständlich. Die Ähnlichkeit der `AspektKonstellation` mit dem Sprachgebrauch in der Astrologie nehmen wir nolens volens in Kauf.
4. Analog könnte man auch an Semesterzeiten einer Hochschule denken.
5. In der Praxis wird man die binäre Kategorisierung *Schule/Ferien* weiter differenzieren, da sich die ÖPV-Nachfrage in den *Sommer*ferien von anderen Ferienzeiten unterscheidet; zusätzlich müssten bei überregionalen Verkehrsbetrieben räumliche Aspekte einfließen (unterschiedliche Ferienzeiten je Bundesland).

Planungsobjekte

Betrachten wir nun ein einzelnes `PlanungsObjekt`, also eine `Fahrt`, einen `Umlauf` oder einen `Dienst`. Manche – hoffentlich möglichst viele – unserer Planungsobjekte werden von keinem einzigen `Aspekt` abhängen, denn sie gehören zum *Basisleistungsangebot* des Verkehrsbetriebs.

Entkopplung vom Kalender

Wenn ein `PlanungsObjekt` jedoch einen inhaltlichen Bezug zu einem oder gar zu mehreren Aspekten hat, so ergibt sich seine zeitliche Gültigkeit aus dem Kalenderbezug der Aspekte. Durch die Einführung von Aspekten entkoppeln wir die `PlanungsObjekte` von der Zeitachse. Ob ein `PlanungsObjekt` an einem bestimmten Tag wirksam sein soll, ergibt sich aus seiner Verknüpfung mit bestimmten `AspektAusprägungen`. Wir bezeichnen diese Verknüpfung als `GültigkeitsTerm` und stellen sie als *logischen Ausdruck* dar. Dabei können *Und, Oder, Klammern* und *Negation* vorkommen. So wird etwa ein Umlauf, der nur an Ferientagen stattfindet, mit der `AspektAusprägung` (SV) über den `GültigkeitsTerm` (~SV) verknüpft.

Ist eine Fahrt dem Schülerverkehr zugeordnet, so trägt sie den `GültigkeitsTerm` (SV). Ein Umlauf (und alle seine Fahrten und Dienste), der in der Skihauptsaison zusätzlich gefahren wird, trägt den Term (SkiH). Interessant wird es, wenn ein Fahrzeug während der Vorsaison zuerst die Schüler und danach die Skifahrer befördert: Manche Fahrten des Umlaufs tragen dann (SV), andere (SkiV). Der Umlauf insgesamt hängt jetzt aber von (SV & SkiV) ab. Das Gleiche gilt für den Dienst, wenn wir annehmen, dass der Fahrer über die ganze Morgenzeit hinweg am Steuer bleibt.

Matching von logischen Termen

Der Planer bereitet abstrakt die beiden Szenarien (SV) und (SV & SkiV) vor. Er muss zum Zeitpunkt der Planung noch nicht wissen, wann der Schneefall einsetzen wird. Sobald feststeht, wann die Skisaison beginnt, wird den entsprechenden Schultagen die `AspektKonstellation` (SV, SkiV) zugeordnet. Über einen logischen Vergleich der Terme kann ein Softwaresystem dann feststellen, dass ab diesem Tag ein anderer Satz von `Fahrten`, `Umläufen` und `Diensten` benutzt werden muss. Der Planer tut allerdings gut daran, *mehrere Fälle zu durchdenken*. Wenn er nur die beiden Szenarien (SV) und (SV, SkiV) vorbereitet, dann muss ein leerer Schulbus fahren, falls der Schneefall in der Ferienzeit einsetzt (= ~SV, SkiV).

Restriktionen der Kombinierbarkeit

Ein Planer kann und muss nicht alle theoretisch möglichen Kombinationen von `AspektAusprägungen` vorwegdenken. Zum einen sind die Ausprägungen jedes einzelnen Aspekts untereinander disjunkt: Entweder ist *Schulzeit* oder *Ferienzeit*, entweder ist *keine Skisaison* oder es gilt *genau eine* der drei hinterlegten Saisonphasen. Zum andern wollen wir bestimmte Kombinationen von `Aspekten` bewusst ausschließen. Dazu dient uns die Klasse `AspektRestriktion`.

Wenn vorgesehen ist, die Bauarbeiten am Straßenbahngleis ganz innerhalb der Ferienzeit abzuwickeln, dann tragen wir in der `AspektRestriktion` ein, dass das Szenario (SV, BauY) unzulässig sein soll (»Koinzidenzbeschränkung«).

Das Modell in Abbildung 6-1 zeigt das Zusammenspiel von `PlanungsObjekten`, `Aspekten` und `FirmenKalenderTagen`. Man erkennt die zentrale Bedeutung der `AspektAusprägung`: Einerseits ist sie über `GültigkeitsTerme` mit den `Planungs-Objekten` verbunden, andererseits charakterisiert sie die Situation (=`Aspekt-Konstellation`) eines konkreten Tags.

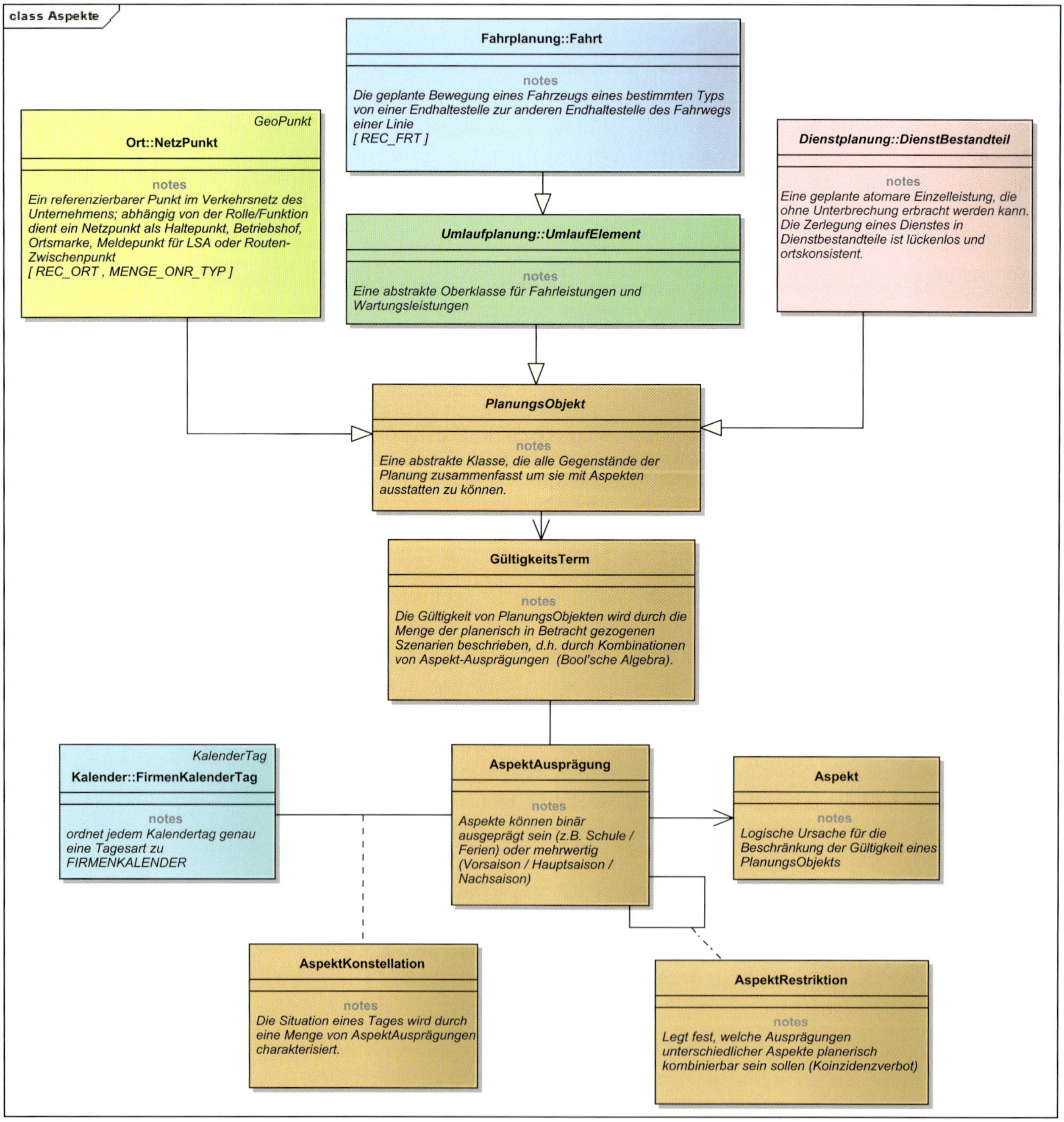

Abb. 6-1 Das Konzept der »Aspekte« im ITVU-Modell

`AspektRestriktionen` gelten für die `GültigkeitsTerme` der `PlanungsObjekte` genausowiefürdieZuordnungvon`AspektKonstellationen`zu`FirmenKalender-Tagen`.

> Wird irgendwann absehbar, dass sich die Bauarbeiten verzögern, so wird jemand für einen bestimmten `FirmenKalenderTag` die `AspektKonstellation` (SV & BauY) eintragen wollen. In diesem Moment kann ein Softwaresystem darauf hinweisen, dass die Planung angepasst werden muss, falls diese Konstellation bisher nicht vorgesehen war. Praktisch könnte dies bedeuten, dass der Schienenersatzverkehr verdichtet werden muss, um die Schüler zu befördern, die normalerweise mit der Straßenbahn fahren würden.

Schubladenplanung

In der Planung spielen auch fiktive Situationen eine Rolle – man denke etwa an *Streik* oder *Hochwasser*. Die Aspekte solcher Ausnahmesituationen haben die Eigenheit, dass sie planerisch völlig isoliert betrachtet werden und dennoch in der Praxis in jeder beliebigen `AspektKonstellation` spontan auftreten können. Eine praktische Implementierung der Planung mit Aspekten muss es daher erlauben, Sonderfahrten zur Umgehung von potenziell überfluteten Straßen oder Tunnels einzuplanen, ohne dass dabei eine Aussage über die Ausprägung anderer Aspekte gemacht wird. An der Benutzeroberfläche muss man deswegen unterscheiden, ob das Weglassen einer Angabe zum *Schülerverkehr* bedeuten soll, dass die *Ferienzeit* gemeint ist oder ob »*egal*« sein soll, welche Ausprägung der Aspekt *Schülerverkehr* hat. In Boolscher Logik:

```
Ausnahmezustand Hochwasser= (HW & SV)|(HW & ~SV)
```

Zusammenfassung

Durch die Zuordnung von Aspekten zu `PlanungsObjekten` wird eine elegante und vor allem verursachungsgerechte Abbildung von Planungseinflüssen möglich. Der Planer agiert auf einer abstrakten, problemadäquaten Ebene, ohne sich vorzeitig auf konkrete Kalendertage festlegen zu müssen. Die Definition logischer `GültigkeitsTerme` zur Verknüpfung von `AspektAusprägungen` legt die Menge der Szenarien fest, für die eine bestimmte Planung vorgesehen und anwendbar ist. Zeitliche Verschiebungen beim Eintreten bestimmter `AspektAusprägungen` schlagen sich in veränderten `AspektKonstellationen` von Kalendertagen nieder (vgl. Abb. 6-2). Wurden die auftretenden Kombinationen grundsätzlich berücksichtigt, so entsteht kein Änderungsaufwand in der Planung. Ob eine nicht vorgesehene Konstellation überhaupt einen Eingriff des Planers erfordert, kann eine geschickte implementierte Softwarelösung daran erkennen, ob grundsätzlich zeitliche, *räumliche* oder *inhaltliche* Überschneidungen der `PlanungsObjekte` vorliegen, die von den betroffenen Aspekten abhängen[6].

6. Beispiel: Wenn auf Linie 17 keine Fahrten mit dem Aspekt SV versehen sind, dann wird auch eine zeitliche Verlängerung der Baustelle in die Schulzeit hinein keinen Eingriff erfordern.

Abb. 6-2
Zeitliche Überdeckung von aspektbehafteten Gültigkeiten

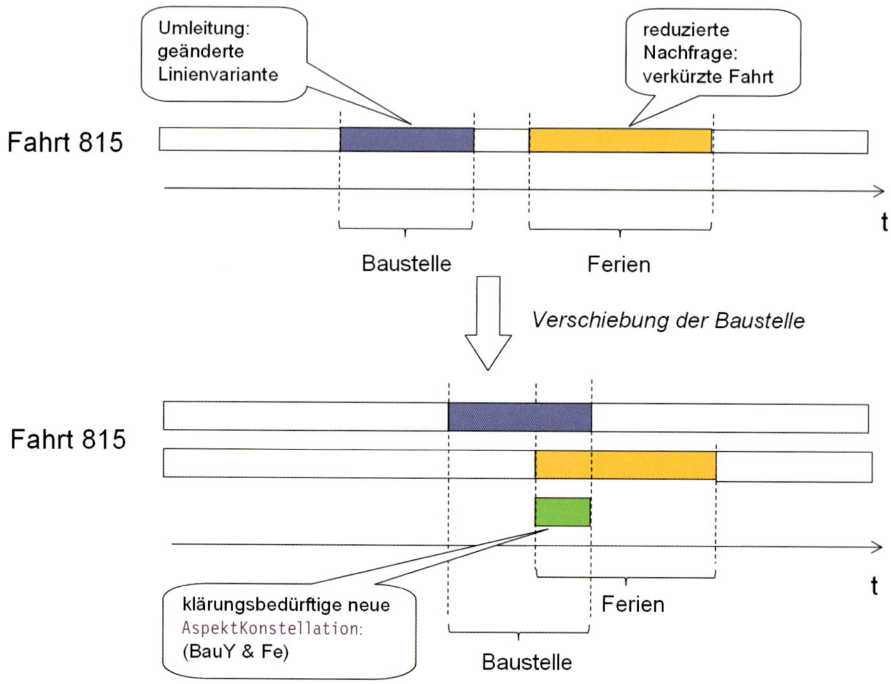

Implementierung

Die Einführung von `Aspekten` macht transparent, dass die Planungsmasse aus vielen kleineren und größeren Clustern besteht. Eine geeignete Benutzeroberfläche muss den Planer dabei unterstützen, `PlanungsObjekte` entsprechend ihrer `GültigkeitsTerme` zu selektieren und zu bearbeiten. Dabei ist hohe Flexibilität notwendig: Manchmal möchte sich der Planer mit genau denjenigen `PlanungsObjekten` befassen, deren `GültigkeitsTerm` auf ein bestimmtes Szenario passt, manchmal aber auch mit einer umfassenderen Teilmenge, die mit diesen `PlanungsObjekten` in einem logischen Zusammenhang steht, etwa weil es sich um andere `Fahrten` der ausgewählten `Umläufe` handelt. Beim Zuordnen unverplanter `PlanungsObjekte` zu bereits verplanten Objekten müssen ständig die logischen Verknüpfungen beachtet werden: Wenn beispielsweise eine Skisaison-`Fahrt` in einen »lupenreinen Schülerverkehrs-`Umlauf`« eingehängt wird, dann reduziert sich dadurch der `GültigkeitsTerm` des gesamten `Umlaufs` auf die Verknüpfung beider `Aspekte`.

Ausdehnung des Konzepts auf TagesArten

Bisher haben wir Aspekte überwiegend mit zusammenhängenden Zeitintervallen in Verbindung gebracht. Das Konzept ist jedoch allgemeiner, wie die verkaufsoffenen Sonntage zeigen. Wodurch unterscheidet sich eigentlich beispielsweise ein Freitag von den anderen Wochentagen? Im Wesentlichen dadurch, dass die »Nachmittagsspitze« früher einsetzt. Warum sollte man nicht einfach einen Aspekt »*vorgezogene Nachmittagsspitze*« definieren und diesen über den Kalender allen Freitagen zuordnen? Eigentlich könnte man sämtliche Unterschiede zwischen `TagesArten` – auf Basis eines einzigen Standardtags – durch geeignete Aspekte beschreiben.

Faktorisierung der `TagesArten`

Wenn wir den Effekt, dass viele Berufstätige vor dem Wochenende die Arbeit etwas früher verlassen, in Form eines eigenen Aspekts isoliert haben, dann ist es nicht mehr schwer, diesen Aspekt im Einzelfall auch anderen Kalendertagen als dem Freitag zuzuordnen, wie etwa dem Gründonnerstag. Ähnliches gilt für den Montag. Er ist seinem Wesen nach der erste Arbeitstag nach einem Feiertag. Der Dienstag nach Pfingsten ist in diesem Sinne eher ein »Montag« als ein »Dienstag«. Ein Sonntag, auf den ein weiterer Feiertag folgt (Ostersonntag), könnte einen Aspekt »*arbeitsfreier Folgetag*« tragen, während normale Sonntage diesen Aspekt nicht haben.

Transparenz im Fahrplan?

Vielleicht fragen Sie sich als Leser, wie man dies denn dem Fahrgast erklären soll. Der Fahrplan muss schließlich einigermaßen einfach und übersichtlich bleiben. Die Antwort liegt darin, dass viele der Effekte, um die es hier geht, sich eher in internen Abläufen der Verkehrsbetriebe niederschlagen. Für die Nachmittagsspitze werden möglicherweise größere Fahrzeugtypen oder Verstärkerfahrten eingesetzt, die im Fahrplan ohnehin nicht auftauchen. Der Wechsel von einem Feiertag zum ersten Werktag betrifft oft die Abstellorte von Fahrzeugen und die Dienste an der Tagesgrenze. Auch umgekehrt lässt sich argumentieren: Wenn wir beispielsweise davon ausgehen, dass am letzten Arbeitstag vor einem Wochenende oder an einem Feiertag die Menschen abends immer besonders unternehmungslustig sind, können wir ein spezielles Verkehrsangebot mit dem Aspekt »*Nachtschwärmer*« machen und auch so im Fahrplan ausweisen (»an Werktagen, auf die ein Samstag oder Feiertag folgt«).

Tagesarten als Ausprägungen eines enumerativen Aspekts

Eine andere Art der Modellierung von `TagesArten` durch `Aspekte` könnte darin bestehen, einen `Aspekt` namens *Tagesart* einzuführen und die bisher definierten `TagesArten` als zugehörige `AspektAusprägungen` aufzufassen. Dies hätte den Vorteil, dass die Eindeutigkeit von TagesArten (es kann nicht gleichzeitig Montag und Freitag sein) automatisch sichergestellt wird.

Ausdehnung auf Versionen

Im Prinzip spricht auch nichts dagegen, die *Versionen* der Planung als Ausprägungen eines `Aspekts` namens »Version« aufzufassen. Das Modell in Abbildung 6-1 deutet an, dass auch Elemente der Infrastruktur aspektbehaftet sein können: Beispielsweise wird eine bestimmte `Linie` (samt ihren `Fahrwegen`) normalerweise ab einer bestimmten `FahrplanVersion` neu eingeführt. Die entsprechenden `PlanungsObjekte` – in diesem Fall etwa die neuen `NetzPunkte` – erhalten als Bestandteil ihres `GültigkeitsTerms` die entsprechende Fahrplanversion zugewiesen. In der Folge werden andere `PlanungsObjekte`, wie etwa `Fahrten`, welche diese `NetzPunkte` berühren, den Bezug zu dieser Fahrplanversion »erben«.

Ordinale Ordnung von Ausprägungen

Im Zusammenhang mit *Versionen* als Aspekten benötigt man ein Ordnungsprinzip für `AspektAusprägungen`, d. h., es muss möglich sein, zwei Ausprägungen eines `Aspekts` miteinander zu vergleichen. In der Regel wird es nämlich so sein, dass eine Haltestelle »ab einer bestimmten Fahrplanversion« angefahren wird. Die natürliche Darstellung des entsprechenden Terms würde so lauten:

```
(Fahrplanversion >= 16.1)
```

Gruppierung von Ausprägungen

In manchen Fällen ist es sinnvoll, `AspektAusprägungen` zu gruppieren. Hat man die Wochentage einzeln als Ausprägungen eines `Aspekts` *Tagesart* modelliert, so möchte man doch oft zusätzlich die Ausprägung *Werktag* in der Planung benutzen können. *Werktag* ist dabei jedoch keine zusätzliche normale Ausprägung der *Tagesart*, sondern ergibt sich definitorisch aus der Gruppierung (*Mo ... Fr*).

Übergänge zwischen `AspektAusprägungen`

In der Praxis bereiten die zeitlichen Übergänge zwischen unterschiedlichen `AspektKonstellationen` besondere Probleme in der Planung. Man muss aufpassen, dass Fahrzeuge und Crews am richtigen Einsatzort verfügbar sind und dass die Regeln zur Ruhezeit für Fahrer zwischen deren Diensten auch an diesen »Nahtstellen der Planung« eingehalten werden. Der Übergang kann die Tage rund um den Fahrplanwechsel betreffen (Versionsübergang) oder auch beispielsweise den Übergang von einem Sonntag zu einem Werktag. Bei der Definition *mehrtägiger Umläufe*, wie sie im Regional- und vor allem im Fernverkehr vorkommt, ist es unverzichtbar, die `GültigkeitsTerme` von `PlanungsObjekten` auf eine bestimmte zeitliche Folge von `AspektKonstellationen` zu beschränken.

Temporale Logik

Eine weitere Generalisierung des Konzepts der Aspekte wäre durch die Einführung einer temporalen Logik möglich. Ein Term wie

```
((TagesArt=Werktag)&(TagesArt(t+1)=Werktag))
```

könnte ein Szenario von zwei zusammenhängenden Werktagen bezeichnen, ohne dass man sich dabei darauf festlegen müsste, ob es um *Mo–Di, Di–Mi, Mi–Do* oder *Do–Fr* geht.

Obligatorische Aspekte

Vom Grundgedanken her sind Aspekte fakultative Zusatzeinflüsse, die ein Basisleistungsangebot verändern. Bei einer Ausdehnung des Konzepts auf *TagesArten* und *Versionen* wäre es vermutlich sinnvoll, *obligatorische* Aspekte einzuführen, d.h. die Sonderstellung des negierten Aspekts aufzuheben. Dies würde sich weniger auf die interne Logik auswirken, sondern mehr auf die Benutzeroberfläche: Bei obligatorischen Aspekten muss der Benutzer immer eine Ausprägung angeben, und diese wird auch immer angezeigt.

Fixierung von Aspekten auf der Zeitachse

Eine letzte Möglichkeit der Erweiterung sei noch angedeutet: Es mag Fälle geben, in denen man bereits in der Planung für bestimmte `PlanungsObjekte` einen festen Kalendertag im Auge hat. Für solche Ausnahmefälle könnte man einen `Aspekt` einführen, dessen Ausprägungen die *konkreten Kalendertage* sind. Dieser ultimative Erweiterungsschritt würde es erlauben, die heute in vielen Planungssystemen eingebauten »tagesscharfen Ausnahmen« über dasselbe generische Konzept abzuhandeln wie alle anderen Planungsfaktoren. Es läge dabei natürlich in der Verantwortung entsprechend aufgeklärter Benutzer, diese Erweiterung nur behutsam einzusetzen.

Hohes Potenzial des Konzepts

Wir haben das Konzept der Aspekte ausführlich vorgestellt, weil wir darin das Potenzial sehen, die historische Vielfalt von Versionierungs- und Gültigkeitsmechanismen zu vereinheitlichen, die heute in vielen Softwaresystemen anzutreffen ist. `Aspekte` sind geeignet, die enorme Komplexität von Planungsprozessen im ÖPV mit einem einzigen, ganzheitlichen Lösungsansatz abzudecken. Sie sind ursachenbezogen und können frei kombiniert werden. `Aspekte` können dazu benutzt werden, `PlanungsObjekte` zweckgebunden einem Plan hinzuzufügen, zu modifizieren oder sie zu unterdrücken. Während beim einfachen Editieren eines Plans Änderungen oder Löschungen allenfalls unmittelbar während des Bearbeitungsvorgangs rückgängig gemacht werden können, merkt sich eine `Aspekt`-basierte Planung die Ursachen für Veränderungen dauerhaft; entfallen einzelne Ursachen, so werden die mit ihnen verbundenen Änderungen zurückgenommen, d. h., unterdrückte Objekte leben wieder auf, Modifikationen werden zurückgenommen, und hinzugefügte Objekte, die dem geänderten Aspekt zugeordnet waren, verschwinden wieder.

Schwierigkeiten bei der Umsetzung

Die Entwicklung einer Planungssoftware, die `Aspekt`-orientiert arbeitet, stellt eine große Herausforderung dar. Das Konzept ist ziemlich abstrakt – man muss sehr darauf achten, es in einer Weise an der Bedienoberfläche zu präsentieren, die der Denkweise des Planers entspricht und auch dann noch übersichtlich bleibt, wenn die Zahl der Aspekte im deutlich zweistelligen Bereich liegt. Es ist nicht ganz einfach, die Verknüpfungslogik für Aspekte zu implementieren. Zudem handelt es sich um ein Querschnittkonzept, das nur mit erheblichem Aufwand in bestehende Systeme nachträglich eingebaut werden kann. Und last not least droht bei einer naiven Implementierung die Gefahr von Performancebeeinträchtigungen.

Perspektive

Wir glauben, dass diese Probleme lösbar sind und dass im Laufe der Zeit Systeme auf den Markt kommen werden, die über ein durchdachtes Set von Aspekten folgende Sachverhalte mit einem einzigen Lösungsansatz abdecken werden:

- Versionsbildung – getrennt nach Planungsstufen: Infrastruktur, Leistungsangebot/Fahrten, Umläufe, Dienste
- Tagesarten
- Saisonphänomene (Badezeit, Skisaison)
- Baustellen – mit gebietsbezogener Gruppierung
- Großereignisse – Messe, Sportveranstaltung, Volksfest
- Eventualplanung für massive Störungen – Hochwasser, Streik, Tunnelblockade, Demonstrationen
- Kausale Zuordnung nutzergruppenspezifischer Leistungsangebote – Schüler, Studenten, Firmenverkehr
- Planspiele und Umsetzung bei strukturellen Leistungsänderungen – anderer Tarifvertrag, Verlagerung/Schließung von Betriebshöfen, neue Fahrzeugtypen, Auslagerung von Leistungen an Subunternehmen
- Übergänge zwischen Aspektausprägungen – Fahrplanwechsel, mehrtägige Reihenfolgebedingungen
- Tagesbezogene Ausnahmen – Sonderfälle

6.2 IT-Architektur von Planungssystemen

Isolierte Programme

IT-Systeme für die Verkehrsplanung sind extrem kompliziert. Es verwundert daher nicht, dass solche Softwaresysteme früher so gebaut wurden, dass sie jeweils nur eine einzelne Teilaufgabe erfüllten, also beispielsweise aus einer Fahrtenmasse eine Menge von Umläufen bildeten. Das Weiterreichen von Daten wurde durch Export- und Importvorgänge organisiert; bedingt durch die historische Entwicklung der Rechnerwelten kamen zudem unterschiedliche Betriebs- und Datenhaltungssysteme zum Einsatz. Die IT-Systeme dieser Generation fühlen sich schwerfällig an und prägen durch ihre sequenzielle Verkettung den Arbeitsprozess des Benutzers unnötig stark (»Einbahnstraße«, »Eimerkettenprinzip«).

Integrierte Systeme

Über mehrere Integrationsschritte und oft auch durch völlige Neuentwicklung entstanden daraus moderne, integrierte Systeme, die sich durch folgende Eigenschaften auszeichnen:

- Authentisierung — Es gibt einen einheitlichen Zugang zum Gesamtsystem (Benutzerkennung/Passwort, Chipkarte/PIN), möglichst eingebettet in bereits im Unternehmen vorhandene Authentisierungsverfahren (LDAP).
- Autorisierung — Die Vergabe von Berechtigungen ist zentralisiert; sie kann nach der Art (Lesen, Verändern, Rechte erteilen) und nach inhaltlichen Kriterien (Module, Funktionen, Objekte) differenziert werden.
- Rollen, differenzierte Berechtigungen — Es wird zwischen der Person des Benutzers und seiner Rolle im Planungsprozess unterschieden – eine Person kann mehrere Rollen haben; es gibt Vertretungsmöglichkeiten; Berechtigungen können auf Zuständigkeitsbereiche eingeschränkt werden.
- Erscheinungsbild — Es gibt eine einheitliche Menustruktur, und die Benutzeroberfläche ist »aus einem Guss«; wiederkehrende Aufgaben, wie die Auswahl einer Menge von Fahrten zur Bearbeitung, zum Ausdruck, zur Freigabe usw., sind nur einmal implementiert und werden wiederverwendet[7].
- Parallele Sichten, Konsistenz — Wenn ein Objekt in mehreren Fenstern des Systems gleichzeitig angezeigt wird, dann werden Änderungen an diesem Objekt automatisch in jedem Fenster aktualisiert.
- Funktionale Abstraktion — Algorithmen, die an mehreren Stellen benötigt werden, wie etwa die *Abwicklung einer Fahrt* (d.h. das Ermitteln der absoluten Haltezeitpunkte auf Basis von Fahrzeitprofilen), sind nur einmal implementiert.
- Prozessorientierung — Das IT-System bietet nicht nur Einzelfunktionen, zwischen denen der Benutzer hin und her navigieren muss, sondern es unterstützt geschäftsprozessbezogene *Dialogfolgen*, d.h., es geht von einem fachlichen Anlass aus und nimmt den Benutzer bei der Durchführung der notwendigen Schritte an die Hand. Arbeitsfolgen sind nicht starr »verdrahtet«.
- Integrität durch zentrale Datenbank — Das System beruht auf einer zentralen Datenbank, die auf einer anderen Systemarchitektur laufen kann als der Arbeitsplatzrechner des einzelnen Planers.

7. Ähnlich wie etwa der *Dateiauswahldialog* in Betriebssystemen.

- Das System wickelt wichtige Rechenoperationen und fachliche Kernfunktionen auf einer Plattform ab, die (optional) vom Arbeitsplatzrechner des Planers abtrennbar ist (Applikationsserver). Dadurch entsteht Skalierbarkeit und technische Effizienz durch gemeinsam genutzte Ressourcen. Wartung und Fehlerbehebung vereinfachen sich.

Application Server

- Das System ist modular aufgebaut, fachliche Module sind austauschbar; dennoch gibt es keine zum Benutzer hin erkennbaren Brüche zwischen den einzelnen Teilen des Gesamtsystems.

Modularisierung, Homogenität

- Für die Anbindung von Nachbarsystemen (Disposition, Steuerung, Lohnabrechnung) gibt es definierte Protokolle und Interfaces. Wenn nicht Effizienzgründe dagegensprechen, werden möglichst abstrakte, systemunabhängige Protokolle (wie etwa XML/SOAP) eingesetzt.

Schnittstellen

6.3 Fahrplanung

Fahrplanung hat den Anspruch, die gesamte Beförderungsleistung für jeden Tag einer Fahrplanperiode exakt festzulegen. Das Ergebnis der Fahrplanung schlägt sich für den Fahrgast im veröffentlichten Fahrplan nieder. Bestimmte Details der Planung – wie etwa Verstärkerfahrten[8] – sind allerdings nur für die Innensicht des Verkehrsbetriebs bestimmt.

Umfang des Verkehrsangebots

Die Planung des Verkehrsangebots beruht auf statistischen Annahmen und auf Erfahrungswissen über die voraussichtliche Nachfrage. Manche Länder erkennen zudem eine staatliche Verpflichtung zur allgemeinen Daseinsvorsorge an und leiten daraus die Notwendigkeit ab, auch in strukturschwachen Gebieten ein Mindestangebot an öffentlichem Personenverkehr zu errichten – obwohl dies unter strikt wirtschaftlichen Gesichtspunkten oft nicht kostendeckend ist. Die Definition des Fahrplans ist daher ein Prozess, der der politischen Willensbildung und Einflussnahme unterliegt (vgl. Kap. 5).

Fahrplanvorgabe und Umsetzung

Als Ergebnis der Bedarfsdiskussion entsteht in aller Regel ein Rahmen-Fahrplan, der zumindest vorgibt, auf welchen Strecken an welchen Tagen in welcher Taktdichte Fahrzeuge verkehren sollen. Oft werden auch zentrale Umsteigemöglichkeiten festgelegt. Es ist Aufgabe des Verkehrsunternehmens, diese Vorgaben in einen exakten Plan umzusetzen.

Bedarfsverkehr

Im Ausnahmefall entschließen sich Gebietskörperschaften (die sog. »Bedarfsträger«, vgl. Kap. 12) dazu, das Verkehrsangebot nicht allgemein im Vorhinein festzulegen, sondern auf den aktuellen Bedarf mehr oder minder spontan zu reagieren. Dann kommen entsprechende Modelle wie »Ruftaxi« oder diverse Spielarten von »Bedarfsverkehren« ins Spiel. Es gibt zwar immer wieder Anläufe, solche Systeme zu fördern und zu etablieren, sie haben insgesamt jedoch in Deutschland keinen großen Stellenwert. Wir haben sie in diesem Buch ausgeklammert, da sie von ihrem Wesen her und auch von den dafür benötigten Softwaremodellen mehr Gemeinsamkeiten mit typischen Auftragssteuerungssystemen haben als mit dem fahrplangebundenen öffentlichen Personenverkehr.

8. Im Busverkehr: der Einsatz eines weiteren Fahrzeugs, das dicht an einer Fahrplanfahrt verkehrt, um die Fahrgastkapazität zu erhöhen.

Tagesverlauf der Verkehrsnachfrage

Die übliche Kurve aus einer klar ausgeprägten »Morgenspitze« und einem breiteren »Nachmittagsbuckel« hat sich im Lauf der letzten Jahrzehnte etwas geglättet. Entzerrte Arbeits- und Ladenöffnungszeiten, Heimarbeitsplätze, versetzte Schul- und Werksferien und ein Rückgang der Ausnahmestellung von Samstagen und Sonntagen führen dazu, dass für das gleiche Gesamtverkehrsaufkommen heute der Spitzenbedarf an Fahrzeugen geringer ist als früher und die Auslastung gleichmäßiger ist. Die morgendliche Lastspitze erfordert jedoch nach wie vor besondere Anstrengung: Oft sitzen in dieser Zeit auch Mitarbeiter am Steuer, die ansonsten eine andere Tätigkeit in der Werkstatt oder im Büro ausüben.

Sollzustand

Planung zielt immer auf einen Sollzustand. Abweichungen können durch vielfältige Ursachen entstehen: Von der gesperrten Strecke über defekte Fahrzeuge, erkrankte Fahrer bis hin zur Baustelle oder den Naturgewalten. Wie bereits erwähnt ist es Aufgabe der *Disposition* (Kap. 7) – manchmal auch einer kurzfristigen *Umplanung* –, auf solche Faktoren zu reagieren, wenn sie rechtzeitig genug bekannt werden. Sind bereits Abweichungen entstanden, so bemüht sich die *Steuerung* (Kap. 8) um eine geordnete Rückkehr in den Sollzustand.

Schienenverkehr

Generell kann man beobachten, dass Planungsprozesse bei Bahnbetrieben noch wichtiger und detaillierter sind als bei Busbetrieben oder Fähren. Durch die Bindung an die Schiene und die Beschränkung der Ausweich-, Umleitungs- und Überholmöglichkeiten muss jede Fahrzeugbewegung im Schienenverkehr präzise geplant werden, und zwar auch dann, wenn es um interne Betriebsfahrten geht.

Betriebsgröße

Kleinere Verkehrsbetriebe (etwa typische Regionalverkehrsbetriebe im ländlichen Raum), die unter starkem Wettbewerbsdruck stehen, agieren flexibler und kurzfristiger als große Stadtverkehrsbetriebe. Wenn die Rollen des Fahr- und Umlaufplaners und die Rolle des Disponenten in einer Person zusammenfallen, werden Prozesse naturgemäß nicht so eindeutig abgegrenzt, wie wir es in den folgenden Kapiteln beschreiben. Das Planungsteam im Verkehrsbetrieb einer mittleren Stadt besteht aus zwei bis drei Personen; in sehr großen Städten beschäftigen sich jedoch durchaus zwanzig Mitarbeiter mit der Planung von Fahrten und Umläufen[9].

Anschlüsse

Planung erstreckt sich nicht nur auf das einzelne Verkehrsunternehmen, sondern auch auf Übergänge zu anderen Verkehrsträgern. Aus der Sicht des Fahrgasts sollen alle Beförderungsangebote ineinandergreifen, so dass Umsteigevorgänge planbar und Gesamtfahrzeiten sicher vorhersehbar sind.

9. Rechnet man noch Disponenten und Leitstellenmitarbeiter hinzu, so kommt man auf eine dreistellige Anzahl, da hier anders als in der Planung auch Schichtbetrieb erforderlich ist.

6.3.1 Fahrten

Taktverkehr

Im Nah- und Regionalverkehr, aber teilweise auch im Fernverkehr ist die Bindung von Abfahrtszeiten an einen festen Takt üblich. Ein stabiler, dichter Takt steigert die Attraktivität des ÖPV. Bei schwankender Nachfrage passt man die Taktdichte im Tagesverlauf an. Werden Strecken von mehreren Linien gemeinsam bedient, so wird man zusätzlich versuchen, den Takt zwischen den Linien so zu verschränken, dass insgesamt ein annähernd gleichmäßiger Fahrzeugabstand entsteht. An Umsteigepunkten ist es hingegen vorteilhaft, wenn Fahrzeuge unterschiedlicher Linien dicht hintereinander eintreffen und gemeinsam abfahren, so dass Fahrgäste über Kreuz mit wenig Zeitverlust wechseln können.

Synchronisation

Fahrplanungssysteme stützen sich auf die `Fahrwege`, die in Kapitel 5 beschrieben wurden, d. h., sie kennen für jede `Strecke` die jeweilige `FahrZeit` und `HalteZeit`[10]. Für die Verzahnung von Taktrhythmen ist es zweckmäßig, wenn für jeden Fahrweg ein bestimmter `HalteOrt` als *zeitlicher Synchronisationspunkt* festgelegt wird. Meist ist dies ein Punkt, an dem sich mehrere Linien kreuzen. Der Fahrplaner legt für diesen Ort den Abfahrtszeitpunkt jeder `Fahrt` fest, und das Planungssystem errechnet daraus durch Addition und Subtraktion die Ankunfts- und Abfahrtzeiten an allen anderen Haltestellen des Fahrwegs. Der Fahrplaner konzentriert sich also nicht so sehr auf die Endhaltestellen der einzelnen Fahrwege, sondern auf zentrale Umsteigemöglichkeiten.

Taktsprünge

Beim Verdichten oder Verdünnen des Takts und an den zeitlichen Randbereichen des Fahrplanangebots kommt es zu »Sprüngen«. Wenn beispielsweise zu bestimmten Tageszeiten ein Streckenabschnitt von zwei und zu anderen Zeiten von drei Linien befahren wird, so soll der Übergang möglichst weich sein.

> Verkehren drei Linien jeweils mit einer Taktdichte von 15 Minuten, so wäre eine Bedienung des gemeinsamen Streckenabschnitts im 5-Minuten-Abstand ideal. Fällt zu bestimmten Zeiten eine Linie weg, so würde sich ein Taktmuster der Art »5-10-5-10-...« ergeben. Die Fahrzeuge, die nach 10 Minuten Wartezeit eintreffen, werden dabei sehr voll. Besser wäre ein Muster der Art »7-8-7-8-...«. Dies bedeutet jedoch, dass das Abfahrtszeitmuster bei einer der anderen beiden Linien verändert werden muss. Für die Fahrgäste dieser Linie entsteht ein unmotivierter Taktsprung, den sie sich merken müssen. Will man dies vermeiden, so kann man von vornherein einen Kompromiss suchen: Ein Muster wie »7-5-3-7-5-3-...« kann auf »7-8-7-8-...« ohne Taktsprung ausgedünnt werden.

Dominanz des Takts

Die Liebe der Fahrplaner und der Fahrgäste zu festen Taktzeiten geht so weit, dass man sie mitunter selbst dann noch verwendet, wenn sie erfahrungsgemäß nicht ganz eingehalten werden können, etwa bei Bussen ohne eigene Verkehrsspur im Berufsverkehr. »Leicht zu merken« ist manchmal wichtiger und sinnvoller als eine komplizierte empirische Wahrheit. Takte und absolute Abfahrtszeiten stellen aus Fahrgastsicht ein wichtiges Qualitätsmerkmal des ÖPV dar. Verkehrsplaner versuchen daher, den gesamten Fahrplan so zu konstruieren, dass lastarme Tage, wie

10. Wie beschrieben hängen Fahr- und Haltezeiten von `FahrZeitProfilen` ab.

etwa Sonntage, einfach eine Teilmenge des Wochentagsfahrplans darstellen. Dies erleichtert zudem eine rationelle Bearbeitung bei Änderungen.

Umsteigezeiten

Das gleichmäßige Verschränken von Takten ist unter dem Gesichtspunkt der Fahrzeugauslastung sinnvoll – jedoch für umsteigende Fahrgäste nicht optimal. Die oben erwähnte Basis-Synchronisation von Linien betrachtet einen einzelnen, zentralen Punkt und kann dort für »Rendezvous-Manöver« sorgen, wenn es die räumlichen Gegebenheiten zulassen. Linien kreuzen sich jedoch oft auch an anderen Punkten. Die relative Lage der Abfahrtszeiten an diesen Punkten ergibt sich automatisch aus den Fahrzeiten, kann jedoch mitunter sehr ungünstig sein. Der Fahrplaner wird in solchen Fällen zusätzliche Haltezeiten einfügen. Dabei bedenkt er, dass Umsteigeströme oft eine *tageszeitabhängige Vorzugsrichtung* haben. Eine asymmetrische Verteilung der Wartezeiten kann daher durchaus im Sinne der Fahrgäste sein.

Puffer einbauen

Ob später bei der tatsächlichen Ausführung ein Fahrplan eingehalten werden kann und die erhoffte Takttreue wirklich eintritt, hängt von vielen Unwägbarkeiten ab. Der Fahrplaner kann jedoch die Wahrscheinlichkeit dafür ein wenig steigern. Wenn er einfach pauschal überall Puffer addiert, verschlechtert sich allerdings die Gesamteffizienz. Es gibt einen besseren Weg. Er beruht darauf, dass *Verspätungen zwar unerwünscht sind, Verfrühungen jedoch inakzeptabel.* Die Fahrzeit jeder einzelnen Teilstrecke eines Fahrwegs ist eine statistische Größe. Weist man bei einer Fahrt jeder Strecke die statistisch wahrscheinlichste Fahrzeit als Planzeit zu, so ergibt sich eine Asymmetrie:

- Treten im vorderen Teil des Fahrtverlaufs Verspätungen auf, so können diese im hinteren Teil möglicherweise wieder eingeholt werden.
- Kommt das Fahrzeug jedoch im ersten Teil des Fahrtverlaufs besonders rasch voran, so nützt dies nichts, da die Zeit sofort »verschenkt« werden muss, um Verfrühungen zu vermeiden.
- Kommt es dann im zweiten Teil einer solchen Fahrt zu Verzögerungen, so werden diese bis zur Endhaltestelle verschleppt, im ungünstigen Fall sogar darüber hinaus.

Kompensation

Der Fahrplaner kann – natürlich mit Augenmaß – gegensteuern, indem er die Planzeiten im vorderen Teil eines Fahrwegs etwas knapper vorgibt, im hinteren Teil jedoch etwas großzügiger. Er kalkuliert also statistisch eine kleine mittlere Verspätung in der ersten Streckenhälfte ein und baut so einen Sicherheitspuffer für Verspätungen auf, die im zweiten Teil des Fahrwegs auftreten können.

Sekundengenau?

Das Ziel, Verfrühungen zu vermeiden, legt eine spezielle Rundungslogik nahe: Falls Fahrzeiten sekundengenau erfasst werden, so könnte man in der Außendarstellung bei *Ankünften* auf ganze Minuten aufrunden, bei *Abfahrten* abrunden.[11]

Identifikation einer Fahrt

Im Regional- und Fernverkehr steht die einzelne Fahrt im Vordergrund. Der Planer identifiziert sie durch die manuelle Zuweisung eines individuellen Schlüsselbegriffs, etwa einer Zugnummer. Bei dichten Takten im Nahverkehr dominie-

11. Viele gängige Systeme runden allerdings immer ab, u. a. damit Abholer frühzeitig genug erscheinen.

ren hingegen die *Linie* und der *Takt*. Man überlässt es dort vielfach den IT-Systemen, einen Identifikationsbegriff für die einzelne Fahrt auf schematische Art zu bilden – im Prinzip würde eine Zufallszahl genügen, doch oft wünschen sich Planer »sprechende Identifikationsbegriffe«. Da Letztere aus der Sicht von Softwaresystemen gravierende Nachteile haben, verwenden viele IT-Systeme einen hybriden Ansatz: Intern werden technische Identifikationsbegriffe verwendet, dem Benutzer hingegen werden »Fahrt-IDs« angezeigt, die nach seinen Vorstellungen gebildet werden[12]. Dies hat den Vorteil, dass die Art der Nummernsystematik konfigurierbar ist.

Kursnummern

In der Praxis trifft man gelegentlich auf ein Kennzeichnungsschema für Fahrten, das auf *Kursnummern* beruht. Es zielt vor allem auf die *Ausführung* der Fahrten und setzt voraus, dass bereits `Umläufe` geplant worden sind[13]. Die Kursnummer gewährleistet zusammen mit der *Liniennummer* Eindeutigkeit, allerdings nur in sehr eingeschränktem Umfang. Das Prinzip beruht darauf, dass man gedanklich die *Fahrzeuge* identifiziert, die *zeitgleich* auf einer Linie fahren[14]. Beträgt beispielsweise bei einer Gesamtfahrzeit (Hin- und Rückrichtung inkl. der Haltezeiten an den Endhaltestellen) von 80 Minuten die Taktfolge 10 Minuten, so nummeriert man die Fahrten zyklisch von 1 bis 8 durch. Die Fahrt um 16:03 (ab Rathaus) erhält auf diese Weise z. B. die Kursnummer 5; die Fahrt um 17:23 wird wieder vom selben Fahrzeug ausgeführt und hat daher ebenfalls die Kursnummer 5. Trotz ihrer Mehrdeutigkeit ist diese Art der »Identifikation« für die Mitarbeiter in einer Leitstelle nützlich, denn die Fahrt um 17:23 kann ja erst beginnen, wenn das Fahrzeug die vorherige Fahrt beendet hat. Ein Rundruf an die Kurse 1…8 der Linie 7 ist zu jedem Zeitpunkt eindeutig definiert – er betrifft genau die Fahrten, die gerade *aktiv ausgeführt* werden.

Kurswagen

Für den Fahrgast hat die `Fahrt` neben der Festlegung des Fahrwegs und der Abfahrtszeiten die Bedeutung, dass er im `Fahrzeug` sitzen bleiben kann, solange er sich entlang des `Fahrwegs` bewegt. Bei Bahnbetrieben kommt es immer wieder vor, dass Züge einmalig oder sogar mehrmals im Fahrtverlauf verändert werden (Zugteilung, Schwächung, Stärkung); dadurch ist die vom Fahrgast erwartete Fahrtkontinuität bedroht. Über die Definition von *Kurswagen* kann der Planer festlegen, welche Zugteile wohin fahren; insbesondere kann er gewährleisten, dass bestimmte Wagen wirklich über die gesamte Fahrtstrecke hinweg im Zug verbleiben[15].

Ein- und Ausstiegsverbote

Fahrgäste erwarten, dass sie an jedem veröffentlichten `HalteOrt` einer `Fahrt` ein- und aussteigen können. Über ein Einstiegs- oder Ausstiegsverbot kann der Planer festlegen, dass bestimmte Haltevorgänge im Fahrplan nicht erscheinen. Oder er kann solche Haltevorgänge explizit als »nur Ausstieg« oder »nur Einstieg« kennzeichnen.

12. Die Bildungsvorschrift muss natürlich Eindeutigkeit gewährleisten.
13. Das Prinzip der internen technischen Identifikationsbegriffe schafft die Voraussetzung dafür, dass fachlich Schlüssel und ergänzende Kennzeichnungen einer Fahrt nachträglich vergeben und bequem geändert werden können.
14. Manche Verkehrsbetriebe dehnen das Verständnis von »zeitgleich« auf den ganzen Tag aus; die Kursnummer mutiert dadurch zu einer Art Umlaufnummer, die für eine Linie an einem Tag eindeutig ist.
15. Kurswagen bzw. »Durchbindungen« haben wir im ITVU-Modell ausgespart.

Ein typisches Beispiel ist die letzte Fahrt eines Tages bei einer Buslinie stadtauswärts. Da man aus Erfahrung weiß, dass bei den letzten fünf Haltestellen (ab Maiglöckchenweg) praktisch niemand mehr zusteigen wird, stellt man die entsprechenden Abfahrtszeiten auf den Aushangfahrplänen dieser Stationen nicht dar. Ist das Fahrzeug bereits am Maiglöckchenweg leer, so kann es von dort direkt zum Betriebshof fahren. Sitzen hingegen noch Fahrgäste im Bus, so fährt er so lange weiter, bis der letzte Fahrgast ausgestiegen ist.

Ein anderes Beispiel: Halten Fernzüge innerhalb großer Städte an mehreren Bahnhöfen, so sieht der Planer zu Beginn nur den Zustieg und am Zielort nur den Ausstieg vor. Insider wissen zwar, dass man in Berlin auch mit dem ICE von Berlin-Spandau zum Hauptbahnhof fahren kann, doch in der Fahrplanauskunft erscheinen solche Verbindungen nicht. Dabei mögen neben praktischen Erwägungen auch tarifliche Abgrenzungen zwischen Fern- und Stadtverkehr eine Rolle spielen.

Bei der Fahrplanung für AST-Verbindungen (Anrufsammeltaxi) sorgen Ausstiegsverbote dafür, dass das AST zweckgerecht benutzt wird, also eine Mindestlänge für die Fahrstrecke zustande kommt.

Bausteine einer Fahrt

Innerhalb einer Fahrt wiederholen sich ständig drei Vorgänge:

1. Fahren bis zum nächsten `HalteOrt`
2. Aus- und Einsteigen der Fahrgäste (Fahrgastwechsel)
3. Warten auf den planmäßigen Abfahrtszeitpunkt

Die Fahrzeit (1) hängt von der Strecke und vom Fahrzeitprofil ab, mitunter auch vom Fahrzeugtyp. Die Untergliederung der Stillstandszeit in *Fahrgastwechseldauer* (2) und *Wartezeit* (3) hat den Vorteil, dass in der Planung und bei der späteren Überwachung der Durchführung jederzeit transparent ist, welche Potenziale zum Aufholen einer Verspätung bestehen. Aus Fahrgastsicht ist es natürlich ideal, wenn die Wartezeit (3) möglichst gering ist. In der Planung kann man beim Aufbau einer Fahrt entweder die Wartezeiten vorgeben und daraus die Abfahrtszeiten errechnen oder umgekehrt.

Gespeicherte und berechnete Daten

Wie bereits in Abschnitt 5.1 dargestellt, trägt die `Fahrt` im ITVU-Modell lediglich Bezüge zum Start- und Zielort sowie zu einem Referenzort, für den die Abfahrtsuhrzeit festgelegt wird. Zusammen mit den Verweisen auf den `Fahrweg`, auf das `FahrZeitProfil` und auf die Haltevorgänge (`HaltBeiFahrweg`) *lässt sich daraus der komplette Verlauf einer Fahrt errechnen*, also die Abfahrts-, Ankunfts- und Aufenthaltszeit an allen Halteorten sowie Entfernungen und mittlere Geschwindigkeiten. Das dafür notwendige Rechenverfahren (= die »Fahrtabwicklung«) spart enorm Speicherplatz, kostet aber auch jedes Mal Rechenzeit, wenn eine Fahrt ausführlich dargestellt werden soll. Um diesen Rechenaufwand wenigstens in den Fällen einzusparen, in denen man nur den zeitlichen Beginn und das zeitliche Ende einer Fahrt abfragen will, werden diese beiden Zeiten meist redundant als Attribute der Fahrt abgespeichert.

Fahrtabwicklung

Da Lesezugriffe im Verhältnis zu Änderungen an den Daten einer Fahrt weitaus überwiegen, gibt es spezielle Auskunftssysteme[16], die abgewickelte Fahrten vollständig abspeichern. Sie müssen allerdings erkennen können, ob ihre Datengrundlage noch aktuell ist, um Fehlauskünfte zu vermeiden. Auf jeden Fall müssen sie die vorsorglich gespeicherten Daten inkrementell aktualisieren können. Wenn also beispielsweise ein `FahrZeitProfil` verändert wird, müssen genau die Fahrten neu abgewickelt werden, in denen dieses Profil benutzt wird und die betroffene `Strecke` als Teil des `Fahrwegs` vorkommt. Generell ringen Softwareentwickler angesichts der riesigen Datenmengen, die beim Ausrollen (Abwickeln) aller Fahrten entstehen, immer wieder um die richtige Balance aus redundanzarmer Speicherung und schnellem Zugriff.

6.3.2 Der Arbeitsprozess des Fahrplaners

Versionen bilden

Der Fahrgast interessiert sich immer nur für die aktuell gültige Fahrplanversion. Der Planer befasst sich hingegen die meiste Zeit mit der nächsten, noch nicht gültigen Version. Eine typische Folge von Arbeitsschritten sieht für ihn so aus:

- Festlegen, welche Tagesarten und Aspekte in der Planung vorkommen werden. Prüfen, ob sich etwas an Fahrzeugtypen oder Fahrzeitprofilen ändern wird.
- Kopieren des alten Fahrplans und speichern als neue Version.
- Prüfen, welche Aspekte in der neuen Fahrplanversion benötigt werden, veraltetet Aspekte löschen, neue hinzufügen.
- Veränderungen vornehmen, die zum Zeitpunkt der Gültigkeit des neuen Plans eintreten werden bei: Halteorten, Strecken, Fahrzeiten.
- Fahrwege ändern: Linien verlängern, neue Linien hinzufügen.
- Prüfen, welche der kopierten Fahrten weiterhin Bestand haben oder von Änderungen betroffen sind; Fahrten löschen, neu anlegen, verschieben, geänderte Tagesarten berücksichtigen usw.
- Andere (meist größere) Fahrzeugtypen dort einsetzen, wo Fahrzeuge bisher besonders voll waren.
- Feedback einholen, welche Teile im alten Fahrplan stabil funktioniert haben und wo es häufiger zu Abweichungen gekommen ist. Fahrten und Anschlüsse entsprechend korrigieren.

Gerade der letzte Punkt hilft, die Gesamtqualität zu verbessern. Objektive Analysen (Pünktlichkeitsstatistik, Analyse von Störungen, Fahrgastzählung) sind dabei genauso wichtig wie das persönliche Gespräch mit Fahrern. Fehlen Erfahrungswerte, etwa weil ein ÖPV-System in einer Region neu aufgebaut wird, kann man in einem Probebetrieb ohne festen Fahrplan die tatsächlichen Fahrzeiten durch Bordrechner erfassen und zur Grundlage für die Definition von Fahrzeitvorgaben und Fahrzeitprofilen machen.

16. Zielgruppe sind die eigenen Mitarbeiter der Verkehrsbetriebe im Intranet; es geht hier um betriebliche Details wie Leerfahrten und Wagenfolgen, die in der Fahrgastauskunft im Internet keine Rolle spielen; zur Fahrplanauskunft vgl. Abschnitt 6.3.4.

Visualisierung

Der Fahrplaner hat drei elementare Perspektiven, die ihm bei der Problemlösung helfen: die geografische Karte, das Weg-Zeit-Diagramm (Abb. 6-3) und die tabellarische Darstellung. Die Karte hat untergeordnete Bedeutung, da sie räumliche Information unnötig genau darstellt, zeitliche Abläufe jedoch nur schlecht integrieren kann. Weg-Zeit-Diagramme sind anschaulich und helfen, den Überblick über Taktdichten und Anschlussbeziehungen zu behalten; der größte Teil der Arbeit des Fahrplaners beruht jedoch auf tabellarischen Darstellungen, die im Wesentlichen genauso aussehen wie eine klassische Fahrplandarstellung. Die Stärke dieser Darstellung liegt unter anderem darin, dass sie Gemeinsamkeiten über mehrere `TagesArten` hinweg darstellen kann und Änderungen erlaubt, die auf viele Fahrten identisch bzw. analog wirken.

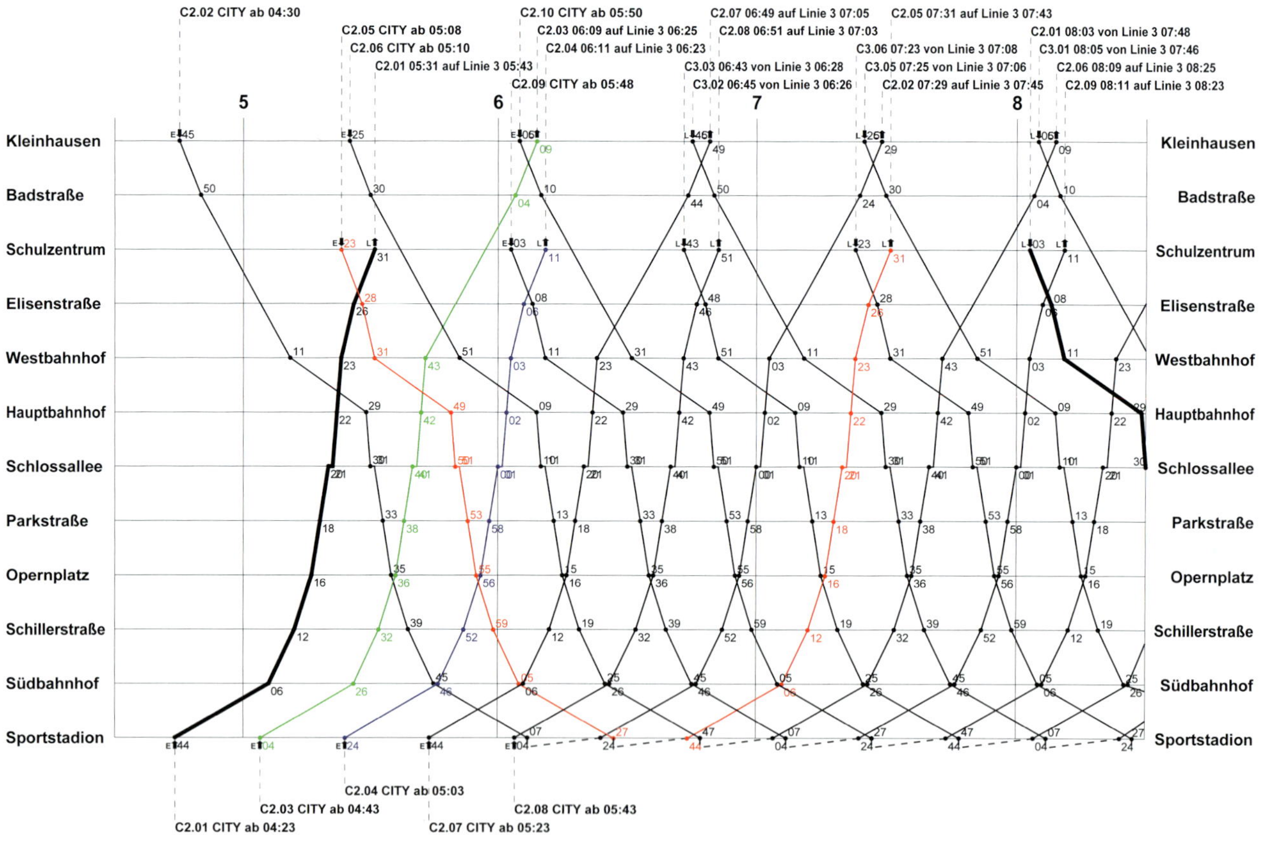

Abb. 6-3 Weg-Zeit-Diagramm

6.3.3 Anschlüsse

Anschlüsse sind aus Sicht des Fahrgasts ein wesentliches Qualitätsmerkmal eines durchdachten Verkehrsangebots; aus Sicht der Verkehrsbetriebe sind sie teuer, denn sie senken die betriebliche Effizienz – nicht nur wegen der zusätzlichen Wartezeiten, sondern auch weil sie Auslöser für Kettenreaktionen bei Störungen sind. Um diese zu begrenzen, baut man in einen Fahrplan rund um Anschlüsse herum mehr Sicherheit ein – auf Kosten der Effizienz.

Regionalverkehr

Für Regionalverkehrsunternehmen sind Anschlüsse besonders wichtig, denn ihre Taktdichte ist mitunter recht dünn. Wenn ein Zug verspätet ist, will der Fahrgast nicht die Rücklichter des Busses sehen, der soeben pünktlich, aber ohne Fahrgäste davongefahren ist. Anschlusskoordination ist daher VU-übergreifend wichtig.

Das ITVU-Teilmodell zur Anschlussbildung ist recht übersichtlich (Abb. 6-4).

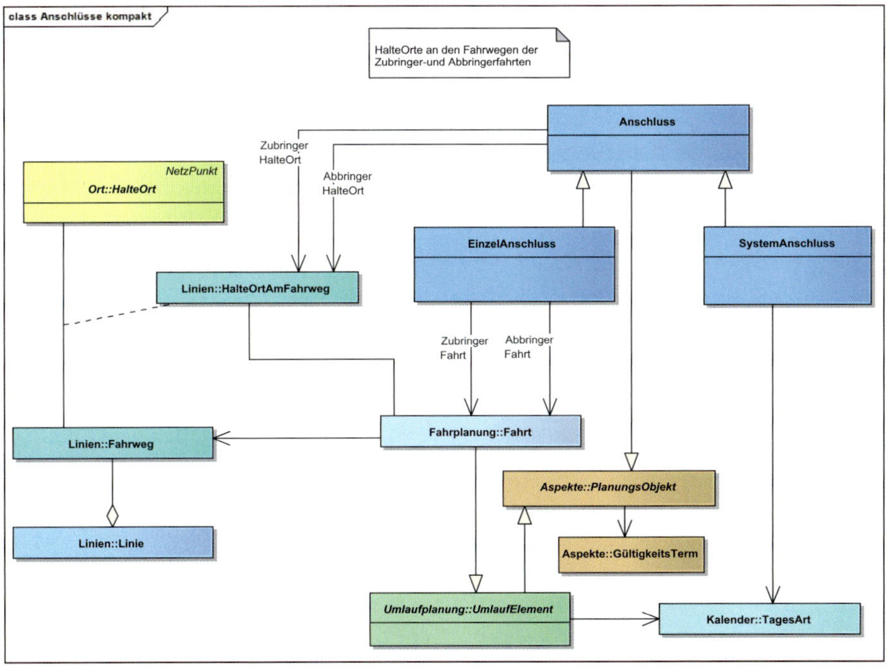

Abb. 6-4
ITVU-Teilmodell zur Anschlussbildung

Lawineneffekte

Die Einhaltung eines im Fahrplan garantierten Anschlusses ist wichtiger als die Pünktlichkeit der einzelnen Fahrt. Damit Verspätungen sich nicht im Gesamtnetz wellenartig ausbreiten und hochschaukeln, verwenden viele Verkehrsunternehmen eine Hierarchie von Fahrten/Linien, bei der nur die unwichtigeren Fahrten auf die wichtigeren warten (`Linie`.*AnschlussPriorität*).

Aspekte

Anschlussvorgaben können mit `Aspekten` behaftet sein (an verkaufsoffenen Sonntagen sollen die zusätzlichen Busfahrten beispielsweise Anschluss zu bestimmten Regionalzügen des Sonntagsverkehrs haben).

Anschluss

Der `Anschluss` verweist auf zwei `HalteOrteAmFahrweg`, nämlich auf den Ort, an dem der umsteigende Fahrgast das Zubringerfahrzeug verlässt und auf den

Ort, an dem er in die Abbringer-Fahrt einsteigt. Fußwegübergangszeiten zwischen beiden Punkten müssen berücksichtigt werden. Die Pflege der Umsteigezeiten erfolgt meist hierarchisch, d.h., man verwendet Defaultwerte für den Übergang zwischen `BetriebsBereichen` (also etwa von der U-Bahn zum Bus), gibt pauschale Werte für Umstiege innerhalb einzelner `HalteBereiche` vor und bessert diese Pauschalwerte für bestimmte *Kombinationen* von `HaltePunkten` nach (vgl. auch Abb. 6-17).

`EinzelAnschluss`

Der `EinzelAnschluss` legt fest, dass eine bestimmte `Fahrt` – die Abbringer-Fahrt – an dem angegebenen `HalteOrtAmFahrweg` auf eine andere Fahrt – die Zubringer-Fahrt – warten soll. Wie lange, lässt sich durch eine Eskalationsstrategie festlegen, die man als Merkmal des Einzelanschlusses festlegt und auf deren Grundlage die Leitstelle im Störfall entscheidet (`Anschluss`.*Priorität*).

`SystemAnschluss`

Der `SystemAnschluss` legt für bestimmte `TagesArten` jeweils einen *Uhrzeitbereich* fest, innerhalb dessen »passende« Fahrten einen `Anschluss` bilden sollen; man gibt dazu eine maximal tolerierbare Übergangszeit vor, die dazu benutzt wird, geeignete Fahrten zu identifizieren. IT-Systeme warnen den Planer, wenn in dem angegebenen Zeitintervall nicht eine wählbare Mindestanzahl von Anschlüssen hergestellt werden kann. Auch hier genügt es nicht, Übergangsmöglichkeiten zu identifizieren, sondern man muss dafür sorgen, dass der Anschluss bei der Fahrplanauskunft explizit ausgewiesen und bei der Fahrtdurchführung auch wirklich hergestellt wird. Für die Frage, ob ein zeitlich passendes Paar von `Fahrten` als `Anschluss` aufgefasst werden soll, werden mitunter zusätzliche Kriterien herangezogen: beispielsweise möchte man manchmal Anschlüsse nicht zu verkürzten Fahrten herstellen, sondern nur zu solchen, die ein weiter entferntes Ziel anfahren.

Klassifikation von Anschlüssen

Manche Verkehrsunternehmen unterscheiden drei Arten von Anschlussbeziehungen:

- **Statistische Übergänge**:
  Sie sind das Ergebnis einer geschickten Planung, die im Normalfall angenehme Übergangszeiten für die wichtigsten Fahrgastströme ermöglicht – ohne dass diese jedoch versprochen oder bei der Ausführung überwacht werden.
- **Betriebliche Anschlüsse**:
  Sie werden betriebsintern den Fahrern bekanntgegeben und von der Leitstelle nach Möglichkeit auch bei kleineren Störungen berücksichtigt.
- **Extern zugesicherte Anschlüsse** (= Anschlüsse im engeren Sinn):
  Sie sind Bestandteil des Verkehrsvertrags, werden extern publiziert und nach einem festgelegten Eskalationsschema überwacht. Ihre Verletzung kann mit Pönalen verbunden sein.

6.3.4 Fahrplandarstellung und Auskunft

Fahrplandaten publizieren und verknüpfen

Ist der Planungsprozess abgeschlossen, so muss der Fahrplan möglichst übersichtlich aufbereitet und breit publiziert werden. Da die Bedürfnisse von Fahrgästen nicht an der Grenze des eigenen Verkehrsgebiets enden, bezieht man auch Anschlussfahrten anderer Verkehrsbetriebe mit ein. Übergeordnete Einheiten – in Deutschland die Verkehrsverbünde und die Deutsche Bahn – tragen die Datenbestände mehrerer Verkehrsunternehmen zusammen und können daher umfassend Auskunft bieten.

Wir betrachten zunächst statische Publikationen, also Dokumente, die sich an den anonymen Betrachter richten. Anschließend gehen wir auf interaktive Auskunftssysteme ein. Danach stellen wir zwei Alternativen für die Architektur von IT-Systemen zur Fahrplanpublikation und -auskunft vor.

Gestaltungsregeln

Papier und elektronische Medien sind heute gleichermaßen wichtig. Sie adressieren unterschiedliche Zielgruppen und Situationen. Die Gestaltungsregeln für übersichtliche Fahrpläne haben sich über lange Zeit hinweg entwickelt (vgl. Abb. 6-5) und gelten für die PDF-Datei auf dem Webserver genauso wie für gedruckte Aushänge an einer Haltestelle oder für einen Fahrplanauszug, der als Faltblatt zum Mitnehmen ausliegt.

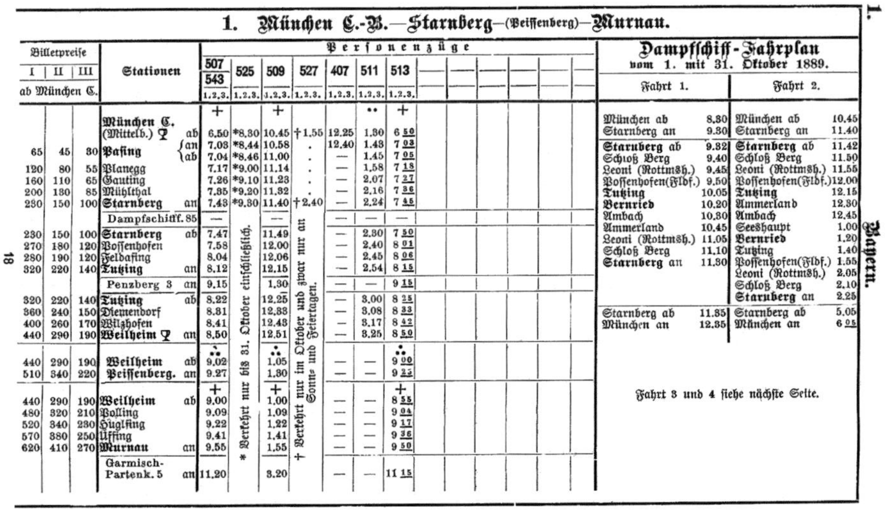

1. München C.-B.—Starnberg—(Peissenberg)—Murnau. 1.

Billetpreise ab München C. I	II	III	Stationen		Personenzüge 507/543 1.2.3.	525 1.2.3.	509 1.2.3.	527 1.2.3.	407 1.2.3.	511 1.2.3.	513 1.2.3.
					+		+			••	+
			München C. (Mittelb.)	ab	6.50	*8.30	10.45	†1.55	12.25	1.30	6 50
65	45	30	Pasing	an	7.03	*8.44	10.58	.	12.40	1.43	7 03
				ab	7.04	*8.46	11.00	.	—	1.45	7 05
120	80	55	Planegg		7.17	*9.00	11.14	.	—	1.58	7 18
160	110	65	Gauting		7.26	*9.10	11.23	.	—	2.07	7 27
200	130	85	Mühlthal		7.35	*9.20	11.32	.	—	2.16	7 36
230	150	100	Starnberg	an	7.43	*9.30	11.40	†2.40	—	2.24	7 45
			Dampfschifff. 85		—		—		—	—	—
230	150	100	Starnberg	ab	7.47		11.49		—	2.30	7 50
270	180	120	Possenhofen		7.58		12.00		—	2.40	8 01
280	190	120	Feldafing		8.04		12.06		—	2.45	8 06
320	220	140	Tutzing	an	8.12		12.15		—	2.54	8 15
			Penzberg 3	an	9.15		1.30		—	—	9 15
320	220	140	Tutzing	ab	8.22		12.25		—	3.00	8 25
360	240	150	Diemendorf		8.31		12.33		—	3.08	8 33
400	260	170	Wilzhofen		8.41		12.43		—	3.17	8 42
440	290	190	Weilheim	an	8.50		12.51		—	3.25	8 50
440	290	190	Weilheim	ab	9.02		1.05		—	—	9 00
510	340	220	Peissenberg.	an	9.27		1.30		—	—	9 25
					+		+				+
440	290	190	Weilheim	ab	9.00		1.00		—	—	8 55
480	320	210	Polling		9.09		1.09		—	—	9 04
520	340	230	Huglfing		9.22		1.22		—	—	9 17
570	380	250	Uffing		9.41		1.41		—	—	9 36
620	410	270	Murnau	an	9.55		1.55		—	—	9 50
			Garmisch-Partenk. 5	an	11.20		3.20		—	—	11 15

* Verkehrt nur bis 31. Oktober einschließlich.

† Verkehrt nur im Oktober und zwar nur an Sonn- und Feiertagen.

Dampfschiff-Fahrplan vom 1. mit 31. Oktober 1889.

Fahrt 1.		Fahrt 2.	
München ab	8.30	München ab	10.45
Starnberg an	9.30	Starnberg an	11.40
Starnberg ab	9.32	Starnberg ab	11.42
Schloß Berg	9.40	Schloß Berg	11.50
Leoni (Rottmsh.)	9.45	Leoni (Rottmsh.)	11.55
Possenhofen (Fldf.)	9.50	Possenhofen (Fldf.)	12.00
Tutzing	10.05	Tutzing	12.15
Bernried	10.20	Ammerland	12.30
Ambach	10.30	Ambach	12.45
Ammerland	10.45	Seeshaupt	1.00
Leoni (Rottmsh.)	11.05	Bernried	1.20
Schloß Berg	11.10	Tutzing	1.40
Starnberg an	11.30	Possenhofen (Fldf.)	1.55
		Leoni (Rottmsh.)	2.05
		Schloß Berg	2.10
		Starnberg an	2.25
Starnberg ab	11.35	Starnberg ab	5.05
München an	12.35	München an	6 05

Fahrt 3 und 4 siehe nächste Seite.

18

Bayern.

Abb. 6-5 Bayerischer Eisenbahnfahrplan aus dem 19. Jahrhundert[17]

Kursbuch

Das *Fahrplanbuch* (Kursbuch) stellt das gesamte Leistungsangebot eines Verkehrsunternehmens dar. Es ist nach Verkehrsmitteln und Verbindungen gegliedert und zeigt den genauen Verlauf jeder Fahrt (bzw. jedes Zugs), zusammen mit Anschlussmöglichkeiten zu benachbarten Verkehrsunternehmen (Abb. 6-6). Sind die Takte sehr dicht, wie etwa im Stadtverkehr, so kann man Uhrzeitbereiche zusammenfassen, anstatt jede Fahrt in einer eigenen Spalte darzustellen. Ein wichtiges Stilelement des Kursbuches sind Fußnoten; sie stellen abweichende Verkehrstage dar, weisen auf Eigenheiten des Fahrzeugtyps hin oder erläutern beispielsweise, dass

17. Quelle: http://www.eisenbahnwelt.com/fahrplaene.html

eine Fahrt zum Schülerverkehr gehört und bei »Hitzefrei« früher stattfinden kann, als es im Plan steht.

Kurstabelle lesen – gewusst wie

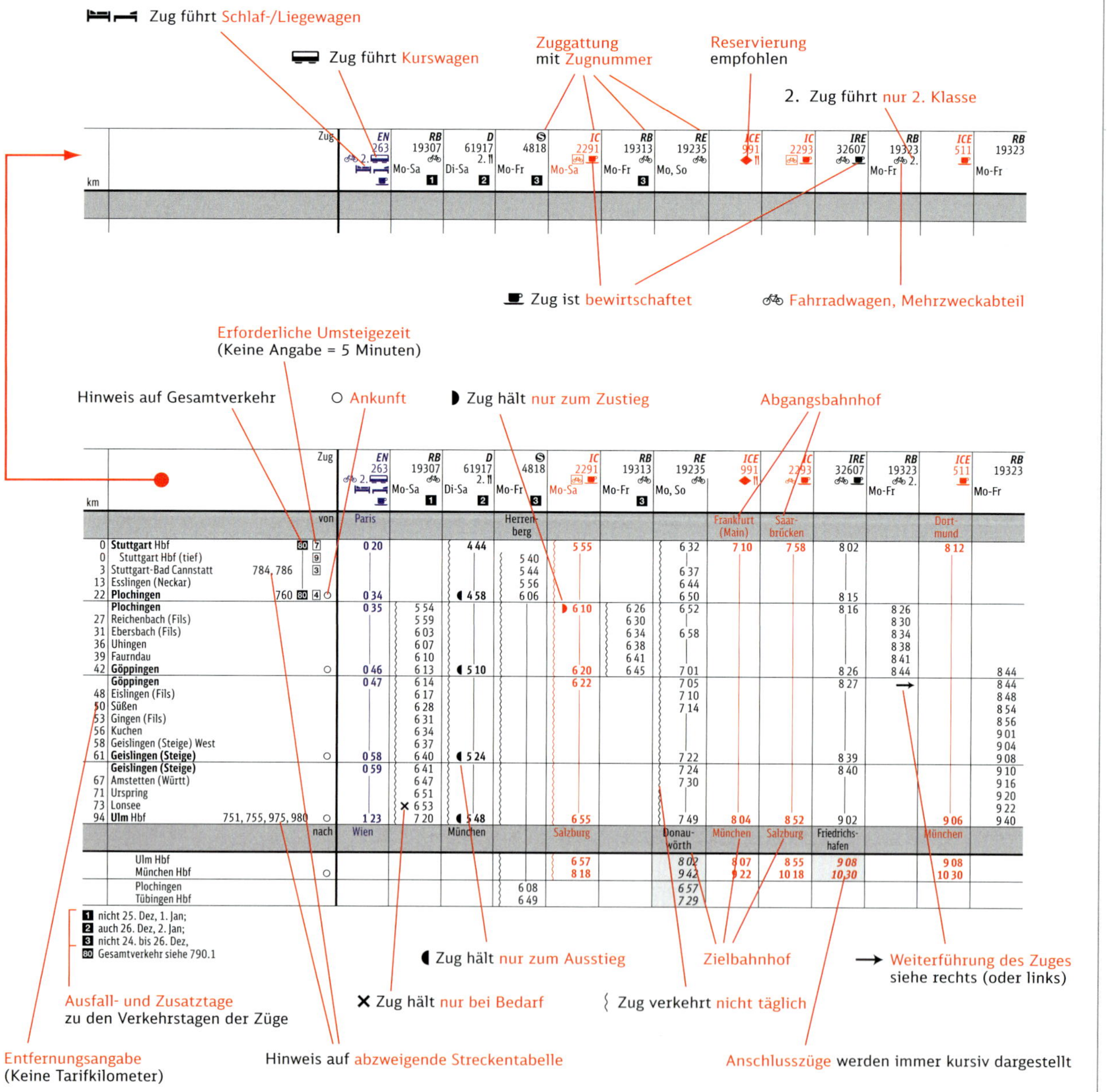

Abb. 6-6 Aufbau einer Kursbuchseite der DB [18]

18. http://kursbuch.bahn.de/hafas-res/img/kbview/ContentPDFs/KB_KB_Tabelle_lesen.pdf

Fahrplanbücher werden heute nur noch selten gedruckt; üblicherweise bietet man sie als druckfertige Dokumente zum Download oder zum Kauf auf CD an. Über die Verknüpfung mit geografischen Karten bieten elektronische Medien zusätzlich eine intuitive Einstiegsmöglichkeit in das Tabellenwerk[19].

Aushang an der Haltestelle

Der Fahrgast, der an einer Nahverkehrshaltestelle steht, möchte sehen, wann er wohin fahren kann. Der Aushang für ihn muss richtungsspezifisch und punktgenau sein – wenn bei einer Bushaltestelle mehrere Haltemasten hintereinander stehen, soll der Plan exakt die Linien zeigen, die am jeweiligen Mast halten (Abb. 6-7).

6

Königsplatz
Richtung Schulzentrum Brückenhof

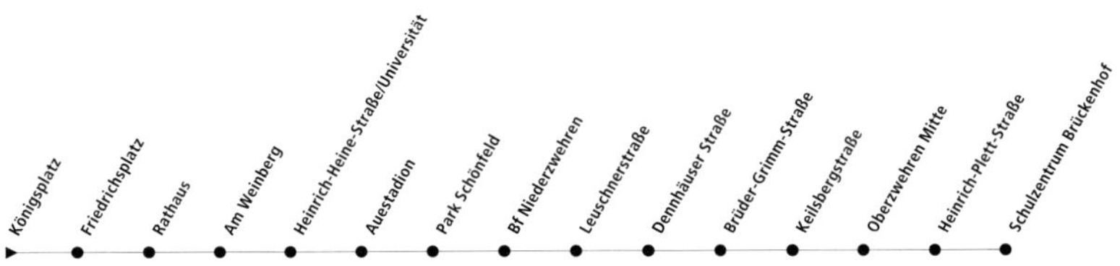

Uhr	Montag - Freitag	Samstag	Sonn- und Feiertag	Uhr
4	--	--	--	4
5	04^{F} 49^{N}	--	--	5
6	04^{S}_{N} 04^{F} 19^{N} 34 49^{N}	00^{N} 30^{N}	--	6
7	04 19^{N} 34^{S}_{N} 34^{F} 49^{N}	00^{N} 30^{N}	--	7
8	04 19^{N} 34 49^{N}	00^{N} 30^{N}	--	8
9	04 19^{N} 34 49^{N}	00^{N} 30^{N} 49^{N}	--	9
10	04 19^{N} 34 49^{N}	04^{N} 19^{N} 34^{N} 49^{N}	--	10
11	04 19^{N} 34 49^{N}	04^{N} 19^{N} 34^{N} 49^{N}	--	11
12	04 19^{N} 34 49^{N}	04^{N} 19^{N} 34^{N} 49^{N}	--	12
13	04 19^{N} 34 49^{N}	04^{N} 19^{N} 34^{N} 49^{N}	00^{N} 30^{N}	13
14	04 19^{N} 34 49^{N}	04^{N} 19^{N} 34^{N} 49^{N}	00^{N} 30^{N}	14
15	04 19^{N} 34 49^{N}	04^{N} 19^{N} 34^{N} 49^{x}_{N}	00^{N} 30^{N}	15
16	04 19^{N} 34 49^{N}	00^{N} 30^{N}	00^{N} 30^{N}	16
17	04 19^{N} 34 49^{N}	00^{N} 30^{N}	00^{N} 30^{N}	17
18	04 19^{N} 34 49^{N}	00^{N} 30^{N}	00^{N} 30^{N}	18
19	04 19^{N} 34^{x} 49^{y}_{N}	--	27^{y}_{N}	19
20	04^{x}	--	--	20
21	--	--	--	21
22	--	--	--	22
23	--	--	--	23
0	--	--	--	0
1	--	--	--	1
2	--	--	--	2

Der Einsatz von Niederflurfahrzeugen auf den gekennzeichneten Fahrten erfolgt, soweit betrieblich möglich.

F **nur in den Ferien**
N **Niederflurtram**
S **nur an Schultagen**
x rückt ab Rathaus über Goethestraße in den Betriebshof Wilhelmshöhe ein
y Fahrzeug rückt in den Betriebshof Sandershäuser Straße ein

Vorverkaufsstellen
Kiosk,Kress,Königsplatz
NVV-Kundenzentrum,Kurfürstengalerie,Kölnische/Mauerstraße
City Point,Königsplatz

Service Telefon
0180 - 234 - 0180

KOE12/131209

Abb. 6-7
Haltestellenaushang (Beispiel)

19. Beispiel: http://kursbuch.bahn.de/hafas/kbview.exe/dn?mainframe=IK_verbund

Bei Zügen ist neben dem genauen Haltepunkt am Gleis auch die Information wichtig, wo welcher Wagen zum Stehen kommen wird (*Wagenstandsanzeige*). Im Nahverkehr (Bus, Straßenbahn, U- und S-Bahn) bietet es sich an, entlang der Haltestellenfolge die Fahrzeit in Minuten anzugeben. Da es meist mehrere tageszeitabhängige Fahrzeitprofile gibt, werden oft Durchschnittswerte oder typische Angaben (etwa aus der Hauptverkehrszeit) verwendet.

Papier vs. elektronische Medien

In einer großen Stadt gibt es viele Tausend Haltepunkte. Es ist zweckmäßig, wenn das Fahrplanungssystem die Aushänge als Massendruck produziert und bereits so sortiert, dass sich für die Verteilung ein günstiger Tourenplan ergibt. Trotz der Verteilkosten ist Papier eine sehr preiswerte und Vandalismus-sichere Lösung. Je günstiger elektronische Displays und drahtlose Datenverbindungen werden, desto eher kommen sie künftig auch hier in Betracht[20]. Hat man solche Displays installiert, so kann man den Inhalt jederzeit aktualisieren und zusätzliche Hinweise, etwa auf Tagesbaustellen, anzeigen.

Abfahrtsplan

Der *Abfahrtsplan* unterscheidet sich vom Aushangfahrplan dadurch, dass er sich auf die gesamte Haltestelle (bzw. einen Bahnhof) bezieht und alle Abfahrten unabhängig von der Linie und der Fahrtrichtung chronologisch aufführt. Als elektronische Abfahrttafel kann er im einfachsten Fall uhrzeitgesteuert immer die geplanten Abfahrten der nächsten Minuten anzeigen. Die Erwartungen der Fahrgäste und die technischen Möglichkeiten gehen heute jedoch wesentlich weiter: Sogenannte DFI-Anzeigen stellen den statischen Plandaten dynamische Zeitangaben gegenüber, die aus der echten Fahrzeugposition heraus ermittelt und hochgerechnet werden (Näheres dazu in Kap. 9). Der prognostizierte Zeitpunkt (also z. B. *13:21*) kann dabei durch eine relative Angabe ersetzt werden (*in 7 Minuten*). Regelmäßige ÖPV-Benutzer haben den Abfahrtsplan ihres Heimatbahnhofs oft in Papierform dabei. Natürlich kann man ihn auch als statischen Plan aufs Handy laden und bei Bedarf aktuelle Verspätungsdaten abfragen.

Fahrtbezogene Faltblätter

Komplementär zur Sicht des wartenden Fahrgasts an der Haltestelle gibt es im Fernverkehr Informationsblätter, die im Zug ausliegen und die Anschlussverbindungen zur aktuellen Fahrt aufführen (»*Ihr Zugbegleiter*«). Ihr Aufbau folgt dem Fahrtverlauf; sie müssen Wegezeiten für den Umsteigevorgang berücksichtigen und sollten im Idealfall nur die Verbindungen aufführen, die für den betreffenden Kalendertag gelten.

Verbindungsbezogene Faltblätter

Die typischen Auskunftsanfragen von Fahrgästen an einem Bahnhof sind »A-B-C-verteilt«, d. h., der Löwenanteil bezieht sich auf eine verhältnismäßig geringe Anzahl von Zielorten – meist kleinere Städte in der näheren Umgebung und größere Städte in weiterer Entfernung. Ein Faltblatt, das alle Verbindungen vom Ausgangsort zu jeweils einem Zielort darstellt, deckt dieses Standardbedürfnis ab und liefert noch einen Mehrwert, da es den gesamten Zeitraum der Fahrplanperiode abdeckt und nicht nur den Zeitpunkt der aktuellen Fahrt. Gleichzeitig stellt es in unserer systematischen Übersicht das Bindeglied zur *individuellen Fahrplanauskunft* dar, denn es richtet sich nicht an jeden Fahrgast, son-

20. Displays mit »elektronischer Tinte« (wie man sie bei E-Book-Readern findet) hätten beispielsweise den Vorteil, dass sie nur beim Wechsel der Anzeige Strom verbrauchen und daher mit einem Solarpanel versorgt werden könnten.

dern nur an die Zielgruppe der Reisenden, die einen bestimmten Fahrtwunsch haben.

Individueller Fahrplan für eine Relation

Wenn ein Verkehrsunternehmen verbindungsbezogene Faltblätter erstellt, dann besitzt es ein Softwaresystem zur Fahrplanung, das entsprechende Fahrplanauszüge vollautomatisch erstellen kann – eine manuelle Aufbereitung wäre nicht bezahlbar und zudem fehleranfällig. Es liegt nahe, dieses System dem Kunden direkt zur Verfügung zu stellen, anstatt alle möglichen Ausdrucke auf Vorrat zu produzieren. Der Kunde kann für jeden Start- und Zielort rund um die Uhr seinen individuellen Fahrplan erstellen – im Gegenzug übernimmt er den Ausdruck selbst oder speichert das Ergebnis gleich auf seinem elektronischen Begleiter. Da entsprechende Softwaresysteme viele Ressourcen benötigen und technisch aus ihrer Historie heraus meist als *Batch*-Systeme konzipiert sind, sieht der Ablauf oft vor, dass der Fahrgast seinen Relationswunsch über ein Webformular eingibt und das Ergebnis per Mail zugestellt bekommt. Dies bietet gleichzeitig den Vorteil, dass der Verkehrsbetrieb ein Auskunfts-*Abonnement* für den Kunden einrichten kann, um ihn bei Änderungen automatisch zu informieren. Das Erzeugen und elektronische Versenden der Daten verursacht nur sehr geringe Kosten; da es sich bei Fahrgästen, die solche Anfragen stellen, in der Regel um treue ÖPV-Kunden handelt, ist ein solcher Service als Kundenbindungsmaßnahme sinnvoll.

Einzelverbindungsanfrage

Der klassische Anwendungsfall für ein Auskunftssystem besteht darin, dass der Anfrager Start, Ziel und den gewünschten Fahrtzeitpunkt nennt und daraufhin eine oder mehrere geeignete Verbindungen präsentiert bekommt. Musste er früher genau wissen, an welcher `Haltestelle` er ein- und aussteigen wird, so kommen moderne Systeme dem Benutzer im wörtlichen Sinne weiter entgegen, nämlich bis zu seiner Haustüre.

Fahrplanauskunftssysteme im Internet verfügen im günstigsten Fall über folgende Funktionen:

- Multimodal — Das Zauberwort der modernen Fahrplanauskunft heißt »multimodal«, d.h., das System bezieht nicht nur den Linienverkehr des ÖPV ein, sondern auch den Fußweg zur Haltestelle – oder die Anfahrt mit dem eigenen Fahrrad oder PKW zum Park&Ride-Parkplatz, die Nutzung von Bedarfsverkehren oder die Benutzung von Taxis.
- Fehlertolerant — Die Adresseingabe ist fehlertolerant – selbst falsch geschriebene und stark abgekürzte Straßennamen oder POIs (Points of Interest = Sonderziele wie Sehenswürdigkeiten, Theater, Museen) werden erkannt.
- Individualisierbar — Über ein Profil kann man die persönliche Gehgeschwindigkeit hinterlegen.
- Komfortabel — Moderne technische Möglichkeiten (Near Field Communication oder grafische (QR-)Codes, die man fotografieren kann) können dem Fahrgast die Eingabe der Haltestelle erleichtern, wenn er direkt davor steht.
- Zielgruppenspezifisch — Die Systeme können Mobilitätseinschränkungen berücksichtigen; dabei wird fein differenziert: Als »voll barrierefrei« gilt beispielsweise eine Rampe für Rollstuhlfahrer nur, wenn ihre Steigung so gering ist, dass sie ohne fremde Hilfe bewältigt werden kann.

Zusatzwünsche

- Der Fahrgast kann besondere Wünsche nennen (Kinderabteil, Fahrradmitnahme).

Umsteige-Präferenzen

- Auch kann er mitteilen, ob er bereit ist, öfters umzusteigen, wenn die Gesamtfahrtdauer dadurch kürzer wird.

Verkehrsmittel-Präferenzen

- Analog kann das System berücksichtigen, welche Verkehrsmittel er bevorzugen oder meiden möchte, oder ob er gewillt ist, Zuschläge für schnellere Beförderung zu bezahlen.

Beeinflussbare Route

- Hat der Fahrgast eine Vorstellung von der Route, so kann er Zwischenhalte (»Via«-Punkte) explizit festlegen oder ausschließen.

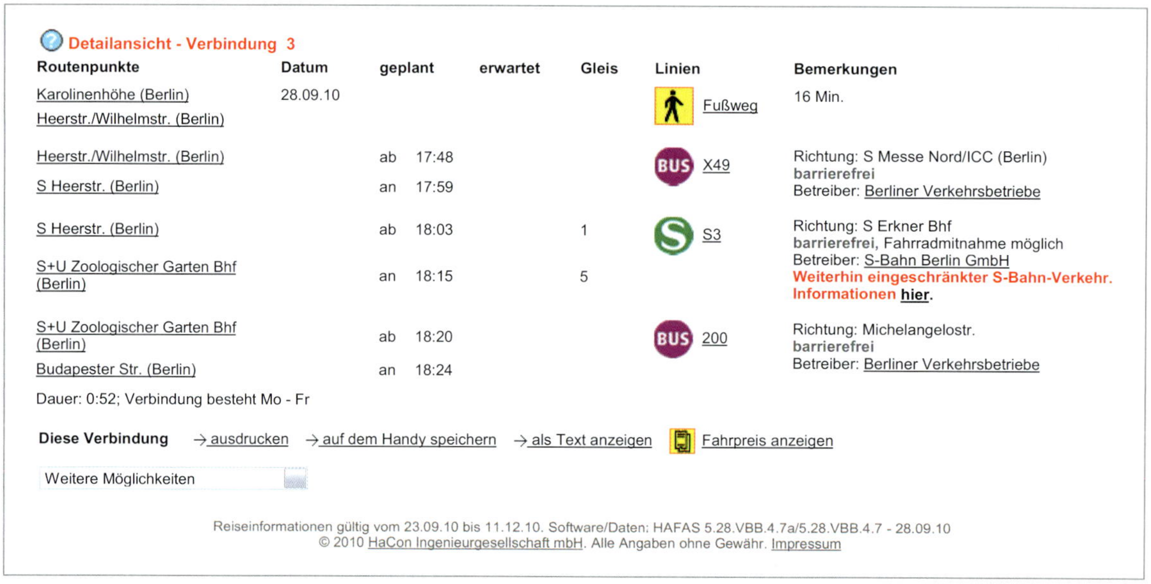

Abb. 6-8 Nahverkehrsauskunft (Beispiel)

Mehrere Fahrten auf einmal

Noch einen Schritt weiter als die Einzelanfrage geht die *Mehrfahrtenauskunft*. Sie arbeitet eng mit dem Tarifsystem zusammen und ermittelt Verbindungen unter der Annahme, dass regelmäßige Fahrten anfallen und der Erwerb einer pauschalen Vergünstigung (Wochenkarte, Monatskarte) in Frage kommt. Näheres dazu in Abschnitt 10.4.

Hoher Perfektionsgrad heutiger Systeme

Auskunftssysteme sind heute bis zu einem Grad perfektioniert, der kaum noch Wünsche offen lässt. Sie sind schnell, bieten alternative Routen an, zeigen sich umweltbewusst, indem sie den CO_2-Verbrauch im Vergleich zum Individualverkehr angeben, denken an unterschiedliche Feiertagsregeln in einzelnen Bundesländern und kommen sogar mit negativen Reisezeiten zurecht, wie sie an der Grenze von Zeitzonen auftreten können.

Echtzeitinformation

Sie sind rund um die Uhr verfügbar und beziehen oft zusätzlich zu Plandaten auch aktuelle Verspätungen ein. Manche Auskunftssysteme weisen sogar darauf hin, dass ein bestimmter Aufzug im Umsteigebahnhof derzeit defekt oder wegen

Wartungsarbeiten gesperrt ist. Dies setzt natürlich voraus, dass Störmeldesysteme für die Infrastruktur entsprechende Informationen zuliefern.

Vielfalt der Erscheinungsformen

Auskunftssysteme stehen als Automaten mit Touch-Screen und Drucker an Haltestellen und in Bahnhöfen. Sie treten dem Fahrgast im Internet gegenüber, mit einer grafischen Oberfläche für den Rechner zu Hause und mit einer schlanken Variante[21] für die Darstellung auf dem Handy. Mit wenigen Klicks kann jedermann die Fahrplanauskunft bestimmter Verkehrsunternehmen sogar in die eigene Homepage integrieren[22].

Schichtenarchitektur

IT-Systeme für die Fahrplanauskunft und -publikation sind meist in drei Schichten aufgebaut: *Datenbestand, Rechenkern und Oberfläche/Druckausgabe.* Auf dem zentralen Datenbestand sitzt ein Rechenkern, der Verbindungen ermittelt[23] bzw. Fahrten systematisch auflistet. Die Preisberechnung steckt mit im Rechenkern oder ist an diesen über eine Schnittstelle angebunden. Führt die Fahrt eines Regionalverkehrsbetriebs durch das Verkehrsgebiet mehrerer Verbünde, so müssen beispielsweise mehrere Tarifsysteme herangezogen werden. Die *Benutzeroberfläche* wird durch Templates gesteuert, also durch Muster, die an die Eigenheiten unterschiedlicher Endgeräte angepasst werden können. Läuft die Suchanwendung im Browser, so erzeugen die Templates HTML; für andere Systeme (Automaten oder diverse Handy-Betriebssysteme) benötigt man teilweise spezielle Technologien, die meist über ein XML-Interface angebunden werden. Die *Druckaufbereitung* ist – besonders bei der Produktion von Fahrplanbüchern und Aushängen – äußerst anspruchsvoll (Griffleisten, Fußnoten, Piktogramme, Linienbänder, Inhaltsverzeichnisse, Stichwortregister usw.). Das Ausgabeformat reicht vom Verbindungsnachweis auf einem Thermopapierstreifen über ein tausendseitiges Kursbuch bis zur Papierbahn im A0-Format, die direkt für den Aushang in einer Vitrine konzipiert ist.

Offline-Systeme

Da die Kosten für Online-Verbindungen nicht immer vernachlässigbar sind, gibt es auch Auskunftsanwendungen, die lokal ablauffähig sind. Dies kann eine Volltextsuche im Kursbuch auf der CD sein oder auch eine spezialisierte Suchanwendung auf dem Handy. Letztere verwendet komprimierte Ausschnitte der Fahrplandatenbasis, welche durch einen Lade- oder Updatevorgang auf das Gerät gebracht werden[24].

Konsolidierte Datenbasis

Die klassische »Fahrplanauskunft« hat den Schwenk zur »Reiseberatung« vollzogen, indem sie vom Kundenbedürfnis ausgeht und nicht von der Netz- und Angebotsstruktur eines bestimmten Verkehrsunternehmens. Dies ist nur möglich, weil einheitliche Datenaustauschformate existieren, über die die Fahrplandaten verschiedener Verkehrsunternehmen zusammengeführt und konsolidiert werden – unabhängig davon, mit welchem IT-System der einzelne Verkehrsbetrieb seinen Fahrplan erstellt (Abb. 6-9). Die erste Stufe der Zusammenführung übernehmen die Verkehrsverbünde, danach wiederholt sich der Prozess nochmals auf nationaler Ebene. Da die Verkehrsbetriebe Haltepunkte nicht identisch

21. Zum Beispiel http://mobil@bahn.de oder http://mobil@hvv.de (mit Geräteauswahl)
22. Zum Beispiel http://www.hvv.de/wissenswertes/fahrplanauskunft-hp/index.php
23. Um Anfragen parallel zu bewältigen, verwendet man mehrere Prozessinstanzen, die auf derselben Datenbasis operieren.
24. Zum Beispiel http://bigredzebra.de

bezeichnen, muss eine Referenztabelle gepflegt werden, die beim Import benutzt wird. Man benötigt nicht nur die exakten Fahrzeiten jeder einzelnen Fahrt, sondern auch die genauen Haltepunkte (Bucht, Gleis, Gleisposition) sowie Angaben zu Umsteigezeiten und zum Layout von Umsteigebauwerken (Bahnhöfen). Jeder Verkehrsbetrieb ist frei bei der Definition seiner `TagesArten`; beim Import der Fahrplandaten wird der Bezug zu *Kalendertagen* hergestellt. Im konsolidierten Fahrplandatenbestand existieren für jeden Verkehrsbetrieb mehrere Fahrplanversionen nebeneinander, damit Fahrplanänderungen zeitpunktgenau bei der Auskunft berücksichtigt werden können – natürlich muss an jedem Kalendertag für jeden Verkehrsbetrieb immer genau eine Version gültig sein.

Abb. 6-9
Zusammenführung von Fahrplandaten

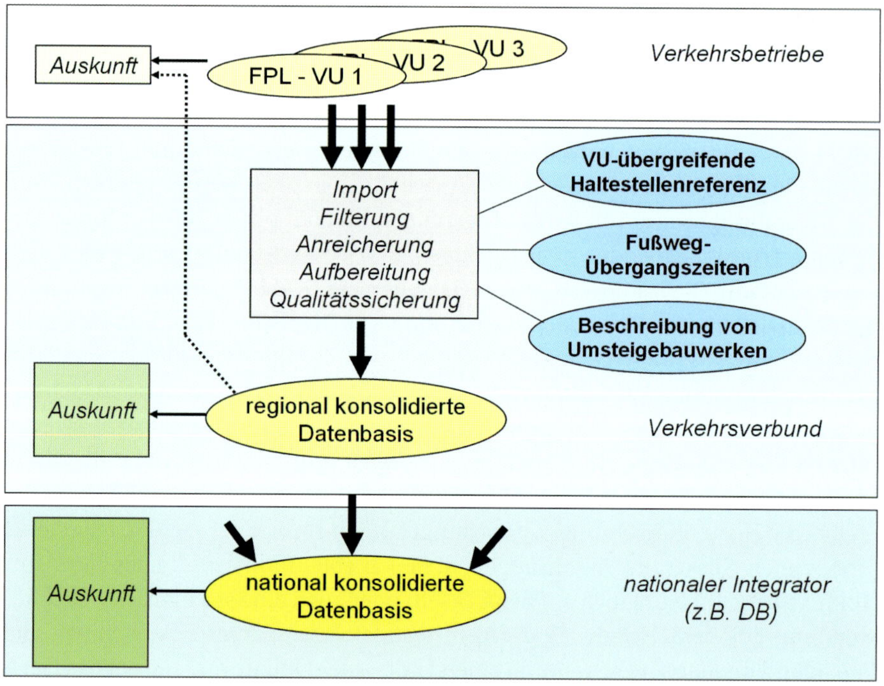

IT-Technik

Die Datenmengen, die bei diesem Prozess anfallen, sind beachtlich, aber noch beherrschbar – die Fahrplandatenbasis eines Verkehrsverbunds umfasst typischerweise einige Hundert Gigabyte. Viele Verbünde bieten ihren Mitgliedsunternehmen an, auf die Verbunddatenbasis auch mit deren eigenen Auskunftssystemen zuzugreifen. Naheliegend ist es, gleich noch einen Schritt weiter zu gehen: Der Verbund betreibt für die einzelnen Verkehrsbetriebe getrennte technische Instanzen seines eigenen Auskunftssystems, die sich im Wesentlichen nur durch das Erscheinungsbild und einige Konfigurationsparameter unterscheiden (»Branding«, virtueller Server).

Zentrales Architekturmodell

Das Architekturmodell »ZD« (zentrale Datenzusammenführung) ist aufwendig, aber bewährt und funktioniert so lange gut, wie gemeinsame Interessen, Verbände und (nationale) Dachorganisationen in der Lage sind, den Prozess zu ordnen. Das Modell »ZD« beruht darauf, dass große Nachfrage nach Auskünften quer über das gesamte Gebiet hinweg besteht, so dass sich der Aufwand für das Zusammenführen und permanente Aktualisieren eines zentralen Datenbestandes lohnt. Das Modell »ZD« setzt voraus, dass ein – meist besonders prominenter – Verkehrsbetrieb zentrale Aufgaben im Einvernehmen mit den anderen Branchenmitgliedern übernimmt (wie etwa die DB in Deutschland).

Verteilte Anfragen

Überschreitet eine Suchanfrage die Landesgrenzen, so kommt das Architekturmodell »VP« (verteilte Prozesse) zum Einsatz. Es beruht darauf, dass alle Fahrplandaten bei den nationalen Auskunftssystemen verbleiben[25] und Suchanfragen zwischen den betroffenen Systemen »herumgereicht« werden. Eine Auskunftsanfrage wird im Modell »VP« dadurch abgewickelt, dass mehrere Rechner jeweils ein Stück des Reiseverlaufs auf Basis ihres eigenen (begrenzten) Wissens beisteuern. Für diese Zusammenarbeit müssen sie eine normierte Schnittstelle benutzen – diese sieht allerdings ganz anders aus als die zuvor erwähnte Schnittstelle im Modell »ZD« zum Übertragen ganzer Fahrpläne. Die Schnittstelle »VP« ähnelt der Anfrage selbst, denn sie beschreibt ja im Wesentlichen Ausschnitte aus einer umfassenderen Anfrage. Die Herausforderung im Modell »VP« besteht darin, dass Informationen für ein grobes Routing vom »Quellgebiet« ins »Zielgebiet« ermittelt und anschließend mit Details der jeweiligen nationalen Auskunftssysteme ergänzt werden müssen. Es kann dabei ein »Jo-Jo-Spiel« zwischen den beteiligten Rechnern notwendig werden, denn um Start und Ziel adressgenau zu bestimmen und um eine geeignete Fernverbindung zu ermitteln, muss man Wissen über die Zielregion und über die Quellregion haben. Da verteilte Systeme dieses Wissen jedoch aus Prinzip nicht (oder nur in sehr geringem Umfang) zentralisieren wollen, brauchen sie hierzu oft mehrere Interaktionsschritte.

Internationale Auskunft

Das verteilte Architekturmodell ist schlank und zukunftsträchtig; aktuell handelt es sich noch eher um ein Forschungsgebiet als um breit etablierte Systeme[26]. Über das Theoriestadium sind die Arbeiten allerdings schon längst hinaus. Wer von einem Vorort bei Malmö in einen kleinen Ort in Rheinland-Pfalz reisen möchte, kann sowohl auf einer deutschen Auskunftsseite im Internet als auch auf einer schwedischen Seite eine Anfrage stellen. Beide »Systeme« liefern dasselbe Ergebnis – was auch nicht weiter verwundert, denn letztlich ist es ja eigentlich nur ein einziges (verteiltes) System, das die Anfragen abarbeitet – unabhängig davon, ob der Regie führende Rechner in Schweden oder Deutschland steht. Abbildung 6-10 zeigt das Ergebnis der Anfrage; die optisch gefällige Aufbereitung kommt vom VBB-Online-System, also von einem Verkehrsverbund, der an der Reise gar nicht beteiligt ist. Man sieht die beteiligten Verkehrsunternehmen (Betreiber = *Skanetrafiken, United Airlines, DB, VRN, BRN*) und die Auskunftgeber (Provider = *Skanetrafiken, flugplan.de, VRN*); Hinweise auf Barrierefreiheit finden sich ebenso wie die Telefonnummer für das Ruftaxi in Freinsheim.

25. Fahrplankorrekturen werden bei diesem Modell sofort wirksam, während die Datenkonsolidierung beim Modell ZD etwa zwei Wochen benötigt.
26. Für Europa: http://www.eu-spirit.com; dass die heutige Technologie reif genug ist, um das Prinzip der verteilten Anfragen auch innerhalb eines Landes zu nutzen, belegt das Projekt DELFI: http://www.delfi.de.

Detailansicht - Verbindung 3

Routenpunkte	Datum	geplant	erwartet	Gleis	Linien	Bemerkungen
Burlövs gamla prästgård - Hembygdsmuseum	07.10.10				Fußweg	11 Min. Provider: Skanetrafiken
Nordanåvägen						
Nordanåvägen		ab 07:36			172	Richtung: Malmö Södervärn via Arlöv Provider: Skanetrafiken Betreiber: Skånetrafiken
Malmö Värnhem		an 07:53				
Malmö Värnhem		ab 08:07			3	Richtung: Ringlinjen via Centralen Provider: Skanetrafiken Betreiber: Skånetrafiken
Malmö C		an 08:14				
Malmö C		ab 08:22			1029	Richtung: Helsingør Provider: Skanetrafiken Betreiber: Skånetrafiken
Köpenhamns Flygplats Kastrup		an 08:44				
Köpenhamns Flygplats Kastrup					Übergang	90 Min. Provider: Skanetrafiken
København Flygplats (gate)						
Copenhagen Airport		ab 10:20			UA 9029	**Operated by: Lufthansa, Airbus Industrie A320** Provider: flugplan.de Betreiber: United Airlines
Frankfurt International Airport		an 11:50				
Ffm Flughafen Fernbahnhof		ab			check-out	Provider: VRN
Ffm Flughafen Fernbahnhof		an				
Ffm Flughafen Fernbahnhof	07.10.10	ab 12:54			ICE 517	Richtung: Hauptbahnhof Haupthalle **Bordbistro, WLAN verfügbar zwischen Dortmund-Köln-Frankfurt-Stuttgart-München** Provider: VRN Betreiber: Daten DB AG (sonst)
Mannheim, Hauptbahnhof		an 13:24				
Mannheim, Hauptbahnhof		ab 13:31			S3 (DB Regio AG)	Richtung: Germersheim Bahnhof **Linie S3 (DB Regio AG): Fahrradmitnahme begrenzt möglich, Linie S3 (DB Regio AG): Fahrzeuggebundene Einstiegshilfe: Anmeldung 01805-512512 *, Linie S3 (DB Regio AG): (* 14 ct/Min. aus dem Festnetz, Tarif bei Mobilfunk max. 42 ct/Min.)** Provider: VRN Betreiber: Daten DB AG (sonst)
Ludwigshafen, Mitte		an 13:33				
Ludwigshafen, Mitte		ab 13:46			18046	Richtung: Mainz, Hauptbahnhof **Fahrradmitnahme begrenzt möglich, Fahrzeuggebundene Einstiegshilfe: Anmeldung 01805-512512 *, (* 14 ct/Min. aus dem Festnetz, Tarif bei Mobilfunk max. 42 ct/Min.)** Provider: VRN Betreiber: Daten DB AG (sonst)
Frankenthal, Hauptbahnhof		an 13:58				
Frankenthal, Hauptbahnhof		ab 14:02			28936	Richtung: Grünstadt, Bahnhof **Fahrradmitnahme begrenzt möglich** Provider: VRN Betreiber: Daten DB AG (sonst)
Freinsheim, Bahnhof		an 14:17				
Freinsheim, Bahnhof		ab 14:29			Ruftaxi 4974	Richtung: Weisenheim/S, Bahnhof **Linie 4974: Ruftaxi, tel. vorbestellen: 06322/1866. Extratarif! FürVRN-Jahreskarten-/Semesterticketinhaber frei.** Provider: VRN Betreiber: Verkehrsunternehmen
Kallstadt, Kirche		an 14:33				
Kallstadt, Kirche		ab 14:43			Rhein-Neckar-Bus 453	Richtung: Grünstadt, Bahnhof Provider: VRN Betreiber: BRN
Weisenheim/B, Gemeindehaus		an 14:51				

Dauer: 7:26

Diese Verbindung → ausdrucken → als Text anzeigen

Weitere Möglichkeiten

Abb. 6-10 Internationale Auskunft (Deutschland)

Ausblick

Was bleibt noch offen angesichts dieser Perfektion? Hierzu einige Gedanken, die vor allem auf den *Corporate Customer* zielen, also auf Unternehmensmitarbeiter, die Dienstreisen durchführen[27].

- Man könnte neben klassischen Adressen und Points of Interest auch anbieten, nach Firmennamen und -standorten zu suchen.
- Wenn man den Anfrager kennt, kann man ihm Routen vorschlagen, die gute oder weniger gute Ortskenntnis bei Umsteigeeinrichtungen oder im Zielgebiet voraussetzen. Sogar ein Video des Wegs durch den Flughafen zur richtigen ÖPV-Haltestelle könnte man zusenden – besonders nützlich bei Reisen in Länder, deren Schriftzeichen der Reisende nicht lesen kann.
- Weiß das Reiseplanungssystem, wen der Reisende besucht, kann es den Besuchspartner per Mail oder Telefon über Ad-hocVerspätungen informieren.
- Die ÖPV-Auskunft könnte Schätzpreise und Fahrzeiten für Taxiverbindungen enthalten. Annahmen über typische tageszeitbedingte Stausituationen im Individualverkehr oder über Großereignisse könnten in die Berechnung einfließen.
- Die Sorge, dass man die Tarife eines fremden ÖPV-Systems nicht durchschaut und deswegen Zeit verliert oder das Risiko trägt, den falschen Fahrschein zu lösen, kennen wohl viele Fahrgäste. Ideal wäre es daher, wenn es ein Ticket gäbe, das von allen Verkehrsträgern anerkannt und nach tatsächlicher Inanspruchnahme im Nachhinein abgerechnet wird. Das globale »Mobility-Clearing« vom Busbetrieb im Sauerland über Bahnen und Fluggesellschaften bis zum Taxifahrer in Mumbai wird es natürlich nie geben. Aber vielleicht innerhalb Europas? Wenn es gelänge, den Aufwand zu reduzieren, den heute viele Unternehmen für die Reisekostenabrechnung ihrer Mitarbeiter betreiben, würde dies entsprechende Anstrengungen beflügeln.

6.4 Umlaufplanung

Definition

Umläufe bilden heißt: Fahrten so hintereinander anordnen, dass sie von einzelnen gedachten Fahrzeugen eines bestimmten Typs unmittelbar nacheinander erledigt werden können. Fahrten, die zu einem Umlauf verkettet werden, müssen räumlich und zeitlich zusammenpassen. Am Ende müssen alle Fahrten verplant sein. Es kommt nicht so sehr auf die Perfektion eines einzelnen Umlaufs an, sondern auf die Effizienz des gesamten Umlaufplans.

Räumlicher Zusammenhang

In der Regel dominiert das räumliche Kriterium, d. h., der Planer wählt bei der Verkettung die Folgefahrt so aus, dass sie dort beginnt, wo die vorherige Fahrt endet. Manchmal steht er vor der Frage, ob ein Fahrzeug längere Zeit auf seinen nächsten Einsatz warten soll oder ob er eine *Leerfahrt* in den Umlauf einfügen soll, damit es von woanders aus einen Einsatz antreten kann, der frühzeitiger beginnt.

27. Solche Systeme könnten auf Servern laufen, die den Schutz persönlicher Daten garantieren und mit dem Rechnungswesen der Unternehmen zusammenarbeiten.

Wendezeiten, Wendevorgänge

Die zeitlichen Lücken zwischen den Fahrten eines Umlaufs werden landläufig als *Wendezeiten* bezeichnet, da man damit die Vorstellung verbindet, dass die Fahrzeuge am Endpunkt einer Fahrt die Fahrtrichtung wechseln, um auf derselben Linie wieder zurückzufahren. Dies ist zwar ein häufiger Fall, muss aber nicht immer gelten.[28] Wenn ein Fahrzeug am Endpunkt auf eine andere Linie wechselt, fährt es möglicherweise in die gleiche Richtung weiter, so dass rein physikalisch überhaupt kein *Wendevorgang* erforderlich ist.

Wendezeiten: Puffer und Service

Wendezeiten erfüllen neben dem Richtungswechsel noch andere Funktionen: Sie dienen dazu, Verspätungen aufzufangen[29], sie bieten sich für einen Fahrerwechsel an, erlauben Pausen für den Fahrer und können für kleine Servicearbeiten am Fahrzeug genutzt werden. Diese Funktionen stehen teilweise miteinander im Konflikt: Eine Fahrerpause in der Wendezeit muss eine bestimmte Mindestlänge haben, um Erholung zu ermöglichen; sie kann daher nur bis zu einer Mindestgrenze verkürzt werden, auch wenn eine raschere Abfahrt wünschenswert wäre, um nach einer Verspätung wieder zum Fahrplan zurückzufinden.

Nutzfahrt/Betriebsfahrt

Zusätzlich zu den Nutzfahrten der Fahrplanung ergeben sich aus der Umlaufplanung weitere Fahrten der verschiedensten Art, die aus betrieblichen Gründen erforderlich sind, wie etwa Rangiervorgänge, Antrittsfahrten zum Einsatzort, Fahrten zur Werkstatt, zum Tanken oder zum Abstellort. Es gibt sogar Verkehrsunternehmen, die frühmorgens zunächst beim Zeitungshändler vorbeifahren, um Tageszeitungen für ihre Schnellbus-Fahrgäste zu besorgen. Während *Betriebsfahrten* im Nahverkehr meist nur kurz sind und nicht besonders ins Gewicht fallen, können sie sich im Regionalverkehr als Kostenfaktor durchaus bemerkbar machen.

Paarigkeit des Verkehrs

Insgesamt ist der ÖPV jedoch deutlich im Vorteil gegenüber anderen Verkehren. Im Güterverkehr gibt es beispielsweise ein pauschales Nord-Süd-Gefälle von Skandinavien bis Italien; daher müssen regelmäßig leere Züge von Süden nach Norden gefahren werden. Im Gegensatz zum unpaarigen Güterverkehr ist der Personenverkehr von Natur aus paarig, denn Fahrgäste, die von A nach B fahren, fahren im statistischen Durchschnitt auch wieder zurück.

Genauigkeit der Umlaufplanung

Manche Unternehmen planen ihre Umläufe sehr detailliert – insbesondere im Schienenverkehrsbereich. Umgekehrt steht beim Regionalbusverkehr die Umlaufbildung weit im Hintergrund. Dort bleiben Fahrer und Fahrzeug meist für die Dauer einer Schicht zusammen: Wenn der Fahrer Pause macht, steht das Fahrzeug[30]. Da der Personaleinsatz unter Kostengesichtpunkten der dominierende Faktor ist, plant man im Regionalbusverkehr zuerst die Dienste und ordnet diesen dann Fahrten und Fahrzeugumläufe zu.

28. Insbesondere ist der Begriff der *Linie* auf den Fernverkehr von Bahnen gar nicht anwendbar. Dort geht es immer um einzelne Züge, auch wenn sie immer häufiger in festen Takten fahren.
29. Der Fachmann spricht manchmal von »freier Wendezeit« und meint damit die Differenz aus der *Wendezeit* und der für den technischen Wendevorgang benötigten Zeit.
30. Die persönliche Bindung zwischen Fahrer und Fahrzeug fördert zudem die Sorgfalt der Fahrer im Umgang mit den Fahrzeugen.

Besonderheiten im Schienenverkehr

Im Schienenverkehr ist es üblich, Fahrwege, Rangier-, Kuppel- und Abstellvorgänge minutiös zu planen, oft bis hin zur Gleisangabe und bis zur exakten Abbildung der räumlichen Orientierung einzelner Wagen innerhalb eines Zuges.

zeitliche Abgrenzung

Vielfach verbindet sich mit dem Begriff des Umlaufs der Gedanke, dass man ein »Tagespaket an Fahrten für ein Fahrzeug schnürt«.[31] Zwingend ist dies aber keineswegs. Das eigentliche Abgrenzungskriterium für einen Umlauf liegt darin, dass man Fahrten so lange zusammenfasst, bis eine längere Unterbrechung wegen der im Tagesverlauf schwankenden Nachfrage eintritt oder aufgrund technischer Restriktionen des Fahrzeugs nötig wird. Letztlich geht es darum, eine kompakte Folge von Fahrten zu definieren, die in späteren Planungs- und Dispositionsschritten möglichst so erhalten bleiben soll. Im Fernverkehr kann es durchaus sein, dass Umläufe nur aus einer einzigen Fahrt bestehen.

Umlaufreihenfolgen, Schemabildung

Umläufe beginnen und enden nicht immer am selben Ort. Um sicher zu sein, dass an jedem Kalendertag immer dort ein Fahrzeug des passenden Typs bereitsteht, wo es für den einzelnen Umlauf gebraucht wird, muss man den räumlichen Zusammenhang auch über Tagesgrenzen[32] hinaus überwachen. Man verkettet dazu ganze Umläufe miteinander und ermittelt, wie sich die Fahrzeugbestände im Zeitverlauf an den einzelnen Abstellorten verändern. Eines der Planungsziele besteht darin, an jedem Abstellort ein Fließgleichgewicht herzustellen, das möglichst wenig schwankt.

Zyklische Schemata

Um für einen langen Zeitraum Umläufe zu verketten, benutzt man ein zyklisches Schema, das wochenweise auf den Kalender projiziert wird. So bringt man letztlich die gesamte Masse aller Fahrten eines Kalenderjahres planerisch ohne allzu großen Aufwand in eine plausible Reihenfolge.

Wartungsfenster

Aufbauend auf Richtlinien für die Instandhaltung von Fahrzeugen kann man in eine so gebildete Umlaufkette auch Wartungszeiträume einbauen. Solche Wartungsfenster können natürlich nur auf statistischen Annahmen beruhen und sind notwendigerweise ungenau. Ob ein Fahrzeug am Ende eines bestimmten Umlaufs wirklich in die Werkstatt muss, hängt vom genauen Kilometerstand und der Inspektionshistorie des konkreten Fahrzeugs ab. Diese Informationen sind erst zum Zeitpunkt der Fahrtdurchführung bekannt; sie gehören daher in den Bereich der Fahrzeugdisposition (Abschnitt 7.2).

Im Folgenden stellen wir zunächst die relevanten Klassen und Beziehungen des ITVU-Modells vor; danach beschreiben wir typische Aufgaben und Abläufe der Umlaufbildung. Wenn wir im Text immer wieder von *dem* Fahrplaner und *dem* Umlaufplaner sprechen, so sind damit idealisierte Rollenbilder gemeint – in kleinen und mittleren Verkehrsbetrieben werden diese Rollen häufig von denselben Personen wahrgenommen. Details zur Bildung von Umlaufreihenfolgen beschließen das Kapitel.

31. Der Begriff »Tag« ist dabei nicht exakt auf 00:00 – 23:59 begrenzt, wie bereits an anderer Stelle ausgeführt wurde (vgl. Abschnitt 3.4.3).
32. Das ITVU-Modell ordnet jedem `Umlauf` eine `TagesArt` eindeutig zu.

6.4.1 Umläufe im ITVU-Klassenmodell

Abbildung 6-11 zeigt die Klassen der Umlaufplanung und ausgewählte Klassen von Nachbarbereichen wie *Fahrzeug, Fahrplan, Kalender, Ort* und *Dienst.*

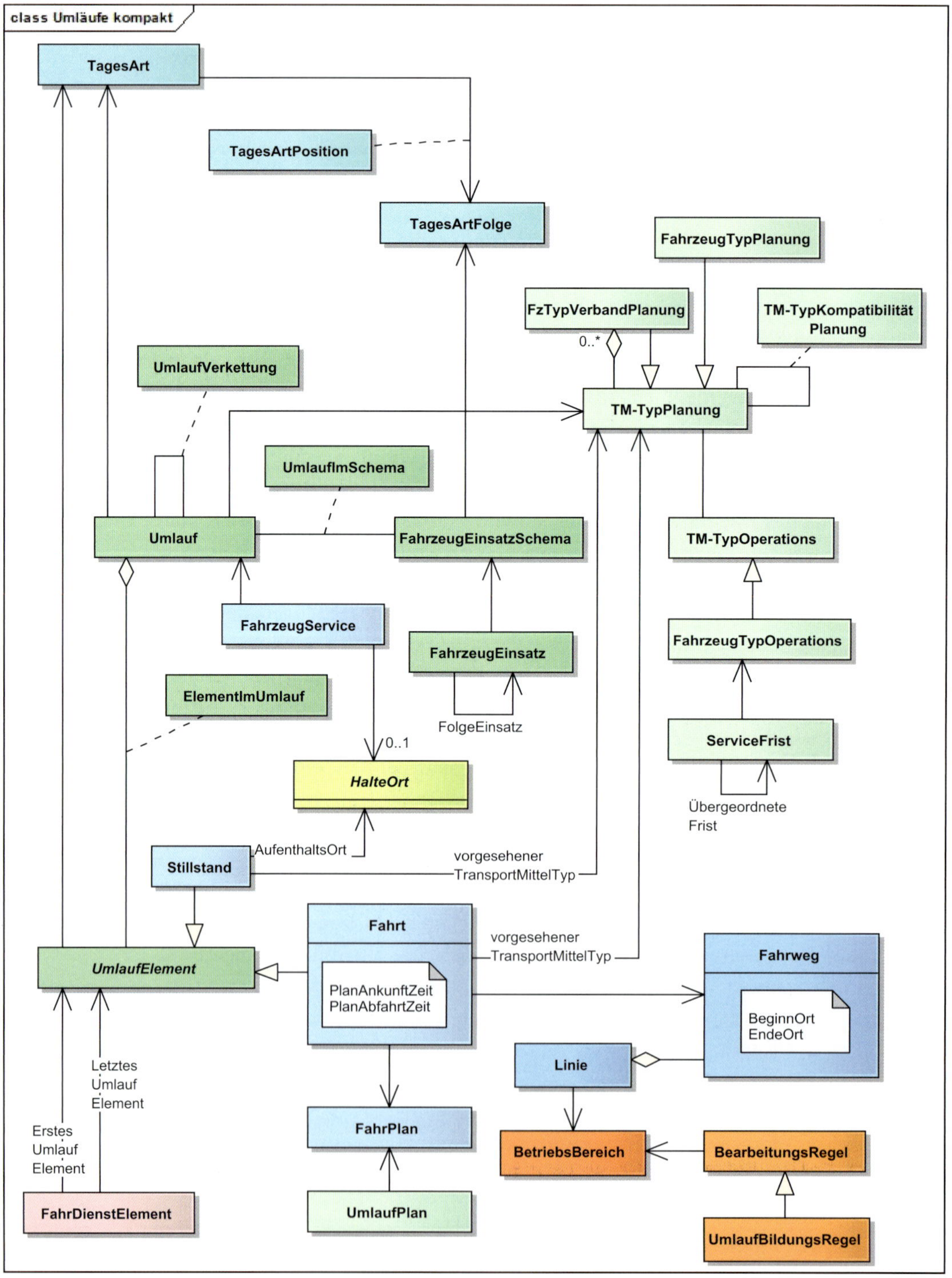

Abb. 6-11 Umläufe im Klassenmodell

- Ein `Umlauf` besteht aus `UmlaufElementen`; die Reihenfolge, in der die Elemente angeordnet sind, wird in der Klasse `ElementImUmlauf` festgehalten.[33] `UmlaufElemente` sind eine gemeinsame Elternklasse für `Fahrten` und `Stillstände`. — `UmlaufElemente`
- Mit Stillstand sind nicht irgendwelche unproduktiven Zeiten von Fahrzeugen gemeint, sondern explizit geplante Einsatzleistungen, bei denen sich das Fahrzeug allerdings nicht bewegt; der `Stillstand` ist daher einem `HalteOrt` zugeordnet und nicht einem `Fahrweg`. Ein etwas exotisches Beispiel wäre ein Fahrzeug, das für einen Fototermin oder für Filmaufnahmen bereitgestellt wird. Ein häufigeres Beispiel sind Ersatzfahrzeuge, die explizit geplant werden sollen, oder Hilfsfahrzeuge (etwa Schneepflüge), die an bestimmten Orten – möglicherweise zusammen mit einem Fahrer – in Bereitschaft gehalten werden. — Stillstände
- Für jede `Fahrt` und jeden `Stillstand` ist der *Typ* des jeweiligen `TransportMittels` festgelegt[34]. Elemente mit unterschiedlichen Anforderungen an den Fahrzeugtyp können nur dann zu einem Umlauf zusammengefasst werden, wenn die Fahrzeugtypen kompatibel sind (`TM-TypKompatibilitätPlanung`). Im Ergebnis entsteht ein summarischer Verweis des gesamten `Umlaufs` auf einen `TransportMittelTyp`. Bei der Mischung von Typen kommt immer der »anspruchsvollere Typ« heraus, also z. B. ein Gelenkbus anstelle eines Standardfahrzeugs, sobald irgendeine Fahrt einen Gelenkbus verlangt. — `TransportMittel` Zuordnung
- Wie bereits anderweitig erläutert, kann eine *gekuppelte Sequenz von Fahrzeug-Typen* (`FzTypVerbandPlanung`) wie ein einzelner `TransportMittelTyp` angesehen werden (Composite Pattern), sofern man davon ausgehen kann, dass der Verband während des Umlaufs nicht aufgelöst wird. — Fest gekuppelte Verbände
- Das Modell sieht vor, dass einem `Umlauf` Servicetätigkeiten wie etwa eine Innenreinigung (`FahrzeugService`) pauschal zugeordnet werden können, ohne dass diese explizit als `UmlaufElemente` abgebildet werden müssen. Der Hintergrund liegt darin, dass man in der Planung zwar manchmal festhalten möchte, dass etwas passieren soll, aber noch nicht genau festlegen will, wo und wann. — `FahrzeugService`
- In der Umlaufplanung werden alle Wege der Fahrzeuge betrachtet, also z. B. auch Wege von und zu Abstellanlagen. Diese Wege lassen sich über das Netzmodell ganz normal abbilden und tauchen daher nicht gesondert auf. Rüstvorgänge, die häufig zu Beginn und Ende eines Umlaufs notwendig werden, werden als spezielle `UmlaufElemente` erfasst, auf denen später die Dienstplanung aufbaut. Umfangreiche Tabellenwerke und Konfigurationsregeln (`UmlaufBildungsRegeln`) legen fest, in welchem Fall welche Zusatztätigkeiten erforderlich sind, wie lang ein Umlauf maximal dauern darf (Entfernung, Zeit), welche Pufferzeiten bei Wendevorgängen einzuhalten sind usw. — Rüst- und Wendevorgänge
- Das ITVU-Modell (bzw. IT-Systeme im ÖPV) haben einerseits eine Menge eingebautes Fachwissen: So sind bestimmte betriebliche Vorgänge wie *Kuppeln, Rangieren, Tanken, Wenden, Fahren* und *Rüsten* von vornherein vorgese- — Konfigurierbare Leistungsarten

33. Sie ergibt sich im Wesentlichen aus der zeitlichen Folge.
34. Man könnte diese Beziehung auch zum `UmlaufElement` verlagern.

hen. Andererseits lassen sich weitere Tätigkeiten wie technische Wagenuntersuchungen oder Polsternassreinigungen individuell definieren. »Definieren« bedeutet nicht nur, dass man einen Namen und einen Zeitbedarf dafür festlegen kann, sondern auch eine Menge von möglichen Durchführungsorten, einen Besatzungstyp, Hinweise für die Überleitung an die Dienstplanung (Qualifikationen) oder die Angabe, ob eine Leistung nur bei Stillstand des Fahrzeugs erbracht werden kann oder auch während der Fahrt.[35]

Umlaufketten, Schemabildung

- Umlaufverkettungen sind ein einfaches Hilfsmittel, um eine Vorgänger-Nachfolger-Beziehung zwischen zwei Umläufen festzulegen. In manchen Fällen genügt diese (optionale) Beziehung zur Abbildung der Planungsbedürfnisse. Wie später noch erläutert wird (Abschnitt 6.4.4), sind Umlauffolgen im Regional- und Fernverkehr ziemlich wichtig; sie werden dort meist indirekt festgelegt, indem Teilmengen der Umläufe bestimmt werden, für die ein gemeinsames Verknüpfungsmuster (`FahrzeugEinsatzSchema`) gelten soll. Dieses Schema besteht aus Einsatzzeilen (`FahrzeugEinsatz`) und aus Spalten, die jeweils einer `TagesArt` zugeordnet sind. Die *Reihenfolge* der `TagesArten` in dem Schema (`TagesArtFolge`) wird im Modell durch die `TagesArtPosition` repräsentiert.

Wartungsblöcke

- Wenn bei der Bildung der Umlaufreihenfolge Lücken für Wartungsarbeiten gelassen werden sollen, muss man sich an den ServiceFristen der konkreten technischen Fahrzeugtypen (`FahrzeugTypOperations`) orientieren. Präzise Festlegungen sind allerdings erst in der Disposition möglich, wenn das konkrete `Fahrzeug` feststeht, das einen `UmlaufX` ausführen soll (vgl. die Klassen `WerkstattBestellung`, `FahrzeugAbwesenheitX` und `FahrzeugTätigkeitX` in Abschnitt 7.2.2, Abb. 7-8, S. 228).

Umlaufplan-Varianten

- Jede `Fahrt` ist einem bestimmten `Fahrplan` zugeordnet. Zu einem bestimmten `Fahrplan` können durchaus mehrere `UmlaufPläne` erstellt werden; alle Planvarianten müssen dieselbe Beförderungsleistung aus Fahrgastsicht erbringen, können jedoch ansonsten durchaus unterschiedlich sein (Wendezeiten, Länge von Umläufen, Laufpläne, Abstellorte von Fahrzeugen). An einem konkreten `FirmenKalenderTag` muss immer genau ein `Umlaufplan` gelten. Dieser muss vollständig sein, d. h., er muss genau alle `Fahrten` abdecken, die für die `TagesArt` des betreffenden `FirmenKalenderTags` im `Fahrplan` vorgesehen sind.

6.4.2 Bildung von Umläufen aus Fahrten

Begrenzung von Umläufen

Bei der Zusammenfassung von Fahrten zu Umläufen sucht man nach »natürlichen Sollbruchstellen«. Diese können sich beispielsweise aus Fahrzeugrestriktionen wie dem Tankinhalt ergeben. Die Umrechnung des Tankinhalts in eine maximale Umlaufstreckenlänge über den Durchschnittsverbrauch ist mitunter weniger trivial, als es scheint: In Australien verbrauchen Dieseltriebzüge oft mehr Sprit für

35. Die entsprechenden Metaklassen zur Abbildung dieser Sachverhalte haben wir im ITVU-Modell nicht dargestellt.

die Kühlung als für das Fahren; man muss daher auch die Einsatzdauer mit ins Kalkül ziehen.

Gruppierung von Fahrten

Ein anderes wichtiges Kriterium ist der innere Zusammenhang von Fahrten eines Umlaufs und die Zwangsläufigkeit, mit der sie hintereinander ausgeführt werden müssen. Dazu ein Beispiel:

In der morgendlichen Spitze eines Regionalbahnbetriebs gibt es viele Fahrten, die aus dem Umland in ein Ballungszentrum hineinführen. Danach sinkt der Bedarf an Transportleistung, bis dann am Nachmittag wieder eine zweite Nachfragespitze einsetzt. Bei der Bildung von Umläufen behält man daher ab 9 Uhr etliche Fahrzeuge übrig, die in Zentrumsnähe für etwa 6 Stunden abgestellt werden.

Man könnte nun durch die Bildung von Umläufen über den ganzen Tag hinweg genau festlegen, welches Fahrzeug aus der Morgenspitze welche Fahrt am Nachmittag antritt.

Man könnte aber auch drei verschiedene Arten von Umläufen bilden: eine für die Fahrzeuge, die den ganzen Tag über im Einsatz sind, und jeweils eine für die Zusatzleistungen der Morgen- und der Nachmittagspitze. Dabei ist zwar im Prinzip klar, dass die abgestellten Fahrzeuge erneut eingesetzt werden, aber die genaue Zuordnung wird noch nicht hergestellt.

Bei der letzteren – meist vorteilhafteren – Vorgehensweise betrachtet man abgestellte Fahrzeuge als einen Pool, über dessen genaue Verwendung in einem späteren Schritt entschieden wird.

Depotaufenthalt

Wenn ein Fahrzeug nach dem Ende einer Fahrt ins Depot zurückkehrt, so ist dies im Allgemeinen ein guter Zeitpunkt, um einen Umlauf zu beenden. Doch keine Regel ohne Ausnahme:

Bei Regionalbusbetrieben kommt es vor, dass Fahrer nach der morgendlichen Schülerbeförderung mit ihrem Fahrzeug ins Depot fahren, dort eine Pause machen und danach wieder ausrücken, um die Schüler nach Hause zu bringen. Anschließend fahren sie zurück ins Depot und ein anderer Fahrer übernimmt das Fahrzeug für den Nachmittags- und Abendverkehr. In diesem Beispiel ist die natürliche Umlaufgrenze der Schichtwechsel der Fahrer; der Depotaufenthalt am Vormittag ist vom Charakter her eine Wendezeit mit Pause im Umlauf der ersten Tageshälfte.

Betriebsbereiche/Fahrzeugtypen

Beim Zusammenfassen von Fahrten achtet der Disponent auf die Anforderungen an den Fahrzeugtyp, die der Fahrplaner für jede Fahrt definiert hat. Wir sprechen hier nicht über völlig unterschiedliche Fahrzeugtypen wie Bahnen, Busse oder Fähren, denn diese Trennung ist auf organisatorischer Ebene im Verkehrsunternehmen durch `BetriebsBereiche` vorgegeben und zieht sich ohnehin durch alle Geschäftsprozesse. Wir meinen vielmehr Unterschiede zwischen den Fahrzeugtypen innerhalb eines Betriebsbereichs. Auch diese können so groß sein, dass zwei

Fahrten in unterschiedlichen Umläufen landen müssen, weil ihre Anforderungen nicht vereinbar sind.[36]

Flottenstruktur

Auch wenn im Prinzip für jeden Umlauf ein Fahrzeug existiert, das alle Anforderungen erfüllt, ist dies noch keine Garantie dafür, dass ein bestimmter Umlaufplan mit der konkreten Flotte des Verkehrsbetriebs umsetzbar ist. Bei unbedachter Mischung der Fahrten kann es sein, dass ein Plan mehr Fahrzeuge eines bestimmten Typs verlangt, als in der Fahrzeugflotte vorhanden sind, während die Fahrzeuge eines anderen Typs nicht ausgelastet werden können. Je homogener die Anforderungen aller Fahrten eines Umlaufs sind, desto besser ist es. Da die Forderung nach Typhomogenität die Kombinationsmöglichkeiten der Umlaufbildung einschränkt und tendenziell die Ergebnisqualität verschlechtert, wird der Disponent in der Regel jedoch nicht strikt »sortenreine« Umläufe bilden.

Explizite und implizite Anforderungen

Wie bereits erwähnt (Abschnitt 4.6), versucht der Fahrplaner seine Anforderungen auf das Wesentliche zu beschränken, um den Umlaufplaner nicht zu sehr einzuschränken. Manchmal ist es sogar besser, wenn er seine Vorstellungen nur »auf der Tonspur« an den Umlaufplaner weitergibt:

Ein Fahrplaner möchte sicherstellen, dass Fahrgäste mit Mobilitätseinschränkungen möglichst im gesamten Verkehrsgebiet befördert werden können. Gleichzeitig weiß er jedoch, dass momentan nur 60 % der Fahrzeuge technisch entsprechend ausgerüstet sind. Er könnte nun auf die Idee kommen, einfach jede zweite Fahrt als »behindertengerecht« zu kennzeichnen. Der Umlaufplaner stellt bei diesem Vorgehen allerdings vermutlich öfter fest, dass er bestimmte Fahrten nicht miteinander zu einem Umlauf verknüpfen kann, weil sie von der Fahrzeugausstattung her nicht zusammenpassen.

Überlässt der Fahrplaner die gleichmäßige räumliche und zeitliche Verteilung der behindertengerecht ausgestatteten Fahrzeuge dem Umlaufplaner, so kann dieser einen besseren Plan erstellen, d. h., es kommt zu weniger Leerfahrten und Stillstandszeiten.

Verknüpfung von Geschäftsprozessen

Für den mobilitätsbehinderten Fahrgast ist die Information wichtig, welche Fahrten für ihn geeignet sind. Je nach Vorgehensweise liegt diese Information jedoch entweder bereits nach der Fahrplanung oder erst nach der Umlaufplanung vor. Die Planungsphilosophie hat also Einfluss auf Schnittstellen zu anderen Systemen und auch Unternehmen, denn die Fahrplanauskunft wird vom übergeordneten Verkehrsverbund betrieben.

Effizienz eines Umlaufplans

Ein Umlaufplan ist dann besonders gut, wenn die Fahrzeuge möglichst wenig Standpausen haben und keine Leerfahrten machen müssen. Wie gut ein Plan werden kann, hängt – bei gleicher Taktdichte – unter anderem von der genauen Lage der im Fahrplan geforderten Abfahrtszeiten ab.

36. Man denke etwa an Dieseltriebzüge und E-Loks.

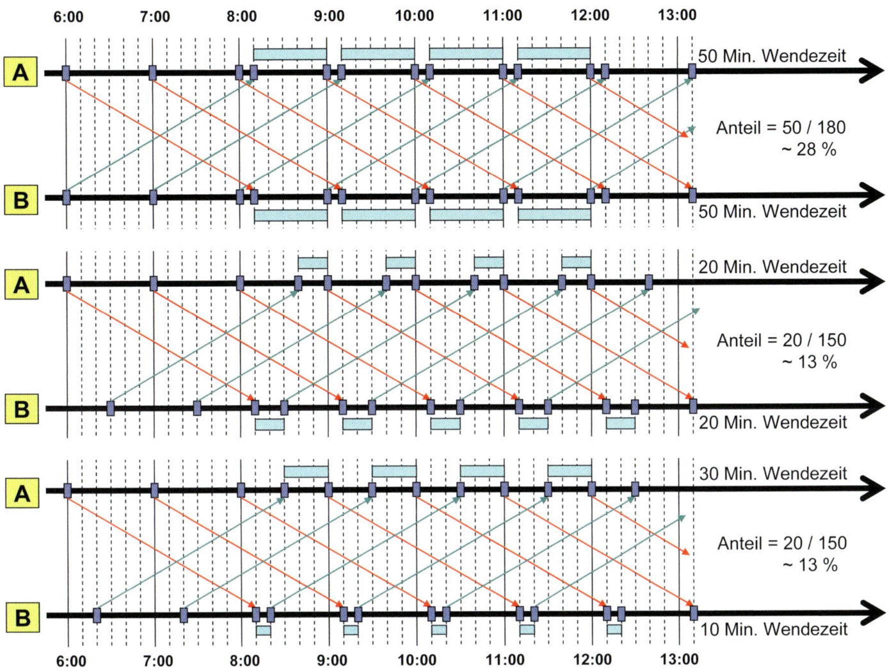

Abb. 6-12
Umlaufbildung bei unterschiedlichen Abfahrtszeiten

Bei einem Pendelverkehr auf einer längeren Strecke möge die Fahrzeit von A nach B zwei Stunden und zehn Minuten betragen. Legt man nun bei einem Stundentakt die Abfahrtzeiten in A und B auf die volle Stunde fest, so muss jedes Fahrzeug am Endpunkt 50 Minuten auf den nächsten Einsatz warten.

Legt man die Zeiten bei A auf die vollen Stunden und bei B auf die halben Stunden fest, so reduziert sich die Wendezeit auf durchschnittlich 20 Minuten (vgl. Abb. 6-12).

Das Verhältnis von Nutzleistung und Standzeit verbessert sich so, dass man die Strecke jetzt mit 5 anstatt mit 6 Fahrzeugen bedienen kann.

Die symmetrische Aufteilung der Wendezeiten (jeweils 20 Minuten) muss nicht immer das Optimum darstellen. Wenn an Punkt A bei jedem zweiten Aufenthalt der Innenraum der Wagen gereinigt werden soll, dann wäre es vermutlich günstiger, die Abfahrtszeit bei B auf 20 Minuten nach der vollen Stunde festzulegen. Die Wendezeiten teilen sich dann in 30 und 10 Minuten auf. Außerdem sind asymmetrische Wendezeiten für die Dienstplanung vorteilhaft, da längere Pausen einen überproportional großen Erholungswert besitzen (vgl. Abschnitt 6.6).

Wechselspiel: Fahrplan/Umlaufplan

Das Beispiel zeigt, dass der *Fahrplaner* eine gute Vorstellung von den betrieblichen Abläufen haben muss, wenn er die Verkettung einzelner Fahrten berücksichtigen will. Die *Reinigung* ist nur ein Beispiel von vielen – sie könnte notfalls auch einmal ausfallen. Wenn aber beispielsweise an Bahnhof B ein Rangiervorgang nötig ist, damit der Zug zurückfahren kann, dann können 10 Minuten Aufenthalt schon wieder zu knapp sein. Gerade bei Bahnbetrieben sind Fahr- und Umlaufplanung besonders eng verknüpft. Der Fahrplaner hat oft schon die Folgefahrt im Kopf und bestimmt Abfahrtszeiten so, dass effiziente Wendevorgänge möglich sind und dennoch gewisse Pufferzeiten zum Abbau etwaiger Verspätungen vorhanden sind.

Iterationen

Wenn man erst bei der Umlaufplanung feststellt, dass sich in einem bestimmten Fall eine besonders ungünstige Wendezeit ergibt, kann man natürlich versuchen, die Fahrplanung anzupassen. Wie einfach dies möglich ist, hängt von der Ausgestaltung des Verkehrsvertrags ab – eine Anpassung im Bereich weniger Minuten, die keine Anschlussbeziehungen durcheinanderbringt und die Taktdichte beibehält, ist im Allgemeinen möglich. Manche Softwaresysteme bieten die Möglichkeit, Verbesserungschancen systematisch zu ermitteln, die aus geringfügigen Zeitverschiebungen von Fahrten entstehen können (*Sensitivitätsanalyse*).

Konsequenzen für die Qualifikation der Fahrer

Der Fokus des Umlaufplaners liegt auf der Bildung günstiger Laufwege für die Fahrzeuge. Gleichzeitig stellt er jedoch auch Weichen für die Besetzung der Umläufe mit Fahrern, denn diese müssen mit dem Fahrzeugtyp vertraut sein und die Strecke kennen. Schickt der Umlaufplaner ein Fahrzeug mit mehreren Linienwechseln quer durchs ganze Netz, so mag dies für ihn zweckmäßig sein, für den Dienstplaner jedoch weniger.

Rücksicht auf die Dienstbildung

Fahrer sind nicht erfreut, wenn ihre Schicht an einem völlig anderen Ort endet, als sie begonnen hat. Da der Umlaufplaner keine ausreichend genaue Vorstellung von den Diensten haben kann, versucht er zumindest, eine gewisse *Lokalität* zu wahren.[37] Er zerlegt dazu die Gesamtmenge aller Fahrten in räumliche Schwerpunktgebiete (»Linienbündel«) und ordnet jedes Fahrtenbündel einem bestimmten Betriebshof zu, an dem sowohl die Fahrzeuge ihre Heimat haben als auch die Fahrer ihren Dienst vorzugsweise antreten und beenden sollen. Im Regional- oder Fernverkehr ist dieses Vorgehen allerdings nicht möglich. Im Regionalbusverkehr gibt es stattdessen öfter den Fall, dass ein Fahrer »seinen« Bus abends mit nach Hause nimmt und den Dienst von dort aus beginnt und beendet.

Besonderheiten im Schienenverkehr

Die Zusammensetzung eines Zugs kann sich während der Fahrt ändern, etwa weil auf bestimmten Teilstrecken die Fahrgastnachfrage größer ist oder weil Fahrzeuge zur Überführung mit angehängt werden sollen. Am Ziel muss theoretisch kein einziges Fahrzeug mehr dabei sein, das am Startbahnhof losgefahren ist. In manchen Fällen wird der weitere Lauf für abgehängte Zugteile schon in der Fahrplanung vorherbestimmt, etwa beim Flügeln[38] oder bei Kurswagen. In anderen Fällen hat der Umlaufplaner noch Freiheitsgrade, wie etwa bei der Stärkung oder Schwächung eines Verbands aus Kapazitätsgründen.

Vollständigkeit der Planung

Wenn die Umlaufplanung abgeschlossen ist, muss für jedes Fahrzeug sein kompletter Laufweg klar sein, also eine Folge von Stillständen, Betriebsfahrten und vor allem natürlich von Nutzfahrten als Teil eines Zuges.

37. Diese Argumentation trifft vor allem für große Stadtverkehrsbetriebe mit mehreren Depots zu.
38. Beim Flügeln wird ein Zug aufgetrennt, und beide Teile setzen ihren Weg unabhängig fort (Beispiel: ICE-Trennung in Hamm/Westfalen).

6.4.3 Planung von Betriebsfahrten

Die Fahrplanung betrachtet nur denjenigen Teil des Fahrzeugwegs, der mit der Nutzleistung verbunden ist. Beim Bilden von Umläufen geht es hingegen um alle Bewegungen eines Fahrzeugs.

- Wie kommt das Fahrzeug von seinem aktuellen Standort in einer Abstellanlage zu seinem ersten Einsatzort (Einsetzfahrt)? *Einsetzen*
- Wo soll es am Ende des Umlaufs abgestellt werden und wie kommt es dorthin (Wahl des Abstellorts, Aussetzfahrt)? *Aussetzen, abstellen*
- Wie bewältigt das Fahrzeug Wege zwischen den Fahrten eines Umlaufs (Wendevorgänge, Überläuferfahrten zum nächsten Einsatzort, Rangiervorgänge)? *Wenden, Wechselfahrten, rangieren*
- Welche technischen Servicearbeiten können und sollen in einen Umlauf integriert werden (Tanken, Waschen, Innenreinigung, kleinere Inspektionen) und wie kommen die Fahrzeuge zu den Serviceeinrichtungen (Waschanlagen, Tankstellen)? *Serviceblöcke*
- Falls Fahrzeuge im Verband fahren: Wo wird der Verband gebildet, wie lange bleibt er zusammen, wo wird er aufgelöst, welche Wege wählen die Fahrzeuge danach? *Verbandsbildung, gekoppelte Umläufe*

Wir betrachten am Beispiel einer Regionalbahn einen typischen betrieblichen Ablauf (Abb. 6-13) und zeigen anschließend, wie die Fahrzeugbewegungen in einem Softwaresystem zur Umlaufplanung dargestellt werden (Abb. 6-14).

Um den morgendlichen Pendlerstrom in die Landeshauptstadt zu bringen, fährt ein Zug (zwei Loks und zwei Wagengruppen zu je drei Wägen) um 5:54 von Simbach über Mühldorf nach München. Bei genauem Hinsehen erkennt man am Kopfende der ersten Wagengruppe einen zusätzlichen Führerstand, d. h., der erste Wagen dieser Gruppe ist ein *Steuerwagen*.

Der Zug fährt in den Hauptbahnhof, damit die Reisenden kurze Wege zur U- und S-Bahn haben. Dort kann er jedoch nicht bis zu seiner Rückfahrt (um 9:06) stehen bleiben. Man trennt die Loks von den Wägen; eine Rangierlok (gelbe Farbe) zieht die 6 Wägen heraus und schiebt sie in den Holzkirchner Bahnhof (München Hbf Süd). Dort können sie in Ruhe bis zur Abfahrt warten. Die beiden Loks fahren kurz danach im Verband hinterher und trennen sich im Rangierbereich (8:06–8:12). Eine Lok fährt zum Tanken und danach in eine Abstellanlage, wo sie bis zum Nachmittag auf den nächsten Einsatz wartet.

Die andere Lok koppelt an die Wagengruppe im Holzkirchner Bahnhof an und zieht den Verband um 9:06 nach Mühldorf. Der Steuerwagen befindet sich jetzt am hinteren Ende des Verbands. In Mühldorf wechselt der Fahrer den Führerstand[39] und fährt um 10:29 wieder nach München zurück; diesmal befindet sich die Lok hinten am Zug und schiebt den Verband vor sich her, der Lokführer sitzt vorn im Führerstand des Steuerwagens.

39. Eine solche »Zugkehrung« vermeidet eine Umsetzfahrt (Rangiervorgang).

Abb. 6-13
Fahrzeugbewegungen in der Umlaufplanung einer Regionalbahn

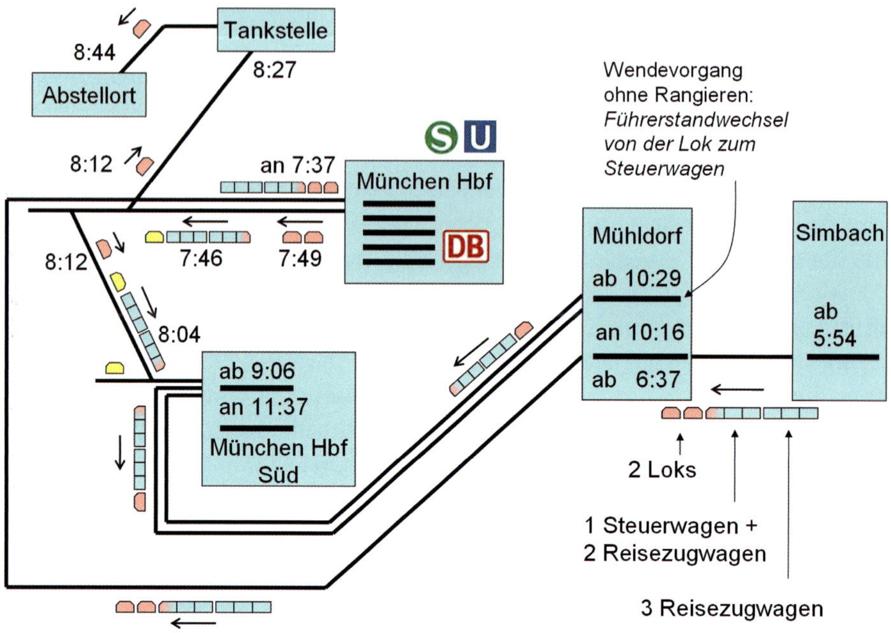

Verbandsbildung: Reihenfolge und Orientierung

In der Umlaufplanung wird die Zusammensetzung eines Fahrzeugverbands[40] genau festgehalten. Jede Lok und jede Wagengruppe wird als einzelne Einheit behandelt, denn man muss das Entstehen und Auflösen eines Verbands darstellen können. Die Fahrzeuge eines Verbands werden nicht als »Menge« abgebildet, sondern als eine geordnete Liste, die der *Reihenfolge* in Fahrtrichtung entspricht. Zusätzlich kann jedes Element eine eigene *Orientierung* besitzen.

Die Wagengruppe mit dem Steuerwagen ist beispielsweise bei der ersten Fahrt nach München an Position 3 und nach vorn orientiert; bei der Rückfahrt nach Mühldorf befindet sie sich zwar auch an Position 3, ist jedoch nach hinten orientiert. Selbst bei den Reisezugwagen auf Position 2 kommt es auf die Orientierung an. Sollte beispielsweise eine einzelne Türfunktion gestört sein, so ist es wichtig zu wissen, auf welcher Seite sich die gestörte Tür befindet.

Darstellung am Bildschirm

Die Darstellung in Abbildung 6-13 ist zwar sehr anschaulich, für den Umlaufplaner ist sie jedoch nur im Ausnahmefall wichtig. Er stützt sich auf Weg-Zeit-Diagramme (Abb. 6-12) und vor allem auf Balkenpläne. *Balkenpläne* stellen die Zeitachse in den Vordergrund und präsentieren Fahrzeugbewegungen in sehr kompakter Form als horizontale Balken, die vertikal nach unterschiedlichen Kriterien sortiert werden können, insbesondere nach Fahrzeugen oder Zugnummern. Im ersteren Fall sieht man, welche Leistungen ein bestimmtes (gedachtes) Fahrzeug zeitlich nacheinander erbringen soll; im letzteren Fall sieht man, aus welchen

40. In der Umgangssprache bezeichnet man einen Fahrzeugverband auch als »Zug«. In der Sprache der Eisenbahn entspricht jedoch der *Zug* eher dem Begriff der *Fahrt* aus unserem Modell.

Fahrzeug-Teilleistungen ein bestimmter Zug (= eine bestimmte Fahrt) besteht. Damit der Planer nicht ständig den Zoomfaktor wechseln muss, bieten viele IT-Systeme ein spezielles Fenster, in dem parallel zur Übersicht ein bestimmter Umlaufausschnitt vergrößert dargestellt wird (Abb. 6-14, oberer Bereich).

Gekoppelte Umläufe

Einerseits müssen alle Fahrzeuge (Loks, Wagengruppen, koppelbare Teile von Triebzügen) als *eigenständige Umläufe* abgebildet werden – andererseits darf die Umlaufplanung nicht so tun, als würden zwei Umläufe, die auf einem bestimmten Streckenabschnitt gekoppelt fahren, *rein zufällig zeitgleich* auf demselben Gleis fahren. Man muss die Reihenfolge der Einzelfahrzeuge im Verband und ihre Orientierung erkennen können. In Abbildung 6-14 werden zu diesem Zweck dünne, waagrechte Linien unterhalb des eigentlichen Aktivitätsbalkens gezeichnet; eine dieser Linien ist jeweils etwas dicker – sie deutet die Position des jeweiligen Umlaufs innerhalb des Fahrzeugverbands an; die oberste Linie entspricht dabei dem vordersten Fahrzeug (in Fahrtrichtung gesehen). Die Orientierung wird durch ein kleines Dreieck am Aktivitätsbalken signalisiert[41].

Abb. 6-14 Bildschirmdarstellung eines Umlaufplan-Ausschnitts

Rangierfahrten

Rangierfahrten finden innerhalb eines Bahnhofsgeländes statt und werden vom örtlichen Fahrdienstleiter eigenverantwortlich angeordnet und kontrolliert. Es ist daher nicht sinnvoll, Rangierloks in den Umlaufplan (Abb. 6-14) aufzunehmen. Der Plan sieht für den Rangiervorgang einfach ein Zeitfenster vor, in dem sich die Wagengruppen quasi »von Geisterhand« autonom vom Hauptbahnhof zum Holzkirchner Bahnhof bewegen. Generell ist im Personenverkehr zu beobachten, dass das Kuppeln einzelner Wagen (»Kurswagen«) immer seltener vorkommt. So ist die Schweizer Bahn schon seit einiger Zeit dazu übergegangen, ihre Fernzüge nur noch aus Loks und festen Wagengruppen zusammenzusetzen.

Besetzung von Führerständen

Es gibt Bahnhöfe, an denen für das Wenden oder Flügeln eines Triebzugs nur wenig Zeit in Anspruch genommen werden darf. Der Umlaufplaner kann für solche Fälle festlegen, dass ein nicht aktiver Führerstand bereits auf der letzten Teilstrecke der Hinfahrt mit einem zusätzlichen Fahrer besetzt wird. Bei der Wende verlässt der aktive Fahrer unmittelbar nach dem »Abrüsten« seines Führerstands das Fahrzeug, und der andere Fahrer kann sofort losfahren. Eine andere Alternative für einen fliegenden Wechsel besteht darin, dass der ablösende Fahrer im Wendebahnhof bereits beim Einfahren des Zugs an der Stelle am Gleis wartet, wo sein Führerstand zum Stehen kommt. In beiden Fällen ergeben sich aus der Umlaufplanung sehr präzise Vorgaben für die Dienstplanung.

41. Es sind natürlich auch andere Arten der Symbolisierung denkbar; es geht hier nur darum, eine denkbare Art der Visualisierung zu zeigen.

Integrierte IT-Systeme sind bei der Weitergabe solcher Details zwischen den einzelnen Planungsprozessen klar im Vorteil.

Abstellanlagen

Bei der Bildung von Umläufen müssen die Kapazitäten von Abstell- und Wendeanlagen berücksichtigt werden. Softwaresysteme prüfen meist automatisch die Belegung. Bei Schienenfahrzeugen genügt es nicht, die Anzahl der Fahrzeuge zu überwachen, sondern man muss die genaue Länge der Fahrzeugverbände und der Gleisabschnitte für die Berechnung heranziehen. In einfach gelagerten Fällen (wie sie öfter bei U-Bahnen vorkommen) können Abstellgleise natürlich auch spontan ohne Mitwirkung von IT-Systemen vergeben werden. IT-Systeme können beispielsweise auch Reihenfolgekollisionen erkennen: Wenn eine eingleisige Wendeanlage von zwei Fahrzeugen befahren wird, müssen sie nach dem FIFO-Prinzip[42] wieder herauskommen.

6.4.4 Verkettung von Umläufen

Mehrtägige Umläufe

Im Nahverkehr ist der Tag eine natürliche Planungseinheit – manchmal sogar unterstrichen durch eine nächtliche Betriebspause. Fahrzeuge werden meist am Ende eines Umlaufs wieder am selben Ort[43] abgestellt, von dem sie morgens zum Einsatz ausgerückt sind. Im Regional- und noch mehr im Fernverkehr verliert der einzelne Tag diese Bedeutung. Fahrzeuge stehen jede Nacht woanders bzw. fahren die ganze Nacht durch – sie bewegen sich frei durchs ganze Streckennetz.

Umlaufreihenfolgen

Der einzelne Umlauf wird zwar so begrenzt, dass er noch einem bestimmten Tag (genauer: einer `TagesArt`) zugeordnet werden kann. Das komplette Bild ergibt sich jedoch erst, wenn die Reihenfolge festgelegt wird, in der die Umläufe nacheinander folgen. Welche Umläufe am Folgetag überhaupt stattfinden, ergibt sich aus der Reihenfolge, in der die `TagesArten` im Kalender vorkommen.

Wochenschema

Da die Reihenfolge der Umläufe ohne Bezug zu konkreten Kalendertagen gebildet wird, beruht sie auf einem *Schema*, das einer *regulären Kalenderwoche* entspricht; wenn jeder Wochentag als eigene `TagesArt` ausgebildet ist, dann entspricht dies der Folge *Mo-Di-Mi-Do-Fr-Sa-So*[44], andernfalls könnte es auch so aussehen: *MoDo-MoDo-MoDo-MoDo-Fr-Sa-So*[45]. Wenn auf einen bestimmten Donnerstag ein Feiertag fällt, dann muss eine andere Verkehrsleistung erbracht werden, entsprechend der Folge *Mo-Di-Mi-So-Fr-Sa-So*. Änderungen, die sich daraus ergeben, werden in einem zusätzlichen Arbeitsschritt auf der Ebene der `UmläufeX` eingearbeitet, also nachdem der Bezug zu konkreten Kalendertagen hergestellt wurde. Falls diese Art von Irregularität jedoch mehrfach vorkommt – man denke etwa an den Monat Mai in Deutschland –, kann man auch ein zusätzliches Wochenschema mit der benötigten Folge von `TagesArten` definieren und dieses dann auf die betroffenen Wochen anwenden.

42. First In – First Out
43. Stadtverkehrsbetriebe sprechen von Betriebshöfen oder Depots, Bahnen eher von Abstellanlagen.
44. Die Folge ist zyklisch, der Montag ist willkürlich als Anfangstag gewählt.
45. *MoDo* ist eine gebräuchliche Abkürzung in Verkehrsbetrieben, die in ihrer Planung zwischen den Tagen Mo, Di, Mi und Do nicht unterscheiden.

Zeilen im Wochenschema

Man projiziert die Umläufe eines Wochenschemas auf konkrete Kalendertage, indem man sie zeilenweise versetzt zyklisch wiederholt (»abrollt«). So durchläuft jedes Fahrzeug im Laufe der Zeit alle Umläufe des Schemas (Abb. 6-15). Jede Zelle des Schemas enthält die Arbeitsleistung eines Fahrzeugs pro Tag; es kann sich dabei um einen einzelnen Umlauf handeln oder auch um mehrere[46]. In der Abbildung gehen wir der Einfachheit halber von einem einzigen Umlauf je Tag aus und nummerieren alle Umläufe von 1 bis n durch; in Wirklichkeit wären diese Umlaufnummern »wild verteilt«. Die Anzahl der Zeilen des Schemas legt diejenige Menge an Fahrzeugen (gleichen Typs) fest, die zusammen die Umlaufmasse des Schemas bewältigen sollen.

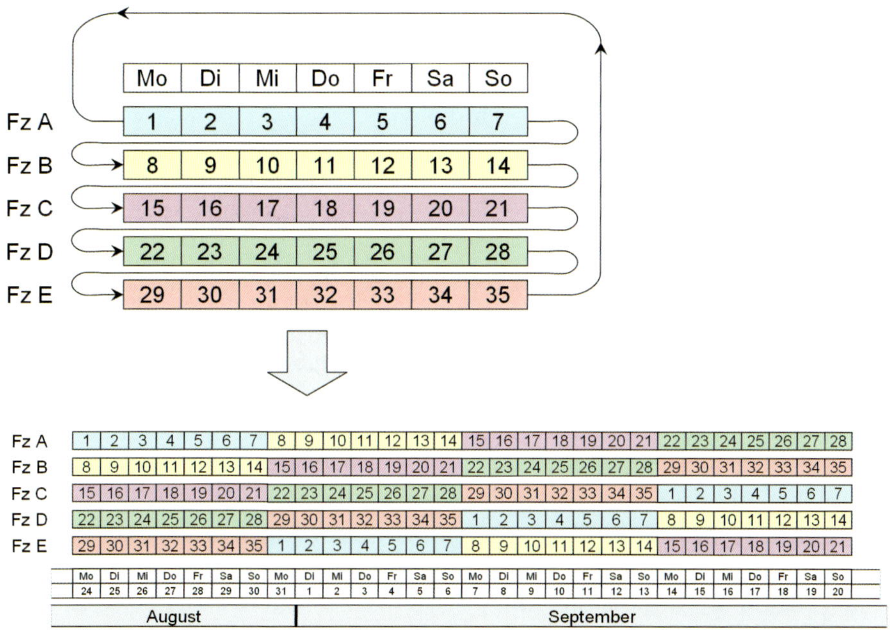

Abb. 6-15
Ausrollen des Wochenschemas

Partitionen

Wenn ein Verkehrsunternehmen viele Fahrzeuge eines Typs besitzt, wird es dennoch nicht alle Fahrzeuge dieses Typs in einem einzigen Schema zusammenfassen, damit das Schema übersichtlich bleibt und der Gesamtzyklus nicht zu lang wird[47]. Um die gesamte Verkehrsleistung eines konkreten Kalendertags abzubilden (d.h. entsprechende `UmläufeX` zu erzeugen), müssen daher mehrere Schemata parallel abgerollt werden. Hat man Schemavarianten gebildet (man denke an das Beispiel mit dem Feiertag am Donnerstag), so muss man bei jedem Schema die zutreffende Variante auswählen.

Bewegungsbilanz der Abstellanlagen

Wenn der Reihenfolgeplaner das Wochenschema erstellt, verfolgt er die Standorte aller Fahrzeuge[48]. Andernfalls müsste er darauf vertrauen, dass sich am

46. Auch hier gilt wieder, dass der *Tag* eine logische Einheit ist, zu der durchaus ein Umlauf gehören kann, der erst nach 24:00 endet.
47. Der Gesamtzyklus ist so viele Wochen lang, wie das Schema Zeilen hat.
48. Es handelt sich genauso wie in der Umlaufplanung auch bei der Reihenfolgebildung nicht um konkrete Fahrzeuge, sondern um gedachte Stellvertreter.

nächsten Tag für jedes Fahrzeug wieder eine Fahrt finden wird, die genau an dem Ort beginnt, wo das Fahrzeug abgestellt wurde. Diese Annahme mag für Stadtverkehrsbetriebe mit wenigen Depots und einem großen Bestand an Fahrzeugen des gleichen Typs zutreffen. In allen anderen Fällen ist es aber notwendig, die Bestandsänderungen je Abstellort mitzuverfolgen, damit man sicher sein kann, dass an jedem Ort zu jedem Tag die benötigte Fahrzeuganzahl je Typ verfügbar ist. Die einzelne Tagesbilanz ist nicht immer ausgeglichen: Es kommt beispielsweise vor, dass an einem Ort am Montag mehr Fahrzeuge in den Einsatz geschickt werden, als dort abends wieder abgestellt werden. Und natürlich benötigt man am Montagmorgen mehr Fahrzeuge, als am Sonntag abgestellt worden sind.

Den Umlaufplan ausgleichen

Wichtig für den Umlaufreihenfolgeplaner ist, dass sein Plan die Bestände in den einzelnen Abstellanlagen auf *mittlerer Sicht konstant* hält. Er spricht davon, dass er den Umlaufplan über eine bestimmte Periode hinweg »rund macht«. *Rund* ist ein Plan erst dann, wenn die Anzahlen je Fahrzeugtyp am Ende der Periode für jeden Ort mit dem Anfangsbestand übereinstimmen – man kann nicht an einem Ort ständig Doppelstockwagen abstellen und einfache Reisezugwagen entnehmen.

Überführungsfahrten

Aus der Verkettung von Umläufen können Leerfahrten zum Ausgleich der Fahrzeugbilanz entstehen. Besser ist es jedoch, daraus Nutzfahrten zu machen: Wenn man jeden Morgen von A über B nach C fahren will, dann bietet es sich an, die letzte Fahrt am Abend von C nach B bis A zu verlängern, auch wenn die Nachfrage es erlauben würde, die Abendfahrt schon bei B zu beenden.

Robustheit durch Teilketten

Eine Umlaufkette hat meist in ihrem Inneren feste Muster, die sich wiederholen, etwa eine bestimmte Umlauffolge von drei oder fünf Tagen – im Regional- oder Fernverkehr durchaus auch von zwei Wochen. Der Planer versucht, innerhalb langer Ketten kürzere Teilketten zu bilden, die regelmäßig an einer Serviceeinrichtung vorbeiführen; es wäre sehr unwirtschaftlich, wenn für die Fahrt zur Reinigungsanlage (je nach Jahreszeit z. B. alle drei Tage) jedes Mal eine teure Trasse bezahlt werden müsste. Kurze Teilketten erleichtern zudem später in der Disposition einen defektbedingten Fahrzeugaustausch. Generell gilt, dass das Auflösen oder Umstellen einer Umlaufreihenfolge für die Disposition weniger Aufwand verursacht als der direkte Eingriff in einen Umlauf.

Werkstattblöcke

Verkehrsbetriebe mit sehr stabilem Fahrplan positionieren in der Umlaufreihenfolge Wartungsfenster so, dass die Laufleistung zwischen den Blöcken den vorgesehenen Inspektionsfristen entspricht. Bei dieser Art von Planung entspricht die Gesamtzahl aller Schemazeilen in etwa dem Gesamtbestand an Fahrzeugen. Andere Unternehmen überlassen die Werkstattplanung komplett der Dispositionsebene, d. h., sie stellen einen »Nettoplan« auf, zu dessen Erfüllung dann natürlich mehr Fahrzeuge benötigt werden, als aus der Zeilenzahl hervorgeht.

Gleichmäßigkeit der Belastung

Die Idee eines zyklischen Schemas liegt darin, dass alle einbezogenen Fahrzeuge längerfristig dasselbe Programm absolvieren, sich also beispielsweise ähnlich schnell abnutzen und im selben Rhythmus an Serviceeinrichtungen vorbeikommen. Bei entsprechender Gestaltung lässt sich durch unterschiedliche Schemata natürlich auch erreichen, dass eine gewisse Anzahl von Fahrzeugen eines bestimmten Typs besonders intensiv genutzt wird. Dies kann beispielsweise sinnvoll sein, um Fahrzeuge, die man ausmustern will, rascher ans Ende ihrer Lebensdauer zu bringen.

Gleisbelegung

Manche Schienenverkehrsbetriebe planen Umlauffolgen gleisgenau. Bei der Verkettung von Umläufen entsteht ein Vorschlag für die Gleisbelegung: Sind das Ankunftsgleis eines Umlaufs und das Abfahrtsgleis des verketteten Folgeumlaufs identisch, so kann man auf eine Rangierfahrt verzichten, wenn das Gleis nicht zwischendurch geräumt werden muss.

Softwaresysteme

Softwaresysteme unterstützen die Bildung von Umlaufreihenfolgen durch die grafische Repräsentation des Wochenschemas, durch heuristische Vorschläge für Kandidaten zur Verkettung, durch diverse Prüfungen, Schwellwertüberwachungen und durch eine »Ausrollautomatik«. Ein typisches Prüfkriterium ist die maximale Ausbleibezeit eines Fahrzeugs von seinem Heimatort.

Inkrementell planen

Nach Abschluss der Umlaufplanung und Bildung der Umlauffolgen können sich Änderungen am Fahrplan ergeben. Softwaresysteme müssen herausfinden können, welche Teile des Umlaufplans von der Veränderung betroffen sind. Sie besitzen Regeln, um zu entscheiden, ob eine automatische Anpassung möglich ist oder ob der Planer eingreifen muss. Der häufigste Fall besteht darin, dass Wendezeiten kürzer oder länger werden, weil eine Fahrt zeitlich verschoben wurde. Auch wenn das System eine automatische Anpassung für zulässig hält und durchführt, sollte es dem Planer zeigen können, was es getan hat. Ein Planer identifiziert sich stark mit »seinem« Plan und möchte jede Änderung zumindest angezeigt bekommen und bei Bedarf zurücknehmen können.

6.5 Optimierung von Fahrten und Umläufen

Optimierungsverfahren zur Bildung von Umläufen gehören zum Standard guter Planungssysteme. Das Spektrum reicht von halbautomatischen Verfahren, die passende Nachfolger bei der manuellen Reihenfolgebildung vorschlagen, über verschiedenste Tausch- und Konstruktionsheuristiken bis zu Verfahren der gemischt-ganzzahligen linearen Optimierung, die die Berechnung von (im Rahmen der gegebenen Regeln) nachweisbar optimalen Umlaufplänen erlauben. Der Leistungsstand dieser Verfahren ist heute sehr hoch. Eine beweisbar optimale Komplettverplanung für einen mittleren Verkehrsbetrieb ist normalerweise in wenigen Minuten gemacht, und auch größte Szenarien mit Zehntausenden von Fahrgastfahrten und hundert Millionen möglichen Leerfahrten sind auf handelsüblichen PCs beweisbar flottenoptimal gelöst worden. Allein die vollständige Ausnutzung aller Freiheitsgrade führt in vielen Fällen bereits zu Verbesserungen.

Variantenbildung

Der eigentliche Nutzen von Optimierungsverfahren erschließt sich jedoch erst in der intelligenten Anwendung. Gibt es viele Freiheitsgrade, so kann man Parameter und Regeln variieren, Varianten durchrechnen und ermitteln, wie stark das Ergebnis schwankt. So kann der Umlaufplaner beurteilen, ob eine Lösung, die er gefunden hat, sich eventuell durch »Aufweichung« einiger Regeln noch weiter verbessern lässt, oder ob umgekehrt noch weitere Eigenschaften, die der Disponent gerne in der Lösung sehen möchte, mit geringem Verlust an Gesamteffizienz

»drin« sind.[49] Der Nutzen des Rechners liegt besonders darin, dass er viele mögliche Lösungen erzeugt, so dass der Disponent vergleichen und auswählen kann. Es gibt dokumentierte Fälle, in denen große und komplexe Verkehrsbetriebe mit vielen Bustypen und Betriebshöfen auf diese Weise den Fahrzeugeinsatz um bis zu 20 % reduzieren konnten.

Linienwechsel

Als Güteindikator für eine Umlaufoptimierung zieht man im ersten Schritt häufig eine Kombination aus der Anzahl der benötigten Fahrzeuge und der Summe der Leerkilometer heran. Da man bei einer solchen Kostenoptimierung auf möglichst kurze Leerzeiten achtet, kann ein Umlaufplan herauskommen, bei dem Fahrzeuge zwischen mehreren Linien springen. Dies ist im Normalbetrieb kein Problem[50], führt jedoch im Störfall dazu, dass Verspätungen sich durch das Netz fortpflanzen. Gute Optimierungsverfahren besitzen daher ein Regelwerk, über das man Linienwechsel kontrollieren und »bestrafen« kann, so dass nur noch zwischen bestimmten Linien, zu bestimmten Zeiten, an bestimmten Orten und zu wählbaren »Kosten« gewechselt wird. Die Einstellung entsprechender Parameter erfordert in der Regel eine Kalibrierung anhand mehrerer Optimierungsläufe. Der Umlaufplaner entwickelt dabei ein Gefühl für die Kosten linienreiner Umläufe. Je nachdem, was man sich leisten kann, will oder muss, konstruiert man anschließend einen für die jeweilige Situation geeigneten Plan.

Freie Wendezeit

Ganz ähnlich geht man bei der Einstellung von Mindestwendezeiten vor. Die Fragestellung wird besonders deutlich, wenn Wendevorgänge mit Richtungswechseln verbunden sind. Nimmt der Richtungswechsel (z. B. durch einen Führerstandswechsel oder eine Rangierfahrt) einen großen Teil der verfügbaren Wendezeit in Anspruch, so wächst das Risiko, Verspätungen weiter zu schleppen. Optimierungsverfahren ermitteln daher meist die »freie Wendezeit«, also den Zeitraum, der im Bedarfsfall zum Abbau eingetretener Verspätungen verwendbar wäre. Über orts- und zeitgenaue Vorgaben für geeignete Mindestwerte lässt sich erreichen, dass der Rechner keine Umlaufpläne erzeugt, die »auf Kante genäht sind«. Bei der Einstellung dieser Parameter und bei der Bewertung der Vor- und Nachteile der sich jeweils ergebenden Umlaufpläne ist wieder der Umlaufplaner gefragt.

Sensitivität/Robustheit

Bei den besten derzeit erhältlichen Optimierungsverfahren kann der Planer dem System erlauben, Abfahrtszeiten in bestimmtem Umfang zu verschieben, um bessere Lösungen zu erzielen. Aus der Veränderung der Ergebnisqualität lernt er, welche Veränderungen besonders großen Gewinn versprechen. Er kann auch umgekehrt an die Sache herangehen und die erwähnten Mindestwerte für Pufferzeiten variieren. Seine Frage lautet dann: Kann ich – bei etwa gleicher Gesamteffizienz – einen Plan finden, der robuster gegenüber Verspätungen ist als meine augenblickliche Lösung? Solche *Sensitivitätsanalysen* (im Englischen spricht man von »Trip Shifting«) in Bezug auf die Abfahrtszeiten sind komplex und lassen sich normalerweise nicht mehr per Hand durchführen. An dieser

49. Durch systematische Variation einschränkender Parameter kann man sog. Trade-off-Beziehungen zwischen gegensätzlichen Zielen quantifizieren, z. B. zwischen Kosten und Linienreinheit der Lösung.
50. Der Bordrechner sorgt im richtigen Moment für den Wechsel der elektronischen Zielanzeigen.

Stelle kann man deswegen fast immer noch das eine oder andere Fahrzeug »herausholen«, wenn man bereit ist, den Fahrplan ein wenig zu verändern.

Partitionierung des Verkehrsvolumens

Eine andere Vorzeigeanwendung von Optimierungsverfahren ist die Planung der Auftragsvergabe an Subunternehmer. Öfter trifft man auf die Strategie, dass ein Verkehrsbetrieb bestimmte Leistungsanteile der Gesamtmasse an Fahrten als Unterauftrag vergeben möchte. Dahinter steht die Idee, mit eigenen Fahrern die Grundlast zu bewältigen und Subunternehmer zur Abdeckung des Spitzenbedarfs einzusetzen. Beim Schnüren der Vergabepakete muss man aber aufpassen, dass die Subunternehmer nicht eine zusammenhanglose Fahrtenmasse erhalten, bei der sie hohe Anteile an Leerfahrten in ihr Angebot mit einkalkulieren müssten. Ein automatisches Umlaufbildungssystem erlaubt es dem Verkehrsunternehmen, für jedes Vergabepaket vorab eine Umlaufplanung zu erstellen und Fahrten zwischen den Paketen so zu verschieben, dass sie effizienter abgewickelt werden können[51]. Auf die gleiche Weise kann man natürlich auch im eigenen Unternehmen die Zuordnung von Fahrten zu Betriebshöfen überprüfen oder Standort- und Kapazitätsplanungen durchführen.

6.6 Dienstplanung

Reihenfolge der Planungsschritte

Dienste beschreiben die menschlichen Arbeitsanteile im Beförderungsprozess. In vielen Fällen planen Verkehrsbetriebe *zuerst* die Verkettung von Fahrten und *anschließend* die Dienste. Prinzipiell ist es jedoch auch möglich, an das Planungsproblem genau andersherum heranzugehen: Man kann zuerst die menschlichen Leistungsanteile planen und sich anschließend um die technischen Ressourcen kümmern. Bei Speditionsbetrieben kommt dies beispielsweise häufiger vor. Erst fragt man sich: Haben wir die Personalkapazität für einen Auftrag? Und danach klärt man, wie die Fahrzeugflotte eingesetzt werden soll.

Klassische Reihenfolge

Im ÖPV ist jedoch der andere Weg oft zweckmäßiger. Dies hat vor allem damit zu tun, dass Fahrzeuge nur sehr geringe technische Pausen brauchen und dass Fahrer im Nahverkehr anders als im Fernverkehr an vielen Stellen Fahrleistungsanteile beginnen und beenden können. Wenn man den Einsatz der Fahrzeuge und Trassen zuerst plant, ist es einfacher, sie so gut wie möglich auszulasten. Man will vermeiden, dass das menschliche Bedürfnis nach Erholung zum limitierenden Faktor für den Einsatz technischer Ressourcen wird.

Iterationen

Bei einem Vorgehen in Stufen liegt es in der Natur der Sache, dass die später verplante Ressource – in der Regel also der Dienst – »schlechter wegkommt«. Manchmal stellt man fest, dass bereits eine geringfügige Änderung in der Umlaufbildung dazu führen würde, dass deutlich bessere (effizientere) Dienste gebildet werden könnten. Aus dieser Beobachtung heraus sind Softwaresysteme entstanden, die solche Situationen erkennen und eine integrierte Bearbeitung im Sinne einer Gesamtoptimierung unterstützen. Besonders im Regionalverkehr ist

51. Vielfach geben Verkehrsunternehmen bei der Ausschreibung von Vergabeleistungen bereits den Umlaufplan vor; manchmal stellen sie auch die Fahrzeuge oder zumindest die Kommunikationsinfrastruktur, damit die Fahrzeuge der Subunternehmer im ITCS sichtbar sind (vgl. Kap. 8).

es wichtig, *von vornherein* »diensttaugliche« Umläufe zu bilden. Dort wird mitunter sogar der Fahrplan durch die Lenkzeitpausen der Fahrer beeinflusst. Mehr dazu später.

6.6.1 Überblick

Umläufe definieren die Fahrzeugleistung.

Nachdem die Fahrten zu Umläufen verkettet sind, steht das Arbeitspensum der Fahrzeugflotte für jeden geplanten Arbeitstag fest. Nun muss jedem Fahrzeug für die Dauer seines Einsatzes eine Besatzung zugeordnet werden.

Besetzungspflicht

Manchmal kommen in einem Umlauf längere Stillstandszeiten vor, etwa bei der Wende an der Endhaltestelle. Der Umlaufplaner hat bereits festgelegt, ob auch in solchen Fahrzeugpausen das Fahrzeug besetzt bleiben muss. Er hat dabei beispielsweise berücksichtigt, ob ein unbeaufsichtigtes Fahrzeug an dem jeweiligen Ort durch Vandalismus gefährdet wäre.

Dienst

Wie bereits im Übersichtskapitel (s. Abschnitt 3.4.6) beschrieben, wäre es höchst unzweckmäßig, von Anfang an konkrete Fahrer einzuplanen. Stattdessen definiert man Arbeitspakete (»**Dienste**«), die von ihrem Umfang und von ihrer zeitlichen Struktur her zum Leistungsvermögen eines Mitarbeiters an einem Arbeitstag passen.

Mehrfachbesetzung

Im einfachsten Fall genügt es, einem Fahrzeugumlauf während seiner besetzungspflichtigen Zeiten jeweils einzelne Dienste (bzw. *zeitlich sequenzielle* Abschnitte mehrerer verschiedener Dienste) zuzuordnen. Bei Zügen, Fähren oder im Busfernverkehr besteht eine Besatzung jedoch aus mehreren Personen, meist mit unterschiedlicher Qualifikation. Es müssen daher für die Einsatzdauer des Fahrzeugs jeweils mehrere zusammengehörige Dienste *zeitlich parallel* zugeordnet werden[52].

Pausen

Das Grundproblem der Dienstplanung besteht darin, Umläufe so zu portionieren, dass sie mit den notwendigen Erholungsphasen der Besatzungen zusammenpassen. Umfangreiche Regeln begrenzen die Länge eines Dienstes und die Zeitspanne, die ein Fahrer ohne Unterbrechung am Steuer verbringen darf. Komplizierte Vorschriften legen die Dauer und teilweise auch die zeitliche Lage und den Ort von Pausen fest[53].

Pausenregeln mit Varianten

Manche Pausenregelwerke sehen Gestaltungsalternativen vor. Oft genügt es beispielsweise, wenn ein Dienst mindestens eine der folgenden Anforderungen erfüllt:

	eine Pause	≥	30 Minuten
oder	zwei Pausen je	≥	20 Minuten
oder	drei Pausen je	≥	15 Minuten
oder	Die Summe aller Pausenzeiten, die mindestens 10 Minuten lang sind, muss mindestens ein Sechstel der gesamten Lenkzeit betragen.		

52. Arbeits- und Pausenzeiten der einzelnen Besatzungsmitglieder müssen dabei nicht identisch sein – Lokführer können beispielsweise durchaus an anderen Stellen ablösen als Schaffner.
53. Man denke etwa an U-Bahn-Fahrer, denen man eine längere Pause am Tageslicht garantieren will.

Dienstfolgen

Pausen unterbrechen die Lenkzeit[54] der Fahrer und dienen der kurzfristigen Erholung *innerhalb* eines Dienstes. Darüber hinaus muss auch darauf geachtet werden, dass die Ruhezeiten *zwischen aufeinanderfolgenden* Diensten lang genug bemessen sind: Nach einem Spätdienst kann derselbe Fahrer keinen Frühdienst übernehmen. Außerdem muss nach mehreren Diensten jeweils eine *längere Erholungsphase* eingeschoben werden – das Äquivalent zum Wochenende. Umfangreiche Vorschriften, von der EU-Rechtsnorm bis zur individuellen Betriebsvereinbarung, setzen einen verbindlichen Rahmen für Lage und Dauer von Erholungszeiten. Für die Dienstplanung bedeutet dies, dass nicht nur einzelne Dienste geplant werden, sondern Verkettungen (»Dienst-Frei-Folgen«), die später bei der Personaldisposition als Ganzes einer konkreten Person zugeordnet werden sollen.

Umlauf ←→ Dienst

Nur in den seltensten Fällen passt ein einzelner Umlauf genau zu den Anforderungen an die Struktur eines Dienstes. Abweichungen können dabei in zwei Richtungen auftreten:

- Der Umlauf kann eine längere zeitliche Lücke in der Besetzungspflicht aufweisen, die nicht mit einem Dienst harmoniert.
- Der Umlauf kann einen zusammenhängenden besetzungspflichtigen Zeitraum aufweisen, der länger ist, als ein Fahrer ohne Pause fahren darf.

Lange Umlaufpausen

Der erste Fall ist typisch für den Regionalverkehr.

> Nehmen wir an, an einer Endhaltestelle sei eine Fahrzeugstillstandszeit von 55 Minuten vorgesehen. Der Fahrer hat zu diesem Zeitpunkt jedoch erst zwei Stunden Arbeitszeit seit seinem Dienstbeginn hinter sich. Man kann nun – wenn es die Regeln erlauben – eine Pause von 30 Minuten für ihn einplanen. Eine noch längere Pause wäre zu einem so frühen Zeitpunkt im Dienst jedoch problematisch, denn Pausenzeiten sollen möglichst ausgewogen über die Dienstdauer verteilt werden.

Lücken füllen, bezahlte Pausen

In solchen Fällen wird der Dienstplaner nach Tätigkeiten suchen, die der Fahrer in der verbleibenden »Zwangspause« erledigen kann, wie etwa eine kurze technische Inspektion des Fahrzeugs oder eine Innenreinigung[55]. Gelingt dies nicht oder nur teilweise, so entsteht ein Dienstbestandteil vom Typ »bezahlte Pause«. Aus Sicht des Verkehrsbetriebs sind solche Situationen natürlich unerwünscht.

Teilung von Diensten

Mitunter stellt man bei der Dienstplanung fest, dass sich nach einer morgendlichen Arbeitszeit von drei bis vier Stunden für längere Zeit überhaupt keine Fahrt mehr finden lässt, die man einem Dienst zuordnen könnte. Einige Stunden später bei der Feierabend-Verkehrsspitze gibt es hingegen wieder sehr viel zu tun. In solchen Situationen wird ein Dienst »geteilt«, indem man eine – im Wesent-

54. Etliche Dienstbildungsregeln beziehen sich explizit auf die »Zeit hinter dem Steuer«; IT-Systeme zur Dienstplanung ermitteln und kumulieren *Lenkzeiten* daher immer separat.
55. Auch das Eingeben von Wunschdiensten (über Handy oder den Bordrechner) oder das Abholen von Dienstplänen kommen als Fülltätigkeiten in Betracht.

lichen unbezahlte – Unterbrechung einfügt. Geteilte Dienste sind bei Fahrern oft unbeliebt[56]; man ordnet sie daher bei der Personaldisposition möglichst fair zu und sorgt möglichst schon bei der Planung dafür, dass ihre Anzahl einigermaßen zu den Präferenzen der Fahrer passt.

Lange Umlaufteile ohne Lücke

Häufiger als die zu große Umlauflücke ist der umgekehrte Fall: Ein Umlauf besitzt keine ausreichende Lücke. Solche Umläufe müssen dem Fahrer zumindest die Möglichkeit bieten, das Fahrzeug zu verlassen und Pause zu machen. Ein anderer Fahrer muss das Fahrzeug übernehmen (»fliegender Wechsel«).

Ablösepunkt

Den Ort, an dem der Fahrerwechsel stattfindet, bezeichnen wir als *Ablösepunkt*. Als natürliche Ablösepunkte bieten sich zentrale Punkte und Endhaltestellen an, da dort ohnehin Wartezeiten für Anschlussbildung oder Wendevorgänge eingeplant sind. Es ist jedoch durchaus möglich und üblich, einen Fahrerwechsel auch bei einem normalen Haltevorgang durchzuführen, beispielsweise an einer Haltestelle in der Nähe des Betriebshofs. Bei guter Organisation fällt die Verlängerung der Haltedauer für die Fahrgäste kaum ins Gewicht.

Zeitpunkt der Ablösung

Der Zeitpunkt eines Ablösevorgangs muss präzise geplant werden: (1) direkt nach der Ankunft, (2) nach Abwarten der Fahrgastwechselzeit oder (3) unmittelbar vor Abfahrt. Auch wenn es oft nur um einzelne Minuten geht: Von der genauen Lage der Ablösung hängt ab, wie lang die Pausen für die Fahrer sind; der kleine Unterschied zwischen 14 und 15 Minuten kann wiederum aus Sicht der Pausenregeln Rückwirkung auf die Struktur des ganzen Dienstes haben, also auf die Notwendigkeit und den Umfang weiterer Pausen.

Mitfahrten

Der ablösende Fahrer kann an der Ablösestelle auf das eintreffende Fahrzeug warten, das er übernehmen soll. Er kann jedoch auch bereits früher als Fahrgast zusteigen und bis zur Ablösestelle mitfahren. Eine detaillierte Dienstplanung bildet auch solche Vorgänge ab. Im Regionalverkehr kann dies sogar so weit gehen, dass Fahrer einen separaten PKW benutzen, um zu ihren Fahrzeugen zu gelangen bzw. von einem Abstellort zum nächsten Einsatzort zu fahren.

Ortswahl für Ablösepunkte

Im Prinzip kann man jeden Haltepunkt einer Linie als möglichen Ablösepunkt ansehen. Die Zahl der Freiheitsgrade für die Dienstbildung steigt dadurch enorm an – für den menschlichen Planer genauso wie für maschinelle Vorschlags- und Optimierungsverfahren. Bei dieser Vorgehensweise droht – selbst wenn sie beherrschbar ist – die Gefahr, dass beim Planungsvorgang zu Beginn ideale Dienste entstehen, bei fortschreitender Zuordnung der Umlaufmasse jedoch viele zusammenhanglose Umlaufstückchen übrig bleiben, die dann in sehr stark fragmentierten »Rest-Diensten« landen müssten. Es ist daher sinnvoll und allgemein üblich, Ablösestellen eher sparsam zu definieren[57]. Ein typischer Wert im Stadtverkehr sind zwei Ablösestellen je Linie. Es ist günstig, Ablösepunkte an Stellen zu legen, wo sehr viele Fahrzeuge unterschiedlicher Linien vor-

56. Hier gibt es kulturelle Unterschiede; beispielsweise sind geteilte Dienste in der Schweiz durchaus erwünscht. Außerdem eignen sich Arbeitszeitblöcke von vier Stunden recht gut für studentische Aushilfsfahrer oder andere Teilzeitkräfte.

57. Ein weiterer Grund für die Beschränkung der Anzahl der Ablösestellen liegt darin, dass auch Infrastrukturkosten (Pausenräume, Toiletten) daran hängen.

beikommen, also an Hauptverkehrsplätze. So ergibt sich für die Fahrer am schnellsten die Möglichkeit, nach Ende der Pause wieder ans Steuer eines Fahrzeugs zurückzukehren.

Den Effekt können wir auch an dem bereits erwähnten Beispiel demonstrieren.

Nehmen wir an, dass 15 Minuten nach der Ankunft unseres Fahrzeugs (A) an der Endhaltestelle ein Fahrzeug (B) einer anderen Linie eintrifft, das nur 10 Minuten (besetzungspflichtigen) Aufenthalt hat, bevor es weiterfährt. Es bietet sich an, dass der Fahrer des Fahrzeugs (A) dieses Fahrzeug übernimmt, d.h., er hat jetzt nur 25 Minuten Pause; der Fahrer, der mit Fahrzeug (B) gekommen ist, übernimmt Fahrzeug (A) und macht 40 Minuten Pause, bevor er weiterfährt. Gegenüber der ersten Lösung ist dieses Vorgehen effizienter, denn die bezahlte, aber unproduktive Pausenzeit hat sich auf 40-30=10 Minuten reduziert. Innerhalb des Überschneidungszeitraums ist es egal, wann die Fahrer das Fahrzeug tauschen.

Tauschvorgang

Unser Beispiel beschreibt einen Tauschvorgang zwischen Fahrern und Fahrzeugen. Im Sinne einer möglichst allgemeingültigen Modellierung interpretiert man ihn besser als Kombination zweier einzelner Ablösevorgänge: Auf Fahrzeug (A) wird Fahrer 1 von Fahrer 2 abgelöst, auf Fahrzeug (B) wird Fahrer 2 von Fahrer 1 abgelöst.

Pausenräume

Um die Problematik der Dienstbildung weiter zu veranschaulichen, modifizieren wir nun unser Beispiel. Wir verzichten auf die Besetzungspflicht, führen jedoch an der Endhaltestelle einen Pausenraum ein, den beide Fahrer benutzen sollen. Außerdem wird es räumlich etwas komplizierter (vgl. Abb. 6-16).

Nehmen wir an, Fahrzeug (B) wendet nicht an der Endhaltestelle von Fahrzeug (A), sondern an einer anderen Endhaltestelle[58], die mit der U-Bahn in 10 Minuten erreichbar ist. Fahrer 1 macht 15 Minuten Pause im Pausenraum und fährt dann mit der U-Bahn zu Fahrzeug (B). Dieser Zeitraum wird im Modell als ein Dienstbestandteil vom Typ »Wegezeit« modelliert. Analog fährt Fahrer 2 von seinem Fahrzeug zum Pausenraum, verbringt dort 25 Minuten und übernimmt dann Fahrzeug (A). Nun entfallen alle voll bezahlten Zusatzpausenzeiten, es kommen jedoch 20 Minuten Wegezeit hinzu. Deren Bezahlung richtet sich nach Tarifverträgen oder Betriebsvereinbarungen. Dort wird auch geregelt, ob Pausenzeiten im Pausenraum gar nicht oder anders entgolten werden als im Fahrzeug.

58. Diese ist in ihrem Umlauf ebenfalls als Ablösepunkt zugelassen.

Abb. 6-16
Wegezeiten, Pausenräume, Ablösevorgänge

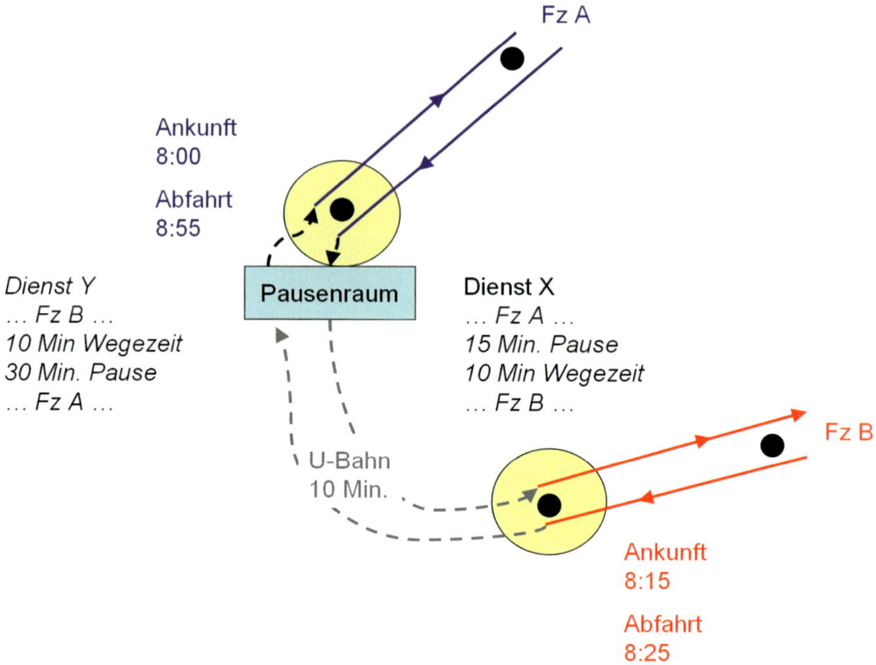

Modellierung von Fußwegen

In Ländern mit hoch entwickeltem ÖPV sind die Ansprüche an die Genauigkeit der Planung groß. Beispielsweise werden Fußwege der Fahrer oft haltepunktgenau und mit Fahrtrichtungsbezug abgebildet. In der Praxis kann es nämlich durchaus einen Unterschied machen, ob man den Weg zum Rathausplatz vom Gleis 17 am Bahnhof antritt oder von der Haltebucht vor dem Bahnhofseingang. Wenn zum Bahnhof zehn Haltepunkte gehören und zum Rathaus vier, dann müsste man theoretisch die Dauer für jede einzelne der 40 möglichen Fußwegverbindungen erfassen (vgl. Abb. 6-17). Zur Vereinfachung kann man für jede Haltestelle einen Übergangspunkt definieren und unterstellen, dass die Fußwege sich aus Teilstrecken zusammensetzen lassen; der Erfassungsaufwand reduziert sich dadurch auf 15 Wegezeiten.

Abkürzungen, Ausnahmen

Betrachtet man jedoch die Topografie realer Haltestellen, so stellt man fest, dass derartige Vereinfachung mitunter zu unrealistisch hohen Werten führen. Man erfasst daher zusätzlich einzelne Abkürzungen (Modell C in Abb. 6-17).

Wege innerhalb einer Haltestelle

Natürlich können auch Wege innerhalb einer Haltestelle vorkommen (rote Linien in Abb. 6-17). Ein typisches Beispiel dafür ist der Weg des Fahrers an der Endhaltestelle bei einem Triebzug mit Zweirichtungsbetrieb von einem Triebkopf zum anderen (*Führerstandwechselzeit*). Schließlich sei noch erwähnt, dass Wegezeiten von der `TagesArt` oder von einem Tageszeitintervall abhängen können, wenn sie auf Mitfahrten beruhen, deren Fahrplan variiert.

Art des Wegs

Bei der Planung von Wegezeiten kommt es nicht nur auf die Länge an, sondern manchmal auch auf die Art des Wegs. IT-Systeme zur Dienstplanung differenzieren daher meist zwischen

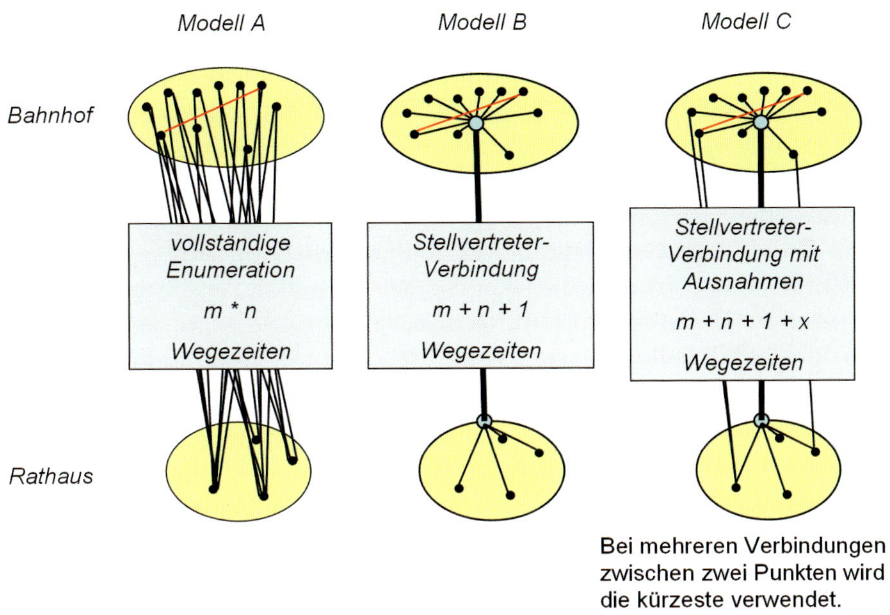

Abb. 6-17
Granularität der Planung von Fußwegen

- Ablösewegen (vom Ort des Dienstbeginns zum ersten Ablösepunkt bzw. vom letzten Ablösepunkt zum Ende-Ort)
- Einsetz- und Aussetzwege innerhalb des Betriebshofs; oft wird hier auch die technische Rüstzeit für das Fahrzeug mit eingerechnet
- Übergangswege zwischen verschiedenen Ablösestellen während des Dienstes
- Wege vom und zum Pausenraum (Bezahlung variiert).

Kostenoptimierung

IT-Systeme zur Dienstplanung müssen nicht nur beachten, dass alle gebildeten Dienste zulässig sind (Pausenregeln, Dienstfolgeregeln), sondern sie müssen auch sämtliche Tarifbestimmungen und Kostensätze kennen, um den Planer beim Aufstellen eines möglichst *kostengünstigen* Plans zu unterstützen. Neben unterschiedlichen Kostenfaktoren für einzelne *Tätigkeitsarten* müssen auch diverse *Lohnzuschläge* bedacht werden, deren Anfall von recht komplizierten Bedingungen abhängen kann. Manchmal sind die Regeln zwar einfach, definieren jedoch Kostensprünge, die Überschlagsrechnungen und lineare Hochrechnungen erschweren (Beispiel: *Sobald ein Dienst länger als 8 Stunden dauert, werden dem Fahrer 20 Minuten zusätzlich vergütet.*)

Homogenität, Gerechtigkeit

Zusätzlich zum Regelwerk und unabhängig vom Ziel der Kostenoptimierung bestehen Erwartungen an eine strukturelle Ähnlichkeit aller Dienste, da mit einem homogenen »Dienstmix« Vorstellungen von *Verteilungsgerechtigkeit* verbunden werden. Dennoch wird sich nie vermeiden lassen, dass Dienste aus subjektiver Sicht unterschiedlich attraktiv sind[59].

Dienstplanbewertung, Alternativenbildung

In vielen (europäischen) Verkehrsunternehmen ist es üblich, dass Dienstpläne Arbeitnehmervertretern zur Begutachtung vorgelegt werden. Dies sichert den sozialen Frieden, verstärkt jedoch auch einen Kreislauf, der zu einer stetigen

59. Beispielsweise sind Innenstadtlinien mit mehr Stress verbunden als Vorortfahrten, aber auch abwechslungsreicher ...

Verfeinerung der Regeln führt, um ein Maximum an Fairness bei der Dienstbildung zu garantieren. In der Folge wächst der menschliche und IT-technische Aufwand für die Dienstbildung. Die Erfahrung zeigt, dass das Hinzufügen weiterer Einschränkungen die Effizienz von Plänen immer weiter senkt. In einer Gegenbewegung gibt es daher immer wieder auch Anläufe von Verkehrsbetrieben, einen alternativen Plan auf Basis gelockerter Regeln zu erstellen. IT-Systeme zur Dienstplanung können durch die monetäre Bewertungen solcher Alternativen eine rationale Grundlage für Verhandlungsprozesse liefern.

Tarifregeln

Zur Illustration von Tarifregeln geben wir ein praktisches Beispiel. Von IT-Systemen zur Dienstplanung erwartet man, dass sie solche Regeln beachten können. Im Idealfall sollte sogar ein Experte des Verkehrsbetriebs ohne Mitwirkung des Softwarelieferanten in der Lage sein, derartige Regeln durch Parameteranpassungen oder spezielle Skriptsprachen zu hinterlegen.

Eine Tarifvereinbarung sieht einen Abzug bei Diensten nach der 1/6-Regel pauschal von 11 % der Dienstdauer (auf ganze Minuten abgerundet) bzw. maximal 1:00 Stunde vor, sofern die für die 1/6-Regel notwendigen Pausen (d. h., die Summe der Wendezeiten und Unterbrechungen mit einer Dauer >10 Min. muss mindestens 1/6 der Lenkzeit im Dienst betragen) um mindestens 15 Min. überschritten werden (d. h., die Summe der Wendezeiten und Unterbrechungen >10 Min. muss mindestens 1/6 der Lenkzeit im Dienst +15 Min. entsprechen) – andernfalls würde der Dienst komplett bezahlt.

6.6.2 Dienste im ITVU-Klassenmodell

Zum besseren Verständnis stellen wir in der Grafik (Abb. 6-18) die Klassen der Dienstplanung zusammen mit ausgewählten Nachbarklassen vor.

`DienstElemente`

- Ein Dienst besteht aus einer geordneten Folge (Klasse `ElementImDienst`) von `DienstElementen`. `DienstElemente` stellen eine Abstraktion dar, die im konkreten Fall jeweils eine von drei möglichen Ausprägungen hat: `FahrDienstElement`, `ServiceDienstElement` oder `StationäresDienstElement`.

Ortsfeste Dienste

- `StationäreDienstElemente` beschreiben einen Arbeitsvorgang, der an einem Ort erbracht wird, ohne dass ein Bezug zu einer Fahrt hergestellt wird. Dies ist beispielsweise bei Werkstattarbeiten der Fall.

Ortsabhängige Dienste

- `ServiceDienstElemente` finden zwar auch an einem festen Ort statt, jedoch ist daran ein Fahrer beteiligt, dessen `Dienst` ansonsten überwiegend aus `FahrDienstElementen` besteht. Die `Fahrt` zu dem betreffenden Ort (Waschanlage, Tankstelle) muss bereits als `UmlaufElement` eingeplant und mit einer entsprechenden *Haltedauer* versehen worden sein. Das zugehörige `ServiceDienstElement` beschreibt die genaue Art der Tätigkeit – was wiederum für die Bezahlung relevant sein kann.

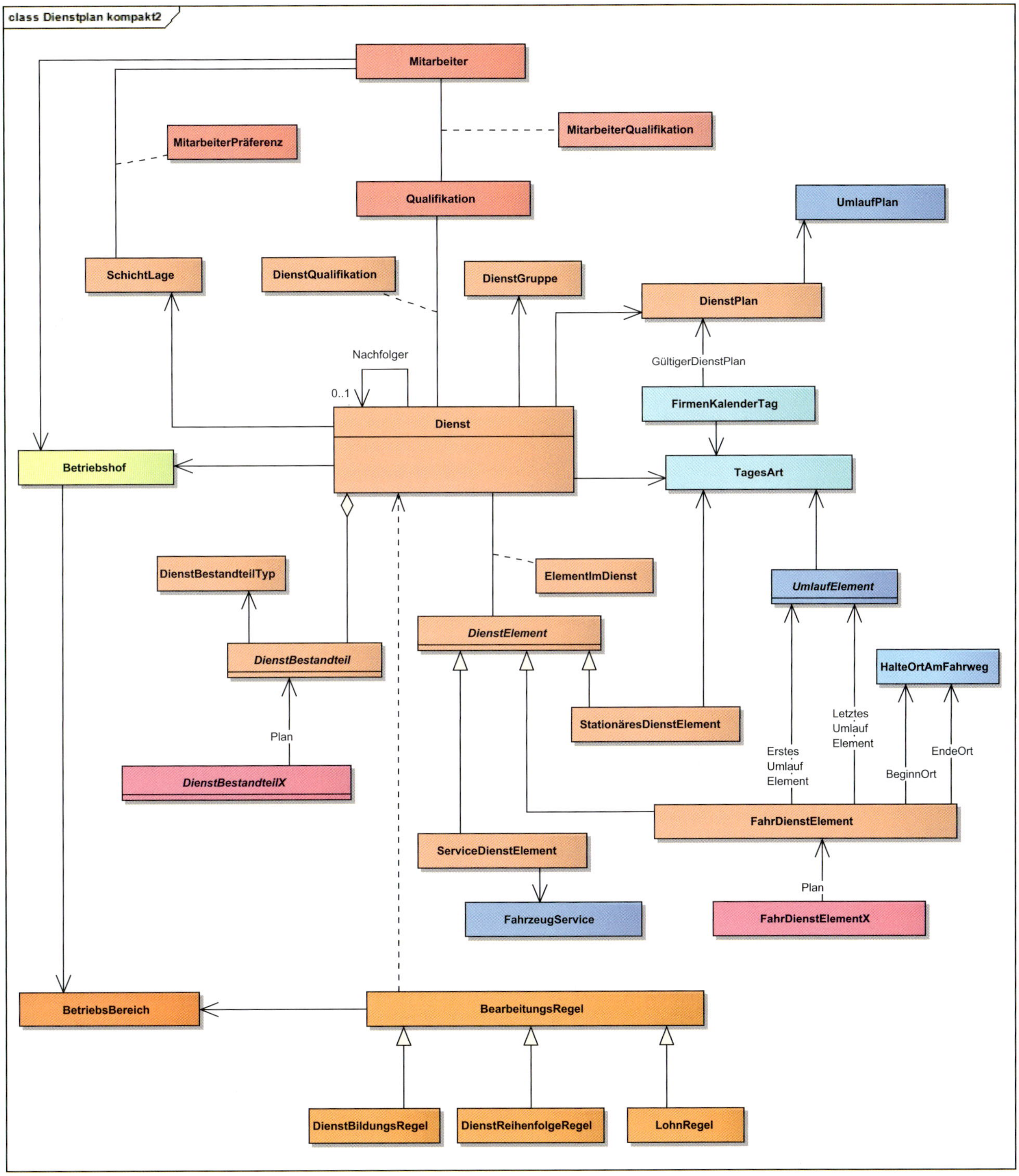

Abb. 6-18 ITVU-Modell: Dienste

Fahrdienste

- Das wichtigste DienstElement ist das FahrDienstElement. Es hat eine Schlüsselrolle bei der Verbindung von Diensten und Umläufen, denn es stellt einen Ausschnitt aus einem Umlauf dar, der zeitlich zusammenhängend von einem Mitarbeiter geleistet werden kann und soll. Das FahrDienstElement verweist dazu auf das erste und letzte UmlaufElement, das zu dem jeweiligen Ausschnitt des Umlaufs gehört. Dabei kann es vorkommen, dass das erste und letzte UmlaufElement eines FahrDienstElements in diesem nicht vollständig enthalten sind, sondern an einem bestimmten HalteOrt abgeschnitten werden. Es gibt deswegen zwei zusätzliche Beziehungen vom FahrDienstElement zu diesen beiden HalteOrtenAmFahrweg. Es kann sich nur um solche HalteOrte handeln, an denen ein UmlaufElement aus Sicht der Dienstplanung unterbrochen werden darf; man erkennt sie im Modell an einem Merkmal, das sie als zulässige *Ablösepunkte* kennzeichnet.

Feinstruktur von FahrDienstElementen

- FahrDienstElemente lassen sich bei näherer Betrachtung noch feiner gliedern (im Modell nicht dargestellt) in *Fahren*, *Halten*, *Warten* und *Wenden*. *Halten* ist der Zeitraum, der für den Fahrgastwechsel benötigt wird, *Warten* beschreibt den Zeitraum, der bis zur planmäßigen Abfahrtszeit bzw. bis zum Eintreffen eines Zubringerfahrzeugs bei Anschlussbildung) zusätzlich vergeht. Zu Beginn und Ende eines Umlauf können noch technische *Rüstvorgänge* für das Fahrzeug hinzukommen.

Ablösevorgänge

- In unserem Modell betrachten wir vereinfachend *IstAblösePunkt* als ein Boolsches Merkmal des HalteOrts. Feinheiten wie linienbezogene Einschränkungen würden eine präzisere Modellierung erfordern. Es gibt Fälle, in denen man zum Schutz der Fahrer in Problem-Stadtgebieten abends keine Fahrerablösung einplanen möchte. HaltePunkte haben daher ein Attribut, das ihre Verwendbarkeit für Ablösevorgänge auf bestimmte Tageszeiten beschränken kann.

DienstBestandteile/ Bezahlung

- DienstBestandteile bilden die Struktur eines Dienstes zeitlich lückenlos ab; sie überdecken vollständig seine DienstElemente. Die Bezüge zwischen DienstBestandteilen und DienstElementen werden nach konfigurierbaren Regeln hergestellt – FahrDienstElemente eines Umlaufs werden beispielsweise durch DienstBestandteile vom Typ *Umlaufstück* abgedeckt. DienstBestandteile weisen die Tätigkeitsfolge eines Dienstes vollständig und detailliert aus, d. h., sie beschreiben neben den Zeiten im Führerstand auch vorbereitende und nachbereitende Tätigkeiten, Pausen, Wegezeiten und vieles mehr. Sie enthalten alle Informationen, die zur Abrechnung des Arbeitslohns benötigt werden. Zudem wird die Ebene der DienstBestandteile (und nicht die der DienstElemente) für das in vielen Verkehrsbetrieben vorhandene Mitbestimmungsverfahren verwendet.

Dienstgruppen

- DienstGruppen fassen Dienste zusammen, die gemeinsam von den Mitgliedern eines Teams (Besatzung) erbracht werden sollen. Man kann das Konzept der Gruppierung von Diensten verallgemeinern, um auch andere Arten der Zusammengehörigkeit oder Ähnlichkeit von Diensten abzubilden, wie etwa ein Dienstbündel, das an Subunternehmer vergeben werden soll.

- Jeder Dienst ist einem bestimmten `DienstPlan` zugeordnet. Zu der Menge an `Umläufen`, die zu einem gemeinsamen `UmlaufPlan` gehören, kann man mehrere unterschiedliche (alternative) `DienstPläne` bilden, etwa um die Wirkung veränderter Pausenregeln zu untersuchen. An einem konkreten `FirmenKalenderTag` kann natürlich immer nur genau ein `DienstPlan` gültig sein, d. h., an diesem `FirmenKalenderTag` muss diejenige Teilmenge aller `Dienste` des `DienstPlans` geleistet werden, die für die `TagesArt` des betreffenden `FirmenKalenderTags` vorgesehen ist. Betriebliche Besonderheiten schlagen sich über die `FahrDienstElemente` auch in den `Diensten` nieder – vgl. die Ausführungen zu *Planungsaspekten* (Abschnitt 6.1). — Dienstplan
- Für die Zuordnung von Diensten zu konkreten Personen und für die Bildung von Dienstfolgen ist es wichtig, die `SchichtLage` (z. B. *früh, mittel, spät, nachts, geteilt*) eines `Dienstes` zu kennen. Sie richtet sich häufig nach festen Zeitfenstern (Beginn vor sechs Uhr = Frühschicht usw.) und kann daher automatisch ermittelt werden. — Schichtlage
- `Dienste` erfordern eine bestimmte Menge von `Qualifikationen` (Fahrerlaubnis, Vertrautheit mit dem Fahrzeugtyp, Streckenkenntnis). Da innerhalb eines `Dienstes` mehrere `DienstElemente` vorkommen können, die unterschiedliche `Qualifikation` erfordern, benötigt man zur Ausführung des ganzen Dienstes die Vereinigungsmenge der Teilqualifikationen; wir modellieren sie als eigene Klasse `DienstQualifikation`, da in der Praxis ein gewisser Ermessensspielraum besteht, d. h., man reduziert oder erweitert die Qualifikationszusammensetzung für bestimmte Dienste durch gezielte Eingriffe. Beispielsweise können Fremdsprachenkenntnisse für bestimmte Dienste wünschenswert sein – zur Not sind sie aber verzichtbar. — Qualifikationen: notwendig/wünschenswert
- Insgesamt kommt es darauf an, dass die Menge aller Dienste mit dem vorhandenen Qualifikationsmix des Personals bewältigt werden kann. Manche Dienstplanungssysteme ordnen dazu die Mitarbeiter *Berufsgruppen* zu und zählen bei der Dienstbildung mit, wie viele Personen welcher Berufsgruppe für die Erfüllung des Plans benötigt werden[60]. — Berufsgruppen
- Bei der Bildung von *Dienstreihenfolgen* muss man darauf achten, dass die Qualifikationsanforderungen der verketteten Dienste möglichst ähnlich sind, denn es soll hinterher möglich sein, einen Mitarbeiter zu finden, der alle Dienste einer Dienstreihenfolge ausführen kann. Hat man Mitarbeiter mit relativ schmalen Qualifikationsprofilen, so muss man bei der Bildung von Dienstfolgen eine geeignete Vorauswahl treffen (»Fahrer vom Typ X sind nur auf den Linien 1–3 einsetzbar«). — Dienstreihenfolgen und Qualifikationen

Es ist günstig, die Anzahl der `Qualifikationen` überschaubar zu halten. Wenn es z. B. linienbezogene Einschränkungen der Einsetzbarkeit von Fahrern gibt, dann sollte man sich möglichst auf Linien*gruppen* beschränken. Für Schienenverkehrsbetriebe gilt allerdings von Gesetzes wegen (Eisenbahnbetriebsordnung), dass Streckenkenntnisse systematisch vermittelt und aktuell gehalten werden müssen.

60. Im Modell nicht dargestellt.

Eine ähnliche Problematik ergibt sich, wenn bei der Dienstbildung eines einzelnen Tages `Umläufe` zu einem Dienst zusammengefasst werden, hinter denen unterschiedliche Anforderungen an den jeweiligen `FahrzeugTyp` stehen. Es kann dann schwierig werden, einen Fahrer zu finden, der alle erforderlichen Qualifikationen besitzt.

Bindung an Betriebshöfe

- Jeder `Dienst` wird einem `Betriebshof` zugeordnet. Der Dienstplaner kennt die Anzahl und Zusammensetzung der `Mitarbeiter`, die dem jeweiligen Betriebshof zugeordnet sind. Er prüft während der Planung durch Plausibilitätschecks gegenüber der aufsummierten `MitarbeiterQualifikation` (oder durch die erwähnten *Berufsgruppen*), ob die Dienste vom vorhandenen Personal bewältigt werden können. Die Zuordnung von Diensten zu `Betriebshöfen` erlaubt es großen Verkehrsbetrieben, das Planungsproblem zu segmentieren, so dass die Pläne noch einigermaßen übersichtlich bleiben.

Vorkehrung für Störungen

- Das vorrangige Ziel des Planers ist es, alle `DienstElemente` zu regelkonformen, »schönen« und möglichst effizienten `Diensten` zusammenzusetzen. Doch das genügt nicht. In der Praxis werden mit vorhersehbarer Wahrscheinlichkeit Störungen auftreten (vgl. Kapitel 8). Um darauf vorbereitet zu sein, fügt der Planer Reservedienste (Bereitschaftsdienste) ein. Möglicherweise unterscheidet er dabei zwischen verschiedenen Aktivierungsstufen (Anwesenheit im Betriebshof, Rufbereitschaft zu Hause). Umfang und Qualifikationsmix der Bereitschaftsdienste müssen zur Struktur der gesamten Dienstmasse passen und auf Sondersituationen Rücksicht nehmen. Hier ist das Erfahrungswissen der Planer gefragt. Gezielte Analysen können hinterher zeigen, wo zu knapp oder zu üppig geplant wurde und zur Verbesserung der Planung im Sinne eines Regelkreises genutzt werden.

Regelwerke

- `BearbeitungsRegeln` sind im Modell als eigene Klassen dargestellt, welche die Algorithmen zur Dienstbildung beeinflussen. Wie bereits beschrieben handelt es sich um komplexe Parametersätze und teilweise auch um Skriptsprachen, mit denen man Vergütung (`LohnRegeln`), Pausen (`DienstBildungsRegeln`) und Erholungsphasen (`DienstReihenfolgeRegeln`) darstellt. Regelwerke korrespondieren häufig mit der `Dienst.`*DienstArt* und dem `BetriebsBereich`: Schaffner haben andere Pausenregeln als Lokführer, die längeren Fahrstrecken im Regionalverkehr stellen für Fahrer eine andere Art der Beanspruchung dar als der Stadtverkehr.

6.6.3 Der Arbeitsprozess des Dienstplaners

Entscheidungskriterien

Dienstplaner setzen Umlaufstücke zu Diensten zusammen[61]. Dabei stellen sich ständig wiederkehrend folgende Fragen:

- Wie lang (zeitlich) darf das nächste Umlaufstück (`FahrDienstElement`) maximal sein, das ich an einen halbfertigen Dienst anfügen möchte?
- Wo und wann sollte es im Idealfall beginnen, um Wegezeiten zu vermeiden und günstige Pausenzeiten zu erzielen?
- Wie kann ich eine räumliche Lücke schließen? Genügt ein Fußweg oder muss ich sogar im Fahrplan nach einer passenden Mitfahrverbindung suchen?
- Gibt es einen bestimmten Ort, in dessen Nähe das nächste Umlaufstück enden sollte (Betriebshof, Pausenraum)?
- Passt das Umlaufstück zu dem Qualifikationsprofil, das durch die anderen `DienstElemente` bereits vorgegeben ist?
- Soll ich das größtmögliche/bestmögliche Umlaufstück wirklich verwenden? – Es könnte sein, dass dieses Stück auch zu einem andern Dienst ganz gut passt und dass es dort keine günstige Alternative gibt, während für den aktuellen Dienst auch etliche andere Umlaufstücke einigermaßen passend wären.

Puzzle

Gerade der letzte Punkt verdeutlicht, dass es sich um ein großes Puzzle[62] handelt, bei dem man sich rasch in eine Situation manövrieren kann, in der am Ende nur noch zusammenhanglose Stücke übrig bleiben und ein Dienst zusammengesetzt werden müsste, den man keinem Fahrer zumuten möchte oder der aufgrund vieler Untätigkeitsphasen sehr unwirtschaftlich wäre.

Grafischer Arbeitsplatz

Die typische Benutzeroberfläche eines Dienstplaners muss beim Lösen des Puzzles unterstützen, indem sie ihm hilft, Zeit und Raum zu koordinieren (vgl. Abb. 6-19). Meist dominiert die Zeitachse, d. h., die Benutzeroberfläche zeigt die `DienstElemente` und `DienstBestandteile` als waagrechte Zeitbalken; räumliche Angaben werden in Form von Textkürzeln dargestellt, Übergangswege und Mitfahrten werden möglichst im Hintergrund automatisch ermittelt und an der passenden Stelle in den Balkenplan eingefügt. Das Dienstplanungssystem führt ständig ein oder mehrere »Gütekriterien« für die gebildeten Dienste mit, so dass der Planer jederzeit sieht, wie sich eine bestimmte Aktion auf die *durchschnittliche Dienstgüte* und die Gesamtkosten auswirkt.

Prinzipiell kann er drei Wege einschlagen:

Initialverplanung und Tauschoperationen

- Er verteilt gleich zu Beginn die gesamte Umlaufmasse »irgendwie« (zufällig oder nach einer einfachen Heuristik) unter Beachtung aller Restriktionen auf Dienste. Diese Aufgabe kann der Rechner komplett für ihn übernehmen. So entsteht eine unwirtschaftliche, aber zulässige Anfangslösung. Der Planer kann dann versuchen, durch das Umordnen einzelner Elemente eine Lösung zu finden, die die gleichen `FahrDienstElemente` mit weniger `Diensten` bewältigt. Um Rangiermöglichkeiten zu erkennen, muss der Dienstplaner unbe-

61. Stationäre Dienste (Werkstattpersonal) betrachten wir hier nicht weiter. Sie sind einfacher zu bilden als echte Fahrdienste.
62. 1000 und mehr Teile sind bei anspruchsvollen Dienstplänen keine Seltenheit.

nutzte *Ablösepunkte* erkennen können, denn an diesen Stellen kann er die Umlaufstücke der Anfangslösung weiter zerteilen, um eine »dichtere Packung« zu erzeugen. Beim Klick auf ein `DienstElement` sollten dem Planer passende Tauschkandidaten in anderen Diensten angezeigt werden. Gleichzeitig sollte er sehen können, wie ein Tausch die *Zielfunktion* beeinflussen würde, also z. B. die Summe der insgesamt zu bezahlenden Arbeitsminuten.

Wenn nur so lange getauscht wird, wie jeder einzelne Tausch einen unmittelbaren Gewinn bringt, ist rasch ein Zustand erreicht, in dem »nichts mehr geht«. Ein erfahrener Planer wird jedoch in solchen Situationen Fantasie entwickeln und beispielsweise einen Dreieckstausch vornehmen, der unter dem Strich zu einer Verbesserung führt, obwohl jeder einzelne Tauschvorgang isoliert betrachtet eine Verschlechterung bedeutet.

Dieses Vorgehen kann man auch durch den Rechner nachahmen lassen: Strategien wie *simulated annealing*[63] lassen vorübergehend Verschlechterungen zu, in der Hoffnung, dadurch ein frühzeitiges Steckenbleiben in einem lokalen Optimum zu vermeiden.

Dienstsynthese

- Die zweite – häufig favorisierte – Vorgehensvariante besteht darin, bereits beim ersten Aufbau von Diensten in einem sorgfältigen Zusammenspiel von Mensch und Technik gute und ausgewogene Dienste aufzubauen. Das IT-System präsentiert dabei den Vorrat an Umlaufstücken möglichst übersichtlich und macht Vorschläge, um passende Stücke zur Vervollständigung halbfertiger Dienste zu identifizieren. Außerdem muss es sehr einfach möglich sein, den teilfertigen Dienstplan umzubauen, indem man Arbeitsanteile aus einem Dienst wieder herauslöst und zurück in den Vorrat legt.

  Natürlich bieten IT-Systeme zur Dienstplanung neben der Ermittlung von geeigneten »Kandidaten« auch die Möglichkeit, passende Umlaufstücke gleich automatisch in den Dienst einzuhängen. Neben einer Einzelschrittversion gibt es dabei meist auch die Vollversion: »Fülle einen begonnenen Dienst bis zur nächsten Pause oder bis zur minimalen (mittleren, maximalen) Dienstdauer unter Beachtung aller Regeln möglichst effizient mit `FahrDienstElementen` auf!«

  Der Vorteil dieses Verfahrens ist, dass man von Anfang an gute Dienste erzeugt und so das Gefühl haben kann, stetig und sicher voranzukommen. Gegen Ende nimmt die Dienstqualität allerdings in der Regel deutlich ab, so dass man auch hier durch nachträgliche Tauschoperationen für eine gleichmäßigere Struktur über alle Dienste hinweg sorgen wird.

Start mit maximaler Packungsdichte

- Der Vollständigkeit halber erwähnen wir noch einen dritten Weg: Der Rechner könnte unter Missachtung von Pausenregeln (aber unter Beachtung der Konsistenz in Raum und Zeit) eine maximal dicht gepackte Anfangslösung für Dienste erzeugen und den Planer dann dabei unterstützen, die notwendigen Pausen einzufügen, ohne die Lösung allzu sehr zu verschlechtern.

  Uns ist kein System bekannt, das nach diesem Prinzip arbeitet, obwohl man aus theoretischer Sicht auch so zu befriedigenden Lösungen kommen

63. Anzahl und Umfang von zufälligen Tauschvorgängen, die eine temporäre Verschlechterung bewirken, werden im Verlauf des Prozesses allmählich reduziert (annealing = das Ausglühen eines Werkstoffes in der Technik).

könnte. Es bliebe jedoch das psychologische Problem, dass bei diesem Szenario der menschliche Planer eine unzulässige Lösung so lange durch das »Freischaufeln von Pausenzeiten« kaufmännisch verschlechtern müsste, bis sie die Bedingungen für den Einsatz menschlicher Arbeitskräfte erfüllt.

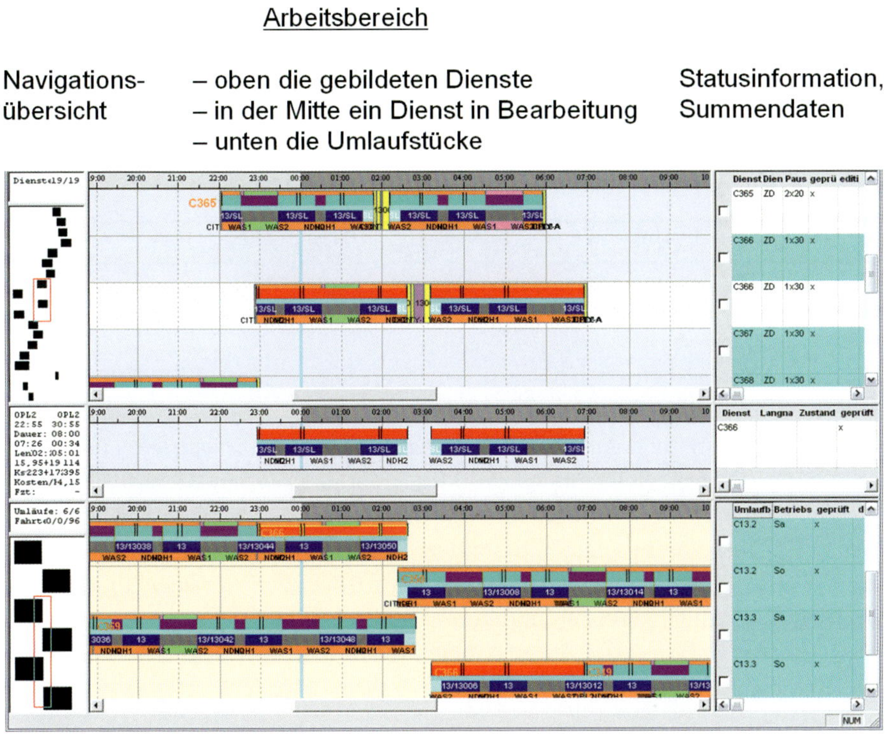

Abb. 6-19
Grundstruktur einer grafischen Oberfläche für Dienstplaner

Flexible Prozessgestaltung

Ein gutes IT-System legt den Planer nicht auf ein starres Vorgehen fest. Vielmehr besitzt es ergonomische Benutzerdialoge für Einzeloperationen (»mit der Pinzette«) und Gruppenoperationen (»mit der Schaufel«). Es erzeugt gezielt Vorschläge, kann mehrere Vorschläge hintereinander selbstständig ausführen (»Halbautomatik«) und bietet echte Optimierungsverfahren (s. Abschnitt 6.6.5) an, die deutlich bessere Ergebnisse erzielen als heuristische Zuteilungsregeln.

Grafische Oberfläche

Nicht selten arbeiten Dienstplaner mit mehreren großen Bildschirmen gleichzeitig. Bis vor kurzem war dazu Spezialhardware (Grafikkarten mit Anschlüssen für vier Monitore) und speziell angepasste Software erforderlich. Die technische Entwicklung macht solche Lösungen inzwischen oft verzichtbar. Ergonomie ist dennoch weiterhin wichtig: Der Dienstplaner verbringt viele Stunden vor einer sehr großen, detailreichen Grafik – nicht selten hat er 20 bis 30 Farbcodes nach seinen Vorstellungen konfiguriert, um den Überblick zu behalten. Die Ansprüche an Dienstplanungssoftware sind hoch: Viele Elemente müssen verwaltet und in rasch wechselnden Zoomstufen präsentiert werden. Dass bestimmte Texte (HaltePunkte, Fahrtnummern, Rüstzeiten, Wegezeiten, Namen von Ablösestellen usw.) erst ab einer bestimmten Detailtiefe eingeblendet werden dürfen, versteht sich dabei von selbst (vgl. Abb. 6-20).

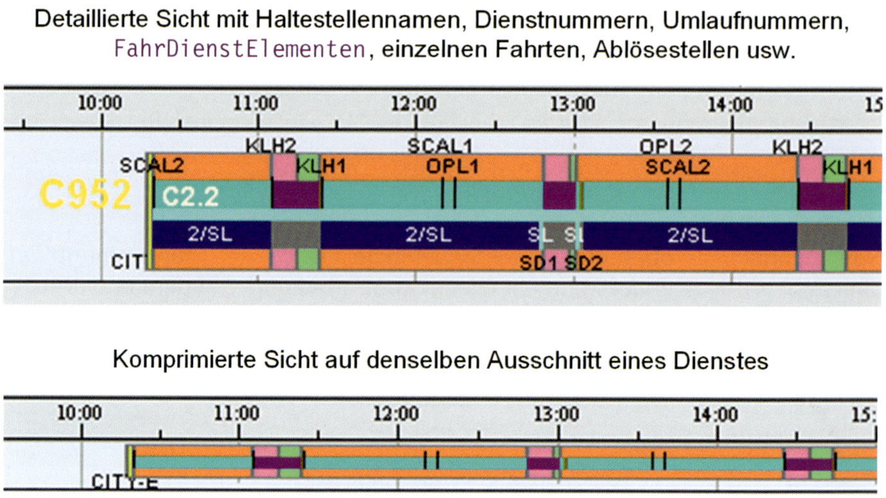

Abb. 6-20
Dienstdarstellung mit variierendem Detailreichtum

Arbeitsteilung im Planungsteam

In großen Verkehrsbetrieben teilen sich mehrere Dienstplaner die Arbeit. Die Abgrenzung folgt primär der Zuordnung der Mitarbeiter zu *Betriebshöfen*, sie kann sich jedoch alternativ oder zusätzlich an *Fahrzeugtypen, Dienstarten, Linienbündeln, Berufsgruppen, Besatzungsarten* oder anderen Kriterien wie etwa *Eigenbetrieb/Fremdunternehmer* orientieren. Die Selektionsmöglichkeiten von IT-Systemen zur Dienstplanung müssen besonders flexibel sein. Alle Dienstplaner arbeiten auf einer gemeinsamen Datenbank, denn trotz aller Arbeitsteilung gibt es wechselseitige Abhängigkeiten und den sporadischen Wunsch nach Ressourcenausgleich. Bei der Selektion ihres Arbeitsvorrats wird dieser in der Datenbank gesperrt, damit versehentliche Konflikte vermieden werden[64].

6.6.4 Dienstfolgen

Dienstreihenfolge

Dienstfolgen ergeben sich, indem man Dienste durch die *Nachfolger*-Beziehung (vgl. Abb. 6-18) miteinander verkettet[65]. Im Prinzip könnte man Dienstreihenfolgen genau so bilden wie Dienste, nur dass dabei jeder ganze Dienst ein »Atom« ist und die Dienstfolgen als »Moleküle« nach Bildungsregeln zusammengesetzt werden, die auf längere Ruhe- und Erholungszeiten zugeschnitten sind anstatt auf kurze Pausen. Aus theoretischer Sicht ist dieser Weg überzeugend[66]. Allerdings erfordert er mehr Planungsaufwand und verzichtet auf Regelmäßigkeiten, an die sich alle Beteiligten oft über Jahre hinweg gewöhnt haben.

---

64. Im Unterschied zu vielen anderen IT-Systemen, die mit *optimistic concurrency control* arbeiten, weil zahlreiche Benutzer kleinere Veränderungen vornehmen, gibt es bei Planungsproblemen wenige Benutzer, die jedoch größere Datenmengen mit hochgradigen inneren Abhängigkeiten bearbeiten.
65. Um einer Dienstfolge eigene Merkmale zuordnen zu können, müsste man sie als separate Klasse modellieren; wir verzichten hierauf ebenso wie auf die explizite Modellierung der nachfolgend beschriebenen Einsatzpläne.
66. Er ist gegenüber den beliebten zyklischen Schemata vom Ergebnis her sogar deutlich im Vorteil.

Rollierendes Schema

In der Praxis trifft man vielfach Planungsverfahren, bei denen Dienste zunächst ohne Kalenderbezug in eine vorläufige Reihenfolge gebracht werden, etwa indem man sich an der *typischen Reihenfolge der Betriebstage* orientiert. Man erhält auf diese Weise ein zyklisches Schema, das mehrfach hintereinander auf den Kalender »ausgerollt« wird. Bildhaft wird manchmal davon gesprochen, dass die (gedachten) Fahrer durch das Schema »rotieren«, denn sie durchlaufen dieselbe Dienstfolge mit einem gegenseitigen zeitlichen Versatz von *n* Tagen. Oft umfasst ein Schema den Arbeitsvorrat von 7 Tagen (Musterwoche), es sind aber auch andere Periodenlängen denkbar. Bei regelmäßigem Kalenderverlauf funktionieren zyklische Schemata gut; Feiertage und andere Besonderheiten durchbrechen jedoch den Rhythmus und machen manuelle Korrekturen erforderlich. Zyklische Verfahren sorgen für Verteilungsgerechtigkeit, sind aber relativ starr.

Arbeitsrhythmen

Häufig sind mit den Mitarbeitern bestimmte Modelle für den Arbeitsrhythmus vereinbart, wie etwa 5 Arbeitstage und 3 freie Tage. Wegen der Periodenlänge von 8 verschieben sich Diensttage und freie Tage mit jedem Zyklus um einen Tag gegenüber dem Wochenrhythmus. Es gibt jedoch auch Modelle, die weniger starr sind. In jedem Fall muss die Struktur der Dienstfolgen zu den Arbeitsrhythmusmodellen der Mitarbeiter passen.

Schichtlagen

Ein anderes Verfahren zur Reihenfolgebildung beruht darauf, dass man nicht `Dienste` aufreiht, sondern Zeitfenster (`SchichtLagen`), denen später bei der *Disposition* konkrete Dienste zugeordnet werden. Bei dieser Art der Reihenfolgebildung legt man den Arbeitsrhythmus als eine Folge von `SchichtLagen` und dienstfreien Tagen mit Kalenderbezug fest. Außerdem plant man meist auch Bereitschaftszeiträume für unvorhergesehene Störungen mit ein. Spätestens wenn man Urlaube berücksichtigen möchte, stellt sich jedoch nicht nur die Frage nach dem Bezug zum Kalender, sondern auch die Frage nach konkreten Mitarbeitern, auf die der Schichtlagenplan zugeschnitten werden soll. Näheres dazu stellen wir im Kapitel zur Personaldisposition dar.

Erholungszeiten

Bei der Erstellung von Dienstfolgen werden vorgegebene Kriterien für Ruhe- und Erholungszeiten (Länge von Schlafpausen, Dienst-Frei-Folgen) sowie Sollwerte für die mittlere Arbeitsdauer über mehrere Dienste hinweg berücksichtigt. Auch bei den freien Tagen geht es genau zu: Es existieren Regeln, die die exakte Dauer in Stunden ermitteln und beispielsweise verhindern, dass »zwei« freie Tage de facto auf 36 Stunden zusammenschrumpfen[67].

Wunschprofile berücksichtigen

Untersuchungen belegen, dass der Krankenstand sinkt, wenn Mitarbeiter durch eigene Wünsche den Verlauf ihrer Dienste beeinflussen können. Obwohl der Dienstplaner ohne Bezug zu konkreten Personen agiert, kann auch er einen Beitrag leisten, indem er aggregierte Wunschprofile in die Dienstreihenfolgebildung einfließen lässt. Fahrer geben beispielsweise an, wann sie gern freie Tage hätten und wann sie welche Schichtlage bevorzugen. Der Planer kann dann versuchen, zumindest einige Dienstfolgen so aufzustellen, dass bestimmte Wünsche überhaupt erfüllbar werden. Wenn man erkennt, dass Wünsche statistisch miteinander im Konflikt stehen (»Alle Fahrer wollen beim Finalspiel der Fußball-

67. Ganz im Gegenteil: Solche Regeln sehen oft 56 Stunden als Mindestdauer für zwei freie Tage vor, nicht nur 48 Stunden.

WM frei haben«), dann kann man Kompromisslösungen suchen oder sogar Bonusverfahren einführen (»Wer einen besonders unbeliebten Dienst übernimmt, darf sich dafür zwei andere Dienste wünschen«). Solche Überlegungen gehören dann allerdings in den Bereich der Personaldisposition.

6.6.5 Optimierung von Diensten und Dienstfolgen

Optimierungsverfahren

Wie bei der Umlaufplanung werden auch für die Dienstplanung heute standardmäßig Optimierungsmethoden eingesetzt. Zum Einsatz kommen verschiedene Verfahren, von halbautomatischen Systemen zur intelligenten Nachfolgersuche über heuristische Verfahren (simulated annealing, genetische Algorithmen) bis zu mathematischen Algorithmen, die nachweisbar die beste Lösung berechnen (gemischt-ganzzahlige lineare Optimierung).

Leistungsfähigkeit

Verfahren zur Dienstplanoptimierung sind inzwischen sehr leistungsfähig. Laufzeiten im Minutenbereich wie bei der Umlaufoptimierung kann man aufgrund der höheren Problemkomplexität zwar nicht erwarten. Bei einer Komplettverplanung für einen mittleren Verkehrsbetrieb mit ca. 300 Diensten und einem typischen Satz von Dienstplanungsregeln muss man bei den mathematischen Verfahren eher drei bis vier Stunden Rechendauer veranschlagen. Die Entwicklung in diesem Bereich ist aber rasant. Durch die Fortschritte bei der Hardware können heute 1000-mal mehr Rechenoperationen pro Sekunde durchgeführt werden als vor 20 Jahren. Erstaunlicherweise ist der Fortschritt bei den mathematischen Verfahren sogar noch größer! Als Ergebnis intensiver Forschungstätigkeit wurden Algorithmen zur sogenannten linearen Optimierung, die das Herzstück aller Dienstplanoptimierer bilden, im Zeitraum von 1988 bis 2004 sogar mehr als 3000-mal effizienter. Da sich beide Effekte multiplizieren, sind heute Rechenmodelle in akzeptabler Zeit lösbar, für die man in den 90er-Jahren noch Jahre benötigt hätte. Auf diese Weise können mittlerweile sogar die Dienstplanungsprobleme der großen Staatsbahnen in einigen Tagen durchgerechnet werden. Allein diese »Rechenpower« führt bereits zu Verbesserungen.

Varianten kalkulieren

Die große Stunde von Optimierungsverfahren schlägt, wenn Varianten kalkuliert werden, sich aus irgendeinem Grund strukturelle Änderungen ergeben oder im Rahmen einer Ausschreibung von Linienbündeln Neuland betreten wird. Der Mensch kann die reine Dienstplankonstruktion dem Rechner überlassen und sich auf die Bewertung von Ergebnissen und die iterative Anpassung von Parametern (»Stellschrauben«) konzentrieren. Er bekommt den Kopf frei, Varianten durchzuprobieren, mit denen er sich sonst niemals befassen könnte: »Macht es für die Gesamtkosten einen Unterschied, ob 10 % der Dienste bis zu 11,5 Stunden dauern dürfen oder ob 15 % bis zu 11,25 Stunden dauern dürfen?« Der Planer bekommt auf diese Weise ein Gespür dafür, wie stark seine Lösung auf Parameteränderungen reagiert. Man spricht in diesem Zusammenhang von Sensitivitätsanalysen. Der Computer kommt auch sofort mit veränderten Situationen genauso gut zurecht wie mit der alten. Da die Variantenberechnung vergleichsweise schnell geht und die Planungsqualität immer konstant hoch ist, werden auf diese Weise gute Ergebnisse erzielt. Es sind Fälle dokumentiert, in denen durch zielgerichtete Veränderungen von Dienstplanungsregeln Einsparungen von bis zu 20 % erreicht werden konnten.

Inkrementelles Vorgehen

Wie ein menschlicher Planer können auch Optimierungsverfahren auf einer bestehenden Lösung aufsetzen. In der Praxis verändert sich von einer Planungsrunde zur nächsten manchmal nur wenig; es kann durchaus sein, dass 80 % der Umläufe genauso aussehen wie bei der letzten Planung. Die Übereinstimmung kann sogar noch viel höher sein, etwa wenn man mit der identischen Umlaufmasse ausprobieren möchte, ob ein besseres Dienstplanungsergebnis erzielt werden kann, falls man zusätzliche Ablösestellen einbezieht. Häufig wünscht man sich dann, auch die Dienste möglichst beizubehalten, wenn dabei die Kosten im Rahmen bleiben. Diese Fragestellung kann man mit einer sogenannten »Anpassungsoptimierung« untersuchen, indem man eine monetäre Zielfunktion mit Bestandteilen überlagert, die die Beibehaltung von Diensten oder Charakteristiken von Diensten wie Anfangs- und Endzeit belohnen (»Dienstschablonen«). Da man dabei mit einem früher berechneten Dienstplan startet (»Warmstart«), haben solche Berechnungen ein günstiges Laufzeitverhalten. Wenn es ganz schnell gehen muss und man mehrere Varianten berechnen will, so kann man durch größeren Einsatz von Hardware parallel vorgehen. Viele Optimierungssysteme geben auch zumindest sporadisch Zwischenlösungen aus, die erahnen lassen, in welche Richtung sich die Lösungssuche im Rechner gerade bewegt. Dies ist zur Fortschrittskontrolle nützlich und erlaubt in vielen Fällen ein frühzeitiges Aussortieren von Läufen, die kein gutes Ergebnis liefern werden.

Verhandlungen und Kontrolle unterstützen

Optimierungsverfahren können auch Entscheidungsunterstützung (Decision Support) bei Managementfragen leisten. Ein gutes Optimierungsverfahren kann Arbeitgeber und Arbeitnehmer bei Tarifverhandlungen unterstützen, indem es aufzeigt, wie teuer eine Forderung ist. So könnte man z. B. eine Lohnerhöhung gegen eine Steigerung der Arbeitszeitflexibilität abwägen (längere Dienste, unbequemere Pausenregeln). Wenn beide Parteien dem System vertrauen, können auch Betriebsabläufe einfacher werden: Vielfach ist es üblich, dass Betriebsräte eine Papierversion aller Dienstpläne erhalten und manuell kontrollieren, ob bestimmte Betriebsvereinbarungen berücksichtigt sind. Setzt man ein Optimierungsverfahren bei der Planung ein, dem man die vereinbarten Regeln per Konfiguration vorgeben kann, so kann sich die Kontrolle auf die Korrektheit der Konfiguration und gelegentliche Stichproben bzw. Absprachen bei bewussten Ausnahmen beschränken.

Modellbildung

Um Optimierungsverfahren einsetzen zu können, müssen einige Voraussetzungen geschaffen werden. Insbesondere muss die Problemstruktur der Dienstplanung formal präzise definiert werden. Man muss festlegen, wie eine Lösung bewertet werden soll. Üblicherweise legt man eine kostenbasierte Zielfunktion zugrunde (»minimiere die gesamte zu bezahlende Arbeitszeit!«)[68]. Genauso müssen alle anderen Erwartungen an einen »gesunden Dienstmix« und natürlich alle Dienstplanungsregeln (Konsistenz in Raum und Zeit, gesetzliche, tarifliche und betriebliche Regeln) im System hinterlegt werden. Moderne Planungssysteme bieten für die Eingabe solcher Regeln fachliche Oberflächen mit komfor-

68. Man könnte genauso auch die Sozialverträglichkeit optimieren.

tablen Editierfunktionen, Automatikfunktionen z. B. zur Wegesuche, Profilen für Dienstarten und Parametereinstellungen und Szenarioverwaltungen an. Trotzdem muss man sich darüber im Klaren sein, dass die Ersteinrichtung, aber auch die anschließende Pflege eines solchen Systems Aufwand verursacht. Fast immer kommen bei der Ersteinrichtung auch bisher unausgesprochene Verfahrensweisen »ans Licht«, die zu intensiven Diskussionen zwischen den Beteiligten führen. Dieser Klärungsprozess wird, wenn auch meist im Nachhinein, durchweg als positiver Nebeneffekt gesehen. In der Praxis zeigt sich, dass eine einmalige »Auftragsoptimierung« durch externe Experten die Anfangsschwelle überwinden und wichtige Impulse geben kann.

Flexibilität

Einmal eingerichtet, erweisen sich moderne Systeme als sehr anpassungsfähig. Man kann heute so modellieren, dass das Ergebnis zum typischen Problemlösungsverhalten eines Menschen passt: »90 % aller Dienste müssen kürzer als 11 Stunden sein. 10 % der Dienste dürfen bis zu einer halbe Stunde länger dauern« wäre eine typische Regel, die dem Rechner ohne Schwierigkeiten beigebracht werden kann. In der Praxis ist es selten ein Problem, eine bestimmte Vorgabe einzustellen, sondern eher, bei aller Kreativität noch den Überblick über die eigenen Regelwerke und -varianten zu behalten.

Iterationen

Der Einsatz von Optimierungsverfahren löst gar nicht selten einen Kreativitätsschub aus. Nachdem man die ersten Ergebnisse in der Hand hat, kommt man auf die Idee, Nebenbedingungen wegzulassen oder hinzuzufügen, Kostenparameter zu ändern oder strukturelle Änderungen auszuprobieren, wie etwa die Auflösung eines Betriebshofs oder seine räumliche Verlagerung.

Qualifikation und Ausbildung

Der gelungene Einsatz von Optimierungsverfahren erfordert sehr viel Know-how sowohl beim Softwarelieferanten wie auch beim Verkehrsbetrieb. Dies beginnt bei der softwaretechnischen Umsetzung neuester mathematische Forschungsergebnisse an Hochschulen, Forschungsinstituten und bei Softwareherstellern und geht über die differenzierte, individuelle Modellierung für ein konkretes Planungsproblem und die Einbettung in eine ergonomische Benutzeroberfläche bis hin zur souveränen Bedienung des Systems, zur Anpassung an geänderte Regelwerke und Kostenfaktoren und zum Entwurf von Messreihen für Sensitivitätsanalysen. Nachhaltiger Nutzen entsteht, wenn Verkehrsunternehmen eigene Kompetenz aufbauen und hoch qualifizierte Mitarbeiter mit dem Thema »Optimierung« betrauen.

6.7 Integrierte Umlauf- und Dienstplanung

Aufgabenteilung der Planer

Wenn ein *Dienstplaner* erkennt, dass bestimmte Umläufe ihm immer wieder besondere Probleme bei der Bildung effizienter Dienste bereiten, kann er auf den *Umlaufplaner* einwirken, Veränderungen vorzunehmen. Ist die organisatorische Rollenverteilung flexibel und besitzt er das notwendige Fachwissen, so kann er auch selbst Korrekturen durchführen. Im Idealfall muss er dazu seine Benutzeroberfläche nicht verlassen, denn er benötigt ja ohnehin einen Zugang zu den Umläufen – wenn auch normalerweise nur im Lesemodus.

Kopplung von Einzelprogrammen

Dies hört sich einfach an, aber Softwaresysteme für Fahr-, Umlauf- und Dienstplanung sind derart komplex, dass sie in der Vergangenheit vielfach separat entwickelt und über Export-/Import-Schnittstellen miteinander verbunden wurden. Es kann also sein, dass sie sich in ihrer Benutzeroberfläche, Bedienphilosophie und den Berechtigungskonzepten unterscheiden und dass man technische Hilfsschritte (Freigabe, Versionierung, Export, Import) durchführen muss, die einen fachlich verhältnismäßig kleinen Änderungsvorgang in der Praxis sehr mühsam werden lassen.

Inkrementelle Planung

Doch selbst wenn – bei neueren, integrierten Systemen – diese Hürden nicht bestehen, ergibt sich ein fachliches Problem: Der Dienstplaner möchte nicht mit der veränderten Umlaufmasse wieder bei Null mit der Planung beginnen. Das IT-System muss ihm zeigen können, welche Umläufe sich gegenüber seiner bisherigen Planungsgrundlage verändert haben, damit er gezielt diejenigen Dienste bearbeiten kann, in denen Teile von Umläufen stecken, die von der Änderung betroffen sind. Es ist sinnvoll, dabei mehrere Stufen der »Betroffenheit« zu unterscheiden:

Zerstörte Konsistenz

- Wenn sich ein Umlauf räumlich verändert hat, dann zerstört er die Konsistenz der Dienste, in denen er steckt; Dienstplanungssysteme markieren die betroffenen Dienste als »defekt« und bieten meist an, diese Dienste sofort ganz aufzulösen oder zumindest die betroffenen `FahrDienstElemente` zu entfernen und in den Vorrat an unverplanten Elementen zurückzulegen.

Beeinträchtigte Konsistenz

- Hat sich ein Umlauf zeitlich geringfügig verändert, so kann es sein, dass seine veränderten `FahrDienstElemente` im Prinzip noch mit den Diensten vereinbar sind, dass jedoch Pausen anders liegen oder länger/kürzer werden. Der Dienstplaner muss einen Hinweis erhalten, damit er die betroffenen Dienste kritisch prüfen kann.

Zusätzliche Freiheitsgrade

- Eine dritte Gruppe von Änderungen zeichnet sich dadurch aus, dass die betroffenen Dienste zwar weiterhin zulässig sind, dass jedoch – etwa durch zusätzliche Ablösestellen – neue Möglichkeiten zur Dienstgestaltung entstehen, da der Umlauf jetzt eine feinere Granularität bei den `FahrDienstElementen` aufweist.

Die geschilderte Problematik tritt nicht nur auf, wenn der Umlaufplaner etwas ändert. Auch wenn Pausenregeln modifiziert werden, greift ein ähnlicher Mechanismus: Dienste, die unter den neuen Regeln nicht mehr gültig wären, werden automatisch erkannt und markiert; die restliche Menge der Dienste bleibt unbehelligt. Abbildung 6-21 zeigt das Prinzip.

Abb. 6-21
Inkrementelle Planung: Markierung defekter Dienste

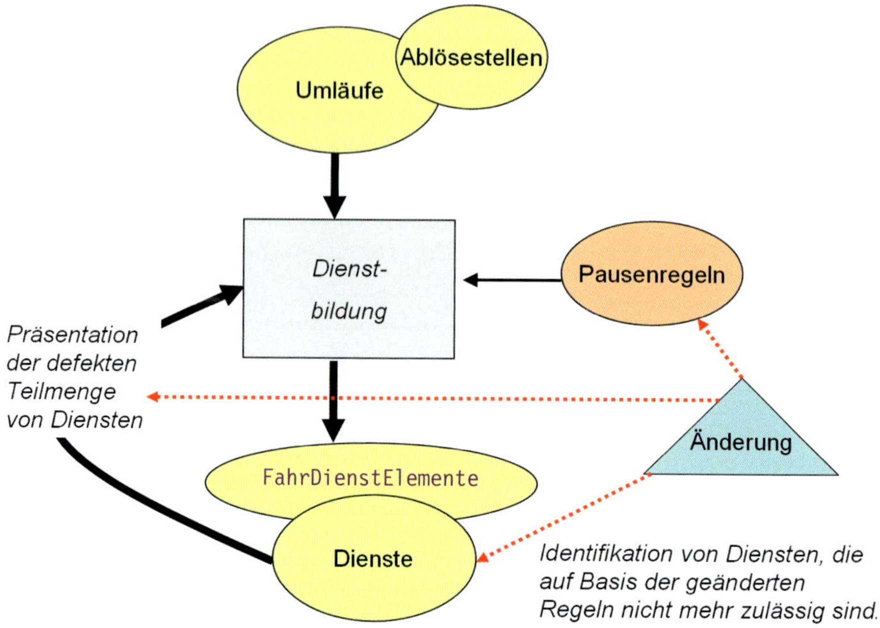

»Yo-Yo«-Prinzip

Im Regionalverkehr ist das Zusammenspiel von Umläufen und Diensten besonders wichtig. Man ordnet zunächst die einzelnen Fahrten zeitlich/räumlich so an, wie sie in einem Umlauf sinnvoll hintereinander abgewickelt werden könnten, und verkettet sie dann nur so lange, wie es die Dienstbildungsregeln zulassen. Das Ende des so entstehenden Umlaufstücks ist notwendigerweise ein Ablösepunkt. Erkennt man, dass der Ablösepunkt sehr ungünstig liegt, entfernt man wieder Fahrten aus dem Umlaufstück oder plant Mitfahrten für einen ablösenden Fahrer ein. Kurz: Man behält bei der Umlaufbildung von Anfang an die Randbedingungen im Auge, die durch die Pausenregeln der Dienstplanung vorgegeben sind, damit diensttaugliche Umlaufstücke entstehen. Konzentriert man sich primär auf die Dienste, so entstehen parallel zu den fertigen Diensten zahlreiche »halbfertige Umläufe«, denn Dienste können und sollen aus Effizienzgründen zwischen Linien oder zwischen den Fahrten einer Linie »springen«. Mit fortschreitender Planung wachsen die rudimentären Umläufe zum vollständigen Umlaufplan zusammen, bis am Ende sowohl der Umlauf- als auch der Dienstplan gleichzeitig fertig sind.

Ausdehnung auf den Fahrplan

Im Einzelfall könnte man sogar auf die Idee kommen, den Fahrplan ein wenig »zurechtzubiegen«, damit für einen Fahrer eine ausreichende Pause entsteht und ein aufwendiger Ablösevorgang an einem unpassenden Ort vermieden werden kann. Abgesehen von marginalen Änderungen bedarf ein solches Ansinnen (in Deutschland) umfangreicher Abstimmungen mit dem Aufgabenträger und hat daher sehr lange Vorlaufzeiten.

Integrierte Gesamtoptimierung

Der Traum manches Verkehrsbetriebs ist ein vollautomatisches Planungs- und Optimierungssystem, dem man die erwartete Nachfrage nach Beförderungsleistungen mitteilt und das daraus einen passenden Fahrplan, Umlaufplan und Dienstplan erstellt – zusammen mit einer Liste der benötigten Stückzahlen an Fahrzeugtypen und einer Liste von Mitarbeitern mit Qualifikationsprofilen.

Angesichts der vielen Freiheitsgrade und der enormen Komplexität wird ein solcher vollständig integrierter Ansatz noch für lange Zeit Utopie bleiben bzw. allenfalls für grobe Kostenschätzungen im Rahmen von Ausschreibungssituationen tauglich sein, nicht jedoch für die detaillierte Planung, wie wir sie bisher beschrieben haben.

Status quo, Ausblick

Ein Stück weit ist der Traum allerdings schon Realität! Es gibt bereits Verfahren zur integrierten Optimierung von Umläufen und Diensten, die sich bei Regionalverkehrsbetrieben bewährt haben. Das typische Szenario einer größeren Mittelstadt kann damit unter Praxisbedingungen in wenigen Stunden vollständig berechnet werden. Diese Verfahren werden sich mit wachsender Rechnerleistung und weiterentwickelter Algorithmik in den nächsten Jahren weiter verbreiten. Dadurch sind weitere Einsparpotenziale erschließbar, die durch die Sequentialität der heutigen Prozessorganisation nicht ausgeschöpft werden. Die Integration von Umlauf- und Dienstplanoptimierung vereinfacht außerdem die Prozessabläufe im Unternehmen, schließt mögliche Fehlerquellen aus und entlastet den menschlichen Planer.

Vertrauen aufbauen

Wissenschaftlich fundierte Automatisierungs- und Optimierungsverfahren sind sehr mächtig – aber auch komplex. Sie setzen sich in der Praxis durch, wenn sich Planer intensiv damit befassen und darauf vertrauen lernen. Dazu müssen sie diese Verfahren als clevere Werkzeuge begreifen, die erst dadurch nützlich werden, dass sie souverän bedient und eingestellt werden. Eine enge Partnerschaft mit dem Softwarehersteller ist bei den ersten Schritten mit einem Optimierungssystem sehr empfehlenswert.

7 Disposition

Der Begriff *Disposition* wird im betrieblichen Alltag unterschiedlich verwendet. Wir grenzen ihn von der Planung dadurch ab, dass es in der Disposition immer um den Einsatz *konkreter Ressourcen* geht, also um namentlich bekannte Mitarbeiter (Personaldisposition) bzw. konkrete Fahrzeuge (Fahrzeugdisposition). Die Beschaffung von Ressourcen (Personalpolitik, Flottenmanagement) gehört nicht zur Disposition, ebenso wenig wie ihre Erhaltung (Weiterbildung, Fahrzeugwartung). Jedoch befasst sich die Disposition damit, geeignete Maßnahmen zur Erhaltung von Ressourcen in den betrieblichen Ablauf zu integrieren. Der Disponent kennt Ausbildungspläne bzw. Wartungsfristen und überwacht, wann bestimmte Maßnahmen fällig werden. Er sorgt dafür, dass Personalqualifikationen erhalten werden und Fahrzeuge im richtigen Moment inspiziert, gereinigt und gewartet werden (Werkstattzuführung).

Inhaltliche Abgrenzung

Aus zeitlicher Sicht liegt der Schwerpunkt der Disposition nahe am »Tag X«, typischerweise ein bis zwei Wochen vorher. Wir rechnen jedoch auch langfristige Planungen mit zur Disposition, die sich auf die *Verfügbarkeit* konkreter Ressourcen beziehen – wie beispielsweise die Urlaubsplanung oder die frühzeitige Einplanung großer Inspektionsarbeiten. Je näher der Tag X kommt, desto konkreter werden die Informationen darüber, ob vorgesehene Ressourcen auch wirklich verfügbar sein werden (kurzfristige Erkrankungen, Fahrzeugausfälle). Auch das Arbeitsvolumen kann sich kurzfristig ändern (Sonderfahrten, Streckensperrungen). Der Disponent reagiert entsprechend.

Zeitliches Vorfeld

Das Gleiche gilt natürlich auch für den Tag X selbst. Es kann jederzeit zu Störungen kommen, die ein Eingreifen erfordern, etwa indem man Ersatzfahrer oder Ersatzfahrzeuge beschafft. Während wir Entscheidungen über den *Ressourceneinsatz* zur Disposition rechnen, klammern wir die *laufende Überwachung* der Fahrten (also die Produktionssteuerung des Verkehrsbetriebs) aus und widmen ihr ein separates Kapitel (Kap. 8, *Betriebslenkung*).

Tag »X«

Eine natürliche Folgeaktivität der Disposition ist die Erfassung der tatsächlich erbrachten Arbeitsleistungen (Personalstunden, zurückgelegte Kilometer). Die Disposition führt dazu Konten (Arbeits-, Pausen- und Urlaubszeiten, Kilometerstände und Betriebsstunden) und zieht den Saldo dieser Konten wiederum als Grundlage für die nächsten Einsatzentscheidungen heran. Die Disposition interessiert sich für die Konsequenzen von Soll-Ist-Abweichungen aus *unternehmensinterner Sicht* – denn Verspätungen können zu Überstunden und veränder-

The Day After

ten Ruhezeiten führen bzw. den vorgesehenen Wartungsplan durcheinanderbringen. Sie betrachtet jedoch nicht die Sicht des Fahrgasts.[1]

Personal/Fahrzeuge

Personal- und Fahrzeugdisposition sind von der Grundstruktur der Arbeitsprozesse eng verwandt – allerdings gibt es viele verschiedene Details: Fahrzeuge haben anders als Fahrer keine »Dienstwünsche«, die Abstellung von Schienenfahrzeugen ist etwas anderes als die Übernachtungsplanung für Fahrer im Fernverkehr. Es ist denkbar, dass Softwareanbieter übergreifende Produktlösungen anbieten, bestimmte interne Komponenten[2] gemeinsam verwenden und das Benutzerinterface für den eigentlichen Zuteilungsvorgang ähnlich gestalten.

7.1 Personaldisposition

Die Arbeitsprozesse der Personaldisposition beginnen mit der langfristigen Verfügbarkeitsplanung der Mitarbeiter; aus der anfänglichen Bildung von Schichtmustern werden konkrete Dienstreihenfolgen abgeleitet und immer wieder aktuellen Bedürfnissen und Erkenntnissen angepasst. Am Tag X werden, falls nötig, aktuelle Leistungsstörungen aufgefangen, und danach folgt die Abrechnung (vgl. Abb. 7-1). Nachfolgend beschreiben wir zunächst die einzelnen Prozessschritte. Danach stellen wir den zugehörigen Ausschnitt des ITVU-Modells vor und erläutern typische Leistungsmerkmale von IT-Systemen zur Personaldisposition (s. Abschnitt 7.1.3). Hinweise auf Optimierungsverfahren beschließen das Kapitel.

Abb. 7-1
Arbeitsprozesse in der Personaldisposition

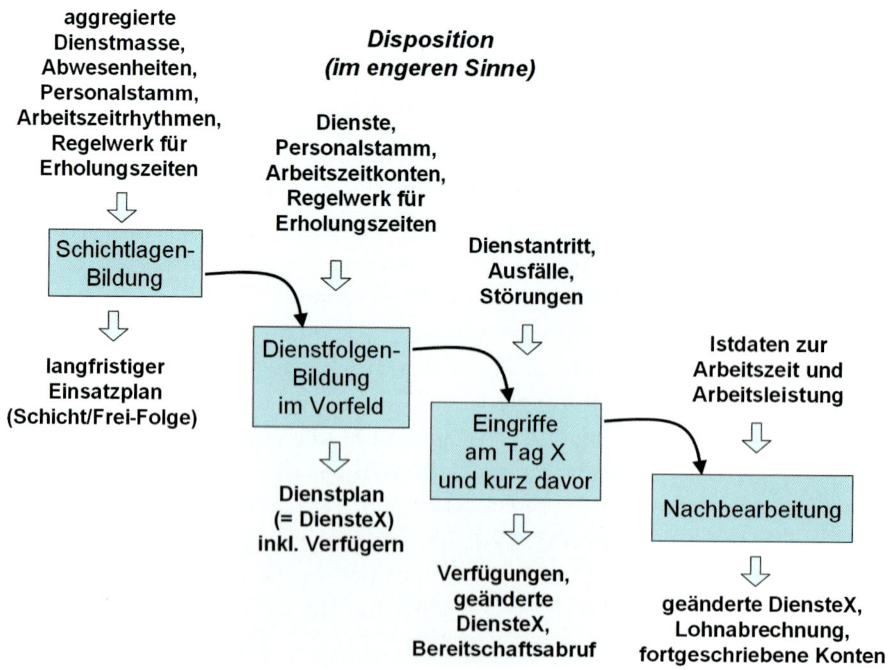

1. Das Beheben von Störungen aus Fahrgastsicht und der Nachweis der Pünktlichkeit sind Aufgabe der Betriebslenkung. Systeme und Verfahren zur Information von Fahrgästen sind zusätzlich in Kapitel 9 beschrieben.
2. Zum Beispiel abstrakte Klassen rund um die »Ressource«.

7.1.1 Arbeitsprozesse

Langfristige Vorschau auf die Verfügbarkeit

Fahrer wollen lange im Voraus Sicherheit für ihre Urlaubsplanung haben. Auch das Unternehmen hat ein Interesse an langfristiger Vorschau, denn durch das Fehlen oder Ausscheiden von Mitarbeitern kann es notwendig werden, Ersatz zu beschaffen und vorhandene Mitarbeiter weiter zu qualifizieren. Da es nicht nur um Urlaub geht, sondern auch um Krankheit, Kur, Mutterschutz, Schulungen, Wehrübungen, Betriebsratsfreistellungen, Kündigungen, Neueinstellungen und Ruhestand, spricht man allgemein von *Abwesenheitsplanung*. Der Disponent benötigt eine Vorschau auf den Bedarf an Fahrern mit bestimmten Qualifikationen (z. B. Streckenkenntnissen). Wenn während der Hauptferienzeit Großveranstaltungen stattfinden und die Taktdichte zum Stadion gesteigert werden soll, dann muss er rechtzeitig dafür sorgen, dass genügend Fahrer die Strecke kennen. Wenn er regelmäßig Engpässe bei Fahrern für Gelenkbusse oder bei der Behindertenbeförderung erkennt, eskaliert er zum Fahrdienstleiter, damit zusätzliche Fahrer entsprechend ausgebildet werden.

Schichtlagen statt Dienste

Für die längerfristige Betrachtung genügt es, »Anwesend-Frei-Folgen« aufzustellen, d. h., man muss die konkreten Dienste (im Modell: die `DiensteX`) noch nicht kennen[3]. Anders als bei der abstrakten Schichtfolgenplanung (vgl. Abschnitt 6.6.4) stellt man jedoch bereits den Bezug zu konkreten Mitarbeitern her. Man legt je vorgesehenem Anwesenheitstag ein Zeitfenster für die *Schichtlage* fest. Die Dauer (z. B. 13 Stunden) ist so bemessen, dass später die zugeordneten `DiensteX` ganz hineinpassen, auch wenn sie zeitlich etwas variieren.

Rotationsschemata

Rotationsschemata sind für Disponenten eine beliebte Hilfe beim Erstellen von Schichtfolgen (oder konkreten Dienstfolgen). Ein Rotationsschema ist eine Tabelle von Dienst-Frei-Folgen, bei der die Zeilen zyklisch verkettet sind. Das Schema wird zeilenweise versetzt auf den Kalender projiziert (»ausgerollt«), so dass im Laufe der Zeit der gesamte Dienstvorrat des Schemas von jedem Mitarbeiter durchlaufen wird. Rotationsschemata sorgen für gleichmäßige Verteilung beliebter und unbeliebter Dienste. Wenn ihre Gesamtarbeitszeit im richtigen Verhältnis zur Zeilenzahl und Periodenlänge steht, gewährleisten sie, dass die Arbeitszeitkonten der Mitarbeiter langfristig ausgeglichen bleiben, auch wenn die einzelnen Dienste unterschiedlich lang sind. Sie verschenken jedoch Optimierungsspielraum und stoßen bei irregulären Kalenderwochen an Grenzen, wie bereits in Abschnitt 6.6.4 erwähnt.

Einsatzplan

Bei der Konkretisierung eines Schichtlagenplans zieht man die Masse aller Dienste heran (Abb. 7-1, zweite Spalte). Um die Übersicht zu behalten, gruppiert man Fahrer und Dienste in sog. *Personaleinsatzplänen* (manchmal als PEP abgekürzt). Zu einem Personaleinsatzplan gehört eine abgegrenzte Teilmenge der Belegschaft, die *Turnusgruppe*, die ein bestimmtes Qualifikationsprofil besitzt – das natürlich zu der Menge der Dienste des Einsatzplans passen muss. Turnusgruppen und die zugehörige Teilmenge der Dienste werden nach dem Gesichts-

3. Bei Verkehrsunternehmen mit hoher Stabilität des Leistungsangebots, etwa im Schienenverkehr, wird u. U. bereits zusammen mit dem jährlichen Fahrplan ein ganzjähriger, personalisierter Dienstplan aufgestellt. Bei manchen Nahverkehrsunternehmen hingegen ist nur die Urlaubsplanung längerfristig; alle anderen Dispositionsprozesse haben kürzere Vorlaufzeiten.

punkt der *Homogenität* und der *Lokalität* gewählt. Beispielsweise will man in einem großstädtischen Verkehrsbetrieb mit mehreren Betriebshöfen erreichen, dass die Fahrer, die einem bestimmten Betriebshof zugeordnet sind, hauptsächlich auf Linien des betreffenden Stadtgebiets eingesetzt werden.

Arbeitszeiten

In einem typischen Nahverkehrsbetrieb verteilt sich das Arbeitsvolumen im Verhältnis 100 % – 70 % – 40 % auf Werktage, Samstage und Sonn- bzw. Feiertage. Man kann dazu passend beispielsweise eine Turnusgruppe bilden, die die Grundlast bewältigt, und eine andere, die vornehmlich werktags und ab und zu auch samstags arbeitet. Die erste Gruppe besitzt ein Arbeitszeitmodell mit einer Periodenlänge ungleich 7 (also etwa 4-1-5-2 oder 6-2 oder 6-3); die andere hat ein 5-2-Modell; sie übernimmt auch die geteilten Dienste. Die Abgrenzung der Turnusgruppen erfolgt hier also unter dem Gesichtspunkt der Homogenität des Arbeitszeitmodells.

Dimensionierung von Turnusgruppen

Die Größe einer Turnusgruppe muss zum Arbeitsvolumen passen: Beispielsweise bedeutet ein Arbeitszeitmodell »4-1-5-2« bei 90 täglichen Diensten, dass 120 Fahrer zu der Turnusgruppe gehören müssen (3 freie Tage im Verhältnis zu 9 Arbeitstagen = 1/3 Zuschlag). Außerdem muss man einen statistischen Zuschlag für Abwesenheiten vorsehen. Dieser liegt erfahrungsgemäß in Europa bei 18–22 %, so dass die Turnusgruppe in unserem Beispiel etwa 145 Fahrer umfassen sollte. Die Mitglieder der Turnusgruppe kann man bei Bedarf weiter nach Schichtlagen aufschlüsseln – etwa wenn es Mitarbeiter gibt, die bevorzugt Nachtdienste übernehmen.

Verfügerdienste

In dem Abwesenheitszuschlag von ca. 20 % stecken nicht nur planbare Abwesenheiten, sondern auch Anteile für kurzfristige Erkrankungen und spontane Veränderungen der Dienste. Um solche Effekte in der Disposition von vornherein zu berücksichtigen, werden neben konkreten Diensten auch »Verfüger« zugeteilt. Der Disponent verwendet diese Bezeichnung, da er erst kurzfristig darüber »verfügt«, welchen konkreten Dienst der Mitarbeiter wirklich ausführen soll. Der Fahrer, dem ein Verfügerdienst zugeteilt wurde (=der *Springer*), spricht auch vom »Erkundigungsdienst«, da er sich spätestens einen Tag vor Dienstbeginn beim Disponenten erkundigen muss, welchen konkreten Dienst er übernehmen soll.

Bereitschaft, Abruf

Verfügerdienste decken Veränderungen ab, die noch rechtzeitig vor Dienstantritt erkannt werden können. Am Tag X selbst benötigt man bei Störungen sehr kurzfristig Ersatzmitarbeiter. Zu diesem Zweck sieht der Disponent spezielle Bereitschaftsdienste vor, die meist als *Sitzreserve* bezeichnet werden, da die Fahrer in der Nähe eines wahrscheinlichen Einsatzortes sitzen und auf einen spontanen Einsatz warten. Sie sollten möglichst breit qualifiziert sein, um jede Aufgabe übernehmen zu können. Da sie für das Warten auf den Einsatz bezahlt werden müssen, wird der Disponent Sitzreserven so sparsam wie möglich einplanen. Eine kostengünstigere – aber auch langsamere – Alternative sind Rufbereitschaften: Dabei erklären Mitarbeiter von vornherein die Bereitschaft, an einem freien Tag spontan einen Dienst zu übernehmen, falls sie benötigt werden. Die gesetzlichen Rahmenbedingungen zu den Erholungszeiten dürfen dabei natürlich nicht verletzt werden, so dass bei der Inanspruchnahme einer Rufbereitschaft der Einsatzplan des betreffenden Mitarbeiters für die Folgetage geändert werden muss.

Dienste tauschen

Auch bei der besten Disposition kommt es vor, dass Fahrer mit ihren Dienstzuteilungen unzufrieden sind. Wenn sie in eigener Initiative einen anderen Fahrer finden, der zu einem Tausch bereit ist, wenden sie sich an den Personaldisponenten mit der Bitte, den Tausch offiziell zu bestätigen. Da die Fahrer freiwillig tauschen, nähert sich der ganze Einsatzplan dadurch dem Pareto-Optimum[4], d. h., die Gesamtzufriedenheit steigt. Aus diesem Grund tolerieren viele Verkehrsbetriebe den Tausch von Diensten. Der Disponent muss allerdings – insbesondere, wenn die Schichtlagen der getauschten Dienste nicht identisch sind – auf die Einhaltung der Ruhezeiten achten. Außerdem prüft er die Dienstdauer und eventuelle Zuschläge, denn der Verkehrsbetrieb will nicht aufgrund einer privaten Tauschaktion insgesamt mehr Geld bezahlen[5].

Arten von Wünschen

Individuelle nachträgliche Tauschaktionen mögen ganz hilfreich sein. Noch besser ist es jedoch für alle Beteiligten, wenn Fahrer ihre Präferenzen schon von vornherein in die Zuteilung der Dienste einbringen können. Die Art der Wünsche kann dabei unterschiedlich sein:

- Ein Fahrer wünscht sich, dass er an bestimmten Kalendertagen keinen Dienst hat (sofern sein Arbeitszeitmodell dies vorsieht).
- Er wünscht sich eine bestimmte Schichtlagenfolge. Beispielsweise könnte er versuchen, vor einem freien Tag eine kurze Frühschicht und danach eine lange Spätschicht zugeteilt zu erhalten.
- Ein Fahrer äußert eine generelle Präferenz für eine bestimmte Schichtlage (»Frühaufsteher«) oder bestimmte Linien bzw. Stadtgebiete (»ruhige« oder »belebte« Strecken).
- Er wünscht sich einen ganz bestimmten Dienst (etwa weil er diesen Dienst an einem Ablösepunkt antreten kann, der in der Nähe seiner Wohnung liegt).

Umfang der Berücksichtigung

Die Berücksichtigung von Wünschen senkt statistisch nachweisbar die Anzahl der Krankheitsstunden, so dass neben philanthropischen Motiven auch handfeste ökonomische Tatsachen für die Nutzung eines entsprechenden IT-Systems sprechen. Häufig wählt man dabei eine mittlere Konkretisierungsebene für Wünsche, d. h., die Fahrer geben Schichtlagenpräferenzen und Wünsche nach konkreten freien Tagen bekannt; noch präzisere Wünsche bleiben auf nachträgliche individuelle Tauschaktionen beschränkt. Im Extremfall wäre jedoch auch die *vollständige Selbsteinteilung* denkbar – ein Prinzip, das an anderer Stelle bei kleineren Gemeinschaften mitunter ganz gut funktioniert[6]. Im angelsächsischen Raum kennt man ein Senioritätsprinzip, bei dem eine Dienstfolge ohne Personenbezug aufgestellt wird und die Fahrer in absteigender Reihenfolge der Unternehmenszugehörigkeit »ihre« Zeile im Dienstplan auswählen dürfen. Ein ähnlicher Gedanke

4. Das heißt, bei jedem Tausch verbessert sich mindestens einer der Beteiligten, ohne dass der andere sich deswegen verschlechtert (Vilfredo Pareto 1848–1923, italienischer Soziologe und Ökonom).
5. Dies könnte passieren, wenn durch unterschiedliche Länge der getauschten Dienste der Überstundensaldo insgesamt erhöht wird, denn für die entstehenden Minusstunden auf der anderen Seite gibt es keinen entsprechenden Abschlag.
6. Etwa bei Rettungsdiensten und Feuerwehren.

steht hinter der geübten Praxis in vielen Verkehrsbetrieben, die (meist unbeliebten) Verfügerdienste vorzugsweise jüngeren Fahrern zuzuteilen.

Kurzfristige Disposition

Je näher der Tag X rückt (dritte Spalte in Abb. 7-1), desto rascher muss der Disponent reagieren. Er muss nicht nur die Fahrer von Verfügerdiensten benachrichtigen, sondern auch generell auftretende Veränderungen an Diensten den betroffenen Fahrern mitteilen – beispielsweise können sich aus Baustellen im Streckenverlauf andere Ablösepunkte, Pausenlagen oder Dienstzeiten ergeben. Am Tag X überwacht der Personaldisponent den Dienstantritt der Fahrer[7]. Bei Krankmeldungen korrigiert er ggf. gleich die Disposition für die Folgetage. In Abstimmung mit der *Fahrzeugdisposition* und der Leitstelle teilt der Disponent den Fahrern beim Dienstantritt aktuelle Informationen mit (Umleitungen, Verkehrsstörungen) und nennt ihnen den Standort des Fahrzeugs, das sie benutzen sollen. Findet der Dienstantritt im Depot statt, so gehört bei manchen Verkehrsbetrieben die Ausfahrkontrolle noch zu den Aufgaben des Personaldisponenten, vielfach liegt sie jedoch auch in der Zuständigkeit der Leitstelle.

Management von Störungen

Ablösungen im Streckengebiet sind besonders heikel, da sie auf kurzen Zeitfenstern beruhen. Taucht ein ablösender Fahrer nicht auf (oder ist dies absehbar), so muss der Personaldisponent sofort reagieren. Hier ist eine besonders enge Abstimmung mit der Leitstelle gefragt: Hat ein Fahrzeug Verspätung, so wird der betreffende Fahrer seine Pause verspätet antreten, und es droht die Gefahr, dass er beim nächsten Ablösevorgang nicht rechtzeitig zur Stelle sein wird. Der Personaldisponent prüft Möglichkeiten zur Verkürzung der Pause und stimmt sich mit der Leitstelle ab, wenn diese Maßnahme nicht ausreicht. Entweder nimmt man dann die Verzögerung bei der Ablösung in Kauf (mit allen Folgen für Anschlüsse) oder der Personaldisponent aktiviert die Sitzreserve. Auch dabei kann es wieder kompliziert werden: Wenn die Sitzreserve bereits einen Einsatz hatte, dann müssen auch hier Pausenregeln überwacht und eingehalten werden. Wird es eng, so wird die Leitstelle entscheiden, Fahrten zu streichen. Im günstigsten Fall handelt es sich dabei um Verstärkerfahrten, die im offiziellen Fahrplan gar nicht ausgewiesen sind; im Normalfall wird man jedoch die Fahrgäste informieren müssen (vgl. Kap. 9).

Integrierte IT-Systeme

Ähnliche Probleme treten bei Unfällen oder technischen Defekten am Fahrzeug auf. Hier ist zusätzlich die Fahrzeugdisposition gefragt. Generell gilt, dass die IT-Systeme zur Personaldisposition (vgl. Abschnitt 7.1.3), zur Fahrzeugdisposition und zur laufenden Pünktlichkeitsüberwachung der Flotte eng miteinander gekoppelt sein sollten[8]. In der Konsequenz entschließen sich viele Verkehrsbetriebe dazu, die entsprechenden Disponenten in enger räumlicher Nähe unterzubringen. Wenn es das Arbeitsvolumen (etwa in Randzeiten) zulässt, dann kann ein Disponent auch mehrere Rollen gleichzeitig wahrnehmen.

7. Oft hilft ihm hierbei das Betriebsleitsystem (vgl. Kap. 8).
8. Im Idealfall berücksichtigen Bordrechner und Leitsystem bei ihren Abfahrtszeitprognosen bereits die Ablösevorgänge und Pausenregeln der Fahrer.

Erfassung der Istdaten

Parallel zum Geschehen am Tag X und am Folgetag werden die genauen Dienstzeiten erfasst und Abweichungen festgehalten (vierte Spalte in Abb. 7-1). Ist ein `DienstX` beispielsweise nicht nur zeitlich gegenüber dem geplanten `Dienst` verschoben, sondern hat er sich auch strukturell verändert[9], so wird dies erfasst, da nur so die Grundlage für eine genaue Gehaltsabrechnung geschaffen werden kann. Außerdem muss der Verkehrsbetrieb aufgrund gesetzlicher Pflichten immer genau nachweisen können, welcher Fahrer bei welcher Fahrt am Steuer gesessen hat. Es kann daher als Folge einer Dienstteilung dazu kommen, dass es zu einem `Dienst` mehrere `DiensteX` gibt (vgl. den Abschnitt zur Modellierung, Abschnitt 7.1.2). Auch bei den `DienstenX` der Sitzbereitschaft ist eine Nachbearbeitung erforderlich, denn die Zahlung bestimmter Zuschläge hängt in der Regel davon ab, ob die Fahrer einen Einsatz hatten und wie dieser genau aussah.

Genauigkeit der Abrechnung

Je höher das Niveau des ÖPV in einem Land ist, desto genauer nimmt man es mit Soll-Ist-Abweichungen – beim Fahrplan wie bei der Lohnabrechnung. Um unwirtschaftliche Erfassungsvorgänge zu vermeiden, sehen Betriebsvereinbarungen und Arbeitsverträge oft die Bezahlung einer Vor- und Nachbereitungszeit für jeden Dienst vor, durch die kleinere Abweichungen pauschal abgedeckt sind.

Kontenführung

Über die Betrachtung des einzelnen Tages hinaus ist es wichtig, Salden fortzuschreiben, da sie für nachfolgende Dispositionsentscheidungen herangezogen werden. »Kontenführung« ist dabei in einem erweiterten Sinn gemeint. Neben dem klassischen Überstundensaldo gehören dazu beispielsweise auch Informationen, wann ein Fahrer auf einer bestimmten Strecke zum letzten Mal eingesetzt war, an wie vielen Samstagen im laufenden Jahr er einen freien Tag hatte, wie oft seine Rufbereitschaft in Anspruch genommen wurde usw. Auch die Häufung von Problemen bei Ablösevorgängen lässt sich so mitverfolgen. Je dichter und ökonomischer Fahrpläne gestaltet werden, desto häufiger eskalieren Verspätungen durch Pausenverkürzungen und ziehen weitere Unpünktlichkeiten nach sich. Über eine Gesamtkostenbetrachtung kann man herausfinden, ob es besser ist, solche Störungen sporadisch in Kauf zu nehmen und jeweils spontan zu bewältigen oder für mehr Luft bei der Planung zu sorgen – etwa bei Wendezeiten, in denen Fahrerpausen liegen.

Lohnregeln

Konten werden insbesondere für alle Leistungsarten geführt, die für die Lohnabrechnung relevant sind. Die Vielfalt der Arbeitsverträge erfordert ein hohes Maß an Konfigurierbarkeit bei den IT-Systemen. Beispielsweise gibt es Umwandlungsregeln, wonach Arbeitsminuten ab 23:00 mit einem Faktor von 1,2 multipliziert werden; jeweils 100 Nachtstunden führen zum Anspruch auf einen zusätzlichen Urlaubstag; der Abbau von Überstunden wird per Regelwerk erzwungen und führt zu zusätzlichen freien Tagen; wenn jemand eine bestimmte Menge von Urlaubstagen in einer unbeliebten Periode nimmt, so entsteht daraus ein Anspruch auf zusätzliche freie Stunden. Die Kompliziertheit der Regeln führt häufig dazu, dass die Lohnabrechnung mehrfach geprüft und mit dem Fahrer abgestimmt werden muss. Häufig hat die Abrechnung von Zuschlägen daher ein bis zwei Monate Nachlauf gegenüber der monatlichen Abrechnung des Grundgehalts.

9. Bei Erkrankung im Dienst, Unfall, technischer Störung, Fahrplanabweichung.

7.1.2 Die Personaldisposition im ITVU-Klassenmodell

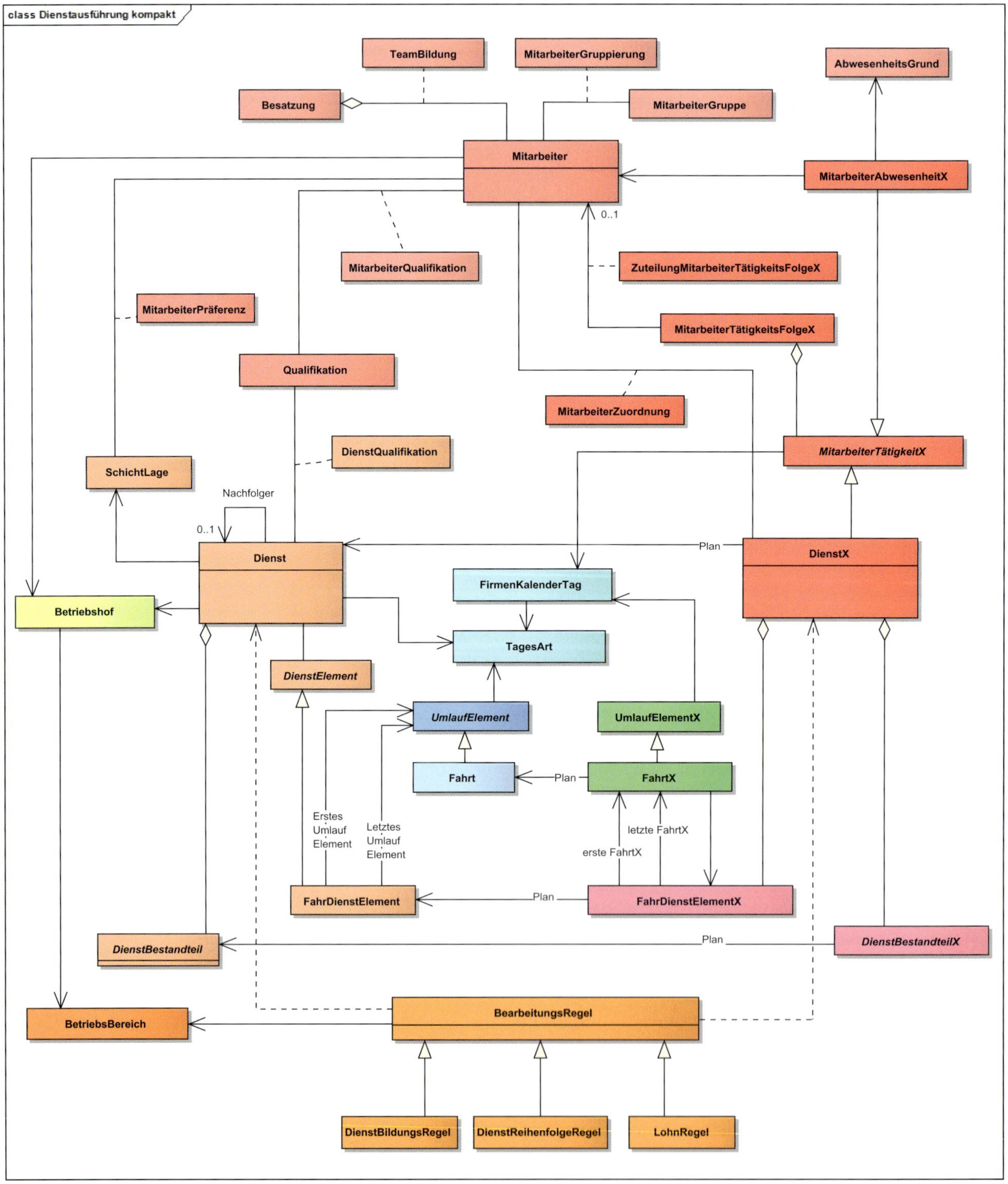

Abb. 7-2 ITVU-Klassenmodell: Personaldisposition

- Das Bild zeigt den Zusammenhang zwischen Planung und Disposition: Aus `Diensten`, die allgemein für eine `TagesArt` geplant sind, werden für jeden `FirmenKalenderTag` der betreffenden `TagesArt` entsprechende `DiensteX` abgeleitet[10]. Den `FahrDienstElementen` in der Planung entsprechen die `FahrDienstElementeX` in der Disposition; genauso verhält es sich mit den `DienstBestandteilen`. Die Analogie setzt sich bis in die `FahrtenX` bzw. die `UmlaufElementeX` fort. Wie bereits erläutert, können sich Ist- und Sollzustand auseinanderentwickeln, wenn der Disponent eingreift, etwa indem er einen `DienstX` aufteilt. Da beide `DiensteX` den Rückbezug auf den dahinter stehenden Dienst behalten, ist der Vorgang jederzeit nachvollziehbar.

Korrespondenz Planung/Disposition

- Die wichtigste Klasse der Personaldisposition ist die `MitarbeiterZuordnung` – sie verbindet den DienstX mit dem konkreten `Mitarbeiter`. Über die reine Zuordnung hinaus hält diese Klasse die `Zuteilungsgründe` fest. Wir haben darauf verzichtet, Letztere in einer eigenen Klasse anzusiedeln, etwa als `KundenspezifischenAufzählungsTyp` (vgl. Abschnitt 4.3).

Zuordnung: Mitarbeiter – `DienstX`

- Ein wichtiges Merkmal eines `DienstesX` ist seine `SchichtLage`. Sie kann über die Beziehung zum zugehörigen `Dienst` ermittelt werden. Entlang der Beziehung von `Mitarbeitern` und `SchichtLagen` werden die `MitarbeiterPräferenzen` im Modell erfasst. Es kann sich um allgemeine Präferenzen handeln oder auch (bei Ergänzung einer entsprechenden Beziehung) um solche mit *Kalenderbezug*.

Mitarbeiterwünsche: Präferenzen

- Das Modell bietet eine flexible Möglichkeit, Mitarbeiter zu Gruppen zusammenzufassen (`MitarbeiterGruppe`). Die Klasse `MitarbeiterGruppierung` hält Details zur Mitgliedschaft fest, wie etwa den Zeitpunkt, an dem ein Mitarbeiter einer Gruppe zugeordnet wurde. Jeder Mitarbeiter kann gleichzeitig mehreren Gruppen angehören, wie etwa einem Heimatbetriebshof oder einer bestimmten Einsatzgruppe (vgl. die Ausführungen zum Personaleinsatzplan). Ein anderes Beispiel sind *Quotengruppen*. Diese werden dazu benutzt, um ein gemeinsames Limit für ihre Mitglieder festzulegen und zu überwachen. So könnte man beispielsweise dafür sorgen, dass von den zwanzig Mitarbeitern, die sowohl eine Fahrerlaubnis für Busse als auch für Straßenbahnen haben, maximal fünf gleichzeitig im Urlaub sein dürfen.

Mitarbeitergruppen

- Der Personaldisponent baut für jeden Mitarbeiter eine Folge von Zeitblöcken auf, die `MitarbeiterAbwesenheiten` und *dienstliche Tätigkeiten* widerspiegeln. Aus Modellsicht ist es nützlich, eine abstrakte Oberklasse zu schaffen, die `MitarbeiterAbwesenheiten` und `DiensteX` gleichermaßen abdeckt. Nicht nur im Modell, sondern auch an der Benutzeroberfläche findet sich diese Abstraktionsebene wieder, und zwar in Form grafischer Elemente, die wir allgemein als `MitarbeiterTätigkeitenX` bezeichnen.

Oberklasse: `MitarbeiterTätigkeiten`

- Wegen der Vielzahl unterschiedlicher `AbwesenheitsGründe` bietet sich dafür eine eigene Klasse im Modell an. Sie kann weiter ausdifferenziert werden, etwa um Abhängigkeiten zwischen Diensten und Abwesenheiten zu modellieren. Beispiel: Mitarbeiter sollen zusammen eine Schulung besuchen; danach besit-

Abwesenheitsgründe

10. Die Beziehung des `DienstesX` zum `FirmenKalenderTag` hängt an seiner Elternklasse, der `MitarbeiterTätigkeit`.

zen sie eine weitere Qualifikation, die wiederum die Zuordnung bestimmter DiensteX möglich macht.

Tätigkeitsfolgen ohne Mitarbeiterzuordnung

- Wenn alle DiensteX zugeordnet sind, ergibt sich aus ihren Beginn- und Endezeiten automatisch die entsprechende Tätigkeitsfolge des Mitarbeiters. Wir modellieren die MitarbeiterTätigkeitsFolgeX jedoch als eigene Klasse, um auch Arbeitsprozesse zu unterstützen, bei denen ein Disponent konkrete Tätigkeitsblöcke mit Kalenderbezug (also DiensteX bzw. dienstfreie Tage) in eine regelkonforme Reihenfolge bringt, ohne sogleich einen konkreten Mitarbeiterbezug herzustellen. Der Disponent füllt dabei zunächst ein grafisches Tableau mit Tätigkeitsblöcken und bezieht in einem zweiten Schritt Mitarbeiterwünsche ein. Die Klasse MitarbeiterTätigkeitsFolgeX ermöglicht uns, seinen Zwischenstand festzuhalten.

Qualifikationen

- Das Thema Qualifikationen haben wir bereits bei der Planung besprochen. Wichtig ist, dass ein IT-System dem Disponenten jederzeit eine Summenübersicht über die MitarbeiterQualifikationen errechnet, und zwar tagesgenau entsprechend dem jeweiligen Fortschrittsgrad der MitarbeiterZuordnung zu DienstenX.

Regelwerke

- Natürlich benutzen wir in der Planung und in der Disposition ein gemeinsames Regelwerk (BearbeitungsRegeln). Einzelne Regeln können jedoch durchaus so gestaltet sein, dass sie in der Planung enger ausgelegt werden als in der Disposition; insbesondere bei der Bewältigung von Störungen kommt es zu Situationen, die zwar im Einzelfall vielleicht gerade noch tolerierbar sind, jedoch nicht als Richtschnur für die Planung herangezogen werden sollen. Wegen der Vielgestalt von Regeln verwendet man oft formale oder halbformale Sprachen und entsprechende Compiler bzw. Interpreter.

Konten

- Hier gibt es einen engen Zusammenhang zu den Konten: Wenn eine Regel festlegt, dass jeder Fahrer mindestens alle vier Wochen einen freien Sonntag haben muss[11], dann wird man die »sonntagsfrei«-Regel mit einem entsprechenden »sonntagsfrei«-Konto verknüpfen und den Saldo überwachen. Das Thema »Konten« findet sich im Modell nicht. Es handelt sich letztlich um redundante Informationen (Maxima, Minima, Durchschnitte, Häufigkeiten je Zeitperiode), die nach bestimmten Spielregeln gewonnen werden können, indem man sich auf Merkmale vorhandener Klassen bezieht[12].

---

11. Wie in einem praktischen Fall in Lateinamerika.
12. Wenn man ein allgemeines, konfigurierbares System zur Kontenführung entwirft, wird man allerdings das Modell um entsprechende abstrakte Klassen (*Konto*, *Buchung*, *Messgröße*) erweitern müssen.

7.1.3 IT-Systeme zur Personaldisposition

Wir stellen an den Anfang dieses Kapitels ganz bewusst Fotos von manuellen Dispositionstafeln (Abb. 7-3 und 7-4).

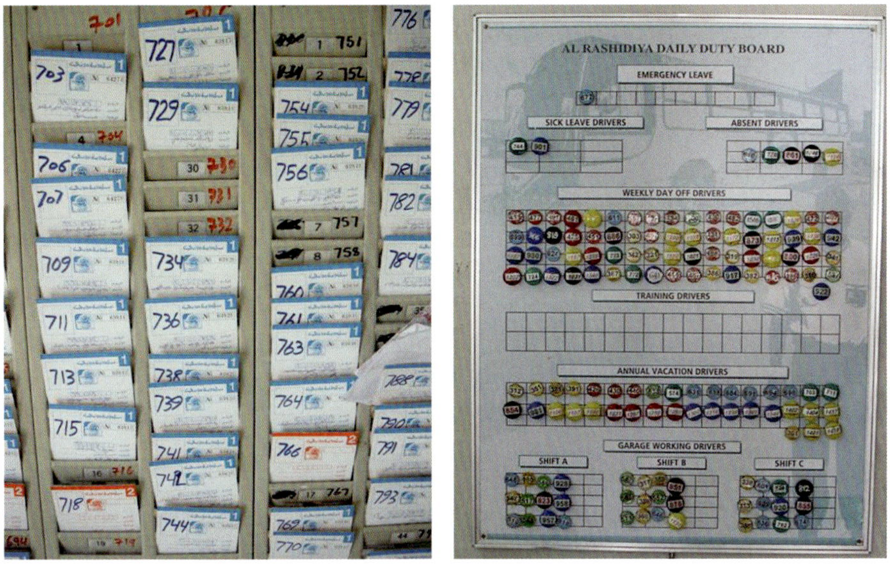

Abb. 7-3
Dienstkarten und Dispo-Übersichten
(Foto: A. Langenhan)

Die gesteckte Karte als physischer Beweis für die Anwesenheit eines Mitarbeiters ist praktisch; man kann seine Arbeitsstunden darauf sehen und ihm eine Notiz daranklammern, die er lesen wird, wenn er den Dienst beendet.

Abb. 7-4
Große Tafeln erleichtern die Übersicht.
(Foto: A. Langenhan – RTA Dubai)

Physische Dispositionstafeln sind oft mehrere Quadratmeter groß und bieten einen entsprechend guten Überblick. Das Hantieren mit Kärtchen und Schildern bietet eine hohe Sicherheit gegen Flüchtigkeitsfehler – dies mag einer der Gründe dafür sein, dass beispielsweise in der deutschen Flugsicherung auch im Jahr 2010 zusätzlich zur Bildschirmkontrolle noch physikalische Repräsentationen in Form von Flugstreifen verwendet werden.

Anforderungen und Akzeptanzbarrieren

Die IT ist bei der Entwicklung von Dispositionssystemen besonders stark gefordert. Je ähnlicher das Arbeiten am Bildschirm dem Umgang mit physischen Gegenständen wie Tafel und Karten ist, desto größer wird die Akzeptanz der Benutzer. Das schnelle Umschalten zwischen verschiedenen Sichten und die Verteilung einer sehr großen virtuellen Arbeitsfläche auf mehrere Arbeitsplätze müssen reibungslos funktionieren. Natürlich kann der Rechner viele Daten rasch und perfekt verwalten und aus 13 Perspektiven präsentieren – aber Softwaresysteme zur Disposition sind gut beraten, wenn sie auch einige der etwas weniger systematischen menschlichen Arbeitsweisen und Gewohnheiten unterstützen, etwa indem sie gelbe Haftzettel nachbilden, die der Disponent elektronisch an einen Mitarbeiter oder einen DienstX »ankleben« kann.

Folgende Anforderungen sind für IT-Systeme zur besonders charakteristisch:

Skalierbare Zeitachse

- Die Zeitachse muss kontinuierlich skalierbar sein, auch wenn meistens die Betrachtung ganzer Tage als kleinste Zeiteinheiten genügt. Bahnunternehmen kennen Kurzdienste – hier muss der Disponent einem Mitarbeiter mehrere `DiensteX` je `FirmenKalenderTag` zuteilen können.

Asynchronität

- Das System muss schnell und genau sein. Um beiden Anforderungen gerecht zu werden, führt man aufwendige Prüfvorgänge oder die Fortschreibung von Konten asynchron im Hintergrund durch. Mit Farbcodes, Flaggen oder anderen GUI-Elemente kann das System dem Disponenten signalisieren, dass eine Zuordnung noch geprüft wird bzw. nachträglich als warnbedürftig oder unzulässig erkannt wurde. Es sollte ihn nicht bevormunden und verhindern, dass er Zuordnungen auch unter Verletzung von Regeln vornimmt – vielleicht hat er schon eine weitere Änderung im Kopf, die die Zulässigkeit wiederherstellen wird.

Generierung von Vorschlägen

- Ein gutes Dispositionssystem nutzt unaufgefordert die Zeit, in der der Mensch nachdenkt, um ihm Vorschläge zu unterbreiten oder um Handlungsmöglichkeiten anzuzeigen, die laut Regelwerk zulässig und unter Kostengesichtspunkten vorteilhaft wären. Es präsentiert geeignete Mitarbeiter für die Besetzung eines unverplanten Dienstes oder bietet passende Dienste für einen Mitarbeiter an, der noch nicht voll verplant ist.

Multi-User-Fähigkeit

- Vernetztes Arbeiten ist in der Disposition an der Tagesordnung. Anders als in der Dienstplanung darf das IT-System daher nicht große Bereiche der Datenbank exklusiv für einzelne Benutzer reservieren[13]. Räumlich verteilte Disponenten müssen einen gemeinsamen Blick auf alle Ressourcen haben. Wenn sich der dargestellte Bildausschnitt zweier Disponenten überschneidet, müssen Änderungen wechselseitig propagiert werden, ohne dass dazu weitere Benutzeraktionen erforderlich sind.

13. Der Fachmann sagt, dass ein »optimistisches Sperrkonzept« benötigt wird.

- Gerade im Bereich der Stammdaten von Mitarbeitern sind reale Klassenmodelle oft sehr differenziert (ein Dutzend Klassen rund um die Person, die Adresse, den Arbeitsvertrag, die Qualifikationen und Konten sind eher die Regel als die Ausnahme). Disponenten möchten Fahrer nach Kriterien selektieren und nach Kombinationen filtern können, die auf völlig verschiedene Klassen verteilt sind. Dispositionssysteme führen deswegen meist eine redundante Tabelle mit einem zusammengefassten View all dieser Suchmerkmale mit; so können sie den Disponenten effizient und ergonomisch unterstützen.

Flexible Selektionen

Abb. 7-5 Typische Gestaltung der grafischen Oberfläche eines Dispo-Systems

Begleitung von Arbeitsstufen

- Die grafische Oberfläche eines Dispo-Systems (Abb. 7-5) sieht ähnlich aus wie ein Planungssystem (Abb. 6-19). Unten befindet sich der Vorrat an `DienstenX`, im oberen Teil gibt es *Dispositionszeilen*, in denen `DiensteX` so aufgereiht sind, dass sie von einer Person nacheinander ausgeführt werden können. Ob die Zuordnung der konkreten Person gleich zu Beginn erfolgt oder erst am Ende, ist dabei durch das System nicht festgelegt – beide Vorgehensweisen sind sinnvoll. Die Randbereiche dienen der Navigation und der Erfolgskontrolle; meist werden zu jeder Dispositionszeile diverse Kontenstände angezeigt.

Zusammenspiel mit der Planung

- Die Disposition baut auf den Ergebnissen der Dienstplanung auf. Doch auch hier kann es wieder zu Rücksprüngen und Zyklen im Prozess kommen. Wird ein `Dienst` nachträglich geändert, zu dem bereits `DiensteX` in der Personaldisposition zugeordnet wurden, so wäre es unzweckmäßig, diese Zuordnungen einfach alle zu löschen. Stattdessen benötigt man einen Mechanismus, über den `DiensteX`, deren Grundlage sich geändert hat, passend markiert werden[14]. Häufig sind Änderungen nicht so gravierend, dass die Disposition deswegen verändert werden müsste. Erkennt der Disponent dies, so sollte er diese Änderungen mit einer einfachen Aktion übernehmen können. Natürlich kann es sein, dass er den Fahrer informieren muss, etwa wenn der geänderte Dienst zu einer anderen Uhrzeit beginnt.

Arbeitsebenen (Planungsebenen)

- Die Arbeitsprozesse innerhalb der Disposition sind strukturell ähnlich, unterscheiden sich jedoch in der Granularität der Betrachtung (Schichtlagen vs. konkrete Dienste X) und der Zeitachse (Jahresübersicht vs. Wochenvorschau und Tag X). Ein Dispositionssystem sollte die einzelnen Prozessschritte (vgl. Abb. 7-1) begleiten und voneinander abgrenzen, dabei aber eine einheitliche Bedienphilosophie verwenden. Das Konzept dazu sieht in der Regel so aus, dass mehrere *Arbeitsebenen* definiert werden, deren Datenbestände voneinander abgegrenzt sind. Beim Wechsel von einer Ebene in die nächste findet ein Freigabeakt statt; in der nächsten Ebene sind die Daten früherer Ebenen zwar noch sichtbar[15], aber nicht mehr (oder nur mit bestimmten Folgewirkungen) änderbar. Übliche Arbeitsebenen sind:

  - **Langfristebene** (Schichtlagenplan, Personaleinsatzplan)
  - **Sollebene** (= die Dispositionsebene im engeren Sinn)
  - **Istebene** (am Tag X und danach)
  - optional: separate **Abwesenheitsplanung**
  - optional: **Wunschebene** (unterschiedlicher Granularität)
  - optional: **Betriebsratinformation**, »**eingefrorene Stände**«

Konflikte zwischen Arbeitsebenen

- Wenn man Arbeitsebenen benutzt, deren Inhalte parallel entstehen und die in der nachfolgenden Ebene zusammengeführt werden müssen (z. B. Abwesenheiten, Wünsche und Schichtreihenfolgen), so muss ein Verfahren für die Lösung von Konflikten definiert werden – beispielsweise könnte man festlegen, dass die Abwesenheitsplanung in den Schichtfolgen zugeteilte Dienst-

14. Das Prinzip aus Abb. 6-21 lässt sich hier sinngemäß übertragen.
15. Das heißt, man blendet Arbeitsebenen in den Dispositionszeilen wahlweise ein und aus.

tage automatisch verdrängt, dass Konflikte mit Wünschen jedoch nur angezeigt werden, ohne eine maschinelle Aktion auszulösen.

Kommunikation von Entscheidungen

- Nachdem ein `DienstX` einem `Mitarbeiter` zugeordnet wurde, muss der Fahrer informiert werden. Oft möchte ein Disponent Entscheidungen jedoch nochmals überdenken. Er muss daher die Möglichkeit haben, Entscheidungen als vorläufig zu kennzeichnen bzw. sie explizit zur Kommunikation freizugeben. Sogar nach einer Freigabe muss er noch in der Lage sein, Änderungen hinterherzuschieben. Ein gutes Dispo-System kann überwachen, ob eine freigegebene Information bereits abgerufen wurde – d. h. ob der betroffene Mitarbeiter seinen Dienstplan bereits abgerufen hat – und ggf. vereinfachte Änderungsverfahren anbieten[16].

Zustellung des Dienstplans, Erfassung von Wünschen

- Der klassische Mitteilungsweg ist der Dienstdruck, der im Postfach des Fahrers im Betriebshof hinterlegt wird. Immer häufiger trifft man aber auch andere Wege: Im Pausenraum steht möglicherweise ein Terminal (»elektronischer Kiosk«), an dem Pläne abgerufen und ausgedruckt werden können. Oder der Plan wird dem Fahrer per Mail (mit Lesebestätigung) übermittelt. Interessant ist auch die Überlegung, den Dienstplan elektronisch so aufzubereiten, dass Fahrer mögliche Partner für einen Diensttausch besonders einfach finden können (Groupware-Lösungen). Auch Webinterfaces zur Wunscherfassung und zum Abruf des Dienstplans sind mehr und mehr verbreitet.

7.1.4 Automatische Disposition und Optimierung

Disponenten befinden sich im Spannungsfeld zwischen schematischer Gleichverteilung, dem Eingehen auf Wünsche und diversen Kostenfaktoren aus Unternehmenssicht. Für eine maschinelle Optimierung kommen exakte Verfahren in Betracht, aber auch empirische Heuristiken, die meist auf gesteuerten Tauschverfahren mit einer gewissen Zufallskomponente beruhen.

Kriterien für Zielfunktionen

Egal, welches Verfahren man benutzt – es ergibt sich immer die Notwendigkeit, »gute« von »weniger guten« Dienstzuteilungen maschinell unterscheiden zu können. Typische Einflussfaktoren, die oft miteinander im Zielkonflikt stehen, sind:

- Minimierung der insgesamt zu zahlenden Lohnzuschläge
- Gleichmäßiger Einsatz aller Mitarbeiter (Verteilungsgerechtigkeit)
- Unterschiedliche Attraktivität bestimmter Dienste (unbeliebte Gegenden)
- Abbau von Überstunden, Vermeidung von Minusstunden (beides verursacht Zusatzkosten)
- Ungewöhnliche Dienstlängen (5 Stunden, 10 Stunden) ausbalancieren
- Einsatz der Fahrer auf wechselnden Strecken und Fahrzeugtypen (Qualifikationserhalt, Eisenbahn-Betriebsordnung)
- Fahrerwünsche berücksichtigen; evtl. sogar mit einem Punktesystem, über das Fahrer die Gewichtung ihrer Wünsche nachvollziehbar steuern können

16. ... ähnlich wie Mail-Systeme versandte Nachrichten als ungültig kennzeichnen können, noch bevor sie vom Empfänger gelesen wurden.

- Spezialregeln für Kopplungen zwischen Mitarbeitern (Lebenspartnerschaften, Fahrgemeinschaften): synchrone Dienste oder komplementäre Dienste zuteilen
- Arbeitsvertragliche Regeln und persönliche Einschränkungen berücksichtigen (z. B. Alleinerziehende)
- Akzeptanz der Dispo-Ergebnisse durch Arbeitnehmervertreter im Betriebsrat
- Einfachheit und Transparenz der Bewertungsmaßstäbe – je komplizierter die Regeln werden, desto eher wirkt auch ein maschinell erzeugtes Ergebnis wieder »willkürlich«

Optimierungsverfahren müssen alle diese Einflussfaktoren in einer Zielfunktion über einstellbare Gewichtungen berücksichtigen. Diese Gewichtungsparameter einzustellen, ist nicht leicht.

Zusammenspiel Disponent – System

Es gelingt meist nur über mehrere Iterationsschritte, bei denen immer wieder ein maschineller Lösungsvorschlag erzeugt und untersucht wird. Gelingt es dem Disponenten, den maschinellen Plan manuell so abzuändern, dass ein besserer Plan entsteht, so muss man die Zielfunktion so lange anpassen, bis dieser veränderte Plan auch aus Sicht des Optimierungsverfahrens als besser angesehen wird. Ist die angestrebte Kongruenz zwischen menschlicher Präferenzordnung und Zielfunktionswerten erreicht, so muss man natürlich noch durch geeignete Verfahren dafür sorgen, dass die bessere Lösung vom System auch wirklich selbstständig gefunden wird.

Regelkonformität

Die Zielfunktion bewertet, wie gut ein Ergebnis ist. Natürlich wird unterstellt, dass das Ergebnis aus Sicht der verschiedenen Regelwerke überhaupt zulässig ist. Ein Schwarz-Weiß-Maßstab reicht dabei nicht immer aus: Menschen interpretieren Regeln oft flexibler als Maschinen. Nur wenn das Optimierungsverfahren lernt, nicht zu »sklavisch« und zu pedantisch zu sein, ist es eine echte Arbeitshilfe und ein ebenbürtiger Partner für den Disponenten. Praktische Fälle zeigen, dass dieser Zustand durchaus erreichbar ist – allerdings nicht auf Anhieb.

Effizienz

Da maschinelle Verfahren meist sehr viele Lösungen durchrechnen und vergleichen, um zu einem (guten) Ergebnis zu kommen, müssen sie hinreichend effizient sein. Jede Lohnregel, jede Lenkzeitbeschränkung, Pausenregel und Ruhezeitvorschrift muss bei jedem Verfahrensschritt betrachtet werden. Da diese Regeln sehr vielfältig sind, werden sie meist interpretativ abgearbeitet und bremsen die Rechengeschwindigkeit. Man kann man heute davon ausgehen, dass ein Volumen von drei Arbeitstagen bei 250 Fahrern und 10–20 Regeln in etwa 20 Minuten Rechenzeit bewältigt werden kann. Dies ist für den praktischen Einsatz auch dann noch akzeptabel, wenn man mehrere Iterationsschritte durchführen möchte.

7.2 Fahrzeugdisposition

Ähnlich wie beim Personal grenzen wir Planung und Disposition durch den Bezug auf konkrete Objekte (hier: `Fahrzeuge`) ab. Wenn Fahrzeugumläufe auf einen konkreten Kalendertag projiziert werden, dann entsteht im ITVU-Modell aus einem `Umlauf` ein `UmlaufX`. Bei den meisten IT-Systemen schließt das Erzeugen der `UmläufeX` den Planungsprozess ab: Der *Typ* des Fahrzeugs ist dabei vom Planer vorgegeben, das *konkrete* Fahrzeug jedoch noch nicht.

Abgrenzung zur Planung

Die Nähe zum Tag X ist zwar ein charakteristisches Merkmal der Disposition, aber kein zwingendes: Eine Jahresübersicht mit Wartungsfenstern für die Grundsatzüberholungen bestimmter Fahrzeuge gehört inhaltlich zur Disposition – ähnlich wie der Urlaubsplan für die Mitarbeiter.

Nähe zum Tag X

Plant ein Verkehrsunternehmen seine Umläufe nicht nur tagesbezogen, sondern bildet es zeitliche Ketten, so wird aus der Planung heraus eine gesamte Umlaufkette mit konkretem Kalenderbezug an die Disposition übergeben. Umlaufketten werden mit dem Ziel erstellt, dass alle Umläufe einer Kette von dem auszuwählenden Fahrzeug hintereinander erbracht werden. Weicht der Disponent hiervon ab, so muss er bedenken, dass die nächtlichen Fahrzeugabstellungen einer Kette an unterschiedlichen Orten vorgesehen sein können. Er muss also immer den gesamten Laufweg der Fahrzeuge im Auge behalten, nicht nur die einzelnen Umläufe. Auch die Abstellvorgänge selbst können problematisch sein (Kapazität von Abstellanlagen, Rangierfahrten im Schienenverkehr).

Umlaufketten, Abstellvorgänge

7.2.1 Arbeitsprozesse

Der Fahrzeugdisponent entscheidet über den Einsatz der Fahrzeuge und damit über ihren Laufplan, kümmert sich um die Abstellung, dokumentiert die erbrachte Fahrleistung und arbeitet mit der Leitstelle zusammen. Außerdem sorgt er für die regelmäßige Wartung, überwacht den Fahrzeugzustand und entscheidet über bestimmte Fristarbeiten (Waschen, Reinigen) nach Bedarf[17]. Abbildung 7-6 soll uns als Übersicht für die nachfolgenden Ausführungen dienen.

Die primäre Aufgabe des Fahrzeugdisponenten ist es, jeden Fahrauftrag (Umlauf, Umlaufkette) mit einem geeigneten Fahrzeug zu besetzen. In den Übersichtskapiteln am Anfang des Buchs haben wir dargestellt, dass die Sicht des Planers und die Sicht des Disponenten auf Fahrzeugtypen voneinander abweichen können[18]. Letztlich betrachten zwar beide bestimmte Attribute wie Kapazität (Sitzplätze, Stehplätze), Komfort (Beförderungsklasse), technische Eigenschaften (Bauhöhe, Kurvenradius, Reichweite, Motorisierung) oder andere Ausstattungsmerkmale (Fahrradmitnahme, Werbeaufschriften, Einrichtungen für Behinderte). Jedoch bilden Planer und Disponent unterschiedliche Klassifikationsschemata (`FahrzeugTypPlanung` bzw. `FahrzeugTypOperations`), die vermeiden sollen, dass der Planer eine Überspezifikation vornimmt und die Freiheitsgrade des Disponenten unnötig einengt.

Zuordnung von Fahrzeugen

17. Je nach Betriebsgröße liegt die Wartungsplanung auch in der Hand einer eigenen, zentralen Werkstattabteilung, insbesondere für die größeren Fristarbeiten.
18. Vergleiche Abschnitt 4.6, Seite 88 ff.

Abb. 7-6 Arbeitsprozesse der Fahrzeugdisposition

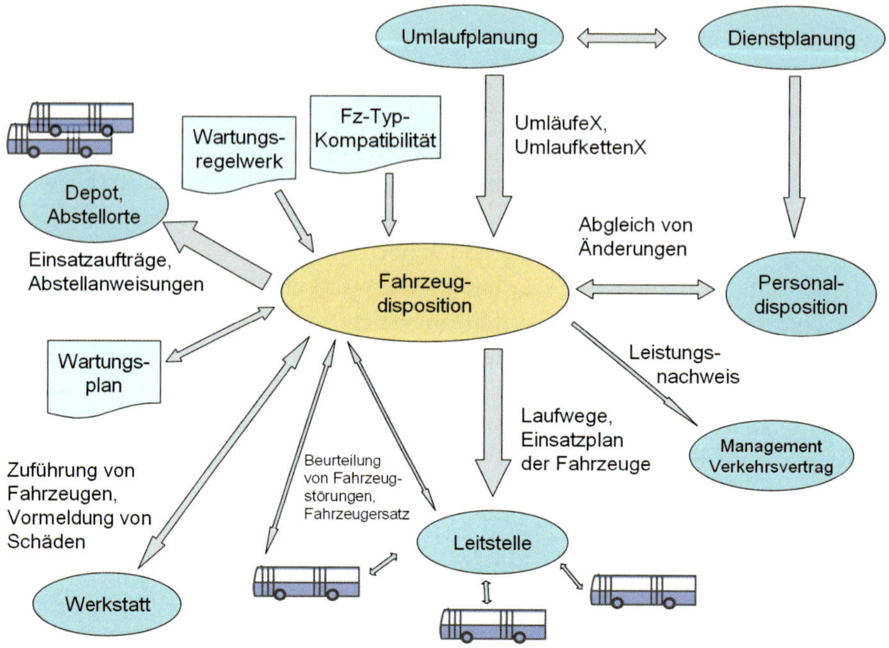

Gekoppelte Fahrzeugeinheiten

Im ÖPV werden Einzelfahrzeuge (Busse, Fähren) und gekoppelte Verbände von Fahrzeugen eingesetzt (Straßenbahnen, U- und S-Bahnen, Reisezüge). Ein Verband ist eine selbst fahrende Einheit, bei der man unterstellt, dass sie während eines Umlaufs nicht aufgelöst wird[19]. Der Disponent behandelt solche fest gekoppelten Einheiten für den Zweck der Fahrzeugzuordnung als ein Ganzes. Ersetzungsregeln für Typkompatibilität (`TM-TypZuordnung`) sind auch auf Fahrzeugverbände anwendbar – so mag beispielsweise eine Regel besagen, dass drei Reisezugwagen unter dem Gesichtspunkt der Fahrgastkapazität auch anstelle von zwei Doppelstockwagen eingesetzt werden können. Allerdings werden sich Gewicht und Länge eines Zuges unterscheiden, je nachdem, welche Variante der Disponent auswählt. Ohne sein Expertenwissen geht es nicht[20].

Umlaufkopplung

Besonders im Bahnverkehr kommt es vor, dass Fahrzeuge mehrfach den Zugverband wechseln. Soll dies unterwegs passieren, so muss man für jedes Fahrzeug bereits in der Planung einen eigenen `Umlauf` (bzw. eine eigene, mehrtägige `UmlaufVerkettung`) erstellen; während die Fahrzeuge in einem dynamisch gebildeten Verband fahren, sind aus Modellsicht die betreffenden `UmläufeX` gekoppelt; danach setzen die Fahrzeuge ihre (unterschiedlichen) `UmläufeX` einzeln oder in anderen Verbänden fort.

Kapazitätsvorschau in der Planung

Natürlich will man bereits bei der Planung sicherstellen, dass die Zuordnungsaufgabe für den Disponenten überhaupt lösbar sein wird. Zu diesem Zweck spielen Softwaremodule aus Disposition und Planung zusammen: Bei der Zuwei-

19. Andernfalls ergeben sich für Softwaresysteme und Disponenten eine Reihe unübersichtlicher Konstellationen, da Fahrzeuge unterschiedlichen Typs während eines Umlaufs quasi aus dem »Nichts« auftauchen bzw. verschwinden.
20. Im konkreten Beispiel könnte ein Dispositionssystem die Bahnsteiglängen, Streckenneigungen, Kurvenradien und Bremshundertstel überwachen.

sung von Fahrzeugtypen in der Fahr- und Umlaufplanung wird parallel geprüft, ob es im Fahrzeugpark eine entsprechende Anzahl geeigneter Fahrzeuge gibt. Solche Prüfungen können allerdings immer nur statistische Annahmen über die tatsächliche Einsatzfähigkeit der Fahrzeuge treffen. Im Einzelfall kommt es daher durchaus vor, dass der Disponent kein geeignetes Fahrzeug frei hat.

Typkompatibilität

Er greift dann auf Fahrzeuge zurück, die bei strenger Betrachtung nicht alle Kriterien der Fahrzeugkompatibilität (`TM-TypZuordnung`) erfüllen. Er unterscheidet bei der Auswahl »weiche« von »harten« Kriterien. Letztere wird er nur in den seltensten Fällen antasten, da sie obligatorisch sind bzw. bei einer Verletzung Folgeänderungen nach sich ziehen würden, wie etwa eine Änderung des Fahrwegs: Auf einer Strecke ohne Oberleitung kann man keine E-Lok einsetzen, Gelenkbusse können nicht um enge Kurven fahren. Steht hingegen kein Wagen zur Fahrradmitnahme zur Verfügung, so ist das zwar eine ärgerliche Einschränkung für die Fahrgäste – aber man wird einen Zug deswegen sicher nicht ganz ausfallen lassen.

Abstimmung mir der Personaldisposition

Wenn der Fahrzeugdisponent einen anderen Fahrzeugtyp einsetzen will, als laut Umlaufplan vorgesehen ist, dann muss er sich mit dem Personaldisponenten abstimmen – es könnte sein, dass für den anderen Fahrzeugtyp Qualifikationen benötigt werden, die der eigentlich vorgesehene Fahrer nicht besitzt. Integrierte Softwaresysteme können entsprechende Prüfungen auch automatisch erledigen oder sogar dem Fahrzeugdisponenten von vornherein alternativ auswählbare Fahrzeugtypen zusammen mit dem Hinweis anzeigen, ob ihre Auswahl eine Rückwirkung auf die Personaleinsatzplanung hätte.

Fahrzeugeinsatzpläne: Gleichmäßigkeit

Ähnlich wie der Personaldisponent das gesamte Zuordnungsproblem durch die Bildung von Turnusgruppen in kleinere Teile zerlegt, stellt der Fahrzeugdisponent Gruppen von Fahrzeugen zu sogenannten Fahrzeugeinsatzplänen zusammen. Die Fahrzeuge eines Einsatzplans erbringen gemeinsam eine bestimmte Menge von Umläufen, die durch Linien- oder Zugnummern abgegrenzt wird. Ähnlich wie bei den Mitarbeitern werden auch hier zyklische Schemata angewandt, um – im längerfristigen Durchschnitt – für eine gleichmäßige Fahrleistung aller Fahrzeuge eines Einsatzplans zu sorgen. Mit diesem Vorgehen erreicht man, dass die Flotte gleichmäßig altert; achtet man zusätzlich auf einen passenden anfänglichen Versatz der Kilometerleistungen der Fahrzeuge eines Einsatzplans, so werden sich auch die Wartungsarbeiten annähernd gleichmäßig über die Zeit verteilen.

Fahrzeugeinsatzpläne: Ungleichmäßigkeit

Will man keine gleichmäßige Durchmischung, sondern sollen beispielsweise bestimmte Fahrzeuge ausschließlich im Pendelverkehr auf einer festen Strecke eingesetzt werden, so bildet man genau dafür einen zusätzlichen, separaten Einsatzplan. Im Schienenverkehr wird man bei einem solchen Pendelverkehr darauf achten, gelegentlich aus dem starren Rhythmus auszubrechen und eine Strecke einbeziehen, die an einer Werkstatt vorbeiführt (»Wechselumläufe«). Andernfalls würde die Zuführung der pendelnden Fahrzeuge zur Werkstatt eine Leerfahrt mit gesonderter Trasse erfordern.

Reservefahrzeuge

Beim Personal definiert man Verfüger- und Bereitschaftsdienste, um auf den Störfall vorbereitet zu sein. Ähnlich ist es bei Fahrzeugen. Sie sind – sofern sie technisch einsatzbereit sind – zwar sehr kurzfristig abrufbar, doch nützt dies wenig, wenn sie am falschen Ort stehen. Man achtet bei der Disposition von Fahrzeugreserven besonders darauf, sie möglichst bedarfsgerecht über die Abstellorte zu verteilen. Statistisches Erfahrungswissen (vgl. Kap. 11) hilft bei der Abschätzung, wie häufig an einem bestimmten Ort voraussichtlich Ersatzfahrzeuge benötigt werden. Es geht dabei nicht nur um die reine Stückzahl, sondern auch um den passenden Fahrzeugtyp und um die Wartungszyklen: Ein Fahrzeug, das nur noch 400 km bis zur nächsten Inspektion hat, ist als Reserve ungeeignet.

Umläufe verketten

Während es beim Personal allgemein üblich ist, mehrtägige Dienstfolgen im Vorhinein zu entwerfen, ist die Planung von Umlauffolgen nicht so weit verbreitet[21]. Die Umlaufreihenfolge bzw. der *Laufplan* eines Fahrzeugs ergibt sich dann erst implizit bei der Disposition durch die Zuordnung mehrerer, zeitlich nacheinander liegender Umläufe. Beginnen und enden diese Umläufe alle am selben Ort, so hat man keine weiteren Einschränkungen. Andernfalls muss die örtliche Balance[22] gewahrt werden, denn Überführungsfahrten mit leeren Fahrzeugen sollen vermieden werden.

Kuppelvorgänge

Bei Fahrzeugverbänden wird man zusätzlich versuchen, eine am Abend abgestellte Fahrzeuggruppe beim nächsten Einsatz weiter zu verwenden. Sollte dies nicht möglich sein, so entstehen als Ergebnis der Disposition auch Anweisungen zur Kupplung von Fahrzeugen.

Nehmen wir an, ein S-Bahn-Betrieb setzt kurze, normale (mittlere) und lange Züge ein, die aus ein, zwei bzw. drei Fahrzeugeinheiten bestehen. Im späten Abendverkehr verkehren kurze Züge zum Endbahnhof und werden dort in der Nachtpause für einige Stunden abgestellt. Der erste morgendliche Zug soll mittlere Länge haben und wird aus zwei Kurzzügen gebildet. Das Kuppeln kann bereits bei der Abstellung erfolgen. Das Abstellgleis wird so gewählt, dass der Zug morgens ohne großes Rangieren seine Fahrt antreten kann.

Beim Bilden und Auflösen von Verbänden behält der Disponent die Inspektionsfristen der einzelnen Einheiten im Auge. Ideal wäre es, wenn der Normalzug aus unserem Beispiel längere Zeit zusammenbleiben kann und die nächsten Fristarbeiten (Waschen, Reinigen, Wartung) für beide Fahrzeugeinheiten gemeinsam fällig wären.

Abstellvorgänge

Aus dem Laufplan eines Fahrzeugs ist ableitbar, wann es wo eingesetzt werden soll. Diese Information benutzt man, um bereits am Ende des Vorgängerumlaufs den genauen Abstellplatz festzulegen. Der Hintergrund ist, dass Abstellanlagen oft ziemlich weitläufig sind oder umgekehrt bestimmte Engpässe aufweisen. Stehen etwa Busse in mehreren parallelen Spuren in einer langen Halle, so kommt man immer nur an das vorderste Fahrzeug einer Spur einfach heran. Manche Verkehrsbetriebe behelfen sich mit einer Heuristik (»Die Busse für den Schülerverkehr landen immer in der Abstellspur ganz links«), andere planen die Abstellung und die nachfolgende Entnahme jedes Fahrzeugs exakt durch. Bei

21. Verkehrsbetriebe mit ausgeprägtem Tagesgeschäft und großen Depots verzichten meist auf die planerische Verkettung von Umläufen.
22. Der Fachmann spricht von einer ausgeglichenen »Betriebshofwechselmatrix«.

Schienenfahrzeugen muss man die Längen von Gleisabschnitten beachten, insbesondere wenn gekuppelte Fahrzeugverbände als Ganzes abgestellt werden sollen. Bei der Außenabstellung von Fahrzeugen, etwa auf kleinen Bahnhöfen, ist die Kapazität mitunter eng begrenzt[23]. Bei großen Depots steht die Optimierung der Gleisbelegung im Vordergrund – es gilt, Rangiervorgänge innerhalb des Depots zu vermeiden.

Betriebshofmanagement

Große Stadtverkehrsbetriebe besitzen spezielle IT-Systeme für die Steuerung der technischen Vorgänge im Betriebshof. Jedes Fahrzeug wird bei der Einfahrt ins Depot registriert (oder meldet sich via Datenfunk selbstständig). Die Zuweisung zur Waschstraße und zum Tanken erfolgt auf Basis einer automatisierten Priorisierung und Belegungsplanung. Der optimale Abstellplatz wird ermittelt und dem Fahrer automatisch angezeigt; der Fahrweg zum Abstellplatz wird ermittelt und elektronisch gesteuert (Weichen, Schranken, Tore). Manchmal ist die Perfektion nicht ganz so groß – im Extremfall stellt der Fahrer das Fahrzeug dort ab, wo er gerade einen Platz findet. Eventuell kann das Fahrzeug selbst den ungefähren Abstellort ermitteln und an den Disponenten übertragen.[24]

Zusammenspiel mit dem Leitsystem

Bisher haben wir vor allem die Arbeitsschritte im Vorfeld des eigentlichen Fahrzeugeinsatzes betrachtet. Zur Steuerung des Fahrbetriebs gibt es in vielen Verkehrsbetrieben eine spezielle Leitstelle (vgl. Kap. 8). Manchmal ist der Fahrzeugdisponent in Personalunion Mitarbeiter der Leitstelle; auf jeden Fall hat er engen Kontakt zu ihr.

Fahrzeuganmeldung

Reicht die Überwachung durch die Leitstelle bis in die Einsetzfahrt hinein, so bekommt sie unter Umständen schon das erste automatische Signal von einem Fahrzeug, sobald die Zündung eingeschaltet wird[25]. Manchmal meldet sich ein Fahrzeug bzw. der Fahrer über seinen Bordrechner jedoch erst bei der Leitstelle an, wenn er den Ausgangspunkt seines Umlaufs erreicht hat, bzw. wenn er Rangiervorgänge beendet hat, für die die Hoheit beim örtlichen Bahnhof liegt. Das Leitsystem ist mit der Fahrzeugdisposition gekoppelt und stellt sicher, dass ein Fahrzeug den richtigen Umlauf antritt.

Verfolgung und Störungserkennung

Der Fahrzeugdisponent ist im Idealfall in die Betriebsleitstelle eingebunden. So kann er auch während des Fahrzeugeinsatzes jederzeit den Standort mitverfolgen und eventuelle Verspätungen erkennen, die sich beispielsweise auf die geplante Zuführung zur Werkstatt auswirken. Immer häufiger können Fahrzeuge Defekte selbst erkennen und elektronisch vormelden. Außerdem bietet der Bordrechner dem Fahrer einen Dialog, um Auffälligkeiten (technische Störungen, starke Verschmutzung, Schäden) mitzuteilen. Bei Zügen kann so das passende Ersatzteil bereits an den richtigen Gleisabschnitt im Betriebswerk gebracht werden, noch lange bevor das Fahrzeug dort eintrifft.

23. Notfalls müssen Leerfahrten zu geeigneten Abstellmöglichkeiten bei der Verkettung von Umläufen hinzugefügt werden.
24. In überdachten Hallen funktioniert GPS allerdings meist nicht.
25. Die Eisenbahner mögen uns diese Formulierung nachsehen – sie sprechen vom Auf- und Abrüsten eines Triebfahrzeugs.

Einsatzbeschränkungen

Der Disponent beurteilt Schäden, die während des Einsatzes auftreten, und stimmt die daraus folgenden Einsatzbeschränkungen (z. B. reduzierte Höchstgeschwindigkeit) mit der Leitstelle ab.

Spontane Ein- und Aussetzfahrten

Muss ein Fahrzeug »auf Strecke« abgelöst werden, so plant der Fahrzeugdisponent den Fahrweg zum Einsatzort und übergibt einen entsprechenden Fahrauftrag an das Leitsystem.

Fristarbeiten

Neben der Fahrzeugzuordnung und der Mitwirkung bei der Überwachung der Fahrzeuge im Einsatz ist die wichtigste Kernfunktion der Fahrzeugdisposition – in Zusammenarbeit mit der Werkstattleitung – die **Überwachung der Instandhaltung der Fahrzeuge**. Das Spektrum reicht von der Innenreinigung über das Waschen und Tanken der Fahrzeuge bis zu Werkstattarbeiten aller Art. Termine für Instandhaltungsaktionen ergeben sich auf unterschiedliche Art:

- durch schlichten Zeitablauf (Beispiel: TÜV)
- durch die Betriebsdauer, also die Anzahl der Betriebsstunden; insbesondere Schienenfahrzeuge protokollieren ihre Einsatzzeiten oft über einen eingebauten Betriebsstundenzähler
- durch die Laufleistung (alle 10.000 km) – sie ist letztlich ein Indikator für den erwarteten Verschleiß
- durch Einsatzart und externe Zusatzfaktoren: Waschzyklen und Reinigung unterscheiden sich möglicherweise je nach Wetter, Jahreszeit oder Strecke; wenn tagsüber Licht und Standheizung laufen, muss man jede Nacht die Batterien nachladen
- durch eine Kombination aus den genannten Kriterien (»nach 30.000 km, jedoch spätestens nach 6 Monaten«)
- durch frei planbare Entscheidung – ein Beispiel dafür wäre eine technische Umrüstaktion, die den Komfort verbessert oder den Verbrauch senkt

Fristhierarchien

Wartungsarbeiten werden auf der Grundlage eines zyklischen Schemas ausgeführt, das für jeden `FahrzeugTyp` langfristig festgelegt wird. Dabei stehen »kleinere« und »größere« Wartungsarbeiten zueinander oft in einem hierarchischen Verhältnis. Unser Beispiel in Abbildung 7-7 zeigt drei verschiedene Arten von Arbeiten: A (alle 10.000 km), B (alle 20.000 km), C (alle 50.000 km). Wir nehmen an, dass der Arbeitsumfang von »A« in »B« und »C« mit enthalten ist, »B« jedoch nicht in »C«. »A« und »B« mögen kleinere Arbeiten darstellen, während »C« eine große und teure Inspektion sei.

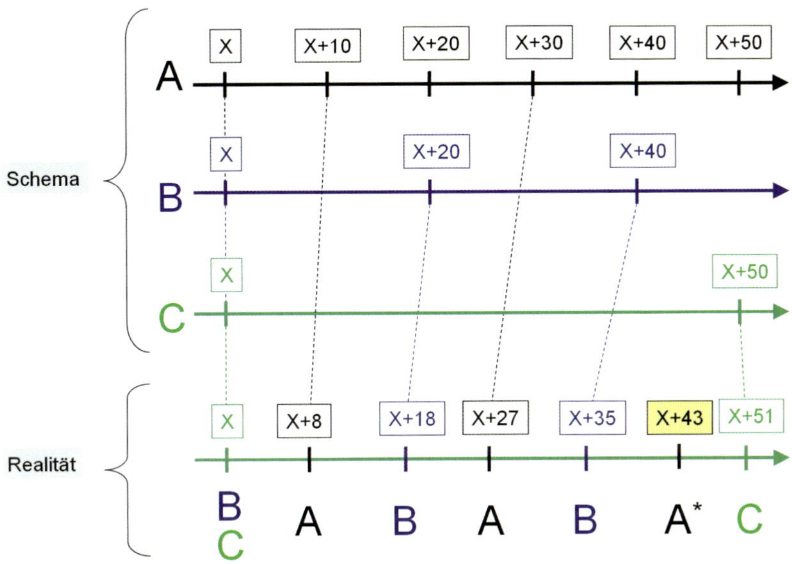

Abb. 7-7
Hierarchie von Fristarbeiten

Ausnutzung von Limits

Zum Zeitpunkt ***x*** wurden alle Arbeiten gemeinsam ausgeführt (A ist implizit in C enthalten) – das war wirtschaftlich besonders günstig. Der nächste A-Check fand nach 8.000 km statt. Da die Fristregelung auf relativen Zeitabständen beruht, musste der folgende B-Check spätestens nach 18.000 km ausgeführt werden. In der Folge wurden die Fristen nicht vollständig ausgeschöpft, so dass der aufwendige C-Check bereits nach 45.000 km anstand. Der Disponent hat sich entschlossen, eine zusätzliche A-Inspektion einzuschieben; so kann er den C-Check unter Ausnutzung der Toleranzgrenze auf 51.000 km hinausschieben. Generell ist der Disponent aus Effizienzgründen daran interessiert, Fristen möglichst gut auszunutzen.

Kontenführung

Damit der Disponent den Überblick behält, wird für jedes relevante Kriterium pro Fahrzeug ein Konto geführt[26] (analog zur Personaldisposition). Fristhierarchien und kombinierte Kriterien schlagen sich in Verknüpfungen zwischen den Konten nieder. Einstellbare Schwellwerte weisen den Disponenten darauf hin, wenn eine Fristarbeit näherrückt. Zweckmäßig ist es, wenn IT-Systeme ihm permanent die *Restnutzungsdauer* bis zum Erreichen des Schwellenwertes zeigen. So kann er am einfachsten entscheiden, ob er einem Fahrzeug eine bestimmte Tour noch zuordnen kann oder nicht. Meist gibt es auch – wie im Beispiel erwähnt – eine Toleranzgrenze für die Überziehung eines Kontos, die zwar nicht grundsätzlich, aber doch von Fall zu Fall auch in Anspruch genommen wird. Die Fortschreibungsregeln der Konten können situationsbedingte Einflüsse berücksichtigen, wie z. B. eine sinkende Reichweite, wenn zusätzlicher Kraftstoff für Standheizung oder Klimaanlage verbraucht wird oder wenn die Strecke sehr bergig ist.

Lebenslauf des Fahrzeugs

Fristen müssen auch beim Leihen und Verleihen von Fahrzeugen fortgeschrieben werden, etwa wenn Reisezugwagen für eine gewisse Zeit im Ausland kursieren; hier stellt sich die Frage nach einer Vernetzung der Werkstattsysteme bzw. nach einer elektronischen Fahrzeugakte (»Patientenkarte«), damit durchgeführte Arbeiten nicht nur in Papierform dokumentiert sind.

26. Auch hier ist wieder die Analogie zur Personaldisposition offensichtlich.

Schadensbehebung

Neben den planbaren Wartungsarbeiten muss sich der Disponent um spontane Störungen und Schäden kümmern; ist das Fahrzeug noch fahrbereit, kann es selbst (oder angehängt an einen Verband) einer Werkstatt zugeführt werden; andernfalls müssen Techniker zum Fahrzeug beordert werden oder es wird ein Abschleppvorgang erforderlich. Muss ein Fahrzeug ersetzt werden, so wählt der Disponent das Ersatzfahrzeug möglichst so aus, dass es einen ähnlichen Fortschrittsgrad auf der Fristenskala hat wie das ersetzte Fahrzeug, insbesondere wenn es Teil eines Verbandes wird.

Einsatzbeschränkung

Nicht jeder Schaden muss sofort repariert werden. Manche Schäden ziehen lediglich eine bestimmte **Einsatzbeschränkung** nach sich: Wenn bei einem Reisezugwagen eine Tür defekt ist, kann sie stillgelegt werden. Ist die defekte Tür auf der linken Seite, so wird man den Wagen auf Umläufen einsetzen, bei denen die Bahnsteige überwiegend auf der rechten Seite sind. Ist eine Abteiltüre defekt, so reduziert dies die Kapazität des Wagens, verhindert aber nicht seinen Einsatz. Das Umgehen mit Beeinträchtigungen hängt auch vom jeweiligen Umlauf ab. Sieht ein Umlauf beispielsweise vor, dass Fahrer und Fahrzeug an einem entfernten Ort über Nacht bleiben, so wird man das Fahrzeug am zweiten Tag der Umlaufkette auch mit gewissen Schäden noch einsetzen wollen, um es möglichst im Rahmen einer Nutzfahrt zurückzuholen und gleichzeitig den Dienstplan des Fahrers aufrechtzuerhalten.

Auslastung der Werkstatt

Zur Fristüberwachung gehört nicht nur die Sicht auf das Fahrzeug, sondern auch die Perspektive der Werkstatt, denn viele Verkehrsbetriebe betreiben ihre Werkstätten selbst. Eine Prognoserechnung kann auf drohende Fahrzeugknappheiten und Lastspitzen für die Werkstätten rechtzeitig hinweisen. Sie sollte neben dem hochgerechneten Wartungsvolumen auch saisonale Kapazitätsschwankungen und technische Engpässe der Werkstätten berücksichtigen.

Zuführung zur Werkstatt

Bei der Bildung von Laufplänen achtet der Disponent darauf, dass möglichst jedes Fahrzeug regelmäßig an einer Werkstatt vorbeikommt – insbesondere, wenn es nur eine einzige Zentralwerkstatt gibt. Im Abstellbereich bei der Werkstatt findet sich immer ein geeignetes Tauschfahrzeug, das das herauszuziehende Fahrzeug ersetzen kann.

Manche S-Bahnen bilden längere Ketten, bei denen die Fahrzeuge zyklisch den Abstellort wechseln – an einem dieser Orte befindet sich die Werkstatt.

Die S-Bahn München bildet zwei- bis dreitägige Umlaufketten, die in Steinhausen (Depot und Werkstatt) beginnen und enden. So ist es möglich, eine Verkehrsspitze mit 220 Zügen im Einsatz bei einem Bestand von 240 Garnituren zu erreichen.

Boxenstopp

Analog zur Ablösestelle für Fahrer fungiert der zentrale Betriebshof mit Werkstatt als Ablösepunkt für Fahrzeuge; man spricht auch von einem »Umlaufkettenbrechpunkt«. Ideal ist es, wenn ein solcher Punkt am Beginn oder Ende eines Umlaufs liegt. Manche Verkehrsbetriebe organisieren aber auch an einer Haltestelle mitten in einer Linie eine Art »Boxenstopp«; so kommt es beispielsweise gelegentlich vor, dass Fahrgäste aufgefordert werden, von einer S-Bahn in eine andere S-Bahn am gegenüberliegenden Gleis umzusteigen, damit der aktuelle Zug zur Wartung ins nahegelegene Depot fahren kann.

Leistungsnachweis

Ein drittes Aufgabengebiet des Disponenten (neben Fahrzeugzuteilung und Instandhaltungsmanagement) ist die **Abrechnung der erbrachten Fahrleistung** gegenüber dem Aufgabenträger[27]. Immer häufiger haben Verkehrsunternehmen eine lückenlose GPS-Überwachung jedes Fahrzeugs (vgl. Kap. 8). Dennoch gibt es im täglichen Betrieb den Fall, dass ein Fahrzeug an einer anderen Stelle auftaucht, als es laut System sein müsste. Softwaresysteme müssen über Korrekturfunktionen verfügen, um Ortsinkonsistenzen durch einen »Sprung« zu überbrücken. Auch bei theoretisch perfekten elektronischen Überwachungsverfahren können Aufzeichnungsfehler entstehen (defekte Bordrechner, Transponderausfälle, Softwarefehler). Dann muss nachgebessert werden, damit für die Abrechnung mit dem Aufgabenträger die Datengrundlage stimmt. Wird eine Fahrt mit einem falschen Fahrzeugtyp bedient (zu klein, fehlende Klimatisierung, falsche Fahrgastklasse), so kann dies zu Minderungen auf der Einnahmenseite führen – zum einen können Fahrgäste Preisminderung verlangen, zum andern behält sich der Aufgabenträger im Verkehrsvertrag meist ein entsprechendes Abzugsrecht vor.

7.2.2 Die Fahrzeugdisposition im ITVU-Klassenmodell

Große Teile der Grafik in Abbildung 7-8 sind bereits aus vorangegangenen Kapiteln bekannt. Wir fassen uns daher knapp.

Verbände

Im ÖPV werden Einzelfahrzeuge (Busse, Fähren) und gekoppelte Verbände von Fahrzeugen eingesetzt (Straßenbahnen, U- und S-Bahnen, Reisezüge). Im ITVU-Modell ist der `FahrzeugVerband` als Gruppe von `TransportMitteln` definiert, die in festgelegter `FahrzeugReihung` miteinander verbunden sind. Das `TransportMittel` dient als gemeinsame Elternklasse für `Fahrzeug` und `FahrzeugVerband`.

Fahrzeugtypen, Kompatibilität

Eine analoge Struktur findet sich auf der Ebene von *Fahrzeugtypen* in der Planung; zusätzlich werden dort noch zwei Perspektiven unterschieden: Planung und Disposition (»Operations«). `TM-TypZuordnung` stellt die Verbindung her, über `TM-TypKompatibilitätOperations` baut sich der Disponent eine Typisierungshierarchie für Fahrzeuge, die seinem Blickwinkel entgegenkommt.

Fristregeln

Das Regelwerk für Fristen schlägt sich in der Klasse `ServiceFrist` nieder; Hierarchien sind durch eine entsprechende Verknüpfung dargestellt. Für die fristbezogene Fortschreibung der Fahrzeugdaten werden Konten benutzt, die jedoch aus dem gleichen Grund wie bei der Personalseite im Modell nicht explizit dargestellt sind (vgl. Abschnitt 7.1.2).

27. Sie stellt eine gewisse Parallele zur Lohnabrechnung dar.

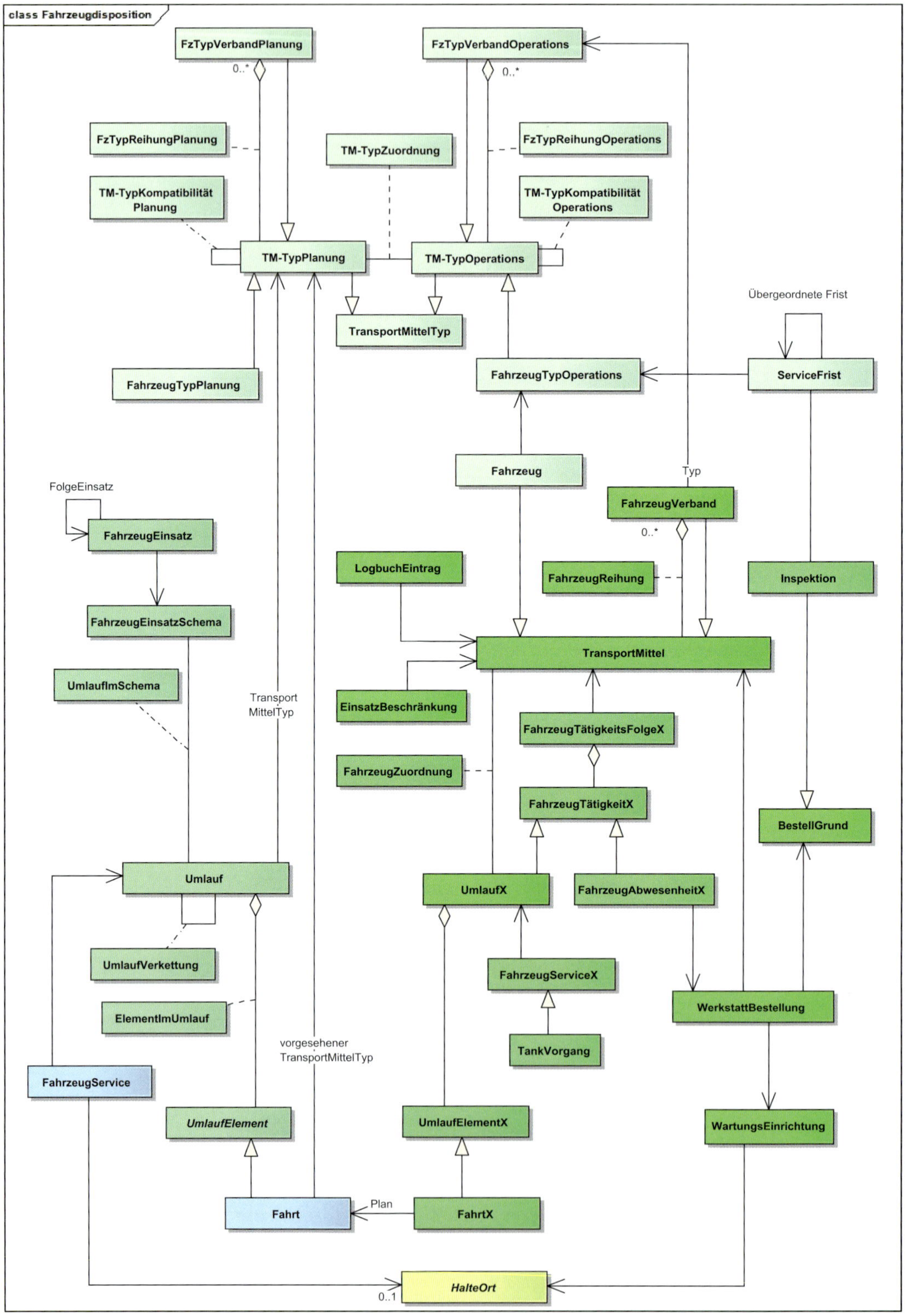

Abb. 7-8 ITVU-Klassenmodell: Fahrzeugdisposition

Wenn eine `ServiceFrist` für ein bestimmtes Fahrzeug (`TransportMittel`) fällig wird, so muss eine `Inspektion` durchgeführt werden. Das Fahrzeug wird dazu in die Werkstatt (`WartungsEinrichtung`) bestellt, d.h., es entsteht eine `WerkstattBestellung`, deren `BestellGrund` die Inspektion ist. Die `WerkstattBestellung` wiederum ist unter dem Gesichtspunkt der Einsatzplanbildung die Ursache für eine geplante `FahrzeugAbwesenheitX`.

`Inspektion` und `Werkstattbestellung`

`BestellGründe` kategorisieren Werkstattarbeiten; sie decken nicht nur planbare Inspektionen ab, sondern klassifizieren auch Schäden[28]. Die Historie von Wartungen und Schadensbehebungen lässt sich zwar aus den einzelnen `WerkstattBestellungen` und ihren Gründen rekonstruieren, doch in der Praxis ist es sehr zweckmäßig, wenn jedes Fahrzeug selbst ein Logbuch zur Dokumentation besitzt. In den `LogbuchEinträgen` sind neben Werkstattarbeiten auch Wascharbeiten, Reinigungen und `TankVorgänge` erfasst.[29]

`BestellGrund`, Fahrzeug-Logbuch

Als Folge eines noch nicht behobenen Schadens kann der Fahrzeugdisponent bzw. die Werkstatt `EinsatzBeschränkungen` für ein `TransportMittel` verhängen. Bei detaillierter Modellierung wird man hier Attribute mit fester Semantik vorsehen (wie etwa eine reduzierte Höchstgeschwindigkeit), die maschinell mit den Anforderungen von `UmläufenX` abgeglichen werden können. Auf jeden Fall braucht man aber auch freie textuelle Beschreibungen.

`EinsatzBeschränkung`

Für das Management von Werkstätten existieren separate Modelle und IT-Lösungen, die nicht spezifisch für den ÖPV sind. Wir beschränken unsere Sicht auf die Zuführung und das Abholen von Fahrzeugen; damit dafür der Fahrweg geplant werden kann, ist jeder Werkstatt (`WartungsEinrichtung`) ein *technischer Betriebspunkt* zugeordnet, also ein `HalteOrt` ohne Fahrgastwechselmöglichkeit.

Werkstatt

Das Konzept der `FahrzeugAbwesenheitX` deckt nicht nur Werkstattaufenthalte ab – man denke etwa an Verleihvorgänge von Fahrzeugen. Letztlich ordnet der Fahrzeugdisponent bei der Bildung von Laufplänen abstrakte *Tätigkeitsblöcke* von Fahrzeugen auf der Zeitachse an (die `FahrzeugTätigkeitenX`), wobei es egal ist, ob das Fahrzeug im Einsatz (`UmlaufX`) oder in der Wartung ist. Die Modellierung ist hier vollkommen analog zur `MitarbeiterTätigkeitX` auf der Personalseite.

`FahrzeugTätigkeiten`

Damit Tätigkeitsfolgen auch unabhängig von der Bindung an ein Fahrzeug existieren können, gibt es im Modell die `FahrzeugTätigkeitsFolgeX`[30]. Hat ein Verkehrsbetrieb im Rahmen der Umlaufplanung bereits `UmlaufVerkettungen` gebildet, so landen diese nach der Projektion auf das konkrete Kalenderdatum bereits zu Beginn des Dispositionsvorgangs in der Klasse `FahrzeugTätigkeitsFolgeX`.

Tätigkeitsfolgen, Umlaufverkettung

»Fahrzeugservice« klingt in der Alltagssprache ganz ähnlich wie »Inspektion«. Im ITVU-Modell gibt es jedoch einen wichtigen Unterschied: Während die `Inspektion` als längerer Tätigkeitsblock (vergleichbar mit einem ganzen `UmlaufX`) aufgefasst wird, in dem das Fahrzeug nicht verfügbar ist, hängt der

Fahrzeugservice

28. Die Parallele in der Personaldisposition sind die `Abwesenheitsgründe`.
29. Bei strenger Betrachtung könnte man diese Klasse `LogbuchEintrag` auch weglassen, da sie algorithmisch redundant zu anderen Klassen ist.
30. Strenggenommen ist die Beziehung zum `TransportMittel` daher optional, doch nach Abschluss des Dispositionsvorgangs muss die Beziehung hergestellt sein.

`FahrzeugServiceX` eng mit dem `UmlaufX` zusammen. Denn es handelt sich dabei um relativ kurze Arbeiten, die planerisch von vornherein mit in den Umlauf integriert werden sollen. Das Extrembeispiel wäre ein Reinigungsvorgang, der während der Fahrt stattfindet; ein typisches Beispiel ist ein Tankvorgang oder die Fahrt durch eine Waschanlage. Hier möchte man den größten Teil des Wegs zur Waschanlage als Fahrgastfahrt nutzen und den Fahrzeuglaufplan dazu passend gestalten[31].

Abstellanlagen

Bei der Modellierung von Abstelleinrichtungen kann man weitgehend auf die Klassen aus der Netzmodellierung zurückgreifen. Bei Bedarf sind kleinere (hier nicht dargestellte) Erweiterungen möglich, etwa um einem Gleisabschnitt einer Abstellanlage einen Dispositionshinweis mit einer Liste von `FahrzeugTypen` zuzuordnen, die dort bevorzugt abgestellt werden sollen.

7.2.3 IT-Systeme zur Fahrzeugdisposition

Die Ansprüche von Verkehrsunternehmen an die Fahrzeugdisposition sind sehr unterschiedlich. In einfachen Fällen – etwa bei kleineren Busbetrieben im Stadtverkehr – genügen einige Excel-Sheets zur Fahrzeugzuordnung, der Kontakt mit der Werkstatt wird über Mail und Papierbelege abgewickelt, und um die nächtliche Abstellung der Fahrzeuge am Betriebshof kümmern sich die Fahrer nach eigenem Ermessen.

Am anderen Ende der Skala liegen Schienenverkehrsbetriebe im Regional- und Fernverkehr und große Stadtverkehrsbetriebe mit mehreren Depots und Teilbetrieben. Mehrtägige Umläufe mit Außenabstellung, limitierte Trassen (Zuglänge, Masse, Bremsleistung), verteilte Werkstätten und eine Vielfalt an Fahrzeugtypen sowie die Notwendigkeit zur genauen Belegungsplanung von Gleisen stellen erhebliche Ansprüche an die Software.

Fahrzeugzuordnung

Softwaresysteme zur Auswahl geeigneter Fahrzeuge, zur Besetzung von Umläufen und zur zeitlichen Verkettung von Umläufen funktionieren genauso wie in der Personaldisposition. Sie übernehmen tagesbezogene Umläufe (oder Umlauffolgen) aus der Planung und unterstützen den Disponenten durch die Visualisierung von Fahrzeugeigenschaften und die Hochrechnung fristrelevanter Konten. Vorschlagsverfahren helfen, die zulässigen Grenzen auszureizen.

Gleispläne

Eine interessante Besonderheit der Fahrzeugdisposition sind die detaillierten Pläne zur Abbildung von Gleisanlagen. Sie zeigen nicht nur das Layout, sondern können jedem Platz – auch wenn er noch leer ist – bereits den Umlauf zuordnen, der von dort aus als Nächstes bedient werden soll (vgl. Abb. 7-9). Oft gehören zur Abstellanlage auch Waschanlagen und Reinigungsbühnen, deren Belegung in Verbindung mit der Einfahrtkontrolle gesteuert wird.

31. Die Fahrgäste sollen natürlich nicht mit durch die Waschanlage fahren ;-)

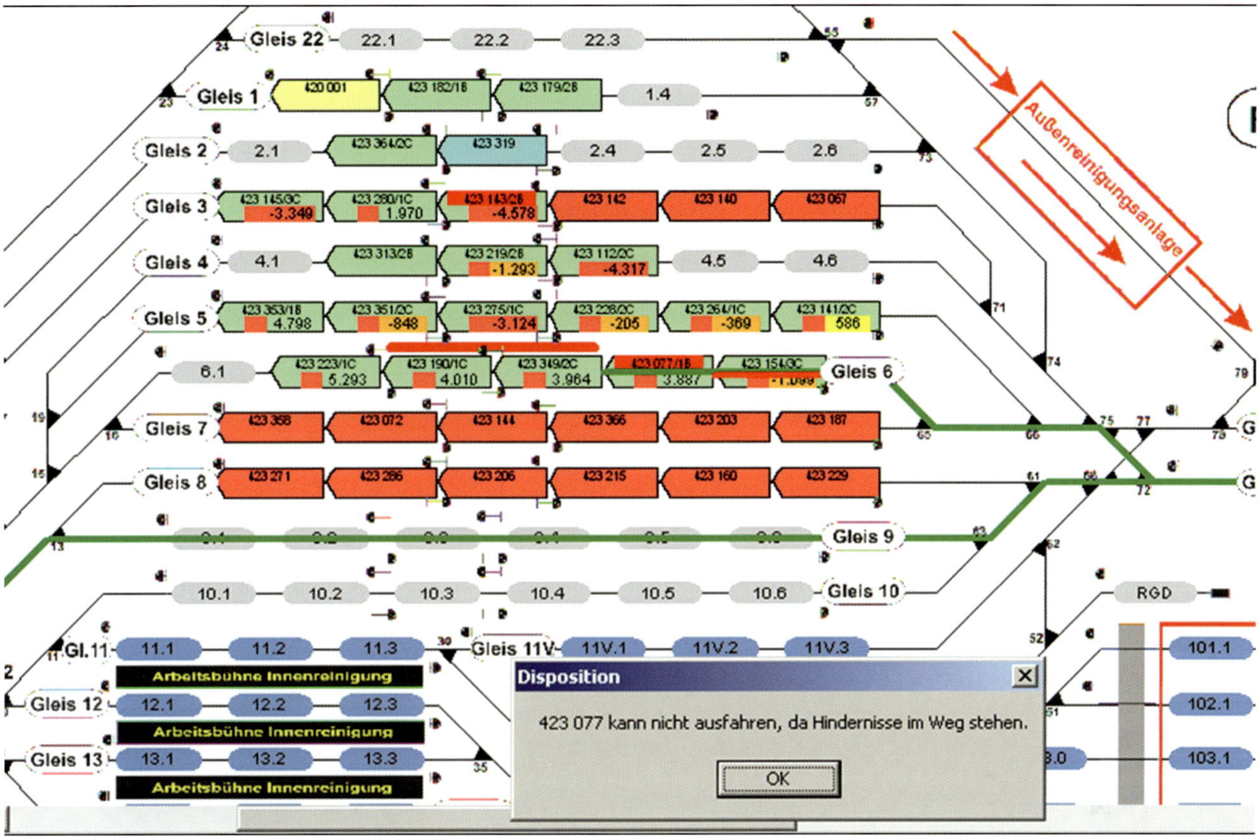

Abb. 7-9 Visualisierung der Gleisbelegung (Beispiel mit Testdaten)

Prüfung der Fahrwege

Die IT-Systeme überwachen die genauen Gleislängen und können gekoppelte Fahrzeugverbände von direkt hintereinander abgestellten ungekoppelten Fahrzeugen unterscheiden. Soll ein Fahrzeug ausfahren, errechnen sie den Fahrweg und prüfen, ob die Strecke frei ist. Sogar die Kurvenradien der Gleise werden beachtet, denn wenn ein Wagen rangiert, überschreitet seine Silhouette in engen Kurven den Freiraum des Nachbargleises. Die eigentliche Steuerung von Weichen und Signalen innerhalb des Betriebsgeländes ist allerdings Aufgabe eines speziellen Steuerungssystems, an das die Software der Fahrzeugdisposition jeweils Fahraufträge übermittelt.

Erfassung abgestellter Fahrzeuge

Bei Busbetrieben spielen solche Faktoren keine Rolle. Hier möchte man allerdings zumindest genau wissen, wo das einzelne Fahrzeug steht, damit beim Ausfahren möglichst wenig umgeparkt werden muss. Da in großen Hallen GPS-Ortung nicht immer zuverlässig funktioniert, benutzt man auch RFID, Infrarotsensoren oder stützt sich auf die Feldstärkeunterschiede mehrerer WLAN-Empfänger, welche die Signale der Fahrzeuge gleichzeitig auffangen.

Wunschfahrtplanung

Die Vorstellung, einzelne Fahrzeuge könnten sich einen Umlauf »wünschen« (so wie Fahrer einen Dienst), mag skurril klingen. Bei der Konzeption von IT-Systemen ist es jedoch denkbar, ähnliche Algorithmen wie in der Personaldisposition einzusetzen, um Nebenziele bei der Fahrzeugzuteilung möglichst automatisch einfließen zu lassen; man unterstellt beispielsweise, dass ein stark abgenutztes Fahrzeug »sich für den Schülerverkehr bewirbt«.

Mensch und Maschine

Abschließend führen wir noch ein Beispiel an, das die Möglichkeiten und Grenzen der IT illustriert:

Im Stadtverkehr liegen typische Umlauflängen zwischen 300 und 500 km, die Reichweite von Fahrzeugen liegt meist bei 800–850 km. Oft würde eine Tankfüllung für zwei Umläufe ausreichen. Softwaresysteme können dies erkennen und bei der Einfahrt in den Betriebshof vorschlagen, auf das Nachtanken zu verzichten – aber viele Disponenten fühlen sich bei dem Gedanken unwohl, ein Fahrzeug mit halb gefülltem Tank in den Einsatz zu schicken. Auf keinen Fall möchten sie bei ungeplantem Verlauf der Ereignisse plötzlich rangieren müssen, nur um an ein Fahrzeug mit ausreichendem Tankinhalt heranzukommen – selbst wenn die Software »bewusst vorsichtig kalkuliert«, akzeptieren sie ihre Empfehlungen meist nicht.

8 Betriebslenkung

In diesem Kapitel geht es um die Überwachung und Beeinflussung des Beförderungsprozesses, also um Fahrgastfahrten, aber auch gleichermaßen um den Einsatz von Fahrern und Fahrzeugen. Damit dieser ganzheitliche Ansatz deutlich wird, haben wir uns für die Bezeichnung *Betriebslenkung* (*Transport Control*) entschieden. Das englische »*control*« darf man im Deutschen nicht mit »Kontrolle« übersetzen, denn es geht nicht um prüfendes Nachvollziehen, sondern um die laufende Verfolgung und um *steuernde* Eingriffe.

Andere Begriffe

Ein anderer gebräuchlicher Begriff – der die Fahrzeuge mehr nach vorn rückt – ist *Flottensteuerung* (*Fleet Control*). Ewas weniger passend scheint uns der Begriff *Flotten-Management*, da er zeitlich nicht so scharf auf den Augenblick des Geschehens abgegrenzt ist. Unter *Fleet Management* könnte man auch Überlegungen zur Umstrukturierung der Flotte durch die Beschaffung neuer Fahrzeuge verstehen. Andere Begriffe wiederum engen zu sehr ein, wie z. B. *Vehicle Tracking*, *Automatic Vehicle Location* (AVL), denn sie beschränken sich inhaltlich auf einen einzigen Teilaspekt: die Fahrzeugortung.

Rechnergestütztes Betriebsleitsystem RBL

Traditionell nennt man Systeme, die die Betriebslenkung unterstützen, *Betriebsleitsysteme*[1]. In der Anfangszeit der Computerentwicklung war es etwas Besonderes, dass man in einem Betriebsleitsystem zusätzlich zum Sprechfunk auch *Datenfunk* und *Rechner* einsetzte: So entstand der Begriff »Rechnergestütztes Betriebsleitsystem (RBL)«, der heute etwas angestaubt wirkt, von der Sache her aber nach wie vor sehr treffend ist. Er bringt zum Ausdruck, dass der Rechner eine Unterstützung für handelnde Menschen darstellt, ohne ihnen die Verantwortung abzunehmen.

Automatik!?

Wir befinden uns heute an einem Punkt, wo dieses Selbstverständnis des »dienenden« IT-Systems noch mehrheitlich akzeptiert, punktuell aber schon in Frage gestellt wird. Es gibt fahrerlose U-Bahnen[2], es gibt vollautomatische »Collision-Avoidance-Systeme«[3], und in modernen ÖPV-Betriebsleitsystemen finden sich Algorithmen, die auf eine Störsituation automatisch reagieren. Meist sind sie so konfiguriert, dass bei größeren Eingriffen ein Mensch als letztes Glied in der

1. In jüngerer Zeit wurde vom VDV die Bezeichnung *itcs* (intermodal transport control system) vorgeschlagen.
2. Dabei wirken Automatismen im Fahrzeug und in der Leitstelle zusammen.
3. Ein System wie TCAS in der Luftfahrt ist noch relativ jung; bei der Bahn sind solche Systeme schon ein »alter Hut«.

Kette sein O.K. geben muss. Bei der Intervallregulierung im Taktverkehr und bei der Anschlusssicherung gestehen jedoch bereits viele Verkehrsbetriebe ihrem Leitsystem einen gewissen Ermessensspielraum zur eigenständigen Nutzung zu.

Leistungsprofil von Betriebsleitsystemen

Generell ist zu beobachten, dass der Automatisierungsgrad im Cockpit von Flugzeugen und Schienenfahrzeugen einen Stand erreicht hat, der einen führerlosen Betrieb im Prinzip möglich macht. Die bedienerlose Leitstelle hingegen gibt es nicht. IT-Systeme in zentralen Leitstellen konzentrieren sich in der Luft wie am Boden fast immer ...

- ... auf eine möglichst gute Aufbereitung von Daten, typischerweise durch Tabellen und schematische Grafiken; zu jedem Fahrzeug können Kontextinformationen wie Linie, Fahrplanlage (Verspätung, Pünktlich, Verfrühung) eingeblendet werden,
- ... auf die Überwachung von Grenzwerten und die Unterstützung bei der Definition durchzuführender Dispositionsmaßnahmen,
- ... auf das Überprüfen der Konsequenzen von Maßnahmen, die der Benutzer beabsichtigt (Simulation, Vereinbarkeit mit verbindlichen Regelwerken),
- ... auf die Unterstützung bei Maßnahmen, die der Benutzer ausgeführt hat (Weiterleiten von Anweisungen und Informationen, Wiedervorlage, Anfordern von Reaktionen Dritter),
- ... auf möglichst perfekte Sprachkommunikation, sowohl bilateral als auch in Gruppen (Einzelgespräch, Rückrufwunsch, Rundspruch, Konferenzschaltung),
- ... auf die Übertragung standardisierter Botschaften als codierte Datennachrichten.

Bedeutung der Leitstelle in hoch automatisierten Systemen

Der Automatisierungsgrad eines Leitsystems im Vergleich zu einem Steuerungssystem für ein Einzelfahrzeug hängt nicht nur von der Komplexität ab, sondern ist auch eine Frage der Wirtschaftlichkeit. Im einen Fall geht es darum, potenziell Hunderte von Fahrern (Piloten, Flugingenieure) zu ersetzen, im anderen Fall geht es um ein Dutzend Disponenten. Mit dem wachsenden Bewusstsein für Sicherheit wird der Mensch in der Leitstelle tendenziell sogar immer noch wichtiger: Wenn der Fahrgast sich schon in eine fahrerlose U-Bahn setzt, dann möchte er wenigstens einen Notrufknopf haben, über den er sofort jemanden »aus Fleisch und Blut« erreichen kann. Es ist unvorstellbar, dass dann am anderen Ende der Leitung ein Telefonmenü antwortet: »*Wenn Sie eine Beschwerde haben, drücken Sie bitte die 1, handelt es sich um einen akuten Notfall, so wählen Sie bitte die 2 ...*« Die Erwartung wird vielmehr in Richtung einer Sichtverbindung (Kamera) gehen, um den virtuellen Beistand durch die Leitstelle so intensiv wie möglich zu gestalten.

Auftragsverfolgung anstatt Fahrzeugverfolgung

Vom Wesen her ist ein Betriebsleitsystem nicht ein *Fahrzeug*-Verfolgungssystem, sondern ein *Auftragsverfolgungssystem*. Der Auftrag besteht darin, Beförderungskapazität auf bestimmten Linien zu vereinbarten Zeiten bereitzustellen. Jede `FahrtX` im Modell ist ein Beförderungsauftrag. Anders als bei einem Fertigungsbetrieb geht es aber nicht um die Herstellung eines Produkts, sondern um eine vergängliche Leistung, deren Wert vom richtigen Zeitpunkt abhängt. Wenn auf einer Linie Fahrzeuge im 20-Minuten-Takt verkehren, dann kann man nicht einfach jeden Fahrauftrag isoliert betrachten. Hat beispielsweise ein bestimmtes Fahrzeug 19 Minuten Verspätung und liegt das nachfolgende Fahrzeug genau im

Plan, so kann es sein, dass die – an sich perfekte – Auftragserfüllung des zweiten Fahrzeugs für den Fahrgast fast wertlos ist. Es sei denn, es warten bereits so viele Fahrgäste, dass nicht alle im ersten Fahrzeug Platz haben. Um solche Zusammenhänge geht es in diesem Kapitel. Wie erkennt eine Leitstelle *Störungen* möglichst rasch und wie reagiert sie darauf?

Bedeutung der Kommunikation

Schnelle, sichere und effektive Kommunikation ist von entscheidender Bedeutung für ein Betriebsleitsystem. Wir widmen diesem Thema später ein eigenes Unterkapitel (Abschnitt 8.7).

Zunächst betrachten wir jedoch die Einbettung in das *ITVU*-Modell und die Ortung. Danach gehen wir auf das Zusammenwirken zwischen Leitsystem und Fahrzeugen ein und befassen uns eingehend mit dem Störungsmanagement.

8.1 Basisdaten des Leitsystems

Ein Betriebsleitsystem beruht auf dem Fahr- und Dienstplan des jeweiligen Tages, also auf `FahrtX`, `UmlaufX` und `DienstX` in der Sprache des Modells. Außerdem benötigt das Leitsystem detailliertes Wissen über den `Fahrweg` und die einzelnen `Strecken`. Wir haben diese Klassen bereits in anderem Zusammenhang erläutert.

Datenmanagement

Ein Betriebsleitsystem importiert die Basisdaten im Normalfall aus einem Planungssystem. Sie werden dann durch Bearbeitungsvorgänge angereichert und an dezentrale Geräte (Fahrzeugrechner, Verkaufsgeräte, DFI-Anlagen) verteilt. Für den gesamten Prozess hat sich die Bezeichnung *Datenmanagement* eingebürgert.

Modell vs. Implementierung

Am Datenmanagement wird der Unterschied zwischen einem konzeptionellen Modell und konkreten IT-Systemen besonders deutlich. Aus Modellsicht können Klassen in den unterschiedlichsten Geschäftsprozessen benutzt werden – dennoch existiert jedes Objekt (also jede Instanz einer Klasse) nur ein einziges Mal. In der Realität ist dies aber gerade beim Datenmanagement anders: Das Planungssystem übergibt – meist im Tagesrhythmus – die »tagesgenauen« Fahrten, Umläufe und Dienste an das Betriebsleitsystem. Durch diese Entkopplung ist es relativ leicht möglich, Systeme unterschiedlicher Anbieter im Planungsbereich und in der Leitstelle einzusetzen, denn die entsprechende Schnittstelle ist weitgehend normiert. Diese gewollte Redundanz führt tendenziell zu höherer Verfügbarkeit der Systeme und mehr Robustheit – jedoch hat sie auch ihre Schattenseiten: Nachdem der Export erfolgt ist, bekommt das Leitsystem nichts mehr von Änderungen an der Planung mit. Da es sich im Wesentlichen um eine Einbahnstraße handelt, finden Änderungen im Datenmanagement des Leitsystems keinen Weg zurück in die Planung.

Rückwirkungen

Manchmal ist dies auch gar nicht erwünscht: Wenn wegen einer Tagesbaustelle eine Linie anders geführt wird als sonst, dann soll sie schließlich am nächsten Tag wieder im Normalzustand verkehren. Andererseits: Wenn ein Fahrer spontan während des Dienstes erkrankt, dann sollte der Personaldisponent dies erfahren; wenn damit zu rechnen ist, dass der Fahrer am nächsten Tag nicht zum Dienst erscheint, muss er die Diensteinteilung ändern. In der Praxis ist es nicht selten so, dass das vorzeitige Dienstende im Leitsystem erfasst wird und die Krankmeldung in einem anderen System erfolgt.

Analyse von Abweichungen

Es gibt Fälle, in denen der Planer aus wiederholt auftretenden Abweichungen Konsequenzen ziehen muss: Wenn Fahrzeuge auf einer bestimmten Linie im Feierabendverkehr regelmäßig verspätet sind, dann wird er das `FahrZeitProfil` anpassen. Diese Art von Rückwirkung leidet kaum unter der erwähnten Schnittstelle zwischen Planungssystem und Leitsystem, denn eine solche Änderung erfordert eingehende Analysen und Vorlaufzeiten (vgl. Kap. 11); der Rückfluss in die Planung erfolgt manuell.

Unterschiedliche Detaillierungsgrade

Ein anderer Unterschied zwischen dem Modell und realen Systemen liegt in der Gruppierung von Merkmalen. Das Klassenmodell führt alle Merkmale einer Klasse nebeneinander auf, egal zu welchem Zeitpunkt im Prozessgeschehen diese Merkmale definiert oder verwendet werden. Da manche Merkmale nur für bestimmte Prozesse benötigt werden, genügt es im Prinzip, wenn sie nur in demjenigen System bekannt sind, das diesen Prozess unterstützt. Dazu ein Beispiel:

Der Fahrplaner interessiert sich nur in sehr begrenztem Umfang für Lichtsignalanlagen. Er will wissen, wo sie stehen, um einen Anhaltspunkt für die Ermittlung von Streckenfahrzeiten zu haben. Handelt es sich um Anlagen, die von Fahrzeugen beeinflusst werden können, so müssen in den Fahrzeugen jedoch zahlreiche technische Details zur Ansteuerung bekannt sein (Funkfrequenzen, Lage der Meldepunkte, Telegrammarten). Ähnlich ist es mit gesprochenen Ansagetexten: Sie gehören von der fachlichen Logik her zum `FahrtZiel`. Im Rahmen der Planung genügt es jedoch, wenn man Ziele textuell beschreibt und das Management der zugehörigen Sprachkonserven späteren Prozessschritten überlässt.

Man kann ein Betriebsleitsystem daher so entwerfen, dass derartige Merkmalsgruppen nicht vom Planungssystem importiert, sondern erst im Datenmanagement des Betriebsleitsystems erfasst werden[4]. Außerdem müssen alle Daten, egal wo sie erfasst werden, auf die vielen Rechner, im Rechenzentrum der Leitstelle, in Fahrzeugen, Verkaufsautomaten und Haltestellen verteilt werden.

Datenverteilung

Das Beispiel führt uns zu einer weiteren wichtigen Aufgabe des Datenmanagements, zur *Datenverteilung*. In einem konzeptionellen Modell sind per Definition die Objekte aller Klassen überall vorhanden, wo sie benötigt werden. Wenn eine Änderung an einem Merkmal erfolgt, dann ist diese Änderung sofort überall bekannt. In der Realität ist es aber nicht durchführbar, dass jedes Fahrzeug jede benötigte Information immer direkt aus der Zentrale anfordert. Fahrpläne, Umläufe, Dienste, Audiofiles mit Haltestellennamen und andere Basisinformationen werden daher vorab auf die Fahrzeuge verteilt[5]. Ändert sich danach etwas, so muss man im Datenmanagement die »Masterversion« bearbeiten und dann

4. Hersteller von integrierten ÖPV-Systemen werden diesen Weg wohl nicht einschlagen, sondern ein geschäftsprozessübergreifendes Basisdatensystem zur Verfügung stellen, das von allen Benutzergruppen (hier: Planer und Fleetmanager) gleichermaßen genutzt wird.

5. Wenn absehbar ist, dass ein Fahrzeug nicht alle Informationen benötigt – etwa weil es nur bestimmte Umläufe fährt –, beschränkt man sich auf den relevanten Ausschnitt.

mehrere Hundert Kopien aktualisieren. Da dies einige Zeit dauert, gibt es einen längeren Zeitraum, in dem inkonsistente Zustände bestehen. Dem begegnet man durch die Versionierung der entsprechenden Objekte, d. h., die Daten werden sukzessive – mit ausreichender Vorlaufzeit – verteilt und dann zu einem einzigen Zeitpunkt gültig, der zusammen mit der Änderung festgelegt und mitgeteilt wird. Voraussetzung dafür ist, dass alle IT-Systeme bei jedem Zugriff auf solche verteilten Datenobjekte anhand des aktuellen Zeitstempels die richtige Version ermitteln und nur diese verwenden. Auch ein Mechanismus zum Vergessen (Löschen) veralteter Objektversionen gehört zu einem solchen Verfahren. All dies drückt sich nicht im Modell aus, spielt jedoch beim praktischen Umgang mit einem Datenmanagementsystem eine erhebliche Rolle.

Ticketing

Systeme zum Datenmanagement verwalten und verteilen neben dem Fahrplan oft auch Daten aus dem Ticketing, wie z. B. die Tarifstruktur oder das Layout von Fahrscheinen, die dann in den Fahrzeugen gedruckt werden. Diese Daten hängen zwar mit dem Verkehrsnetz zusammen, haben aber keinen unmittelbaren Bezug zu den Funktionen eines Betriebsleitsystems; da sie jedoch ebenfalls an dezentrale Systeme verteilt werden müssen, nutzt man das Datenmanagement für diesen Zweck. Im Extremfall ist das Datenmanagement einfach nur »Briefträger« für beliebige Inhalte, wie etwa bei Medieninhalten für die Fahrgastunterhaltung im Fahrzeug.

8.2 Ortung

Ein Betriebsleitsystem lässt sich nur betreiben, wenn die zentrale Leitstelle jederzeit den Standort aller Fahrzeuge kennt.

Eindimensionale Ortung

Ältere Ortungsverfahren sind null- oder eindimensional, d. h., sie identifizieren entweder genau einen Punkt[6] oder sie beruhen auf der Zählung von Radimpulsen, gemessen von der letzten Haltestelle aus. Ein `Fahrzeug`-individueller *Kalibrierfaktor* sorgt für die Umrechnung zwischen Radumdrehung und Entfernung. Da an der Haltestelle in der Regel die Tür geöffnet wird, kann man den Impulszähler immer wieder auf Null zurücksetzen – auf diese Weise wird vermieden, dass sich Fehler über die Zeit hinweg summieren. Die Software besitzt einen Toleranzbereich; nur wenn die Anzahl der Radumdrehungen ungefähr zum Fahrplan passt, wird der Zähler zurückgesetzt; andernfalls wird weitergerechnet. Es macht daher nichts aus, wenn zwei oder drei Haltestellen ohne Türöffnung durchfahren werden. Der Toleranzbereich ist zudem nützlich, wenn sich ein Fahrzeug ein kurzes Stück innerhalb des Haltestellenbereichs bewegt (Vorrücken). Eine solche Aktion darf nicht als Abfahrt gewertet werden, da sonst die entsprechende Abfahrt von der DFI-Anzeige gelöscht und eine falsche, verfrühte Abfahrtszeit protokolliert werden würde.

Fahrtabwicklung

Eindimensionale Ortung beruht darauf, dass der Bordrechner den Fahrtverlauf mitverfolgt. Zu Beginn eines Tages teilt der Fahrer über einen Eingabedialog mit, welcher `Umlauf` gefahren werden soll. Da Fahr- und Umlaufplan auf dem

6. Beispielsweise gibt es kleine Infrarot-Transponder (»Ortsbaken«), die von einem vorbeifahrenden Fahrzeug aktiviert werden und daraufhin eine Kennung abstrahlen.

Bordrechner bekannt sind, kann die Folge der vorgesehenen `FahrtenX` ermittelt werden. Über die Verbindung zur `Fahrt` gelang man zum `Fahrweg` und von dort über die `StreckeAmFahrweg` zu jeder einzelnen `Strecke` und deren *Länge*. Nebenbei ermittelt der Bordrechner auch für jeden Haltevorgang (`HaltBeiFahrtX`) die *Sollzeit* für Ankunft und Abfahrt. Doch damit nicht genug: Auch die `WegStücke` jeder Strecke werden analysiert. So findet man die Lage von *Hilfspunkten* entlang der Strecke heraus, beispielsweise um Lichtsignalanlagen im richtigen Moment anzusteuern (`LSAMeldePunkt`). Den gesamten Vorgang, der aus den Fahrplandaten und Streckenangaben ein minutiöses Abbild des Sollverlaufs einer `FahrtX` (bzw. eines ganzen `UmlaufX`) ermittelt, bezeichnet man als *Fahrtabwicklung*.

Eindimensionale Ortungsverfahren funktionieren erstaunlich genau, solange ein Fahrzeug seine Route nicht verlässt. Da sie vergleichsweise preiswert sind und weil die Ausstattung in ÖPV-Fahrzeugen recht langlebig ist, trifft man sie nach wie vor in sehr vielen Fahrzeugen des ÖPV an.

Geografische Ortung

Seit einiger Zeit existiert das satellitenbasierte GPS-System. Als sich die NASA im Jahr 2000 entschloss, die ursprünglich eingebaute künstliche Verschlechterung abzuschalten, wurde das System auch für Verkehrsbetriebe interessant. GPS-Empfänger sind mittlerweise preiswert und lassen sich leicht installieren, da sie keine Verbindung zur Fahrzeugtechnik benötigen.

Ortung mit Netzbezug

Der Standort eines Fahrzeugs interessiert jedoch kaum als absolute Angabe einer Geoposition, sondern vor allem *in Bezug auf das Verkehrsnetz und den Fahrplan*. Seine wahre Stärke spielt das GPS-System daher eigentlich nur aus, wenn Störungen dazu führen, dass der normale Fahrweg verlassen wird. Ein eindimensionales Ortungssystem zählt nämlich auch in solchen Fällen weiterhin brav Radimpulse und »wundert« sich höchstens, dass die Tür immer wieder zum falschen Zeitpunkt aufgeht.

Ort = Zeit?!

Anders als bei Taxis oder im Speditionsgewerbe ist zeitliche Regelmäßigkeit im ÖPV der prägende Faktor. Denkt man diesen Gedanken zu Ende, so wird klar, dass Ort und Zeit in gewissem Sinne austauschbar sind. Wenn man weiß, dass ein Fahrzeug sich genau im Fahrplan befindet, dann weiß man auch, wo es ist. Wenn ein Fahrzeug seinen eigenen Fahrplan und seinen (ein- oder zweidimensional ermittelten) Standort kennt, kann es selbst errechnen, ob es sich im Plan befindet. Dazu vergleicht das Fahrzeug an einem definierten Ort die aktuelle Uhrzeit mit dem Zeitpunkt, zu dem es an diesem Ort sein sollte, und erhält als Ergebnis die *zeitliche Abweichung vom Fahrplan*, die sogenannte *Fahrplanlage*. Sie kann auch in eine Ortsinformation umgerechnet werden: Wenn das Fahrzeug jetzt 40 Sekunden »hinter Plan« ist, dann befindet es sich jetzt dort, wo es vor 40 Sekunden hätte sein sollen. Interessanterweise wird dabei die zweidimensionale Ortsinformation des GPS wieder in eine eindimensionale Angabe umgerechnet, denn der fragliche Ort muss ja auf dem Fahrweg liegen.

Fahrplanlage

Meist wird die Fahrplanlage als eine Anzahl von Sekunden definiert, wobei positive Werte Verspätung ausdrücken. Wer den Fahrplan kennt, kann aus der Fahrplanlage die Standortinformation ableiten – insbesondere natürlich die Leitstelle.

Standortinformation im Fahrzeug

Die Information über den aktuellen Standort bzw. die aktuelle Fahrplanlage kann der Bordrechner nutzen, um sie dem Fahrer anzuzeigen, um Haltestellennamen für die Fahrgäste anzusagen, um Zwischenziele in der Außenbeschilderung des Fahrzeugs abzuändern oder um touristische Hinweise im Fahrgastraum ortsabhängig zu beeinflussen. Aus Sicht der Betriebslenkung ist aber vor allem die *Übertragung der Fahrplanlage an die Zentrale* von Bedeutung.

Kommunikationsökonomie

Hier kommt die Ökonomie der Kommunikation ins Spiel: Je kürzer eine einzelne Standortmeldung ist, desto häufiger kann man diese Information bei konstanter Gesamtübertragungskapazität übermitteln. Kann man es sich leisten, ständig geografische Koordinaten zu übertragen, so ist dies fein. Will man der Leitstelle Last abnehmen, so kann man zusätzlich die Fahrplanlage und die relative Entfernung zum letzten Haltepunkt[7] übertragen. Bei geringer Bandbreite genügt jedoch allein die Fahrplanlage!

Übertragung der Fahrplanlage

Anstatt zwei sechsstellige Angaben für Längen- und Breitengrad zu übertragen, reicht eine einfache Zahl aus, z. B. zwischen -100 und +1000 (Sekunden zu früh oder zu spät). Dies würde nur noch 11 Bit erfordern. Allerdings ist die Einschränkung auf die beiden Wertegrenzen doch ziemlich willkürlich. Man kann den Wertebereich vergrößern und trotzdem die Anzahl benötigter Bits noch weiter reduzieren. Man macht sich dabei zunutze, dass bei größeren Werten eigentlich nicht mehr die genaue Zahl interessiert, sondern nur noch die Größenordnung. Man gelangt zu einem Schema wie dem folgenden:

- < -100 Sekunden
- -100 ... -30 Sekunden
- -30 ... +30 Sekunden
- 30 ... 40 Sekunden
- 40 ... 60 Sekunden
- 60 ... 90 Sekunden
- 90 ... 180 Sekunden usw.

Wertebereich stauchen

Legt man 20 oder 30 solcher Stufen fest, so hat man eine für die Praxis mehr als ausreichende Genauigkeit. Anstelle einer Tabelle könnte man natürlich auch eine mathematische Funktion verwenden, die große Werte »staucht« und kleine Werte genauer abbildet, wie z. B. eine modifizierte Logarithmusfunktion.

Bytes und Bits sparen

Fünf Bit[8] genügen also für eine Standortinformation! Kommt Ihnen diese »Bit-Fuchserei« antiquiert vor? Sicher ist richtig, dass solche Optimierungen bei alten Analogfunksystemen wichtiger waren als bei moderner Digitalfunktechnik, aber die praktische Erfahrung zeigt, dass auch moderne Systeme viel effizienter genutzt werden können, wenn man das Kommunikationsvolumen optimiert. Beispielsweise verfügen digitale Systeme oft über einen »Organisationskanal«, der ein einzelnes Nutzdatenpaket in der Länge von ein oder zwei Byte besonders schnell transportieren kann.

Standortmeldung mit 0 Byte

Also treiben wir es auf die Spitze: Haben Sie schon einmal vom Büro aus abends zu Hause angerufen, um anzukündigen, dass Sie jetzt losfahren? Als es

7. Also z. B. die Nummer des Haltepunktes und eine Entfernungsangabe in Metern.
8. $2^5 = 32$

noch keine Flatrates gab, haben manche Anrufer gleich wieder aufgelegt, nachdem es ein- oder zweimal geklingelt hatte. Für den Partner zu Hause war so auch ohne Gespräch klar: In 20 Minuten geht die Haustür auf. Solange das Telefon still blieb, war klar, dass der Anrufer noch am Arbeitsplatz ist.

Für den ÖPV formulieren wir dieses Prinzip etwa so: »No news is good news.« Wir *verzichten ganz* auf eine Standortmeldung, solange wir im Plan liegen. Wenn unsere Fahrplanlage innerhalb des Toleranzbereichs liegt, reduziert dieser einfache Trick das Übertragungsvolumen erheblich.

Differenzen melden

Doch es geht noch besser! Nehmen wir einmal an, ein Fahrzeug fährt 2 Minuten hinter Plan. Wenn es sich normal bewegt, dann wird es eine ganze Weile lang »dem Plan hinterherfahren«. Vielleicht holt es innerhalb von 10 Minuten 30 Sekunden auf, aber bis dahin hat es vermutlich 20-mal oder noch öfter gemeldet: »Meine Fahrplanlage liegt zwischen 90 und 120 Sekunden.« Das Schöne an der Fahrplanlage – im Vergleich zum absoluten Standort – ist, dass sie sich nur langsam ändert. Wir können daher generell dazu übergehen, die Fahrplanlage nur noch dann zu übertragen, wenn sie sich geändert hat. »No news« heißt dann allerdings nicht mehr »good news«, sondern »as told before«, d. h., die Zentrale hat die Erwartung, dass die Fahrplanlage stabil bleiben wird, und eine echte Neuigkeit gibt es nur mitzuteilen, wenn diese Erwartung nicht mehr stimmt.

Staumeldung

Und wenn das Fahrzeug im Stau steht? Dann ändert sich die Fahrplanlage natürlich ständig, denn das Fahrzeug fällt ja mit jeder Sekunde Stillstandzeit um eine weitere Sekunde hinter seinen Plan zurück. Wenn es uns jedoch gelingt, auch für diesen Fall die richtige Erwartung in der Zentrale aufzubauen, dann funktioniert das Differenzverfahren auch hier. Steht ein Fahrzeug länger als eine konfigurierbare Zeitspanne ungeplant still, sendet es daher eine besondere Standortmeldung, das »Stillstandsignal«. Ab diesem Moment erwartet die Zentrale, dass dieser traurige Zustand noch eine Weile andauern wird. Es genügt daher, wenn das Fahrzeug sich wieder meldet, sobald es sich in Bewegung setzt.

Zuverlässigkeit der Übertragung

Wenn mobile Kommunikation immer perfekt funktionieren würde, wäre das Thema Standortübermittlung an dieser Stelle erledigt. In der Praxis kann es aber ab und zu vorkommen, dass Meldungen nicht beim Empfänger ankommen. Wenn ein Fahrzeug ohnehin alle 20 Sekunden seinen Standort mitteilt, ist das egal. Da wir aber durch unsere Optimierung jegliche Redundanz beseitigt haben, kann das Verlorengehen einer Meldung zu deutlichen Missverständnissen führen. Wir tun daher gut daran, wichtige Meldungen (z. B. Stillstandmeldungen) sicher zu übertragen oder gezielt etwas Redundanz hinzuzufügen. »Sicher« übertragen kann bedeuten, dass man eine technische Bestätigung erhält, nachdem die Nachricht die Zentrale erreicht, ähnlich wie bei der Lesebestätigung einer E-Mail. Gezielte Redundanz könnte darin bestehen, dass man in regelmäßigen zeitlichen Abständen eine Standortmeldung (= die aktuelle Fahrplanlage) überträgt, auch wenn sich nichts geändert hat.

Verlust der Funkverbindung

Unabhängig davon gibt es natürlich auch noch den Fall, dass ein Fahrzeug vorübergehend keine Funkverbindung hat. Das Kommunikationssystem erkennt dies und kann in so einem Fall ausgehende Nachrichten im »Ausgangspostkorb« speichern, um sie später zu senden. Auch hier ist die Fahrplanlage wieder eindeutig im Vorteil gegenüber einer absoluten Standortangabe, denn sie ändert sich weniger rasch als letztere.

8.3 Flottensteuerung durch Regelkreise

Die zentrale Aufgabe der Betriebslenkung besteht darin, den Fahrbetrieb so nahe am Plan zu halten wie irgend möglich. Abstrakt gesprochen geht es dabei um eine Aufgabe der *Regelungstechnik*: Plan und Istwert müssen verglichen werden, um aus der Abweichung eine geeignete Aktion abzuleiten; über ein »Stellglied« entsteht eine Wirkung, durch die sich Ist und Soll annähern. Wir wollen hier nicht die mathematische Theoriewelt der Regelungstechnik bemühen, sondern nur drei einfache Tatsachen erwähnen:

- Ein Regelungsvorgang funktioniert umso besser, je häufiger Soll und Ist verglichen werden.
- Das Ergebnis ist besser, wenn feinfühlig reagiert wird; grobe Reaktionen können zum »Überschwingen« führen; im Extremfall – bei starken Verzögerungen zwischen der Aktion und dem Eintreten der Wirkung – schaukelt sich das System sogar bis zur Oszillation auf.
- Erfreulicherweise braucht man nicht unbedingt komplexe Modelle für ein System aufzustellen, um eine befriedigende Regelung zu erreichen. Die Fuzzy-Set-Theorie belegt, dass Heuristiken erstaunlich gut funktionieren können, die auf einer einfachen Klassifikation von Situationen und auf einem standardisierten Satz von Maßnahmen für jede Situation beruhen.

Länge der Regelstrecke

Aus diesen Erkenntnissen lässt sich zunächst ableiten, dass eine *lange* Regelstrecke im Nachteil ist gegenüber einer *kurzen* Regelstrecke. Konkret heißt dies Folgendes:

- Wenn der Disponent in der Leitstelle immer wieder auf die Fahrzeuge schaut, um Planabweichungen zu erkennen, wird ihm nicht jede Abweichung sofort auffallen. Er hat möglicherweise 100 und mehr Fahrzeuge in seinem Blickfeld. Spricht er die betroffenen Fahrer über Funk an, um sie zu zügigerem oder langsamerem Fahren aufzufordern, dauert es eine Weile, bis er jeden Fahrer erreicht hat. Bis die Fahrer die entsprechende Maßnahme umgesetzt haben und der Disponent dies auf dem Bildschirm erkennen kann, vergeht nochmals einige Zeit. Verzögerungen entstehen sowohl durch den Übertragungsweg als auch durch den Prüfvorgang.
- Zeigt man jedoch jedem Fahrer permanent seine eigene Fahrplanlage an, so fallen die Verzögerungen weg: Der Bordrechner ist leistungsstark genug, um die Fahrplanlage jede Sekunde neu zu ermitteln. Wenn er das Ergebnis passend visualisiert (Zeiger, farbige Balken), so kann der Fahrer unmittelbar reagieren. Selbst kleine Abweichungen, die einen Disponenten nie interessieren würden, können so noch »ausgeregelt« werden, etwa, indem der Fahrer noch ein paar Sekunden an der Haltestelle stehen bleibt, bevor er losfährt. Die Psychologie hilft mit: Wenn der Fahrer eine direkte Rückmeldung bekommt, ent-

wickelt er unwillkürlich den Ehrgeiz, ständig im grünen Bereich (dem Optimum) zu bleiben.

Zwei Regelkreise

Nicht für jeden Regelungszweck genügt allerdings die Information, die das einzelne Fahrzeug besitzt. Sobald übergeordnete Aspekte ins Spiel kommen, muss die Leitstelle entscheiden. Sie kümmert sich um Anschlüsse, um die Einhaltung eines gleichmäßigen Takts über mehrere Fahrzeuge hinweg und greift in Störfällen ein (vgl. Abb. 8-1).

Abb. 8-1
Regelkreise der Flottensteuerung

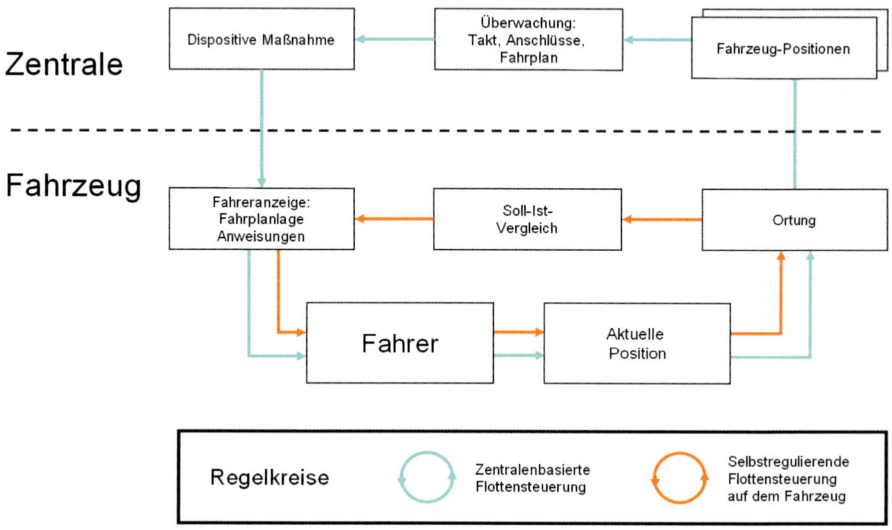

Subsidiaritätsprinzip

Wir haben es also mit zwei verschiedenen Regelkreisen zu tun, die nach dem *Subsidiaritätsprinzip* arbeiten: Was auf der unteren Ebene erledigt werden kann, dringt gar nicht erst nach oben durch oder wird dort ausgefiltert. Bei Abweichungen im Bereich weniger Minuten kann sich der Fleetmanager darauf verlassen, dass die betroffenen Fahrer automatisch daran arbeiten, wieder in den Planzustand zurückzufinden. So behält er den Kopf frei für die Bewältigung größerer Abweichungen[9].

Sekundengenaue Planung

Voraussetzung für den inneren, »feinfühligen« Regelkreis ist ein sekundengenauer Fahrplan; dies ist aber in der Regel kein Problem, denn der Planer arbeitet ohnehin mit Sekunden – auch wenn im öffentlichen Fahrplan immer auf Minuten gerundet wird. Dazu noch eine kurze Betrachtung:

9. Interessanterweise ist hier der ÖPV der Luftfahrt voraus. Dort ist der Ermessensspielraum des Piloten bei Null; die gesamte Steuerung wird von den Lotsen nach wie vor per Sprechfunk abgewickelt; Datentelegramme kommen als Ergänzung im oberen Luftraum hinzu, gelten jedoch in dem bewegten unteren Luftraum als unzuverlässig, da ihr Eintreffen in Ausnahmefällen bis zu 2 Minuten dauern könnte.

Die genaue Abfahrtszeit an einer Haltestelle möge 14:06:35 betragen. Weist der Verkehrsbetrieb 14:06 als Abfahrtszeit aus, so ist ein korrekt fahrendes Fahrzeug aus Fahrgastsicht minimal zu spät dran – das wird jeder Fahrgast akzeptieren, ohne nachzudenken. Würde man 14:07 nennen, so könnte ein Fahrgast um 14:06:40 auf die Uhr deuten und monieren, dass das Fahrzeug schon weg ist, obwohl er rechtzeitig an der Haltestelle war. Um diese Argumentation zu vermeiden, gibt es eine Tendenz zum Abrunden der Zeiten. Der Fahrer darf sich davon nicht beirren lassen. Hätte er die Fahrplanminute der Abfahrt im Kopf und würde auf dieser Basis entscheiden, dann würde er sich unnötig beeilen und ein paar Haltestellen später vermutlich feststellen, dass er jetzt plötzlich zu früh dran ist (Oszillation des Regelkreises). Dem Bordrechner macht es nichts aus, sekundengenau zu rechnen.

Taktverkehr

Interessanter als der innere Regelkreis ist der äußere. Betrachten wir zunächst den Taktverkehr. Wenn Fahrzeuge in sehr dichter Folge[10] verkehren, dann ist für den Fahrgast der absolute Zeitpunkt des Eintreffens verhältnismäßig unwichtig. Das Angebot des Verkehrsbetriebs wird in solchen Fällen in Intervallform formuliert: *»zwischen 6:00 und 9:00 alle 2–3 Minuten, danach alle 5 Minuten«*.

Pünktlichkeit messen im Taktverkehr

Wie misst man in solch einem Fall die Pünktlichkeit? Auch wenn es keinen absoluten Fahrplan gibt, muss man irgendeine Regelung treffen, denn beim Nachweis der erbrachten Leistung gegenüber dem Aufgabenträger[11] will man eine quantitative Bewertung vornehmen. Es sind unterschiedliche Verfahren denkbar. Sind 5 Minuten Taktfolge versprochen, so kann man z. B. die Häufigkeit von Ereignissen zählen, bei denen es mehr als 10 Minuten bis zum Eintreffen des nächsten Fahrzeugs gedauert hat. Anstelle eines einfachen Schwellwertes kann man aber auch mathematische Modelle verwenden, die große Abweichungen überproportional gewichten; dabei kann man sich wiederum auf absolute Werte beziehen oder auf Verhältnisangaben. Wie auch immer diese »Kalkulation des Fahrgastunmuts« aussehen mag: Der Fleetmanager sollte sie kennen und bei seinen Entscheidungen heranziehen.

Taktfolge aufrechterhalten

Natürlich hilft ihm das Leitsystem dabei: Es überwacht die aktuelle Fahrzeugfolge und versucht, Lücken zu schließen, etwa indem es vorausfahrende Fahrzeuge mehr oder weniger stark bremst. Eine Botschaft an den Bordrechner genügt, und dieser verändert den Sollwert des inneren Regelkreises, so dass der Fahrer entsprechend reagiert. Man spricht hier auch von »dispositiver Verfrühung«, denn dem Fahrer wird eine scheinbare Verfrühung angezeigt, die aus einer dispositiven Maßnahme der Leitstelle resultiert.

Größere Eingriffe: z. B. Kurzwende

Bei größeren Abweichungen kann das Betriebsleitsystem Maßnahmen vorschlagen, die den Fahrweg von Fahrzeugen verändern. Abbildung 8-2 zeigt ein Beispiel.

---

10. Die Schwelle für »dicht« ist subjektiv; sie wird oft zwischen 5 und 10 Minuten angesiedelt.
11. Zum Verkehrsvertrag vgl. Abschnitt 11.1.

Durch einen PKW-Unfall ist das Gleis einer Straßenbahnlinie in beiden Richtungen bei Punkt X bzw. X' blockiert. Kurz vor X stehen bereits drei Züge (8, 7, 6) hintereinander. Das Leitsystem hat reagiert und die Fahrzeuge 11 und 1 verlangsamt (größere Abstände). Fahrzeug 10 wartet vor Punkt X', also in der Gegenrichtung. Das Leitsystem hat Fahrzeug 9 daher an der Endhaltestelle B noch nicht abfahren lassen. Hier haben die Fahrgäste nämlich die Chance, in eine andere Tram oder einen Bus umzusteigen[12].

Wenn man jetzt nichts weiter unternimmt, stehen die Fahrzeuge 11–5 bald alle in der Schlange bei Punkt X. Das Leitsystem bietet dem Disponenten deswegen an, eine Weiche zu benutzen, über die Fahrzeuge an Punkt C wenden können. So kann zwischen A und C ein regulärer Betrieb aufrechterhalten werden[13]. Leitet der Disponent die Kurzwende ein, so informiert das Leitsystem die Bordrechner über die geänderte Fahrstrecke und die – leicht angepasste – Taktung.

Wenn nach einiger Zeit das Gleis wieder frei ist, sorgt das Leitsystem dafür, dass Fahrzeug 10 (und danach auch 9–6) organisch eingefädelt werden. Kurz nachdem auch Fahrzeug 6 wieder in Bewegung ist, wird die Maßnahme aufgehoben. Die Fahrzeuge fahren danach zwar in anderer Reihenfolge, aber der normale Takt und die normale Fahrstrecke sind wiederhergestellt.

Abb. 8-2
Stausituation und Kurzwende

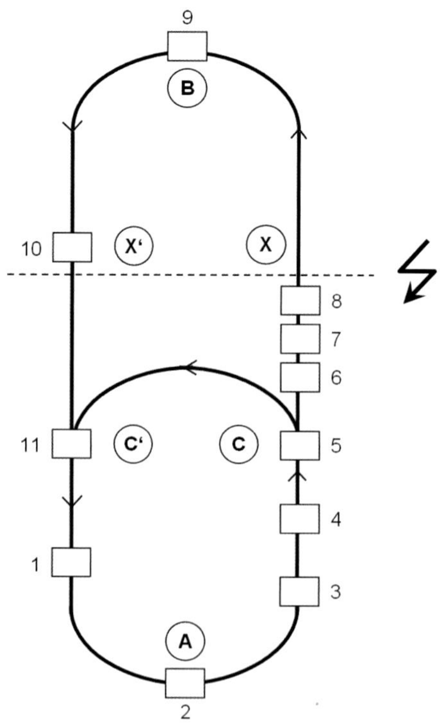

12. Mit der Benachrichtigung der Fahrgäste befassen wir uns in Kapitel 9.
13. Gibt es oberhalb von Punkt X noch eine weitere Wendemöglichkeit, so könnte man sogar zwei getrennte Schleifen einrichten; der Fachmann spricht dann von einer *Streckenteilung*.

Taktregulierung

Das Beispiel zeigt die Möglichkeiten und Grenzen des inneren bzw. äußeren Regelkreises: Die Entscheidung, an Punkt C/C' zu wenden, hätte ein Fahrer auch noch autonom fällen können – insbesondere im nicht schienengebundenen Verkehr ist das zumindest vorstellbar. Die gleichmäßige Verteilung der Fahrzeuge auf einen neuen Takt kann aber nur die Leitstelle mit ihrem Wissen über die Position *aller* Fahrzeuge leisten.

Anschlussüberwachung

Ein zweites Beispiel für den äußeren Regelkreis ist die Überwachung von Anschlüssen. Anschlüsse werden bei der Planung definiert und oft auch im Fahrplan veröffentlicht. Fahrzeuge können bei der Überwachung von Anschlüssen keinen Eigenbeitrag leisten: Der Zubringer weiß zwar, dass er Fahrgäste an Bord haben könnte, die an einem bestimmten Punkt umsteigen wollen; ist er zu spät dran, so bleibt ihm jedoch nichts anderes übrig, als zur Zentrale zu eskalieren. Da diese seine Fahrplanlage aber sowieso kennt und die Anschlüsse ohnehin überwacht, ist dies nicht erforderlich.

Mehrstufige Regelung

Anschlusssicherung ist eine essenziell zentrale Aufgabe. Meist wird sie mehrstufig erledigt:

- Das Leitsystem hält innerhalb eines gewissen Toleranzbandes den Abbringer automatisch so lange fest, bis alle seine Zubringer eingetroffen sind. Es kommuniziert hierzu mit dem Bordrechner, der dem Fahrer des Abbringers einen entsprechenden Hinweis gibt. Man kann sogar automatisch Standardansagen an die Passagiere auslösen (»*Da wir noch auf verspätete Anschlussreisende warten, ...*«).
- Der Disponent kann das normale Toleranzband des Leitsystems im Einzelfall ausdehnen, wenn er erkennt, dass dies vertretbar ist.
- Bei starken Verspätungen kann es passieren, dass ein akzeptabler zeitlicher Übergang von einem Zubringer zu demjenigen Fahrzeug entsteht, das als nächstes im Takt hinter dem eigentlichen Abbringer folgt[14]. Das Leitsystem erkennt solche Situationen automatisch und lässt den Abbringer normal abfahren.
- Gibt es keinen akzeptablen Übergang zu einem solchen »Taktfolger« und ist das Toleranzband überschritten, so ist eine manuelle, explizite Entscheidung des Fleetmanagers gefordert.

Anschlüsse halten oder brechen?

Verletzte Anschlüsse sind für Fahrgäste sehr ärgerlich; zudem sieht der Verkehrsvertrag für solche Fälle meist eine Pönale vor[15]. Lässt der Disponent den Abbringer jedoch sehr lang warten, so wird dieser wiederum eigene Verspätungen produzieren und möglicherweise andere Anschlüsse nicht herstellen können: Die Störung pflanzt sich durch das ganze System fort. Um rational entscheiden zu können, muss der Disponent in der Leitstelle sämtliche Auswirkungen einer verlängerten Wartezeit abschätzen können. Ein gutes Betriebsleitsystem bietet ihm dafür einen speziellen Modus, der eine bestimmte Entscheidung simuliert und dann die aktuellen Verkehrsbewegungen in die Zukunft fortschreibt; Möglichkeiten zum Aufholen von Verspätungen müssen dabei ebenso einkalkuliert werden

14. Das heißt, dieses Fahrzeug hat dasselbe Fahrziel und denselben Fahrweg wie der ursprüngliche Abbringer.
15. In gravierenden Fällen, die allerdings im Nahverkehr sehr selten sind, können zudem betroffene Fahrgäste Schadensersatzansprüche geltend machen.

wie das Auslösen von Folgeverspätungen. Die Datenstrukturen und ein Teil der Algorithmen, die man für eine solche Simulation braucht, sind im Modell vorhanden, doch muss man natürlich einen separaten »Datenraum« dafür schaffen – die Wirklichkeit bleibt ja nicht stehen, während man simuliert.

Situation bewerten

Ein wichtiger Input für die Bewertung der Situation bzw. des Simulationsergebnisses ist die Anzahl der umsteigewilligen Fahrgäste im Zubringer. Hat man in diesem Fahrzeug eine Zähleinrichtung, so kann man auf Basis statistischer Annahmen oder Erhebungen einen gewissen Anteil der aktuellen Passagieranzahl dafür ansetzen. Besitzen Fahrgäste elektronische Tickets, so lassen sich daraus möglicherweise Indizien darüber ableiten, ob sie umsteigen werden. Oft hat man allerdings nur vage Vorstellungen davon, wie viele Fahrgäste von einer Verletzung des Anschlusses betroffen wären. Im mehr oder weniger dichten Innenstadtverkehr sind die Folgen für den Passagier geringer als im Regionalverkehr oder bei der letzten Abendfahrt stadtauswärts. Einzelne Verkehrsbetriebe fragen daher ihre Fahrgäste im Regionalverkehr bereits beim Einsteigen nach ihrem Fahrtziel, wenn dieses aus dem Ticket nicht hervorgeht. Der Bordrechner zeigt dazu dem Fahrer einen Dialog zur Zielauswahl, während das Fahrzeug steht und die Fahrgäste einsteigen. So kann das Fahrzeug beim Verlassen der Haltestelle die Zahl der Umsteiger für jeden vorausliegenden Anschluss an die Zentrale übermitteln.

Dritter Regelkreis

Unfälle und sporadisch verletzte Anschlüsse sind singuläre Störungen; die Regulierung durch die Leitstelle führt über kurz oder lang zum Normalzustand zurück, und danach ist die Störung vergessen. Treten jedoch beispielsweise an einem bestimmten Punkt regelmäßig Anschlussprobleme auf, so könnte eine systematische Ursache dahinterstehen. Gelingt es, diese aufzudecken, so kann man entsprechend reagieren. Im einfachsten Fall baut man beispielsweise an der kritischen Stelle im Fahrplan etwas mehr »Luft« ein. Auch hier wirkt ein *Regelkreis*. Nicht die einzelne Abweichung ist jetzt der Auslöser, sondern die statistische Häufung. Die Regulierung erfolgt auf der Ebene der Planung, also außerhalb der Leitstelle. Das Betriebsleitsystem ist insofern beteiligt, als es einzelne Störungen aufzeichnet und Auswertemöglichkeiten anbietet.

Zusammenwirken der Regelkreise 1 und 3

Im folgenden Beispiel wirken der erste und der dritte Regelkreis zusammen:

> Ein Fahrzeug gelangt in die Nähe einer ansteuerbaren Lichtsignalanlage (LSA). Normalerweise wird das Fahrzeug sofort grünes Licht anfordern; wenn es jedoch leicht verfrüht ist, kann es im Rahmen seiner eigenen Kompetenz (Regelkreis 1) auch darauf verzichten. Die Leitstelle (Regelkreis 2) bekommt nichts davon mit, denn das Fahrzeug bleibt innerhalb seines zeitlichen »Plankorridors«. Das Fahrzeug zeichnet jedoch solche Situationen auf. Einmal im Monat werden diese Aufzeichnungen von einem Qualitätsmanager (Regelkreis 3) überprüft. Häufen sich derartige Situationen an einer bestimmten LSA, so kann man im Fahrzeitprofil der betroffenen Strecke die Solldauer reduzieren.

Entstehen umgekehrt trotz LSA-Ansteuerung auf einer Strecke regelmäßig Verspätungen, so kann ebenfalls ein Blick in das Protokoll lohnen: Dort ist vermerkt, wie lange die Wartedauer an der LSA nach Auslösung der Anforderung jeweils tatsächlich war. Ist der Empfänger an der LSA defekt oder sendet das Fahrzeug den falschen Code, so fällt dies hier auf, und Regelkreis 3 sorgt für die Reparatur.

Zusammenwirken aller Regelkreise

In unserem abschließenden Beispiel wirken alle Regelkreise mit:

Ein Fahrzeug baut bei dichtem Straßenverkehr Verspätung auf. Der Bordrechner verkürzt eingeplante Standzeiten an vorausliegenden Haltestellen und fordert den Fahrer jeweils zur zügigen Weiterfahrt auf (Regelkreis 1). Die Verspätung lässt sich auf diese Weise jedoch nicht einholen.

Die Zentrale verfolgt Standort und Fahrgeschwindigkeit des Fahrzeugs und schätzt, wann das Fahrzeug am Anschlusspunkt ankommen wird. Sie bezieht bei ihrer Hochrechnung mit ein, dass das Fahrzeug versuchen wird, Standzeiten zu reduzieren. Sie erkennt, dass die verbleibende Störung geringfügig sein wird, und lässt den Abbringer automatisch warten (Regelkreis 2). Die Aktion wird protokolliert.

Statistische Analysen des Protokolls zeigen, dass diese Situation regelmäßig Freitagnachmittags zwischen 14:00 und 17:00 auftritt – offenbar ist die geplante Fahrzeit für den Verkehr zu dieser Zeit nicht geeignet; das Fahrzeitprofil wird daher im Planungssystem angepasst (Regelkreis 3).

8.4 Das Modell: Ereignisse und Maßnahmen

Um die Betriebslenkung abzubilden, müssen wir die *Aktionen der Leitstelle* als Klassen in das Modell aufnehmen (vgl. Abb. 8-3). Wir bezeichnen sie im Modell als `Maßnahmen`. Wenn man die Arbeit in einer Leitstelle eine Weile beobachtet, dann stellt man fest, dass in vergleichbaren Fällen ähnlich oder identisch reagiert wird. Die Fleetmanager legen sich einen Satz von Standardreaktionen zurecht und wenden diese – ggf. mit leichten Modifikationen – an[16], wann immer sie einigermaßen passend erscheinen.

Handlungsmuster

Wenn unser Modell realitätsnah sein soll, dann müssen wir zwischen dem abstrakten Handlungsmuster und der konkreten Handlung unterscheiden. In Anlehnung an den Sprachgebrauch an anderer Stelle sprechen wir von der `MaßnahmeX` als konkreter Handlung und der `Maßnahme` als abstraktem Handlungsmuster.

Ereignis und Reaktion

Maßnahmen fallen nicht vom Himmel. Sie werden entwickelt, weil man eine bestimmte Art von Störung im Auge hat. Die Maßnahme stellt die `Reaktion` auf ein `Ereignis` dar, das zu der Störung geführt hat. Da mitunter mehrere Maßnahmen notwendig sind, um adäquat zu reagieren, und umgekehrt eine bestimmte

16. Vergleiche Abschnitt 8.3 (Fuzzy-Regelung).

Maßnahme in mehreren verschiedenen Situationen nützlich sein kann, bildet die `Reaktion` eine m:n-Beziehung zwischen `Ereignis` und `Maßnahme` ab.

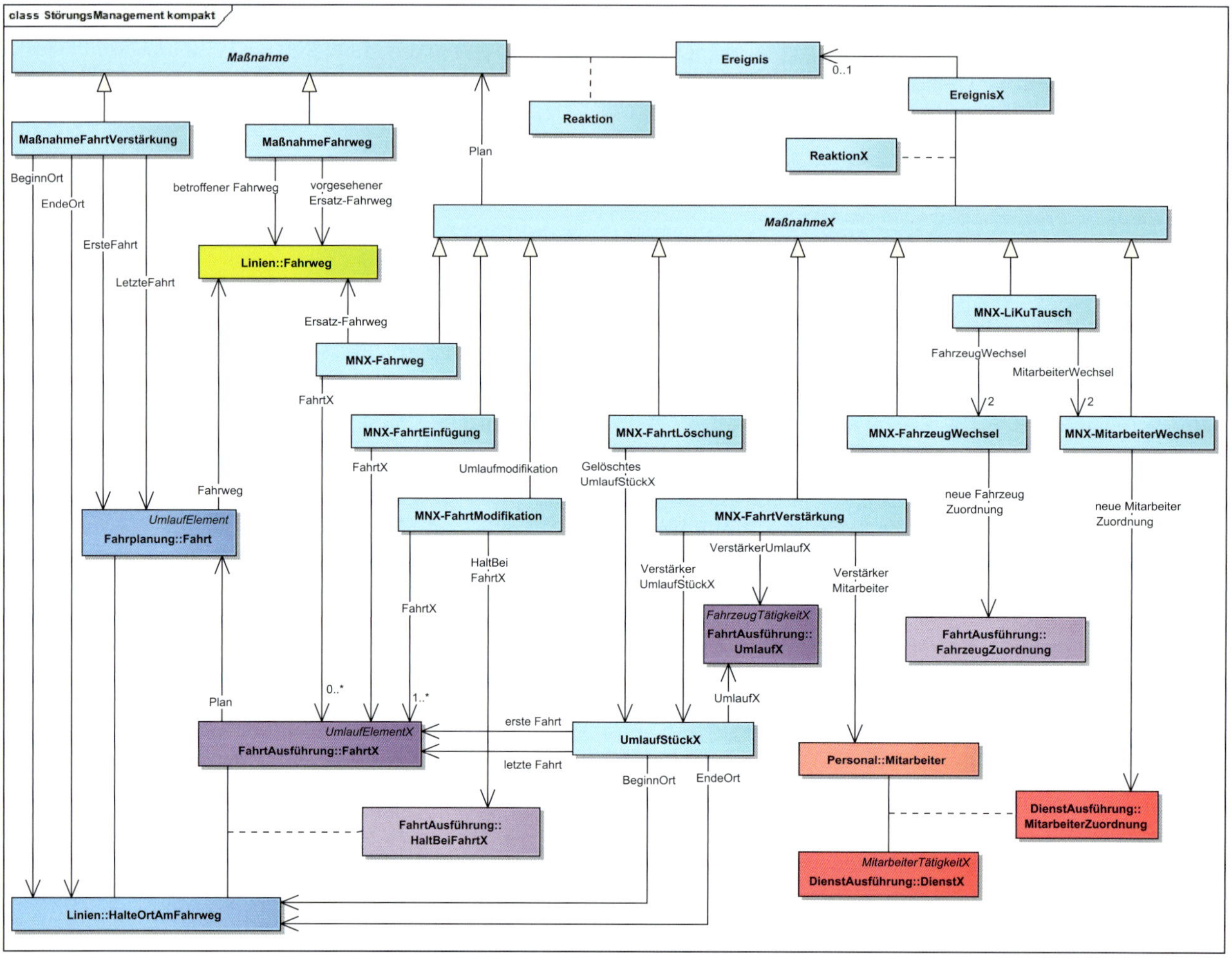

Abb. 8-3 Teilmodell: Ereignisse und Maßnahmen (Störungsmanagement)

Ereignis und Maßnahme

Im vorherigen Kapitel haben wir die Kurzwende als eine Maßnahme kennengelernt, die als Reaktion auf eine Straßenblockade nützlich ist. Kurzwenden kann man nicht überall durchführen, weder beim Schienenverkehr noch bei Bussen. Man wird die jeweiligen Kurzwendemöglichkeiten als Maßnahmen definieren und sie zur passenden Reaktion auf Straßenblockaden an bestimmten Streckenabschnitten erklären. Für andere Streckenabschnitte wird man jedoch vielleicht eine *Umleitung* bevorzugen.

`EreignisX` und `MaßnahmeX`

So wie `Ereignis` und `Maßnahme` über die `Reaktion` verbunden sind, gehören ihre Äquivalente in der »X-Welt« zusammen. Um das Modell nicht zu starr zu machen, ist die Beziehung vom `EreignisX` zum `Ereignis` optional, d.h., wir müssen damit rechnen, dass ein `EreignisX` eintritt, an das wir nicht gedacht haben. Wenn wir Glück haben, passt trotzdem eine vorhandene Maßnahme, andernfalls müssen wir improvisieren.

Reaktion und ReaktionX

Passt das konkrete EreignisX auf ein vordefiniertes Ereignis, so kann – und sollte – der Disponent die Liste der vorgesehenen Maßnahmen (also die Standard-Reaktion) als *Checkliste* verwenden und der Reihe nach entsprechende MaßnahmenX ergreifen. Seine ReaktionX wird dann ein Spiegelbild der Reaktion sein. Aber auch hier sind Sonderfälle und berechtigte Abweichungen denkbar, so dass wir im Modell auf eine direkte Beziehung zwischen Reaktion und ReaktionX verzichten. Ein System, das den Disponenten warnt, wenn er vorgesehene Maßnahmen nur unvollständig umsetzt, kann man auch ohne eine solche Beziehung konstruieren.

Lebenszyklus von Maßnahmen

Natürlicherweise richtet sich der Fokus immer zunächst auf das Einleiten einer MaßnahmeX. Genauso wichtig sind jedoch das kontrollierte Abschließen jeder MaßnahmeX und die Rückführung in den Normalbetrieb. Dabei darf der Disponent nicht nur an Fahrer und Fahrzeuge, an Takte und an den Fahrplan denken, sondern er muss auch entscheiden, wie, wann und wo er die Fahrgäste informiert; er – oder der DFI-Disponent – muss dazu unterscheiden, ob die Fahrgäste in einem betroffenen Fahrzeug sitzen, an der Haltestelle warten oder sich noch im zeitlichen Vorfeld des Fahrtantritts befinden. Je nachdem gibt es Durchsagen in die Fahrzeuge oder Sondertexte an den Haltestellen, Hinweise im Internet oder sogar SMS-Meldungen an registrierte Pendler, wenn deren Strecke betroffen ist. In allen Fällen ist die Befristung der Information bzw. die gezielte Rücknahme wichtig. Ansonsten kann es leicht passieren, dass der Betrieb schon wieder läuft und die Fahrgäste immer noch verunsichert sind.

Workflow

Bei großen Verkehrsunternehmen ist ein hoher Automatisierungsgrad erforderlich. Maßnahmen können daher so gestaltet sein, dass sie Informationswege und Rücknahmeverfahren so präzise festlegen, dass eine daraus abgeleitete MaßnahmeX fast von alleine abläuft. Man kann aber auch mit bescheidenen Mitteln die Arbeit der Leitstelle verbessern, etwa indem man in jede Maßnahme eine Checkliste integriert, die der Disponent dann manuell abarbeitet. Dokumentation ist besonders wichtig: Was ist schon erledigt, was muss noch getan werden? Vielfach hat man daher Systeme, bei denen die Checkliste nicht nur gelesen und erledigt wird, sondern auch jeder Schritt elektronisch abgehakt wird. Disponenten arbeiten im Schichtbetrieb, und Störungen können lang dauern – man definiert daher einen Workflow, der von jedermann nachvollziehbar ist. Dann fällt bei der Übergabe an einen Kollegen auch nichts unter den Tisch.

Maßnahme und MaßnahmeX

Bei der Beziehung zwischen Maßnahme und MaßnahmeX ist das Modell streng: Diese Beziehung ist nicht optional, d. h., hier gilt das Prinzip, dass eine getroffene MaßnahmeX jenseits des konkreten Einzelereignisses wiederverwendbar sein soll. Ob dieser Ansatz durchzuhalten ist, hängt auch davon ab, wie ein bestimmtes IT-System ihn umsetzt. Wenn zur Auslösung einer »neuen« MaßnahmeX zunächst umständliche Dialogwechsel erforderlich sind und abstrakte allgemeine Beschreibungen erfasst werden müssen, bevor der Disponent handeln kann, stößt dies sicher auf Widerstand. Wenn das System jedoch nach der erstmaligen Durchführung einer MaßnahmeX den Disponenten auffordert, sich Gedanken darüber zu machen, in *welchen vergleichbaren Fällen er wieder so handeln* würde, dann wird Erfahrungswissen systematisiert und die Arbeit in der Leitstelle auf lange Sicht effektiver.

Differenzierung von Maßnahmen

Ein großer Teil des Modells befasst sich mit den diversen Spielarten von Maßnahmen und MaßnahmenX (abgekürzt als MNX-...). Im abstrakten Bereich ist die Gliederung relativ grob: Wir unterscheiden nur zwischen der MaßnahmeFahrtVerstärkung und fahrwegbezogenen Maßnahmen (MaßnahmeFahrweg). Bei der Konkretisierung differenzieren wir stärker[17]:

Fahrt löschen

- Im Plan vorgesehene FahrtenX können **gelöscht** werden. Da es häufig vorkommt, dass zusammen mit einer FahrtX auch eine oder mehrere Folgefahrten gestrichen werden, bezieht sich die MNX-FahrtLöschung generell auf ein UmlaufStückX; die Streichung einer einzelnen FahrtX ist dann ein Spezialfall, bei dem UmlaufStückX.*ErsteFahrt* und UmlaufStückX.*LetzteFahrt* identisch sind.

Fahrt verschieben

- Bestehende Fahrten können **modifiziert** werden (MNX-FahrtModifikation); dabei wird beispielsweise die zeitliche Lage der FahrtX verändert, indem die freie Wendedauer verkürzt wird. Oder man lässt das Fahrzeug an einem bestimmten HalteOrtAmFahrweg entgegen dem Plan länger warten (Anschlusssicherung).

Fahrweg ändern

- Der **Fahrweg** kann für eine oder mehrere Fahrten **geändert** werden (MNX-Fahrweg). Es gibt im Modell jedoch keine »freien Fahrten«, d. h., es muss ein *ErsatzFahrweg* definiert werden. Man kann und sollte dem Disponenten natürlich die Arbeit erleichtern, indem er sich den Ersatzfahrweg spontan »zusammenklicken« kann – dies ändert aber aus Modellsicht nichts an dem Prinzip »keine Fahrt ohne Plan«. Typische Änderungen des Fahrwegs sind:
  - **vorzeitiges Wenden** (Kurzwende)
  - **Linienteilung**, d. h. vorzeitiges Wenden auf beiden Seiten einer Störungsstelle
  - **Linienteilung mit Ersatzverkehr**; dies kommt besonders bei Schienenfahrzeugen vor. Die Züge pendeln bis kurz vor die Störungsstelle; der gestörte Streckenabschnitt wird durch Busse im Schienenersatzverkehr (SEV) umfahren.
  - **Umleitung**, d. h., es wird eine andere Strecke benutzt; je nach Art der Störung werden dabei u. U. bestimmte Haltestellen nicht mehr bedient
  - **Verspätetes Wenden** (Langführung); Fahrzeuge fahren eine längere Strecke als geplant

Fahrt hinzufügen

- Man kann neue FahrtenX **hinzufügen** (MNX-FahrtEinfügung).

Fahrt verstärken

- Ein wichtiger Spezialfall ist die **Verstärkerfahrt**. Hier verhält sich die neu eingefügte FahrtX im Prinzip genau wie eine bereits vorhandene FahrtX, abgesehen von einem *zeitlichen Versatz*. Auch bei der MNX-FahrtVerstärkung gilt wieder die Verallgemeinerung zu UmlaufStücken.

Fahrzeug wechseln

- Fällt ein Fahrzeug aus, so besteht die MaßnahmeX darin, ein **Ersatzfahrzeug** zu beschaffen (MNX-FahrzeugWechsel). In der Praxis kann es sein, dass das Er-

17. Der unterschiedliche Grad der Differenzierung ist nicht zwingend; er scheint uns jedoch legitim und vereinfacht die Darstellung.

satzfahrzeug genau dorthin beordert wird, wo das ausgefallene Fahrzeug steht. Oft nimmt aber ein Taktnachfolger die Fahrgäste auf, und das Betriebsleitsystem passt die Taktung vorübergehend an die reduzierte Fahrzeuganzahl an. Später wird dann eine Lücke geschaffen, in die das Ersatzfahrzeug sich einfädelt. Man erzeugt diese Lücke zweckmäßigerweise dort, wo das Ersatzfahrzeug am schnellsten hinkommen kann.

- Fällt ein Fahrer aus, so passiert das Analoge auf der Seite der Mitarbeiter (`MNX-MitarbeiterWechsel`). Ort und Zeitpunkt des **Fahrerwechsels** müssen festgelegt und Pausenregeln eingehalten werden.

Fahrer wechseln

- Wenn durch Dispositionsmaßnahmen wie z. B. eine Kurzführung die Reihenfolge von Fahrzeugen gegenüber dem Plan verändert ist, kann es passieren, dass die Dienstpläne der Fahrer nicht mehr zu der Reihenfolge passen, in der die Fahrzeuge bei abnehmender Verkehrslast allmählich aus dem Verkehr gezogen werden sollen. In solchen Fällen ist ein **kombinierter Tausch** von Fahrer und Fahrzeug nützlich (`MNX-LiKuTausch`).

Kurstausch

Beziehung zu Fahrzeugen, Umläufen, Mitarbeitern, Diensten

In Abbildung 8-3 sind die wesentlichen Beziehungen zu Klassen dargestellt, die wir bereits in anderem Zusammenhang behandelt haben. Sie sind aus zwei Gründen essenziell: Zum einen bilden sie die Anker für die Maßnahmen, und zum anderen werden sie benötigt, um summarische Leistungsdaten zu erfassen und fortzuschreiben. Das Leitsystem verfolgt den Einsatz jedes Mitarbeiters und jedes Fahrzeugs ganz exakt. Es liegt daher nahe, dass das Leitsystem diese Informationen für die *Lohnabrechnung der Mitarbeiter* und zur Fortschreibung der *Fahrzeuglaufleistungen* weitergibt.

8.5 Bedienung eines Betriebsleitsystems

Aus der Beschreibung des Klassenmodells und der Regelkreise ging bereits die zentrale Aufgabe der Fleetmanager hervor: das Erkennen von Planabweichungen und die Rückführung in den Sollzustand; Verkehrsbetriebe bezeichnen dies meist als *Störungsmanagement*. Wir zeigen in diesem Kapitel, welche typischen Dialoge ein Leitsystem dazu bietet. Der Einfachheit halber haben wir unserem eigenen Produkt (*IVU.fleet*) einige Screenshots entnommen; das Benutzerinterface anderer Marktprodukte sieht ähnlich aus, so dass die Allgemeingültigkeit dadurch nicht beeinträchtigt wird.

Arbeitsteilung

In einer Leitstelle arbeiten mehrere Disponenten gleichzeitig. Ein Leitsystem erlaubt jedem Fleetmanager, seinen Arbeitsbereich zu definieren, typischerweise durch die Aufzählung einer bestimmten Anzahl von Linien oder die Eingrenzung eines räumlichen Zuständigkeitsgebiets. Die Flut der Fahrzeuge, Meldungen und Gespräche wird so gefiltert. Beispielsweise wird der Sprechwunsch eines Fahrers dann (primär) auf dem Bildschirm des jeweils zuständigen Disponenten angezeigt. Die Aufteilung muss nicht disjunkt sein. Bei manchen Ereignissen (Notfallmeldungen) will man z. B. bewusst sofort alle Disponenten gleichzeitig informieren. Einerseits soll sich das System persönliche Filtereinstellungen merken, andererseits sollen sie leicht veränderbar sein: In Randzeiten sitzen weniger Mitarbeiter in einer Leitstelle als zu Zeiten des Hochbetriebs.

Ergonomie

In einer Leitstelle ist es üblich, dass jeder Mitarbeiter drei oder vier Monitore hat. Es ist zweckmäßig, wenn das Bedienmenü auf jedem Monitor angezeigt wird (kurze Wege mit der Maus), die Fensterinhalte ansonsten jedoch quer über alle Bildschirme geschoben werden können. Diese Anforderung erfordert auch in jüngerer Zeit noch spezielle Hardware (Grafikkarten) und »Klimmzüge« bei der Software. Dies jedoch nur am Rande.

Ereignisliste

Ereignisse werden als sortierbare und filterbare tabellarische Übersicht (vgl. Abb. 8-4) angezeigt. Im Wesentlichen gibt es drei Quellen für Ereignisse:

Quelle = Fahrer oder Fahrzeug

- Wünsche, Anforderungen und eingehende Meldungen (`DatenNachrichten`) von **Fahrern** bzw. **Fahrzeugen**:
  - Unfallruf, Überfallruf
  - Technische Störungen (können vom Fahrer oder auch automatisch vom Fahrzeug ausgelöst werden)
  - Sprechwunsch (= Datentelegramm, das den Fleetmanager zum Rückruf per Sprechfunk auffordert)
  - Auffällige Fahrplanlage (signifikante Fahrplanabweichung)
  - Kurzfristige Abwesenheitsmitteilungen (WC-Besuch)
  - Storno (z. B. versehentliches Drücken der Nottaste)

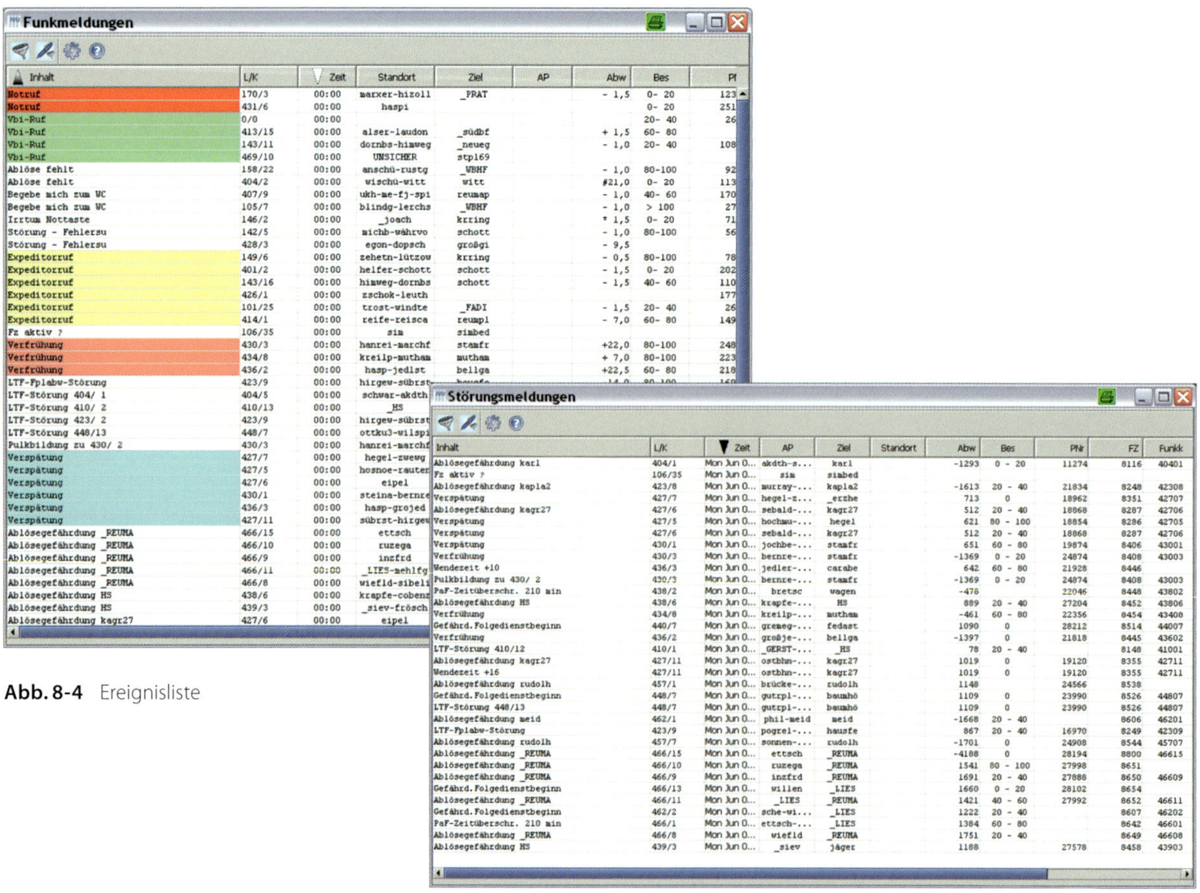

Abb. 8-4 Ereignisliste

- Vom **Leitsystem** erkannte Soll-Ist-Abweichungen, z. B.:

Automatische Erkennung im Leitsystem

  - Ein Fahrer meldet sich nicht rechtzeitig zum Dienst an.
  - Eine Fahrt (ein Umlauf) wird nicht rechtzeitig angetreten.
  - Ein Fahrzeug möchte sich zum Antritt einer Fahrt anmelden, die bereits durchgeführt wird.
  - Signifikante Abweichungen einzelner Fahrzeuge vom Fahrplan (falls die Fahrzeuge nur Standorte senden und die Ermittlung der Fahrplanlage in der Zentrale stattfindet)
  - Zusammenfassende Charakterisierungen der Situation (Pulkbildung auf einer Linie)
  - Erkennung von zähflüssigem Verkehr (z. B. wenn drei Fahrzeuge hintereinander auf einer Strecke mehr als 150 % der normalen Fahrzeit benötigen)
  - Gefährdung von Anschlüssen
  - Gefährdung von Ablösevorgängen zwischen Fahrern
  - Gefährdung des Folgedienstbeginns
  - Technische Störungen, die zentral erkannt werden (Funkprobleme)

- Manuell vom **Disponenten** erfasste Ereignisse

Manuelle Erfassung in der Leitstelle

  - Spontane Ereignisse (Streckensperrung wegen eines Wasserrohrbruchs, Unfall, Fahrzeugdefekt)
  - Ereignisse, die so kurzfristig bekannt werden, dass sie nicht mehr in der Planung berücksichtigt werden konnten (Demonstration, Tagesbaustelle)

Verspätungen ausfiltern

Damit die Ereignisliste nicht zu unübersichtlich wird, kann man bestimmte Arten von Ereignissen ausfiltern. Dies betrifft insbesondere Meldungen zur Fahrplanabweichung, da es für die Visualisierung der Fahrzeugstandorte andere, besser geeignete Darstellungsformen gibt. Im Gegensatz zu Verspätungen belässt man aber oft *Verfrühungen* in der Liste – einerseits sind sie wesentlich seltener als Verspätungen, andererseits sind sie besonders unerwünscht.

Maßnahmenprotokoll und Workflow

Manche Systeme nutzen Ereignislisten auch, um die Maßnahmen der Disponenten festzuhalten (»Kurzwende Linie 8 am Odenwaldplatz«). Konzeptionell handelt es sich dabei zwar um ein Protokoll, doch kann man darin oft auch ein (selbst verursachtes) Ereignis sehen, das seinerseits wieder nach einer Maßnahme verlangt: Die Kurzführung soll schließlich bei passender Gelegenheit wieder beendet werden. Manche Systeme bieten zusätzlich spezielle Mechanismen zur Steuerung des Workflow der Fleetmanager.

Abweichungsanalyse

Für einen raschen Überblick über aktuelle Unregelmäßigkeiten eignen sich verdichtete grafische Übersichten. Da der Disponent in der Leitstelle potenziell einer Reizüberflutung ausgesetzt ist, gilt hier oft das Prinzip »weniger ist mehr«. Als besonders nützlich hat sich eine einfache Darstellung der aktuellen Extremwerte der Fahrplanlage je Linie erwiesen (Abb. 8-5). Die Linien sind eingeschränkt auf den aktuellen Arbeitsbereich des Disponenten. Im Beispiel zeigen die Säulen oberhalb der waagrechten Achse die aktuelle Verspätung desjenigen Fahrzeugs an, das am stärksten hinter dem Fahrplan her ist. Die Säulen unterhalb zeigen analog das Fahrzeug mit der stärksten Verfrühung. Natürlich könnte man auch statistische Maße (Varianz, Standardabweichung, Quantile) berechnen, aber was soll der Disponent damit letztlich anfangen? Wenn er auf die längste Säule klickt, dann hat er den größten Störenfried direkt im Zugriff und kann entweder mit dem Fahrer sprechen oder direkt eine Maßnahme einleiten.

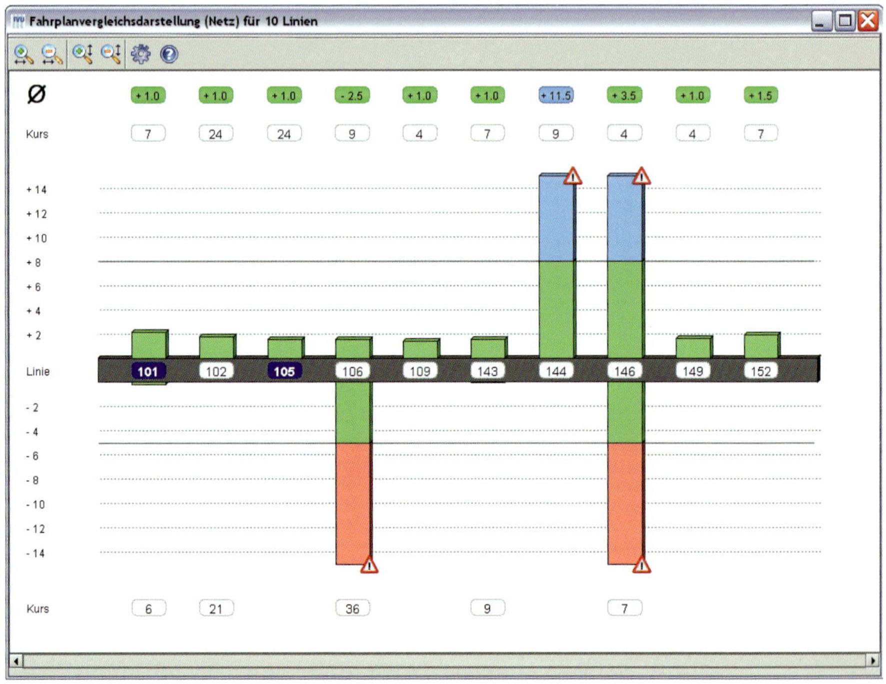

Abb. 8-5
Maxima und Minima der aktuellen Fahrplanlage

Fahrplanabweichungen

Will es der Disponent genauer wissen, so kann er sich einen zeitlichen Ausschnitt des Fahrplans seiner Linien anzeigen lassen. Wenn das System die aktuelle Uhrzeit hervorhebt (Fettdruck in Abb. 8-6), ergibt sich optisch eine schräge Linie, die mit der gewünschten räumlichen Staffelung der Fahrzeuge korrespondiert. Wichtige Punkte hebt man meist farblich heraus. Beispielsweise kann man durch einen Farbcode Punkte darstellen, an denen eine Fahrerablösung stattfindet. Es kann vorkommen, dass im Plan eine Fahrt auftaucht, die aktuell nicht durchgeführt wird (z. B. Kurs 29 in Abb. 8-6).

Wagenlaufplan

Richtet sich der Fokus des Disponenten auf ein einzelnes Fahrzeug, so möchte er nicht nur den Fahrplan für die aktuelle Fahrt sehen, sondern auch alle Folgefahrten. Für solche Fälle bieten Leitsysteme eine tabellarische Darstellung des gesamten Umlaufs an – Disponenten bezeichnen die entsprechende Übersicht oft als *Wagenlaufplan*.

Kartendarstellung

Man könnte vermuten, dass der Fleetmanager am liebsten auf einer Karte die Standorte aller seiner Fahrzeuge verfolgen würde. In der Tat gibt es entsprechende Dialoge in einem Betriebsleitsystem (vgl. Abb. 8-7).

Sie werden gelegentlich im Regionalverkehr oder bei der Einarbeitung neuer Disponenten zurate gezogen. Im Stadtverkehr kennen Fleetmanager jedoch ihr Gebiet in der Regel so gut, dass sie eine geografische Darstellung kaum vermissen. Straßenkarten spielen in der Praxis vor allem dann eine Rolle, wenn der normale Fahrweg geändert wird, etwa bei der Einrichtung von Umleitungen,

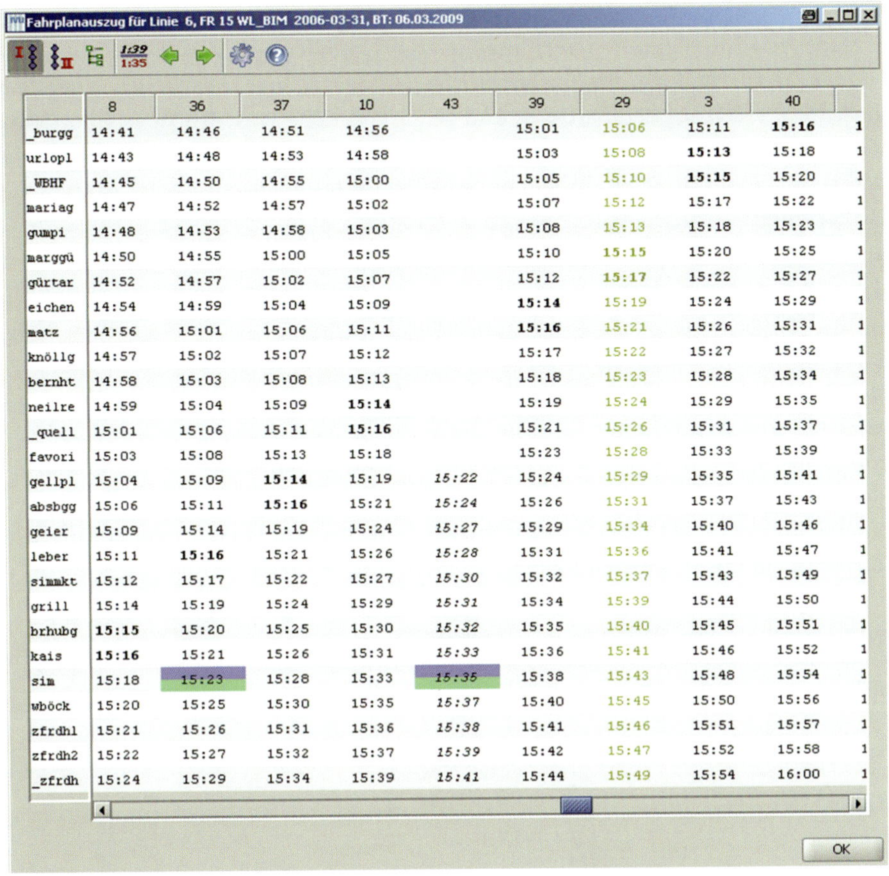

	8	36	37	10	43	39	29	3	40	
_burgg	14:41	14:46	14:51	14:56		15:01	15:06	15:11	15:16	1
urlopl	14:43	14:48	14:53	14:58		15:03	15:08	15:13	15:18	1
_WBHF	14:45	14:50	14:55	15:00		15:05	15:10	15:15	15:20	1
mariag	14:47	14:52	14:57	15:02		15:07	15:12	15:17	15:22	1
gumpi	14:48	14:53	14:58	15:03		15:08	15:13	15:18	15:23	1
marggü	14:50	14:55	15:00	15:05		15:10	15:15	15:20	15:25	1
gürtar	14:52	14:57	15:02	15:07		15:12	15:17	15:22	15:27	1
eichen	14:54	14:59	15:04	15:09		15:14	15:19	15:24	15:29	1
matz	14:56	15:01	15:06	15:11		15:16	15:21	15:26	15:31	1
knöllg	14:57	15:02	15:07	15:12		15:17	15:22	15:27	15:32	1
bernht	14:58	15:03	15:08	15:13		15:18	15:23	15:28	15:34	1
neilre	14:59	15:04	15:09	15:14		15:19	15:24	15:29	15:35	1
_quell	15:01	15:06	15:11	15:16		15:21	15:26	15:31	15:37	1
favori	15:03	15:08	15:13	15:18		15:23	15:28	15:33	15:39	1
gellpl	15:04	15:09	15:14	15:19	15:22	15:24	15:29	15:35	15:41	1
absbgg	15:06	15:11	15:16	15:21	15:24	15:26	15:31	15:37	15:43	1
geier	15:09	15:14	15:19	15:24	15:27	15:29	15:34	15:40	15:46	1
leber	15:11	15:16	15:21	15:26	15:28	15:31	15:36	15:41	15:47	1
simmkt	15:12	15:17	15:22	15:27	15:30	15:32	15:37	15:43	15:49	1
grill	15:14	15:19	15:24	15:29	15:31	15:34	15:39	15:44	15:50	1
brhubg	15:15	15:20	15:25	15:30	15:32	15:35	15:40	15:45	15:51	1
kais	15:16	15:21	15:26	15:31	15:33	15:36	15:41	15:46	15:52	1
sim	15:18	15:23	15:28	15:33	15:35	15:38	15:43	15:48	15:54	1
wböck	15:20	15:25	15:30	15:35	15:37	15:40	15:45	15:50	15:56	1
zfrdh1	15:21	15:26	15:31	15:36	15:38	15:41	15:46	15:51	15:57	1
zfrdh2	15:22	15:27	15:32	15:37	15:39	15:42	15:47	15:52	15:58	1
_zfrdh	15:24	15:29	15:34	15:39	15:41	15:44	15:49	15:54	16:00	1

Abb. 8-6

Aktueller Fahrplanausschnitt

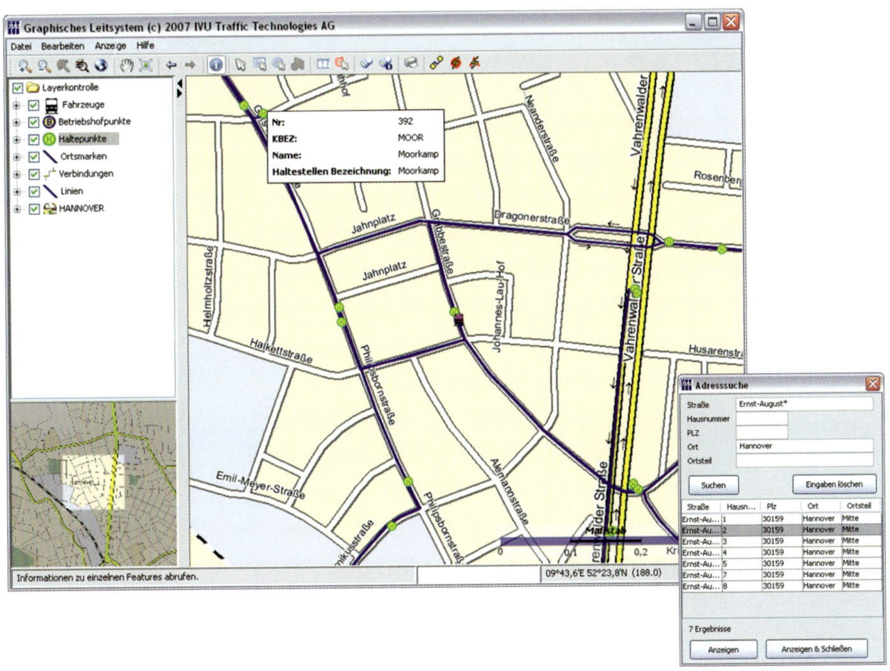

Abb. 8-7

Geografische Karte

oder wenn besondere Umgebungsinformationen benötigt werden, z.B. bei der Zufahrt von Einsatzkräften bei Unfällen oder Notfällen.

Schematische Liniendarstellung

Im Normalfall ist eine schematische Grafik jedoch nützlicher, denn sie beschränkt sich auf den Fahrweg und zeigt damit das Wesentliche in übersichtlicher Form. Bei komplexen Linien sieht man nicht nur den aktuell genutzten Fahrweg, sondern auch mögliche Abkürzungen oder optionale zusätzliche Streckenteile (»Langführungen«). In Abbildung 8-8 ist der Hauptfahrweg gegenüber den Alternativen mit dicker Strichstärke hervorgehoben. Neben jedem Fahrzeug ist ein kleiner Kasten eingeblendet, der das aktuelle Fahrziel und die Fahrplanlage zeigt. Letztere ist in unserem Beispiel zwar absolut gesehen nicht befriedigend (+8 oder +9 Minuten). Da der Wert jedoch für alle Fahrzeuge fast gleich ist, wird der Fahrgast bei einem 10-Minuten-Takt die aktuelle Situation eher als eine geringfügige Verfrühung wahrnehmen. Rein optisch kommt die Gleichmäßigkeit der Verspätung durch die ziemlich regelmäßig verteilten farbigen Punkte gut zum Ausdruck. Bei einer schematischen Darstellung ist dies allerdings nur ein Anhaltspunkt, denn die reale Streckenlänge korreliert nur lose mit der Diagrammdarstellung.

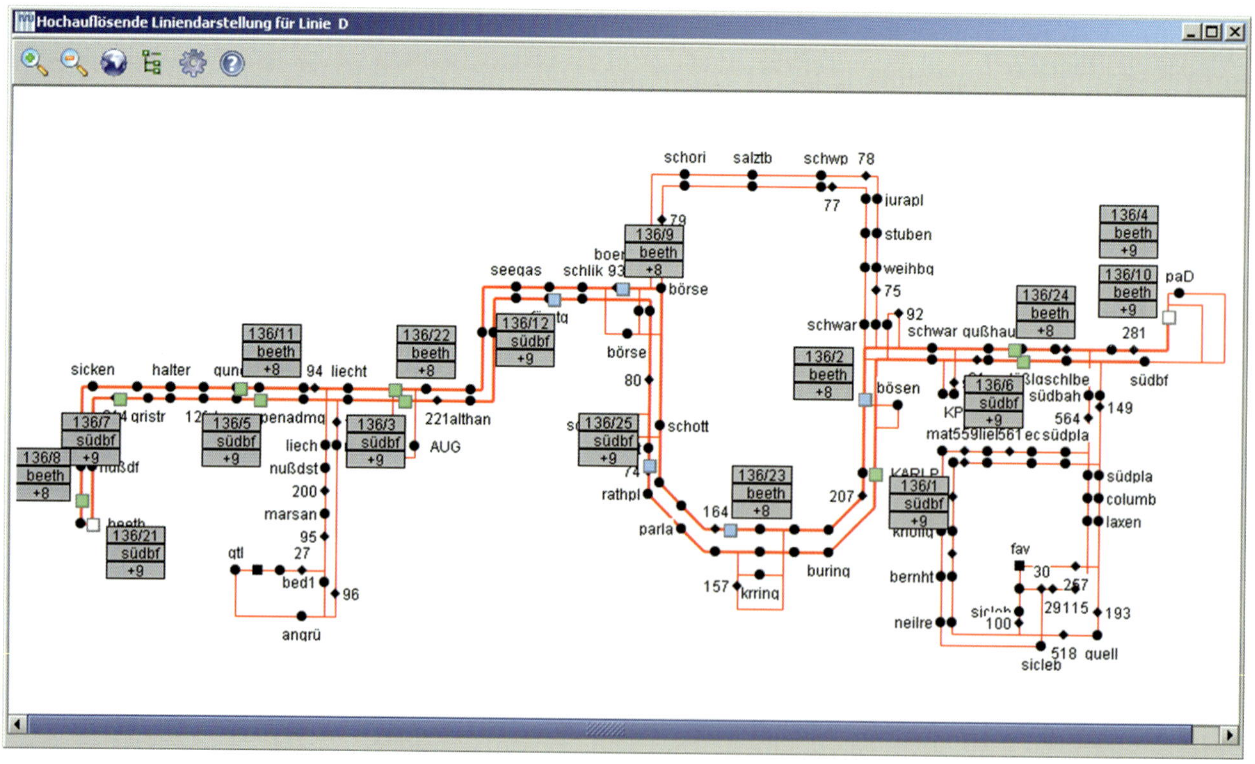

Abb. 8-8 Liniendarstellung mit Fahrweg-Varianten

Linienleiter

Bei einfachen Linien genügt eine Darstellung, die von Himmelsrichtungen und alternativen Fahrwegen völlig abstrahiert: die *Linienleiter*. Sie hat den Vorteil, dass die Verteilung der Fahrzeuge genauer ablesbar ist und für alle Linien einheitlich aussieht. Unser Bild (Abb. 8-9) zeigt die Fahrzeuge an ihrer Ist-Position. Die Abweichung vom Soll ist an Farbcodes erkennbar (rot = zu früh, blau = zu spät, grün = im Plan) und zusätzlich in Zahlenform angegeben. Farbcodes können auch benutzt werden, um den Status eines Fahrzeugs darzustellen: Beispielsweise eine spezielle Farbhinterlegung für Fahrzeuge an der Endhaltestelle oder für Fahrzeuge auf Fahrten, die eingeplant sind, aber aktuell nicht durchgeführt werden. Zur Visualisierung der Fahrplanlage kann auch zusätzlich von jeder Infobox eines Fahrzeugs eine dünne Linie zu dem Punkt gezogen werden, wo das Fahrzeug laut Plan stehen müsste. Weist diese Linie schräg nach vorn, so ist das Fahrzeug zu spät dran, verläuft sie rechtwinklig, ist es im Plan, weist sie rückwärts, so ist das Fahrzeug verfrüht. Die Abbildung 8-9 zeigt Beispiele dafür.

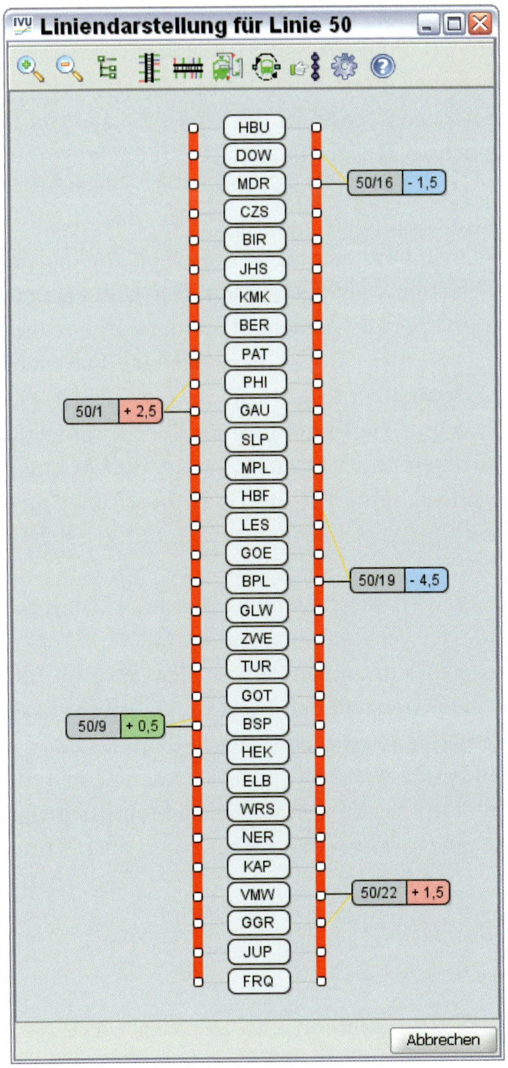

Abb. 8-9
Linienleiter

Beschränkung der Anzeige

Linienleitern zeigen meist aus Gründen der Übersichtlichkeit nur Fahrzeuge der ausgewählten Linie. Wenn mehrere Linien einen Abschnitt des Fahrwegs gemeinsam nutzen, wäre es aber natürlich auch denkbar, Fahrzeuge anderer Linien einzublenden. Die Namen der Haltestellen stehen bei einer Linienleiter im inneren Bereich, da es ja in der Regel die (schwarz dargestellten) Haltepunkte für jede Fahrtrichtung gibt. Kann eine Haltestelle nur in einer Richtung angefahren werden, so ist ihr Name nur einseitig angebunden (z. B. im unteren Bildbereich). Liegen Haltestellen sehr dicht beieinander, so kann die Linienleiter dies zumindest andeuten (z. B. im oberen Drittel des Bildes). Haltestellen mit Lautsprecher oder DFI-Anzeigen sind farblich herausgehoben. Wenn DFI-System und Leitsystem integriert sind, dann kann man hier beispielsweise den aktuellen Inhalt der Anzeiger einblenden; hat der Disponent bei Störungen eingegriffen, so kann er hier seine Maßnahmen quasi aus Fahrgastsicht miterleben.

Tabellarische Darstellungen

Grafische Darstellungen sind sehr instruktiv, können aber nicht alle Bedürfnisse abdecken. Wenn ein Disponent beispielsweise quer über alle Linien hinweg Fahrer identifizieren möchte, deren Dienst in den nächsten 30 Minuten endet, nützen ihm Grafiken gar nichts. Deshalb hat jedes Leitsystem zusätzlich frei konfigurierbare tabellarische Übersichten.

Balkenpläne zum Personaleinsatz

Wenn es um Fahrer geht, dann ist die zeitliche Lage von Dienststücken und Pausen besonders wichtig. Hierfür bietet sich ein Balkenplan an (vgl. Abb. 8-10). Im Prinzip handelt es sich um die gleiche Art von Darstellung, wie sie bei der Dienstplanung und insbesondere bei der Personaldisposition genutzt wird. In integrierten IT-Systemen wird man sogar dieselben Dialoge für den Personaldisponenten und den Fleetmanager verwenden. Der Unterschied liegt vor allem in der zeitlichen Abgrenzung: Der Personaldisponent arbeitet mit einem zeitlichen Vorlauf von mindestens einem Tag (in der Regel deutlich mehr), der Fleetmanager nimmt seine Änderungen nur am Tag des Geschehens vor. Kleinere Unterschiede gibt es auch beim Detaillierungsgrad: Der Fleetmanager interessiert sich für Fahrzeiten, Stehzeiten und Pausen, d. h. Fahrdienstelemente. Der Personaldisponent befasst sich auch mit Vor- und Nachbereitungstätigkeiten, Fahrzeugumsichtnahmen und sonstigen Tätigkeiten (Schulung, Betriebsrat usw.) der Mitarbeiter.

Kulturunterschiede

In europäischen Verkehrsbetrieben tauchen Personen in Dienstplänen meist nur als Nummer auf. Der Personalrat achtet darauf, dass Personendaten nur dargestellt werden, wenn dies unumgänglich ist. Die Sprechfunk-Dialoge in einem Leitsystem stellen einen Grenzfall dar. Darf, muss, soll der Disponent wissen, wie der jeweilige Fahrer heißt?[18] Soll er sein Gegenüber als »Linie 13, Kurs 8« ansprechen? In Deutschland gilt Letzteres als sachlich korrekt, in anderen Ländern, insbesondere außerhalb Europas, stoßen solche Gepflogenheiten jedoch auf Befremden, und man stellt ganz selbstverständlich Namen oder Namenskürzel dar.

18. Die Frage stellt sich auch umgekehrt: Weiß der Fahrer, mit wem er es in der Leitstelle zu tun hat?

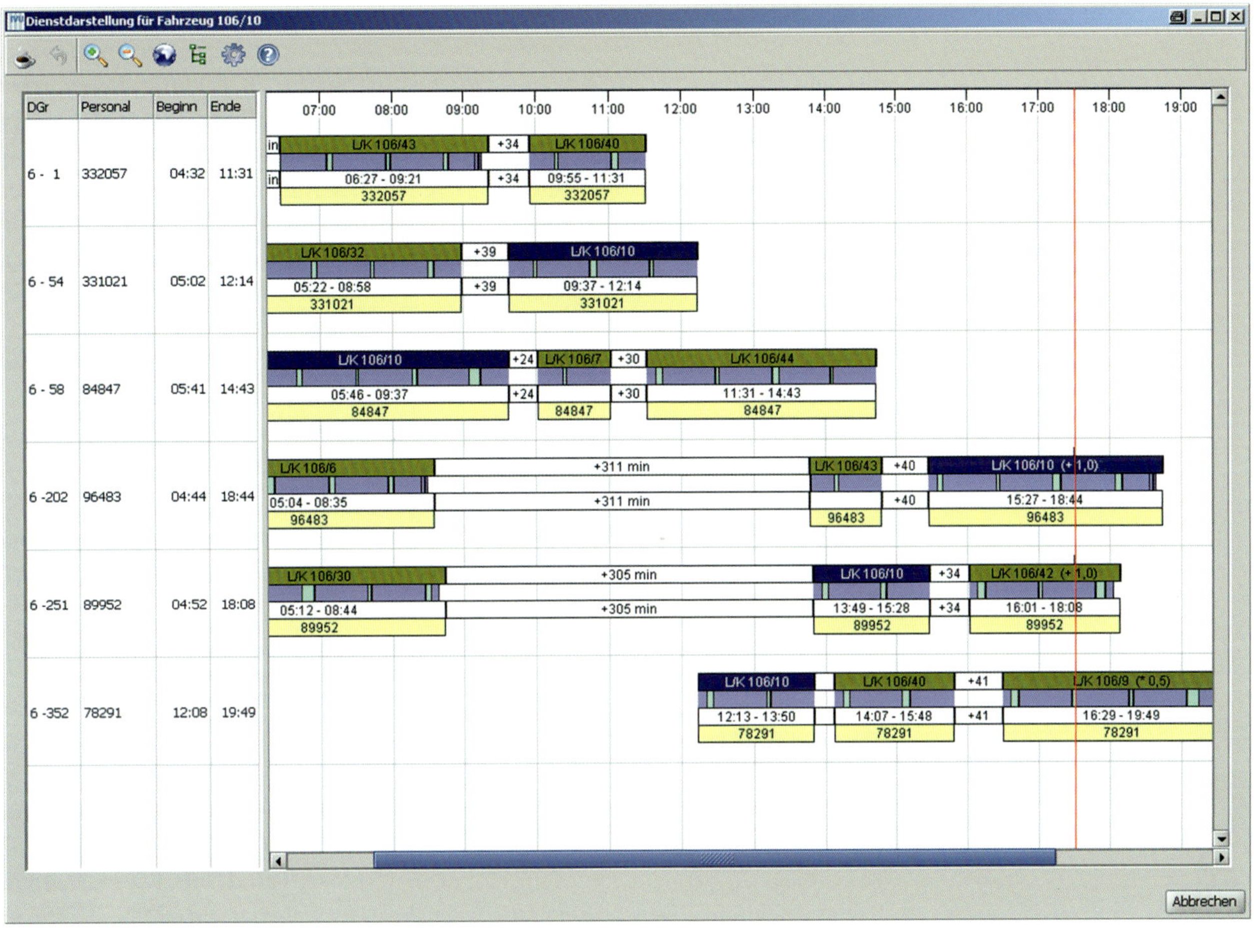

Abb. 8-10 Dienstplan aus Sicht einer Leitstelle (mit *geteilten Diensten*)

Kommunikationssteuerung

Während der Überwachung von Fahrten und Diensten entsteht beim Fleetmanager das Bedürfnis, mit Fahrern zu sprechen oder ihnen eine Nachricht zukommen zu lassen – meist im Zusammenhang mit den bisher beschriebenen Bildschirmdarstellungen. Die Aufnahme der Kommunikation wird daher zweckmäßigerweise als Kontextmenü (rechte Maustaste bzw. Doppelklick) realisiert. Viele Verkehrsunternehmen nutzen Funksysteme, bei denen Gruppenrufe möglich sind. Das Leitsystem bietet dem Fleetmanager automatisch konfigurierte Gruppen an (z. B. alle Fahrzeuge einer Linie). Außerdem kann er Rufgruppen durch Mehrfachselektion in Tabellen oder Grafiken spontan zusammenstellen.

Aufzeichnung und Wiedergabe

Viele Leitsysteme können Ereignisse und Maßnahmen zusammen mit den Bewegungsdaten der Fahrzeuge und den Fahrerdiensten aufzeichnen. Eine anschließende Wiedergabe im Zeitraffer erlaubt ein besseres Verständnis von Zusammenhängen, eine Wiedergabe mit Zeitlupe und Unterbrechungen (»Freeze«-Schalter) hilft, problematische Situationen zu analysieren, und unterstützt bei der Ausbildung von Disponenten oder beim Training für spezielle Notfallsituationen.

8.6 Anlagenüberwachung

Betriebslenkung erstreckt sich im engeren Sinne auf die Abwicklung von Fahrten. Oft erweitert man die Überwachungsaufgaben der Leitstellenmitarbeiter darüber hinaus auf alle Anlagen und Systeme, die Störungen aufweisen können: DFI-Anlagen, Fahrscheinverkaufsautomaten, Drehkreuze, Aufzüge, Rolltreppen, Kameras, aber auch IT-Komponenten wie Webserver oder Netzwerkverbindungen, ja sogar Softwareschnittstellen zu anderen Systemen (z. B. für die Fahrplanauskunft). Zum *betrieblichen* Störungsmanagement kommt so ein *allgemeines technisches* Störungsmanagement hinzu.

Diagnosemeldungen

Etliche der genannten Systeme besitzen *Autodiagnosefähigkeiten*, d. h., sie können im Falle einer Störung Nachrichten versenden. Fahrscheinverkaufsautomaten können beispielsweise Erschütterungen (Vandalismus, Aufbruchsversuche) melden oder den Füllstand ihres Münzspeichers mitteilen.

Automatisierte Checks

Für andere Komponenten (Funk- und Leitungsverbindungen, Webserver) kann man Testprozeduren definieren, die regelmäßig automatisch durchgeführt werden, um ihre Funktionsfähigkeit oder ihren Zustand (etwa die Antwortzeit eines Auskunftsdialogs) zu messen.

Protokollanalyse

Bei wieder anderen Systemen kann man prüfen, ob bestimmte erwartete Folgen eintreten oder ausbleiben (z. B. das Vorhandensein einer Schnittstellendatei), oder man kann Skripte entwerfen, die Protokolldaten analysieren (Fehlercodes, abgewiesene Datensätze).

Trouble-Management und Leitsystem

Üblicherweise werden solche Überwachungsvorgänge unter dem Begriff Trouble-Management zusammengefasst. Entsprechende IT-Systeme besitzen konfigurierbare *Detektormechanismen* und *Eskalationsregeln*, von der einfachen Meldungsanzeige über den Versand von Mails bis zur Anwahl von Handys und Sprachansage der Störmeldung. Einfache Reparaturversuche (*remote reboot* von Geräten) können automatisiert werden. Trouble-Management-Systeme werden in Betriebsleitsysteme integriert oder senden ihre Meldungen an ein Leitsystem, wo sie dann beispielsweise in der bereits erwähnten Liste von `Ereignissen` präsentiert werden.

8.7 Kommunikationssystem

Das Betriebsleitsystem eines Verkehrsbetriebs arbeitet eng mit dem Kommunikationssystem zusammen. Letzteres sorgt dafür, dass die Zentrale alles mitbekommt, und transportiert ihre Anweisungen zu den Fahrzeugen, nicht nur als gesprochene Befehle, sondern vor allem in codierter Form. So können Bordrechner die Anweisungen den Fahrern in strukturierter Form präsentieren und sie bei der Umsetzung unterstützen.

Teilmodell zur Kommunikation

Im Mittelpunkt des Kommunikationsmodells (Abb. 8-11) steht der `Teilnehmer`. Teilnehmer kann eine natürliche Person sein, aber auch ein Fahrzeug, eine Haltestelle, ein Aufzug oder eine andere technische Einrichtung. Im linken Teil des Bildes sind exemplarisch einige Klassen dargestellt, die aus Kommunikationssicht die Rolle eines Teilnehmers einnehmen können[19].

19. Die gestrichelte Linie symbolisiert in der UML eine *implements*-Beziehung.

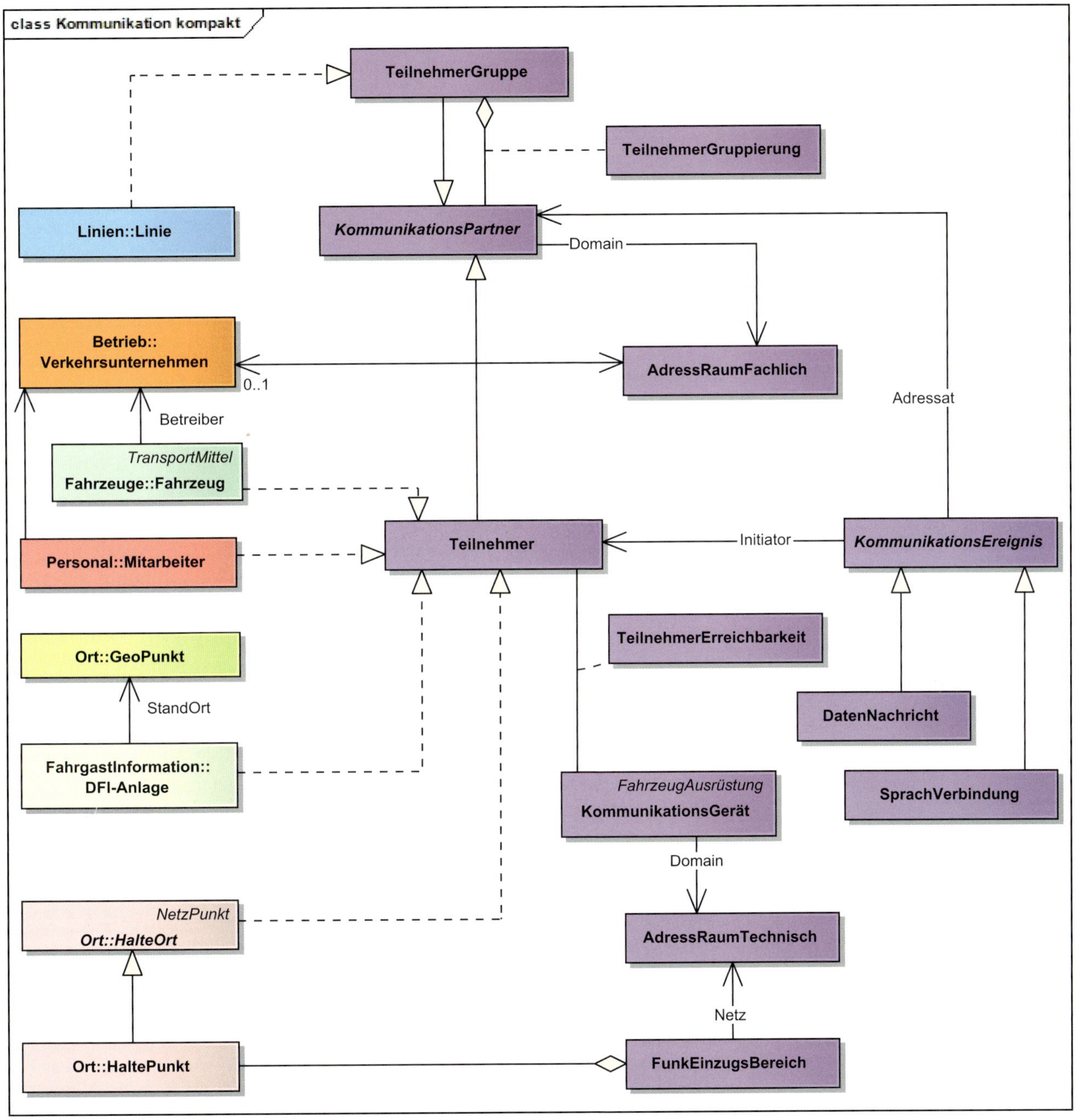

Abb. 8-11 Teilmodell: Kommunikation

Teilnehmer

Der Begriff des Teilnehmers ist schillernd, und man muss aufpassen, dass man nicht Rolle und Identität verwechselt:

> *Fritz Müller* ist aktuell als Fahrer auf der Linie 19 mit Fahrzeug 4711 unterwegs.
>
> Wenn *Fritz Müller* nach Dienstende noch im Büro vorbeikommen soll, um über anstehende Fortbildungslehrgänge zu sprechen, dann meinen wir ihn als individuelle Person.
>
> Soll er im Auftrag der Werkstatt an der nächsten Endhaltestelle den Ölstand seines Fahrzeugs prüfen, dann meinen wir ihn in seiner Rolle als Fahrer dieses bestimmten Fahrzeugs.
>
> Soll er über einen Stau auf seiner Strecke informiert werden, so meinen wir ihn als den Fahrer irgendeines Fahrzeugs der Linie 19.
>
> Jedesmal landen wir am Ende bei derselben Rufnummer (Funkadresse) und bei derselben Person, aber ist es derselbe Teilnehmer?

Identifikation eines Teilnehmers

Wie bereits in Abschnitt 4.9 ausgeführt, bietet sich ein hierarchisches Schema zur Adressierung von Teilnehmern an, das sich syntaktisch an einen *Uniform Resource Identifier (URI)* anlehnt. Der fachliche Adressraum eines Verkehrsunternehmens ist durch seine Internet-Domain abgrenzbar; die Beziehung zwischen `AdressRaumFachlich` und `Verkehrsunternehmen` drückt dies im Modell aus. Innerhalb des Adressraums ist das Unternehmen frei bei der Adressgestaltung. Ein Normierungsvorschlag könnte für eine strukturelle Einheitlichkeit über die Verkehrsbetriebe hinweg sorgen. Wichtig ist, dass es bei der fachlichen Adressierung nicht um das Offenlegen technischer Adressen (E-Mail, Handyrufnummer etc.) geht, sondern um einen möglichst dauerhaften, fachlichen Bezeichner.

> Wenn wir einen Fahrstuhl identifizieren wollen, der am Marktplatz das Untergeschoss (U-Bahn, Fußgängerebene) mit der Oberfläche an dem Punkt verbindet, wo die Trambahn der Linie 17 hält, dann könnten wir als Adresse z. B. *mein-vu.de/Aufzug/Linie_17/Marktplatz* benutzen.
>
> Linienbezeichnungen sind jedoch nicht sehr stabil. Besser geeignet wäre daher ein geografischer Begriff oder der Haltestellenname, also z. B. *mein-vu.de/Aufzug/Marktplatz/Südseite.*
>
> Wenn *mein-vu* ein reiner Stadtverkehrsbetrieb ist, mag das ausreichen. Wenn demnächst eine Fusion mit einem benachbarten Verkehrsunternehmen ansteht, könnte es zwei *Marktplätze* geben. Der Aufzug wird dann eine neue Adresse erhalten müssen, in der auch der Name der Stadt vorkommt.

Gruppierung

Das Modell sieht die Möglichkeit vor, Teilnehmer zu Gruppen zusammenzufassen. Typische Beispiele wären alle Aufzüge am Marktplatz, alle Fahrzeuge einer Linie, alle Kontrolleure oder die Haltestellen in einem bestimmten Gebiet. Die so entstehende `TeilnehmerGruppe` ist in vieler Hinsicht mit einem einzelnen `Teilnehmer` vergleichbar – insbesondere kann man sie auf die gleiche Weise adressieren wie einen einzelnen Teilnehmer. Um dies auszudrücken, gibt es die gemeinsame, abstrakte Elternklasse `KommunikationsPartner`. Da ein Teilnehmer Mitglied im mehreren Gruppen sein kann, benötigen wir eine Hilfsklasse (`TeilnehmerGruppierung`), die die m:n-Beziehung zwischen `Teilnehmer` und `TeilnehmerGruppe` abbildet. Hier lassen sich auch Zusatzinformationen speichern wie z. B. der Zeitpunkt, an dem ein Teilnehmer einer Gruppe *beigetreten* ist.

Schachtelung von Gruppen

Es soll möglich sein, Gruppen zu schachteln; aus diesem Grund haben wir die Beziehung nicht zwischen `Teilnehmer` und `TeilnehmerGruppe` modelliert, sondern zwischen `KommunikationsPartner` und `TeilnehmerGruppe`. Durch das Schachteln von Gruppen kann es passieren, dass ein einzelner Teilnehmer mehrfach in einer Gruppe vorkommt, einmal direkt und ein- oder mehrmals als Mitglied von diversen Untergruppen. Beim Aufbau einer Verbindung müssen solche Doppelungen erkannt und eliminiert werden.

Synchronisation von Gruppendefinitionen

Es kann sein, dass ein Verkehrsunternehmen bereits Mechanismen zur Gruppenbildung nutzt, wie z. B. E-Mail-Verteiler. In solchen Fällen muss man Redundanzen bei der Definition von Gruppen vermeiden, indem man festlegt, an welcher Stelle welche Gruppen verbindlich definiert werden (»Master«), und die Angaben von dort aus an andere Stellen exportiert. Bei der Entscheidung über die technische Ausgestaltung muss man im Auge behalten, dass manche Kommunikationsgruppen aus Sicht der Betriebslenkung sehr kurzlebig sein können:

Spontane Gruppen

- Die Menge der Fahrzeuge, die aktuell auf Linie 8 fahren
- Die Menge der Fahrer, die im Moment Dienstbereitschaft haben
- Die Haltestellen, die aktuell von einer Umleitung betroffen sind
- Die Fahrzeuge (eigene und fremde), die aktuell auf eine bestimmte Haltestelle zufahren, an der Anschlüsse koordiniert werden

Gruppen-Nachrichten, geordnete Gruppen

Auf jeden Fall soll die Gruppenbildung unabhängig von einem konkreten technischen Übermittlungssystem nutzbar sein. Im Normalfall findet die Gruppenkommunikation gleichzeitig statt, d. h., die Nachricht (Sprache oder Daten) geht an alle Teilnehmer parallel. Es sind aber auch andere Verfahren denkbar, wie das folgende Beispiel zeigt:

> Ein Disponent sucht einen Ersatzfahrer, der in zwei Stunden an einem bestimmten Einsatzort einspringen kann. Er will deswegen eine Anfrage an alle in Frage kommenden Teilnehmer senden, egal ob diese gerade auf einem Fahrzeug unterwegs sind, zu Hause über E-Mail oder unterwegs über eine SMS erreichbar sind. Natürlich kann er auch zum Telefonhörer greifen und herumtelefonieren oder die Fahrer in den betreffenden Fahrzeugen ansprechen. Das Ideal einer effizienten Kommunikation sieht aber anders aus.
>
> Das Bedürfnis des Disponenten lässt sich durch eine strukturierte `DatenNachricht` beschreiben (»Könntest du um 13:36 am Marktplatz für zwei Stunden die Tram der Linie 17 übernehmen?«). Der Disponent identifiziert aufgrund seines Fachwissens einige Fahrer, die dafür in Frage kommen (Bildung einer spontanen `TeilnehmerGruppe`), und das Betriebsleitsystem unterstützt ihn dabei, z. B. indem es prüft, ob einem Fahrer, dessen regulärer Dienst um

13:20 endet, eine solche zusätzliche Lenkzeit noch zugemutet werden darf (Pausenregeln, maximale Lenkzeit usw.). Der Disponent übergibt die fertige, nach Präferenz sortierte Liste dem Kommunikationssystem, und dieses holt die Antwort der Teilnehmer ein. Es arbeitet die Liste so lange sequenziell ab, bis eine positive Antwort vorliegt, möglicherweise sogar unter Verwendung generierter Sprachmitteilungen.

Noch mag das Zukunftsmusik sein, aber die Vergabe von Aufträgen durch Taxizentralen funktioniert heute schon teilweise nach ähnlichen Prinzipien.

Technische Adresse

Damit ein `Teilnehmer` überhaupt erreichbar ist, muss er Zugang zu (mindestens) einem *technischen Netz* besitzen. In der Sprache des Modells: Er muss ein `KommunikationsGerät` benutzen, das zu einem bestimmten technischen Adressraum (`AdressRaumTechnisch`) gehört und innerhalb dieses Adressraums eindeutig identifiziert werden kann.

Ein paar praktische Beispiele: Ein GSM-Funkgerät besitzt mehrere Identifikationen: die gerätespezifische IMEI, die sog. IMSI-Nummer der SIM-Karte und eine Rufnummer. IMSI und IMEI sind systeminterne Identifikationsbegriffe, auf die wir uns nicht stützen. Uns genügt als »technische« Adresse die *Rufnummer*, die mit den Konfigurationsmitteln des Funknetzes diesem Gerät zugeordnet worden ist. In Analogfunknetzen gibt es *Kanäle*, auf denen Hören und Sprechen (wechselweise) für jeden Teilnehmer möglich ist, der diesen Kanal eingestellt hat; im Sinne unseres Modells handelt es sich bei der Kanalnummer um die Adresse einer Teilnehmergruppe. Einzelne Teilnehmer adressiert man in analogen Funknetzen durch spezielle Ruftöne (»Fünftonfolgen«). Ein Handy erreicht man über das öffentliche Mobilfunknetz; Provider und Rufnummer werden durch die SIM-Karte festgelegt. Den Namensraum aller E-Mail-Adressen betrachten wir wie ein eigenes Netz. Das hat zur Konsequenz, dass wir uns gedanklich ein »E-Mail-Gerät« vorstellen, über das ein Teilnehmer Mails versendet und empfängt. Und schließlich mag es auch noch eine *Nebenstelle* im firmeneigenen Telefonnetz geben, über die wir eine bestimmte Person (oder Abteilung) erreichen können.

Lokales oder globales Netz?

Manchmal stellt sich die Frage, wie das technische Netz abgegrenzt wird. Wenn wir das firmeneigene Telefonnetz betrachten, genügt die Nebenstelle zur Identifikation, für die firmeneigene E-Mail-Adresse genügt der Anteil, der vor dem @-Zeichen steht. Bei einer Handynummer brauchen wir aber die Netzvorwahl zusätzlich, da die vielen Betreiber zusammen ein einziges, öffentliches Netz bilden. Zweckmäßig ist es, wenn wir alle privaten Netze, die wir als Verkehrsunternehmen selbst kontrollieren können, separat abbilden, denn innerhalb dieser Netze kann die Kommunikation sicherer oder schneller oder preiswerter sein. Zusätzlich müssen wir natürlich auch das öffentliche Telefonnetz (stationär und mobil) und das öffentliche E-Mail-Netz abbilden.

Vermittlung: Netze als Teilnehmer

Wenn wir über Netzgrenzen hinweg kommunizieren wollen, müssen wir ein Netz als Ganzes identifizieren und ansprechen können. Dazu muss innerhalb des Vermittlungssystems auch das Netz wie ein (sehr spezieller) Teilnehmer agieren; beispielsweise muss ein Netz das andere fragen können, ob ein bestimmtes Endgerät bekannt und aktiv ist. Diesen Aspekt haben wir im ITVU-Modell weggelassen, da er tief in die Probleme von Routing und Roaming führt und nicht spezifisch für den ÖPV ist. Einen Spezialfall für das Routing wollen wir allerdings hier noch erwähnen, da er in der Praxis hin und wieder vorkommt:

DFI-Anlagen sind oft nur über ein schmalbandiges Kommunikationssystem erreichbar. Da im Normalfall nur sehr kurze Nachrichten übertragen werden müssen (Ankunftszeitprognosen für Fahrzeuge an der betreffenden Haltestelle), reicht dies im Prinzip aus. Wenn allerdings größere Mengen von Plandaten oder eine neue Softwareversion verteilt werden sollen, benötigt man eine höhere Bandbreite. Man kann zu diesem Zweck Fahrzeuge als *Datenspediteure* einsetzen: Fahrzeuge laden die entsprechenden Daten im Betriebshof über WLAN in einen Zwischenspeicher und übertragen sie – ebenfalls über WLAN – an die Haltestelle, wenn sie dort vorbeikommen. Bei gutem Design lassen sich solche Verfahren innerhalb des Kommunikationssystems umsetzen, ohne dass Sender und Empfänger auch nur das Mindeste von diesem »Huckepack-Transportverfahren« ahnen.

Zuordnung von Geräten und Teilnehmern

Jedem `Teilnehmer` werden ein oder mehrere `KommunikationsGeräte` zugeordnet. Wir müssen aber auch damit rechnen, dass ein einzelnes Kommunikationsgerät von mehreren Teilnehmern gemeinsam benutzt wird. Beispielsweise befindet sich auf einem Fahrzeug ein Kommunikationsgerät, über das man den *Fahrer* erreichen kann, aber vielleicht auch ein *Zählgerät*, einen *Validator für elektronische Tickets* oder den *Fahrgastraum* (für Sprachdurchsagen). Daraus folgt, dass wir eine m:n-Beziehung zwischen `Teilnehmer` und `KommunikationsGerät` modellieren müssen. Wird ein Kommunikationsgerät von mehreren Teilnehmern genutzt, so benötigt man einen Dispatching-Mechanismus, der die Verbindung zwischen dem gewünschten `Teilnehmer` und dem `KommunikationsGerät` herstellt. Auf einem Fahrzeug übernimmt diese Aufgabe der Bordrechner[20].

Erreichbarkeit

Wir betrachten die Beziehung zwischen Teilnehmer und Kommunikationsgerät nicht nur als eine *statische* Zuordnung, sondern nutzen sie auch, um den *Zeitpunkt* des jeweils *letzten Kommunikationsereignisses* festzuhalten. Die Klassenbezeichnung `TeilnehmerErreichbarkeit` leitet sich davon ab. Beim Aufbau einer Verbindung kann man so z. B. dasjenige `KommunikationsGerät` bevorzugen, das der Teilnehmer zuletzt benutzt hat. Voraussetzung ist natürlich, dass es für den jeweiligen *Kommunikationszweck* geeignet ist[21]. Auch andere Kriterien können zur Auswahl des Netzes herangezogen werden, wie z. B. *Bandbreite*, *Kosten* oder die durchschnittliche *Geschwindigkeit des Verbindungsaufbaus*. Sie sind als Merkmale von `AdressRaumTechnisch` modelliert.

`FunkEinzugsBereich`

Im Unterschied zu normalen Funkverbindungen haben wir im ÖPV noch ein zusätzliches Mittel, herauszufinden, über welches Netz ein mobiler Teilnehmer erreichbar ist, denn er teilt uns regelmäßig seinen *Standort* mit. Wir müssen

20. Die VDV-Schrift 423 bezeichnet diese Funkvermittlungsaufgabe mit dem Begriff *FARM* (Funk-Applikations-Rechner-Modul).

21. Diese »Eignung« würde man in einer verfeinerten Version des Modells durch die Menge der *Dienste* beschreiben, die das jeweilige Gerät anbietet.

daher beispielsweise nicht warten, bis eine Verbindung zusammenbricht, weil die Reichweite des aktuell benutzten Netzes überschritten wird. Stattdessen können wir seinen Standort mit dem `FunkEinzugsBereich` des aktiven Netzes vergleichen und an den Rändern rechtzeitig auf ein anderes System wechseln. Ein typischer Anwendungsfall ist folgender:

> Ein Stadtverkehrsbetrieb stattet Fahrzeuge, die im Außenbereich des Verkehrsgebiets verkehren, zusätzlich zum firmeneigenen Digitalfunksystem mit GSM/GPRS-Geräten aus. Letztere werden automatisch aktiviert, wenn der (regional begrenzte) Funkbereich des eigenen Netzes verlassen wird.

`KommunikationsEreignis`

Das `KommunikationsEreignis` fungiert als abstrakte Oberklasse für `DatenNachrichten` und `SprachVerbindungen`.

`DatenNachricht`

`DatenNachrichten` haben einen Inhalt, der als Zeichenkette aufgefasst werden kann; auch Attachments (»binary large objects«) sind denkbar. Sender und Empfänger einer `DatenNachricht` müssen sich über die syntaktische (und die semantische) Struktur des *Nachrichteninhalts* verständigen. Das Kommunikationssystem ist hieran nicht beteiligt, bzw. allenfalls, indem es die dazu erforderlichen Metadaten ebenfalls (wie normale Nachrichten) überträgt. Der Inhalt einer `DatenNachricht` kann selbstbeschreibend sein (z. B. XML mit Verweis auf eine *Document Type Definition*) oder auf einer Struktur beruhen, über die sich die Kommunikationspartner vorab verständigt haben. Letzteres ist wesentlich effizienter, insbesondere bei häufiger Übertragung strukturell gleicher Nachrichten.

`SprachVerbindung`

Bei der Sprachübertragung beschränkt sich unser Modell auf das *Management der Sprachverbindung* (Aufbau, Abbau, Konferenzbildung, Umleitung usw.)[22]. Historisch bedingt gibt es mehrere unterschiedliche Standards, um `SprachVerbindungen` zu erstellen. Eine generalisierende Beschreibung, wie wir sie in unserem Modell andeuten, könnte sich z. B. auf Protokolle stützen, die im VoIP-Umfeld verwendet werden (SIP = *Session Initiation Protocol* und SDP = *Session Description Protocol*); diese sind relativ mächtig, so dass der überwiegende Teil des Befehlsvorrats anderer Übertragungsverfahren als Teilmenge enthalten ist.

Sprachdatenvolumen

Das Übertragen von Sprache ist aus Sicht eines Kommunikationssystems »teuer« im Vergleich zu einer Datennachricht. Die bereits zitierte Anfrage nach der Verfügbarkeit eines Fahrers hat als codierte `DatenNachricht` mühelos in weniger als 100 Byte Platz; in gesprochener Form ist das Datenvolumen mehr als 100-mal so groß.

Effiziente Sprachübertragung

Es gibt daher diverse Strategien, Sprache – insbesondere bei Ansagen – nur dann zu übertragen, wenn es unumgänglich ist:

22. Der eigentliche Transport von Sprache liegt im Analogfunk außerhalb der Softwarewelt; im Digitalfunk spielt er sich auf niedrigen Protokollebenen wie RTP/UDP ab, die für unser Modell nicht weiter relevant sind.

- Wenn eine Ansage alle 10 Minuten an einer Haltestelle erklingen soll, dann kann man den Ansagetext in der Leitstelle aufzeichnen, übertragen und die Sprachdaten im Haltestellenrechner[23] speichern. Die Information, für welchen Zeitraum und in welchem Rhythmus die Ansage abgespielt werden soll, legt man in eine begleitende `DatenNachricht`.
- Wenn eine Ansage stereotyp ist und sich jeweils nur einzelne Angaben ändern (»*Ihr Zug hat XX Minuten Verspätung*«), dann kann man Sprachbausteine abspeichern und nur die variablen Teile übertragen.
- Gibt es nur endlich viele Möglichkeiten für die variablen Bausteine, so kann man den Sprachtext beim Empfänger sogar komplett aus Schnipseln zusammensetzen, d. h., man überträgt nur noch die Montageanweisung.
- Wenn die Sprachsynthese erst im Endgerät stattfindet, so kann man sich bei der Übertragung auf eine Textnachricht beschränken. Aktuelle Text-To-Speech-Konverter (TTS) liefern zwar keinen echten Hörgenuss, aber für manche Zwecke ist die erzeugte Sprachqualität bereits akzeptabel.

Mehrsprachigkeit

Ein angenehmer Nebeneffekt aller synthetischen Verfahren ist die Mehrsprachigkeit: Wenn man beispielsweise Sprachbausteine montiert, die ein Muttersprachler erstellt hat, klingt das Ergebnis sehr professionell. Bei TTS-Verfahren kann man das Sprachmodell sogar per Knopfdruck austauschen.

Sprache komprimieren und verarbeiten

Bandbreite ist ein knappes Gut: Man beschränkt die Übertragungsqualität daher auf ein Minimum durch den Einsatz optimierter Codecs[24]. Liegt ein digitalisiertes Sprachsignal vor, so kann man zudem ausgefeilte Algorithmen zur Unterdrückung akustischer Echos einsetzen; solche Echos treten z. B. auf, wenn ein Leitstellenmitarbeiter über eine Duplex-Verbindung mit einem Fahrer über dessen Freisprecheinrichtung spricht.

Semi-Duplex-Betrieb

Für gleichzeitiges Hören und Sprechen von Teilnehmern werden auf der Luftstrecke zwei parallele Kanäle benötigt. Der zweite Kanal kann entfallen, wenn man sich auf Wechselsprechbetrieb beschränkt, d. h., jeder Teilnehmer kann zu einem Zeitpunkt nur entweder hören oder sprechen. Um zu sprechen, muss er eine spezielle Taste (PTT= *push to talk*) drücken.

Vorteile von PTT

Dieses etwas antiquiert wirkende Verfahren ist nach wie vor häufig anzutreffen, denn es halbiert nicht nur die benötigte Bandbreite, sondern hat auch organisatorische Vorteile: Die »Funkdisziplin« ist wesentlich höher. Es entsteht eine etwas formelhafte Sprache, die vielleicht nicht immer sehr höflich klingt, aber effektiv und unzweideutig ist. Ferner vermeidet man das Problem der oben erwähnten Echoeffekte. Und schließlich ist das PTT-Verfahren bei Gruppenrufen von Vorteil, denn es vermeidet, dass sich die Hintergrundgeräusche aller Teilnehmer zu einem störenden Lärmteppich vereinen.

VoIP

Die Vorteile von PTT können auch in Verbindung mit GSM-Netzen bereitgestellt werden, wenn man GPRS nicht nur zur Datenübermittlung sondern auch

23. Vergleiche Abschnitt 9.7.
24. *Codecs* (de-)komprimieren Sprachsignale, z. B. durch Fouriertransformation und Linear Predictive Coding. Codecs für Funksysteme reduzieren das Datenvolumen sehr stark und passen teilweise ihre Übertragungsrate an die Verbindungsqualität an. Zum Vergleich: Die Datenraten von CD/MP3/GSM/Tetra verhalten sich ungefähr wie 400:40:2:1.

(parallel) zur VoIP-Sprachübertragung nutzt. Obwohl dieser Weg nicht ganz so effizient ist wie die spezialisierten Codecs digitaler Bündelfunksysteme, stellt sich dennoch rasch das »Always-on«-Gefühl der PTT-Philosophie ein, da IP-Verbindungen keine Latenzzeiten für den Verbindungsaufbau haben. Das Rechenzentrum in der Zentrale des Verkehrsbetriebs übernimmt die Rolle des Vermittlungssystems; Gruppen- und Sammelrufe werden durch die Weiterleitung von IP-Datenpaketen via GPRS (EDGE, UMTS) organisiert. Obendrein fällt sogar die gewohnte Beschränkung der Kommunikation auf »freie Kanäle« weg, da IP-Netze Ressourcen flexibel zuteilen.

9 Dynamische Fahrgastinformation

Fahrgäste finden es gut, wenn sie jederzeit perfekt über den Verlauf ihrer Fahrt informiert sind. Falls es zu Verspätungen kommt, sind sie viel eher bereit, zusätzliche Wartezeiten hinzunehmen, wenn sie rechtzeitig erfahren, wie lange sie noch warten müssen. Das geht sogar so weit, dass die »gefühlte Wartezeit« abnimmt, wenn der Fahrgast rechtzeitig und umfassend informiert wird. Ein Verkehrsunternehmen, dem das gelingt, vermittelt ein Gefühl der Zuverlässigkeit und Kompetenz.

Verkehrsverträge

Die Ausstrahlung auf das Image des öffentlichen Personenverkehrs ist so groß, dass das Anbieten zeitnaher, fahrtbezogener Informationen sogar bei der Ausschreibung von Verkehrsleistungen eine Rolle spielt. In neueren Verkehrsverträgen müssen sich Verkehrsunternehmen dazu verpflichten, einen fortlaufenden Datenstrom zur Pünktlichkeit ihrer Fahrzeuge zu publizieren. Auf der anderen Seite werden für die Umsetzung der dazu notwendigen technischen Systeme auch Fördermittel bereitgestellt.

9.1 Dynamische Information

Für das Zusammenführen von Plandaten und aktuellen Abweichungen hat sich die Abkürzung *DFI (Dynamische Fahrgast-Information)* eingebürgert, im Englischen: *RTPI* (*Real Time Passenger Information*). Der Name ist ein wenig unglücklich gewählt, denn er bezeichnet den Adressaten der Information und nicht deren Inhalt. Eine *Kontoinformation* betrifft schließlich das *Konto*, eine *Wetterinformation* das *Wetter*. Nach dieser Logik müsste die DFI eigentlich *dynamische Abfahrtszeit-Information*[1] heißen. Wir beugen uns jedoch der allgemeinen Sprechweise.

Anzeigetafeln

Bei DFI denkt man oft zuerst an große, elektronische Anzeigetafeln, wie sie in Fernbahnhöfen schon seit langem geplante Fahrten zusammen mit aktuellen Hinweisen anzeigen (Gleisänderungen, Verspätungen, umgestellte Wagenfolgen). Auch im Nahverkehr werden solche DFI-Anzeigen immer häufiger. Sie stehen nicht nur direkt an der Bahn- oder Bushaltestelle, sondern manchmal auch im Umfeld, wie z. B. im Ausgangsbereich von Einkaufszentren.

Andere Medien

Doch der Anspruch von DFI reicht weiter: Der Fahrgast soll ja auch z. B. über sein Handy erreicht werden, wenn er noch nicht in der Nähe einer Haltestelle ist oder wenn die Haltestelle keine DFI-Anzeige hat. Und wenn er bereits im Fahr-

1. Oder besser: *aktuelle* Abfahrtszeit-Information.

zeug sitzt, will man ihm natürlich ebenfalls aktuelle Informationen geben. Hat seine Fahrt Verspätung, so interessiert ihn hier ganz besonders, ob er seinen Anschluss noch erreicht.

Andere Nachfrager

DFI soll für die eigenen Anzeigen und Fahrzeuge verfügbar sein und kann über die eigenen Webseiten publiziert werden. DFI soll aber auch für benachbarte Verkehrsunternehmen und für überregionale Auskunftssysteme bereitgestellt werden.

Informationsfluss

Gelegentlich trifft man auf die Vorstellung, dass ein Fahrzeug bei der Annäherung an eine Haltestelle frühzeitig mit dieser in Funkkontakt tritt und ihr mitteilt, wann es eintreffen[2] wird. Diese Vorstellung ist zwar anschaulich und kann in bestimmten Sonderfällen auch zutreffen, greift im Allgemeinen jedoch zu kurz.

Wenn das Fahrzeug verspätet ist, wirkt sich dies mit hoher Wahrscheinlichkeit auch auf mehrere nachfolgende Haltestellen aus. Soll sich das Fahrzeug an sie alle wenden? Kann es sie überhaupt technisch erreichen? Wie soll die Information von der einzelnen Haltestelle ins Internet gelangen? Außerdem weiß das einzelne Fahrzeug ja nur über seinen eigenen Standort Bescheid. Wenn es an der nächsten Haltestelle auf einen Anschluss warten muss, dann kann es sich dort zusätzliche Verspätungen einhandeln.

Einblick in die Leitstelle

Solche Zusammenhänge kennt nur die Leitstelle. Ein DFI-System ist daher von seinem Wesen her ein System mit zentralem Datenhaushalt.[3] Man könnte bildlich sagen, dass das Verkehrsunternehmen durch die DFI dem Fahrgast einen direkten Blick in die Leitstelle gewährt. Wie in Kapitel 8 beschrieben, ermitteln die Fahrzeuge ständig ihre Fahrplanlage und teilen sie der Leitstelle mit. Ein Prognoseverfahren, das auf dem Fahrplan aufbaut, ermittelt daraus Hochrechnungen; durch die Anbindung an eine Verkehrsmanagementzentrale können auch Stauhinweise einfließen.

Die Prognosen werden automatisch an die DFI-Anzeigen und an die eigenen Fahrzeuge versandt. Benachbarte Verkehrsunternehmen oder überregionale Auskunftssysteme können über ein Abonnement mitteilen, dass sie am regelmäßigen Erhalt von DFI interessiert sind. Parallel dazu werden Anfragen aus dem Internet oder via SMS beantwortet.

Relevanzfilter

Prognosen werden an weiter entfernte Haltestellen nur übertragen, wenn sie signifikant sind; eine prognostizierte Verspätung von einer Minute wird also nicht 30 Minuten im Voraus übertragen. Hat man einmal eine (signifikante) Änderung übertragen (z. B. 10 Minuten Verspätung bei 30 Minuten bis zur Ankunft), so vermeidet man ständige geringfügige Korrekturen (z. B. 9 Minuten anstatt 10 Minuten), da sie aus Fahrgastsicht irrelevant sind. In der Abbildung befindet sich daher hinter dem Prognosemechanismus ein Filter, der nur relevante Informationen durchlässt.

2. Zum Verlassen der Haltestelle vgl. Abschnitt 9.10.
3. Dies schließt nicht aus, dass in ländlichen Regionen vereinzelt »autonome DFI-Anzeigen« betrieben werden, die auf dem hier kritisierten Prinzip des direkten Kontakts zwischen Fahrzeug und Anzeige beruhen.

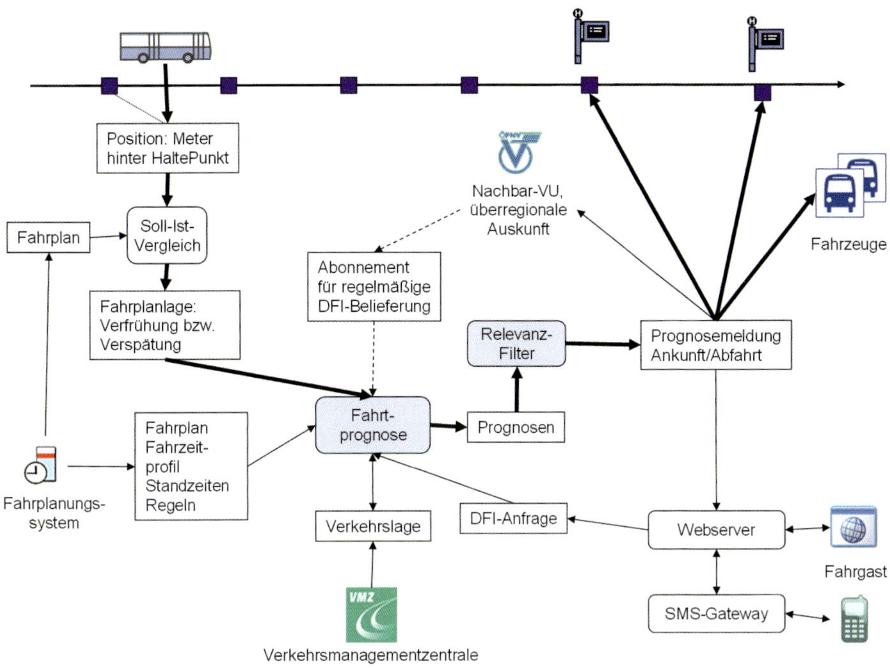

Abb. 9-1
Informationsfluss DFI

Planänderungen

Bei DFI geht es um das Gegenüberstellen von Plan- und Istdaten. Man könnte meinen, dass der *Plan* dabei ziemlich unproblematisch ist. Schließlich ist er ja sogar in Papierform veröffentlicht. Doch das ist nicht vollständig richtig. Wenn zu Beginn der Fahrplanperiode ein neues Kursbuch erscheint und die Aushangfahrpläne für die Haltestellen gedruckt werden, dann ist damit der Normalbetrieb festgelegt. Vielleicht sind sogar einige Baustellen und Umleitungen berücksichtigt, die langfristig vorhersehbar sind. Aber es können sich im Lauf der Zeit Terminverschiebungen ergeben; es können auch neue Baustellen oder andere Ereignisse hinzukommen, die eine Anpassung des Plans nötig machen.

DFI ohne Leitstelle?

Nicht jedes Verkehrsunternehmen besitzt eine Leitstelle. Man kann in solchen Fällen »Geo-Tracker« einsetzen; dies sind sehr preiswerte Geräte, die einfach nur in regelmäßigen Abständen ihren Standort melden (»GPS via GPRS«). Man ermittelt dann auf der Basis der reinen Geokoordinate des Fahrzeugs dessen Zuordnung zum Fahrplan und errechnet die aktuelle Fahrplanlage in der Zentrale anstatt im Fahrzeug. Dies gelingt besonders gut im Regionalverkehr, da dort die Taktfolgen weniger dicht sind. Eine einigermaßen gute Prognose setzt aber auch hier voraus, dass das Streckennetz und die jeweils möglichen Fahrgeschwindigkeiten genau bekannt sind.

9.2 Situationen und Arten der Fahrgastinformation

Vielfalt der Kanäle

Die Vielfalt der Kanäle macht es praktisch unmöglich, immer und überall widerspruchsfrei zu informieren. Stellen wir uns einmal einen besonders eifrigen Fahrgast vor, der ein Kursbuch in der Hand hat und an einer Haltestelle auf ein Fahrzeug wartet. Im Kursbuch sieht er den Stand, wie er vor vier Monaten galt. An der Haltestelle sieht er einen Behelfszettel, der darauf hinweist, dass seit gestern wegen Brückenbauarbeiten der Verkehr in den Abendstunden eingestellt wird. Zückt er das Handy, so erfährt er im Internet, dass heute offenbar doch noch ein Fahrzeug kommt (wir nehmen an, dass sich der Beginn der Bauarbeiten um zwei Tage verzögert hat). Steht eine elektronische Anzeigetafel an der Haltestelle, so sieht er in der Tat, dass dort eine Fahrt für 20:30 angekündigt wird, die jedoch voraussichtlich 10 Minuten später eintreffen wird. Kurz bevor das Fahrzeug tatsächlich kommt, hört er eine Durchsage über den Lautsprecher an der Haltestelle, dass ab morgen in den Abendstunden keine Fahrzeuge verkehren. Dabei wird ihm auch gleich eine Alternative empfohlen ...

Push oder Pull?

Das obige fiktive Beispiel zeigt noch einen anderen Unterschied: Beim Blättern im Kursbuch und bei der Recherche im Internet wurde der Fahrgast selbst aktiv. Die anderen Informationen hat er passiv in Empfang genommen. Es gibt auch noch eine interessante Mischung aus beidem: Der Fahrgast wird einmalig aktiv, indem er sein Nachfrageprofil[4] hinterlegt – Pendler nennen hier z. B. die Strecke und die typischen Nutzungszeiten. Wenn dann ein Ereignis eintritt, das sich auf diese Strecke bezieht, wird der Fahrgast automatisch gezielt informiert, z. B. per Mail oder SMS. Auch bei einer Änderung des Fahrplans (Fahrplanwechsel, Baustelle) kann man das Kundenprofil heranziehen, z. B. um ihm einen maßgeschneiderten Kursbuchauszug per Mail zuzustellen.

Störungsfall

Besonders wertvoll ist DFI, wenn die Leitstelle eingegriffen hat. Unser Modell folgt dem Grundsatz »keine Fahrt ohne Plan«. Das heißt, jeder Eingriff der Leitstelle führt zu einem veränderten Plan[5], der dann wiederum als Grundlage für Abweichungen herangezogen werden kann. Der revidierte Plan und die dazu gehörenden Prognosen werden dem Fahrgast im Prinzip in derselben Form angezeigt wie der ursprüngliche Plan.

Betriebsinformationen

Eine »heimliche« Planänderung genügt jedoch nicht. Wenn eine Leitstelle sich z. B. entschieden hat, eine Fahrt ausfallen zu lassen, so sollte der Fahrgast darauf extra hingewiesen werden. Es ist sehr unschön, wenn eine Fahrt von einer Anzeige (auf der sie möglicherweise bereits angezeigt worden war) sang- und klanglos verschwindet. Oder wenn sie nie dort auftaucht, obwohl sie laut (Papier-) Plan stattfinden sollte. Woher soll der Fahrgast wissen, ob die Anzeige einen Fehler hat oder ob es sich wirklich um eine bewusste Maßnahme handelt? Wir bezeichnen solche Hinweise in unserem Modell als *Betriebsinformationen*. Sie betreffen manchmal nur eine einzelne Fahrt, oft aber auch mehrere, und werden daher – je nach Medium – optisch gesondert dargestellt.

4. Diese Thematik haben wir in unserem Modell weggelassen.
5. Vergleiche dazu die Beschreibung der Maßnahmen in Abschnitt 8.4.

Je nach Philosophie und Situation kann sich das Verkehrsunternehmen bei Betriebsinformationen darauf beschränken, pauschale Begründungen zu geben (»wegen Verzögerungen im Betriebsablauf ...«) oder präzise informieren (»wegen eines Wasserrohrbruchs in der Nähe des XY-Tunnels ...«).

Die folgende Tabelle fasst typische Situationen zusammen, in denen DFI angeboten werden kann. Der Vollständigkeit halber haben wir auch Informationen aufgenommen, die Plancharakter haben:

Überblick: Situationen und Medien

Tab. 9-1 DFI-Situationen

Situation	Ort	Medium	Information
wartender Fahrgast	Haltestelle und Umfeld	optische Anzeige	Planabfahrt, genauer Haltepunkt des Fahrzeugs, Abfahrtsprognose, Fahrzeugtyp[6], Betriebsinformation
wartender Fahrgast	Haltestelle	Lautsprecherdurchsage	besonders wichtige Betriebsinformationen
Fahrgast unterwegs	im Fahrzeug	Bildschirm	Ankunftsprognose, Anschlüsse, Alternativen bei verpassten Anschlüssen, Betriebsinformation
registrierter Pendler	überall	Mail, SMS	geänderte Abfahrtsprognose, geänderter Fahrplan, Betriebsinformation
Abholer	überall	Internetbrowser	Ankunftszeit Prognose
planender Fahrgast (frühzeitig)	überall	Internetauskunft	Plandaten, Anschlüsse, generelle Pünktlichkeitshinweise[7]
planender Fahrgast (kurzfristig)	überall	Internet	... zusätzlich Abfahrtsprognosen, Betriebsinformationen
planender Fahrgast (ohne Online-Verbindung)	überall	Offline-Anwendung auf mobilem Endgerät	Plandaten, Plananschlüsse
sehbehinderter Fahrgast	an der Haltestelle	individuelle Sprachausgabe	Abfahrtsprognose, Betriebsinformation

Für Verkehrsunternehmen ist es sehr aufwendig, in allen Situationen und Medien präsent zu sein. Wie in Abschnitt 9.12 gezeigt wird, gibt es daher starke Tendenzen, zumindest die Auskunft im Internet auf der Ebene der Verkehrsverbünde anzusiedeln – was natürlich auch aus Fahrgastsicht eine willkommene Vereinfachung darstellt.

6. Zum Beispiel Niederflurfahrzeuge vs. normaler Einstieg.
7. Zum Beispiel »Während des Oktoberfests kann es auf den Linien ... zu unregelmäßigen Fahrzeiten kommen«.

9.3 ITVU-Teilmodell: DFI

Das Paket DFI behandelt die logische und die physikalische Sicht auf Dynamische Fahrgastinformationen. Es befasst sich mit den Standorten der DFI-Einrichtungen (Steuerrechner und Anzeigegeräte) und mit der Frage, wie die Informationen zusammengestellt werden, die dort und auf allen anderen Medien angezeigt werden.

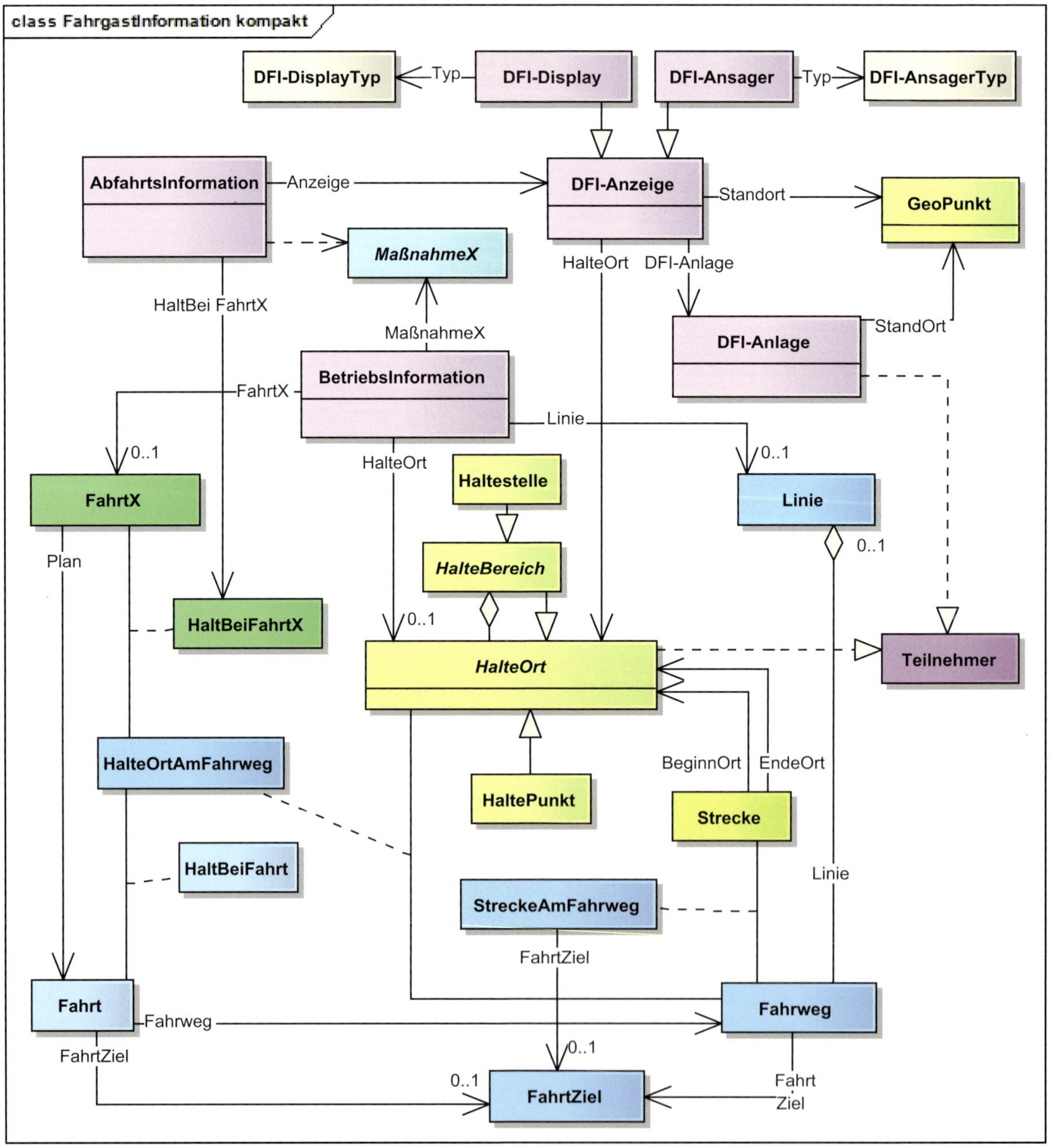

Abb. 9-2 Klassenmodell: Dynamische Fahrgastinformation

> Im Anhang B.7 befindet sich eine systematische Beschreibung des Teilmodells; dort werden die Beziehungen zwischen den einzelnen Klassen erläutert. In den folgenden Kapiteln gehen wir auf einzelne Aspekte des Modells näher ein.

9.4 Geltungsbereich

DFI bezieht sich immer auf einen bestimmten Ort. Je nach Medium ist der Ort vorgegeben (stationäre Anzeige) oder er wird vom Fahrgast ausgewählt, indem er auf eine Karte klickt, die Anfangsbuchstaben des Haltestellennamens eingibt oder in eine SMS eine Identifikationsnummer einträgt[8].

Beziehung zum `HalteOrt`

In unserem Modell verweist die `DFI-Anzeige` daher auf einen `HalteOrt`. Es wäre unzweckmäßig, hier auf eine `Haltestelle` zu zeigen, denn zu einer `Haltestelle` gehören beide Fahrtrichtungen. Wenn aufgrund der Anfrage des Fahrgastes oder aufgrund der physikalischen Anbringung der Anzeigetafel klar ist, dass die gewünschte DFI sich nur auf eine bestimmte Fahrtrichtung beziehen soll, dann kann man dies durch die Angabe des `HalteOrts` ausdrücken.

An zentralen Umsteigestellen ist die »Granularität« bei physikalischen Anzeigen manchmal noch feiner: Hier soll eine bestimmte Anzeigetafel z. B. nur diejenigen Fahrten anzeigen, die zu einem bestimmten `HaltePunkt` (Mast) gehören.

Abb. 9-3
Zentraler Omnibusbahnhof mit DFI-Anzeigen (Foto: Lorenz Teschner)

8. Die Berliner Verkehrsgesellschaft hat beispielsweise für einige Jahre ein System betrieben, bei dem jede Haltestelle durch eine 5-stellige Nummer im Aushang identifiziert werden konnte.

Umgekehrt kann es aber auch sein, dass die DFI-Anzeige im Ausgangsbereich eines Einkaufszentrums (oder die Anzeige auf einem entsprechend gestalteten Internetdialog) `AbfahrtsInformationen` zu mehreren `Haltestellen` gleichzeitig darstellt.

Composite Pattern

Dadurch, dass wir auf den `HalteOrt` verweisen, profitieren wir vom Composite Pattern (vgl. Abschnitt 14.16) und können alle diese Fälle gleichermaßen abdecken. Wir müssen lediglich dafür sorgen, dass ein geeigneter `HalteBereich` definiert wird, der genau die gewünschten `HalteOrte` bzw. `HaltePunkte` zusammenfasst.

DFI-`AnzeigeBereich`

Die VDV-Schrift 453 sieht eine spezielle DFI-Anzeigebereichs-Identifikation vor, um diejenigen Orte zu markieren, für die eine DFI-Anzeige Informationen darstellen soll. Man könnte diese ID im Prinzip mit der *HalteOrtNr* gleichsetzen, jedoch soll die *AnzeigeBereichsID* auch nach außen offengelegt werden (Datenaustausch mit anderen Verkehrsunternehmen). In solchen Fällen bietet es sich eher an, eine Hilfsklasse zur Entkopplung zu ergänzen, die eine Umsetzung der beiden Identifikationsbegriffe vornimmt.[9]

9.5 Informationsaufbereitung und Darstellung

`AbfahrtsInformation`

Die wichtigste Klasse im Teilmodell DFI ist die `AbfahrtsInformation`. Physikalisch wird sie in der Regel als eine Zeile auf einer elektronischen Abfahrttafel oder als Zeile einer Tabelle im Browser dargestellt. Sie zeigt auf den `HaltBeiFahrtX`, dessen Plan- und Istdaten sie darstellt.

Art der Darstellung

Welche Informationen genau dargestellt werden, sagt das Modell nicht – zudem hängt dies oft vom Medium ab. Konkrete DFI-Softwaresysteme bieten meist zahlreiche Konfigurationsoptionen, denn die Philosophie der einzelnen Verkehrsbetriebe ist insbesondere bei den DFI-Anzeigen an den Haltestellen nicht einheitlich. Man kann relative Zeitangaben (»*in 3 Minuten*«) anzeigen oder absolute Zeitangaben (»*13:34*«) in den Vordergrund stellen, Planwerte und Abweichungen gemeinsam darstellen (»*Abfahrt 13:34 + 4 Min.*«) oder Istwerte mit Abweichungen kombinieren (»*Abfahrt 13:38 (4 Min verspätet)*«).

Relative Zeitangaben

Bei dichter Taktfolge von Fahrten beschränkt man sich manchmal auf die Angabe relativer Zeiten. Damit ist ein interessanter Effekt verbunden: Der Fahrgast kann nicht (oder nur mit Anstrengung) überprüfen, ob die Anzeige wirklich im Minutentakt herunterzählt. Eine geänderte Prognose kann so dazu führen, dass die Anzeige »*in 3 Minuten*« drei Minuten lang stehen bleibt. Dieser Effekt kann kleine Irrtümer beschönigen, aber er kann auch zum Bumerang werden. Es untergräbt die Glaubwürdigkeit, wenn eine solche Anzeige 20 Minuten lang stehen bleibt, z. B. weil das Fahrzeug 3 Fahrminuten vor der Haltestelle im Stau steht. In solchen Fällen ist es weit besser, eine *qualitative Aussage* zu machen (»*Fahrzeug steht im Stau*«), als Hochrechnungen einzufrieren. Dies setzt natürlich voraus, dass das DFI-Prognoseverfahren einen Algorithmus zur Erkennung von Stau oder zähflüssigem Verkehr besitzt.

9. Ein Attribut DFI-`AnzeigeBereichsNummer` beim `HalteOrt` zu ergänzen wäre weniger gut, da es auch `HalteOrte` geben kann, die nichts mit DFI-AnzeigeBereichen zu tun haben.

Abb. 9-4
Typische Texte auf DFI-Anzeigen (relative Zeitangaben)

Plandaten

In unserem Modell bezieht sich jeder einzelne Haltevorgang (`HaltBeiFahrtX`) über seine `FahrtX` auf eine zugrunde liegende geplante `Fahrt`. Kommt es wegen äußerer Einflüsse (z. B. Baustellen) zu Planänderungen, so schlagen sich diese in der Historie der entsprechenden Klassen nieder. Die Disposition von Fahrern und Fahrzeugen beruht immer auf dem zeitlich jüngsten freigegebenen Plan. Dieser liegt daher auch allen DFI zugrunde. Aus Sicht des Fahrgasts kann dies einen Widerspruch darstellen, da er z. B. über die DFI von einer geplanten Fahrt erfährt, die er im Papierfahrplan nicht hätte finden können.

Geänderte Plandaten

Mag dies noch angehen, so ist der umgekehrte Fall deutlich unangenehmer: Wenn aufgrund einer kurz- oder mittelfristigen (mehrtägigen) Planänderung bestimmte Fahrten aus dem Fahrplan gestrichen wurden, so sind diese Fahrten in der Leitstelle (und in den stationären Anzeigen) gar nicht mehr als aktuelle Planungsgrundlage bekannt. Es wird daher auch keine automatische DFI erzeugt. In solchen Fällen wird der Disponent (bzw. der DFI-Disponent) manuell Meldungen auf die entsprechenden Anzeigen verteilen. Unser Modell könnte um Funktionen erweitert werden, die im Zusammenhang mit solchen Planänderungen automatisch `MaßnahmenX` erzeugen.

Betriebsende

Die `AbfahrtsInformation` ist zwar der Dreh- und Angelpunkt eines DFI-Systems, aber gegen Tagesende hin möchte man dem Fahrgast vielleicht noch zusätzlich mitteilen, dass die jetzt angezeigte Fahrt die letzte ist; dazu eignen sich *fahrtbezogene Zusatztexte* (vgl. Tab. 9-5). Will man nach der Abfahrt des letzten Fahrzeugs einen Hinweis wie *Betriebsschluss Linie 17* darstellen, so hat man allerdings keine `AbfahrtsInformation`, der man diesen Text zuordnen könnte. Man greift auf *linienbezogene Zusatztexte*[10] zurück und sorgt dafür, dass sie an den Haltestellen der Linie im jeweils richtigen Moment angezeigt werden. Das DFI-System könnte hierzu die Plandaten analysieren und die große Nachtlücke erkennen. Konzeptionell besser ist es jedoch, wenn diese Aufgabe innerhalb des Planungsvorgangs angesiedelt wird, d. h., der Planer legt explizit fest, ob und wann eine Fahrt die Anzeige »Betriebsschluss« nach sich ziehen soll. Es könnte sonst zu unerwünschten Effekten kommen: Wenn eine Linie am Wochenende nur je einmal um 11 Uhr und einmal um 15 Uhr verkehrt, dann würde ab Samstagnachmittag für fast 20 Stunden lang der Text Betriebsschluss erscheinen – nicht gerade eine Werbung in eigener Sache für das Verkehrsunternehmen.

Betriebsinformationen

Die bereits erwähnten `BetriebsInformationen` (»pauschale Zusatzmeldungen«) werden meist in einem optisch getrennten Anzeigebereich präsentiert. Manchmal nutzt man jedoch auch die gesamte Anzeigefläche im Wechsel mit den `AbfahrtsInformationen` (vgl. Abb. 9-4).

Oft beziehen sich Betriebsinformationen auf alle Fahrten an der betreffenden Haltestelle oder gar auf den Verkehrsbetrieb insgesamt (»*Beachten Sie unseren Sonderfahrplan für Silvester!*«). Manchmal gelten sie – wie im Beispiel mit dem *Betriebsschluss* – genau für eine bestimmte Linie. Unser Klassenmodell sieht für diesen wichtigen Sonderfall eine optionale Beziehung zu der `Linie` vor. Bezieht sich eine Betriebsinformation direkt auf eine einzelne `Fahrt`, so wird sie als »fahrtbezogener Hinweis« innerhalb des tabellarischen Anzeigebereichs dargestellt (»*Fahrt endet hier*«).

Typische Anzeige-Inhalte

Die folgende Tabelle zeigt typische Datenfelder einer Anzeigetafel:

Tab. 9-2 DFI-Inhalte

Anzeige-Element	Darstellung
Liniennummer	Erstes Element einer Abfahrtszeile
Fahrtziel (lang)	Zweites Element einer Abfahrtszeile
Fahrtziel (kurz)	Alternativ zum Fahrtziel (lang), wenn Platz für weitere Informationen in der Abfahrtszeile benötigt wird (z. B. für fahrtbezogene Zusatztexte)
Abfahrtszeit	Letztes Element der Abfahrtszeile absolut: im Format »hh:mm« oder »hh:mm Uhr« *oder* relativ: im Format »mm« oder »in mm« oder »in mm Min.«
Fahrtbezogener Zusatztext	Zweites Element einer Abfahrtszeile, zusätzlich zu/im Wechsel mit Fahrtziel Beispiele: »Fahrt endet hier«, »Fahrt fällt aus«, »Abfahrt verspätet«
Linienbezogener Zusatztext	Darstellung abhängig von Möglichkeiten des Anzeigers: *entweder* wie fahrtbezogene Zusatztexte in Abfahrtszeilen *oder* in letzter Anzeigerzeile, verdrängt dabei ggf. eine Abfahrtszeile
Sondertext	Auf ganzem Anzeiger, verdrängt alle anderen Abfahrtszeilen und Zusatztexte
Boarding-Zeichen	Symbol oder blinkender Text, verdrängt Abfahrtszeit
(Bahn-)Steig, Bucht	Weiteres Element in der Abfahrtszeile
Via-Texte	Weiteres Element in der Abfahrtszeile
Wagen-Symbole	Weiteres Element in der Abfahrtszeile
Kopfzeile	Oberste Zeile bei Großanzeigern, z. B. Haltestellenname

10. Im Modell: `BetriebsInformationen` mit einer Verbindung zur `Linie`.

Anzeige-Element	Darstellung
Datum/Uhrzeit	Aktuelles Datum/Uhrzeit (nicht abfahrtsbezogen!), verwendbar in Kopfzeile
Rückfalltexte	Inhalt abhängig von Störungsart Darstellung wie Sondertexte
Störfallindikatoren	Symbole, abhängig von Störungsart, Darstellung parallel zu Rückfalltexten

Tab. 9-2
(Fortsetzung)
DFI-Inhalte

Anzeigemedien

Die elektronische `DFI-Anzeige` wird im Modell noch weiter untergliedert. Sie deckt als `DFI-Display` die physikalische Leuchtschriftanzeige an einem Mast ebenso ab wie die Bildschirmausgabe im Browser. In der Bauform als `DFI-Ansager` kann sie `AbfahrtsInformationen` akustisch darstellen. Sehbehinderte Personen können sich so den angezeigten Inhalt vorlesen lassen.

Handy-Kommunikation mit DFI-Ansager

Es gibt Modellversuche[11], bei denen das Mobiltelefon des (sehbehinderten) Fahrgasts mit einbezogen wird: Das Handy kennt die Koordinaten von `ÖPV-HaltePunkten` und kann bei Annäherung die Anzeige via Bluetooth um Sprachausgabe bitten. Die Erzeugung der Audiosignale erfolgt dabei innerhalb der DFI-Anzeige, das Handy wird im Gegenzug zur Audioausgabe benutzt. Obwohl das eine oder andere Mobiltelefon bereits über (einfache) Möglichkeiten zur Sprachsynthese verfügt, hat dies den Vorteil, dass man Sprachkonserven oder professionelle Sprachsynthese-Algorithmen verwenden kann, d.h., der Text klingt genau so, wie man es inzwischen von immer mehr Bahnhöfen her kennt.

Sprachausgabe

Die Methoden zur Sprachausgabe sind in unserem Modell beim `DFI-Ansager` angesiedelt. Bei einer praktischen Umsetzung wird man sich auf weitere Klassen stützen, die in der Lage sind, Mediendateien (mp3) als Bausteine zu verwalten und hintereinanderzumontieren. Die gesprochenen Namen der `Ziele` kann sich der `DFI-Ansager` besorgen, indem er über den `HaltBeiFahrtX` und die zugeordnete `FahrtX` (Eingrenzung durch das aktuelle Zeitfenster) zur geplanten `Fahrt` navigiert. Von dort aus gelangt er zum (aktuellen) `FahrtZiel` der `Linie`, die zu der aktuellen `AbfahrtsInformation` gehört.

Alternativ kann natürlich eine Sprachsynthese-Software (Text-to-Speech, TTS) verwendet werden, um die Anzeigetexte vorzulesen.

Handy-Applikationen

Mobiltelefone verfügen heute oft schon über einen Internetbrowser. Da der Bildschirm recht klein ist, sind die meisten normalen Webformulare für diese Nutzergruppe ungeeignet. Man benötigt flache Navigationshierarchien, kurze URLs und schlanke Formulare für diese Geräte. Webservices müssen daher so gestaltet sein, dass sie diese Geräte erkennen und sich entsprechend verhalten. Normale Webseiten mit Grafiken, Werbetexten und Animationen kann man dem mobilen Nutzer nicht zumuten.

Da viele mobile Geräte inzwischen auch die Installation lokaler Anwendungen erlauben, kann man sie ähnlich wie DFI-Anzeigen nutzen: Man installiert den gewünschten Auszug der Plandaten einmal bzw. bei Fahrplanwechsel und besorgt dann bei Anfragen des Benutzers nur noch die aktuellen Informationen über eine Online-Verbindung. Das Handy des Fahrgasts kann so zu einer DFI-Anzeige für seine individuelle Kollektion von Halteorten mutieren – natürlich

11. Vergleiche das Projekt mAIS in Schleswig Holstein, www.mais-sh.de.

im Pull- und nicht im Push-Betrieb. Verfügt das Mobilgerät über eine Ortung, so könnte die lokale Applikation die DFI-Anzeige sogar bei der Annäherung an die Haltestelle aktivieren.

9.6 Prognose

Hochrechnung

DFI beruht auf einem Rechenverfahren, das aufgelaufene Verspätungen auf den bevorstehenden Fahrweg projiziert. Dies muss kein reines Aufaddieren sein, denn Fahrpläne sind aus Vorsichtsgründen so entworfen, dass Verspätungen in gewissem Umfang eingeholt werden können – sei es durch schnelleres Fahren oder durch das Verkürzen von Aufenthaltszeiten an Haltestellen.

Das natürliche Vorgehen bei der Prognose besteht darin, sich an der `FahrtX` bzw. an deren Plan (`Fahrt`) zu orientieren. Dabei findet eine gedankliche »Abwicklung der Fahrt« statt, wie sie auch zum Planungszeitpunkt im Planungssystem benötigt wurde. Gute Softwarearchitektur besteht unter anderem darin, solche Analogien zu erkennen und möglichst nur eine einzige Softwarekomponente zu schaffen, die diese Aufgabe übernimmt.

Elementare Prognose

Getreu der objektorientierten Denkweise liegt das Ergebnis der Hochrechnung, also die einzelne Ankunfts- bzw. Abfahrtszeit, nicht bei der `Fahrt`, sondern bei den Instanzen der Klasse `HaltBeiFahrt`. Im Modell stellt sich daher die Prognose quasi umgekehrt dar:

- Der `HaltBeiFahrt` kann über die `FahrtX` ermitteln, wie das Fahrzeug gerade im Plan liegt (*FahrplanLage*).
- Er kann den `Fahrweg` fragen, welche `Strecken` und welche `HalteOrteAmFahrweg` noch auf dem Weg bis zum eigenen `HalteOrtAmFahrweg` liegen.
- Er kann über das `FahrzeitProfil` herausfinden, wie viel »Luft« in der Planung ist (bei Streckenfahrzeiten und Haltedauern), um daraus den möglichen Abbau von Verspätungen zu errechnen.

Es sei erwähnt, dass diese Rechnungen einige zusätzliche Attribute voraussetzen, die in unserem Modell nicht dargestellt sind, wie z. B. die kürzestmögliche Zeit, in der eine Strecke zu einer bestimmten Tageszeit höchstwahrscheinlich durchfahren werden kann.

Komplexe Prognose

Sehr viel schwieriger und anspruchsvoller wird es, wenn bei der Hochrechnung auch Informationen einfließen sollen, die aus dem Vorankommen anderer Fahrzeug gewonnen werden können. Wenn das Prognosemodell eine »räumliche Vorstellung« besitzt, kann es Wissen über Stauzonen aufbauen und jeweils prüfen, ob das fragliche `Fahrzeug` eine Stauzone durchfahren muss, um zu einem bestimmten `HalteOrtAmFahrweg` zu gelangen.

Fahrzeug als Trigger

Wann soll man eine Prognose neu berechnen? Sicher nicht jedesmal, wenn man eine neue Standortmeldung von einem Fahrzeug bekommt. Es ist wesentlich effizienter, nur dann eine neue Berechnung durchzuführen, wenn sich die *Fahrplanlage* des Fahrzeugs signifikant geändert hat, d. h., wenn ein Fahrzeug gegenüber seinem Plan Verspätung auf- oder abgebaut hat. Über den Umweg der Stauprognose kann es sinnvoll sein, für andere Fahrzeuge ebenfalls neu hochzurechnen, wenn man weiß, dass diese Fahrzeuge durch das betroffene Gebiet fahren werden. Ist ein Fahrzeug verspätet, das als Zubringer für einen Anschluss fungiert, so muss die Prognose für die Abbringer-Fahrzeuge angepasst werden.

Anfrage als Trigger

Es gibt nach wie vor Haltestellen, an denen *keine* Anzeiger stehen. Soll man für diese Haltestellen ständig alle Hochrechnungen mitlaufen lassen oder sie nur auf Anfrage durchführen, wenn eine Internetanfrage auftritt? Praktische Implementierungen von DFI-Systemen verfolgen hier unterschiedliche Wege – aus Sicht unseres Modells ist dies egal.

Test

Man kann sich zahlreiche unterschiedliche Prognoseverfahren ausdenken. Ob man richtig liegt oder ob wesentliche Faktoren unberücksichtigt geblieben sind, kann man in der Regel nicht am Schreibtisch herausfinden. Man muss die prognostizierten Werte mit den tatsächlich eingetretenen Abfahrtzeiten vergleichen und aus den Abweichungen lernen.

Statistische Analyse

Dabei bekommt man es rasch mit sehr vielen Daten zu tun – denn für jede Fahrt und jeden Haltepunkt gibt es ja mehrere Prognosen, die mit Annäherung an den jeweiligen Haltepunkt (hoffentlich) immer genauer werden. Man braucht also ausgefeilte statistische Verfahren, um Auffälligkeiten zu entdecken und systematische Verzerrungen aufzudecken. Zusätzlich muss man Ausnahmesituationen analysieren und die Datenbasis bereinigen, um dann zu verbesserten Prognoseparametern zu kommen.

Simulieren und verbessern

Um die Auswirkungen eines verbesserten Prognosemodells zu studieren, kann (und sollte) man aufgezeichnete historische Situationen als Input für eine automatische Simulation verwenden. Man braucht dazu neben den Istdaten natürlich auch die historischen Plandaten, die zugehörigen Fahrzeitprofile und etliches andere mehr. Am einfachsten ist es, wenn eine solche Simulation in Echtzeit läuft – effektiver geht es mit einer Zeitrafferfunktion.

Wenn man ein statistisches Maß für die durchschnittliche Güte[12] aller Prognosen definiert, dann kann man sehr systematisch an die Optimierung des Verfahrens bzw. der zugehörigen Parameter herangehen.

9.7 DFI-Anlagen/Haltestellenrechner

Bei physikalischen Anzeigetafeln an Haltestellen tritt ein spezielles Problem auf, das bei den anderen Medien nicht existiert: Man muss sich um die Stromversorgung und um die Anbindung an das Kommunikationsnetz des Verkehrsunternehmens kümmern. Stehen mehrere Anzeigetafeln nahe beieinander, so möchte man Hardwarekosten sparen, indem man einen gemeinsamen *Haltestellenrechner*[13] zur Ansteuerung aller Displays nutzt. Die Art der Befehle, die ein Display versteht, hängt stark vom jeweiligen Hersteller ab. Von Videosignalen über proprietäre Befehlscodes bis hin zu HTML sind hier die unterschiedlichsten Protokolle anzutreffen.

12. Man könnte z. B. mit der Summe der quadrierten Abweichungen arbeiten, da große Fehler vermutlich überproportional als ärgerlicher empfunden werden.
13. Haltestellenrechner sind im Prinzip ähnlich zu Bordrechnern zu sehen, vgl. auch in der VDV-Schrift 423 den Begriff des »FARM«.

DFI-Anlage

Da mit der Arbeitsteilung zwischen dem Haltestellenrechner und den Anzeigen eine Reihe von technischen Konsequenzen einhergehen, enthält unser Modell die `DFI-Anlage` als Zusammenfassung von `DFI-Anzeigen`.

Gruppierung von DFI-Anlagen

Insbesondere bei Betriebsinformationen kommt es vor, dass man denselben Text auf mehreren (aber nicht allen) Anzeigen darstellen möchte, man denke z. B. an die Meldung »*Heute kommt es zu Unregelmäßigkeiten und Verzögerungen im Bereich des Messegeländes*«. Man könnte dazu das Modell erweitern, indem man eine `DFI-AnlagenGruppe` einführt. In der Praxis würde dies jedoch dazu führen, dass man räumliche oder fachliche Strukturen, wie z. B. die Zuordnung der Anzeige zu Linien, noch einmal redundant abbildet. Das Modell zeigt, über welche Wege man von der `DFI-Anlage` aus zu den gewünschten Kriterien finden kann.

Beispiel für eine komplexe Navigation im ITVU-Modell

Möchte man eine Botschaft an die Haltestellen einer bestimmten `Linie` verteilen, so würde man dazu eine statische Funktion bei der `DFI-Anlage` schaffen, die folgendermaßen navigiert:

- Ermittle die `Linie`, für welche die `BetriebsInformation` gelten soll (der Disponent muss beim Erzeugen der Betriebsinformation diese Linie zugeordnet haben).
- Suche alle `Fahrwege` zu der fraglichen `Linie`, die während der Geltungsdauer der Botschaft geplant sind.
- Suche alle `HalteOrte` zu diesen Fahrwegen.
- Ermittle alle `DFI-Anzeigen`, die `AbfahrtsInformationen` für mindestens einen dieser `HalteOrte` darstellen.
- Adressiere über die zugehörigen `DFI-Anlagen` die betreffenden `DFI-Anzeigen` und sende ihnen die fragliche `BetriebsInformation`.

In unserem prinzipiellen Modell ist diese Navigation zwar etwas kompliziert, aber folgerichtig. In einer konkreten Implementierung würde man sie durch die redundante Abspeicherung von Zwischenergebnissen optimieren.

9.8 Datenübertragung zwischen Zentrale und DFI-Anzeigen

Datenübertragung zu den Anzeigen

Um eine Anzeige (bzw. die koordinierende DFI-Anlage) von der Zentrale des Verkehrsunternehmens aus technisch zu erreichen, stehen viele Wege und Übertragungsprotokolle zur Auswahl:

- Funkanbindung für analoge oder digitale Funkübertragungen (GPRS, TETRA)
- Serielle und Modemverbindung für die Ansteuerung fest installierter Anzeiger
- Direkte LAN-Anbindung für Anzeiger an zentralen Standorten

Nur selten findet man eine einheitliche Infrastruktur. Als GSM-Übertragung noch relativ teuer war, kamen z. B. einzelne Verkehrsbetriebe auf die Idee, in der Nähe eines DFI-Standorts einen Festnetz-Telefonapparat mit mobilem Hörerteil (DECT-Standard) zu installieren, um so die letzten 50 Meter ohne laufende Kosten zu überbrücken. Heute würde man eine solche Lösung wohl nicht mehr favorisieren.

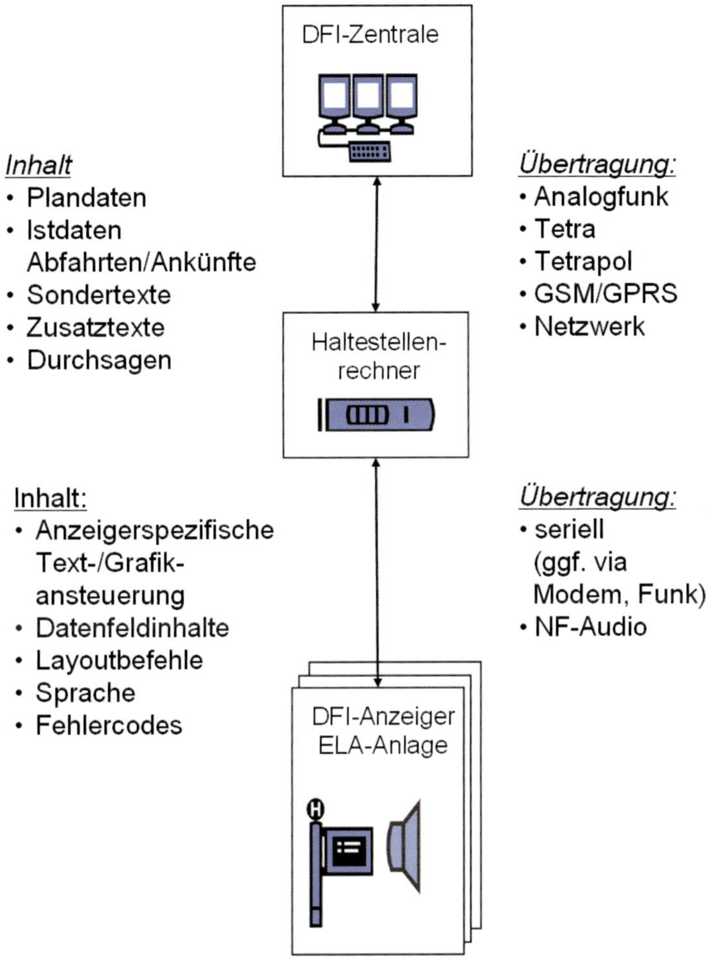

Abb. 9-5
DFI-Kommunikation

Neben unterschiedlichen Steuercodes[14] für die verschiedenen Bauformen von Anzeigen hat man es also auch mit heterogener Übertragungstechnik zu tun. Die Protokollstapel unterscheiden sich dabei auf allen Ebenen; insbesondere kann man nicht immer eine IP-Paketübertragung voraussetzen.

Bauformen von Anzeigen

Die Bauformen von `DFI-Anzeigen` sind unterschiedlich. Man findet von den Fallblattanzeigen, die man aus Bahnhöfen kennt, bis hin zum großen Plasmabildschirm alle möglichen Spielarten. Die einfacheren Anzeigen (z. B. 7-Segment-Anzeigen oder LED-Zeilen) besitzen oft zusätzliche technische Möglichkeiten zur Darstellung, die man ausnutzen möchte: Sie können z. B. eine Zeile blinken lassen oder einen längeren Text als Laufschrift darstellen.

14. Gebräuchliche Protokolle sind z. B.: PACOS (weit verbreitet), LDP1, AEG MIS1, Surtronic UDP, PIPS500, LLE57.

Im Laufe der Zeit sammeln sich bei einem Verkehrsunternehmen meist mehrere unterschiedliche Technologiegenerationen an. Häufig sind es Kostenüberlegungen, die dazu führen, dass an bestimmten Haltestellen etwas einfachere Modelle eingesetzt werden, während man an zentralen Umsteigeplätzen mehr Information bieten will – und so auch etwas mehr fürs Image tut.

Schichtenarchitektur

Ein DFI-Softwaresystem muss daher in der Lage sein, mehrere Typen von Anzeigern gleichzeitig zu bedienen. Wenn ein Anzeiger durch einen moderneren Nachfolgetyp ersetzt wird, dann sollte dies nur eine Konfigurationsänderung erfordern und keinen Programmieraufwand verursachen. Hier bietet sich eine Schichtenarchitektur an:

Neutrale Beschaffung der Anzeigeinhalte

- Die Informationselemente für eine Anzeige werden aufgrund der Zuordnung der Anzeige zu bestimmten HalteOrten zusammengestellt.
  - Es ist nützlich, wenn man dabei zusätzliche Filterkriterien angeben kann, z. B. durch die Einschränkung auf eine bestimmte Linie.
  - Normalerweise wird man chronologisch nach Abfahrtszeiten sortieren – doch auch hier ist Flexibilität gefragt: Sortiert man nach geplanten Abfahrtzeiten, nach prognostizierten Abfahrtzeiten, nach Linien oder nach einer Kombination dieser Kriterien?
  - Betriebsinformationen werden ergänzt.
- Die Ausgabe erfolgt zunächst in neutraler, möglichst abstrakter Form, typischerweise in einer XML-Struktur.

Abstraktes Markup

- Eine zweite Softwareschicht versieht die Daten mit abstrakter Auszeichnungsinformation, d. h., sie legt z. B. fest, dass eine bestimmte Abfahrtzeile *hervorgehoben* dargestellt werden soll. Sie legt nicht fest, ob »hervorgehoben« im konkreten Fall Fettschrift, Blinken, Unterstreichen oder farbliche Heraushebung bedeuten soll.

Gerätespezifische Aufbereitung

- Die dritte Softwareschicht kennt die Eigenheiten des adressierten Geräts und wandelt die abstrakte Auszeichnung in Befehle zur Darstellung[15] um. Für einen Internetbrowser wird es sich dabei um HTML handeln (ggf. abhängig vom Browser), evtl. auch Javascript. Eine SMS wird entweder gar nicht oder nur minimal formatiert sein, für eine 7-Segment-Anzeige werden Codes erzeugt, die das Blinken der nachfolgenden Informationszeile aktivieren, usw.
- Die technische Implementierung einer solchen »Gerätetreiberschicht« kann recht unterschiedlich sein; soweit möglich wird man auf Tools zurückgreifen, die speziell für die Umformatierung von XML-Datenströmen konzipiert sind (z. B. XSLT); in Webanwendungen kann man z. B. *Java Server Pages* oder *php* einsetzen, wobei in beiden Fällen eine saubere Trennung der hier skizzierten Schichten viel Disziplin verlangt und durch den Einsatz zusätzlicher Frameworks begünstigt wird.

15. Die Tendenz geht dahin, dass immer mehr Anzeiger wie ein Browser ansteuerbar sind; allerdings gibt es auch zahlreiche proprietäre Protokolle wie etwa PACOS, LDP1 oder AEG/mis.

Optimierung der Übertragung

DFI-Anzeigen stellen Plan- und Istdaten dar. Während letztere sich naturgemäß ständig ändern, sind Plandaten oft über Wochen hinweg stabil. Man optimiert daher die Übertragungskosten, indem man Plandaten vorab verteilt. Dies setzt voraus, dass die jeweilige DFI-Anlage einen Steuerrechner mit einer gewissen eigenen »Intelligenz« besitzt. Beispielsweise muss er die aktuelle und die künftige Version von Plandaten parallel verwalten können und im richtigen Moment umschalten.

Datenverteilung

Bei schmalen Bandbreiten muss man mit der Verteilung der Plandaten in Randzeiten ausweichen. Manchmal ist das Missverhältnis zwischen Bandbreite und Datenvolumen so groß, dass man Fahrzeuge als »WLAN-Datentransporteure« einsetzt: Ein Fahrzeug nimmt im Depot über WLAN ein Datenpaket entgegen und liefert dieses Paket bei der gewünschten DFI-Anlage ab, sobald es in deren WLAN-Einzugsbereich gelangt. Über diesen Weg kann man auch andere große Dateien verteilen, wie z. B. *Audiodateien* für Sprachansagen oder *Software-Updates* für den Haltestellenrechner selbst.

Rückfallbetrieb

Die Vorabversorgung von Anzeigen mit Plandaten hat gleichzeitig den Vorteil, dass diese im Falle eines Kommunikationsproblems nicht völlig versagen, sondern zumindest noch die Plandaten anzeigen können (»autonomer Betrieb«)[16]. In dem Darstellungsbereich für Betriebsinformationen erscheint dann z. B. automatisch die Meldung »*alle Abfahrtszeiten laut Plan*«.

9.9 Automatisierte Abwicklung von Maßnahmen

Störmeldungen und Hinweise

Wenn eine Leitstelle in den laufenden Fahrbetrieb eingreift, dann sollen die Konsequenzen daraus für die Fahrgäste möglichst automatisch erkannt und als DFI dargestellt – bzw. im Internet für Abfragen verfügbar gemacht – werden.

Das Modell stellt daher einen Zusammenhang von der ergriffenen `MaßnahmeX` zur daraus abgeleiteten `BetriebsInformation` her; letztere kann pauschaler Natur sein (»*Wegen Unwetters derzeit unregelmäßiger Betrieb auf allen Linien*«); häufiger hat sie jedoch einen Bezug zu einer einzelnen `FahrtX`, zu einer `Linie` oder zu einem `HalteOrt`. Wichtig ist, dass der Bezug der `BetriebsInformation` zur ergriffenen `MaßnahmeX` erhalten bleibt: Irgendwann steht nämlich auch wieder die Rückkehr zum Normalbetrieb an. Fahrgäste, die mitten in der Störungsphase eintreffen, wollen wissen, wie lange die Störung noch dauern wird. Und wenn die Leitstelle die Maßnahme beendet, dann müssen auch automatisch die entsprechenden `BetriebsInformationen` an den DFI-Anzeigen gelöscht werden.

Automatisierte Verarbeitung von Entstörmaßnahmen

Für größere Verkehrsunternehmen ist es wichtig, dass ein IT-System zur Ansteuerung von DFI-Anzeigen möglichst viele Maßnahmen aus dem Störungsmanagement automatisch verarbeiten kann, also z. B. Fahrt-Storno, Fahrtabbruch, Langwende, Kurzwende oder Verstärkerfahrt. Wenn beispielsweise ein Fahrzeug vorzeitig wenden soll (»Kurzwende«), dann werden folgende Meldungen benötigt:

16. Ob man diese Möglichkeit nutzt, hängt von der Informationspolitik des Anzeigenbetreibers ab.

- Für die Stationen, die vor dem Punkt liegen, an dem gewendet wird: ein Hinweistext innerhalb der Anzeigezeile der Fahrt (»*nur bis zum Holstentor*«)
- Ein Aufmerksamkeitshinweis für diejenigen Haltestellen, an denen die veränderte Fahrt bereits mit dem originalen Fahrziel (Westpark) dargestellt war – also z. B. eine farbige Unterlegung der entsprechenden Zeile.
- Wahlweise eine Meldung im allgemeinen Anzeigebereich: »*Linie 17 verkehrt derzeit nur bis Holstentor*«
- Am Wendepunkt selbst: ein Hinweistext »*Fahrt endet hier*«
- An den Haltestellen hinter dem Wendepunkt: der Hinweis (»*Fahrt entfällt*«)
- Wahlweise an diesen Haltestellen die Meldung »*derzeit reduzierte Taktfolge auf Linie 17*«, ggf. auch in der Gegenrichtung
- Wenn es eine DFI im Fahrzeug gibt (»rollende DFI«), dann sollte dort eine Textmeldung und/oder Sprachdurchsage erscheinen: »*Fahrgäste zum Westpark steigen bitte am Holstentor aus und warten auf den nächsten Bus. Dieser Bus wendet am Holstentor.*«
- Im Internet sollte bei allen Abfragen, welche die Linie 17 betreffen oder eine andere Linie mit Haltepunkt am Holstentor zeigen, ein Hinweis erscheinen: »*derzeit unregelmäßiger Verkehr auf Linie 17*«.

Niemand möchte von Hand dafür sorgen müssen, dass all dies im richtigen Moment passiert bzw. nach Beendigung der Maßnahme nicht mehr passiert.

Flexibilität durch Konfigurierbarkeit

Die Art der Maßnahmen und vor allem die Art, wie darauf reagiert werden soll, sind nicht in jedem Verkehrsunternehmen gleich und wandeln sich auch im Zeitablauf. Es kommt daher sowohl dem Hersteller als auch dem Verkehrsunternehmen entgegen, wenn ein DFI-System hier Konfigurationsmöglichkeiten bietet und möglichst wenig feste »Verdrahtungen« benutzt.

9.10 Anzeigelöschung bei Abfahrt des Fahrzeugs

Obwohl DFI-Systeme wie oben dargestellt von ihrem Wesen her zentralistisch sind, gibt es doch eine spezielle Situation, in der ein dezentrales Element ergänzend hinzutritt, um technische Unzulänglichkeiten zu kompensieren.

Wenn man die roten Rücklichter sieht ...

Ein Fahrgast, der an eine Haltestelle kommt und dort eine Fahrt angezeigt sieht, darf davon ausgehen, dass er noch zusteigen kann. Dies bedeutet im Umkehrschluss, dass eine Fahrt in derselben Sekunde von der Anzeige gelöscht werden muss, in der sich das abfahrende Fahrzeug in Bewegung setzt.

Abmeldung über die Zentrale

Die üblichen Verfahren zur Fahrzeugüberwachung verwenden Intervalle von 20...60 Sekunden für Positionsmeldungen. Erst wenn die nächste Positionsmeldung des Fahrzeugs in der Zentrale eintrifft, könnte diese die Anzeige löschen. Je nach verwendetem Kommunikationsverfahren zwischen der DFI-Zentrale und dem Anzeiger kann es danach nochmals eine weitere Zykluszeit von z. B. 20 Sekunden dauern, bis die Information an den Anzeiger übertragen werden kann.

Autonome Abmeldung

Da man solche Latenzzeiten den Fahrgästen an der Haltestelle[17] nicht zumuten kann, sendet ein Fahrzeug beim Verlassen der Haltestelle ein Signal direkt an die `DFI-Anzeige` bzw. an die `DFI-Anlage`, welche die Anzeige ansteuert.

In unserem Modell haben wir entsprechende Funktionen nicht aufgeführt. Sie wären beim `Fahrzeug` bzw. in der `FahrzeugPeripherie` und in der `Kommunikation` anzusiedeln. Wir skizzieren kurz, wie sich eine Beschreibung in das Modell einfügen würde:

- Es geht darum, eine `DatenNachricht` (vgl. das Paket `Kommunikation`) zu erzeugen. Damit diese Nachricht technisch den richtigen Weg findet, muss man wissen, wie man die `DFI-Anlage` erreicht. In einem Analogfunksystem würde dies bedeuten, dass man den Frequenzkanal des Empfängers an der DFI-Anlage kennen muss und die Modalitäten der Übertragung auf der untersten Ebene (Modulationsart, Quittungsmechanismen) bekannt sein müssen. All dies schlägt sich in entsprechenden Attributen des `Teilnehmers` nieder und führt zur Ansteuerung von »niedrigen Schichten« der Kommunikationssoftware im `Bordrechner` des Fahrzeugs.
- Damit man weiß, wann die `Nachricht` erzeugt werden muss, muss das Fahrzeug eine Methode besitzen, die ständig den Standort überwacht und das Wiederanfahren durch Abfrage der Raddrehung erkennt (z. B. durch eine Methode wie *Fahrzeug.abmeldenVonDFI-Anzeige*). Es ist wichtig, auch den Haltevorgang genau zu erkennen und dabei das Öffnen und Schließen der Türen mit einbeziehen, denn die Anzeige darf in folgender Situation noch nicht gelöscht werden: Ein Fahrzeug kommt an einer Haltestelle zum Stillstand, die Türen werden noch nicht geöffnet, das Fahrzeug fährt nochmals einige Meter vor und öffnet dann erst die Türen.

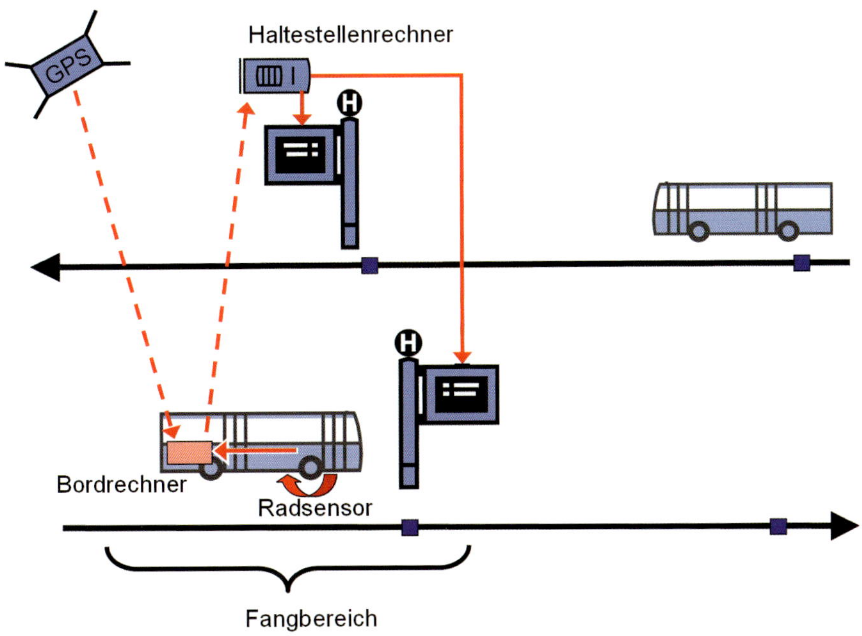

Abb. 9-6
DFI-Abmeldung

17. Für die Internetauskunft ist die Latenzzeit hingegen akzeptabel.

- In Softwaresystemen verwendet man nur höchst ungern »Kümmererfunktionen«, die ständig andere Funktionen aufrufen, um zu prüfen, ob ein bestimmtes Ereignis eingetreten ist. Das sogenannte »Polling« erzeugt viel unnötigen Ressourcenverbrauch. Ein gutes Design wird daher vorsehen, dass die Funktion zur Erkennung der Abfahrt an der Haltestelle sich bei anderen Softwarekomponenten, die »nah am `Rad` sitzen«, registriert und von diesen zurückrufen lässt, wenn die bei der Registrierung angegebenen Bedingungen eingetreten sind.

Man sieht an dem Beispiel, dass ein konzeptionelles Modell längst nicht alle Feinheiten enthalten kann, die bei der konkreten Umsetzung in praktisch nützliche Software zu beachten sind. Wichtig ist jedoch, dass das Modell Ankerpunkte für entsprechende Erweiterungen enthält, wie im Beispiel die diversen Klassen im Teilmodell `Kommunikation` und `FahrzeugPeripherie`.

Schnelle Anmeldung

Das Prinzip der schnellen Abmeldung lässt sich auch auf die Anmeldung übertragen. Wegen der langen Latenzzeiten des Funkwegs über die Zentrale kann es nämlich passieren, dass auf dem Anzeiger »in 2 Minuten« steht, obwohl das heranfahrende Fahrzeug schon in Sichtweite ist. Das Fahrzeug schickt daher kurz vor dem Eintreffen eine Meldung mit einer Feinkorrektur der erwarteten Ankunftszeit direkt an die DFI-Anzeige.

9.11 Betrieb eines DFI-Systems

Für ein Verkehrsunternehmen sind DFI-Anzeigen ein Aushängeschild ersten Ranges. Sind sie defekt oder zeigen sie falsche Informationen, so wird dies nicht selten in der Lokalpresse kommentiert.

Monitoring und Entstörung

Große Sorgfalt bei der Einrichtung neuer Anzeiger ist ebenso wichtig wie eine permanente, zentrale Statusüberwachung, die die Kontrolle aller aktuell dargestellten Anzeigeinhalte und Sondertexte (Betriebsinformationen) ermöglicht. DFI-Anzeigen besitzen meist einen Mechanismus zur Selbstdiagnose. An einem zentralen Arbeitsplatz kann man beim Auftreten von Störungen eingreifen, z. B. durch das Zurücksetzen der Kommunikationsverbindung oder des Haltestellenrechners, durch das Verteilen korrigierter Plandaten oder durch ein Software-Update. Bestehen dauerhaft Probleme, so kann der Administrator Anzeigen sperren[18] oder ganz abschalten.

Webservices und Schnittstellen

Administrative Aufgaben fallen auch im Zusammenhang mit Schnittstellen an, über die ein Verkehrsunternehmen seine DFI-Daten an externe Partner liefert. Hier wie auch bei der Betreuung von Webdiensten ist eine besonders enge Zusammenarbeit von Verkehrsfachleuten und IT-Experten nötig. Nur so können die Ursachen etwaiger Probleme rasch aufgedeckt werden.

Manuelle Steuerung

In welchem Umfang Mitarbeiter der Leitstelle manuell dafür sorgen müssen, dass bestimmte Betriebsinformationen zur richtigen Zeit am richtigen Ort erscheinen, hängt vom Automatisierungsgrad des DFI-Systems ab. Normalerweise sollte in einer Großstadt hierzu ein einzelner Arbeitsplatz ausreichen.

18. Es erscheint dann z. B. die Meldung »Anzeige außer Betrieb«.

Anstatt alle Aufgaben rund um die DFI an einem einzigen Arbeitsplatz zu konzentrieren, kann man jedoch auch ein DFI-Softwaresystem einsetzen, bei dem die entsprechenden Dialoge in die Leitstelle integriert sind. Bei diesem Konzept sorgt der Disponent selbst dafür, dass die Auswirkung seiner Maßnahmen korrekt an die Fahrgäste kommuniziert wird. Er sieht dazu z. B. in der »Linienleiter-Darstellung« die Standorte der DFI-Anzeigen und kann sich bei Bedarf auch deren Inhalte einblenden.

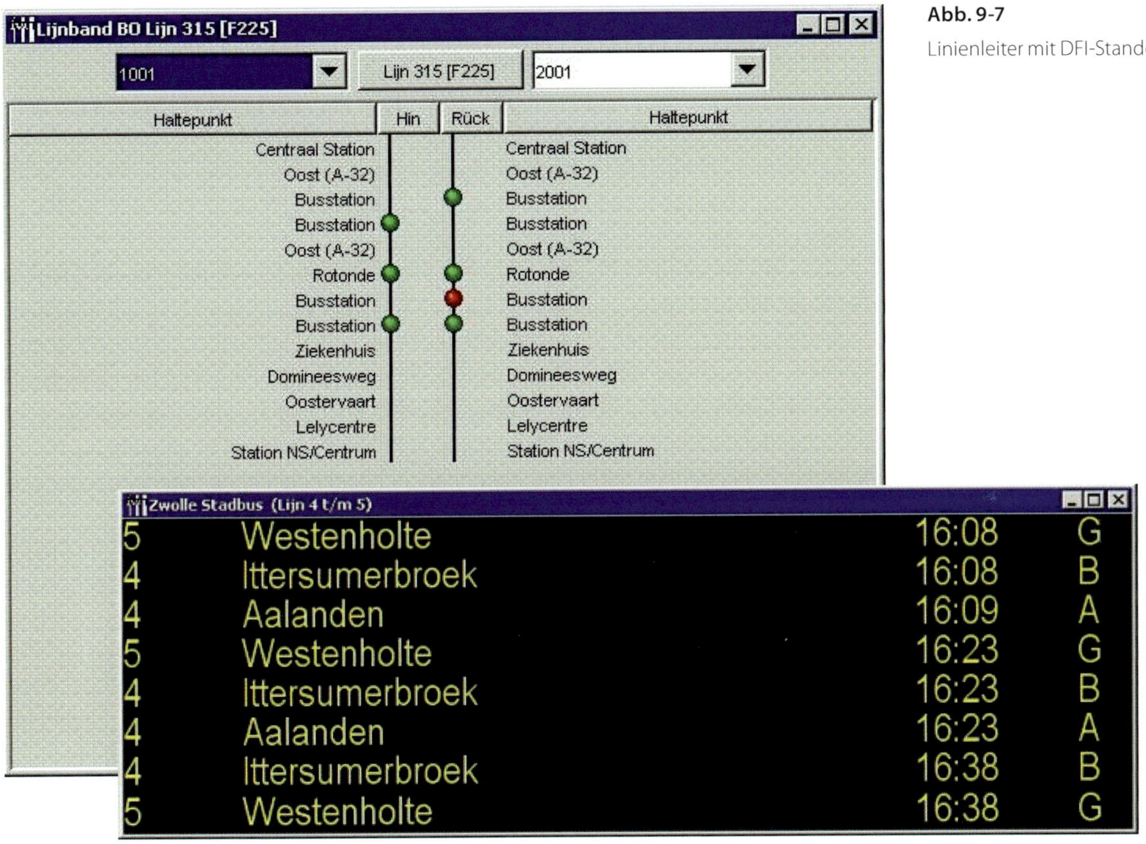

Abb. 9-7
Linienleiter mit DFI-Standorten

Mengengerüst

Wie viel Automatisierung sinnvoll ist, hängt auch davon ab, wie groß ein Verkehrsunternehmen ist, wie viele Anzeigen es betreibt und wie intensiv es externe Schnittstellen bedient.

Ein Verkehrsunternehmen in einer Großstadt mit 1–2 Mio. Einwohnern sieht sich etwa mit folgender Größenordnung konfrontiert:

- Es gibt ca. 100 DFI-Anlagen mit insgesamt 500 DFI-Anzeigen (langfristig ist ein weiterer Ausbau geplant).
- Es gibt insgesamt 6000 Haltestellen – für jede von ihnen kann bei einer DFI-Webanfrage eine Prognose ermittelt werden; es gibt pro Tag Tausende solcher Anfragen über das Web – DFI-Informationen werden automatisch zusammen mit Verbindungsanfragen (Fahrplanauskunft) angezeigt.

- Es gibt 1000 Fahrzeuge; ein Fahrzeug hält im Durchschnitt alle 90 Sekunden, d. h., man hat 500.000 Haltevorgänge pro Tag.
- Für jeden Haltevorgang wird mindestens eine Prognose erstellt, bei Abweichungen wird dynamisch korrigiert.
- Es gibt ca. 250 manuelle Maßnahmen pro Tag und zusätzlich viele automatische Regulierungen; daraus resultieren Tausende von Betriebsinformationen, die auf den DFI-Anzeigen dargestellt werden.

9.12 Gemeinsame DFI für mehrere Verkehrsbetriebe

Gemeinsame Anzeigen

Es ist wünschenswert, dass eine DFI-Anzeige von mehreren Verkehrsunternehmen gemeinsam benutzt wird. Dem Fahrgast ist es schließlich egal, mit welchem Unternehmen er fährt. Er will alle Informationen in chronologischer Reihenfolge haben. Von Flughäfen her ist uns dies selbstverständlich, aber im ÖPV bedarf es noch einiger Anstrengungen, bis dies klappt.

Gemeinsame Webdialoge

Dasselbe Problem stellt sich bei der Auskunft im Internet: isolierte Webseiten einzelner Verkehrsbetriebe mit aktuellen DFI-Informationen nötigen Fahrgäste, deren Fahrt das Gebiet zweier Verkehrsunternehmen berührt, zur Recherche unter verschiedenen Webadressen. Die Integration aller DFI-Daten – über normierte Schnittstellen – in übergreifende Auskunftssysteme ist der weitaus bessere Weg (vgl. Abschnitt 6.3.4).

Verbünde als Betreiber

Derzeit engagieren sich die regionalen Verkehrsverbünde als Betreiber von Fahrplan-Auskunftssystemen. Sie fordern von den Verkehrsunternehmen DFI-Datenströme an und erweitern ihre Auskunftssysteme so allmählich zur »Echtzeit-Auskunft«. Auf nationaler Ebene ist in Deutschland die Deutsche Bahn[19] sehr aktiv. Immer häufiger liefern Verkehrsunternehmen ihren DFI-Datenstrom über die sog. DELFI-Schnittstelle[20] an das Auskunftssystem der Deutschen Bahn.

Betreiber

Während es am Flughafen einen neutralen Betreiber für die Anzeigen gibt und die Fluggesellschaften bzw. der Tower die Daten zuliefern, muss im ÖPV die Frage jeweils individuell geklärt werden, wer eine DFI-Anzeige errichtet und technisch betreibt. Oft ist dies das örtliche Verkehrsunternehmen, aber es könnte auch ein neutraler Betreiber (Kommune oder Servicegesellschaft) sein. Im Ausland trifft man bereits öfter auf dieses Modell. So hat z. B. China für mehrere Städte die Errichtung großer Säulen ausgeschrieben, die überwiegend als Werbefläche genutzt werden und in einem standardisierten Bereich am oberen Rand auch als DFI-Anzeige dienen.

Standards für den Austausch von DFI

Alle diese Modelle setzen voraus, dass der Austausch von DFI-Daten normiert wird. In Deutschland legen die VDV-Schrift 453/454 dazu ein XML-Datenformat und ein Austauschverfahren fest[21]:

19. Vergleiche www.bahn.de bzw. zur Realtime-Schnittstelle auch www.hacon.de/hafas/hafas-rt.shtml.
20. DELFI steht für »Durchgängige Elektronische FahrplanInformation« und ist ein Projekt, das vom Bundesverkehrsministerium initiiert wurde, vgl. www.delfi.de.
21. Das internationale SIRI-Protokoll dient dem gleichen Zweck und gewinnt zunehmend an Bedeutung.

- REF-DFI/DFI-Dienst für betriebsübergreifende Fahrgastinformation
- REF-AUS/AUS-Dienst zur Anbindung externer Auskunftssysteme

Forschungsprojekt DISTEL

Wenn Fahrzeuge verschiedener Unternehmen auf einer Anzeige gemeinsam dargestellt werden sollen, so besteht der Standardweg heute darin, dass jedes Fahrzeug mit seiner Heimatzentrale kommuniziert und dann durch einen Datenaustausch der Zentralsysteme die DFI-Information zum Betreiber der DFI-Displays gelangt. Auf Anregung des Wirtschaftsministeriums wurde im Projekt DISTEL untersucht, ob man alternativ zu diesem Verfahren leichtgewichtigere, direkte Kommunikationswege etablieren kann, insbesondere in Verbindung mit digitalen Funksystemen. Dabei wurde ein Vorschlag für ein allgemeines Kommunikationsverfahren entwickelt, das nicht nur DFI transportieren könnte, sondern eine umfassendere Zusammenarbeit zwischen verschiedenen Verkehrsbetrieben bei der Überwachung der Fahrzeugflotten erlauben würde.

10 Vertrieb und Verkauf

Im Nahverkehr bleiben Fahrgäste häufig anonym. Sie erwerben ein einfaches Standardprodukt – etwa einen Einzelfahrschein – und werfen ihn nach der Benutzung weg. In unserem Modell müssen wir neben diesem Standardfall jedoch auch viele andere Konstellationen berücksichtigen: Tarife sind entfernungs- und zeitabhängig, es gibt diverse Ermäßigungen, manche Fahrausweise sind personengebunden, durch die Einführung elektronischer Tickets kommen neue Medien und Zahlungswege ins Spiel. Außerdem genügt es nicht, nur das Ticket und den Fahrgast zu betrachten. Das Modell muss auch den Vertrieb beschreiben, also den Verkaufsvorgang, den Verkäufer und das Verkaufsgerät. Provisionszahlungen und der Geldfluss der Einnahmen gehören ebenfalls dazu. Viele Aspekte des Vertriebs sind unabhängig davon, ob man klassische Papiertickets verkauft oder moderne eTickets einsetzt. Auf Besonderheiten der einzelnen Fahrausweisträger (Papier bzw. Chipkarte) gehen wir in separaten Abschnitten gegen Ende des Kapitels ein. Grundfragen zur Sicherheit elektronischer Medien behandeln wir in einem Exkurs.

Personalisierung von `FahrAusweisen`

Im Fernverkehr kann man den Wandel gut beobachten: Die meisten Tickets werden dort heute online erworben; dabei legitimiert sich der Benutzer des Internetportals durch eine Benutzerkennung und ein Passwort. Beim Einrichten des Zugangs hat er seine persönlichen Daten und eine Bankverbindung hinterlegt. Die Rolle des `Fahrgasts` und die Rolle des `Kunden` können dabei auseinanderfallen; insbesondere bei Firmenkunden ist dies sogar die Regel: Beim Erwerb eines *Corporate Ticket* ist der Arbeitgeber der `Kunde`, der Mitarbeiter auf Dienstreise ist der `Fahrgast`. Die Deutsche Bahn unterstützt die Bedürfnisse ihrer Unternehmenskunden recht differenziert, bis hin zur Verwaltung unternehmensinterner Berechtigungen (»Buchung im Auftrag eines Kollegen vornehmen«). Doch auch im Nahverkehr gibt es seit langem die Trennung zwischen Fahrgast und Kunde, nämlich beispielsweise im Schülerverkehr: Hier tritt die jeweilige Schulbehörde als Vertragspartner des Verkehrsunternehmens auf und erwirbt personalisierte `FahrAusweise` für die Schüler.

Vorteile der Personalisierung

Besteht eine persönliche Bindung zwischen Kunde und Verkehrsunternehmen, so eröffnet sich eine Fülle neuer Möglichkeiten:

- Das Stornieren unbenutzter `FahrAusweise` wird einfacher, da die Gutschrift elektronisch erfolgt und das Ticket in vielen Fällen nicht physikalisch vorgelegt werden muss.
- Verlorene `FahrAusweise` können gesperrt werden.[1]
- Man kann Kundenbindungssysteme (Prämien, Bonusmeilen etc.) einführen.
- Man kann Einzelnachweise über erworbene Tickets erstellen.
- Man kann Guthabenkarten ausgeben, die über eine Kontoverbindung automatisch nachgeladen werden.
- Man kann Anreize durch Post-Paid- und Best-Price-Modelle schaffen.

Transparenz des Reiseverlaufs

Mit der Personalisierung entsteht potenziell ein Bewegungsprofil – in Verbindung mit bestimmten Zugangskontrollsystemen kann sogar der komplette Reiseverlauf einer Person rekonstruiert werden. Die Konsequenz, der »gläserne Fahrgast«, stößt nicht auf ungeteilte Zustimmung. Anonyme Guthabenkarten gehören daher nicht nur ins Papierzeitalter (Streifenkarten), sondern behalten auch beim Einsatz elektronischer Medien ihre Bedeutung. Mehr dazu im Kapitel über eTicketing.

Angebotsdifferenzierung

Je stärker Deregulierung und Wettbewerb den Markt prägen, desto bunter und vielfältiger werden Tarife. Doch auch in regulierten Märkten können Tarifstrukturen und Ermäßigungssysteme durch den Einfluss politischer Interessengruppen im Laufe der Zeit sehr kompliziert werden[2]. Aus betriebswirtschaftlicher Sicht gibt es im ÖPV viele Situationen, in denen die Grenzkosten null sind, d.h., das Befördern eines weiteren Fahrgasts auf einer Strecke, die ohnehin bedient wird, verursacht keine zusätzlichen variablen Kosten. Wenn es gelingt, in solchen Fällen durch Sonderangebote für bessere Auslastung zu sorgen, ohne an anderer Stelle deswegen Einnahmen zu verlieren, entsteht zusätzlicher Ertrag ohne zusätzliche Kosten.

Kombiprodukte

Oft definiert man dabei Zielgruppen und schneidet Angebote speziell zu. So entstehen beispielsweise Kombiprodukte, bei denen ÖPV-Tickets mit Eintrittskarten für Museen oder Schwimmbäder als Paket gebündelt werden.

Diversifikation

Aus der Idee, den Fahrgast insgesamt zu versorgen, entstehen manchmal Zusatzangebote (Snacks oder Getränke im Regionalverkehr). Warum nicht auch Reiseführer und Regenschirme? Oder einen WLAN-Internetzugang im Abo zum Pauschalpreis?

Vielfalt der Vertriebswege

Fahrgäste können heute auf vielen Wegen an ihr Ticket kommen, am Automaten, bei einer Verkaufsstelle, im Internet oder über das Handy. Alle Wege kosten Geld – und leider ist es in der Praxis oft so, dass ein weiterer Vertriebsweg nicht dazu führt, dass die Kosten bei den anderen Vertriebswegen im gleichen Umfang sinken, wie der zusätzliche Weg neue Kosten verursacht – die Verkaufswege »kannibalisieren einander«, bringen also kaum neuen Deckungsbeitrag. Preismodelle werden daher manchmal so gestaltet, dass sie die aus Unternehmenssicht günstigen Verkaufswege bevorzugen. Hier ist einiges Geschick gefragt:

1. Vergleiche Abschnitt 10.9.4.
2. Die einfachsten Tarifmodelle findet man in (Schwellen-)Ländern, die erstmals in größerem Stil ÖPV-Systeme einführen oder modernisieren – häufig in privatwirtschaftlicher Form.

Der Versuch der DB, eine zusätzliche Schaltergebühr beim personenbedienten Verkauf einzuführen, musste nach erheblichen Protesten aufgegeben werden[3].

Zahlungswege

Ein anderer Kostenfaktor für Verkehrsunternehmen ist die Vielfalt der Zahlungswege. Bei kleinen Beträgen steht das Bargeld im Vordergrund. Der Umgang mit Bargeld ist »teuer«. Es stellt ein persönliches (Überfalls-)Risiko für die Verkäufer dar, der Verkehrsbetrieb muss sich gegen Unterschlagung absichern, und die Betreuung der Automaten verursacht ebenfalls Aufwand. Immer häufiger werden Geldkarten, EC-Karten und manchmal sogar *PayPal* oder Kreditkarten akzeptiert. Jedes weitere Zahlungsverfahren erfordert allerdings spezielle Softwarekomponenten und organisatorische Verfahren.

Tarifverbund

Bei der Tarifgestaltung herrscht in Deutschland – wie auch in den meisten europäischen Nachbarländern[4] – regionale Vielfalt. Wachsen Regionen wirtschaftlich und verkehrspolitisch zusammen, so wird ein Verkehrsverbund gebildet, der die Tarife im Gesamtgebiet vereinheitlicht, die gegenseitige Anerkennung der Tickets festschreibt und die Einnahmenverrechnung zwischen den beteiligten Verkehrsbetrieben organisiert. Dennoch muss der Fahrgast sich beim Wechsel zwischen solchen Gebieten immer wieder mit neuen Regularien vertraut machen. Dies ist besonders deswegen lästig, weil es in den meisten Fällen während der Reise passiert, also in dem Moment, in dem es der Fahrgast eilig hat und in das Verkehrsmittel einsteigen möchte. Einheitliche Bezahlsysteme wie das Handy-Ticket stellen einen Versuch dar, trotz tariflicher Vielfalt den spontanen Ticketerwerb zu erleichtern[5].

Elektronische Medien

Seit Jahren gibt es einen Trend zu elektronischen Fahrausweisen. Manche »ÖPV-Entwicklungsländer« gehen hier sogar energischer voran als Verkehrsbetriebe in Ländern mit hoch entwickeltem öffentlichen Verkehr, da letztere meist komplizierte Tarifmodelle haben und eine Koexistenzphase zwischen Papierticket und elektronischen Medien vorsehen müssen. eTickets sind mehr als nur »elektrische Papierfahrausweise«. Neben vielen Vorzügen, auf die wir noch eingehen werden, haben sie jedoch auch Nachteile und erfordern einen Lernprozess bei den Fahrgästen.

Wenn ein Fahrgast seine Chipkarte beim Einsteigen an ein Terminal (einen elektronischen Entwerter) hält, muss er auf den Piepton oder eine optische Anzeige zur Bestätigung achten. Ist er unsicher, ob es geklappt hat, wird er das Ticket nochmals hinhalten. Hatte es beim ersten Mal schon geklappt, so muss das System die Situation erkennen und eine doppelte Abbuchung verhindern. Aus diesem Grund kann ein Fahrgast jedoch nicht einfach durch doppelte Ticketvorlage einen Gast »auf seinem Ticket mitnehmen« – bei der alten Papierstreifenkarte war dies kein Problem: Der Fahrgast konnte sofort am Stempelaufdruck erkennen, ob der Entwertungsvorgang funktioniert hatte, und er konnte gezielt weitere Streifen für seinen Gast entwerten.

3. In den Niederlanden existiert jedoch eine vergleichbare Gebühr.
4. Eine Ausnahme sind beispielsweise die Niederlande.
5. Vergleiche die Darstellung in Abschnitt 10.8.3 zum Handy-Ticket.

Ein Fahrgast, der in seiner Geldbörse eine angefangene Streifenkarte liegen hat, kann mit einem Blick feststellen, für welche Fahrstrecke (Zonen) der ungestempelte Teil noch ausreicht. Eine Chipkarte muss er erst an ein passendes Lesegerät halten. Durch automatische Nachladeverfahren kann er zwar dafür sorgen, dass sein eTicket überhaupt nie leer wird – ein klarer Vorteil gegenüber der Papierkarte –, aber er verliert möglicherweise leichter den Überblick darüber, was er ausgegeben hat. Natürlich kann er einen Kontoauszug zu seinem eTicket erhalten, aber er muss eben lernen, diesen abzurufen bzw. ein Limitsystem zu konfigurieren. Außerdem muss er akzeptieren, dass der Verkehrsbetrieb Daten über ihn sammelt.

Akzeptanzprobleme

Die Gefahr, dass elektronische Ticketsysteme in Akzeptanzprobleme und Misskredit geraten, muss bedacht werden. Die Einführung solcher Systeme wird daher von ausführlichen (und aufwendigen) Informationskampagnen begleitet. Call-Center und ein intensives Beschwerdemanagement gehören ebenfalls dazu.

10.1 Klassenmodell Ticketing: Überblick

Das ITVU-Teilmodell zum Thema Vertrieb ist umfangreich. Dennoch sind einige Bereiche in diesem Modell nur als Skizze zu verstehen. Es geht uns beispielsweise nicht darum, die Feinheiten von Bonus- oder Provisionssystemen zu modellieren.

Begriffsklärung: `FahrAusweis` (Art)

Auch im Vertrieb begegnet uns wieder die Doppeldeutigkeit von Alltagsbegriffen. Ist mit *Produkt* die »Schülermonatskarte« schlechthin gemeint oder die konkrete Karte, die Felix Mustersohn für den August 2011 erworben hat? Wir haben uns entschlossen, Begriffe wie `FahrAusweis` oder `Produkt` für die konkrete Ausprägung zu verwenden. Als generischen Gegenbegriff benutzen wir Worte wie `ProduktArt` und `FahrAusweisArt`.

Wir geben hier einen kurzen Überblick über das Modell (vgl. Abb. 10-1). Spätere Kapitel vertiefen einzelne Aspekte.

Produkt/Tarif

- Im linken Teil des Bildes befinden sich Klassen zur Beschreibung der `ProduktArten` des Verkehrsunternehmens; in erster Linie sind dies natürlich `FahrAusweisArten`; breiten Raum nehmen Hilfsklassen zur Fahrpreisermittlung ein. Obwohl der Fahrpreis eigentlich ein Merkmal der `FahrAusweisArt` ist, tritt er als eigene Klasse (`FahrPreis`) auf. Auf diese Weise kann man die Historie der Werte und ihre Abhängigkeit von diversen Kriterien leichter darstellen. Die Funktion `FahrAusweis.`*Preis()* ordnet einem konkreten `FahrAusweis` den jeweiligen `FahrPreis` zu, indem sie die Angaben des konkreten Tickets (Datum, Zeit, Abfahrtort, Fahrausweisart, gewünschtes Fahrtziel, benutzte Zonen, Ermäßigungsgründe usw.) mit den Kriterien vergleicht, von denen der Fahrpreis abhängt.

- Im zentralen Bereich findet sich das Ticket (FahrAusweis), zusammen mit Klassen, die das Trägermaterial (ElektronischesMedium oder ein spezielles PapierBlatt) näher beschreiben. Da Papier mit bestimmten Sicherheitsmerkmalen trotz aller Schritte in Richtung eTicketing weiterhin wichtig ist, haben wir auch Klassen wir PapierRolle und PapierBlock in das Modell aufgenommen. In späteren Kapiteln werden wir zwischen drei Ticketarten unterscheiden: *Papierticket*, *Online-Ticket* und *eTicket*. Unter den Stichworten WarenArtikel und WarenBestand deuten wir an, wie sich die Verwaltung physischer Produkte (z. B. Lebensmittel) in das Modell integrieren könnte[6]. Ticket
- Im Laufe seines Daseins hat ein typischer Einzelfahrausweis zwei wichtige Zustände: Er wird zunächst gegen Geld erworben und hat damit eine Art Gutscheincharakter. Man löst diesen Gutschein ein, indem man ihn »*entwertet*«[7]. Erst durch diesen Vorgang, bei dem er mit Ort und Uhrzeit versehen wird, kann er jedoch als gültige Fahrkarte benutzt werden, er wird also quasi »*bewertet*«! Um dem Begriffswirrwarr zu entgehen, sprechen wir konsequent von der Validierung eines FahrAusweises. Entsprechend heißen die (mechanischen oder elektronischen) Fahrscheinentwerter Validatoren. Eng verwandt mit der Validierung ist die Kontrolle. Validierung
- Im unteren Teil des Bildes ist der Verkaufsprozess angesiedelt. Wir trennen zwischen der VertriebsStelle, dem menschlichen Verkäufer und dem VerkaufsGerät. Verkäufer erwerben auf Basis einer VertriebsVereinbarung bestimmte ProvisionsAnsprüche. Sie müssen eingenommenes Bargeld auf VerkäuferKonten einzahlen. Ein Verkaufsvorgang (Verkauf) umfasst zwar häufig nur eine einzige VerkaufsPosition, im allgemeinen Fall können es jedoch auch mehrere sein. Verkauf
- In engem Zusammenhang mit dem Verkauf steht die Zahlung; sie kann als BarZahlung oder auf diverse Arten unbar geleistet werden (UnbarZahlung); bei teuren, personalisierten Zeitfahrausweisen kommen auch Abonnements vor, in der Regel in Verbindung mit Lastschrifteinzugsverfahren. Zahlung
- Last not least gibt es noch den *Kunden*; er begegnet uns in anonymer Form als Fahrgast oder als »echter« Kunde, der dem Verkehrsunternehmen persönlich bekannt ist. Im letzteren Fall können personalisierte Rabattsysteme (Bonus-Konto) ins Spiel kommen. Fahrgast und Reise sind nur als konzeptionelle Konstrukte anzusehen. Im typischen Nahverkehr bleibt der Fahrgast anonym (außer er wird beim Schwarzfahren erwischt) und sein Reiseweg unbekannt. eTicketing-Systeme verändern diesen Zustand allerdings wohl über kurz oder lang, sofern sie neben Prepaid-Verfahren auch personalisierte FahrAusweis-Träger und Postpaid-Abrechnung (mit Einzelnachweis) anbieten. Kunde

6. Es kommt vor, dass (Regional-)Verkehrsbetriebe ihren Fahrgästen auch Snacks und Getränke anbieten. Im Folgenden gehen wir darauf nicht weiter ein.
7. Manche Verkaufsautomaten versehen ein Einzelticket zum sofortigen Fahrtantritt bereits bei der Ausgabe mit einem Zeitstempel. Konzeptionell handelt es sich jedoch auch in solchen Fällen um zwei unterschiedliche Vorgänge.

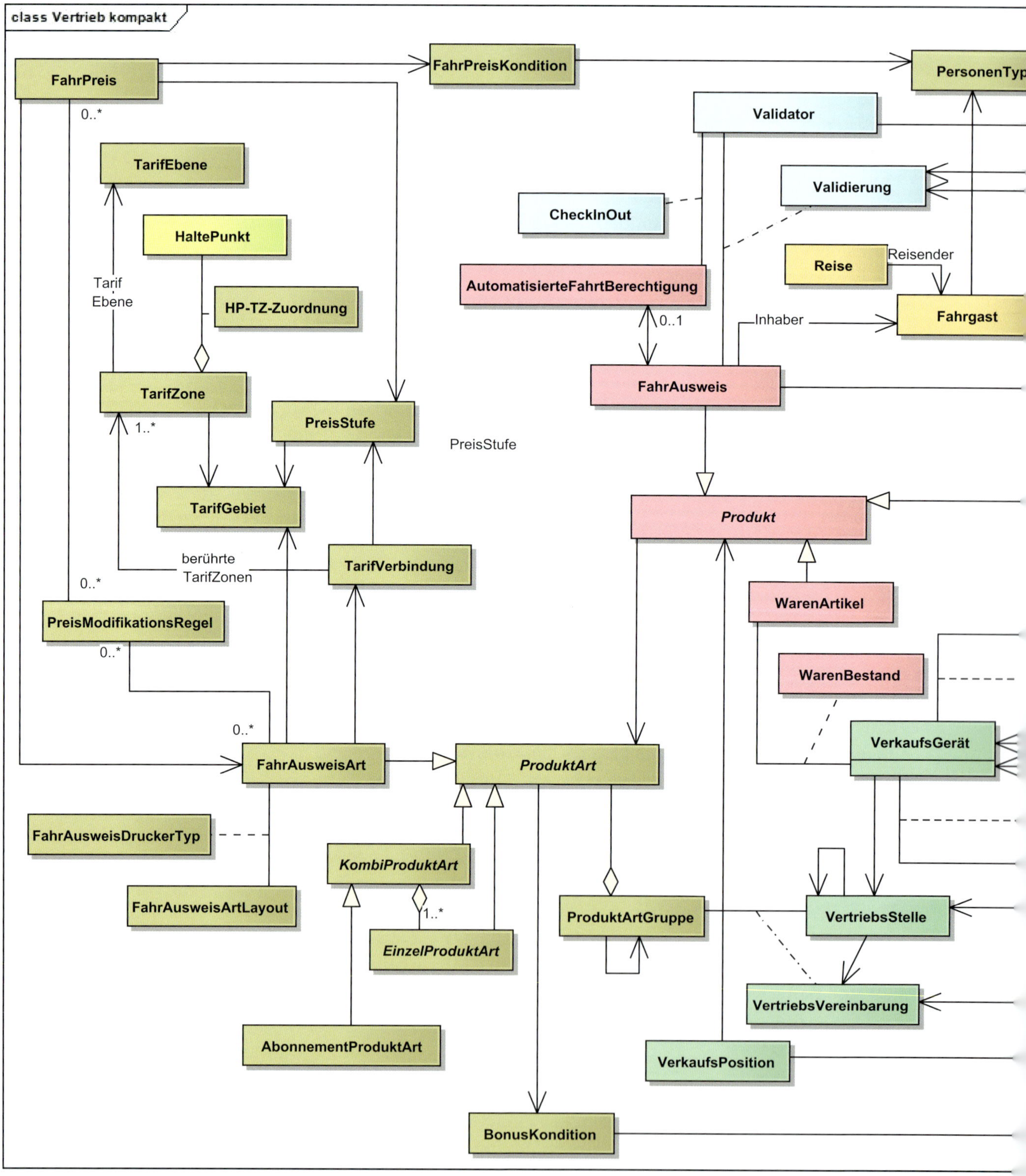

Abb. 10-1 ITVU-Klassenmodell: Vertrieb

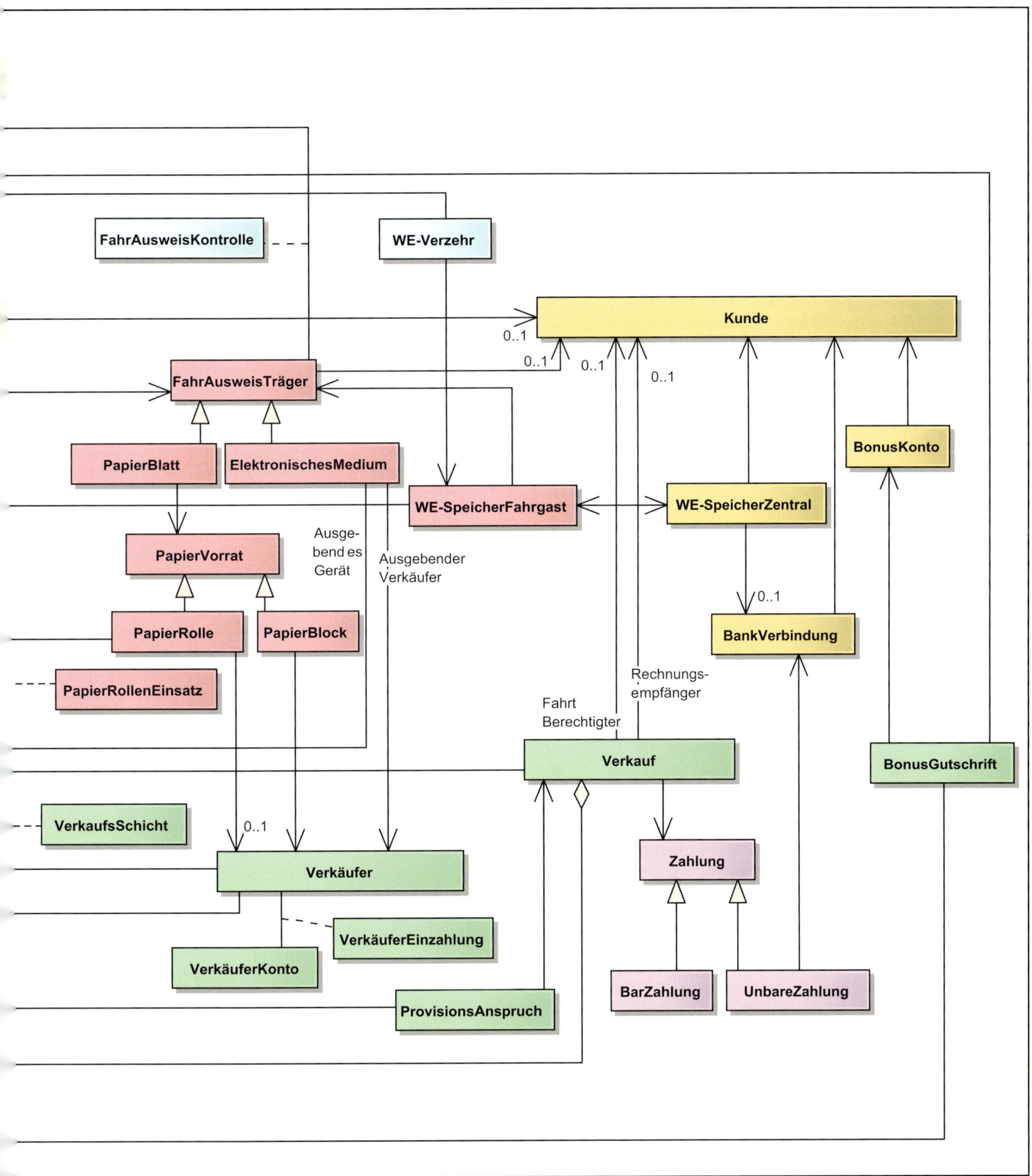
FahrAusweisKontrolle
WE-Verzehr
Kunde
0..1
0..1
0..1
0..1
FahrAusweisTräger
PapierBlatt
ElektronischesMedium
WE-SpeicherFahrgast
WE-SpeicherZentral
BonusKonto
PapierVorrat
Ausge-
bend es
Gerät
Ausgebender
Verkäufer
0..1
PapierRolle
PapierBlock
BankVerbindung
PapierRollenEinsatz
Rechnungs-
empfänger
Fahrt
Berechtigter
Verkauf
BonusGutschrift
VerkaufsSchicht
0..1
Verkäufer
Zahlung
VerkäuferEinzahlung
VerkäuferKonto
BarZahlung
UnbareZahlung
ProvisionsAnspruch

10.2 Rollenmodell Ticketing

Rollenmodell

Im Zusammenhang mit der Entwicklung eines Modells für eTicketing (VDV-KA = »Kernapplikation«) haben deutsche Verkehrsunternehmen ein Rollenmodell beschrieben[8], das für das Verständnis der Geschäftsprozesse sehr hilfreich ist (vgl. Abb. 10-2). Dieses Modell ist gemeinsam mit der europäischen Norm entwickelt worden, die als DIN EN ISO 24014-1 auch Eingang in die deutsche und internationale Normenwelt gefunden hat.

Abb. 10-2
Rollenmodell der VDV-Kernapplikation

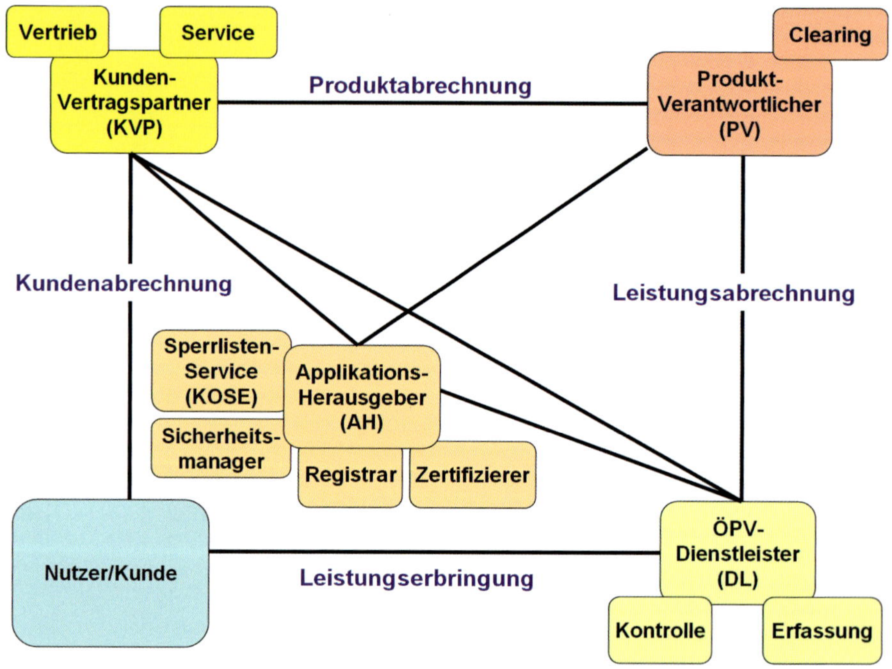

Kunde

- Links unten ist der Fahrgast bzw. der Kunde dargestellt. Die anderen großen Symbole zeigen Rollen[9], die kleineren Rechtecke weisen auf die zugehörigen Funktionen hin.

KVP

- Der Kundenvertragspartner (KVP) ist derjenige, der dem Kunden die Beförderungsleistung verspricht, mit ihm einen Beförderungsvertrag schließt und dafür im Gegenzug Anspruch auf Bezahlung hat. Er leitet den Erlös an den Produktverantwortlichen (PV) weiter. Ginge es um Tourismus und nicht um ÖPV, so würde man den KVP als Reisebüro bezeichnen. Ein Verkehrsbetrieb kann selbst als KVP auftreten; zusätzlich oder alternativ kann er sich auf externe KVP stützen.

8. Unter http://www.eticket-deutschland.de ist gegen eine Schutzgebühr die Spezifikation des deutschen eTicketing-Standards (»VDV-Kernapplikation«) erhältlich.
9. Im ITVU-Modell sind etliche dieser Rollen implizit dem Verkehrsunternehmen zugeordnet; die Applikationsherausgabe ist nicht Teil des Modells; eine entsprechende Differenzierung und Erweiterung des ITVU-Modells wäre denkbar, wurde aber aus Gründen der Übersichtlichkeit vermieden.

- Diagonal gegenüber dem KVP liegt im Bild der ÖPV-Dienstleister (DL) – er erbringt für den Kunden die eigentliche Beförderungsleistung. Zwischen dem DL und dem Nutzer kommt durch den Einstieg in das Verkehrsmittel ein Beförderungsvertrag zustande. Der DL erfasst die erbrachte Leistung gemäß den Produktdefinitionen des PV. DL ist die traditionelle Kernrolle von Verkehrsbetrieben – die Auslagerung von Leistungsteilen an Subunternehmen ist allerdings möglich und kommt immer häufiger vor. Der DL wird für seine Leistung vom Produktverantwortlichen (PV) bezahlt. Im Tourismus entspricht die Rolle des DL der Fluggesellschaft oder dem Hotel. DL
- Der Produktverantwortliche (PV) legt fest, wie die Beförderungsprodukte (`FahrAusweisArten`) genau aussehen, die der KVP verkauft und die der DL erbringt. Ein Verkehrsunternehmen »auf der grünen Wiese« kann und wird die Produktverantwortung in der Regel selbst wahrnehmen; ist es jedoch Teil eines Verbundes, so liegt die Rolle des PV beim *Verkehrsverbund* (im Tourismus entspräche diese Rolle in etwa dem Reiseveranstalter). PV
- Der Betrieb eines eTicketing-Systems erfordert Spezialkompetenzen, die mit der Herausgabe von `ElektronischenMedien` und mit dem Betrieb gemeinsamer Infrastruktur zusammenhängen[10]. Insbesondere ist eine zentrale Instanz (Applikationsherausgeber = AH) erforderlich, die allen KVP und DL das Recht zur Teilnahme am eTicketing-System erteilt, zentrale Sicherheitsaufgaben wahrnimmt und technische Komponenten zertifiziert, die in Verbindung mit dem System benutzt werden sollen (Chipkarten, Lesegeräte, Kommunikationsprotokolle). Auch das Management von Sperrlisten für elektronische Tickets[11] ist beim AH angesiedelt. Er organisiert außerdem Wartung und Weiterentwicklung sicherheitsrelevanter Systemkomponenten; bei Bedarf unterstützt er teilnehmende Verkehrsbetriebe bei der Beschaffung von eTicketing-Komponenten (Software, Hardware). Innerhalb des Geltungsbereichs eines eTicketing-Systems kann es immer nur einen einzigen AH geben. Noch agiert hier jede Nation für sich – Ansätze zu europäischer Harmonisierung stehen am Anfang. In Deutschland liegt die Rolle des AH bei der *VDV-Kernapplikations GmbH & Co KG*, in der unter anderem die Deutsche Bahn Kommanditist ist. Auch Nichtmitgliedsunternehmen des VDV können Kommanditist werden. Die VDV-Kernapplikations GmbH & Co KG stellt allen deutschen Verkehrsunternehmen und -verbünden sowie System- bzw. Systemkomponentenherstellern die KA-Nutzung unter gleichen Bedingungen zur Verfügung. AH

Durch das Rollenmodell können unterschiedliche Konstellationen erfasst werden. Abbildung 10-3 zeigt beispielsweise drei Typen von Verkehrsunternehmen mit unterschiedlichem Rollenumfang. Varianz der Rollen

10. Auch hier gibt es eine gewisse Parallele im Tourismus; man denke an die großen Buchungssystembetreiber wie Amadeus, Galileo oder Sabre.
11. Der Kontrollservice (KOSE) propagiert Sperreinträge, so dass gesperrte Tickets bei allen DL erkannt werden können; vgl. auch Abschnitt 10.9.4.

Abb. 10-3
Positionierung von Verkehrsunternehmen im Rollenmodell (VDV-KA)

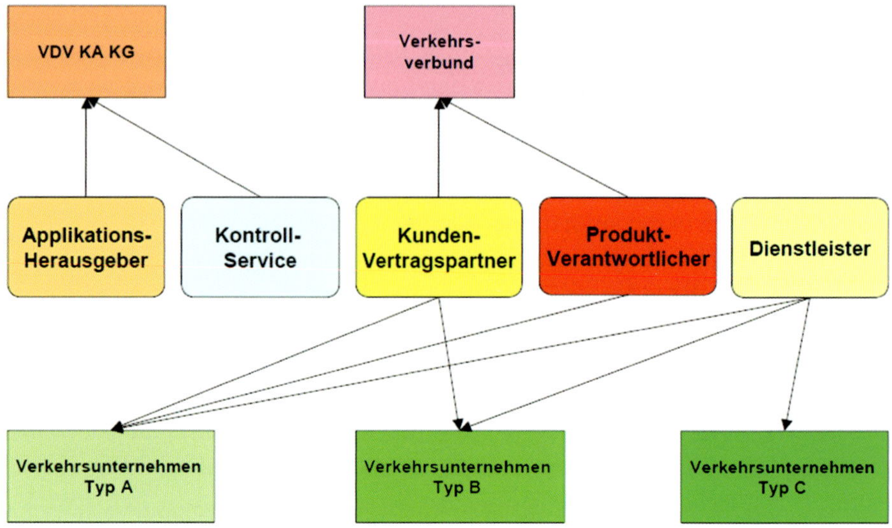

10.3 Zugangskontrolle

Systematik oder Stichproben

Um sicherzustellen, dass Reisende einen gültigen Fahrausweis erwerben, kontrollieren Verkehrsunternehmen den Leistungszugang, entweder systematisch oder stichprobenartig.

Offene Systeme

Viele ÖPV-Systeme in Deutschland erlauben den Reisenden ungehinderten Zugang zu den Verkehrsmitteln. In der Regel gibt es keine Sperren an U-Bahnen, S-Bahnen oder Straßenbahnen.

Halb offene Systeme

Bei Bussen gibt es oft die Regel, nur vorn beim Fahrer einzusteigen und dabei ein Ticket zu erwerben bzw. vorzulegen – man könnte dies als »halb offenen« Zugang bezeichnen, denn eine wirklich präzise Kontrolle findet dabei in der Regel nicht statt. Gelegentlich findet man jedoch sogar Drehkreuze im Bus, die auf ein elektronisches Ticket reagieren[12].

Kontrollen und Sanktionen

Bei offenen Systemen muss es Regeln geben, die das Fahren ohne gültigen `FahrAusweis` sehr unattraktiv machen. Verkehrsunternehmen erheben zu diesem Zweck von Schwarzfahrern ein *erhöhtes Beförderungsentgelt*. Juristisch gesehen verkauft der Kontrolleur eine besonders teure Fahrkarte, deren Preis abschreckend wirken soll. Nicht immer liegt der Erwartungswert dieser »Strafe« (also das Produkt aus Geldbetrag und der Wahrscheinlichkeit, als Schwarzfahrer erwischt zu werden) über dem regulären Fahrpreis. Es geht jedoch nicht nur um Wahrscheinlichkeitsrechnung: Das deutsche Recht stellt vorsätzliches Schwarzfahren unter Strafe[13]. Bei Ersttätern verzichten Verkehrsbetriebe meist auf eine Anzeige; sie erheben jedoch die Personalien, um im Wiederholungsfall eine Anzeige mit dem Verdacht auf eine vorsätzliche Handlung untermauern zu können.

12. Ein solches System existiert etwa bei Zubringerlinien (*Alimentadores*) in Cali, Kolumbien.
13. §265a StGB – Beförderungserschleichung

Ersatzfahrausweis

In unserem Modell erhält der Schwarzfahrer einen FahrAusweis, dessen FahrAusweisTräger personalisiert wird, d.h., die (an sich optionale) Beziehung zur Klasse Kunde wird hergestellt. Die zugehörige Kontrolle wird mit diesem FahrAusweisTräger verknüpft. Durch eine Abfrage auf alle Instanzen der Klasse Kontrolle, die auf einen FahrAusweisTräger zeigen, welcher einen FahrAusweis mit der FahrAusweisArt *Ersatzfahrausweis* enthält, kann man Wiederholungstäter aufdecken. Für eine praxisgerechte Modellierung genügt dies allerdings noch nicht. Man müsste den *Kontrolleur* explizit abbilden, möglicherweise auch seinen *Einsatzplan* und erfolgte *Strafanzeigen*.

Geschlossene Systeme

Die Idee eines geschlossenen Systems besteht darin, alle Zugänge zu überwachen, so dass eine Kontrolle im Inneren des Systems theoretisch überflüssig ist. Bei einer Diskothek oder einer Seilbahn mag dies gelingen, bei den üblichen ÖPV-Systemen gibt es jedoch sehr viele Zugänge – und die üblichen Sperren lassen sich mit etwas Sportlichkeit überwinden. Daher kommt man auch bei geschlossenen Systemen nicht ganz ohne Kontrollen im Inneren aus. Um ein geschlossenes System zu errichten, benötigt man Zugangssperren an den Einstiegsstellen. Am leichtesten lässt sich dies bei U-Bahnen verwirklichen.

Abb. 10-4
Ein geschlossenes System mit Bussen (Cali, Kolumbien)

Aber es gibt auch Buslinien, die als geschlossene Systeme konzipiert sind (vgl. Abb. 10-4). Vor allem in Südamerika wird in etlichen Städten ein Schnellbusnetz mit getrennter Fahrspur und abgesperrten Haltestellen[14] betrieben – ein Modell, das wesentlich preiswerter zu realisieren ist als der Bau einer U-Bahn.

Ticketprüfung

Bei geschlossenen Systemen tragen Tickets zum Zweck der automatischen Prüfung beim Betreten des Systems einen Barcode, einen Magnetstreifen oder einen Chip. Beim Verlassen des Systems öffnen sich die Sperren nur in eine Richtung. Da Ein- und Ausstiegsvorgänge bei typischen Pendlerströmen stark schwanken, wird die Funktion einzelner Gates als Ein- oder Ausgang oft je nach Tageszeit umgeschaltet. Bei manchen Systemen muss der Fahrgast das Ticket beim Verlassen des Systems erneut präsentieren; handelt es sich um ein Einmal-

14. Vergleiche das System MIO: http://www.metrocali.gov.co/mio_asi_funciona.htm.

ticket, so wird es nach der Prüfung meist gleich einbehalten[15]. Es kommt vor, dass einzelne Fahrgäste beim Verlassen des Systems ihr Ticket nicht präsentieren können; für solche Fälle muss Überwachungspersonal vorhanden sein, das eingreifen kann. Außerdem muss man Vorkehrungen treffen, damit Sperren in Notsituationen vollständig geöffnet werden können.

Check-in, Check-out

Geschlossene Systeme haben den Vorteil, dass Fahrtbeginn und (manchmal auch das) Fahrtende automatisch erfasst werden; sie werden daher gedanklich oft mit *Check-in (CI)* bzw. *Check-in/Check-out* (CICO) gleichgesetzt. Dies ist jedoch nicht richtig: Die Information über Fahrtantritt und Fahrtende kann man auch anders als durch mechanische Sperren erheben, etwa indem der Fahrgast eine Chipkarte beim Ein- und Aussteigen an ein Lesegerät hält.

Be-In, Be-Out

Eine noch elegantere Vorgehensweise zur Erfassung der Reisedaten besteht darin, den Fahrgast bzw. sein Ticket automatisch zu erkennen, wenn – und solange – er sich in einem Fahrzeug befindet. Man spricht von *Be-In/Be-Out (BIBO)*. Da man das Ticket im gesamten Raum erkennen muss – und nicht nur 10 cm vor dem Lesegerät –, entsteht allerdings vermehrt elektromagnetische Strahlung – ein Umstand, der zu Skepsis und Akzeptanzbarrieren führen kann. Zudem benötigt man elektronisch aktive, also vergleichsweise teure Nutzermedien. Ein perfektes BIBO-Verfahren macht mechanische Sperren oder Kontrollen nicht überflüssig, denn Fahrgäste ohne Ticket werden nicht erkannt. Mit der neuen Technik gehen auch neue Betrugsmöglichkeiten einher: Beispielsweise könnte ein Fahrgast sein Ticket in ein Futteral stecken, das mit Alufolie präpariert ist, so dass es nicht entdeckt werden kann. Im Falle einer Kontrolle präsentiert er ein gültiges BIBO-Medium, obwohl er nicht erfasst worden ist. Die Beweislast für die Manipulation liegt dann beim Verkehrsbetrieb, da der Betrüger sich natürlich auf eine Fehlfunktion des Erfassungssystems berufen wird. BIBO-Verfahren sind wegen der hohen Kosten und der geschilderten Schwierigkeiten bislang nicht über das Versuchsstadium hinausgekommen.

10.4 Produkte und Tarife

`ProduktArten`

Bei der Definition eines ÖPV-Produkts werden mehrere Kriterien zu einer `FahrAusweisArt` miteinander verbunden:

Einzelprodukt

- *räumliche Gültigkeit* (Kurzstrecke, Zonen, feste Relation, Tarifgebiet),
- *zeitliche Gültigkeit* (Einzelfahrt mit 120 Minuten ab dem Zeitpunkt der Validierung, Tages- und Mehrtageskarte, Wochen-, Monats-, Jahreskarte, Einschränkung der Gültigkeit auf bestimmte Uhrzeiten),
- *Fahrgastkriterien* (Schüler, Senioren, Einzel-/Gruppen-/Mehrfahrtenkarte, Mitnahme von Fahrrad oder Hund, persönliche/ übertragbare Fahrausweise).

15. Erlaubt das Ticket Umsteigevorgänge, so müssen diese innerhalb des geschlossenen Systems stattfinden oder das Zugangskontrollsystem muss das Ticket zurückgeben und benutzte, noch gültige Tickets beim erneuten Check-in erkennen.

Über die reine Beförderungsleistung hinaus werden neuerdings immer häufiger `KombiProduktArten` definiert, bei denen die ÖPV-Beförderung als attraktiver Zusatznutzen herausgestellt wird, wie etwa die ÖPV-Anreise zu Veranstaltungen oder zum Flughafen bei Urlaubsreisen.

Kombiprodukt

Produkte werden auf bestimmte Situationen zugeschnitten; so entstehen mitunter komplizierte Geltungsbedingungen. Wir zitieren ein Beispiel aus dem Regionalverkehr der DB (2010):

Situationsbezug

Regio-Ticket Bayern

11,– € an Fahrkartenautomaten und im Internet
13,– € im personenbedienten Verkauf

Das Angebot ist ideal für die Einkäufe und Besuche in der Nähe. Erledigungen und Besorgungen in der Nachbarstadt können so preiswert getätigt werden. Das Regio-Ticket Bayern gilt auf allen Strecken der DB AG in Bayern für Verbindungen bis 50km hin und 50km zurück zwischen dem eingetragenen Ziel und Abgangsbahnhof sowie in Baden-Württemberg, wenn der Abgangsbahnhof in Bayern liegt. An einem Tag montags bis freitags von 9:00 bis 3:00 des Folgetags, samstags, sonntags und an den gesetzlichen für gesamt Bayern gültigen Wochenfeiertagen sowie am 15.08 (Mariä Himmelfahrt) ganztägig. Es können in Bayern alle Nahverkehrszüge der DB (IRE, RE, RB und S-Bahn), der Erfurter Bahn GmbH (EB), der Bayerischen Regionalbahn GmbH (BRB), der Berchtesgadener Land Bahn (BLB), der Vogtlandbahn GmbH (VBG) und in den Alex-Zügen in der zweiten Wagenklasse genutzt werden. (...) Fahrten von und nach Verkehrsverbünden sind nur möglich, wenn diese außerhalb eines Verbundes beginnen und enden. (...)

Mit Blick auf unterschiedliche Vertriebswege bildet man `ProduktArtGruppen`, für die jeweils bestimmte `VertriebsVereinbarungen` (Provisionsregeln, Verkaufszeiträume) festgelegt werden. Verkaufszeiträume können unabhängig davon zusätzlich auch für jede `ProduktArt` einzeln festgelegt werden.

`ProduktArtGruppen`

Manchmal haben auch Ermäßigungssysteme den Charakter eigenständiger Produkte – man denke etwa an die Bahncard der DB, die ja selbst einen eigenen Preis und eine eigene Gültigkeitsdauer besitzt.

Rabattsysteme mit Produktcharakter

Die Preisberechnungsvorschrift für eine bestimmte `ProduktArt` wird im ÖPV als *Tarif* bezeichnet. Verkehrsunternehmen sind nur teilweise frei in der Gestaltung der Tarife. Aus dem Gedanken der allgemeinen Daseinsvorsorge heraus gibt es beispielsweise gesetzliche Regelungen für behinderte Personen oder Schülerfahrten (§45 PBefG). Tarifanpassungen unterliegen (bei kommunalen Eigentümerstrukturen) meist der politischen Willensbildung[16].

Tarife

Viele Tarife sind entfernungsabhängig. Man misst im Nahverkehr die Entfernung jedoch nicht genau vom Start zum Ziel, sondern fasst `HaltePunkte` zu

Tarifzonen

16. In Deutschland sieht §39(1) PBefG sogar explizit eine Genehmigungspflicht für Tarife durch die zuständige Genehmigungsbehörde (§11 PBefG) vor.

Gruppen zusammen, die aus Tarifsicht identisch behandelt werden. Der Sprachgebrauch für solche Gruppierungen ist uneinheitlich – man findet Begriffe wie Tarifpunkt, Tarifzone, Tarifregion oder Tarifgebiet; auch von Ringen oder Waben ist in Anlehnung an die geografische Struktur die Rede. Für unser Modell verwenden wir den Begriff der `TarifZone`. Die meisten `HaltePunkte` liegen vollständig innerhalb einer Zone, doch gibt es auch den Fall, dass ein `HaltePunkt` genau auf der Grenze liegt. Er gehört dann aus Tarifsicht beiden Zonen an. Wenn jemand genau bis zu diesem `HaltePunkt` fahren will, wird auf diese Weise vermieden, dass der Fahrpreis für den Eintritt in eine weitere Zone fällig wird.

Tarifebenen

Es gibt Systeme, bei denen sich `TarifZonen` überdecken. Beispielsweise kann es sein, dass der gesamte städtische Innenraum aus Sicht von regionalen Verbindungen (S-Bahn) wie eine einzige Zone behandelt wird, aus der Sicht von Nahverkehrsverbindungen im Stadtkern jedoch feiner untergliedert wird. Man spricht dann oft von Kurzstreckenkarten und führt weitere Zahlgrenzen ein. Um derartige räumliche Überdeckungen abzubilden, ordnet das Modell jede `TarifZone` einer `TarifEbene` zu, welche eine Prioritätsstufe für die Preisberechnungen definiert. Manchmal gelten für Zeitkarten andere, feinere Zoneneinteilungen als für Einzel- oder Mehrfahrtenkarten. Alle `TarifZonen` zusammen bilden das `TarifGebiet`.

Tarifverbindung und Preisstufe

Wenn für eine konkrete Verbindung der Preis berechnet werden soll, dann kommt es nicht nur auf die `TarifZonen` der beiden Endpunkte an, sondern auch darauf, wie viele (oder sogar welche) anderen `TarifZonen` durchfahren werden: Die Klasse `TarifVerbindung` beschreibt alle beteiligten Zonen. Da die `PreisStufe` an der `TarifVerbindung` hängt, kann man auch Nicht-Linearitäten abbilden, d. h., die Zonen können unterschiedliches Gewicht haben. Man beachte auch, dass an der `TarifVerbindung` nicht direkt der `FahrPreis` steht, sondern eine `PreisStufe`. An dieser Stelle können Degressionsregeln ansetzen: Preisstufe »6« muss nicht doppelt so teuer sein wie Preisstufe »3«. Der Vorteil der weiteren Indirektion, der durch die `PreisStufe` entsteht, liegt auch darin, dass viele Texte zur Erläuterung des Tarifsystems gegenüber dem Kunden so formuliert werden können, dass keine konkreten Preise darin genannt werden müssen. Bei Preisänderungen gilt daher der größte Teil der Bestimmungen unverändert weiter.

> In der Schweiz existiert beispielsweise ein Tarifsystem (»DAX«) mit gerichteter Entfernungsmatrix, d. h., die Fahrt von A nach B kann zu einer anderen Preisstufe gehören als die Fahrt von B nach A.
>
> Zudem gibt es bei Umsteigeverbindungen mehrere Arten, den Gesamtpreis zu ermitteln: (1) durch Addition der Einzelpreise, (2) durch Addition der (entfernungsabhängigen) Preisstufen und Umrechnung der Summe in einen Preis, (3) durch Mischverfahren, die abhängig von konkreten Teilstrecken beide Verfahren kombinieren.

Fahrpreiskonditionen

Der eigentliche `FahrPreis` hängt nicht nur von der `PreisStufe` der `TarifZonen`-basierten `TarifVerbindung` ab, sondern auch von diversen anderen Faktoren, die in der `FahrPreisKondition` abgebildet sind. Gruppenermäßigungen sind ein typisches Beispiel. Manche `FahrPreisKonditionen` zielen direkt auf bestimmte Eigenschaften des Fahrgasts; der Deutlichkeit halber haben wir sie in der Klasse `PersonenTyp` herausgestellt. Man denke etwa an Schüler, Studenten oder Senioren.

`FahrPreis`

Die Modellierung des `FahrPreises` als eigene Klasse deckt insbesondere die zeitliche Entwicklung ab. Wenn bei einer Fahrpreisanpassung neue Preise ab einem bestimmten Stichzeitpunkt gültig werden sollen, dann müssen alte und neue Preise parallel im System hinterlegt werden und jeweils an ihre zeitliche Gültigkeit gebunden sein.

Modifikationsregeln

Tarifbedingungen können unglaublich vielfältig sein. Zudem wandeln sie sich im Lauf der Zeit. Um das Modell dennoch einigermaßen stabil zu halten, haben wir als eine Art »Joker« die `PreisModifikationsRegel` als Klasse eingeführt. Wir dokumentieren damit eine weit verbreitete Praxis, Sonderregeln in einer Mischung aus »hart verdrahteten« Algorithmen und zugehörigen Steuertabellen zu implementieren – wohl wissend, dass die innere Struktur solcher Steuertabellen durch ein konzeptionelles Modell abgebildet werden kann und im Einzelfall auch sollte. Die `PreisModifikationsRegel` steht im Modell in einem m:n-Verhältnis zum `FahrPreis` und zur `FahrAusweisArt`, da sie die Gesamtheit aller solchen Regeln abdeckt. Die einzelne Regel tut allerdings gut daran, sich jeweils auf eine einzelne `FahrAusweisArt` zu beschränken. Die Präzedenzordnung der diversen Regeln ist oft nur durch genaues Studium von Tarifwerken und manchmal sogar nur durch genaue Analyse der Algorithmen zu klären – auf gut Deutsch: Welche Rabatte und Sonderregeln können miteinander kombiniert werden? Welche Regel wird herangezogen, wenn zwei verschiedene Regeln passen?

Wir geben einige Beispiele für die Vielfalt, die sich hinter `PreisModifikationsRegeln` verstecken kann:

- Ausnahmen von der normalen räumlichen Struktur: Man möchte die Fahrt vom Flughafen zur Innenstadt etwas teurer machen, als es der Zonenstruktur entsprechen würde.
- Zeitliche Abhängigkeiten: Wer seine Fahrt erst nach 9:00 beginnt, fährt billiger.
- Sonderrabatte: Wer nachweisen kann, dass er sein Auto an einem Park&Ride-Parkplatz abgestellt hat und mindestens 50 km weit entfernt wohnt, darf am Wochenende und an Feiertagen mit einer Einzelfahrkarte die ganze Familie mitnehmen.

Den Überblick behalten ...

Manchmal ist es nicht nur für Fahrgäste schwer, das Tarifsystem zu verstehen. Sogar die Vertriebsmitarbeiter von Verkehrsunternehmen finden nicht immer den günstigsten Tarif für einen bestimmten Fahrtwunsch[17]. Stationäre Verkaufsautomaten bieten strukturierte Dialoge und manchmal auch bestimmte fest programmierte »Ermäßigungstasten« an. Doch müssen solche Automaten im Wesentlichen auf Geschwindigkeit hin optimiert sein und dürfen den Fahrgast nicht überfordern. Sie zielen daher auf den (erweiterten) Standardfall.

17. Besonders problematisch ist dies im (Fern-)Bahnverkehr, vgl. die Untersuchung der Stiftung Warentest in *test, April 2010, S. 78ff.: »Irrfahrt durchs Preislabyrinth«.*

Kriterien systematisch erfragen

Anders sieht es aus, wenn jemand am heimischen PC sitzt. Hier kann man in Ruhe alle Kriterien abfragen, die zur Ermittlung des günstigsten Tarifs benötigt werden. Es wäre jedoch unzumutbar, dem Kunden einfach eine Liste aller Kriterien vorzusetzen, die für irgendeinen Spezialtarif relevant sein könnten. Die Kunst besteht darin, Fragen in einer bestimmten Reihenfolge zu stellen, so dass sich aus den Antworten möglichst rasch eine Einengung auf mögliche Tarife ergibt.

Entscheidungsbaum

Informatiker bezeichnen eine solche Fragestrategie als Entscheidungsbaum; man beginnt am Stamm und stellt in jedem Dialogschritt (den Astgabeln des Baums) Fragen. An den Blättern des Entscheidungsbaums steht der jeweilige Tarif. Das Aufstellen eines Entscheidungsbaums erfordert Expertenwissen. Man muss nicht nur alle Tarife (und deren Kombinationsmöglichkeiten) kennen, sondern man muss auch Erfahrungswissen darüber einfließen lassen, wie die Antworten auf bestimmte Fragen üblicherweise statistisch verteilt sind. Man versucht solche Fragen nach vorn zu ziehen, die den Ergebnisraum in möglichst viele Portionen annähernd gleicher Größe zerlegen. Fragen, die nur für wenige Benutzer interessant sind (z. B. Mitnahme von Hunden oder Fahrrädern), versteckt man in separaten Zusatzdialogen.

Formale Notation der Tarife

Die Eigenschaften der einzelnen Tarife werden in einem Tarifberatungssystem durch formale Regeln beschrieben, die von den Tarifexperten des Verkehrsbetriebs konfiguriert werden können. Man benötigt viele Parameter, nicht nur für elementare Gültigkeitskriterien wie Raum und Zeit, sondern auch für Mitnahmemöglichkeiten und Kombinationsmöglichkeiten der einzelnen Tarife.

Tarifberatung im Web

Typische Tarifberatungsanwendungen in der Praxis ...

- ... können mehrere Verbindungen parallel berücksichtigen,
- ... erlauben die Angabe eines zeitlichen Benutzungsmusters (Wochenschema),
- ... ermitteln das günstigste Angebot auch über einen längeren Zeitraum hinweg (Jahreskarten als Alternative),
- ... können vorhandene Monats- oder Ermäßigungskarten berücksichtigen und kombinieren diese mit ergänzenden Einzeltickets, wenn und soweit der räumlich oder zeitliche Gültigkeitsbereich der vorhandenen Fahrausweise nicht ausreichen,
- ... können Zusatzleistungen (Fahrradmitnahme) berücksichtigen,
- ... zielen nicht nur auf Einzelreisende und deren Ermäßigungsgründe (Senioren, Auszubildende), sondern kommen auch mit Gruppen zurecht,
- ... bieten bedürfnisgerechte User-Interfaces, vom einfachen »3-Klicks-bis-zum-Ergebnis-Modus« bis zu umfassenden Dialogen für Spezialfälle.

In manchen Fällen muss man sogar bereits bei der Tarifberatung im Hintergrund konkrete Verbindungsmöglichkeiten prüfen:

- Verbindungen mit weniger Umsteigevorgängen können länger und teurer sein; häufig gehen sie mit speziellen Verkehrsmitteln einher, für die besondere Zuschläge gelten.
- Sollen Mobilitätseinschränkungen berücksichtigt werden, (z. B. Meidung von Treppen), so ergeben sich andere Fahrstrecken und möglicherweise wiederum andere Tarife.

Der Fahrgast soll sich im Web möglichst situationsgerecht behandelt fühlen. Auf Dauer kommt es vor allem auf Übersichtlichkeit und Klarheit der Dialogführung an. Für manche Zielgruppen mag aber auch das eine oder andere »Gimmick« reizvoll sein – Avatare sind uns bei der Tarifberatung im ÖPV zwar bisher noch nicht begegnet, aber das kann sich ja noch ändern.

Einfach, klar, situationsgerecht

10.5 Vertrieb

Im ÖPV gibt es viele unterschiedliche Vertriebswege:

- Personalbedienter Verkauf
  - Stationäre Verkaufsstellen
  - Verkauf im Fahrzeug durch den Fahrer
  - Verkauf durch Partner (Zeitungskiosk)
  - Telefon (Call-Center)
- Kundenbedienter Verkauf
  - Stationäre Automaten
  - Automaten im Fahrzeug
  - Internet (zu Hause oder auf dem PDA)
  - Handy mit eigener Verkaufsapplikation
- »Huckepack-Vertrieb« bei Kombiprodukten (»*Fahren und Fliegen*« etc.)

Jeder Weg verlangt eine eigene Infrastruktur und speziell angepasste Geschäftsprozesse. Unser Modell abstrahiert von diesen Spezifika. Es stellt den `Verkauf` als eine Transaktion dar, die aus einer oder mehreren `VerkaufsPositionen` besteht und von einem `VerkaufsGerät` in (optionaler) Verbindung mit einem `Verkäufer` erbracht wird. Je `VerkaufsPosition` kann der Verkäufer einen `ProvisionsAnspruch` auf Basis einer `ProvisionsVereinbarung` erwerben, die für die verkaufte `ProduktArt` gilt. Details zu einzelnen Vertriebswegen erwähnen wir im Zusammenhang mit den Ticketarten in den folgenden Kapiteln.

10.6 Zahlungsflüsse und Hintergrundsystem

Zur Frontseite des Verkaufens gehört immer auch ein IT-System im Hintergrund. Typische Funktionen solcher Backend-Systeme sind:

Funktionen im *Backend*

- Pflege der Stammdaten von Geräten und Verkäufern
- Verwaltung der Kundenstammdaten und Prepaid-Konten
- Buchführung über ausgegebene Karten
- Verwaltung von Schlüsseln, Sperrlisten und Aktionslisten
- Zahlungsverkehr, Lastschrifteinzug (bei Postpaid-Modellen)
- Verwaltung von Kundenabonnements
- Forderungsmanagement, Mahnwesen
- Aufladeautomatik für Prepaid-Ticketkonten des Kunden

- Abrechnung der Geräteeinnahmen und der Bareinnahmen von Verkäufern und Automaten
- EBE-Funktionen (»erhöhtes Beförderungsentgelt«)
- Provisionsabrechnung
- Einnahmenverrechnung im Verbund
- Vertriebsstatistik

Systemsicherheit, GOBS

Bei dem Entwurf von Frontend- und insbesondere von Backend-Systemen sind die GOBS (Grundsätze ordnungsgemäßer DV-gestützter Buchführungssysteme) zu beachten. Sie stellen sicher, dass alle Transaktionen nachvollziehbar sind und technisch so gehandhabt werden, dass Betrug erschwert wird (unabhängige Abrechnungskreise, redundante Datenablagen, gesicherte Protokolle, Prüfsummen) und der Ausfall einzelner Komponenten nicht die Integrität des Gesamtsystems gefährdet.

10.7 Papierfahrscheine

Das älteste und nach wie vor sehr weit verbreitete Trägermaterial für Tickets ist Papier. Neben den Besonderheiten des Papiertickets stellen wir in diesem Kapitel allgemeine Grundlagen dar, die sinngemäß auch für andere Ticketformen (Online-Ticket, eTicket) gelten.

10.7.1 Trägermaterial und Sicherheitsvorkehrungen

Individuelles Wertpapier

Papier für Fahrscheine weist diverse Sicherheitsmerkmale auf, wie z. B. metallisierte Streifen, Wasserzeichen, Hologramme, Perforierungen und eindeutige Seriennummern. Jeder verkaufte `FahrAusweis` trägt einen Verweis auf einen identifizierbaren `FahrAusweisTräger`. Der Umgang mit unbedrucktem Papier (`PapierVorrat`) muss streng kontrolliert werden, denn eine Blanko-Rolle Fahrscheinpapier könnte ein Fälscher leicht in viele wertvolle Tickets verwandeln.

Block

Ein einfaches Verfahren besteht darin, den `Verkäufern` `PapierBlocks` mit Standardfahrscheinen »gegen Unterschrift« auszuhändigen. Dies ist besonders dort praktisch, wo einfache Fahrscheine rasch verkauft werden sollen, also z. B. beim Fahrer. Der `Verkäufer` schuldet dem Unternehmen dann den (von vornherein bekannten) Gegenwert der Tickets – eventuell abzüglich einer Provision.

Papierrolle

Flexibler, aber auch komplizierter wird es, wenn `PapierRollen` verwendet werden. Diese sind dem jeweiligen `VerkaufsGerät` zugeordnet, in das sie eingelegt sind. Auf der Rückseite der Rolle ist in engen Abständen die ID der Rolle aufgedruckt, so dass jedes ausgedruckte Ticket zurückverfolgbar ist. Man findet sogar Barcodes, die nicht nur eine Rolle als Ganzes identifizieren, sondern von Meter zu Meter wechseln. Im Modell sind die Rolle und das Gerät durch den `PapierRollenEinsatz` verknüpft. Wird eine angefangene Rolle entnommen und in ein anderes Gerät gelegt, so schlägt sich dies im `PapierRollenEinsatz` entsprechend nieder. In manchen Verkehrsbetrieben ist es üblich, `PapierRollen` zu personalisieren (optionale Beziehung zum `Verkäufer`). Bei einem Fahrerwechsel wird dann auch die Rolle gewechselt. Bei stationären Automaten bleibt die Rolle bis zum Ende im Gerät[18]; »`Verkäufer`« im Sinne des Modells ist dort die Person, die die `PapierRolle` in das `VerkaufsGerät` eingelegt hat und die Geldkassette abholt.

Einnahmenüberwachung, Kassensystem

Da bei dem Bedrucken von `PapierRollen` der jeweilige Preis erst während des Verkaufsvorgangs ermittelt wird, hat man die gleiche Problematik wie bei allen Kassensystemen: Man muss auf einem gesicherten unabhängigen Medium[19] die erwarteten Geldbeträge protokollieren; außerdem muss man besondere Vorsicht bei Stornovorgängen walten lassen. Immer wenn der Verkäufer wechselt, bildet man Abstimmsummen und grenzt so die Einnahmen gegeneinander ab, die den einzelnen `Verkäufern` zuzurechnen sind. Man muss natürlich auch dafür sorgen, dass die Zuordnung zwischen `Verkäufer` und `VerkaufsGerät`, also die `VerkaufsSchicht`, protokolliert wird. Jeder Verkäufer weist sich dazu gegenüber dem `VerkaufsGerät` elektronisch aus, etwa indem er eine spezielle Chipkarte, die Fahrerkarte, in einen dafür vorgesehenen Schlitz im Gerät steckt – alternativ auch durch Eingabe eines PIN-Codes). Bei jedem `Verkauf` kann so über die Beziehung zum `VerkaufsGerät` und die `VerkaufsSchicht` der `Verkäufer` ermittelt werden. Am Ende einer Schicht wird neben dem erwähnten Summenbeleg auch eine Liste aller Verkaufsvorgänge (`Verkauf` und `VerkaufsPositionen`) erzeugt.

Zahlungsfluss

Bezahlt der Kunde unbar, so fließt das Geld dem Verkehrsunternehmen über die entsprechenden Kanäle des elektronischen Zahlungsverkehrs zu. Bareinnahmen reicht der Verkäufer als `VerkäuferEinzahlung` an das entsprechende `VerkäuferKonto` weiter. Bei »spitzer Abrechnung« zahlt er genau den Betrag ein, der den verkauften Tickets entspricht. Flexibler ist ein Verfahren, bei dem er runde Beträge einzahlt und das System den verbleibenden Saldo ermittelt und fortschreibt.

Fälschungen

Immer wieder kommt es zu Ticketfälschungen. Da das Papier selbst schwer nachzuahmen ist, gibt es vor allem Betrugsversuche, bei denen der Aufdruck von einem billigen Ticket entfernt wird, um es als teure Monatskarte »umfrisiert« am Schwarzmarkt zu verkaufen. Thermodruckverfahren und spezielle chemische Zusammensetzungen des Papiers errichten hier eine Schwelle[20]. Außerdem vermeidet man damit die Notwendigkeit, Drucker gesondert mit Tinte oder Toner zu versorgen.

Layout

Nicht selten sind unterschiedliche Papierformate und Druckertypen im Einsatz. Das Modell sieht daher je `FahrAusweisArt` eine technische Layoutbeschreibung vor (`FahrAusweisArtLayout`), die zusätzlich noch vom `DruckerTyp` abhängig ist. Bei einer feineren Modellierung würde man wiederkehrende Textblöcke gesondert darstellen, wie etwa Hinweistexte auf Beförderungsbestimmungen oder Werbetexte.

18. Die meisten Geräte überwachen den Papierverbrauch und melden sich bei der Zentrale, wenn das Papier zur Neige geht.
19. Mobile Fahrscheindrucker übertragen Verkaufsdaten typischerweise per Funk zur Zentrale und legen sie zusätzlich auf einem lokalen, nicht flüchtigen Speichermedium chiffriert ab; so bieten sie gleichzeitig Schutz gegen Übertragungsfehler und Manipulationsversuche.
20. Einfaches Thermodruckpapier würde einer geschickten »chemischen Rasur« kaum widerstehen, da der Prozess chemisch teilweise reversibel ist; man setzt daher mehrschichtig pigmentierte Papiere ein, die sich zudem unter Lösungsmitteleinfluss verfärben.

10.7.2 Nutzung

Validierung

Papierfahrausweise werden in der Regel durch einen Stempel validiert, der durch einen Validator (»Entwerter«) unmittelbar vor Fahrtantritt aufgebracht wird. Bei Zeitkarten mit variablem Gültigkeitsbeginn oder beim Erwerb von Einzelfahrscheinen zur sofortigen Benutzung kann die Validierung auch gleich im Verkaufsgerät erfolgen. Die `Validierung` drückt sich bei solchen `FahrAusweisArten` darin aus, dass die Merkmale *FahrtAntrittOrt* und *FahrtAntrittZeitPunkt* beim `FahrAusweis` belegt werden. Ferner enthält der Stempelaufdruck die Identifikationsnummer des `Validators`. Der Vorgang der `Validierung` schlägt sich in den IT-Systemen des Verkehrsunternehmens jedoch nicht weiter nieder, da der Validator – anders als bei Online-Tickets oder eTickets – das Papierticket nicht erkennen kann[21].

(Nicht) übertragbares Wertpapier

Der Besitz eines gültigen Papiertickets genügt als Nachweis, dass der Fahrgast »ordnungsgemäß bezahlt« hat. Wenn ein Fahrgast einen Einzelfahrschein nach dem Aussteigen am Zielort an eine andere Person weitergibt, kann diese das Ticket innerhalb der Geltungsregeln weiterbenutzen, ohne dass der Verkehrsbetrieb dies bei einem Prüfvorgang erkennt[22].

Fahrgast

Die Beziehung des `FahrAusweises` zum `Fahrgast` schlägt sich beim typischen Papierticket nicht in der Software nieder, sondern nur im »realen Leben« bei der Vorlage des Fahrausweises. Der Fahrgast bleibt – abgesehen von personalisierten Schülerausweisen oder Zeitkarten – anonym.

10.8 Online-Tickets

Kopiersicheres Identifikationsmedium

Bei Online-Tickets werden die Reisedaten bei der Buchung in einem zentralen Computer hinterlegt; der Fahrgast muss sich beim Reiseantritt bzw. bei einer Kontrolle durch ein zusätzliches, kopiersicheres Medium identifizieren, wie etwa durch seinen Personalausweis, eine EC- oder Kreditkarte oder durch eine personalisierte Ausweiskarte des Verkehrsunternehmens (Bahncard).

Kundenbeleg ≠ Ticket

Der Kunde erhält einen Nachweis darüber, dass er ein Online-Ticket erworben hat. Dieser Nachweis enthält neben den Angaben zur Fahrt insbesondere einen Verweis auf das Identifikationsmedium. Um den Prüfvorgang zu beschleunigen, befinden sich die Fahrtdaten und der Verweis meist zusätzlich als Barcode auf dem Beleg. Der Kunde kann den Beleg zu Hause auf normales Papier ausdrucken, denn er ist nur zusammen mit dem kopiergeschützten Zusatzmedium als Fahrausweis gültig. Wenn beim Check-in ausreichende Infrastruktur vorhanden ist, kann man sogar ganz auf das Mitführen eines Belegs verzichten. Bei manchen Fluggesellschaften genügt es inzwischen, den Personalausweis im Abflugbereich auf einen Scanner zu legen. Der Automat präsentiert daraufhin die vorliegenden Online-Tickets zum Abruf und Ausdruck.

21. Anders wäre dies, wenn das Papierticket einen Barcode trägt. Nach unserem Verständnis liegt dann jedoch kein Papierticket mehr vor, sondern ein Online-Ticket oder ein eTicket (vgl. dazu die folgenden Kapitel).
22. Legal ist eine solche Weitergabe meist nicht, denn bei vielen Ticketarten wird die Übertragbarkeit juristisch ausgeschlossen.

In unserem Modell betrachten wir ein Online-Ticket als einen – zunächst unvalidierten – `FahrAusweis`, welcher auf einen `Fahrgast` verweist, der uns als `Kunde` bekannt ist.

10.8.1 Trägermaterial

Das eigentliche Trägermaterial eines Online-Tickets ist die Datenbankfestplatte im Zentralrechner des Verkehrsunternehmens. Dort wird beim Erwerb für jedes Online-Ticket ein Identifikationscode festgelegt, der auf ein beliebiges Medium im Besitz des Kunden übertragen werden kann. Dafür kommt neben dem Blatt Papier aus dem privaten Drucker des Fahrgasts auch das Display auf seinem Handy in Betracht. Der Code kann als Klartext in einer SMS stehen oder in Form eines ein- oder zweidimensionalen Barcodes für die elektronische Erfassung optimiert sein. Letzten Endes würde sogar eine handschriftliche Notiz des Fahrgasts auf dem berühmten Schmierzettel genügen. Verwendet man Papier als Trägermaterial, so ist der Nachweis der Validierung physisch leicht prüfbar (»Zangenabdruck«), andernfalls nur über einen Zugriff auf das Zentralsystem.

10.8.2 Sicherheitsvorkehrungen

Benutzung zentral registrieren

Bei Online-Tickets besteht für den Verkehrsbetrieb nur ein sehr geringes Fälschungsrisiko, da der Kopierschutz auf der Verbindung zu dem zusätzlichen Identifikationsmedium beruht. Benutzte Tickets kennzeichnet man im zentralen IT-System, so dass ein unberechtigter Stornowunsch erkannt werden kann. Ob ein Fahrgast, der ein Online-Ticket erworben hat, eine oder zehn Papierkopien davon ausdruckt, ist deswegen völlig belanglos.

Offline-Validierung

Eine gewisse Einschränkung ergibt sich lediglich daraus, dass nicht jeder Validator permanent mit dem Zentralsystem verbunden sein kann – man denke etwa an »Funklöcher« bei Validatoren in Fahrzeugen. Als »Restrisiko« bleibt daher nur noch übrig, dass der echte Käufer des Tickets mehrere Kopien benutzt, die bei unabhängigen Offline-Validierungen nicht als solche erkannt werden. Hier greifen jedoch in der Regel zeitliche und räumliche Gültigkeitsrestriktionen des Fahrausweises. Außerdem könnte der Verkehrsbetrieb die Mehrfachnutzung zumindest im Nachhinein erkennen und in Rechnung stellen, da die Daten der unterschiedlichen Validierungsvorgänge nicht zu den Gültigkeitsbedingungen des Tickets passen würden.

10.8.3 Beispiel: HandyTicket des VDV

In etlichen Regionen Deutschlands wird ein sog. HandyTicket angeboten[23]. Der Vertriebsweg, etwas salopp als »Ihr Fahrkartenautomat in der Hosentasche« beworben, ist eine Gemeinschaftsinitiative deutscher Verkehrsunternehmen und stellt eine Kombination aus Online-Ticket und Verkaufsanwendung dar. Produkt- und Tarifhoheit verbleiben beim einzelnen Unternehmen.

23. Vergleiche http://www.dashandyticket.de.

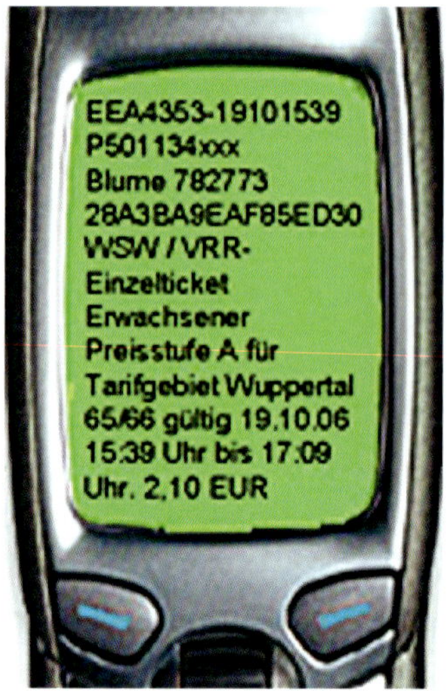

Abb. 10-5
HandyTicket des VDV (Beispiel Wuppertal)

- Wer *HandyTickets* nutzen will, muss sich bei einem der Verkehrsunternehmen anmelden, die dieses Produkt anbieten. Das betreffende VU wird im Sinne des VDV-Rollenmodells Kundenvertragspartner (KVP).
- Wer angemeldet ist, kann auch HandyTickets für die Verkehrsgebiete der anderen teilnehmenden VU kaufen.
- Noch ist die Produktauswahl bei den meisten VU beschränkt (Einzelticket ohne Ermäßigung, Tagesticket, Gruppentickets), aber das Produktspektrum wächst. Auch höherwertige Tickets (Monatskarten) werden bereits verkauft.
- Der Kunde legitimiert sich bei der Anmeldung durch ein »vervielfältigungsgeschütztes Dokument« (Personalausweis, EC-Karte); dieses wird als »Kontrollmedium« bezeichnet, denn es ist auch *bei jeder Ticketkontrolle* zwingend vorzulegen.
- Bestellen kann man auf mehrere Arten:
  - per kostenfreiem Anruf mit Sprachdialog
  - per SMS mit strukturiertem Anfragetext (z. B. »*DVG#TagesTicket#B#Düsseldorf Süd*«)
  - per Browser im Internet
  - mit einer Java-Applikation, die man auf dem Handy installiert; den Kauf bestätigt man mit einer PIN
- In den ersten drei Fällen kommt das Ticket per SMS auf das Handy, im vierten Fall steht es innerhalb der Applikation zur Anzeige bereit.
- Bezahlt wird über ein Prepaid-Konto, via (monatlichem) Lastschrifteinzug oder per Kreditkarte.
- Eine interessante Lösung hat man sich für Mehrfahrtenkarten einfallen lassen: Der Kunde erhält unmittelbar nach dem Kauf das erste Teil-Ticket in validierter Form (also »entwertet«); die anderen Teile ruft er später bei Bedarf ab.
- Üblicherweise müssen HandyTicket-Einzelfahrscheine unmittelbar vor Fahrtantritt gekauft werden; andernfalls ergäbe sich das Problem, dass man ein werthaltiges unvalidiertes Ticket auf dem Handy speichern müsste.
- In Modellversuchen hat man an anderer Stelle gezeigt, dass ein Handyticketing-System von der automatischen Erkennung der Haltestelle profitieren kann.[24]

10.9 E-Tickets

Erwartungen an E-Ticketing

Elektronische Tickets sind auf dem Vormarsch. Sie versprechen Vereinfachungen für den Kunden beim Erwerb und einfachere Kontrollmöglichkeiten für den Verkehrsbetrieb. Sie machen neuartige Tarife möglich und schaffen die Grundlage für mehr Kundenbindung. Sie erleichtern die Abrechnung innerhalb von Verkehrsverbünden und versprechen mittelfristig eine Senkung der Vertriebskosten. Bei ausreichender Standardisierung erlauben sie landesweite Mobilität und können

24. Die Stadt Frankfurt hat Haltestellen mit NFC-Transpondern ausgerüstet. Wenn man sich mit einem geeigneten Handy nähert, wird der Verkaufsdialog der Frankfurter Handyticketing-Lösung automatisch mit dem aktuellen Abfahrtort gestartet.

– wenn gewollt – Daten für eine ganzheitliche Mobilitätsabrechnung mit Einzelfahrtnachweis liefern.

Verbundangebote

Last but not least bieten Chipkarten eine universelle technische Plattform, auf der auch Verbundangebote mit Partnern aus anderen Branchen eine Heimat finden können (Museen, Schwimmbäder, Parkhäuser usw.). Dies kann auch bedeuten, dass die Karte selbst von einer anderen Institution herausgegeben und »lediglich« ÖPV-kompatibel gestaltet wird. Die Barclays Bank gibt Kreditkarten mit Oyster-Funktionalität[25] aus. Die Universität Duisburg-Essen gibt einen Studentenausweis heraus, auf dem die sogenannte »VDV-Kernapplikation« enthalten ist. Aus solchen Kombinationsangeboten entstehen Verflechtungen: Geht der Ausweis verloren, so müssen Universität und Verkehrsbetrieb gemeinsam reagieren; wird jemand exmatrikuliert, so erlischt automatisch die Studentenvergünstigung im ÖPV.

10.9.1 Trägermaterial

Chipkarten

Das Nutzermedium einer eTicketing-Anwendung muss ein mehrfach les- und beschreibbares elektronisches Speichermedium sein. Normalerweise werden dazu heute Chipkarten im Formfaktor einer Kreditkarte eingesetzt. Aus Kostengründen kommen nur Karten in Frage, die keine eigene Stromversorgung (Batterie/Akku) haben, sondern über die Lese/Schreibschnittstelle mit Energie versorgt werden.

Kontakt

Die elektrische Schnittstelle kann kontaktbehaftet (nach ISO 7816) oder kontaktlos (nach ISO 14443) sein. Der Trend geht eindeutig zur kontaktlosen Technik, weil diese robuster ist und schnellere Verarbeitung insbesondere bei CICO und Kontrolle zulässt – die Karte muss nicht gesteckt werden, sondern wird nur am Leser »vorbeigezogen«.

Spezielle Chips

Um die Sicherheitsanforderungen zu erfüllen, werden keine reinen Speicherkarten eingesetzt, sondern Chipkarten mit Prozessor (»*Smartcards*«). Dabei kann man zwei Konzepte unterscheiden:

- Der Kartenproduzent liefert eine untrennbare Einheit aus Plastikkarte, Prozessorchip, (Micro-)Betriebssystem und Software für die Ticketverwaltung, inkl. der notwendigen Sicherheitsverfahren (z. B. *Mifare/Desfire der Firma NXP*[26]).
- Der Kartenhersteller liefert eine universell nutzbare Karte, d. h., die Ticketing-spezifische Applikation kann bzw. muss vom Verkehrsbetrieb[27] nach seinen Wünschen gestaltet und auf die Karte aufgebracht werden (»Firmware«). Auf solchen Karten können sich zusätzlich auch andere Applikationen befinden.

Äußeres Erscheinungsbild

Trägermedien können personalisiert sein, bis hin zu einem Foto des Fahrgasts, sie können aber auch anonym sein. Häufig werden die Karten das Logo des jeweiligen Verkehrsverbunds tragen. Es kann sich aber auch um Karten handeln, die von anderen Institutionen (Banken, Arbeitgeber, Universitäten) herausgegeben werden und auf denen die ÖPV-Applikation als Mehrwert-Applikation enthalten ist.

25. *Oyster* ist der Brandname des eTicketing-Systems in London.
26. Vergleiche beispielsweise http://www.nxp.com/acrobat_download2/other/identification/MF1PLUSX0Y1_SDS.pdf.
27. Genauer gesagt vom Applikationsherausgeber, vgl. das Rollenmodell auf S. 302

Handy-eTicket

Karten im Scheckkartenformat haben den Nachteil, dass man gespeicherte Tickets und ein eventuelles Guthaben nicht sehen kann: Karten haben kein Benutzerinterface. Es liegt nahe, stattdessen ein elektronisches Gerät zu nutzen, das die meisten Fahrgäste ohnehin dabeihaben: ihr Mobiltelefon. Voraussetzung dafür ist, dass das Handy mit Einrichtungen des ÖPV (z. B. Validatoren) kommunizieren kann, wenn diese sich in räumlicher Nähe befinden; hierfür kommt vor allem ein Standardprotokoll in Betracht, das als *Near Field Communication* (NFC) bezeichnet wird. Es bietet sich an, nicht nur die Ticketing-Software der Chipkarte auf das Handy des Fahrgasts zu packen, sondern auch eine Verkaufsanwendung, mit der man Tickets über das Internet einkaufen oder den ÖPV-Wertspeicher nachladen kann. Es hört sich einfach an – aber es ist noch einiges an Entwicklungsarbeit und Normierung nötig, bis die entsprechenden Verfahren ausreichend sicher, preiswert[28], leicht bedienbar und massentauglich sind. Das Forschungsprojekt LuKA erweitert dazu die *Luftschnittstelle der VDV-Kernapplikation* und normiert Interfaces für Verkaufsanwendungen. Parallel dazu gibt es in einigen Regionen Deutschlands Pilotversuche mit eTickets auf Mobiltelefonen. Ganz ohne Veränderung der Infrastruktur geht es normalerweise nicht: Die drahtlosen Kommunikationsverfahren der Validatoren müssen zur jeweiligen Smartcard und zum NFC-Standard kompatibel sein.

10.9.2 Sicherheitsvorkehrungen

Online-Tickets sind unproblematisch in Bezug auf Sicherheitsfragen, erfordern aber bei der Validierung einen Zugriff auf zentrale Systeme. Wenn man ein Online-Ticket verliert, kann der Finder damit nichts anfangen.

eTickets sind »Bargeld«.

Ganz anders ist dies bei eTickets. Sie sollen auch ohne Zugriff auf zentrale Datenbestände validiert werden können. Sie sind daher ähnlich wie Bargeld einzuordnen. Der Finder eines verlorenen eTickets kann dieses (wenn es nicht gesperrt wurde) ohne Weiteres für eigene Zwecke benutzen. Außerdem droht die Gefahr, dass Personen mit entsprechendem Fachwissen elektronische Tickets kopieren und immer wieder benutzen bzw. an andere Fahrgäste verkaufen. Geht ein Fälscher geschickt vor, so können unwissende Fahrgäste guten Glaubens bei ihm gefälschte Tickets erwerben.

Betrugsszenarien

Der Kampf gegen betrügerische Absichten findet auf zwei Ebenen statt:

- Vermeidung des Betrugs durch erschwerte technische Durchführung und organisatorische Hemmnisse; der Betrug soll – wenn überhaupt – nur mit extrem hohem technischen Aufwand durchführbar sein.
- Optimierung von Entdeckungsverfahren; der Betrugsversuch soll zeitnah mit geringem Aufwand entdeckt werden können; im Idealfall führen sogar versteckte Mechanismen zu Identitätshinweisen auf den Betrüger oder machen den Beschaffungsweg nachvollziehbar.

Verhältnismäßigkeitsprinzip

Betrugsabwehr ist für den Systembetreiber teuer. Letztlich dürfen seine Kosten für eine Erhöhung des Sicherheitsniveaus nicht den Schaden übersteigen, der ohne die Zusatzinvestition zu befürchten wäre. Dieses Verhältnismäßigkeitsprinzip

28. Derzeit gibt es im europäischen Markt nur sehr wenige NFC-fähige Handymodelle.

lässt sich zwar einfach formulieren, aber in der Praxis kommen zwei Effekte hinzu, die konkrete Abschätzungen schwierig machen: (1) Die technischen Möglichkeiten für betrügerische Angriffe entwickeln sich rasant. (2) Erfolgreiche Betrugsversuche verursachen sehr viel negative Publizität.

Angriff auf Mifare classic

Ein praktisches Beispiel dafür ist der erfolgreiche »Hack«-Angriff[29] auf die ursprüngliche Version der *Mifare*-Karte, die Plattform des nationalen niederländischen eTicketing-Systems. Als Konsequenz wurde ein aufwendiger Upgrade der Sicherheitstechnologie erforderlich.

Da das Thema *Sicherheit* eine bedeutende Rolle für das eTicketing spielt, stellen wir die Verständnisgrundlagen dazu im folgenden Kapitel als *Exkurs* (Abschnitt 10.9.3) dar.

10.9.3 Exkurs: Grundlagen der Sicherheit im eTicketing

Speicherkarten vs. »intelligente« Karten

Es gibt Tickets, die ausschließlich auf gespeicherten Daten beruhen, also auf Magnetstreifen, Barcodes oder einem reinen Speicherchip ohne Prozessor. Solche Tickets haben spezifische Fälschungsrisiken, die wir als Ausgangspunkt für unsere Darstellung von Sicherheitsverfahren näher beleuchten. Betrachten wir daher gedanklich zunächst einmal eine Magnetkarte.

Verfallszeitstempel

Ein elementares Sicherheitsverfahren beruht darauf, dass man das Ticket nur für die unmittelbare Benutzung konzipiert[30]. Beim Verkauf des Tickets wird zusammen mit anderen Daten ein Zeitstempel auf den Magnetstreifen geschrieben – analog zu dem klassischen Stempelaufdruck eines Papiertickets, der den Zeitpunkt des Fahrtantritts markiert. Durch einfachen Zeitvergleich kann jeder Validator den Zeitstempel prüfen und Tickets zurückweisen, deren Verfallszeitpunkt überschritten ist.

Wie kann man nun verhindern, dass jemand die aufgebrachte Information manipuliert, etwa indem er den Zeitstempel verändert? Beim klassischen Stempelaufdruck hinterlässt ein Radierversuch deutliche Spuren, ein Magnetstreifen kann hingegen tausende Male geändert werden, ohne dass man ihm dies ansieht.

Ein böswilliger Fahrgast könnte auf folgende Idee kommen: Er kauft am selben Ort kurz nacheinander zwei gleichartige Tickets und analysiert die Magnetstreifen. Er erkennt, dass sie sich nur geringfügig unterscheiden – nämlich an der Stelle, die den Zeitstempel enthält. Zunächst erkennt er die Stelle, an der die Sekunden und Minuten der Gültigkeit codiert sind. Kauft er exakt eine Stunde (oder einen Tag) später wieder ein Ticket, so kann er Rückschlüsse auf die Codierung von Stunde und Datum ziehen. Ab diesem Moment kann er seine alten Tickets mit neuen Gültigkeiten versehen, indem er sie passend ummagnetisiert.

29. http://video.google.com/videoplay?docid=4252367680974396650&hl=en
vgl. dazu die Sicherheitsanalyse in einer Diplomarbeit: http://sar.informatik.hu-berlin.de/research/publications/SAR-PR-2008-21/SAR-PR-2008-21_.pdf.

30. Bei Wochen- oder Monatskarten ist ein solcher Stempel allerdings kaum nützlich. Solche Karten sind daher in der Regel personalisiert. Näheres in den nächsten Kapiteln.

Änderung verhindern

Das geschilderte Problem besteht natürlich nicht nur bei Magnetstreifen, sondern bei allen Arten von elektronisch codierten Informationen. Verallgemeinert lässt sich die Frage so formulieren: Wie kann man Informationen so abspeichern, dass sie nicht jeder nach Belieben lesen und ändern kann?

Mathematiker haben dazu folgende Ideen entwickelt:

1. Man chiffriert die Daten so, dass gar nicht mehr erkennbar ist, wie die Daten abgespeichert sind.
2. Man fügt einige zusätzliche Daten hinzu, die in einem überprüfbaren Zusammenhang zu dem Nutzinhalt stehen.

Chiffrierverfahren

Betrachten wir zunächst Chiffrierverfahren. Sie verwandeln die originalen Ticketangaben (T) in einen codierten Text (T'), der keinerlei Ähnlichkeit mehr mit (T) hat. Insbesondere muss gewährleistet sein, dass zwei originale Texte (T_1) und (T_2), die einander sehr ähnlich sind, auf zwei chiffrierte Texte (T_1') und (T_2') abgebildet werden, die völlig verschieden sind. Der einfachste Weg, dies zu erreichen, besteht darin, eine zufällige Zeichenfolge (den *Schlüssel*) zu wählen und diese auf (T) zu »addieren«. Wir demonstrieren das Prinzip an einem vereinfachten Beispiel:

Wir betrachten ein Ticket, das an einer bestimmten Haltestelle (Nr. 4711) am 12. Juli 2011 um 16:45:03 validiert wurde. Das Ticket trägt daher neben den Angaben zur Ticketart, zum Verkehrsbetrieb etc. folgende Zahlenfolge:

```
4711 2011 07 12 16 45 03
```

Ein zweites Ticket, das genau eine Minute später validiert wurde, weist eine Zahlenfolge auf, die sich nur in einer einzigen Ziffer unterscheidet:

```
4711 2011 07 12 16 46 03
```

Wir erzeugen nun eine lange Zufallszahlenfolge

```
...72409154662837591423885078644321986 5...
```

und ordnen sie ziffernweise den Ticketdaten zu. Die codierten Ticketdaten erhalten wir durch eine stellenweise Addition. Ist das Ergebnis größer als 10, so betrachten wir nur die Einerstelle. Der Mathematiker sagt dazu, dass wir die »Summe modulo 10« ermitteln[31].

```
Ticket A                    Ticket B
4711 2011 07 12 16 45 03    4711 2011 07 12 16 46 03
7240 9154 66 28 37 59 14    2388 5078 64 43 21 98 65
------------------------    ------------------------
1951 1165 63 30 43 94 17    6099 7089 61 55 37 34 68
```

31. In der Praxis arbeiten entsprechende Verfahren auf binärer Basis, d. h., es wird bitweise modulo 2 addiert; Techniker bezeichnen dieses Verfahren auch als »XOR«, weil das Ergebnis immer genau dann 1 ist, wenn exklusiv (»X«) eine der beiden Ziffern 1 ist. Sind beide 1 oder beide 0, so ist das Ergebnis 0.

Der Chiffriervorgang ist umkehrbar: Wenn der Validator von den codierten Daten die Zufallszahlen wieder subtrahiert, erhält er die korrekten Ticketdaten. Voraussetzung ist natürlich, dass beim Validieren des Tickets und bei einem späteren Lesevorgang dieselben Zufallszahlen benutzt werden.

Damit man beim Decodieren der Ticketdaten weiß, an welcher Stelle der Zufallszahlenfolge mit der Codierung begonnen wurde, muss man den Ticketdaten noch einen passenden Positionshinweis hinzufügen. In unserem Fall wurde bei Ticket A mit der ersten Position der Zufallszahlenfolge begonnen, bei Ticket B war es Position Nr. 19, denn die »6099...« steht an der 19. Stelle in der Zufallszahlenfolge.

Echte Zufallszahlen

Das beschriebene Verfahren ist absolut sicher, wenn man dafür sorgt, dass die Zufallszahlen wirklich zufällig sind. Dies könnte man durch den Einsatz physikalischer Zufallszahlengeneratoren erreichen. Dabei wird ein stochastischer natürlicher, nicht reproduzierbarer Prozess wie etwa die Wärmebewegung von Atomen benutzt, um daraus Zufallszahlen abzuleiten. Außerdem müssen wir dafür sorgen, dass jeder Abschnitt der Zufallszahlenfolge nur *einmal* verwendet wird. Kryptologen bezeichnen ein solches Codierverfahren als *one-time-pad*, da in der ursprünglichen Form[32] die Zufallszahlen auf einem Abreißblock aufgedruckt waren.

One-time-pad: unpraktikabel

Dies bringt uns zu der großen Schwäche des Verfahrens: Der Schlüssel – also die Zufallszahlenfolge – ist so lang wie die Menge aller Ticketdaten zusammen, und er muss an allen Stellen bekannt sein, wo irgendein Ticket erzeugt oder gelesen werden soll, also in allen Verkaufsgeräten und in allen Validatoren. Dies ist vollkommen unpraktikabel.

Pseudozufallszahlen

In der Praxis behilft man sich daher mit einem Rechenverfahren, das eine feste Zahlenfolge erzeugt, die auf einen uneingeweihten Betrachter zufällig wirkt. Die Erzeugung solcher »Pseudozufallszahlen« ist ein gut erforschtes Teilgebiet der Kryptologie. Die Generatoren haben eine sehr lange Periode, d. h., die Zahlen wiederholen sich erst nach sehr vielen Ziffern (10^{60} und mehr). Ein Startwert legt fest, an welcher Stelle der Generator in den Zyklus einsteigt. Jetzt genügt es, als *Schlüssel* den Startwert an alle Geräte zu verteilen.

Ticketdaten sind nicht geheim!

Die Chiffrierung aller Ticketdaten würde dazu führen, dass ein Angreifer aus dem Vergleich zweier sehr ähnlicher Tickets keine Rückschlüsse mehr ziehen könnte. Wir erkaufen dies jedoch mit einem Nachteil: Jetzt kann nur noch eine Maschine das Ticket lesen, die im Besitz des Schlüssels ist. Im ÖPV ist dies nicht unbedingt erwünscht, denn die Ticketdaten sind ja eigentlich nicht geheim. Ganz im Gegenteil: Es wäre schön, wenn man dem Kunden einen sehr einfachen, kleinen Leser geben könnte, der ihm jederzeit zeigt, »was auf seinem elektronischen Fahrschein drauf ist«.

Integritätsschutz

Unser eigentliches Ziel ist es, ein *manipuliertes Ticket zu erkennen*. Dazu fügt man den offiziellen Ticketdaten einige zusätzliche Prüfdaten bei, die in irgendeinem geheimnisvollen Zusammenhang mit dem eigentlichen Ticketinhalt stehen.

32. Das Verfahren wurde schon vor dem Computerzeitalter für die Übermittlung militärischer Nachrichten eingesetzt.

Verändert jemand die Nutzdaten, so passen die ursprünglichen Prüfdaten nicht mehr zu dem veränderten Inhalt. Man weiß zwar nicht genau, was verändert worden ist, aber man kann ein Ticket zurückweisen, bei dem Nutzdaten und Prüfdaten nicht zusammenpassen.

Man könnte beispielsweise auf die Idee kommen, die Quersumme aller Ziffern auf dem Ticket als Prüfdaten zu verwenden. Wenn ein Ticket als Nutzdaten die Haltestelle (Nr. 4711) und das Gültigkeitsende (12.07.2011 12:45:03) trägt, dann ergibt sich **42** als Quersumme, d. h., auf dem Ticket steht die Zahlenfolge

`47112011071212450342.`

Ändert jemand das Datum auf den 13.07.2011 ab, so stimmt die neue Quersumme (**43**) nicht mehr mit der alten Prüfzahl überein, und die Fälschung wird entdeckt.

Das Beispiel hat jedoch etliche Schwächen:

- Wenn man zwei Zahlen vertauscht (07.12. anstatt 12.07.), dann bleibt die Quersumme gleich.
- Wenn man in sehr kurzem Abstand zwei Tickets kauft, wird sich die Quersumme nur geringfügig unterscheiden, so dass ein Angreifer mit etwas Fantasie rasch erkennen wird, wie die Nutzdaten und die Prüfdaten zusammenhängen.

Man könnte daher auf die Idee kommen, ein möglichst kompliziertes Verfahren zur Ermittlung der Prüfdaten zu verwenden.

Wenn man jede Stelle mit ihrer Position multipliziert und abwechselnd addiert und subtrahiert, wird es schon deutlich unübersichtlicher: Aus 471120110712124503 errechnet man $1 \times 4 + 2 \times 7 - 3 \times 1 + 4 \times 1 - 5 \times 2 + 6 \times 0 - 7 \times 1$ ... usw. und erhält als Ergebnis -145. Damit der Prüfwert immer aus zwei Ziffern besteht, speichern wir ihn nicht direkt, sondern bilden die Differenz zum nächst größeren Vielfachen von 100. In unserem Fall ergibt sich so »45« als Prüfwert (- 145 + »45« = - 100). Vertauscht man jetzt zwei Ziffern in den Nutzdaten, so ändert sich (mit hoher Wahrscheinlichkeit) das Prüfdatum, da jede Ziffer mit einem anderen Faktor multipliziert wird. Unterscheiden sich zwei Tickets nur im Sekundenbereich, so erhält man dennoch eine große Differenz der Prüfsummen.

Sind wir damit am Ziel? Die Antwort lautet: Nein. Wir sollten den Angreifer nicht unterschätzen. Wenn er drei Tickets in Händen hält, deren Gültigkeitsdatum sich nur in einer einzigen Stelle (beispielsweise in der Einerstelle der Minutenangabe) unterscheidet, so wird er entdecken, dass die Prüfsummen dieser drei Tickets jeweils eine Differenz von 16 aufweisen, denn es handelt sich um die 16. Position in unserer Zahlenfolge. Ein wenig systematisches Experimentieren genügt also, um hinter das Geheimnis unserer Prüfwertrechnung zu kommen.

Hash-Verfahren

Wissenschaftler haben wesentlich bessere Verfahren zur Ermittlung eines Prüfwerts entwickelt. Diese sogenannten Hash-Verfahren[33] erzeugen jedes Mal einen vollkommen verschiedenen Prüfwert, sobald sich auch nur ein einzelnes Bit in den Ticketdaten ändert. Allerdings sind diese Verfahren nicht geheim. Dies ist kein Nachteil, sondern ein Vorteil, denn durch Konkurrenz und Widerlegungsversuche können Schwachpunkte aufgedeckt und beseitigt werden. Ein solcher Hash-Prüfwert (englisch: *message digest*) bietet per se noch keinen Schutz gegen Manipulation, da er ja nach einem allgemein bekannten Verfahren errechnet wird. Wir müssen ihn – wie oben beschrieben – verschlüsseln, bevor wir ihn der Nachricht hinzufügen. **Wir schützen also die Integrität des elektronischen Tickets durch Prüfdaten, die nach einem bewährten Verfahren ermittelt und danach verschlüsselt werden.**

Bisher haben wir versucht, die Grundidee elektronischer Sicherheitsverfahren möglichst allgemeinverständlich zu erklären. Zu einem vollwertigen eTicketing-Sicherheitssystem gehört jedoch noch wesentlich mehr.

Prüfdaten zur Sicherung der Übertragung

- Bei der Kommunikation zwischen einem Ticketmedium und einem Validierungsgerät werden Daten übertragen, manchmal über direkten elektrischen Kontakt, manchmal aber auch berührungslos über die Luft. Diese Übertragungswege sind störanfällig. Man fügt den Nutzdaten beim Senden daher Prüfdaten hinzu, die sowohl der Sender als auch der Empfänger nach einem festgelegten Verfahren errechnen. Der Empfänger vergleicht die empfangenen Prüfdaten mit den von ihm selbst aus dem Nutzinhalt errechneten Prüfdaten und lehnt den Übertragungsvorgang ab, wenn ein Unterschied auftritt. Als Verfahren zur Ermittlung von Prüfwerten kommen die bereits erwähnten Hashfunktionen in Betracht, oft greift man allerdings auf effizientere Verfahren (»Parity-Bits«) zurück. Geheimnisse oder Schlüssel spielen dabei keine Rolle.

Verschlüsselte Prüfwerte: Signaturen

- Wenn man verhindern will, dass eine Nachricht – also beispielsweise der Inhalt eines elektronischen Tickets – manipuliert wird, muss man ihr wie oben beschrieben einen Prüfwert hinzufügen, der vom gesamten Ticketinhalt abhängt und darüber hinaus noch auf eine Weise verändert ist, die ein Angreifer nicht nachvollziehen kann. Zu diesem Zweck verschlüsselt man den Prüfwert. Einen solchermaßen gesicherten Prüfwert bezeichnet man als Signatur[34]. Sie garantiert die Vollständigkeit und Unversehrtheit des Dateninhalts und lässt auch einen Rückschluss auf den Urheber der Nachricht zu, da es sich ja um jemanden handeln muss, der wusste, wie man den Prüfwert korrekt verschlüsselt.

Textersetzung als Grundprinzip der Verschlüsselung

- Die klassische Idee der Verschlüsselung beruht darauf, dass Sender und Empfänger ein gemeinsames Regelwerk benutzen, um Klartext in chiffrierten Text zu wandeln – und wieder zurück. Das »Regelwerk« besteht aus einem Algorithmus und einem »Schlüssel«. Ein sehr naiver Algorithmus könnte z. B. lauten: »*Ersetze jedes Zeichen durch ein bestimmtes anderes Zeichen.*« Der

33. Ein typischer Vertreter von Hash-Verfahren ist der »md5«-Algorithmus.
34. In englischsprachiger Literatur: »MAC« = Message Authentication Code.

Schlüssel wäre dabei eine *Tabelle mit paarweisen Zeichenzuordnungen*. Da Sender und Empfänger dieselbe Tabelle verwenden müssen, spricht man von »symmetrischen Verschlüsselungsverfahren«. Ein anderes Verfahren besteht in der zuvor beschriebenen XOR-Verknüpfung von Daten mit einer Pseudozufallszahlenfolge.

Symmetrische Verschlüsselung

- In der Praxis verwendet man sehr viel kompliziertere Algorithmen. Bei diesen Verfahren kann man keine Informationen aus der Häufigkeit des Vorkommens einzelner Zeichen im chiffrierten Text ableiten[35]. Die Verfahren sind nicht geheim – im Gegenteil: Unter Kryptologen herrscht außerordentliche Skepsis gegenüber allen nicht öffentlichen Verfahren, denn die Vergangenheit hat gezeigt, dass sehr viele Verfahren Anomalien aufweisen, die ein geschickter Angreifer ausnutzen kann. Bei den etablierten und gut untersuchten Verfahren wie etwa AES, IDEA oder Triple-DES kann man hingegen davon ausgehen, dass sie aus informationstheoretischer Sicht keine größeren Schwachpunkte aufweisen. Als Schlüssel verwenden alle Verfahren frei definierbare Bitfolgen, typischerweise mit einer Länge von 100 Bit und mehr. Symmetrische Verfahren sind sehr effizient und können teilweise sogar durch spezielle Hardware abgewickelt werden (Schieberegister). Man kann sie daher auch auf den Silizium-Bausteinen von Chipkarten unterbringen.

Verteilung geheimer Schlüssel

- Die Sicherheit symmetrischer Verfahren hängt von der Geheimhaltung eines Schlüssels ab, der an allen Stationen bekannt sein muss, die eine Nachricht erzeugen oder lesen sollen. Große Verkehrsbetriebe haben Tausende von Validatoren im Einsatz. Man muss also einen sicheren Weg finden, den Schlüssel an all diese Stationen zu verteilen. Sollte ein Schlüssel dennoch einmal korrumpiert worden sein, so muss man rasch und sicher einen neuen Schlüssel verteilen können. Besitzt man einen solchen Weg, so kann man den Schlüssel auch vorsichtshalber regelmäßig wechseln. Zusätzlich oder alternativ zu allgemein verteilten Schlüsseln können zwei Partner sogar für einen einzelnen Kommunikationsvorgang spontan einen individuellen, temporären Schlüssel aushandeln (*Session-Key*).

Asymmetrische Verfahren

- Hier kommt die sog. *asymmetrische* Verschlüsselung ins Spiel. Sie bietet einen Weg, vertrauliche Informationen – wie z. B. den Schlüssel eines symmetrischen Verfahrens – zu verteilen, ohne dass Sender und Empfänger ein *gemeinsames* Geheimnis besitzen müssen. Asymmetrische Verfahren sind das Ergebnis jahrzehntelanger Forschung[36]; einige von ihnen gelten als sehr sicher. Ihr Prinzip beruht auf zwei Schlüsseln, die paarweise eingesetzt werden. Einer der beiden Schlüssel ist öffentlich, der andere ist geheim. Man nennt die Verfahren »asymmetrisch«, weil der eine Schlüssel nur zum *Verschlüsseln* eingesetzt werden kann und der andere nur zum *Entschlüsseln*. Anders als bei einem mecha-

35. Wendet man einfache Zeichenersetzung auf einen deutschen Text an, so kann man beispielsweise das Leerzeichen und das »e« als die beiden häufigsten Zeichen im chiffrierten Text rasch identifizieren.

36. Die Mathematik dahinter ist nicht einfach zu verstehen. Wir verweisen auf die einschlägige Standardliteratur (z. B. Bruce Schneider, Angewandte Kryptographie, Pearson 2006). Eine populärwissenschaftliche Darstellung findet sich bei Beutelspacher (Kryptologie, vieweg 2005).

nischen Schloss kann man eine asymmetrisch verschlüsselte Nachricht also nicht mit demjenigen Schlüssel wiederherstellen, mit dem sie verschlüsselt wurde, sondern nur mit dem passenden Schlüssel-Gegenstück. Die Verwendung der beiden Schlüssel hängt vom jeweiligen Anwendungsfall ab (geheime Übertragung, Authentifizierung, Signatur); in manchen Fällen wird mit dem öffentlichen Schlüssel verschlüsselt und privat entschlüsselt, manchmal ist es genau umgekehrt.

Effizienz/Flexibilität asymmetrischer Verfahren

- Asymmetrische Verfahren sind algorithmisch anspruchsvoll und daher viel langsamer[37] als symmetrische Verfahren. Sie sind dafür aber sehr flexibel. Wir hatten bisher den Fall im Auge, dass *A an B Botschaften übertragen* will, die fremde Dritte nicht dechiffrieren können sollen. A verschlüsselt dazu die Nachricht mit dem öffentlichen Schlüssel von B, und nur B kann die Nachricht lesen, da zum Dechiffrieren der private Schlüssel von B benötigt wird. Es gibt aber noch ein anderes Problem: Ein Angreifer X könnte sich als A ausgeben und B eine Nachricht (z. B. einen von X erzeugten Schlüssel, zu dem er selbst das Gegenstück besitzt) zukommen lassen. Bei der Erstellung dieser Nachricht würde X natürlich ebenfalls den öffentlichen Schlüssel von B zur Verschlüsselung seiner Nachricht verwenden. Wie kann sich B davon überzeugen, dass eine Botschaft wirklich von A kommt?

Authentifikation

- Auch hier hilft die asymmetrische Verschlüsselung. B kann A auffordern, ihm eine Nachricht mit von B zufällig spontan vorgegebenem Inhalt[38] zu senden, die A mit seinem eigenen *privaten* Schlüssel *ver*schlüsseln soll. B *ent*schlüsselt diese Nachricht dann mit dem *öffentlichen* Schlüssel von A und vergleicht den Inhalt. Ein Angreifer hat jetzt ein Problem: Er kann zwar die Nachricht abfangen, in der B sein Gegenüber zur Versendung eines Kurztextes (z. B. »4711x«) auffordert. Doch der Angreifer ist nicht in der Lage, eine Nachricht zu erzeugen, die den Text »4711x« ergibt, wenn man sie mit dem *öffentlichen Schlüssel von A entschlüsselt.* Dazu müsste er nämlich den *geheimen* Schlüssel von A besitzen. Das Prinzip asymmetrischer Verschlüsselungsverfahren beruht darauf, dass es nahezu unmöglich ist, eine Nachricht zu erzeugen, die bei der Entschlüsselung mit einem bekannten Schlüssel einen bekannten Klartext ergibt[39]. In Abbildung 10-6 haben wir den Vorgang der Authentifikation bildlich dargestellt.

Trust-Center

- Der Einsatz asymmetrischer Verfahren erfordert eine »Public Key Infrastructure« (PKI); dazu gehört insbesondere eine zentrale Instanz zur Verwaltung aller Schlüssel und Teilnehmeridentitäten, das sogenannte »Trust-Center«. Das Trust-Center ist neben dem jeweiligen Schlüsselinhaber der einzige Ort, an dem beide Teile eines Schlüsselpaares bekannt sind, denn es hat die Aufgabe, geeignete Schlüsselpaare zu erzeugen und den geheimen Schlüssel auf ein Medium aufzubringen.

37. Typischerweise um den Faktor 1000.
38. Hierzu genügt eine beliebige kurze Zeichenfolge.
39. Mathematiker sprechen in diesem Zusammenhang von Einwegfunktionen; diese sind zwar theoretisch umkehrbar, jedoch nur durch systematisches Probieren – was einen Aufwand jenseits aller technischen Möglichkeiten erfordern würde.

Abb. 10-6
Authentifikation mit asymmetrischen Schlüsseln

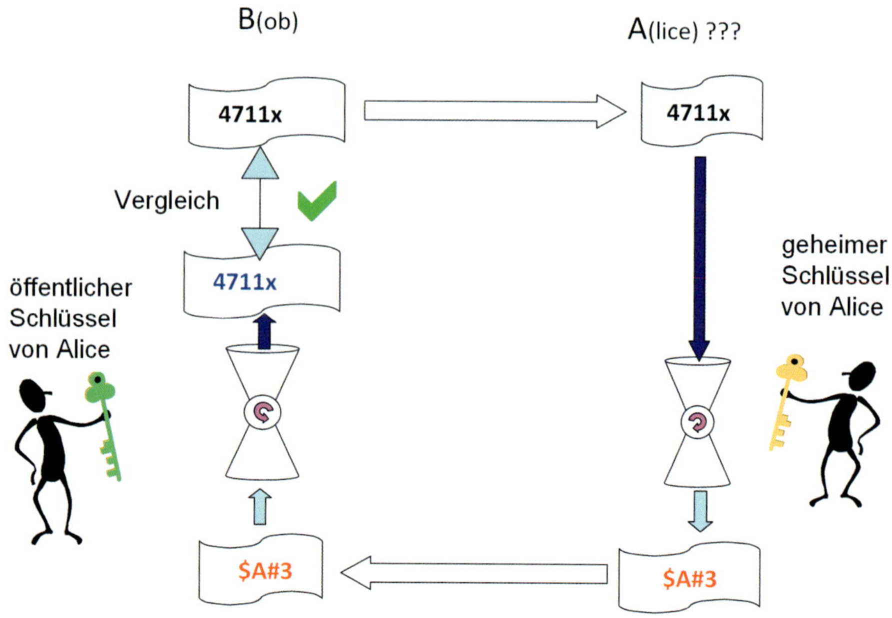

SAM: Physikalische Bündelung von Schlüssel und Chiffrierverfahren

- Um den geheimen Schlüssel zu schützen, ist man auf die Idee gekommen, ihn sogar vor den Augen seines rechtmäßigen Inhabers zu verbergen, denn sobald ein Schlüssel irgendwo in Klartextform[40] vorliegt, besteht die Gefahr, dass er mitgelesen wird. Zu diesem Zweck packt man den geheimen Schlüssel zusammen mit dem Algorithmus für die Ver- und Entschlüsselung in ein Stück Silizium, d. h., man konfiguriert bestimmte Speicherzellen auf einem Siliziumchip so, dass sie den Schlüssel enthalten. Die Software, die auf dem Chip läuft, besitzt jedoch keine Funktion, um den Schlüssel nach außen zu geben. Sie bietet lediglich Funktionen an, über die man sie auffordern kann, Nachrichten mit ihrem eingebrannten, geheimen Schlüssel zu chiffrieren oder zu dechiffrieren. Die Kombination aus Schlüssel und Chiffrierverfahren wird als SAM (Security Access Module) bezeichnet. Äußerlich ist ein SAM oft so gebaut wie die SIM-Karten, die man in Mobiltelefonen benutzt, d. h., der Chip ist in Plastik vergossen und bietet genormte elektrische Kontaktflächen an. SAM-Bausteine gelten als sehr sicher. Nur durch das Freilegen des Chips und das Mitlesen der elektrischen Signale auf dem internen Prozessorbus könnte man an den Schlüssel herankommen. Da Wissenschaftler in einem Einzelfall mit großem Geräteaufwand gezeigt haben, dass dies im Prinzip möglich ist, geht man nunmehr sogar dazu über, den Schlüssel auch innerhalb des SAM nur verschlüsselt über den Prozessorbus zu übertragen.

40. Korrekterweise müsste man von »Klarzahl-Form« sprechen, denn bei asymmetrischen Schlüsselpaaren handelt es sich um sehr große Primzahlen (hundert und mehr Stellen).

10.9.4 Nutzung

Wenn ein Fahrgast ein eTicket einsetzt, dann tritt der `Validator` mit der Karte in Kontakt, also mit dem `FahrAusweisTräger` (Subklasse `ElektronischesMedium`). Bevor der Validator sich um `FahrAusweise` oder um den Werteinheitenspeicher (`WE-SpeicherFahrgast`) auf der Karte kümmert, kommen die *Sperrliste* und die *Aktionsliste* ins Spiel.

Kommunikation: Validator/Karte

Um zu verhindern, dass ein Fahrgast ein eTicket auf Vorrat kauft und erst im letzten Moment an einen Validator hält, wenn ein Kontrolleur auftaucht, können elektronische Validatoren bei Kontrollen gesperrt werden (»Razzia-Funktion«)[41].

Kontrolle

Wurde eine Karte bei einer zentralen Stelle als verloren gemeldet, so wird sie gesperrt. In einem konzeptionellen Modell wie dem ITVU-Modell lässt sich dieser Sachverhalt sehr einfach ausdrücken: Es genügt ein Aufruf der Methode `FahrAusweisTräger`.*sperren()*. Von diesem Moment an verhindert der `FahrAusweisTräger` alle Versuche einer `Validierung`. In der Praxis ist die Abwicklung einer Kartensperre jedoch erheblich komplizierter, da wir es mit mehreren Softwareinstanzen zu tun haben, die in einem aufwendigen Prozess synchronisiert werden müssen.

Verlorenes Ticket

Im ITVU-Modell gehört die Methode *sperren* zum `FahrAusweisTräger`. Doch wenn dieser verloren oder gestohlen ist, kommt man an ihn ja gar nicht heran! Hinter dem `FahrAusweisTräger` stehen daher in einem realen System normalerweise (mindestens) drei Softwareinstanzen:

Mehrere Softwareinstanzen einer Klasse

- Zum Ersten gibt es natürlich den *physikalischen Träger* selbst. Wenn die Karte »intelligent« ist, dann besitzt sie Software, die u. a. die Methode *sperren()* anbietet. Zumindest aber besitzt sie ein gespeichertes *Attribut*, das angibt, ob sie aktuell benutzbar oder gesperrt ist.

  Karte

- Zum Zweiten entsteht innerhalb des `Validators` eine Instanz der Klasse `FahrAusweisTräger`, während der Validator mit der Karte in Kontakt ist. Methoden wie *sperren()* oder Auskunftsfunktionen wie *boolean:istGesperrt()* sind hier nochmals implementiert. Wäre dies nicht der Fall, so müsste ständig eine umständliche *Remote Method Invocation* zwischen Validator und Karte stattfinden.

  Spiegelbild der Karte im Validator

- Zum Dritten existiert innerhalb der zentralen IT des Verkehrsunternehmens eine Datenbanktabelle, in der die Daten aller ausgegebenen `FahrAusweisTräger` hinterlegt sind. Die Klasse, die auf diese Tabelle zugreift, bietet ebenfalls eine Methode namens *sperren()* an.

  Spiegelbild der Karte im Zentralsystem

Wenn die Verlust- oder Diebstahlsmeldung eintrifft, dann wird zunächst diese dritte, zentrale Instanz aktiv, d. h., die Karte wird in dem Zentralsystem als gesperrt gekennzeichnet. Man könnte nun auf die Idee kommen, dass ein Validator, während er in Kontakt mit der Karte steht, einfach im Zentralsystem nachfragt, ob die vorgelegte Karte gesperrt ist. Nicht alle Validatoren sind jedoch ständig *online*. Außerdem verbietet sich ein solches Konzept aus Geschwindigkeitsgründen.

Zentrale Sperre

Der Prüf- und Validierungsvorgang muss sehr schnell erfolgen, damit ein eTicketing-System im Personennahverkehr akzeptiert wird. Bei berührungslo-

GeschwindigkeitsRestriktionen

41. Diese Funktion gibt es auch bei Stempelautomaten für klassische Papiertickets.

sen Medien will der Fahrgast das Ticket im *Vorübergehen* an die Leseeinrichtung halten – eine Sekunde ist da schon sehr viel Zeit! Gängige Richtwerte für die gesamte Verarbeitungszeit liegen bei 200–300 Millisekunden. Erhebliche Anteile dieser Zeit werden für Verarbeitungsvorgänge auf der Karte selbst und für den »Luftweg« benötigt. Der Validator muss daher alle Daten bereits lokal im Zugriff haben, die er für eine Validierung – oder auch für die Erkennung einer als verloren gemeldeten Karte – benötigt[42].

Sperrliste

Deswegen besitzt er eine *Blacklist*, also eine Liste aller gesperrten `FahrAusweisTräger`. Es ist die Aufgabe des Zentralsystems, diese Liste zu erstellen und ständig zeitnah auf alle Validatoren zu verteilen. Man verwendet ein differenzielles Protokoll, d. h., man überträgt nicht die gesamte Liste, sondern nur die Änderungen. Die »zweite Softwareinstanz« des `FahrAusweisTrägers`, also die Implementierung auf den Validatoren, greift in ihrer Methode *istGesperrt()* auf die Blacklist des Validators zu. Dieses Vorgehen genügt zwar, um eine gesperrte Karte zu entlarven, aber ohne weitere Vorkehrungen würden die Sperrlisten bis in alle Ewigkeit wachsen.

Sperrmechanismus auf der Karte selbst

Man bezieht daher auch die »erste Instanz« mit ein. Hat die zweite Instanz die Identifikationsnummer einer vorgelegten Karte in der Sperrliste entdeckt, so übermittelt sie während des Validierungsvorgangs an die Karte selbst einen Sperrauftrag (bzw. verändert ein entsprechendes Attribut auf der Karte). Dies führt dazu, dass die Karte sich bei künftigen Kontakten mit Validatoren selbst als »gesperrt« zu erkennen gibt. Ist dieser Zustand erreicht, so kann die Nummer der Karte wieder aus allen Sperrlisten entfernt werden. Um sicherzustellen, dass der karteneigene Sperrmechanismus aktiv ist, entfernt man die Nummer zweckmäßigerweise nicht sofort, sondern wartet, bis die Karte erneut vorgelegt wird.

Rückmeldung an die Zentrale

Weist sich eine Karte beim Kontakt mit einem Validator bereits selbst als gesperrt aus, so meldet der Validator dies der Zentralinstanz. Diese Meldung kann in Ruhe erfolgen, denn sie hat keine Auswirkung auf die aktuelle Validierung – diese wird ja bereits unterbunden. Die Zentrale vermerkt bei sich, dass die Sperrung auf der Karte angekommen ist, und nimmt die Nummer der Karte in eine Bereinigungsliste auf. Hat diese Liste einen gewissen Umfang erreicht, so sendet die Zentrale entsprechende Löschaufforderungen an alle Validatoren. Der gesamte Vorgang ist in Abbildung 10-7 dargestellt. Er ist ein Kernbestandteil von eTicketing-Systemen und gilt sinngemäß auch für die *Actionlist*[43].

Produktbezogene Sperre

Angemerkt sei außerdem noch, dass in der Praxis nicht nur Karten als Ganzes gesperrt werden können, sondern auch einzelne Produkte auf einer Karte. Hat jemand beispielsweise das Abo für die Monatskarte nicht bezahlt, so kann man diese sperren. Ein bereits bezahlter Einzelfahrschein auf derselben Karte bleibt dabei jedoch gültig und benutzbar.

42. Validatoren benötigen daher beispielsweise auch Tarifinformationen. Das Verteilen solcher Daten erfolgt genauso wie bei Bordrechnern und DFI-Anzeigen.
43. Manche eTicketing-Systeme (z. B. *Oyster*) bieten das Actionlist-Processing nur an speziellen Automaten an. Der Kunde muss dann explizit an ein solches Gerät gehen, um ein im Internet erworbenes Ticket auf seine Karte herunterzuladen.

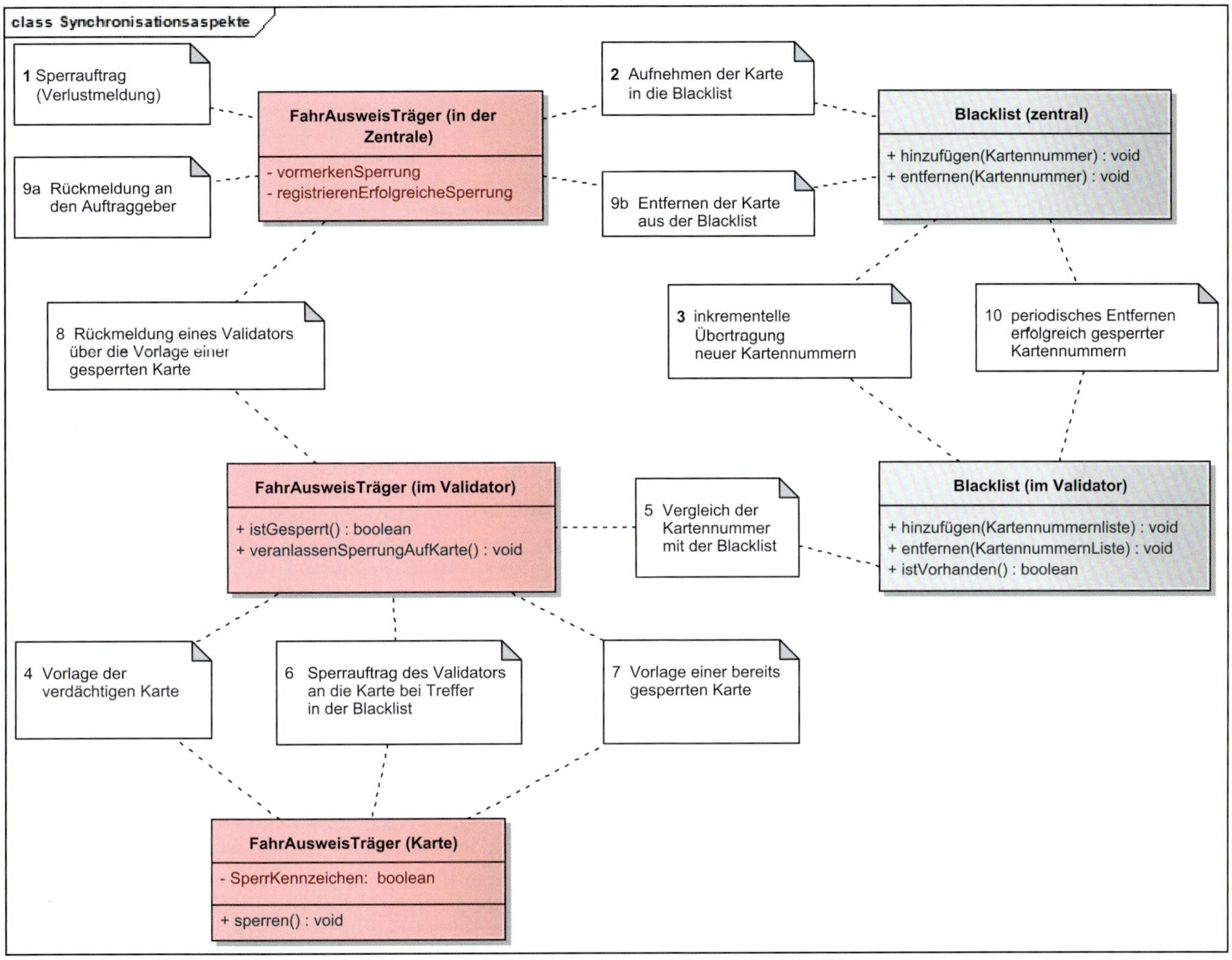

Abb. 10-7 Synchronisation von Kartenaktionen (am Beispiel der Sperrung)

Wenn ein Kunde ein eTicket erwirbt oder den Wertspeicher auf der Karte auflädt, dann muss man zwei Situationen unterscheiden: *Ticketerwerb ...*

- Der Fahrgast erledigt den Vorgang an einem Gerät des Verkehrsbetriebs und legt dabei seine Karte vor. Der Fahrgast kann anonym bleiben, wenn er mit Bargeld bezahlt. *... mit Vorlage der Karte*
- Der Kunde erledigt den Vorgang, ohne dass der Verkehrsbetrieb auf seine (personalisierte) Karte zugreifen kann, etwa durch einen Internetdialog am heimischen Computer. *... ohne Vorlage der Karte*

Actionlist

Im letzteren Fall entsteht im Zentralsystem des Verkehrsunternehmens eine Information, die beim nächsten Kontakt mit der Karte auf die Karte selbst transportiert werden muss. Analog zur Sperrliste gibt es daher eine Auftragsliste (die *Actionlist*), die ebenfalls zentral erstellt und dezentral benutzt wird. Sie enthält neben der reinen Kartennummer den kompletten Auftrag. Hier muss besonders genau darauf geachtet werden, dass jeder Auftrag wirklich nur einmal ausgeführt wird

– andernfalls würde sich der Kunde über mehrfache Gutschriften auf seiner Karte dankbar freuen. Aufträge können sich nicht nur auf Gutschriften beziehen; andere Beispiele sind die Stornierung eines unbenutzten Tickets oder der Verzehr von Bonuspunkten durch Prämieneinlösung.

Suchstrategie

Ist die Ouvertüre aus Sperr- und Aktionslistenverarbeitung abgeschlossen, so sucht der Validator nach passenden `FahrAusweisen` auf dem Träger. Da es Fälle geben kann, in denen mehrere Tickets in Frage kommen, muss der Validator eine sinnvolle Suchstrategie anwenden. Findet er beispielsweise eine gültige Zeitkarte, so hat diese Vorrang vor Einfach- oder Mehrfach-Fahrausweisen.

Validierung/Prüfung

Ist ein passendes Ticket gefunden, so wird es validiert, d.h. als »in Benutzung« gekennzeichnet. Bei geschlossenen Systemen kann es vorkommen, dass der Fahrgast den abgeschlossenen Bereich beim Umsteigen verlassen und wieder betreten muss. Beim ersten Mal wird sein (Einzel-)Ticket validiert (`Validierung`), beim zweiten Mal – oder auch bei einer anderweitigen Kontrolle – wird es nur geprüft (`Kontrolle`). Da der Validator zunächst nicht wissen kann, ob ein Fahrgast seine Fahrt antritt oder ob er gerade umsteigt, muss er immer zuerst nach bereits validierten Tickets suchen, die unter Berücksichtigung der aktuellen Zeit und des aktuellen Ortes gültig sein könnten.

Ungültige Tickets kennzeichnen

Erkennt ein Validator dabei ein validiertes Ticket als endgültig nicht mehr gültig (etwa weil das zeitliche Gültigkeitsende überschritten ist), so ist es zweckmäßig, dieses Ticket auf der Karte als ungültig zu markieren. Bei künftigen Kontakten mit einem Entwerter bietet die Karte dieses Ticket dann gar nicht mehr zur Prüfung an. Im Prinzip könnte der Fahrausweis auf der Karte natürlich sein Gültigkeitsende selbst erkennen, aber dazu müsste er Tarifwissen haben. Einfacher ist es, wenn dieses Wissen nur im Validator benötigt wird.

Das Fahrtende erkennen

Viele eTicketing-Systeme wollen und sollen nicht einfach nur das klassische Papierticket elektronisch abbilden. Die Technik erlaubt beispielsweise, den Fahrpreis erst dann zu ermitteln und von der Karte abzubuchen, wenn die Fahrt beendet ist. Auch das nachträgliche Zusammenfassen mehrerer Fahrten ist denkbar. Man könnte ein Tageslimit (»cap«) einführen und bei jeder `Validierung` prüfen, ob es erreicht ist. Hat man tageszeitabhängige Tarife festgelegt, bei denen die Fahrt ab einer gewissen Uhrzeit teurer wird, so könnte man den Preis an den Aussteigezeitpunkt koppeln und nicht an den Fahrtbeginn.

Check-out

Um das Fahrtende zu erfassen, muss man den Fahrgast auffordern, sein Ticket beim Verlassen des Verkehrsmittels nochmals einem Validator vorzulegen. In manchen Fällen – etwa bei Drehkreuzen in geschlossenen Systemen – kann dies sogar erzwungen werden[44]. In allen anderen Fällen hängt es von der Sorgfalt des Fahrgasts ab. Vielfach ist es üblich, dass Verkehrsbetriebe einen festgelegten Maximalpreis erheben, wenn der Check-out unterblieben ist. Fahrgäste gewöhnen sich im eigenen Interesse rasch an den regelmäßigen Check-out. Den-

44. Man kann geschlossene Systeme auch mit rein passiven Ausgangssperren aufbauen, wie beispielsweise in Santiago de Chile; Zeit und Ort des Verlassens gelten bei solchen Konzepten als tariflich irrelevant.

noch wird es Fälle geben, in denen der Verkehrsbetrieb den Maximalpreis aus Gründen der Kulanz nachträglich nach unten korrigiert. Verkehrsunternehmen, die eTicketing einführen, berichten generell davon, dass die Zahl der Anfragen und Reklamationen im Kundenservice-Center zumindest in der Anfangsphase deutlich ansteigt und entsprechende Kosten verursacht.

Automatisierte Fahrtberechtigung

Man könnte im Klassenmodell einen Check-in (`CheckInOut`) als die Validierung eines Tickets interpretieren, dessen Preis zunächst auf den Maximalwert festgelegt und dann bei einem Check-out ggf. reduziert wird. Wir halten es jedoch für besser, eine eigene Klasse vorzusehen (`AutomatisierteFahrtBerechtigung`), die den Beginn einer vom Preis her noch nicht bestimmbaren Fahrt dokumentiert[45]. Auch hier muss wieder mit Umsteigern gerechnet werden. Die Verwandlung einer `AutomatisiertenFahrtBerechtigung` in ein endgültiges Ticket kann also erst erfolgen, wenn die Gültigkeitsbedingungen eines angemessenen Tickets[46] überschritten sind. Ist dieser Punkt erreicht, so wird der entsprechende `FahrAusweis` (nachträglich) instantiiert und validiert.

Werteinheitenspeicher

Dabei wird der Preis beglichen, indem ein Werteinheitenspeicher auf der Karte (`WE-SpeicherFahrgast`) entsprechend belastet wird. Im Modell entspricht dieser Vorgang der Klasse `WE-Verzehr`. Wie bereits beim Thema *Sperrung* erläutert, genügt es bei personalisierten Karten nicht, Vorgänge lokal auf dem `FahrAusweisTräger` abzuwickeln. Alles muss zusätzlich auf einer zentralen Parallelinstanz (`WE-SpeicherZentral`) mit vollzogen werden. Einige Gründe dafür:

- Wenn der Kunde reklamiert, muss der Kundenservice auskunftsfähig sein.
- Wenn der Kunde eine detaillierte Rechnung haben will (Einzelverbindungsnachweis), dann muss ein größeres Datenvolumen vorrätig gehalten werden, das auf der Karte möglicherweise gar nicht Platz hat.
- Wenn man Best-Price-Konstruktionen einführt, die über einfache Heuristiken hinausgehen, muss man viele Fahrten insgesamt betrachten (»Hätte sich eine Wochenkarte gelohnt?«).
- Wenn der Kundenvertrag vorsieht, dass der Werteinheitenspeicher beim Erreichen eines Schwellwertes automatisch aufgeladen wird, dann muss man den Saldo zentral überwachen (`WE-SpeicherFahrgast`). Das Nachladen schlägt sich im Modell als normaler `Verkauf` nieder, dessen (einzige) `VerkaufsPosition` auf ein `Produkt` der Art »Werteinheit« zeigt (`ProduktArt`) und dessen `UnbareZahlung` über die `BankVerbindung` erfolgt, die dem `WE-SpeicherZentral` zugeordnet ist. Für die Synchronisation mit `WE-SpeicherFahrgast` sorgt danach ein Eintrag in der Actionlist.

Post-Payment

Noch einfacher wird es, wenn man als Verkehrsbetrieb den `Kunden` kennt und seiner `BankVerbindung` vertraut. In diesem Fall benötigt man keinen Werteinheitenspeicher auf der Smartcard. Es genügt, die durchgeführten Fahrten von vornherein nur zentral zu speichern und monatlich im Nachhinein einen Lastschrifteinzug zu veranlassen.

45. Wir folgen hier der VDV-KA.
46. Fährt jemand dreimal in einer Woche mit dem ÖPV und vergisst jedes Mal den Check-out, so werden ihm drei Einzelfahrten maximaler Länge berechnet – aber nicht eine Wochenkarte.

10.9.5 Die VDV-Kernapplikation

Offener, herstellerunabhängiger Standard

eTicketing in Deutschland wird seit etlichen Jahren vom VDV vorangetrieben. Die Bezeichnung »Kernapplikation« weist darauf hin, dass es um die Entwicklung grundlegender Normen und Verfahrensstandards geht, nicht um die Festlegung auf konkrete Produkte eines bestimmten Kartenfabrikanten oder um konkrete Beförderungsprodukte.

Im Gegensatz dazu gibt es weltweit etliche eTicketing-Lösungen, in denen man das Sicherheitskonzept eines bestimmten Anbieters als Standard festgeschrieben hat. Auch bei diesem Weg trifft man jedoch Vorkehrungen, um Wettbewerb zwischen verschiedenen Implementierungen zu ermöglichen[47].

Dokumentation zur KA

Die Standards der VDV-KA[48] sind offen und so umfassend, dass sie die Realisierung verschiedener Konzepte möglich machen. Der VDV ist offen gegenüber der Nutzung des deutschen Standards durch europäische Nachbarländer. Die Dokumentation der KA umfasst:

- ein detailliertes Objektmodell,
- das bereits zitierte Rollenmodell (Abschnitt 10.2),
- ein Sicherheitskonzept für alle Systemebenen (Karte, Übertragungsweg, SAM, Validator, Hintergrundsystem), das symmetrische und asymmetrische Verfahren vorsieht,
- die Spezifikationen des Nutzermediums (Karte) und des Luftwegs (hier kann man beispielsweise nachlesen, wie viele Millisekunden für Übertragung und Verschlüsselungsoperationen verbraucht werden),
- ein umfangreiches Glossar und diverse andere Dokumente.

Sperrlisten

Das Management der Sperrlisten (KOSE) stellt besondere Ansprüche, da Tickets überregionale Gültigkeit haben können. Es gilt, den Aufwand für die Verteilung von Sperrlisten in Grenzen zu halten. Ohne eine zentrale Organisation müsste sich jedes VU ständig von allen anderen VU deren Sperrlisten holen, um den Missbrauch einer entwendeten Karte in einer anderen Region zu verhindern. Die VDV-KA sieht ein mehrstufiges Verfahren zur Konsolidierung der Sperrlisten vor, bei der alle Kundenvertragspartner (KVP) ihre eigenen Sperrwünsche an eine zentrale Stelle[49] leiten und diese auf der Basis ihres Wissens über die wechselseitige Anerkennung von eTickets für jeden Dienstleister (DL) eine individuell optimierte Sperrliste erstellt.

KA KG

Die *VDV-Kernapplikations GmbH & Co. KG* (www.vdv-ka.org) als neu gegründete Gesellschaft fungiert als Applikationsherausgeber, Zertifikationsinstanz und Sperrlisten-Manager (bzw. kann diese Aufgabe an einen unabhängigen Provider delegieren). Die VDV-KA definiert nur so viel »Zentralismus« wie notwendig; sie ist beispielsweise so konzipiert, dass kein zentrales Clearing für die Einnahmenverrechnung benötigt wird.

47. Wir können hier keinen kompletten Überblick geben und verweisen auf einschlägige Publikationen von *Translink* (landesweites System der Niederlande), *Oyster* (London), *Octopus* (Hongkong) und anderer eTicketing-Organisationen (*ITSO*, *Calypso*).
48. Die Dokumente sind über die VDV-Kernapplikations GmbH & Co KG erhältlich.
49. http://www.kcefm.de/imperia/md/content/kcefm/2007_11_30_kontrollservice__kose__v1_0.pdf, Seite 13.

Durch die Einführung bestimmter optischer Symbole (Abb. 10-8) an der Kundenschnittstelle unterstützt die VDV-KA das Marketing unter dem Brandnamen »eTicket Deutschland«. Die Symbole stehen gleichzeitig für verschiedene Einführungsstufen, vom elektronischen Bezahlen über das echte eTicket bis zu CICO und BIBO.

Abb. 10-8
Logo und Symbole aus der VDV-KA
Hinweis: Diese Symbole sind gebrauchsrechtlich geschützt und dürfen nur mit Zustimmung der VDV-Kernapplikations GmbH & Co KG verwendet werden.

10.9.6 Beispiel: Touch&Travel

Die Deutsche Bahn bietet unter dem Logo »Touch&Travel« auf der Basis der VDV-KA ein Check-in/Check-out-Verfahren an, das nicht nur auf den Fernverkehr zielt, sondern auch den ÖPNV einbezieht. Wir ordnen dieses Verfahren als »eTicketing« ein, da der physische Besitz eines elektronischen Fahrtberechtigungsnachweises als Legitimation ausreicht. Das Verfahren trägt jedoch auch deutliche Züge des Online-Ticketing, denn bei jedem Check-in und Check-out findet ein Kontakt zwischen dem eTicket und dem Hintergrundsystem der DB statt.

- Es handelt sich um ein personalisiertes Verfahren; der Fahrgast muss sich als Kunde bei der DB (Rolle: KVP) registrieren und seine Bankverbindung hinterlegen. Er muss zustimmen, dass Daten über den Reiseverlauf erhoben und gespeichert werden. Aus den Webseiten der Bahn geht hervor, dass neben dem Start- und Zielort der Reise auch Ortungsinformationen aus dem Mobilfunknetz einbezogen werden[50].
- Der Kunde benötigt ein NFC-fähiges Handy mit einer VDV-KA-konformen Chipkarte[51] und einer passenden Applikation. Für die Pilotkunden stellt die Bahn entsprechende Handys zur Verfügung.
- Der Kunde registriert Fahrtbeginn und -ende, indem er das Handy an einen *Touch Point* hält. *Touch Points* enthalten einen NFC-Transponder; wenn ein Handy mit ihnen Kontakt aufnimmt, strahlen sie im Wesentlichen ihre ID ab.
- Das Handy nimmt bei einem Check-in-Vorgang Kontakt mit dem DB-Zentralsystem auf und erhält ein Zertifikat über den Fahrtantritt (`Automatisierte-`

50. http://www.touchandtravel.de/site/touchandtravel/de/fragen__antworten/abrechnung__kontrolle/abrechnung__kontrolle.html
51. Die VDV KA KG ist Applikationsherausgeber.

`FahrtBerechtigung`). Es ist nicht notwendig, vor dem Check-in Tickets oder ein Guthaben auf das Handy zu laden (Post-Payment).

- Die Preisberechnung erfolgt erst nach dem Check-out. Ein vergessener Check-out kann telefonisch nachgeholt werden[52]. Ist ein Kunde längere Zeit angemeldet, so erhält er eine SMS, die ihn an den Check-out erinnern soll. Hat er sich telefonisch abgemeldet oder wurde er – nach 24 Stunden – zwangsweise abgemeldet, so muss er im Online-Portal genaue Angaben zum Reiseverlauf machen. Andernfalls stützt sich die DB auf das Bewegungsprotokoll aus den Zellulardaten des Mobilfunks und erhebt ein »erhöhtes Beförderungsentgelt«.
- Abgerechnet wird monatlich im Nachhinein (»Mobilitätsrechnung mit Einzelverbindungsnachweis«). In gewissem Umfang gibt die Bahn sogar ein Best-Price-Versprechen ab (Tageskarte anstelle mehrerer Einzelfahrscheine im Nahverkehr).
- Bei der Kontrolle während der Fahrt im Fernverkehr überprüft die Bahn, ob auf dem Handy eine automatisierte Fahrtberechtigung enthalten ist. Bei Bedarf kann sie zusätzlich online im Hintergrundsystem anfragen. Das Handy agiert als passiver NFC-Teilnehmer.
- Für die Kontrolle im Nahverkehr hat die DB eine Chipkarte entwickelt, die der Kontrolleur[53] an das Handy hält. Dabei überträgt das Handy als aktiver NFC-Teilnehmer Daten auf die Karte, die eine nachträgliche Recherche im DB-Zentralsystem möglich machen. Man hat hier also den Fall, dass der Kontrolleur im Nahverkehr nicht sofort erkennen kann, ob jemand ohne gültigen Fahrausweis fährt. Da das Handy personalisiert ist, kann man den Vertragsinhaber jedoch nachträglich zur Rechenschaft ziehen.

Merkmale von Touch&Travel

Das Verfahren trägt noch viele Züge einer Pilotinstallation, aber es deutet eine Richtung an, in der die Zukunft des eTicketing liegen könnte:

- ein personalisiertes eTicket, das mit einem Handy als Kauf-, Anzeige- und Überwachungsgerät inhärent verbunden ist; die Sperrung bei Verlust übernimmt der Mobilfunkprovider,
- eine starke zentrale Infrastruktur, die auf massiven Online-Zugriff ausgelegt ist (Hintergrundsystem),
- eine einfache, billige und weit verteilbare dezentrale Infrastruktur (Touch Points mit passiven NFC-Tags, Chipkarten für den Kontrollvorgang als preiswerte Alternative zu Prüfgeräten),
- Anknüpfungspunkte für Zusatzdienste (SMS bei Verspätungen).

Ob das System im Markt angenommen wird, dürfte wesentlich davon abhängen, ob NFC im Handymarkt auf Dauer eine Verbreitung ähnlich wie Bluetooth erreichen kann. Dies ist zumindest im Augenblick (2011) nicht zu erkennen.

---

52. Dies dürfte Kulanzgedanken und der Tatsache geschuldet sein, dass noch längst nicht überall Touch Points installiert sind.
53. Beim Einsteigen in einen Bus kann dies beispielsweise auch der Busfahrer sein.

Weitere Entwicklung des eTicketing

Aus den Ausführungen ist deutlich geworden, dass es nicht »das« eTicketing schlechthin gibt, sondern dass die neue Technik eine Vielzahl von Möglichkeiten bietet, die es geschickt zu kombinieren gilt. Noch ist nicht ganz klar, welche Konzepte von den Fahrgästen am besten angenommen werden und langfristig die besten wirtschaftlichen Erfolgsaussichten haben.

Sicherheit, Komplexität, Investition

Deutschland als ein Standort mit langer ÖPV-Tradition ist auf dem Weg, anspruchsvolle Standards zu implementieren. Das Betrugsrisiko bei elektronischem Ticketing muss man ernst nehmen. Sicherheitsfragen spielen daher in der VDV-KA eine besonders große Rolle. Der föderative Ansatz des ÖPV in Deutschland und ein gewisses Perfektionsstreben bringen zudem zwangsläufig Lösungen hervor, die flexibler und komplizierter sind, als etwa ein »Straight-Forward«-Ansatz für eine einzelne Metropole sein müsste. Wenn der VDV-Standard jedoch etabliert und damit das Investitionsrisiko gesunken ist, so ist durchaus denkbar, dass andere Länder sich daran anhängen.

Kritische Erfolgsfaktoren Standardisierung

Entscheidend für die erfolgreiche Implementierung elektronischer Ticketingsysteme dürfte sein, dass genügend *Anschaulichkeit, Transparenz und Handhabungssicherheit für den Fahrgast* hergestellt wird und dass der *technische Betrieb eines solchen Systems* den Verkehrsbetrieb nicht überfordert. Dies gelingt vor allem dann, wenn sich ein Standard über nationale Grenzen hinaus allgemein durchsetzt und komplizierte Leistungsanteile, wie etwa die Applikationsherausgabe (KOSE, AH), durch ein Rollenmodell zentralisiert und ausgelagert werden können. Das Interesse europäischer Nachbarländer an der VDV-KA ist vor diesem Hintergrund gut nachvollziehbar.

Heterogener Markt

Andererseits wird es auch auf längere Frist einzelne Anbieter geben, die proprietäre Systeme weltweit vermarkten. Dabei wird nicht immer nach Perfektion gesucht, sondern durchaus auch nach dem »KISS«-Motto gehandelt: *Keep it simple and smart!*

10.10 Hardware für das Ticketing

Zwischen den Zeilen dieses langen Kapitels war immer wieder von spezieller Hardware die Rede, die untrennbar mit dem Verkauf von Beförderungsleistungen verbunden ist.

Gerätevielfalt

Neben dem Ticket, das in seiner modernen Variante ja selbst bereits ein kleiner Computer ist, trifft man auf folgende Geräte:

- Fahrscheindrucker für Spezialpapier und ihre eletronischen Pendants, die mit einer Chipkarte kommunizieren können – obwohl häufig als »Kartenleser« bezeichnet, haben sie fast immer auch die Fähigkeit dazu, Informationen an elektronische Fahrausweise zu übermitteln.
- Drucker bzw. Kartenleser sind oft Bestandteil von *Verkaufsgeräten*. Deren Spektrum reicht von dem handlichen »Knochen«, den der Schaffner in der Eisenbahn am Gürtel mit sich herumträgt, über ein Gerät, das in den Bordrechner am Arbeitsplatz eines Busfahrers integriert ist, bis hin zu großen Selbstbedienungs-Verkaufsautomaten, die am Straßenrand oder am Bahnsteig stehen oder auch in Fahrzeugen (meist Zügen oder Trams) installiert sind.

- Kleine Lesegeräte für die Westentasche, die dem Fahrgast anzeigen können, was auf seiner Chipkarte gespeichert ist
- Sicherheitsmodule, die eine vertrauenswürdige Kommunikation ermöglichen und in allen möglichen Komponenten des eTicketing stecken
- Einrichtungen zur Kontrolle der Gültigkeit von Tickets, wie sie etwa von Kontrolleuren verwendet werden
- Geräte zur Validierung eines Tickets, wie der klassische »Stempelentwerter« oder zunehmend häufiger: der elektronische Validator, untergebracht im Einstiegsnähe im Fahrzeug oder an der Haltestelle. Auch die meist unsichtbaren Geräte, die der be-in-be-out-Erfassung im Fahrzeug dienen sollen, wären hier zu nennen.
- Und last not least gibt es noch physische Zugangshindernisse, die mit dem Verkaufsprozess zusammenspielen: elektronische Drehkreuze oder Gatter (»Gates«).

Ohne Anspruch auf Allgemeingültigkeit oder Repräsentativität zeigen wir auf den folgenden Seiten einige Beispiele der entsprechenden Geräte und Module.

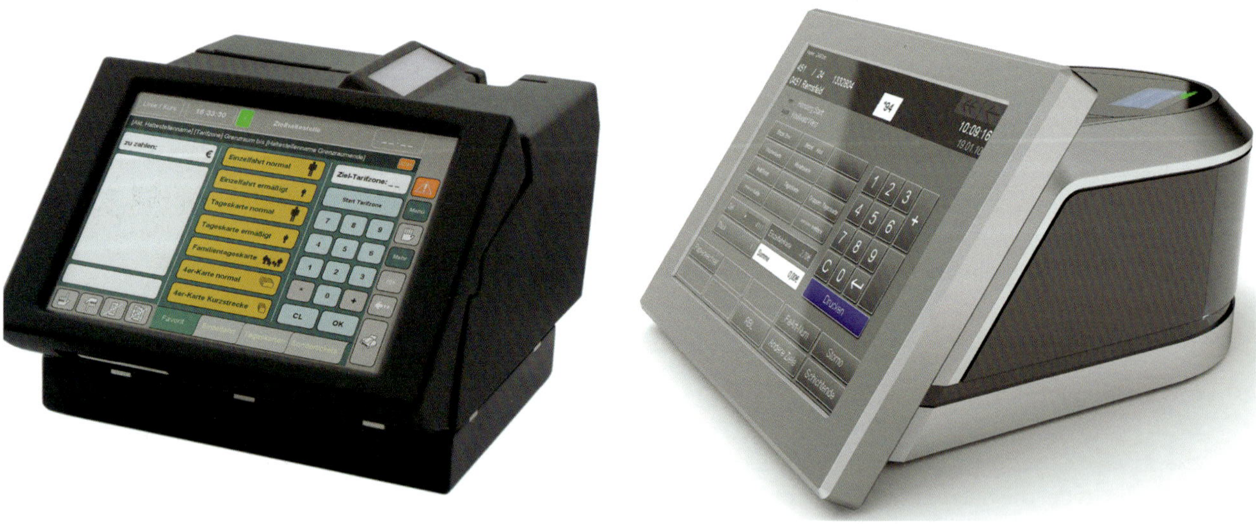

Abb. 10-9

Integration: Bordrechner, Fahrscheindrucker, elektronischer Kartenleser

Abb. 10-10

eTicketing-Validator

Abb. 10-11

Drehkreuz und Gatter

11 Abrechnung, Auswertung, Qualitätsmanagement

Am Ende der Prozesskette eines Verkehrsunternehmens stehen die Fragen: Hat alles so funktioniert, wie es der Plan vorsah? Was können wir besser machen?

Primärziele: Wirtschaftlichkeit und Zuverlässigkeit

In allererster Linie wird ein Verkehrsunternehmen an seiner Wirtschaftlichkeit und Zuverlässigkeit gemessen. Viele Auswertungen konzentrieren sich daher auf diese Bereiche. Aber es gibt auch andere wichtige Fragestellungen, etwa zur Sicherheit, Sauberkeit, Freundlichkeit, zur Umweltverträglichkeit oder zur Qualität der DFI-Informationen.

Kennzahlen, historischer Vergleich

Viele Berichte werden regelmäßig erstellt. Veränderungen im Zeitverlauf liefern wichtige Indikatoren für die Steuerung des Unternehmens. Griffige Kennzahlen sollen helfen, Trends frühzeitig zu erkennen und Vergleichbarkeit herzustellen.

Nachweis gegenüber dem Aufgabenträger

Manche Auswertungen dienen dem Nachweis erbrachter Leistungen gegenüber dem Aufgabenträger. Sie müssen zu festen Stichzeitpunkten erstellt werden und sind Grundlage für die Gewährung von Zuschüssen[1] – oder auch für das Entrichten von Pönalen, wenn festgelegte Leistungs- und Qualitätsziele nicht erreicht wurden.

Auswertungen zur internen Steuerung

Andere Auswertungen dienen der internen Steuerung des Verkehrsbetriebs. In Abschnitt 8.3 (Abb. 8-1, S. 242) haben wir zwei Regelkreise dargestellt, die Planabweichungen während der Durchführung der einzelnen Fahrt erkennen und soweit möglich kompensieren – was natürlich nicht immer gelingt. Über ein systematisches Berichtswesen ergibt sich ein dritter, äußerer Regelkreis, der sehr viel langfristiger wirkt (vgl. Abb. 11-1).

1. Die Regelungen in den einzelnen Verkehrsverträgen unterscheiden sich zum Teil deutlich; auch spielt eine Rolle, ob es sich um Brutto- oder Nettoverträge handelt (vgl. Kap. 12).

Abb. 11-1
Äußerer Regelkreis zur Qualitätsverbesserung

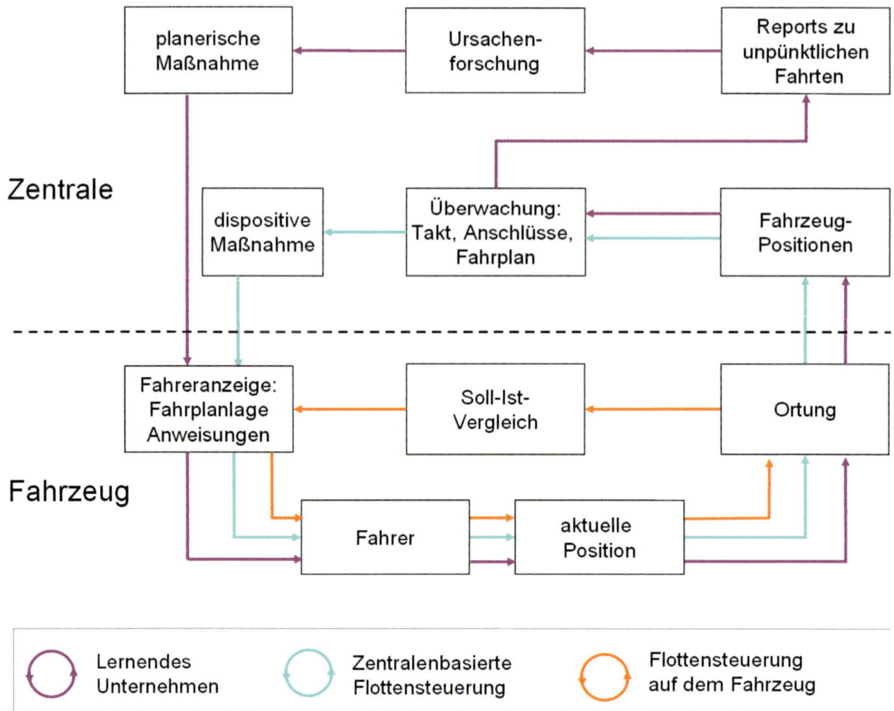

Ursachenforschung

Bei den inneren Regelkreisen werden Lösungen innerhalb von Minuten gebraucht; sie stützen sich daher auf vorab entwickelte Standard-Reaktionsmuster. Im äußeren Regelkreis hat man Zeit für sorgfältige Ursachenforschung. Zufällige Abweichungen und systematische Effekte überlagern sich im Zahlenmaterial. Nur wenn es gelingt, strukturelle Ursachen für Planabweichungen aufzudecken, hat man einen Ansatzpunkt für gezielte Gegenmaßnahmen. Je nach Ursache werden diese Maßnahmen individuell sehr unterschiedlich sein.

Situationsbedingte Einzelberichte

Neben das systematische Berichtswesen treten Einzelfallanalysen, Hochrechnungen und andere Darstellungen, die auf eine bestimmte Situation zielen. Auslöser dafür kann beispielsweise sein, dass ein Verkehrsunternehmen sich um eine neue Lizenz bewirbt. Oft geht es um unternehmerische Fragestellungen, insbesondere um Wirtschaftlichkeit und Kostenstrukturen. Ein anderes Beispiel wäre die »Make-or-buy«-Entscheidung, wenn die Vergabe von Teilleistungen an einen Fremdunternehmer zur Diskussion steht.

Sporadische Analysen

Neben regelmäßigen und spontanen Auswertungen gibt es noch eine dritte Gruppe von Analysen: Sie finden sporadisch statt und sollen eine statistisch abgesicherte Grundlage für bestimmte Verrechnungen oder Zuschüsse liefern. Ein Beispiel dafür sind Fahrgasterhebungen in Verkehrsverbünden, welche als Grundlage zur Einnahmenaufteilung herangezogen werden. Ein anderes Beispiel ist die Beförderung von behinderten Personen. Gesetze sehen hierfür Zuschüsse an Verkehrsbetriebe vor, die an genau definierte statistische Nachweisverfahren gebunden sind.

11.1 Verkehrsverträge

Aufgabenträger schreiben Linienbündel aus.

Gebietskörperschaften und Zweckverbände vertreten gegenüber Verkehrsbetrieben das öffentliche Interesse am ÖPV. Sie treten als »*Aufgabenträger*« auf und schreiben Verkehrsleistungen aus; dabei geben sie den Leistungsumfang genau vor. Sie legen fest, welche Linien in welcher Frequenz bedient werden müssen, ja sogar, wie viele Sitzplätze die einzusetzenden Fahrzeuge mindestens haben müssen. Verkehrsunternehmen bewerben sich um die ausgeschriebenen Verkehrsleistungen (»Linienbündel«) und schließen – wenn sie den Zuschlag erhalten haben – einen Vertrag mit dem Aufgabenträger: den Verkehrsvertrag.

Verkehrsverträge regeln das Entgelt: brutto oder netto.

Verkehrsverträge legen fest, wie der Verkehrsbetrieb für die erbrachte Leistung bezahlt wird. Im sog. *Nettovertrag* bleiben die Einnahmen aus dem Fahrscheinverkauf beim Verkehrsunternehmen. Da diese jedoch in aller Regel nicht kostendeckend sind, definiert der Verkehrsvertrag Zuschüsse, die der Verkehrsbetrieb zusätzlich zu den Einnahmen erhält. Im *Bruttovertrag* landen die Ticketingerlöse beim Aufgabenträger; dieser bezahlt dafür jedoch die gesamte Leistung des Verkehrsbetriebs.

Vorgaben für Leistung und Qualität

In beiden Vertragsformen muss festgelegt werden, wie die erbrachte Verkehrsleistung und deren Qualität gemessen und entgolten wird. Man zählt beispielsweise die Anzahl der durchgeführten Fahrten; meist gewichtet man sie zusätzlich mit der Fahrstrecke und der Anzahl der jeweils beförderten Fahrgäste.

Qualitätsmängel

Qualitätsmängel führen zu einer Reduktion der Preise bzw. Zuschüsse. Dabei werden diverse Metriken definiert:

- Geringfügig verspätete Fahrten (z. B. < 3 Minuten) werden als pünktlich angesehen. *(Bagatellen)*
- Erheblich verspätete Fahrten (z. B. > 30 Minuten) werden behandelt, als ob sie ausgefallen wären, d. h. überhaupt nicht bezahlt bzw. bezuschusst. *(Totalausfall)*
- Genauso werden aus naheliegenden Gründen Taktfahrten behandelt, die um mehr als einen Taktzyklus verspätet sind. *(Taktüberholung)*
- Alle anderen Verspätungen werden in eine oder mehrere Klassen eingeteilt, für deren Bezahlung jeweils ein spezieller Prozentsatz gilt. *(Verspätungsklassen)*
- Kann das Verkehrsunternehmen nachweisen, dass eine Alternative zur vereinbarten – aber nicht erbrachten – Leistung organisiert wurde, so fällt die Pönale geringer aus[2]. *(Ersatzlösungen)*
- Verfrühte Abfahrten werden mit einer besonderen Pönale belegt – verfrühte Ankünfte sind hingegen kein Qualitätsmangel. *(Verfrühungen)*
- Man muss definieren, wo gemessen wird (Messpunkte) und wie oft (Messfrequenz). *(Messverfahren)*
- Man legt fest, ob die Pönale entfällt, wenn das Verkehrsunternehmen nachweisen kann, dass es die Ursache nicht zu vertreten hat. Dieser Punkt ist beispielsweise für ein Schienenverkehrsunternehmen wichtig, das auf die Bereitstellung der Trassen durch einen Monopolanbieter (DB-Netz) angewiesen ist. Es gibt allerdings auch Verträge, bei denen sogar das Risiko für höhere Gewalt beim *(Zurechenbarkeit von Ursachen)*

2. Zum Beispiel Schienenersatzverkehr bei Gleissperrungen.

Verkehrsbetrieb liegt. Aufgabenträger argumentieren dabei, dass schließlich für den Fahrgast die Ursache einer Verspätung weitgehend gleichgültig sei.

Leistung und Kundenzufriedenheit operationalisieren

Verkehrsverträge sind nicht genormt; man trifft in der Praxis eine erstaunliche Vielfalt an. Letztlich geht es aber in allen Verkehrsverträgen darum, Leistungsmengen und Kundenzufriedenheit in *Zahlen zu fassen*. Im nächsten Kapitel beleuchten wir Probleme, die dabei auftreten können. Die Darstellung beschränkt sich jedoch nicht auf die spezifische Sicht des Verkehrsvertrags, sondern zielt auf alle Arten von Auswertungen.

11.2 Das Klassenmodell als Basis aller Berichte

Das Klassenmodell, das wir in den vorausgegangenen Kapiteln vorgestellt haben, ist die natürliche Grundlage aller Berichte. Fakten, die man über die Beziehungen in diesem Modell miteinander verknüpfen kann, können im Prinzip auch in einem Bericht dargestellt werden.

Ausgangspunkt = »Startklasse«

Ein Bericht lässt sich anschaulich dadurch definieren, dass man irgendeine Klasse im Modell als Ausgangspunkt nimmt und von dort aus durch das Modell navigiert.

> Beispielsweise könnte es sein, dass man eine Pünktlichkeitsstatistik erstellen will, die nach Linien geordnet ist. Man wählt dann die Klasse `Linie` als Ausgangspunkt.

Auswahl der Instanzen der Startklasse

Als Nächstes legt man fest, welche Instanzen dieser Klasse man betrachten möchte. Entweder zieht man alle Instanzen heran oder man formuliert eine einschränkende Bedingung. Diese Bedingung kann sich auf Merkmale der Klasse selbst beziehen.

> Wenn man nur die Nachtlinien betrachten möchte, dann kann man die entsprechenden Linien (`Linie`.*LinieNr*) aufzählen. Hat man die Bezeichner so gewählt, dass Nachtlinien mit einem »N« beginnen, genügt ein Namensmuster wie etwa »N*«.

Manchmal ist aber auch eine Navigation im Modell erforderlich, um die Menge der Instanzen festzulegen.

> Möchte man nur Linien betrachten, die in *dichter Taktfolge* befahren werden, so muss man in einer für das Modell verständlichen Weise formulieren, was »dichte Taktfolge« bedeuten soll. Beispielsweise könnte man festlegen, dass die Fahrten auf einer Linie einen zeitlichen Abstand von zehn Minuten oder weniger haben müssen, damit die Linie in den Bericht aufgenommen wird.

Für unsere Modellierung könnte daraus folgen, dass wir eine Funktion *HatDichtenTakt* als Merkmal der `Linie` definieren und den Wert dieser Funktion (*ja* oder *nein*) als Auswahlkriterium für unseren Bericht heranziehen. Geschickter wäre es aber wahrscheinlich, wenn wir eine Funktion *MittlereTaktFolge* definieren, die einen Zeitwert in Sekunden liefert. Wir können dann unseren Ergebnisbericht nach diesem Kriterium sortieren. Gibt es einen Zusammenhang zwischen Taktdichte und Pünktlichkeit, so wird der Zusammenhang bei der so sortierten Liste rascher auffallen.

Algorithmisch redundante Merkmale

Das Beschreiben von Bedingungen kann also darauf hinauslaufen, zusätzliche, spezielle Merkmale bei der Ausgangsklasse zu definieren, die »algorithmisch redundant« sind, d. h. durch eine Rechenoperation aus anderen, verbundenen Klassen und deren Merkmalen ableitbar sind. Ein allgemeines Domänenmodell sollte solche Merkmale nicht enthalten, da hier eine erhebliche Vielfalt möglich ist, die das Modell unnötig aufblähen würde.

Standard-SQL zur Umsetzung

In der Regel wird ein Dialog zwischen einem Verkehrsfachmann und einem IT-Fachmann nötig sein, um in einer konkreten Implementierung des Domänenmodells die gewünschten Merkmale hinzuzufügen. In einfach gelagerten Fällen kann man das Rechenverfahren direkt in einer standardisierten Abfragesprache (üblicherweise SQL) formulieren. In unserem oben genannten Beispiel könnte es allerdings sein, dass dies nicht ausreicht, denn bei der Berechnung der mittleren Taktdichte muss man eine Reihe von Fragen beantworten:

Welche `TagesArten` will man betrachten? Fast alle Linien werden an Wochenenden und Feiertagen anders bedient als an Werktagen.

Will man alle Linienvarianten (`Fahrwege`) betrachten oder bezieht man sich auf einen Standardfahrweg? Woran erkennt man diesen?

Wie berücksichtigt man Sonderfälle? Bei einer Liniengabelung (Y-Verkehr) hat man beispielsweise in den beiden Ästen nur die halbe Taktdichte wie auf der Stammstrecke.

Will man einfach den Mittelwert über die an einer repräsentativen Stelle gemessene Taktdichte aller `Fahrten` (= Differenz der `HaltBeiFahrt`.*PlanAbfahrtZeiten* zweier benachbarter `HalteOrteAmFahrweg`) bilden? Oder will man z. B. diejenigen 20 % der Fahrten mit der geringsten Taktdichte ignorieren und den Mittelwert nur über die verbleibenden 80 % bilden? Während das erstere Verfahren zu einem »synthetischen Durchschnitt« führt, liefert das zweite Verfahren eher einen repräsentativen oder »typischen Durchschnitt«.

Prozedurale SQL-Erweiterungen

Wenn die Ermittlung eines Kriteriums aufwendig ist, greift man meist auf prozedurale Sprachen zurück, die die Hersteller von Datenbanksystemen als Erweiterung ihrer Produkte anbieten.

Attribute des Berichts im Modell identifizieren

Der nächste Schritt bei der Definition unserer Auswertung zur Pünktlichkeit[3] besteht darin, die Klassen zu identifizieren, deren Merkmale im Bericht vorkommen sollen (»Zielklassen«).

> Wir benötigen für unser Beispiel das bereits erwähnte Merkmal *PlanAbfahrtZeit* der Klasse `HaltBeiFahrt` und die tatsächlichen Abfahrtszeiten. Wir finden sie im Modell als `HaltBeiFahrtX`.*AbfahrtZeitPunkt*. Wie der Name andeutet, handelt es sich im einen Fall um eine reine Uhrzeitangabe (da die Planung sich ja allgemein auf alle Tage der jeweiligen `TagesArt` bezieht und im anderen Fall um einen Zeitstempel, also eine *absolute* Zeitangabe. Technisch sind möglicherweise beide Zeitangaben als Ganzzahlen abgespeichert. Wir dürfen sie aber nicht einfach subtrahieren, sondern müssen vorher den Datumsanteil bei dem *IstZeitPunkt* entfernen. Dabei wäre es falsch, einfach den Tag »wegzulassen«, denn das würde zu riesigen »Unpünktlichkeiten« (Verfrühungen) führen, wenn eine Fahrt beispielsweise um 23:59 abfahren sollte und tatsächlich um 00:01 am Folgetag abgefahren ist. Vielmehr müssen wir vom Zeitstempel der Ist-Abfahrt das Datum desjenigen `FirmenKalenderTags` abziehen, auf den sich die Planung bezieht.[4]

Navigation durch das Modell, Vervielfältigungen beachten

Meist wird man feststellen, dass zwischen der Ausgangsklasse und den Zielklassen ein mehr oder weniger weiter Weg im Modell liegt. Einfach ist es immer dann, wenn die »Laufrichtung« eindeutig zu einer Zielinstanz führt. Man erkennt dies daran, dass an der Beziehungskante bei der jeweils nächsten Klasse entlang des Wegs eine »1« steht (bzw. eine einfache Pfeilspitze eingezeichnet ist). Gibt es dort keinen Pfeil, so muss man sich darauf einstellen, dass es zu einer Instanz der Ausgangsklasse mehrere Instanzen der Zielklasse geben kann.

> Der Weg von der `Linie` zum `HaltBeiFahrtX` führt gleich über mehrere solche Stellen:
>
> - Zu einer `Linie` gibt es mehrere `Fahrwege`.
> - Zu jedem dieser `Fahrwege` gehören mehrere `Fahrten`.
> - Zu jeder `Fahrt` gibt es viele geplante Haltevorgänge (nämlich einen je `HalteOrtAmFahrweg`).
> - Zu jedem geplanten Haltevorgang gibt es viele tatsächliche Haltevorgänge (`HaltBeiFahrtX`), nämlich einen für jeden `FirmenKalenderTag` der betreffenden `TagesArt`.

3. Wir definieren Pünktlichkeit im Folgenden als Abweichung von Soll- und Ist-Zeitpunkten; bei sehr dichtem Takt kommt es oft mehr auf die Gleichmäßigkeit der Bedienung an, vgl. dazu Abschnitt 11.4.3.
4. Objektorientierte Sprachen bieten elegante Möglichkeiten, die erforderlichen Typkonvertierungen in einer Methode zu kapseln oder sogar das Subtraktionszeichen zu »überladen«. Bei SQL ist etwas mehr Handarbeit bei der Formulierung der Abfrage erforderlich.

Erstellen wir beispielsweise eine monatliche Pünktlichkeitsstatistik, so könnten die Zahlenverhältnisse ungefähr so aussehen:

Wir haben 20 Linien mit insgesamt 50 Fahrwegen. Für 4 verschiedene Tagesarten sind je Fahrweg jeweils durchschnittlich 80 Fahrten geplant; bei ca. 20 Halteorten je Fahrt ergibt das rund **320.000 geplante Haltevorgänge** und **2.400.000 tatsächliche Haltevorgänge.**

Angesichts dieser Zahlen ist klar, dass man die Rohdaten verdichten muss, denn einen Bericht mit 2,4 Millionen Zeilen möchte niemand lesen.

Verdichten, aber wie?

Zur Verdichtung kommen mehrere Verfahren in Betracht:

Summation

- **Summation:**
  Sie ist der klassische Weg, um ein Gefühl für die Proportionen zu erhalten. Allerdings ist das Ergebnis oft nicht sehr anschaulich. Nehmen wir einmal an, dass auf der Linie 17 insgesamt 60.000 Minuten Verspätung entstanden sind und auf der Linie 12 »nur« 40.000 Minuten. Offenbar haben wir auf der Linie 17 ein größeres Problem als auf Linie 12!? Gleichzeitig erschrickt man vor den astronomisch großen Zahlen – in ihrer absoluten Höhe sagen sie wenig.

Verhältnisse auf Summenbasis

- **Verhältnisbildung:**
  60.000 Minuten, also 1000 Stunden, Gesamtverspätung auf einer Linie in einem Monat bedeuten, dass im Durchschnitt jeder Haltevorgang 30 Sekunden zu spät war. Wenn wir die Gesamtverspätung auf jeden einzelnen Haltevorgang herunterrechnen, wirkt die große Zahl erfreulich klein. Durch die Umrechnung können sich Proportionen ändern. Nehmen wir einmal an, dass Linie 17 doppelt so viele `HalteOrte`[5] hat wie Linie 12. Wenn ein Fahrzeug auf Linie 17 eine Minute verspätet ist, trägt es wegen der doppelten Zahl an Halteorten auch doppelt so viel zur Gesamtverspätung bei wie ein Fahrzeug auf Linie 17. Also schneidet eigentlich Linie 12 *schlechter* ab als Linie 17? Wie bei allen Verhältnisrechnungen muss man immer kritisch prüfen, was mit der errechneten Kennzahl erreicht werden soll. Rechnet man die mittlere Verspätung auf das einzelne *Fahrzeug* um, so hat man einen griffigen und anschaulichen Wert, der vermutlich gut geeignet ist, um einem Fahrer oder einem Disponenten in der Leitstelle als Qualitätsindikator zu dienen. Dennoch hat auch die Betrachtung je *Haltevorgang* ihre Berechtigung, denn sie zielt auf die Sicht des Fahrgasts. Auf einer doppelt so langen Linie wird eine höhere Beförderungsleistung erbracht (z. B. ausgedrückt in Fahrgastkilometern). Handelt es sich um eine Linie mit dichter Haltestellenfolge, so werden insgesamt auch deutlich mehr Passagiere befördert, d. h., die Summe der Fahrgast-Warteminuten wegen Unpünktlichkeit wird höher sein.

5. Linie 17 wird daher auch länger sein; bei ähnlicher Taktdichte sind auf Linie 17 mehr Fahrzeuge im Einsatz als auf Linie 12, allerdings nicht notwendigerweise doppelt so viele.

Gewichtungen: Das eigentliche Ziel hinter einer Messgröße erkennen

- **Gewichtete Summen:**
  Die Argumentation aus dem vorigen Abschnitt bringt uns zum Kern: Das eigentliche Ziel, das der Verkehrsbetrieb im Auge haben muss, ist die *Minimierung des Gesamtunmuts aller Fahrgäste.* Nehmen wir einmal an, dass in einem Fahrzeug der Linie 17 im Durchschnitt 30 % weniger Fahrgäste sitzen als in der Linie 12. Man könnte also sagen, dass eine Warteminute an einem HalteOrt der Linie 17 im Durchschnitt nur 70 % so ärgerlich ist wie eine Warteminute an einem HalteOrt der Linie 12. Gewichtet man deswegen die summierten Verspätungsminuten mit der mittleren Fahrgastanzahl, so verschiebt sich die Aussage erneut – jetzt scheint der »Gesamtunmut« beider Linien ungefähr in der Balance zu sein.

Differenzierte Gewichtung

- **Differenzierung der Gewichtung:**
  Wenn man das Fahrprofil der Linie 17 genauer betrachtet, so könnte sich beispielsweise herausstellen, dass die Fahrzeuge in der Regel pünktlich losfahren, aber im letzten Drittel der Fahrstrecke jeweils deutliche Verspätung aufbauen[6]. Die Passagierzahlen sind hingegen im mittleren Drittel des Fahrwegs am größten und nehmen zu den Enden hin ab. Wir sollten daher nicht alle Verspätungsminuten eines Fahrwegs direkt aufsummieren. Angemessener wäre es, wenn wir je HalteOrt (und vielleicht auch noch je Tageszeit) *die Verspätung mit der mittleren Zahl der jeweils wartenden Passagiere gewichten* würden. Man kann natürlich einwenden, dass kein Verkehrsbetrieb über das entsprechende Zahlenmaterial verfügt[7]. Aber selbst einfache Daumenwerte können die Aussage eines Berichts deutlich verändern. In unserem Beispiel treten die Verspätungen erst spät im Streckenverlauf auf, wenn nicht mehr so viele Fahrgäste an Bord sind. Unsere eigentliche Zielgröße, der Gesamtunmut wartender Fahrgäste, fällt damit bei Linie 17 wesentlich niedriger aus als ohne eine differenzierte Betrachtung!

Variable Gewichtungen, Wahrnehmungspsychologie

- **Mehrere Gewichtungen mit teils gegenläufiger Wirkung:**
  Bisher haben wir jeder Warteminute eines Fahrgasts gedanklich gleiches Gewicht gegeben – wir haben uns lediglich bemüht, genau zu erfassen, wo und wann Verspätungen vorlagen und wie viele Fahrgäste deshalb wie viele Warteminuten verbringen mussten. Dieser einfache Ansatz widerspricht jedoch der Alltagserfahrung: Wer 30 Minuten fahren wird, akzeptiert eine Verspätung von 5 Minuten eher als jemand, der nur 10 Minuten fahren und danach umsteigen will. So einfach dieser Effekt zu erklären ist, so schwer ist er zu berücksichtigen.[8] Darf man Verspätungen, die korrekt vom DFI-System angezeigt wurden, aus psychologischen Gründen niedriger gewichten als solche, bei de-

6. Die Wartezeit, die an der nachfolgenden Endhaltestelle aus Vorsichtsgründen eingeplant ist, erlaubt dennoch einen pünktlichen Beginn der Folgefahrt.
7. Gegen Fahrgastzählungen könnte man einwenden, dass sie nur Stichprobencharakter haben. Aber sie sind jedenfalls besser als die ansonsten immer implizit unterstellte Gleichverteilung. Einfache, aber ungenaue flächendeckende Messverfahren (Gewichtssensoren im Fahrzeug als Anhaltspunkt für den Besetzungsgrad) wären allerdings noch besser als Gewichtungssensoren geeignet.
8. Allenfalls über ein eTicketing-System mit Check-in und Check-out könnte man die hierzu notwendigen Informationen sammeln.

nen der Fahrgast uninformiert blieb? Darf man Verspätungen niedriger gewichten, bei denen der Fahrgast eine Ausweichmöglichkeit hatte?

- **Nichtlinearitäten:**
  Nichtlinearitäten berücksichtigen
  Zwei andere Effekte liegen auf ähnlicher Ebene, haben jedoch den Vorteil, dass sie in einem Berichtssystem ohne großen Aufwand berücksichtigt werden können: (1) Es gibt so etwas wie eine Bagatellgrenze. Verspätungen unterhalb dieser Grenze sollte man gar nicht in die Summation bzw. Kennziffernberechnung einbeziehen. (2) Lange Wartezeiten schmerzen überproportional: Wer fünfmal je drei Minuten auf den morgendlichen Regionalzug warten muss, nimmt dies wahrscheinlich hin. Der Unmut staut sich zwar allmählich – aber wenn der gleiche Zug viermal pünktlich ist und dann am fünften Tag um 15 Minuten später eintrifft, ist der Ärger viel größer. Diese Art von Nichtlinearität könnte man durch eine mathematische Funktion abbilden, etwa indem man die Dauer jedes einzelnen Wartevorgangs quadriert und danach erst die Summe bildet. Nachteilig ist dabei, dass das Ergebnis eine künstliche Zahl ergibt, die mit realen Warteminuten nicht mehr viel zu tun hat. In der Praxis bleibt man daher oft doch bei der einfachen Summation und führt einen *zusätzlichen Indikator* ein, indem man einfach zählt, in wie vielen Fällen ein bestimmter Schwellwert (z. B. 10 Minuten) überschritten worden ist. Man kann solche Ereignishäufigkeiten natürlich auch getrennt nach mehreren Größenklassen erfassen. Der Vorteil dieses Vorgehens ist, dass man einfache und klare Aussagen gewinnt, die sich leicht mit einem festgelegten Toleranzwert vergleichen lassen.

- **Extremwerte:**
  Individuelle Ereignisse darstellen
  Manchmal ist es gut, den Fokus eines Berichts zu schärfen, indem man nicht nur Summen, Durchschnitte[9] oder gewichtete Kennziffern errechnet, sondern einzelne Ereignisse (»Ausreißer«) pointiert darstellt. Oft steht dahinter eine Ursache, die man präzise recherchieren kann und aus der sich gezielt Gegenmaßnahmen ableiten lassen. Sind beispielsweise die drei größten Einzelstörungen auf »witterungsbedingte Fahrzeugausfälle wegen Türstörung« zurückzuführen, so kann man dies zum Anlass nehmen, nach Versäumnissen in der Wartung oder nach systematischen Ursachen zusammen mit dem Fahrzeughersteller zu suchen. Normalisiert sich in der Folgezeit die Situation wieder, so verschieben sich Durchschnittswerte und Kennziffern wegen der großen Hebelwirkung der Extremwerte deutlich in positive Richtung.

- **Unplausible Werte:**
  Fehler aufdecken
  Bei der Betrachtung von Extremwerten stößt man oft auf Fehler in der Datenerfassung wie defekte Zählgeräte, fehlerhafte Datenübermittlung oder fehlende Datensätze. Durch defensive Programmierung und fachliche Plausibilitäts-Checks wird verhindert, dass Datendefekte das Ergebnis verfälschen. Statistische Verfahren, wie etwa das Abschneiden aller Werte jenseits der dreifachen

9. In besonderen Fällen, wie etwa bei zweigipfligen Verteilungen, kann Durchschnittsbildung sogar irreführend sein.

Standardabweichung, sind nützlich, dürfen aber natürlich nicht unreflektiert eingesetzt werden.

Psychologie der Aufbereitung

- **Psychologie der Zielformulierung:**
  Wir haben bei den bisherigen Überlegungen unsere Messgröße mehr oder weniger akribisch so definiert, dass sie etwas Unangenehmes misst, nämlich die einzelne Verspätung oder gar den »kumulierten Unmut aller Fahrgäste«. Obwohl Manager von Verkehrsunternehmen gerne davon sprechen, dass sie sich beim Auftreten von Störungen um »möglichst geringe Auswirkungen auf die Gesamtheit aller Passagiere« bemühen, greifen sie im Alltag lieber auf positiv formulierte Kennzahlen zurück – vor allem, wenn es um plakative Aussagen geht, die nach innen hin, zu den eigenen Mitarbeitern, eine kritisch-motivierende Wirkung entfalten sollen. Für diesen Zweck nennt man oft den Anteil derjenigen Fahrten, bei denen Abfahrts- und Ankunftszeit an den Endhaltestellen innerhalb eines gewissen Toleranzbandes von z. B. drei Minuten gelegen haben (vgl. Abb. 11-2). So gelangt man beispielsweise zu der Aussage, dass 95,8 % aller Fahrten pünktlich waren. Übertreiben sollte man es mit der »positiven Sichtweise« jedoch nicht, sonst kann leicht der Effekt eintreten, dass ein Rückgang auf 95,2 % mit allgemeinem Schulterzucken zur Kenntnis genommen wird.

Abb. 11-2
Anteil pünktlicher Fahrten je Messpunkt in einem Monat

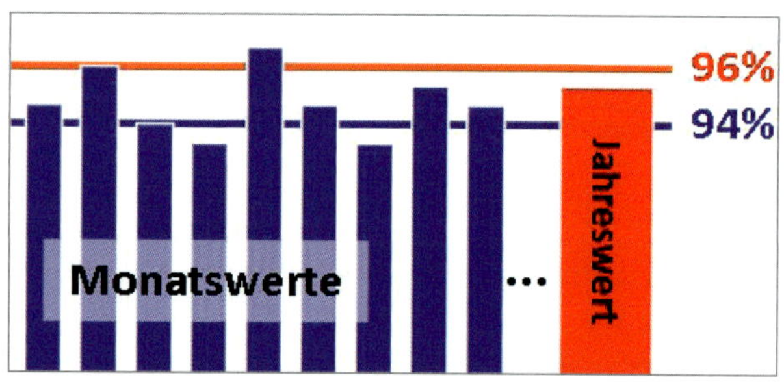

11.3 Typische Auswertungen

11.3.1 Analyse der Fahrgastnachfrage

Datenerhebung

Auswertungen zur Nachfrage gewinnt man aus Fahrgastbefragungen, aus manuellen Zählungen und aus der Auswertung von Protokolldaten elektronischer Zählgeräte. Da man eine flächendeckende Investition in elektronische Zählgeräte aus Kostengründen meist vermeidet, muss in der Fahrzeugdisposition darauf geachtet werden, dass entsprechend ausgestattete Fahrzeuge dort eingesetzt werden, wo man Zähldaten erfassen möchte.

Typische Auswertungen

Eine typische Auswertung stellt für eine Haltestelle – getrennt nach bedienenden Linien – die Anzahl der einsteigenden und aussteigenden Fahrgäste dar. Aufschlüsselungen nach Tagesarten, Zeitgruppen (Stoßzeiten) und Fahrtrichtungen bieten sich an.

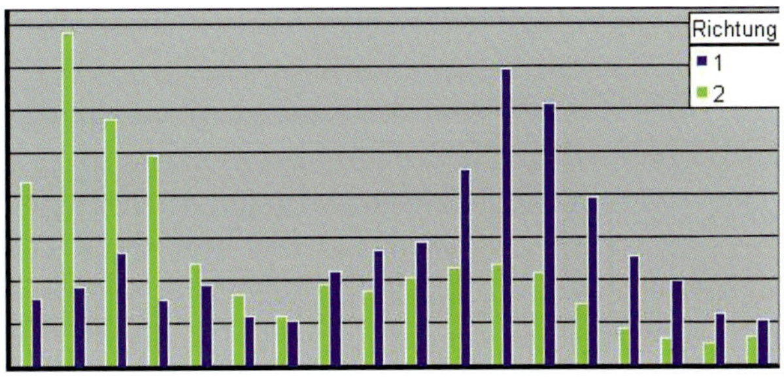

Abb. 11-3
Fahrgastnachfrage

11.3.2 Auswertung der Beförderungsleistung

Personenkilometer

Eine weit verbreitete Messgröße für die Leistung von Verkehrsbetrieben sind Personenkilometer (auch als *Passagierkilometer* bezeichnet), also das Produkt aus der Anzahl der beförderten Fahrgäste und der jeweiligen Beförderungsstrecke. Anders als beispielsweise im Flugverkehr lässt sich im Nah- und Regionalverkehr die zurückgelegte Strecke eines einzelnen Reisenden nicht genau ermitteln. Man kann jedoch – zumindest stichprobenartig – die Besetzung von Fahrzeugen erfassen, indem man elektronisch (oder manuell) die zusteigenden und aussteigenden Fahrgäste je Haltestelle zählt[10]. Aus der Multiplikation von Besetzung und Streckenlänge zwischen den Haltepunkten gelangt man zu Passagierkilometern.

Angebotene Leistung

Der tatsächlich erbrachten Beförderungsleistung kann man die angebotene Beförderungsleistung gegenüberstellen, indem man die Anzahl der Beförderungsplätze mit den gefahrenen Kilometern multipliziert (*Platzkilometer*).[11]

Erbrachte Leistung

In beiden Fällen ergeben sich sehr große Zahlen: Wenn in einer Großstadt 1000 Fahrzeuge mit 50 Plätzen täglich jeweils 800 km unterwegs sind, dann liegt das Angebot bei ca. 15 Mrd. Sitzplatzkilometern pro Jahr – die tatsächlich in Anspruch genommene Leistung wird natürlich erheblich niedriger liegen, aber die Grenze zur Milliarde wird deutlich übersprungen.

Abrechnung, Erläuterung von Abweichungen

Der Nachweis, dass die vertraglich mit dem Aufgabenträger vereinbarte Angebotsmenge erbracht wurde, spielt für die Abrechnung eine erhebliche Rolle. Fallen Fahrten aus, so erhält der Verkehrsbetrieb weniger Geld – es sei denn, er kann nachweisen, dass er die Ursache nicht zu vertreten hat[12].

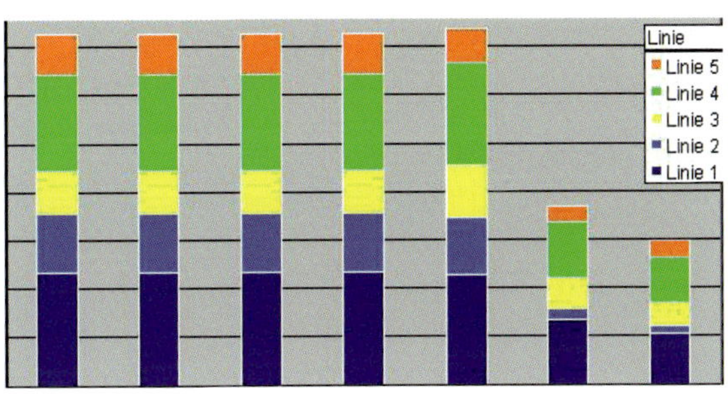

Abb. 11-4
Erbrachte Beförderungsleistung (nach Wochentagen und Linien)

10. Ein flächendeckendes eTicketing-System würde natürlich eine bessere Datengrundlage liefern.
11. Im Nahverkehr wird zusätzlich zwischen Sitz- und Stehplätzen unterschieden.
12. Allerdings sehen nicht alle Verkehrsverträge den Ausschluss höherer Gewalt vor.

Besetzungsgrad

Um die Differenz zwischen Angebot und Nachfrage anschaulich zu machen, stellt man oft den Besetzungsgrad dar. Man erhält dabei typische Tagesganglinien (»Morgenspitze«). Die naheliegende Idee, in den lastärmeren Zeiten kleinere Fahrzeuge einzusetzen, ist bei Schienenfahrzeugen manchmal praktikabel, etwa bei S-Bahnen und U-Bahnen durch die Verkürzung von Triebzügen. Im Regionalverkehr oder bei Bussen wäre ein zweiter, kleinerer Fahrzeugtyp jedoch in vielen Fällen unwirtschaftlich (höhere Komplexität, zusätzliche Leerfahrten, Verkürzung von Umläufen, erhöhte Kapitalbindungskosten usw.). Einfacher und ökonomischer ist es, das Angebot in lastärmeren Zeiten auszudünnen, indem man die Taktzeiten verlängert.

Abb. 11-5
Tagesganglinie des Besetzungsgrads im Wochenverlauf

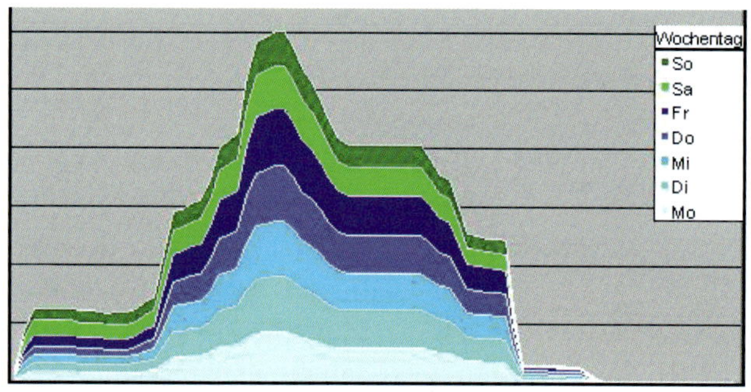

Berichte zu anderen Leistungsarten

Neben der Beförderungsleistung kommen auch andere Felder für Auswertungen in Betracht: Verfügbarkeit von Mitarbeitern[13], Fahrzeugleistungen (Verbrauch/Effizienz), Wartungsaufwand, Emission von Schadstoffen usw. Die öffentliche Wahrnehmung des ÖPV als »sinnvoll und nützlich« kann durch Umweltbilanzen und mit Zahlen unterlegte Vergleiche zum Individualverkehr gestärkt werden.

11.3.3 Auswertungen zur Leistungsqualität

Messpunkte für absolute Zeitabweichungen

Verkehrsverträge sehen oft vor, die Pünktlichkeit an bestimmten Messpunkten zu erheben; die Gestaltung der vertraglichen Regeln variiert dabei vom Prozentsatz pünktlicher Fahrten (Toleranzintervall) über absolute Abweichung bis zu gewichteten mittleren Abweichungen[14]. Wie üblich sind dabei verfrühte Abfahrten noch weniger erwünscht als verspätete. Während die vertragliche Vereinbarung meist an Summengrößen und ausgewählte Stichproben gekoppelt ist, interessiert sich der Verkehrsbetrieb selbst auch für Details, wie etwa den Pünktlichkeitsverlauf entlang einer Linie (vgl. Abb. 11-7).

13. Beispielsweise beobachtet man einen statistischen Zusammenhang zwischen der Einführung einer Wunschdienstplanung und den Krankheitstagen von Fahrern.
14. Ist das Verkehrsgebiet so groß, dass mehrere Aufgabenträger beteiligt sind, so kann es sogar passieren, dass Teile ein und derselben Fahrt unterschiedlich bewertet werden müssen.

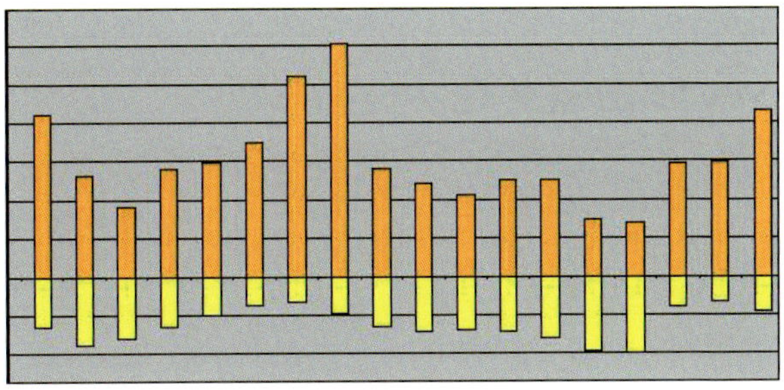

Abb. 11-6
Mittlere Abweichung der Abfahrtszeit an den Haltestellen einer Linie

Einhaltung von Taktzusagen

Bei dichtem Takt ist für den Fahrgast die Regelmäßigkeit der Bedienung wichtiger als das Einhalten eines absoluten Zeitpunkts. Entsprechende Auswertungen (Abb. 11-8) zielen daher auf die Häufigkeitsverteilung von Abweichungen – wobei man in der Regel nur Abweichungen nach oben hin betrachtet, denn der Fahrgast wird sich nicht beschweren, wenn Fahrzeuge dichter hintereinander kommen als versprochen.

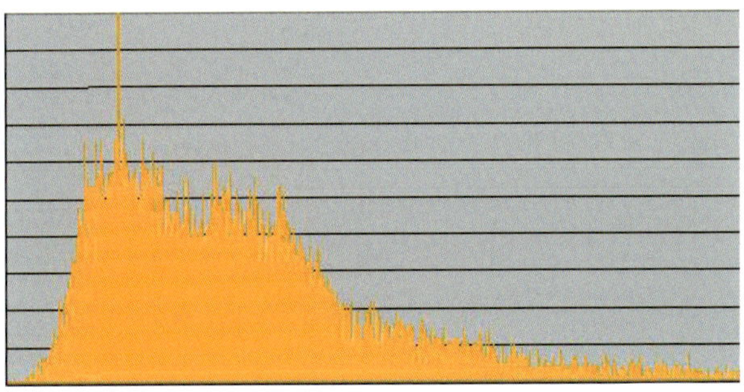

Abb. 11-7
Verteilungsfunktion von Taktabweichungen

Berichte zu anderen Leistungsarten

Es genügt nicht, die einzelne Haltestelle oder Linie zu betrachten. Die Reisezeit des Fahrgasts hängt oft entscheidend davon ab, dass er einen bestimmten Anschluss erreicht. Für den Fahrgast ist es dabei egal, ob es sich um einen »statistisch wahrscheinlichen Übergang« handelt oder um einen explizit im Fahrplan zugesicherten Anschluss. Meist beschränken sich die Messung und der (pönalebehaftete) Nachweis gegenüber dem Aufgabenträger allerdings auf diese letzteren, besonders wichtigen Anschlüsse.

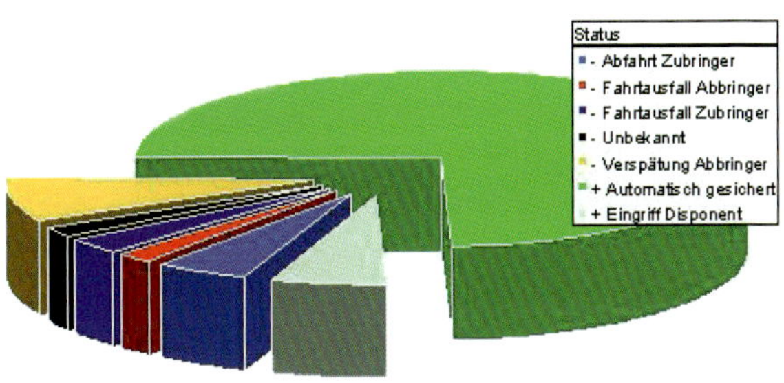

Abb. 11-8
Klassifikation von Problemursachen bei Anschlüssen

Reaktion auf Abweichungen

Typische Maßnahmen, um erkannte Probleme in den Griff zu bekommen, sind:

- Anpassung der Fahrzeiten an die Verkehrsdichte
- Anpassen der Haltezeiten an das Fahrgastaufkommen
- Anpassung von Pufferzeiten bei Anschlüssen
- Verhandlung mit dem Aufgabenträger über die Modifikation vertraglicher Vorgaben (Schwellenwerte)

Zum letzten Punkt ein Beispiel: Wenn der Verkehrsbetrieb über entsprechendes Zahlenmaterial verfügt, so kann er beispielsweise einschätzen, ob es für ihn günstiger ist, 96 % Pünktlichkeit bei einer Schwelle von drei Minuten zuzusagen oder 98 % bei einer Schwelle von fünf Minuten.

Weitere Qualitätsaspekte

Auch jenseits der primären Qualitätsaspekte (Pünktlichkeit und Anschlusseinhaltung) gibt es reichhaltige Möglichkeiten, durch entsprechende Berichte die Wahrnehmung im Unternehmen dafür zu schärfen, wie Fahrgäste den Verkehrsbetrieb einschätzen: Man kann die Anzahl der Beschwerden verfolgen, die Erreichbarkeit des Call-Centers messen, die Fahrzeuge bewerten (Sauberkeit, funktionierende Klimaanlagen, Heizungen, Toiletten) und vieles andere mehr.

11.3.4 Auswertungen zu Ticketerlösen

Verbundtarif

Neben den üblichen Erlösstatistiken stellt sich für Verkehrsbetriebe ein besonderes Problem: Der Fahrgast kann bei Unternehmen A ein Ticket kaufen und damit Leistungen von Unternehmen B in Anspruch nehmen. Was für den Fahrgast bequem ist, verursacht für die Verkehrsunternehmen ein Problem: Sie müssen herausfinden, ob sich die Effekte statistisch ausgleichen oder ob Einnahmen umverteilt werden müssen.

Fahrgastbefragungen

Üblicherweise werden dazu systematische Befragungen nach dem Prinzip der geschichteten Stichprobe durchgeführt, d.h., man achtet darauf, dass je Gebiet, Tagesart und Tageszeit eine ausreichend große Zahl an Fahrgästen befragt wird. Es gibt Softwaresysteme, die die Planung solcher Befragungen unterstützen, von der Stichprobenauswahl über die Planung der Reisewege für die Befrager bis hin zur Erfassung und Auswertung der Daten. Wichtig ist, dass die Reisenden nach ihrer gesamten Wegstrecke befragt werden und dass man erfasst, wo das benutzte Ticket gekauft wurde. Hat man die erhobenen Daten mit den ohnehin im Warehouse vorhandenen Informationen zu Fahrgeldeinnahmen und erbrachten Leistungen zusammengeführt, so setzt ein politischer Verhandlungsprozess zwischen den beteiligten Verkehrsbetrieben ein. Dabei fließen auch Aspekte mit ein, die nicht unbedingt durch Zählaktionen unterlegt sind.

eTicketing als Datenbasis

Man kann hoffen, dass mit zunehmender Verbreitung elektronischer Fahrscheine eine automatische Verrechnung möglich wird, denn eTickets identifizieren sich bei jedem Kontakt mit Erfassungsgeräten automatisch[15]. Wenn eTicketing aber nur als Zusatzoption angeboten wird, kann man zusätzliche Stichprobenzählungen und die damit verbundenen Verhandlungsprozesse nicht vermeiden,

15. Wir unterstellen hier eine lückenlose Erfassung der tatsächlichen Fahrgastfahrten, wie sie beispielsweise bei einem Check-in/Check-out-Verfahren stattfindet.

denn das Nutzungsprofil der eTicket-Inhaber könnte von dem der übrigen Fahrgäste abweichen.

Bareinnahmen

Wo Tickets gegen Bargeld verkauft werden, entsteht immer Betrugsgefahr. Bestimmte Auswertungen sollen dafür sorgen, dass dem Verkehrsbetrieb keine Einnahmen von den Verkaufsstellen bzw. Fahrern vorenthalten werden. Über die Korrelation auffälliger Mindereinnahmen oder erhöhter Anzahl von Stornovorgängen mit Orten und Dienstplänen lassen sich Verdachtsmomente erhärten oder widerlegen.

11.4 Plattformen für Auswertungen

Zugriff auf operative Daten

Im einfachsten Fall können Auswertungen erstellt werden, indem man direkt auf die Datenbank zugreift, in der die Informationen des ITVU-Modells entstehen und bearbeitet werden (=die *operative* Datenbank). In der Praxis funktioniert dieser Weg jedoch nur bei kleineren Verkehrsunternehmen, bei ausreichend starkem Rechner und bei umsichtigem Verhalten – andernfalls kann es dazu kommen, dass eine komplizierte Auswertung viele Benutzer am Arbeiten hindert.

Separate Plattform

Normalerweise stellt man die operativen Daten daher vollständig oder auszugsweise auf einer separaten Plattform (»*Data Warehouse*«) als Kopie zur Verfügung. Dort können Auswertungen erstellt werden, ohne die eigentlichen Geschäftsprozesse (Planung, Disposition, Steuerung) zu beeinträchtigen.

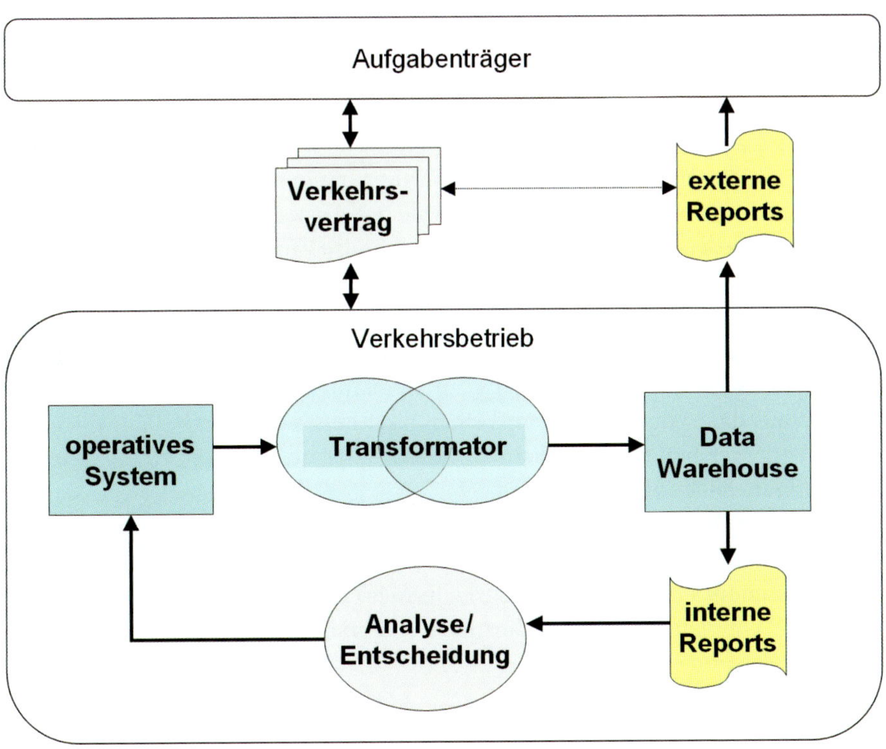

Abb. 11-9
Operatives System und Data Warehouse

Durch die Entkopplung von operativem System und Data Warehouse ergeben sich zwei zusätzliche Vorteile, die wir im Folgenden näher beleuchten:

Strukturabweichungen

- Die Entkopplung der beiden Datenbestände erlaubt Abweichungen zwischen den logischen Strukturen.

Spezielle Technologie

- Man kann für das Data Warehouse technische Plattformen einsetzen, die auf das Erstellen von Auswertungen hin optimiert sind.

11.4.1 Konzeptionelles Modell eines Data Warehouse

Das konzeptionelle Schema des Data Warehouse entspricht im Prinzip dem ITVU-Modell. Es gibt jedoch einige Unterschiede:

Berechnete Felder, Interpolation

- Algorithmisch redundante Datenelemente kommen im Data Warehouse hinzu (Beispiel: `Linie`.*MittlereTaktFolge*); sie werden dort nicht jedesmal neu berechnet, sondern direkt als Attribute einer Klasse gespeichert. Fehlende Zwischenwerte können interpoliert werden.

Plandaten ausmultiplizieren

- Im operativen System ist man auf eine redundanzarme Speicherung bedacht, da dies die Veränderung der Daten vereinfacht. Deshalb plant man auf der Ebene von Tagesarten, Fahrzeugtypen und Personalqualifikationen. Im Warehouse hingegen hat man es mit den tatsächlichen historischen Fakten zu tun, also mit konkreten Fahrten, Fahrzeugen, Personen, Kalendertagen. Es bietet sich daher an, die Planungsdaten bei der Überführung vom operativen System in das Warehouse »auszumultiplizieren«, so dass bei jedem `HaltBeiFahrtX` der tatsächliche Wert und der Planwert des Abfahrtzeitpunkts nebeneinander als Fakten stehen[16].

Planungsklassen weglassen

- Auf etliche Klassen der Planungswelt kann man daher im Warehouse verzichten, z. B. auf `FahrZeitProfile` oder auf den `HaltBeiFahrt`.

Irrelevante Klassen/Attribute weglassen

- Andere Klassen kann man bei der Überführung in das Warehouse weglassen, weil nicht damit zu rechnen ist, dass sie bei Auswertungen irgendeine Rolle spielen werden. So wird man sich im Warehouse kaum jemals für die `AnsageTexte` der Haltestellen interessieren. Allzu großzügig sollte man beim Weglassen jedoch nicht sein, denn oft stellt sich erst im Lauf der Zeit heraus, dass ein »exotisches« Attribut für manche Auswertungen eben doch wichtig ist. Beispielsweise benötigt man Details zur Bemalung einzelner Fahrzeuge, wenn man aus dem Warehouse heraus einen Nachweis darüber erstellen will, wann und auf welchen Strecken Fahrzeuge mit einer bestimmten Werbeaufschrift im Stadtgebiet unterwegs waren.

Datenschutz

- Operative Systeme müssen personenbezogene Daten enthalten und unterliegen damit besonderen Ansprüchen an Vertraulichkeitsschutz. Da die Informationen im Warehouse möglichst allgemein zugänglich sein sollen, lässt man bei der Überleitung schutzbedürftige Daten in der Regel weg[17].

16. Im operativen System werden die Plandaten zu einem Element der »X-Welt« über Funktionen ermittelt, die auf die Klassen der Planung zugreifen (»Fahrtabwicklung«).
17. Ausnahme: personenbezogene Kontrollberichte zu Verkaufsvorgängen.

- In operativen Systemen können Daten enthalten sein, die man bei den Auswertungen grundsätzlich unberücksichtigt lassen möchte; wenn beispielsweise ein operatives System von mehreren kooperierenden Verkehrsunternehmen gemeinsam genutzt wird, möchte jedes Unternehmen in seinen Auswertungen nur diejenigen Fahrten sehen, die es selbst erbringt.

Datensätze filtern

Kompliziertheit und Ballast im operativen System

Bisher haben wir unterstellt, dass die praktische Implementierung im *operativen System* eng an das ITVU-Modell angelehnt ist. Dies muss jedoch nicht so sein. Zum einen kann es technische (Optimierungs-) Gründe geben, das Datenbankdesign deutlich anders zu wählen, als es dem logischen Modell entspricht. Zum andern entwickeln sich operative Systeme im Lauf der Jahre weiter. Nicht selten kommt es dabei vor, dass neue, bessere Konzepte eingeführt werden, man jedoch gleichzeitig zu älteren Produktversionen kompatibel bleiben möchte – was notwendigerweise zu zusätzlicher Komplexität führt. An der Nahtstelle zwischen operativem System und Warehouse kann man in solchen Fällen kompensierend eingreifen. Das Datenmodell des Warehouse kann also deutlich näher am ITVU-Modell liegen als das operative System.

Langfristige Aufbewahrung

Der besondere Wert des Data Warehouse liegt darin, dass es Daten langfristig aufbewahrt und Zeitreihenvergleiche möglich macht. In operativen Systemen hingegen stellen historische Daten im Laufe der Zeit einen Ballast dar, den man loswerden möchte (Archivierung). Die Entkopplung erlaubt es, beiden Bedürfnissen gerecht zu werden. Der Wunsch nach historischem Vergleich führt zu dem Wunsch, das Warehouse-Schema langfristig stabil zu halten; ändert sich das operative System, so ist es manchmal zweckmäßig, beim Übergang ins Data Warehouse entsprechende Umrechnungen vorzunehmen.

Änderungen mit Gültigkeitszeitpunkt

In operativen Systemen muss man immer damit rechnen, dass Daten geändert werden, die Änderung aber erst ab einem künftigen Zeitpunkt wirksam werden soll. Die Komplexität, die daraus entsteht, kann man in einem Warehouse vermeiden. Hier zählt beispielsweise bei einer konkreten Fahrt (FahrtX) immer nur derjenige Planungsstand, der zum Zeitpunkt ihrer Durchführung gerade gültig war. Andere Planungsstände, die vorher erwogen und wieder verworfen wurden, oder alternative »Schubladenplanungen« sind nicht von Interesse. Ein anderes Beispiel: Wenn eine Haltestelle umbenannt wird, dann muss das operative System diesen Vorgang sorgfältig abbilden, im Warehouse ist es hingegen wahrscheinlich sogar zweckmäßig, auch die historischen Daten unter dem jetzt gültigen Namen anzuzeigen – eine Art von erwünschter »Geschichtsfälschung«.

Stichtag/Periodenbezug

Auswertungen sollen sich meist auf bestimmte Perioden oder Stichtage beziehen. Durch die Abtrennung des Warehouse vom operativen System kann man die benötigten Informationen im geeigneten Moment überleiten und danach in aller Ruhe auswerten. So lässt sich auf einfache Art sicherstellen, dass alle Zahlen quer über alle Berichte hinweg zusammenpassen.

11.4.2 Technologie für Data Warehouses

Batch

Lange Zeit war man es gewohnt, dass das Erstellen von Berichten ein Batchprozess ist, d. h., vordefinierte Berichte werden zu fest vorgegebenen Zeitpunkten erstellt und verteilt. Dieses Verfahren hat nach wie vor seine Berechtigung.

Online-Recherche

Es wird jedoch immer häufiger durch die Möglichkeit ergänzt, interaktiv im Auswertungsdatenbestand zu recherchieren. Auffälligkeiten im Datenmaterial werden im Dialog mit dem Rechner gesucht und in mehreren Iterationsschritten Anfragen immer weiter eingekreist (»drill down«). Im Idealfall entdeckt man auf diese Weise signifikante Effekte und gewinnt wertvolle Erkenntnisse.

OLAP, mehrdimensionaler Datenraum

Damit dies besonders schnell möglich ist, hat man Systemplattformen entwickelt, die bestimmte Berechnungen bereits vorab durchführen (»online analytical processing«: OLAP). Beim Aufbau des Warehouse werden Dimensionen der Fragestellung (»Achsen«) definiert, die einen Auswertungsraum aufspannen, den »Hypercube«. Achsen können hierarchisch strukturiert sein, also z. B. geografische Verfeinerungen abbilden. Die Elementardaten werden in Bezug auf jede Achse kategorisiert und entlang ausgewählter Achsen oder Achsenkombinationen verdichtet. Das so vorberechnete Ergebnis wird abgespeichert und kann daher ohne erneuten Rechenaufwand sehr rasch angezeigt werden. Die Rechenoperationen zur Klassifikation und Verdichtung können beim Import in das Warehouse erfolgen oder in einem eigenen Verfahrensschritt, bevor man mit den interaktiven Abfragen beginnt. Zur Verdeutlichung greifen wir nochmals das Beispiel zur Pünktlichkeitsauswertung auf:

Als Elementarereignis verwenden wir die Differenz zwischen tatsächlicher und geplanter Abfahrtszeit in Sekunden. Bagatellabweichungen lassen wir wie zuvor beschrieben bereits beim Import in das Warehouse weg. Zusätzlich reduzieren wir das Datenvolumen dadurch, dass wir nur ausgewählte `HalteOrte` (= repräsentative Messpunkte je Linie) in das Warehouse überführen.

Als Achsen des Hypercube legen wir fest:

- Größenklasse der Verspätung
- `TagesArt`
- Kalendertag[18]
- Fahrzeugtyp
- Linie
- `HalteOrt`
- Richtung
- Tageszeit (mehrere Intervalle)

18. Es wäre auch denkbar, die Zeitachse als hierarchische Dimension aufzufassen, in der Kalendertage eine Verfeinerung von `TagesArten` darstellen.

Das OLAP-System kann für jede dieser acht Dimensionen die Elementarereignisse (Verspätungssekunden) summieren. Es kann aber auch Kombinationen bilden und Trefferhäufigkeiten zählen. Wenn ein Benutzer die Frage stellt, wie viele Verspätungen der »Größenklasse 3« bei der »Linie 7« an »Freitagen« im »morgendlichen Berufsverkehr« aufgetreten sind, dann hat das OLAP-System die entsprechende Zahl sofort parat.

Gleichzeitig wird ihm das System weitere Verfeinerungen erlauben, etwa indem es die konkreten Freitage des Betrachtungszeitraums zur Auswahl anbietet und das Ergebnis auf Wunsch nach Fahrtrichtungen (stadtauswärts, stadteinwärts) oder nach einzelnen Halteorten aufschlüsselt. Dic theoretisch ebenfalls denkbare Aufspreizung des Ergebnisses nach Fahrzeugtypen ist in diesem Fall vermutlich irrelevant, da auf dem entsprechenden Umlauf immer derselbe Fahrzeugtyp eingesetzt wird.

Geschwindigkeit vs. Flexibilität

Der Vorteil des OLAP-Verfahrens greift natürlich nur, wenn die Art der Fragestellung und die Art der Verdichtung vorab festgelegt werden. Kommt es auf volle Flexibilität an, so sind relationale Ansätze gefragt, d. h., jedes einzelne Faktum im Warehouse wird (alternativ oder zusätzlich zur Hypercube-Verdichtung) in einen Zusammenhang zu den anderen Elementen des ITVU-Modells gestellt, soweit dieser durch Navigation im Modell überhaupt herstellbar ist.

ROLAP

Da auf diese Weise beliebige Relationen des Modells verfolgt werden können, spricht man auch von ROLAP (relational analytical online processing). Auch wenn eine ROLAP-Plattform vom Prinzip her dem operativen System technisch ähnlich ist, so weist sie doch meist eine andere Indexstruktur auf. Die Definition einer großen Anzahl von Indizes belastet Update-Operationen, begünstigt jedoch Abfragen. Da der Update-Vorgang im Data Warehouse nur einmal beim Einfügen neuer Informationen erfolgt, kann man sich hier wesentlich mehr Indizes leisten als im operativen System. Müssen sehr viele Daten auf einmal eingefügt werden (Bulk-Insert an einem Stichtag), so ist es manchmal am effizientesten, den Index vorübergehend zu löschen und nach dem Einfügen wieder neu aufzubauen.

Ursachensuche

Auf die Flexibilität von ROLAP kommt es vor allem an, wenn ein Phänomen eingekreist ist und man verschiedene Hypothesen zu dessen Ursache überprüfen möchte.

Wenn wir entdeckt haben, dass immer samstags bestimmte Fahrten zwischen 10:00 und 12:00 verspätet sind, dann wollen wir vielleicht wissen:

- Handelt es sich um originäre Verspätungen, oder sind sie die Folge einer bestehenden Anschlussbeziehung (verspäteter Zubringer)?
- Gibt es in den Protokollen des RBL-Systems (vgl. Abschnitt 8.4) Hinweise auf Ursachen der Störung?
- Findet an diesen Tagen ein Fahrerwechsel statt, bei dem etwas schiefgeht?
- Kumulieren sich viele kleine Verzögerungen, etwa weil wir das Fahrgastaufkommen und damit die benötigten Fahrgastwechselzeiten in der Planung unterschätzt haben?
- Bei schienengebundenem Verkehr: Gibt es Probleme mit der Gleisbelegung bei der Einfahrt in den Bahnhof? Ist sie an Samstagen anders als an anderen Tagen?

11.4.3 Darstellung

Präsentationstechnik, Spreadsheet-System als Frontend

Hat man alle Ergebnisse beisammen, so kommt es darauf an, entsprechende Maßnahmen zu ergreifen. Da dazu meist mehrere Personen überzeugt werden müssen, ist eine gute Präsentation wichtig. Ein Spreadsheet-System[19] eignet sich perfekt als *Frontend* für ein Data Warehouse. Folgende Eigenschaften sind dabei wichtig:

- SQL-Zugriff — Der Datenbankzugriff via SQL ist Voraussetzung dafür, dass die Daten im Warehouse bleiben und nicht als lokale Kopie im Frontend unkontrolliert gespeichert und kopiert werden.
- Templates — Templates helfen bei der Beschreibung von `BerichtsTypen` (vgl. Abschnitt 11.1); dies betrifft Layout und Struktur, kann aber auch einfache Rechenregeln (lokale Zwischensummen, Mittelwerte) mit einschließen. Komplexe Berechnungen haben wir ja bereits im Warehouse selbst abgebildet.
- Verknüpfungen — Geschützte Felder, Feldkommentare und Hyperlinks unterstützen den Kommunikationsprozess und können im Sinne des Drill-Down Berichte verketten und verfeinern.
- Diagramme — Diagramme sorgen für visuelle Aufbereitung (auch hier sind Templates hilfreich).
- Pivotmechanismus — Pivotdarstellungen erlauben mehrere Blickwinkel auf die Daten[20].

19. Beispielsweise: MS-Excel, Open Office Calc.
20. Hier liegt eine Ähnlichkeit zu OLAP vor; wenn das Backend OLAP-Fähigkeiten besitzt, ist es jedoch effizienter, diese dort zu nutzen und nicht im Frontend.

Geografische Informationssysteme

Bei Auswertungen im ÖPV spielt der geografische Bezug eine große Rolle. Es liegt daher nahe, ortsbezogene Daten innerhalb einer geografischen Karte zu visualisieren. Unter dem Stichwort GIS (Geo-Informationssysteme) findet man ein breites Angebot an Werkzeugen, die für diesen Zweck besonders elegante Darstellungsformen anbieten. Obwohl solche Werkzeuge oft auch eine eigene Datenhaltungskomponente anbieten, betrachten wir sie als ein Frontend, das zusätzlich zu einem Spreadsheet-System eingesetzt werden kann. Abbildung 11-10 zeigt ein typisches Beispiel für eine GIS-Darstellung.

Archivierung

Neben der reinen Darstellung kann man Frontend-Systeme auch zur Archivierung von Berichten nutzen. Dabei ist auf ausreichenden Schutz gegen nachträgliche Veränderung zu achten, etwa durch Schreibschutz oder durch den Export in ein geeignetes Datenformat wie etwa PDF.

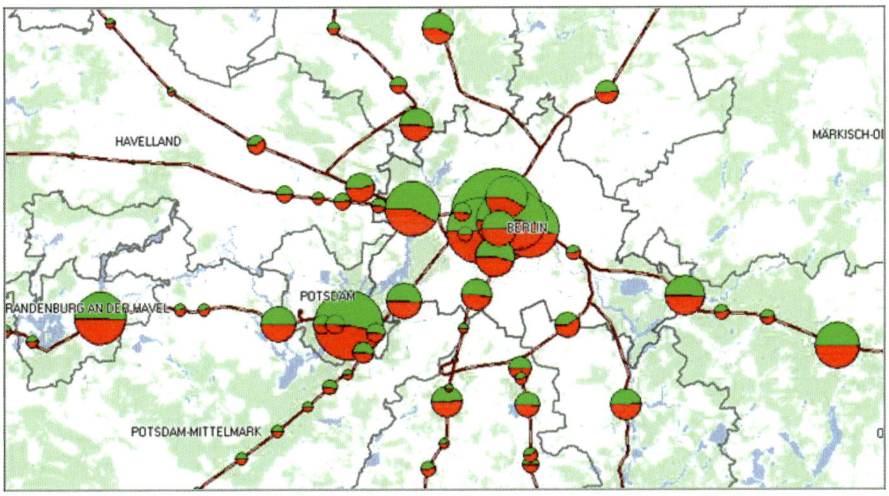

Abb. 11-10
Beispiel einer GIS-Darstellung

Teil III

Hintergrundwissen

12 Personenverkehr

Bisher haben wir uns vor allem auf die ganz konkrete Planung und Durchführung von öffentlichem Verkehr, also die eigentliche Leistungserbringung, konzentriert. Das nun folgende Kapitel geht auf die Hintergründe und Rahmenbedingungen ein, auf denen der öffentliche Verkehr basiert. Der öffentliche Verkehr ist kein Selbstzweck, sondern wird aus bestimmten Motiven erbracht, er benötigt bestimmte Voraussetzungen, leistet gesellschaftliche Beiträge und wirkt wiederum auf die Gesellschaft und Wirtschaft zurück.

12.1 Warum gibt es ÖV?

Mobilität ist ein Grundbedürfnis.

Mobilität ist ein Grundbedürfnis des Menschen. Zur Befriedigung dieses Grundbedürfnisses stehen ihm verschiedene Möglichkeiten, also verschiedene Verkehrsmittel, zur Verfügung. Am Anfang steht immer das Laufen als alleiniges »Mittel« oder als Teil jeder Mobilitätskette. Danach kommen die Fahrzeuge als Fortbewegungsmittel, also Roller oder Skateboards, Fahrräder, Mopeds, Autos, Busse und Bahnen.

Hierbei gibt es einen entscheidenden Unterschied zwischen den individuellen und den öffentlichen Verkehrsmitteln: Die öffentlichen stehen (fast) jedem Menschen zur Verfügung, die individuellen nur demjenigen, der ein solches besitzt und es bedienen kann (also Fahrrad fahren kann bzw. einen Führerschein und ein Auto hat).

Gesellschaftliche Wirkung

Die Benutzung des ÖV hat zusätzlich eine gesellschaftliche Wirkung: Im Bus sind alle Passagiere gleich, Menschen verschiedenster Herkunft und sozialer Zuordnung treffen sich, sitzen sozusagen in einem Boot, müssen miteinander auskommen, Rücksicht nehmen, können sich anschauen, miteinander reden, sich kennenlernen. ÖV ist tendenziell egalitär, tut einer Gesellschaft gut und hilft Extreme abzubauen.

ÖV sichert Mobilität.

Öffentlicher Verkehr garantiert Mobilität für alle, also auch für Kinder, Arme, Alte, Auszubildende, Arbeitslose usw. und ganz einfach auch für Menschen ohne Auto bzw. ohne Führerschein.

Außerdem sichert öffentlicher Verkehr Mobilität an Orten, die sonst nicht mehr oder kaum noch erreichbar wären: in hoch verdichteten Städten, deren Zentrum sonst gar nicht mehr erreichbar wäre, an Bergstationen, die nur durch eine Zahnradbahn erklommen werden können, auf Inseln, die nur durch eine Fähre oder einen Bahntunnel erschlossen werden können.

12.2 Der ÖV und die Marktwirtschaft

Angebot und Nachfrage

Das Wesen des öffentlichen Verkehrsangebotes ist sehr statisch, die Nachfrage hingegen eher volatil. Mal gibt es zu wenig Nachfrage, z. B. in sich entvölkernden ländlichen Regionen, mal gibt es zu viel Nachfrage, wie in Megastädten, die eigentlich ein komplettes, möglichst unterirdisches, Schnellbahnnetz benötigen würden, das sich aber nachträglich kaum noch oder nur mit erheblichem Aufwand bauen lässt – und auch in manchen europäischen Städten schaffen attraktive Angebote eine wachsende Nachfrage, die sich mit der vorhandenen Infrastruktur nicht mehr bewältigen lässt.

Das Wesen der Nachfrage ist,

- dass sie immer zu klein oder zu groß ist,
- dass sie nie vollständig bekannt ist, da sie sich aus der Summe ganz individueller Mobilitätsentscheidungen zusammensetzt,
- dass sie unmittelbar durch das Angebot beeinflusst wird, sich also z. B. durch ein attraktives Angebot erzeugen lässt.

Analyse der Nachfrage

Eine ganze Disziplin der Verkehrswissenschaften beschäftigt sich mit der Nachfrage nach Mobilität und der sogenannten »Umlegung« auf das Verkehrsangebot. Hierbei wird zunächst die Nachfrage aus Umfragen oder Erhebungen abgeleitet und in einer mehr oder minder feinen Quelle-Ziel-Matrix abgelegt. Danach wird abhängig vom Liniennetz, Reisezeiten, Taktzeiten, Preisen etc. abgeschätzt, wie sich die Nachfrage auf die einzelnen Modi verteilen wird. Ausgereifte Tools unterstützen diesen Prozess und bieten dem strategischen Planer die Möglichkeit, durch die Veränderung der Parameter bezüglich des Angebotes, aber auch bezüglich der Nachfrage, mögliche zukünftige Szenarien durchzuspielen.

Diese IT-Werkzeuge bilden eine Nahtstelle zur in diesem Buch vertieften Betriebseinsatzplanung, daher sind häufig bidirektionale Schnittstellen vorhanden, sofern ein Datenaustausch aufgrund der unterschiedlichen Granularität (z. B. Modellierung des Angebots über pauschale Taktzeiten versus sekundenscharfe Fahrtabbildung) sinnvoll ist.

Leistung und Gegenleistung

Häufig gibt es sehr emotional oder historisch gefärbte Erklärungen für die Existenz von öffentlichem Verkehr. Eine ganz simple Erklärung lautet: »Es gibt öffentlichen Verkehr, weil jemand dafür bezahlt!«

Wer bezahlt?

Diese Zahlungen können direkt oder indirekt und von unterschiedlichen Seiten erfolgen:

- Der *Fahrgast*:
  bezahlt durch seinen Fahrschein, sei es als Einzelticket oder als Jahreskarte

- Der Bürger bzw. der *Staat*:
  zahlt für eine von der Allgemeinheit gewollte Daseinsvorsorge, z. B. in Form von Ausgleichszahlungen aus sozialen Gründen (Schüler, Sozialhilfeempfänger, Rentner) oder aus strukturellen (früher häufig militärischen), stadtplanerischen, ökologischen Gründen

- Jemand *anderes*:
  eine Firma, die eigene Arbeiter oder potenzielle Kunden befördern will; der Scheich, der die Straße wieder für die Oberklasse freibekommen will

Öffentlicher Verkehr ist also kein Selbstzweck, sondern unterliegt den Spielregeln der Wirtschaft. Ein Anbieter macht ein Angebot, und ein Nachfragender, also ein Kunde, nimmt dieses Angebot zu bestimmten Konditionen an. Und zu diesen Konditionen gehört auch und vor allem ein Preis, also eine (Be-)Zahlung.

12.3 Wirtschaftlichkeit

Die Einwohner eines Landes haben zwei Berührungspunkte zum öffentlichen Verkehr: einerseits als (potenzielle) Kunden, also Benutzer der öffentlichen Verkehrsmittel, und andererseits als steuerzahlende Bürger des Landes. Der öffentliche Verkehr befindet sich in einem Spannungsfeld zwischen möglichst hoher Angebotsqualität und gleichzeitig möglichst hoher Kostendeckung (Abb. 12-1).

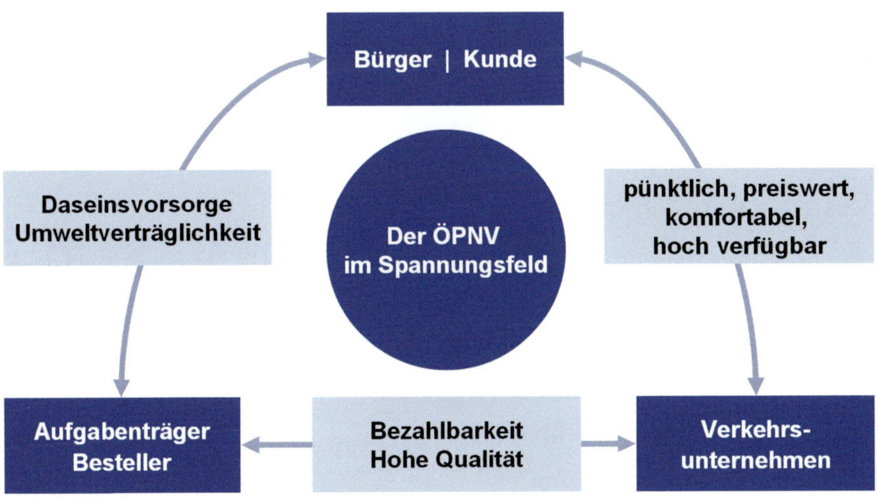

Abb. 12-1
Der ÖPNV im Spannungsfeld

Zusätzlich ist durch die Liberalisierung des Verkehrsmarktes EU-Recht umzusetzen, d. h., auch die Erbringung von Verkehrsleistungen muss im freien Wettbewerb vergeben werden. Es ist also eine klare und formale Trennung von »Besteller« und »Betreiber« erforderlich, die miteinander marktwirtschaftlich interagieren.

Wer macht das Geschäft?

Private Anbieter haben den öffentlichen Verkehr erfunden, ob mit Kutschen oder später mit Eisenbahnen und Bussen. Erst im Laufe des 20. Jahrhunderts wurde der öffentliche Verkehr zunehmend von den privaten auf öffentliche Betreiber verlagert, seine Wurzeln sind aber in der privaten Marktwirtschaft.

Dieses Rad wurde in den letzten 20 Jahren deutlich zurückgedreht. Betreiber sind immer seltener Behörden, sondern Wirtschaftsunternehmen in öffentlichem oder privatem Besitz. Und diese Unternehmen stehen zunehmend im Wettbewerb.

Wettbewerb

Dies lässt einige Vorteile erwarten: Anbieter konkurrieren miteinander, um lukrative Ausschreibungen bzw. eigenwirtschaftliche Strecken im Fernverkehr – die Kosten (für den Fahrgast bzw. den Staat) sinken. Gleichzeitig steigt die Kundenorientierung in zweierlei Hinsicht: Der Nutzer wird vom »Beförderungsfall« zum Fahr-Gast und der Aufgabenträger wird zum bestellenden, ernstzunehmenden Kunden des Verkehrsunternehmens.

Stellvertretend sei ein Beispiel genannt: Nach dem Betreiberwechsel auf der Rheingau-Linie zwischen Frankfurt und Koblenz zum Fahrplanwechsel 2011 kommen neue Fahrzeuge[1] zum Einsatz, die hohen Komfort für die Fahrgäste (Klimaanlage, Barrierefreiheit, Hublift, Steckdosen, Abteil für Fahrräder, Kinderwagen etc.) mit guten Fahreigenschaften (Beschleunigung und Höchstgeschwindigkeit) bei gleichzeitig guten Umwelteigenschaften (hohe Energieeffizienz durch Energierückspeisung und Leichtbauweise) bieten[2].

Private Anbieter verdienen für ihre Anteilseigner Geld, d. h., Einnahmen und Kosten müssen stets im Einklang sein. Dies lässt einige Nachteile erwarten: kurzfristige Gewinnmaximierung, weniger Ethos und Qualitätsdenken, Lohndumping zulasten der Mitarbeiter und sinkende Servicequalität gegenüber dem Fahrgast (Bahnbeamter, Vertrauens- und Respektsperson in Uniform).

12.4 Organisation von ÖV

Offenbar ist die Wiedereinführung der Marktwirtschaft im öffentlichen Verkehr sinnvoll, es müssen nur die Nebenwirkungen beobachtet und ggf. bekämpft werden. Dies gilt neben den oben genannten eher allgemeinen Aspekten an weiteren, für den ÖV spezifischen Stellen, die im Folgenden vertieft werden.

1. Die Fahrzeuge haben den schönen Namen *FLIRT = Flinker Leichter Innovativer Regional-Triebzug.*
2. Vergleiche das Kundenmagazin des Rhein-Main-Verkehrsverbunds: *RMVmobil*, Heft 3/2010, S. 4.

Jede Art von ÖV braucht Infrastruktur, dazu gehören:

ÖV braucht Infrastruktur.

- Zugangsbauwerke:
  Bahnhöfe, Haltestellen, Flughäfen
- Netze:
  Straßen, Schienen, Luftkorridore
- Sonstiges:
  Sicherungstechnik, Ampeln, Fluglotsen

Je erfolgreicher der ÖV, desto eher ist die Kapazität der Infrastruktur der limitierende Faktor. Diese Infrastruktur kann in der Regel nicht vom Verkehrsbetrieb selbst bereitgestellt und unterhalten werden. Straßen und Schienen (U-Bahn, Tram, Regional- und Fernverkehrsnetz) sind hoheitliche Infrastruktur und werden unentgeltlich (Straßen) oder gegen Entgelt (Maut, Trassen im Schienennetz) zur Verfügung gestellt.

Die Bereitstellung von Infrastruktur lässt sich offenbar schlecht privatisieren, dies zeigen jedenfalls Erfahrungen aus verschiedenen Branchen. Die Netze sollten daher unter hoheitlicher Verwaltung bleiben; dies gilt im Eisenbahnfernverkehr auch über Staatsgrenzen hinweg.

Es gibt nur einen ÖV.

»Der ÖV« wird vom Fahrgast als ein System wahrgenommen, bei dem alle Linien und Verkehrsmittel ineinandergreifen und nicht separat geführt werden. Andernfalls kommt es zu unerwünschten Effekten:

- *Schlechte Information* vor und während der Reise
- *Unsichere Anschlüsse*:
  Die Angst vor dem Verpassen des letzten Anschlusses ist ein riesiger Nachteil gegenüber dem eigenen Auto[3].
- *Irritierende Rivalität*:
  In ungeregelten Märkten findet auf der Straße teilweise ein regelrechter Kampf um den Fahrgast statt, wenn verschiedene Anbieter auf gleichen Strecken zügellos konkurrieren.

Zentralismus und Föderalismus

Der Fahrgast wünscht sich einheitliche Tarife, auch über Nahverkehrsbereichsgrenzen hinweg, am besten ein landesweit nutzbares Nahverkehrsticket. Der Wunsch nach DFI, Echtzeit-Flottenüberwachung, Anschlusskoordination usw. verlangt kompatible IT-Strukturen in Fahrzeugen und an Haltestellen, evtl. sogar bei Funknetzen in einem sehr großen Gebiet (im Idealfall sogar ganz Deutschland), das von mehreren Lizenznehmern befahren wird. Sollen die Aufgabenträger entsprechend ausgestattete Fahrzeuge beschaffen (oder nur die passende IT/Funkausrüstung) und sie den Lizenznehmern obligatorisch für die Laufzeit der jeweils erworbenen Lizenz zur Verfügung stellen?

3. Zuverlässige Anschlüsse sind eines der wichtigsten Qualitätsmerkmale im ÖV.

Überregionale Kooperation

In überlappenden Versorgungsgebieten und an den Übergängen der Versorgungsgebiete müssen die Verkehrsunternehmen Anschlüsse organisieren und ihre Fahrgäste über erreichbare und nicht erreichbare Anschlüsse zeitnah informieren.[4]

Datenaustausch

Die Kooperation von Verkehrsunternehmen wirft vielfältige Probleme auf und verlangt nach einem hohen Grad an Standardisierung beim Datenaustausch. Neben der organisatorischen Entwicklung einer Kooperation zwischen Verkehrsunternehmen ergeben sich für die praktische Umsetzung eine Reihe von Anforderungen an eine universellen Datenkommunikation, die nicht an den Grenzen eines Unternehmens auf Grund von Inkompatibilität der verwendeten Hard- oder Software respektive der verwendeten Protokolle scheitern darf.

12.5 Fördermittel und Wettbewerb

Fördermittel der öffentlichen Hand werden eingesetzt, um den öffentlichen Personenverkehr attraktiv und für den Fahrgast bezahlbar zu machen. Besonders gefördert werden Investitionen zur Verbesserung der Wirtschaftlichkeit, zum Einsatz zukunftsweisender Technologien und zur Erhöhung der Umweltverträglichkeit.

Manchmal geraten solche Fördermaßnahmen, die von ihrer Natur her langfristige, strukturelle Ziele verfolgen, mit dem Wunsch nach mehr Wettbewerb in Konflikt. Verliert ein Unternehmer bei der nächsten Ausschreibung seine Lizenz, so sitzt es auf Fahrzeugen, die möglicherweise für andere Zwecke kaum einsetzbar sind.[5]

Zentrale Beschaffung und Vermietung

Man kann daher auch einen anderen Weg verfolgen: Die öffentliche Hand beschafft die Infrastruktur, und der lizenznehmende Verkehrsbetrieb mietet sie für die Dauer seiner Lizenz. Ein zentrales Betreibermodell für das Funknetz – zu dem natürlich auch insbesondere zentrale Leitstellen gehören – räumt solche Probleme aus dem Weg.

4. »In der Bundesrepublik Deutschland bestimmen ca. 80 Kooperationen zwischen Verkehrsunternehmen und Aufgabenträgern den öffentlichen Personennahverkehr. Fahrgäste können innerhalb dieser Kooperationen unternehmensübergreifend und zumeist auch verkehrsträgerübergreifend in einem räumlich abgegrenzten Bereich mit nur einem Fahrausweis sämtliche Verkehrsmittel des Nahverkehrs nutzen. Was in den Binnengebieten der Kooperationen durch einen integrierten Verkehr funktioniert, stellt an den Grenzen der Verkehrskooperationen im ÖPNV ein Konfliktpotential dar« [C. Schöneberger: Verkehrskooperationen im ÖPNV. Diplomarbeit TU Dresden, 2006, S. 1].

5. Außerdem wird der Fördermittelgeber zeitanteilig Fördermittel zurückverlangen. Da die Förderdauer oft auf 10 Jahre bemessen ist, kann dies bedeuten, dass ein Unternehmer, der drei Jahre nach der Beschaffung solcher Fahrzeuge seine Lizenz verliert, 70 % der Fördermittel zurückzahlen muss. Auch wenn dies formaljuristisch korrekt ist, führt es doch in der Praxis mitunter zu problematischen Situationen. Eine Alternative könnte darin bestehen, dass bei der Ausschreibung die Weiterverwendung geförderter Fahrzeuge zur Auflage gemacht wird. Die Vergabe von Fördermitteln und die Ausschreibung von Verkehrsleistungen liegen jedoch in der Regel nicht in derselben Behörde. Um das Ziel gesamtwirtschaftlichen Handelns zu erreichen, muss man bei der Ausschreibung Angaben über faire Restwerte beschaffter Fahrzeuge machen, man muss den Anbietern Gelegenheit geben, die Fahrzeuge zu inspizieren usw.

12.6 ÖV vs. IV

Ging es im vorherigen Abschnitt um den Wettbewerb zwischen verschiedenen Verkehrsunternehmen oder verschiedenen öffentlichen Verkehrsmitteln (z. B. Fernbus vs. Eisenbahn vs. Flug), so geht es nun um den wesentlichen Wettbewerber des *öffentlichen* Verkehrs, nämlich den *individuellen* Verkehr.

Abb. 12-2 Das Verkehrsunternehmen im Wettbewerb

Umweltverträglichkeit

Jedes individuelle Verkehrsmittel ist per se ein Wettbewerber, auch wenn das Auto natürlich gesellschaftlich als Hauptfeind ausgemacht wird. Bisher waren die Nachteile des Autos schnell und nachvollziehbar erklärt: Ressourcenverbrauch, Umweltverschmutzung durch Abgase und Lärm, Flächenverbrauch durch Straßen und Parkplätze, Verkehrssicherheit usw. Neuerdings muss sich der öffentliche Verkehr gegen Trends vom smarten Kleinstwagen bis zum Elektroauto behaupten, die ebenfalls mit dem Umweltargument punkten. In letzter Zeit wurde außerdem die Fahrzeugsicherheit von Bussen und Bahnen häufig thematisiert.

Der VDV führt hierzu aus: »Einerseits eröffnen sich Möglichkeiten zur Förderung des öffentlichen Nahverkehrs. (...) Andererseits fordern politische Entscheidungsträger einen »noch grüneren« öffentlichen Nahverkehr und möchten sogar, dass dieser hier führend wird, obwohl sein Gesamtanteil an den Emissionen ohnehin schon gering ist. (...) Es sei jedoch darauf hingewiesen, dass der öffentliche Nahverkehr nicht Teil des Problems ist, sondern als Teil der Antwort auf die Herausforderungen und Probleme städtischer Gebiete zu betrachten ist.«[6]

Neben dem »Gegenhalten« durch den Einsatz moderner Technik in den Bereichen Fahrzeugantriebe und Steuerung sollte der öffentliche Verkehr selbstbewusst auf seine systemimmanenten Umweltvorteile hinweisen: Elektromobilität gibt es im schienengebundenen ÖV seit 100 Jahren, und kollektive Beförderung ist per se umweltschonend, zumindest bei ausreichender Auslastung, die

6. Verband Deutscher Verkehrsunternehmen (Hrsg.): Nachhaltiger Nahverkehr; Sustainable Public Transport. Alba Fachverlag, Düsseldorf 2010, S. 174.

wiederum durch effizienten und sicheren Einsatz erreicht werden kann – u.a. dank moderner Informationssysteme.

Der ÖV und das Auto

Zu den umweltfreundlichen individuellen Verkehrsmitteln wie Fuß und Fahrrad hat der ÖV seit jeher eine Integration im sogenannten *Mobilitätsverbund* angestrebt, neuerdings auch zu den automobilen Sonderformen Taxis, Mitfahrzentralen und Car-Sharing.

Insgesamt werden durch die Konkurrenz des Autos an den ÖV besondere Anforderungen gestellt, die weit über die reine Beförderungsleistung hinausgehen: »Die Nutzung öffentlicher Verkehrsmittel trägt nachhaltig zu Klimaschutz und Ressourcenschonung bei und entlastet die Straßen vom Verkehr. Doch wer die Wahl hat, zieht leider häufig das eigene Auto dem Bus oder der Bahn vor. Begründet wird dies meist mit fehlender Kundenorientierung des Öffentlichen Personennahverkehrs (ÖPNV) und seinen unzureichenden Angeboten und Verbindungen. Dabei kann die tägliche Fortbewegung mit Bus und Bahn bequem und nervenschonend sein, wenn die Fahrpläne gut aufeinander abgestimmt sind und sich das Angebot nach den Bedürfnissen der KundInnen richtet.«[7]

Prioritäten steuern: Push/Pull

Im direkten Wettbewerb zum Auto hat der öffentliche Verkehr im Straßenraum, also mit Bussen und Straßenbahnen, wenig Chancen, einen komplett wahlfreien Reisenden zu gewinnen. Ordnungspolitische Maßnahmen müssen unterstützen und den ÖV priorisieren. Dabei kann es einerseits attraktivitätssteigernde (pull) und andererseits den Individualverkehr benachteiligende Maßnahmen (push) geben.

- Ansatzpunkte zur Attraktivitätssteigerung des ÖV sind:
  Busspuren, Bevorrechtigung an Ampeln, eigene Gleiskörper für Straßenbahnen oder Schnellbussysteme, Zufahrt zu exklusiven Bereichen, z.B. zur Fußgängerzone in der Innenstadt oder direkt in große Veranstaltungsorte hinein.
- Ansatzpunkte zur Attraktivitätssenkung des Autos sind:
  Parkraumbewirtschaftung, Maut, Zufahrtsbeschränkungen (Umweltzonen), Abgaben und Steuern.[8]

12.7 Erfolgsfaktoren für den ÖV

Der öffentliche Verkehr hat alle Möglichkeiten, sich auch in unmittelbarer Konkurrenz zum Auto durchzusetzen. Folgende Felder können dabei durch den Einsatz moderner Informatik besonders gestärkt werden:

Zugangshemmnisse abbauen

Die Bedeutung von Basiskenntnissen wird unterschätzt. Dies beginnt beim richtigen Einstieg, dem Haltewunsch zum Öffnen der Türen etc. Eine große Sorge ungeübter Nutzer ist der Fahrscheinkauf; vor allem ist es die Angst, den falschen Fahrschein zu kaufen und am Ende öffentlich als Betrüger vorgeführt zu werden.

7. http://www.vcd.org/nahverkehr_anforderungen.html
8. Ein interessantes Beispiel dazu findet sich in einem ÖPV-Entwicklungsland wie Vietnam: Dort werden private PKW umso höher besteuert, je weniger Sitzplätze sie bieten.

eTicketing

Der aktuelle Trend rund um den Fahrausweis heißt eTicketing: Einfach einsteigen, losfahren und am Ende aussteigen – der optimale Fahrpreis wird vom System ermittelt. Diesem verlockenden Versprechen stehen jedoch einige menschliche Befindlichkeiten entgegen: Funktioniert die Technik wirklich, werde ich beim Einsteigen erfasst und wird vor allem der Ausstieg registriert? Wie viel kostet mich die Reise, wie können Kinder und Hunde mitfahren? Und wo bekomme ich die Chipkarte, darf ich noch direkt in den Bus einsteigen und wie mache ich bloß alles richtig? Die Sorge vor der Aufzeichnung von Bewegungsprofilen und der Überwachung wird in den Medien oft hochgespielt, jedoch tendenziell überschätzt. Die Menschen haben sich daran gewöhnt, dass bestimmte Geschäftspartner (Banken, Telefonanbieter, Stromanbieter, Reiseunternehmen) sensible Daten besitzen, die sich aus dem Zweck der Geschäftsbeziehung ergeben. Der entscheidende Punkt ist, dass solche Daten sicher aufbewahrt und nicht weitergegeben oder gar zusammengeführt werden.

Die technische Entwicklung wird auch im ÖV nicht haltmachen und ähnlich wie bei Mobiltelefonen die richtigen Lösungen finden. Der klassische Papierfahrschein, die Barzahlung beim Fahrer und vor allem die Dauerkarte[9] werden daneben bis auf Weiteres ihren Platz im Alltag behalten.

Der *Verkehrsclub Deutschland* fasst wie folgt zusammen: »Wie der Öffentliche Verkehr funktioniert, wo man ihn findet und wie man ihn nutzt, soll jeder Mensch nur einmal im Leben lernen müssen. Fahrscheinautomaten, Fahrpläne, Wegweiser und andere Hilfsmittel müssen für jeden ohne langes Studieren leicht zu verstehen sein.«[10]

Information ist alles.

Ein eigenes Auto vermittelt das sichere Gefühl, zu jeder Tages- und Nachtzeit jeden Ort erreichen zu können. Beim ÖV bleiben die bangen Fragen: »Komme ich da überhaupt hin? Und abends wieder zurück?« Hier helfen gute Informationen: über das grundsätzliche Angebot, für die Reiseplanung und entlang der gesamten Reisekette – natürlich stets aktuell vorgehalten. Untersuchungen zeigen, dass ein relevanter Anteil von Reisen nur aufgrund mangelnder Kenntnis der ÖV-Alternative nicht mit dem ÖV durchgeführt wird.

Hier kann die Informatik einen entscheidenden Beitrag leisten. Dies beginnt mit der generellen Information über die prinzipiellen Möglichkeiten, vom Liniennetz bis zum Tarifberater, geht dann über in die konkrete Reiseplanung für einen Tag und eine bestimmte Uhrzeit, mit einem letzten Abgleich kurz vor dem Verlassen des Hauses. Es geht weiter mit kartografischer Unterstützung auf dem Weg zur Haltestelle, einer dynamischen Anzeige an der Haltestelle, Linieninformation am sich nähernden Bus, während der Fahrt im Bus über die nächsten Halte und Anschlüsse, womöglich über den dreidimensionalen Fußweg durch das komplizierte Umsteigebauwerk usw.

Die letzte Meile

Feinverteilung ist die Schwäche kollektiver Verkehrsmittel. Ihre Stärke sind gebündelte Punkt-zu-Punkt-Verkehre, die im wahren Leben aber nur selten anzutreffen sind. Zweitbestes Angebot sind Linienverkehre, bei denen ein Korri-

9. Gibt es eigentlich ein für den Kunden bequemeres, für die Gesellschaft wünschenswerteres und meist auch für den Verkehrsbetrieb (der womöglich einen Jahresbeitrag im Voraus abbuchen darf) lukrativeres Modell?
10. http://www.vcd.org/nahverkehr_anforderungen.html

dor bedient wird, ggf. gekoppelt mit Expresslinien, die nur einen Teil der Stationen bedienen. Die letzte Meile, also der Weg zur und von der Haltestelle, bleibt die größte Herausforderung, die es zu meistern gilt: einerseits durch möglichst kurze Wege (angemessene Haltestellenabstände, natürlich immer mit der Nebenwirkung der Fahrzeitverlängerung) und hohe Aufenthaltsqualität an der Haltestelle bzw. im Bahnhof und andererseits durch gute Information über die tatsächliche Abfahrtszeit.

12.8 Sicherheit

Bedeutung der Leitstelle

Der öffentliche Verkehr spielt sich per Definition im öffentlichen Raum ab, zusammen mit anderen Fahrgästen bzw. wenig vertrauenerweckenden Begleitern. Neben dem Einsatz von Sicherheitspersonal ist die technische Überwachung von Bahnhöfen und Fahrzeugen, kombiniert mit Leitstelle und Notrufzentrale, ein wichtiger Beitrag zur Erhöhung des subjektiven Sicherheitsgefühls – für den Fahrgast und das Fahrpersonal.

Nicht zu unterschätzen ist die Wirkung des allgemeinen Umfeldes auf das subjektive Sicherheitsempfinden: gute Beleuchtung von Bahnhöfen und Haltestellen, Sauberkeit hinsichtlich Optik, Haptik und Gerüchen.

Verzerrte Wahrnehmung

Doch es geht nicht nur um objektiv belegbare Sicherheit. Subjektiv werden die verkehrstechnische Sicherheit der Fahrzeuge und die Umsicht des Fahrerpersonals stets sehr kritisch betrachtet, auch wenn sämtliche Statistiken die wesentlich höheren Risiken eines selbst gesteuerten Autos belegen. Unfälle im öffentlichen Verkehr erreichen eine wesentlich höhere mediale Aufmerksamkeit[11]. Fahrerlose Systeme lösen besondere Skepsis aus – zumindest so lange, bis sich die Bevölkerungsmehrheit daran gewöhnt hat.[12] Die Angst vor terroristischen Anschlägen hat den öffentlichen Verkehr in Bahnen und Bussen offenbar bisher noch nicht erreicht, eigentlich überraschend, da doch viele Ähnlichkeiten zum Flugverkehr bestehen.

12.9 Blick in die Welt

Öffentlicher Verkehr hat in Deutschland eine lange Tradition und ist entsprechend hoch entwickelt. Öffentlicher Verkehr ist eine zentrale Voraussetzung für die Entwicklung eines Landes: Europa (auch Osteuropa) hat dies längst erkannt, Südamerika entwickelt sich in letzter Zeit zum Musterbeispiel, die USA holen auf, China investiert enorm.

11. Schon jetzt beginnt kaum eine Klassenfahrt ohne eine eingehende Inspektion des Reisebusses durch die Eltern bzw. herbeigerufene Polizisten. Unfälle mit öffentlichen Verkehrsmitteln und vor allem Fragen zu deren Ursachen werden in der Presse besonders breit dargestellt – man denke neben Straße und Schiene hier auch an den Luftverkehr.
12. Die physikalische Anwesenheit eines Fahrers schafft Vertrauen; die virtuelle Anwesenheit von Überwachungspersonal, welche durch Kameras hergestellt wird, ist weniger gut wahrnehmbar.

Megacitys auf dem Vormarsch

Öffentlicher Verkehr egalisiert Chancen zwischen alt/jung, arm/reich, Stadt/Land und fördert eine »Homogenisierung« der Gesellschaft, was wiederum tendenziell zu politischer Stabilität und genereller Prosperität führt. In Indien, China und Südamerika wächst durch steigenden Wohlstand eine Mittelschicht heran, die Autos bezahlen kann und allmählich auf den Individualverkehr umsteigt. Um den Verkehrskollaps abzuwenden, muss man den ÖV in diesen Ländern auch für Besserverdiener attraktiv machen.

Das setzt einen entsprechend hohen Standard bei Komfort, Zuverlässigkeit und Pünktlichkeit voraus. Deutschland hat hier viel zu bieten, von der Verkehrsnetzplanung über die Infrastruktur bis hin zu umfassenden IT-Lösungen. Das ITVU-Modell ist ein Beitrag dazu.

Unterschiedliche Prioritäten

Regionale Unterschiede beeinflussen die Rahmenbedingungen für den Einsatz von Informatik in Verkehrsunternehmen. Ein Beispiel ist die Gewichtung von Fahrzeugkosten im Verhältnis zu Personalkosten, meist gepaart mit einer anderen Bedeutung des Begriffs »Fahrplan«.

Die Fahrdienstkosten (Personalkosten) sind in Europa meist höher als die Fahrzeugkosten. Daher liegt das Augenmerk besonders auf der Optimierung der Dienste.

Anders sieht es außerhalb Europas aus: Das Fahrzeug ist meist teurer als Personal, zumal neben den geringen Löhnen keine komplizierten Dienstregeln gelten. Nützlich sind hier – neben der Umlaufoptimierung – pragmatische Werkzeuge, die aus generellen Vorgaben einen Fahr- und Umlaufplan in einem Schritt ableiten. Dabei wird der Fahrplan innerhalb der festgelegten Grenzen so bestimmt, dass möglichst perfekte Umläufe entstehen. Dazwischen liegt die Sensitivitätsanalyse (hier kann der vorgegebene Fahrplan durch Fahrtverschiebung modifiziert werden).

Der strengen, möglichst über den Tag gleichen Vertaktung mit gleichen Abfahrtsminuten wird in etlichen Ländern wesentlich weniger Bedeutung zugemessen als bei uns, wichtiger ist die Frequenz, also der möglichst gleich verteilte Abstand der Fahrzeuge und die operative Vermeidung von Pulkbildung.

Das Angebot orientiert sich in anderen Märkten viel stärker an den benötigten Kapazitäten und den zur Verfügung stehenden Mitteln (»Wie viel ÖV bekomme ich für einen Betrag X?«) bzw. in den komplett subventionsfreien Märkten ganz strikt an den zu erzielenden Fahrgeldeinnahmen.

ÖV schafft Arbeitsplätze.

Der öffentliche Verkehr beinhaltet schon als Grundidee eine Arbeitsplatz schaffende Wirkung: Ich lasse mich fahren, statt selber zu fahren. So entstehen Arbeitsplätze in den Verkehrsbetrieben: in direktem Zusammenhang mit dem Fahrbetrieb (Fahrer, Schaffner und Zugbegleiter, Verkehrsmeister, Rangierer, Werkstatt etc.), indirekt im Umfeld (Reinigung, Sicherheit, Kioske etc.) und natürlich in der »Zentrale«, also Planer, Disponenten, Leitstellenmitarbeiter etc. Hier besteht ein enger Zusammenhang zur Informationstechnik: Auch sie schafft Arbeitsplätze, verändert jedoch auch Arbeitsbedingungen und kann vor allem auch einfache Arbeitsplätze wegrationalisieren. Anspruchsvolle IT-Lösungen benötigen hoch qualifizierte Betreuer, bieten aber auch dem Planer neue Entfaltungsmöglichkeiten, da er von Routineaufgaben entlastet wird und sich auf das eigentliche, kreative Planen konzentrieren kann, wo er seine Erfahrung und Ortskenntnis einbringen kann.

Auch in der Industrie schafft der ÖPV Arbeitsplätze: in den Bereichen Fahrzeuge, Sicherungstechnik, Bauten, aber auch in der Informatik. Verschiedenste Lieferanten und Dienstleister bieten anspruchsvolle und zukunftssichere Arbeitsplätze in einer Branche, mit der man sich hervorragend identifizieren kann.

Deutsche Technik und umfassendes Know-how rund um den öffentlichen Verkehr sind weltweit Exportschlager.

13 Informatik

Softwareingenieure verwenden Modelle, um IT-Systeme zu beschreiben. Sie zeichnen dazu Bilder, in denen der Zusammenhang zwischen den verschiedenen Bausteinen eines Systems dargestellt wird. Außerdem beschreiben sie die einzelnen Bausteine in einer mehr oder weniger standardisierten Art und Weise.

Warum ein Modell?

In der Regel werden Modelle für ein konkretes IT-System erstellt, bevor es entwickelt wird. Je früher dabei bestimmte Probleme erkannt werden, desto preiswerter ist die Änderung. Ist dann das System fertig, so passiert es oft, dass Weiterentwicklungen nur noch in die technische Umsetzung einfließen, während das Modell immer noch einen eingefrorenen historischen Stand widerspiegelt. Um dies zu vermeiden, legen moderne Softwareentwicklungsumgebungen sehr viel Wert auf Durchgängigkeit, das sog. »Round-Trip Engineering«.

Manchmal entdeckt ein Unternehmen erst sehr spät, dass zu den vorhandenen Systemen zwar alle möglichen Details dokumentiert sind, aber dass nur sehr wenige Beschreibungen auf einem einheitlichen, konzeptionellen Abstraktionsniveau existieren. Man möchte sich dann freischwimmen von historischen Zufälligkeiten, von technischen Details und Optimierungen, die oft den Blick auf das Wesentliche verstellen. In solchen Fällen werden Modelle für bestehende Systeme nachträglich erstellt.

Einzelsystem vs. Produkt

Wenn Systeme nicht nur für ein einzelnes Unternehmen maßgeschneidert individuell entwickelt, sondern als Produkt vermarktet werden sollen, sind Modelle besonders wichtig. Sie müssen die fachlichen Vorstellungen der gesamten Zielgruppe widerspiegeln. Sie stellen Gemeinsamkeiten heraus und bieten Ankerpunkte für individuelle Erweiterungen und Verfeinerungen.

Domain-Modelle

Das Buch beschreibt ein Modell, das die wesentlichen Charakteristika einer gesamten Branche herausarbeitet, d.h., es bezieht sich nicht auf ein konkretes Produkt und nicht auf ein konkretes Verkehrsunternehmen. Solche Modelle werden üblicherweise als *Branchenmodell* bezeichnet, im Englischen als *domain model*. In das ITVU-Branchenmodell ist Wissen aus existierenden Normen und Empfehlungen und aus unternehmensübergreifenden Arbeitskreisen[1] eingeflossen, in denen deutsche Softwarehersteller und Verkehrsunternehmen nationale Schnittstellenstandards erarbeiten. Darüber hinaus wurden Elemente aus ande-

1. VDV-Ausschuss für Informationsverarbeitung: www.vdv.de.

ren Standards[2] berücksichtigt sowie Erfahrungen aus dem direkten Kundenkontakt, innerhalb und außerhalb Europas.

13.1 Beschreibungsmethoden – ein Rückblick

Referenz-Datenmodelle 1980 ...

Schon in den 1980er-Jahren gab es die Idee, für bestimmte Branchen standardisierte Modelle zu entwickeln, um einen Rahmen für die Entwicklung konkreter Systeme vorzugeben. So hat sich beispielsweise IBM bei der Erstellung eines Referenzmodells für den Finanzmarkt engagiert[3]. Entsprechend der damals favorisierten Methodik erstellte man sehr große *Datenmodelle*. Durch die Verwendung künstlicher Begriffe auf mehreren Abstraktionsebenen fanden sich die Unternehmen mit ihrem alltäglichen Sprachgebrauch nicht wieder – und das Ganze verlief im Sande.

Produktmodelle 1990 ...

Andere, weniger altruistische Bemühungen gingen von einzelnen Herstellern (z. B. SAP) aus, denen es darum ging, ihr eigenes bestehendes Softwaresystem so weiterzuentwickeln, dass es die Besonderheiten der wichtigsten Branchenmitglieder berücksichtigt. Die Ergebnisse solcher Modelle flossen jeweils zeitnah in das betreffende Produkt ein. Diese Ansätze waren erfolgreicher, was den praktischen Nutzen angeht, führten jedoch in der Regel nicht zu einem offengelegten Modell und beschränkten sich auf das konkrete Produkt. Methode und Werkzeug der Beschreibung[4] ordneten sich den Gepflogenheiten des jeweiligen Herstellers unter.

Objektmodelle 2000 ...

Während man anfangs getrennte Modelle für Daten und Funktionen verwendete, bauen moderne Modelle auf dem Grundprinzip der objektorientierten Softwareentwicklung[5] auf. Die Idee der Objektorientierung reicht zurück bis in die 1960er-Jahre und kommt aus dem Bereich der Simulation technischer Systeme. Sie wurde bereits in den 1980er-Jahren von einzelnen Unternehmen als tragendes Prinzip bei der Entwicklung großer kommerzieller Informationssysteme verwendet. Spätestens gegen Ende des 20. Jahrhunderts hatte sich die Einsicht allgemein durchgesetzt, dass Objektorientierung nicht nur ein geeignetes Gestaltungsprinzip für kleine Echtzeitsysteme, sondern auch als universelles Paradigma anderen Methoden überlegen ist.

Abstraktionsebene

Bei der objektorientierten Modellierung unterscheidet man zwischen der *konzeptionellen* und der *technischen* Ebene.

... fachlich

Konzeptionelle Modelle konzentrieren sich auf fachliche Inhalte. Sie dienen der Kommunikation zwischen Informatikern und Verkehrsfachleuten. Sie verwenden möglichst wenig technische Abkürzungen, und ihr Layout wird so gestaltet, dass fachlich zusammengehörige Klassen auch grafisch eine erkennbare Einheit

2. SIRI: www.kizoom.com/standards/siri
   CEN/Transmodel: www.transmodel.org
3. www.scribd.com/doc/7286279/Finance-Industry
4. Vergleiche z. B. »Datenmodellierung und Datenbankentwurf«, Springer 2005, Kap. 6 – Der SAP-Ansatz für die Datenmodellierung.
5. Zur Standardliteratur über Objektorientierung vgl. folgende Liste: http://de.wikibooks.org/wiki/Programmieren:_Paradigmen:_Objektorientierte_Programmierung#Literatur.

bilden. Sie sind die Grundlage für Schnittstellenvereinbarungen. Naheliegenderweise verwenden wir in diesem Buch genau diese Art von Modellen.

... technisch

Technische Modelle geben den Aufbau eines konkreten Softwaresystems exakt wieder[6] und enthalten daher neben den fachlich bedeutsamen Klassen auch viele weitere, die sich aus der konkreten Art der Softwarekonstruktion ergeben. Für den Laien und auch für den Verkehrsfachmann sind sie nicht gedacht. Für das vorliegende Buch spielen sie keine Rolle.

13.2 Gestaltung von IT-Architekturen

Verkehrsunternehmen betreiben in der Regel keine individuelle Softwareentwicklung. Die Erfahrung zeigt, dass die Beschaffungs- und vor allem auch die Wartungskosten individueller Lösungen unverhältnismäßig hoch sind.

Inkrementelle Beschaffung von IT-Systemen

Wenn deutsche Verkehrsunternehmen heute neue Softwaresysteme beschaffen, so suchen sie meist nach einer besseren Lösung für ein bestimmtes Teilgebiet, wie z. B. für die Fahrplanung, die Dienstplanung, die Fahrgastinformation oder für die Arbeit in der Leitstelle. Der deutsche ÖPV-Markt ist hoch entwickelt[7], d. h., die meisten Unternehmen haben bereits mehr oder minder komplexe IT-Systeme im Einsatz und scheuen Risiko und Kosten einer kompletten Erneuerung. Ähnliches gilt für etliche europäische Nachbarländer, weniger jedoch für (Süd-)Osteuropa.

Komplettbeschaffung von IT-Systemen

Wenn große Städte oder Regionen außerhalb Europas ihre Verkehrssysteme neu gestalten, trifft man öfter den umgekehrten Fall an: Die Vergabe von Lizenzen für den Betrieb des Streckennetzes wird international ausgeschrieben, und es wird erwartet, dass der Anbieter (meist Konsortien) die gesamte Infrastruktur mitbringt bzw. aufbaut – vom Personal über den Fahrzeugpark bis hin zur Ausstattung der Haltestellen, der Funkkommunikation und sämtlichen IT-Systemen.

Vorgaben für Hersteller

Die IT-Architektur eines Verkehrsunternehmens ist somit maßgeblich durch die Entwurfsentscheidungen der Softwarehersteller bestimmt. Je mehr unterschiedliche Softwareprodukte im Einsatz sind und je heterogener deren Design ist, umso mehr wird die IT-Landschaft eines Verkehrsunternehmens zu einem Flickenteppich. Doch auch der Neuaufbau kompletter Systemwelten hat es in sich: Hier droht die Gefahr, völlig in die Abhängigkeit von einem einzelnen Anbieter zu geraten. Das beste Gegenmittel ist in beiden Fällen der Nachweis, dass ein System aus mehreren Komponenten besteht, die über offengelegte Schnittstellen miteinander Daten austauschen.

Es liegt daher im Interesse der Verkehrsunternehmen, Mindestansprüche an die Modularität und Interoperabilität von IT-Systemen zu formulieren – ohne den Spielraum der Hersteller zu sehr einzuengen.

Herstellermischung

Die exakte Ausgestaltung der Schnittstellen, der Lieferrhythmus und die Art der Synchronisierung zwischen zwei Systemen unterschiedlicher Hersteller sind

6. Manche Tools können technische Klassenmodelle sogar aus dem Programmcode extrahieren.
7. Die InnoTrans-Messe (www.innotrans.de) gibt den besten Überblick über Hersteller und Lösungen; sie findet alle zwei Jahre statt.

immer im Detail abzustimmen. Insbesondere wenn es nicht nur um das Austauschen von Daten (z. B. via XML, Excel, SQL) geht, sondern auch um den wechselseitigen Aufruf von Funktionen, muss man sich zwischen einer Vielzahl von technischen Möglichkeiten entscheiden[8].

Unterschiede bei der Systemsoftware

Trotz ihrer Vielfalt sind Abweichungen bei technischen Basiskomponenten wie Betriebssystem, Webserver oder Datenbank heute eher unproblematisch. Entweder portiert der Hersteller sein System auf die gewünschte Plattform oder man überträgt ihm die Konfiguration oder gar den Betrieb der Komponenten. Auch kann man eine gewisse Heterogenität dulden, da es Administrationswerkzeuge und Standards gibt, die für eine Mindestkompatibilität sorgen.

Anwendungssoftware

Wichtiger ist die Frage, wie der Informationsfluss zwischen verschiedenen IT-Systemen organisiert wird. Dabei geht es einerseits um Kommunikationstechnik (Schnittstellendateien, Datenbankzugriffe, Programmaufrufe, Messagetransfers, Protokolle) und andererseits um die inhaltliche Kommunikation:

- Passen die Datenfelder technisch zusammen (Zeichensätze, Wertebereiche, zulässige Werte von Aufzähltypen)?
- Passen die Datenfelder inhaltlich zusammen? Verstehen die beteiligten Systeme das Gleiche unter einem fachlichen Begriff wie z. B. der *Wendezeit*?
- Können mehrere Versionsstände von Dateninhalten parallel ausgetauscht werden? Wie werden sie unterschieden?
- Wie werden Datenobjekte (z. B. eine Fahrt, ein Zug) identifiziert? Passen die Schlüsselsysteme zusammen?
- Passen die fachlichen Grundannahmen zusammen? Kann ein System z. B. zwischen zwei benachbarten Streckenpunkten im Verkehrsnetz unterschiedliche Streckenführungen abbilden oder verkraftet es nur eine einzige? Kann es tageszeitabhängig unterschiedliche Fahrzeiten für einen Fahrweg verwalten?

Es sind vor allem solche Fragen, die besonders hohe Kosten verursachen, wenn »Impedanzunterschiede« vorliegen. Ein Branchenmodell hilft, bestehende Unterschiede aufzudecken, und zeigt Wege zur Vereinheitlichung auf.

Objektorientierung »in the large«

Die objektorientierte Methodik hat sich in den letzten Jahren weiterentwickelt. Sie bietet Konzepte und teilweise auch Werkzeuge, die speziell auf die Beschreibung und Gestaltung großer IT-Systemlandschaften zielen, wie etwa die Bildung von Komponenten bzw. Diensten und die Etablierung standardisierter Kommunikationsverfahren zwischen Diensten.[9] Sie zielt damit auf das Zusammenspiel von Softwaresystemen, die aus unterschiedlichen Quellen stammen können.

Serviceorientierte Architektur

Der Begriff der serviceorientierten Architektur findet sich heute in der IT-Strategie vieler Unternehmen als Zielvorstellung – auch bei (größeren) Verkehrsunternehmen. Die Idee ist, dass modulare, gekapselte Services ausschließlich

8. OLE, COM, CORBA, SOAP
9. Eine gut verständliche Abgrenzung der Begriffe *Serviceorientierung, Objekt- und Komponentenorientierung* findet sich in »Serviceorientierte Architektur« von Roger Heutschi, Springer Verlag, S. 49 ff.

über offengelegte Schnittstellen und einen allgemeinen Service-Bus[10] miteinander kommunizieren, so dass man Geschäftsprozesse durch das »Orchestrieren« des Zusammenspiels von Diensten in einer »Workflow-Konfigurationsanwendung« gestalten kann. Im Idealfall schlagen sich die Geschäftsregeln und Verhaltensrichtlinien eines Unternehmens dabei als »Business Rules« im Workflow-System nieder, so dass zumindest punktuell ein uralter Traum von Informatikern wahr wird: Die Spezifikation ist gleichzeitig die Implementierung.

Bus-Prinzip, Asynchronität

Hier spielt die Vorstellung der Entkopplung von Anwendungen bzw. Diensten eine Rolle: Eine Komponente, die Informationen für nachfolgende Anwendungen bereitstellen will, publiziert ihre Ergebnisse über ein Bus-System. Der Empfänger errichtet ein Abonnement auf diejenigen Daten, die ihn als Input interessieren, und kann dann in einem zeitlich entkoppelten Rhythmus seine Leistung erbringen. Er kennt den Lieferanten seines Inputs nicht. Stattdessen steht die Infrastruktur (Middleware) des Informationsbusses als Makler und Treuhänder zwischen beiden Komponenten. Das Hinzunehmen neuer Dienste erfordert im Prinzip nur noch das Einrichten weiterer Abonnements.

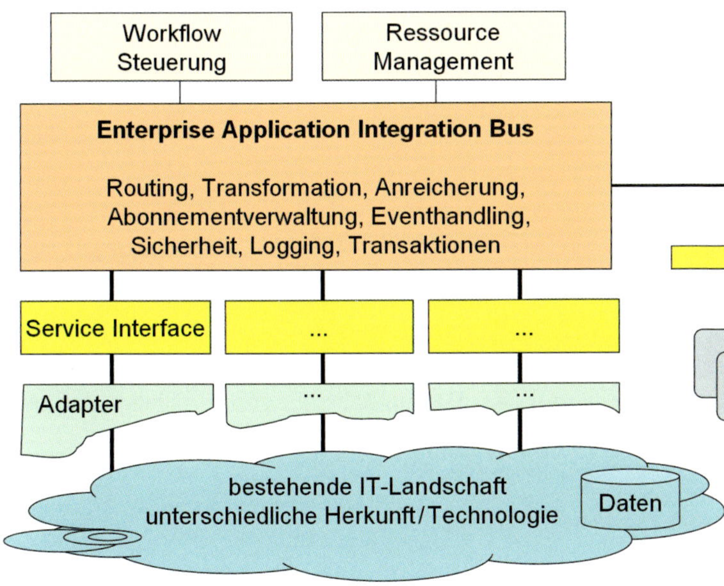

Abb. 13-1
Bus-Architektur

Idee und Realität

Die Wirklichkeit ist von solchen Zielvorstellungen meist noch sehr weit entfernt. Der Kern dieser Vision weist jedoch in eine Richtung, die sich mit den Zielen des vorliegenden Buches deckt.

Syntax vs. Semantik

Damit zwischen Komponenten fachliche Inhalte ausgetauscht werden können, genügt es nicht, ein einheitliches syntaktisches Austauschformat wie z. B. XML festzulegen. Vielmehr müssen die Transaktionsinhalte, über die Services ihre Ergebnisse dem Bus anvertrauen, fachlich beschrieben werden. Ohne eine solche semantische Definition wäre der übergebene Inhalt für den Empfänger

10. Der Fachbegriff für diese Art der Kommunikationsinfrastruktur lautet *Enterprise-Service-Bus (ESB)*, das Prinzip wird als *Enterprise Application Integration (EAI)* bezeichnet.

wertlos. Und genau hier kommt das Branchenmodell ins Spiel, denn es beschreibt die fachliche Bedeutung der einzelnen Informationselemente und ihr Verhältnis zueinander.

Daten und Funktionen

Zur Idee der Serviceorientierung gehört auch, dass Dienste sich wechselseitig in Anspruch nehmen können. Man sollte sich also nicht auf die Vorstellung beschränken, dass Ergebnisse wie in einer Eimerkette weitergegeben werden. Dazu ein Beispiel:

In einem Verkehrsunternehmen wird meist zuerst ein Fahrplan erstellt und dann auf dieser Basis ermittelt, welche Fahrzeuge benötigt werden. Danach stellt man einen Dienstplan auf, in dem für jeden Fahrer festgelegt wird, wann er mit welchem Fahrzeug welche Fahrten durchführen soll. Es kann nun sein, dass bei diesem Vorgehen für bestimmte Fahrer immer wieder größere Lücken (Zwangspausen) entstehen, z. B. beim Wechsel auf ein anderes Fahrzeug. Es bietet sich in solchen Fällen an, durch geringfügige Änderungen am Fahrplan auszuprobieren, ob solche Lücken vermieden werden können. Die Komponente zur Dienstplanerstellung könnte zu diesem Zweck einen Dienst der Fahrplanerstellung benutzen, der nach bestimmten Vorgaben einen Alternativplan erzeugt. Ist diese Lösung deutlich besser, so muss man natürlich noch dafür sorgen, dass der so optimierte Fahrplan auch wirklich gilt. Das könnte z. B. über ein Leistungsangebot (Interface) der Fahrplanungskomponente erfolgen, denn in der Folge sind viele Dinge (wie z. B. die Publikation des veränderten Fahrplans) zu beachten, mit denen sich die Dienstplanung nicht befassen will und sollte.

Schnittstelle, Interface

Für das ITVU-Branchenmodell folgt daraus, dass der Begriff der Schnittstelle in den Vordergrund tritt. Interfaces fassen die Leistungen von Komponenten zusammen und definieren die Semantik der Dateninhalte, die zum Erbringen der Leistung benötigt werden.

13.3 Werkzeuge zur Modellierung

Es gibt heute sehr leistungsfähige Werkzeuge, die bei der Erstellung von UML-Diagrammen unterstützen. Im Gegensatz zu allgemeinen Zeichenwerkzeugen wie Powerpoint oder Visio berücksichtigen sie von vornherein die UML-Syntax.

Grafikwerkzeug und Versionsverwaltung

Die Diagramme dieses Buches wurden mit dem Werkzeug *Enterprise Architect (EA)* der Firma *Sparx Systems*[11] erstellt. Die Versionsführung erfolgt mit *subversion*[12]. *EA* eignet sich sehr gut für die grafische Gestaltung und kann auch elementare Angaben zu Attributen und Funktionen strukturiert verwalten.

Textwerkzeug

Man stößt bei UML-Tools jedoch schnell an Grenzen, wenn man illustrierende Texte hinzufügen oder gar eine offene Diskussionsplattform für die Weiterentwicklung des Modells einrichten will. Wir verwenden daher zusätzlich ein

11. www.sparxsystems.at
12. www.subversion.tigris.org

Wiki. So sind auch mehrsprachige Texte, Bilder, Hyperlinks, Kategorien, Textvorlagen und das Erzeugen von tabellarischen Übersichten mit Textauszügen bequem möglich. Die Versionsverwaltung der Texte ist in das Wiki integriert. Wir setzen ein *MediaWiki*[13] ein; es handelt sich also um die gleiche Open-Source-Technologie, die auch in *Wikipedia* verwendet wird.

Integration der Tools und Webseiten-Export

Der *Enterprise Architect* besitzt die Fähigkeit, seinen Inhalt[14] im HTML-Format zu exportieren. Wir stellen diesen HTML-Export auf unseren Webseiten zur Verfügung und verknüpfen ihn mit dem Wiki (das von vornherein im Internet steht). Von der Beschreibung einer Klasse im Wiki aus gelangt man über einen Link zu der passenden Grafik. In den Grafiken der Teilmodelle funktioniert es auch umgekehrt: Durch einen Klick auf ein kleines Icon innerhalb der Klasse der entsprechenden Grafik gelangt man auf die entsprechende Seite im Wiki. Die folgende Grafik zeigt das Zusammenspiel aller Tools:

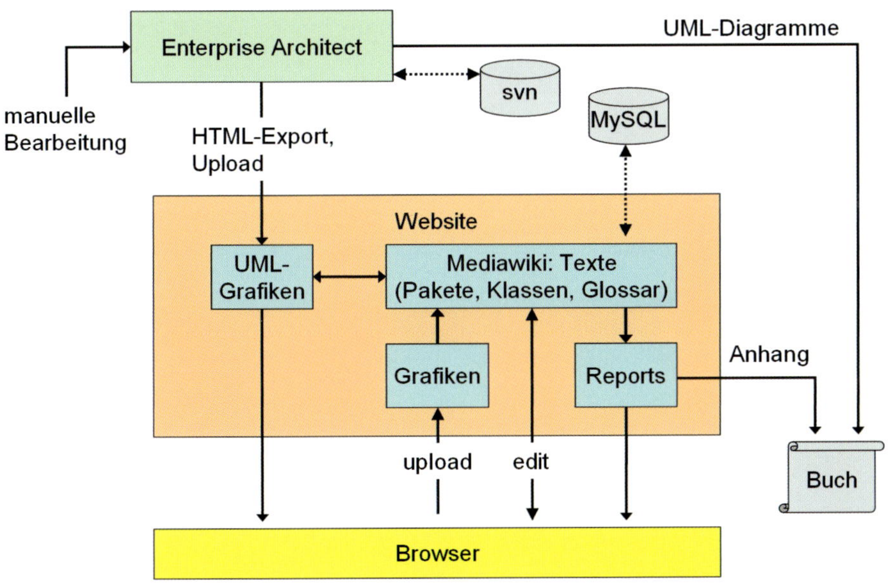

Abb. 13-2
Zusammenspiel der Werkzeuge

13. www.mediawiki.org
14. Exportiert werden die Grafiken, der Navigationsbaum und die Formulare zur Klassenbeschreibung.

14 Methodik der Modellierung

Ausführungen zur Methodik geraten oft recht trocken – ganz besonders, wenn sie Musterbeispiele heranziehen, die mit dem eigentlichen Thema nichts zu tun haben. Wir haben uns daher entschlossen, Beispiele aus unserem Branchenmodell aufzugreifen. Auch wenn Sie mit UML bereits vertraut sind, empfehlen wir, das Kapitel zumindest zu überfliegen, da es etliche individuelle Festlegungen enthält.

14.1 Bildung von Teilmodellen

Das Modell umfasst ca. 230 Klassen, welche zu rund 20 Paketen zusammengefasst sind. Auf der obersten Ebene unterteilen wir das Modell in neun Bereiche.

Darstellungen des Gesamtmodells

In der Darstellung unterscheiden wir zwischen dem Gesamtmodell und den Teilmodellen. Zum Gesamtmodell gehören folgende Darstellungen:

- *Paketübersicht*:
  alle Pakete, jeweils mit Name und Liste der Klassen; optische Anordnung nach Modellbereichen
- *Kernmodell*:
  die wichtigsten Klassen (ca. 25) und ihre Beziehungen (ca. 40)
- *Hauptmodell*:
  ca. 70 Klassen (inkl. Attribute, Funktionen, Legende) und deren Beziehungen; die restlichen Klassen sind pauschal als Pakete aufgelistet; das Kernmodell ist im Hauptmodell enthalten
- *Kompaktmodell*:
  gleicher Umfang wie das Hauptmodell, jedoch wird von jeder Klasse nur der Name angezeigt

Darstellung der Teilmodelle

Teilmodelle beschreiben jeweils die Klassen eines Pakets. Zusätzlich enthalten sie diejenigen Klassen anderer Pakete, zu denen irgendeine Klasse des betreffenden Pakets eine direkte Beziehung hat. Die Darstellungsinhalte der Teilmodelle überschneiden sich daher. Einige Teilmodelle halten wir für weniger wichtig als andere – sie sind in einer eigenen Gruppe als »Zusatzmodelle« zusammengefasst. Insgesamt gibt es genauso viele Teilmodelle wie Pakete, also ca. 20.

Baumstruktur

Es ergibt sich die in der Abbildung dargestellte Baumstruktur[1]. Sie findet sich so auch auf der ITVU-Website. Wir haben beispielhaft das Paket *Anschlüsse* innerhalb des Funktionsbereichs *Angebot* aufgeklappt dargestellt.

Abb. 14-1
Baumstruktur des Modells

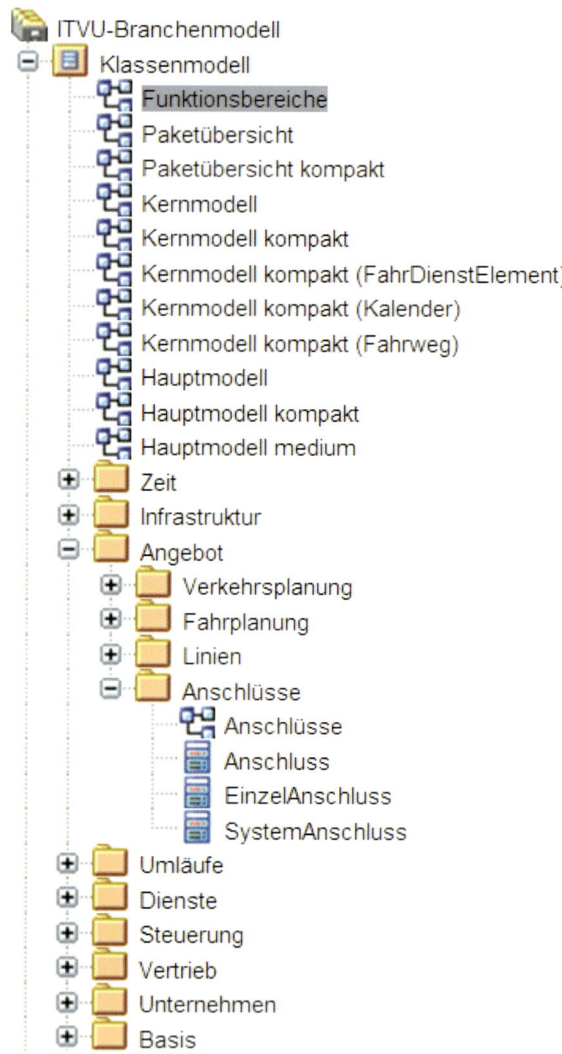

1. Die unterschiedlichen Piktogramme symbolisieren *Modelle*, *Funktionsbereiche/Pakete*, *Klassen* und *grafische Darstellungen*.

14.2 Darstellung von Klassen

Darstellung von Klassen

Betrachten wir die Klasse `Fahrt`. Wir finden sie in mehreren Darstellungen:

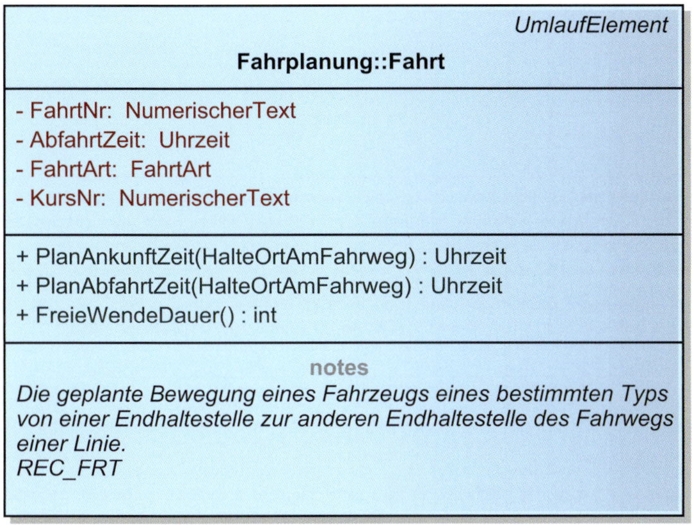

Abb. 14-2
Grafische Darstellung einer Klasse

- In der *Paketübersicht*[2] finden wir sie innerhalb des Modellbereichs *Angebot*. Sie tritt dort als zweiter Eintrag im Paket `Fahrplanung` auf.
- Im *Kernmodell*[3] erfahren wir mehr: Die Fahrt ist als ein Rechteck dargestellt, das neben dem Namen der Klasse auch einen erläuternden Text enthält. Am Ende des Textes steht ein einzelnes Wort in Großbuchstaben (REC_FRT). Es verweist auf eine Datensatzart des VDV-Modells[4]. Der Paketname steht vor dem Klassennamen (`Fahrplanung::Fahrt`). Ferner sehen wir im Kernmodell die Beziehungen der `Fahrt`. Beispielsweise verweist eine `Linie` auf den in der Planung vorgesehenen Typ des Transportmittels (`TM-TypPlanung`), und ein Pfeil zeigt zur Elternklasse[5] der Fahrt, dem `UmlaufElement`.
- Im *Hauptmodell* finden wir zusätzlich wichtige Attribute und Funktionen der Fahrt, jeweils mit ihrem Ergebnistyp. Als besonders wichtige Klasse ist die Fahrt optisch durch einen roten Rand hervorgehoben.
- Im *Teilmodell* `Fahrplan` ist die Fahrt auf die gleiche Weise dargestellt. Im erklärenden Text findet man hier einen Hyperlink (»more...«), der auf die entsprechende Webseite im Wiki verweist.

2. Die Paketübersicht befindet sich auf der vorderen Innenseite des Buchumschlags.
3. Das Kernmodell befindet sich auf der hinteren Innenseite des Buchumschlags.
4. Hier: VDV-Schrift 452, Abschnitt 9.8.1; nicht immer gibt es jedoch eine solche eindeutige Entsprechung.
5. Zur sog. Vererbung siehe Abschnitt 14.14.

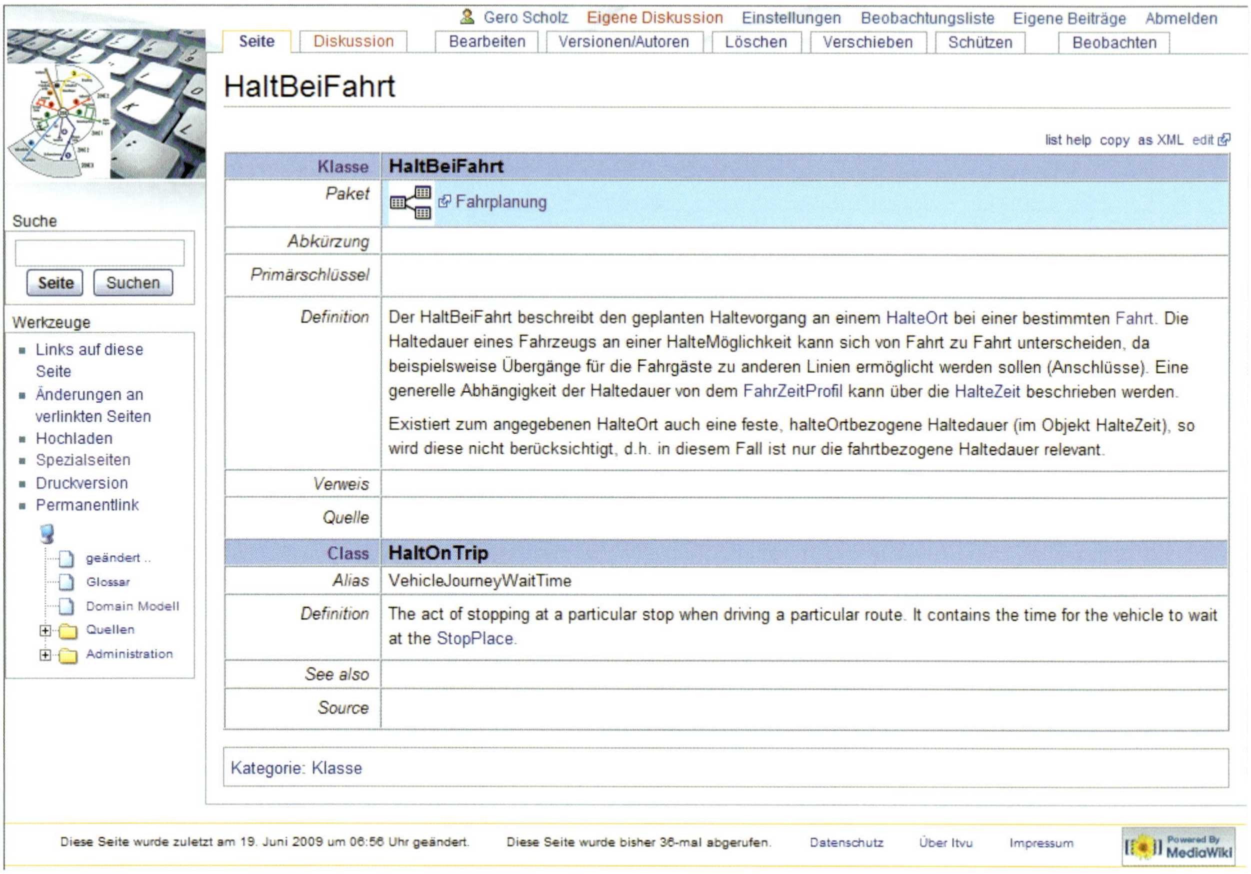

Abb. 14-3 Wiki-Seite zu einer Klasse (`HaltBeiFahrt`)

- Auf der *Wiki-Seite* zu einer Klasse (Abb. 14-3) findet man ausführliche Texte zur Definition, ergänzende Anmerkungen, Quellenverweise sowie einen Abschnitt mit der Darstellung in englischer Sprache. Klickt man in der *Online-Version* des Teilmodells auf das Piktogramm einer Klasse, so öffnet sich ein Informationsfenster mit mehreren Reitern. Hier kann man sich über Attribute, Funktionen, Beziehungen und Invarianten (»Constraints«) näher informieren (Abb. 14-4).

Darstellung von Beziehungen

Beziehungen sind in der Regel gemäß UML als Linien dargestellt. Manchmal würde eine Linie quer durch das ganze Bild verlaufen. In solchen (Einzel-)Fällen verwenden wir im Hauptmodell eine Konvention: Anstelle einer Linie tragen wir ein Attribut ein, das mit dem Präfix *Zugeordnete(r)* beginnt. Beispielsweise legen viele Verkehrsunternehmen für ihre `Fahrzeuge` jeweils einen bestimmten Heimatort (Depot, `Betriebshof`, Garage) fest. Das Modell hat daher eine Beziehung vom `Fahrzeug` zum `Betriebshof`. Diese Beziehung ist in den Teilmodellen als Linie dargestellt, im Hauptmodell jedoch als Attribut (*ZugeordneterBetriebshof*) beim `Fahrzeug`, da eine entsprechende Linie quer durch das Bild verlaufen würde.

Abb. 14-4 Details zu einer Klasse im Webdialog

Farbschema

Wir ordnen jedem Modellbereich eine Grundfarbe zu und verwenden für die zugehörigen Pakete diese Farben mit unterschiedlichem Sättigungsgrad. Jede Klasse trägt die Farbe ihres Pakets. So kann man insbesondere in den Teilmodellen schnell erkennen, welche Klassen im Mittelpunkt stehen.

Layout

Das Layout unserer Diagramme richtet sich nicht nach der bestmöglichen grafischen Entflechtung von Linienkreuzungen – obwohl dieser Punkt natürlich auch eine Rolle spielt. Wir legen der Paketübersicht ein semantisches Ordnungsprinzip zugrunde und verwenden dieses auch in allen anderen Grafiken. So steigt der Wiedererkennungseffekt: Die Infrastruktur ist z. B. immer links, die Abwicklung von Fahrten und Diensten befindet sich immer auf der rechten Seite (*vgl. Kap. 3*).

14.3 Allgemeine Namensregeln

Es gibt kaum etwas Wichtigeres als die präzise und konsistente Benennung von Modellelementen. Es mag kleinlich erscheinen – aber es hilft enorm, wenn man hier detaillierte Regeln aufstellt.

Worte ohne Leerzeichen

- Um Pakete, Klassen, Attribute oder Funktionen zu benennen, verwenden wir immer ein einziges Wort, d. h., diese Begriffe enthalten keine Leerzeichen.

Groß-/Kleinschreibung

- Pakete, Klassen, Attribute und wertliefernde Funktionen beginnen mit Großbuchstaben. Funktionen, die keinen Wert liefern, beginnen mit Kleinbuchstaben.

CamelCase

- In Anlehnung an Konventionen der objektorientierten Softwareentwicklung setzen wir bei der Benennung von Klassen, Attributen und Funktionen gemischte Groß- und Kleinschreibung ein. Wir schreiben daher `DienstElement` oder `DienstBestandteil`. Eine Ausnahme bilden zusammengesetzte Worte, die sprachlich sehr eng verbunden sind. Wir schreiben daher nicht `Dienst-BestandTeil` oder gar `FahrZeug`.

Umlaute

- Anders als die meisten Programmiersprachen lassen wir der besseren Lesbarkeit wegen Umlaute zu. Daher schreiben wir `StörungsManagement` und nicht `StoerungsManagement`.

Wortverbindungen

- Aus dem gleichen Grund lassen wir das verbindende »s« zu. Wir schreiben also `StörungsManagement` und nicht `StörungManagement`.

Abkürzungen

- Abkürzungen verwenden wir nur ungern. Wir beschränken uns auf wenige, allgemein verbreitete Abkürzungen, um überlange Namen bei Klassen zu vermeiden; Abkürzungen bestehen aus Großbuchstaben und werden mit einem Bindestrich[6] abgetrennt. Also z. B. `DFI-Anzeige` anstelle von `Dynamische-FahrgastInformationsAnzeige`.

14.4 Pakete, Klassen, Attribute, Funktionen

Benennung von Paketen

- Paketnamen sind abstrakte Begriffe, sie stehen oft im Plural (`Linien`, `Basis-Typen`) oder enden auf »ung« (`Planung`, `Ausführung`).
- Sie beschreiben eine Gruppe von Dingen (`Transportmittel`) oder einen Prozess (`Planung`).
- Es soll keine Klasse geben, die exakt genauso heißt wie ein Paket.

Benennung von Klassen

- Wir verwenden ein Substantiv im Singular.
- Manchmal tritt ein erläuterndes Adjektiv oder eine Präposition hinzu: `KonfigurierbaresMerkmal`, `OrtAufVerbundEbene`, `HaltBeiFahrt`.
- Wir berücksichtigen, dass in vielen Listen alphabetisch sortiert wird. Zwei Bezeichnungen der Art `AdressRaumFachlich` und `AdressRaumTechnisch` können daher zweckmäßiger sein als die an sich etwas schöneren Bezeichnungen `FachlicherAdressRaum` und `TechnischerAdressRaum`.

6. Unterstriche (»_«) verwenden wir nicht.

- Klassennamen sind modellweit eindeutig.[7]
- Bei der Benennung von Attributen verwenden wir Substantive und Adjektive. Attributnamen aus reinen Präpositionen (»von« oder »bis«) sind unzweckmäßig. Reine Adjektivkonstrukte (»*GültigAb*«) verwenden wir dann, wenn sie deutlich kürzer als ein Substantiv sind (»*GültigkeitsBeginnZeitPunkt*«).

Benennung von Attributen

- Im Attributnamen deuten wir den Typ an, ohne jedoch eine starre Konvention zu benutzen[8]. Bei der grafischen Darstellung lassen wir den Typ weg. Ein Attributname wie *Abfahrt* wäre zu allgemein, da offen bleibt, ob ein Zeitpunkt oder ein Ort gemeint ist. Ein Name wie *HalteZeit* ist unklar, da man nicht weiß, ob ein Zeitpunkt oder ein Zeitraum gemeint ist. Wir verwenden daher bestimmte Wortzusätze wie *Ort*, *Zeit* (Uhrzeit ohne Tagesbezug), *ZeitPunkt* (Uhrzeit und Datum) und *Dauer* (Zeitspanne in Sekunden). Handelt es sich um eine Menge, so verwenden wir den Plural (*AusgeführteFahrten*, nicht *ListeDerAusgeführtenFahrten*).
- Wir vermeiden Wiederholungen des Klassennamens im Attributnamen: also nicht *FahrzeugTyp*, sondern einfach nur *Typ*. Im Schreib- und Denkzusammenhang `Fahrzeug.`*Typ* ist der kurze Name ausreichend; `Fahrzeug.`*FahrzeugTyp* wäre zu schwerfällig.
- Als Konsequenz daraus ergibt sich, dass Attributnamen nur innerhalb ihrer eigenen Klasse eindeutig sein müssen.
- Wertliefernde Funktionen enthalten kein Verb im Namen – also nicht `Fahrt.`*berechnenVerspätung* sondern einfach nur `Fahrt.`*Verspätung*. Verben haben den Nachteil, dass sie keine Information über den Ergebnistyp liefern. Welche Art von Ergebnis sollte man z. B. von einer Funktion namens `Fahrt.`*vergleichenMit(AndereFahrt)* erwarten?

Benennung von Funktionen

- Funktionen, die eine Zustandsänderung bewirken, sollen nicht gleichzeitig einen fachlichen Wert zurückliefern. Sie beginnen per Konvention mit einem Verb im Infinitiv: z. B. `Fahrt.`*verlängernBisHaltestelle(ZielHaltestelle)*.
- Namen von Funktionsparametern wählen wir so, dass daraus ihr Typ möglichst klar hervorgeht (also z. B. *ZielHaltestelle* und nicht einfach *Ziel*. Bei der Darstellung von Funktionssignaturen zeigen wir nur den Namen der Parameter, nicht deren Typ.
- Gibt es keine Parameter, so lassen wir auch die Klammern weg, also nicht `Fahrt.`*Verspätung()*, sondern `Fahrt.`*Verspätung*. Den Unterschied zwischen einem Attribut und einer parameterlosen Funktion kann man daher nur an der Definitionsstelle erkennen, nicht jedoch im Benutzungskontext.

7. Bei einer objektorientierten Realisierung könnten in verschiedenen Paketen Klassen gleichen Namens vorkommen.
8. Ein strikter Formalismus, der immer ein typgebundenes Suffix wie »Zahl«, »Text« oder »Datum« an die Attributnamen anhängt, ist uns zu schwerfällig.

14.5 Zeitliche Muster und Ereignisse

Ein besonderes Problem bei der Namensgebung ist die Unterscheidung zwischen Begriffen, die ein wiederkehrendes zeitliches Muster beschreiben, und solchen, die sich auf ein konkretes, historisch einmaliges Ereignis beziehen. Hierzu ein Beispiel:

Versteht man unter einer `Fahrt`, dass um 6:53 an jedem Werktag ein Fahrzeug der Linie 17 am Hauptbahnhof in Richtung Messeplatz halten soll? Oder ist mit `Fahrt` die Aussage gemeint, dass am Donnerstag, den 17.12.2009 ein Fahrzeug der Linie 17 in Richtung Messeplatz am Hauptbahnhof um 6:55 gehalten hat?

Homonyme

Im täglichen Sprachgebrauch sprechen Verkehrsbetriebe in beiden Fällen von *der Fahrt*, da aus dem Zusammenhang heraus jeweils klar ist, worum es sich handelt: Der Mitarbeiter in der Planungsabteilung meint eine geplante Fahrt[9], Leitstelle und Fahrer meinen die aktuelle Fahrt des laufenden Tages, und der Mitarbeiter im Qualitätsmanagement meint die historisch durchgeführte Fahrt, die sich in seiner Pünktlichkeitsstatistik niedergeschlagen hat.

Darstellungsvarianten für Klassennamen mit Zeitbezug

In unserem Modell müssen wir zwei unterschiedliche Bezeichnungen finden, denn zu jeder geplanten `Fahrt` gibt es viele `durchgeführte Fahrten`.

Die folgende Tabelle zeigt die Schwierigkeiten der Namensgebung. Sie skizziert fünf Varianten für die Benennung von *Fahrten*, wobei in der zweiten Spalte jeweils die *geplante* Fahrt gemeint ist, in der dritten Spalte die *konkrete* Fahrt, die an einem bestimmten Kalendertag stattfindet.

Tab. 14-1 Namensgebung für temporale Klassen

Variante	zeitlich wiederkehrend	historisch einmalig	Vor- und Nachteile der Benennung
1	`Fahrt`	`Fahrt`	▪ Verwechslungsgefahr, Mehrdeutigkeit an Schnittstellen ▪ unzulässig für ein übergreifendes Modell
2	`PlanFahrt`, `GeplanteFahrt`	`Fahrt`	▪ korrekt, aber etwas umständlich ▪ wenig Akzeptanz bei Planern
3	`Fahrt`	`WirklicheFahrt`, `AusgeführteFahrt`, `TatsächlicheFahrt`, `DatierteFahrt`	▪ bombastisch ▪ für die Leitstelle nicht zumutbar
4	`FahrtP`	`FahrtA`, `FahrtT`	▪ knapper, aber das Suffix A für »ausgeführt« ist nicht intuitiv; Das »T« für »Time« spricht sich schlecht; das Suffix ist sprachabhängig ▪ den Planer stört immer noch das angehängte »P«
5	`Fahrt`	`FahrtX`	▪ ungewohnt, »X« klingt nach Mathematik, sprachunabhängiges Suffix ▪ aus unserer Sicht die akzeptabelste Variante

9. Er meint also die Definition eines Ereignisses, das an zahlreichen konkreten Tagen »plangemäß« stattfinden soll.

Für das ITVU-Modell haben wir folgendermaßen entschieden:

- Ein Suffix ist besser als ein Präfix, denn es zieht weniger Aufmerksamkeit auf sich und ordnet bei der Sortierung korrespondierende Elemente hintereinander ein (`Fahrt`, `FahrtX`, `Umlauf`, `UmlaufX`).
- Es wäre schade, auf den natürlichen Begriff (ohne Suffix) ganz zu verzichten. Da ein erheblicher Teil der Modellkomplexität im Bereich der Planung liegt, bevorzugen wir hier den natürlichen Begriff ohne Suffix.
- Ein Suffix, das phonetisch mit einem Vokal beginnt (»iX«) ist besser geeignet als ein Konsonant (»T«). Das X steht für »Beliebigkeit« und bildet daher eine passende Assoziation, denn zu einer (geplanten) `Fahrt` kann es eben »x-beliebig« viele konkrete Fahrten geben. Außerdem hat das »X« den Vorteil, dass es in der englischen Fassung unverändert benutzt werden kann.

Darstellungsvarianten für Attribute mit Zeitbezug

Auch bei der Benennung der Attribute müssen wir aufpassen: Im Planungsumfeld kann es sich nur um geplante Zeiten handeln; bei der ausgeführten Fahrt gibt es Sollvorgaben und tatsächliche Ist-Zeiten. Wie soll man dies sprachlich unterscheiden? Tabelle 14-2 zeigt am Beispiel der Abfahrtszeiten mehrere Alternativen:

Tab. 14-2
Namensgebung für Attribute

	Fahrt	FahrtX	Vor- und Nachteil der Benennung
1	*AbfahrtZeitSoll*	*AbfahrtZeitSoll* *AbfahrtZeitIst*	▪ gut lesbar, aber Verstoß gegen Normalformen
2	*AbfahrtZeitSoll*	*AbfahrtZeitIst* →`Fahrt`.*AbfahrtZeitSoll*[3]	▪ saubere Modellierung, aber semantische Doppelung bei der `Fahrt`
3	*AbfahrtZeit*	*AbfahrtZeitX* →`Fahrt`.*AbfahrtZeit*	▪ saubere Modellierung, aber semantische Doppelung bei der `FahrtX`
4	*AbfahrtZeit*	*AbfahrtZeit* →`Fahrt`.*AbfahrtZeit*	▪ schlank, einfach, aber nur lokal eindeutig

Die erste Variante legt nahe, dass innerhalb jeder `FahrtX` die geplante *AbfahrtZeit* als eine Kopie des originalen Werts aus der Fahrt verfügbar ist. In realen Softwaresystemen mag es gute Gründe zur Erzeugung solcher Redundanzen geben[10]. In einem konzeptionellen Modell hingegen dürfen wir dies nicht zulassen. Wir werden die geplante *AbfahrtZeit* für eine konkrete Fahrt daher ausdrücken, indem wir durch das Modell navigieren.[11] Variante 1 scheidet deshalb aus. Welche der drei anderen Möglichkeiten ist die beste?

Navigation entlang von Verknüpfungen

Jeder konkreten Fahrt liegt ein Fahrplan zugrunde, d.h., jede `FahrtX` hat einen Bezug zu einer `Fahrt`. Umgekehrt gibt es zu einer `Fahrt` normalerweise zahlreiche Fahrt-Ausführungen. Wenn wir von einer `FahrtX` ausgehen, so kommen wir eindeutig zu der zugehörigen geplanten `Fahrt`. Die übliche Notation für das »Navigieren in eindeutiger Richtung« verwendet Punkte; man schreibt also z. B. `FahrtX`.*Fahrt*.*AbfahrtZeitSoll*.

10. Hierfür könnten z. B. Performance-Aspekte oder der Wunsch nach einer technischen Entkopplung zwischen Planungssystem und Leitstellensystem sprechen.
11. Dies hindert uns natürlich nicht daran, eine Funktion namens *AbfahrtZeitSoll* bei der `FahrtX` zu definieren, in der wir die Navigation »verstecken«.

Bezeichnerverkettung

Beim Aufschreiben dieser Wortkette fällt auf, dass der Zusatz »Soll« eigentlich verzichtbar ist, da durch den vorangestellten Verweis auf die `Fahrt` bereits klar ist, dass es nur um geplante Zeiten gehen kann. Mit dem gleichen Argument kann man das Suffix »Ist« oder »X« bei der *AbfahrtZeit* der `FahrtX` weglassen. Wenn es sich um eine *AbfahrtZeit* handelt, die spezifisch für eine `FahrtX` ist, dann kann es nur um die tatsächliche, konkrete *AbfahrtZeit* gehen, die historisch eingetreten ist. Wir meinen, dass die vierte Möglichkeit aus Tabelle 14-2 die beste ist.

Abb. 14-5
Benennung von Beziehungen

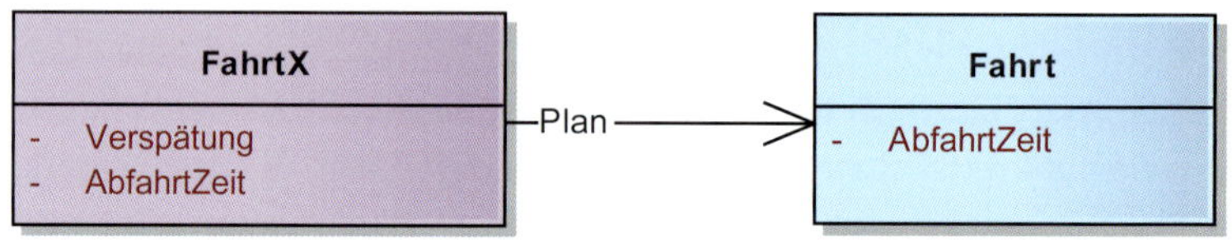

Zusätzlich bietet es sich an, anstelle des Wortes »Fahrt« die spezifische *Rolle* zu benutzen, die die Fahrt aus Sicht der FahrtX innehat – in diesem Falle also das Wort »*Plan*«. Die Ermittlung der Verspätung einer `FahrtX` wird daher von uns wie folgt notiert:

`FahrtX.`*Verspätung* = `FahrtX.`*AbfahrtZeit*
- `FahrtX.`*Plan*`.`*AbfahrtZeit*

Ein positiver Wert entspricht einer Verspätung, ein negativer Wert drückt eine Verfrühung aus.

Lokale Namensräume

Nicht immer hat man es so schwer mit der Namensgebung wie in diesem Fall, aber das Beispiel zeigt noch einmal, wie viel Sorgfalt nötig ist, wenn man ein Modell entwirft, das alle Bereiche abdecken soll. Würde man getrennte Modelle für ein Leitstellensystem und ein Fahrplanungssystem entwickeln, so könnte man im Planungssystem den Begriff *Fahrt* mit seiner lokalen Semantik verwenden. Erst wenn man dann an der Schnittstelle Daten austauscht, kommt es zu sprachlichen Verrenkungen.

14.6 Fachlich eindeutige Schlüsselbegriffe

Bei der klassischen Datenmodellierung legte man Wert darauf, für jede Klasse mindestens ein Attribut (oder eine Attributkombination) zu definieren, das eine Instanz dieser Klasse (= ein Objekt) eindeutig identifiziert.

Primärschlüssel

Bei einem `Mitarbeiter` könnte man z. B. *Name*, *GeburtsDatum* und *GeburtsOrt* festlegen. Da man aber oft nicht absolut sicher sein kann, dass die gewählte Kombination zwingend eindeutig ist, geht man zu künstlichen Schlüsselsystemen über, etwa indem man eine »nichtssagende« *MitarbeiterNummer* vergibt und sicherstellt, dass diese eindeutig ist. Man muss sich auch dann noch mit Widrigkeiten im Detail herumschlagen: Was soll z. B. passieren, wenn ein Mitarbeiter das Unternehmen verlässt und später wieder eingestellt wird? Es ist zweifellos noch dieselbe Person, aber in vielen Systemen würde man sich wohl dafür entscheiden, ihm eine neue Nummer zuzuordnen.

Inhärente Identität von Objekten

Für unser Modell sind solche Diskussionen weniger wichtig. Wir folgen dem objektorientierten Paradigma, wonach jede Instanz einer Klasse eine einmalige unverwechselbare innere Identität besitzt. Wie man an eine Instanz »herankommt«, ist eine Frage der Zweckmäßigkeit, die durch geeignete Suchverfahren (Dialogmasken) gelöst wird. Am Ende muss der Benutzer aufgrund seines Fachwissens jedenfalls in der Lage sein, auf ein Objekt zu deuten, um damit etwas zu unternehmen. Wenn er also z. B. eine `Fahrt` auswählt, dann wird er über verschiedene einschränkende Suchbegriffe die Treffermenge so lange verkleinern, bis er entscheiden kann, welche Fahrt er meint. Will er eine neue Fahrt anlegen, dann gibt es Regeln, die ihn daran hindern, aus Unwissenheit ein unerwünschtes Duplikat eines bereits vorhandenen Objekts anzulegen.

Gerade bei der `Fahrt` ist das nicht einfach: So ist es durchaus zulässig, zwei `Fahrten` zu definieren, die am selben *Tag* um dieselbe *Uhrzeit* dieselbe `Linie` bedienen: Es könnte sich um die Standardfahrt und um eine Verstärker-Fahrt handeln, da man eine besonders hohe Nachfrage erwartet. In diesem Fall könnte es tatsächlich gewollt sein, dass zwei Busse der gleichen Linie direkt hintereinander an derselben Haltestelle halten – man denke etwa an den Abbringerverkehr bei Großveranstaltungen.

14.7 Klassenmerkmale

Wir beschreiben vorrangig diejenigen Merkmale einer Klasse, die bei jeder einzelnen Instanz dieser Klasse vorkommen und dort unterschiedlich ausgeprägt sein können (also die sog. Instanzmerkmale).

Instanzmerkmale

So besitzt z. B. `Fahrt.`*AbfahrtZeit* für jede einzelne `Fahrt` einen speziellen Wert. Wenn man jedoch z. B. die Anzahl der Fahrten ermitteln will, die für einen bestimmten Tag geplant sind, dann kann man diese naturgemäß nicht bei einer einzelnen Fahrt finden, denn diese »weiß ja nichts« von der Existenz anderer Fahrten.

Statische Merkmale

Die objektorientierte Methodik bietet hierfür das Stilmittel der Klassenmethoden und Klassenattribute; sie werden oft auch als *statisch* bezeichnet. Um unser Problem zu lösen, könnten wir eine passende *statische Klassenmethode* einführen; sie würde z. B. so heißen[12]: `Fahrt::`*AnzahlFahrtenAmTag(KalenderTag)*. Bildlich gesprochen wendet man sich also an den »Verwalter für die Menge aller Fahrten«, um die Anzahl zu erfragen.

Finder-Methoden

Es gibt potenziell sehr viele solcher Methoden, und es ist nicht sehr schwer, sich jeweils vorzustellen, wie sie ihr Ergebnis ermitteln. Die wichtigste Gruppe der statischen Methoden sind die »Finder« – mit ihrer Hilfe kommt man an eine oder mehrere bestehende Instanzen einer Klasse heran, wenn man einige Eigenschaften der fraglichen Instanzen kennt (s. oben zum »fachlichen Schlüssel«).

Unser Modell konzentriert sich auf Instanzattribute und Instanzmethoden, da sie für das Verständnis wesentlich wichtiger sind als statische Merkmale.

12. Der vorangestellte Klassenname mit zwei Doppelpunkten bezeichnet in der Objektorientierung oft statische Merkmale.

14.8 Konsistenzbedingungen

Weiter oben haben wir gezeigt, dass die Verspätung einer Fahrt an einem bestimmten Haltepunkt[13] als Differenz aus tatsächlicher Abfahrtszeit und geplanter Abfahrtszeit ermittelt werden kann. Umgekehrt funktioniert es natürlich auch: Kennt man die Verspätung, so kann man aus dem Planwert den Istwert ermitteln. Was ist also Attribut, was Funktion?

Konsistenz wahren

Der Benutzer möchte immer alle drei Merkmale (Sollzeit, Istzeit, Abweichung) sehen können und erwartet, dass sie korrekt zusammenpassen. Ein konkretes Softwaresystem wird entweder alle drei Werte speichern oder (besser) nur zwei – und den dritten Wert bei Bedarf berechnen. Wenn man die in der Objektorientierung weit verbreitete Notation von *Get- und Set-Methoden* verwendet, so kommt man zu folgender Schreibweise:

Attribut:	`FahrtX.`*AbfahrtZeit*
Attribut mit Navigation:	`FahrtX.`*Fahrt*`.`*AbfahrtZeit*
Funktion:	`FahrtX.`*GetVerspätung()*

Wertliefernde Funktionen

Wir meinen, dass die Notation unseres Modells zwar den funktionalen Zusammenhang aufzeigen muss, dass sie andererseits jedoch möglichst homogen und nah an der natürlichen Sprache sein sollte. Die Idee der »Getter« und »Setter« ist eher der Implementierung eines Systems zuzuordnen als der fachlichen Spezifikation. Wir benutzen daher wertliefernde Funktionen ohne das Präfix »Get« und lassen auch die Klammern weg:

Attribut:	`FahrtX.`*AbfahrtZeit*
Attribut mit Navigation:	`FahrtX.`*Fahrt*`.`*AbfahrtZeit*
Funktion:	`FahrtX.`*Verspätung*

Dass man auf diese Weise einem Text wie »`FahrtX.`*Verspätung*« nicht mehr ansehen kann, ob es sich um ein Attribut handelt oder um eine parameterlose wertliefernde Funktion, halten wir für einen konzeptionellen Vorteil[14]. Bei der Beschreibung der Funktion `FahrtX.`*Verspätung* muss natürlich der algorithmische Zusammenhang zwischen Sollwert, Istwert und Abweichung aufgezeigt werden.

Aus Gründen der Lesbarkeit kann es nützlich sein, eine Funktion für die *AbfahrtZeit laut Plan* zu schaffen und darin die Navigation elegant zu verbergen[15]:

Attribut:	`FahrtX.`*AbfahrtZeit*
Funktion:	`FahrtX.`*AbfahrtZeitPlan*
Funktion:	`FahrtX.`*Verspätung*

13. Streng genommen gibt es zu einer *Fahrt* viele Abfahrtszeiten, nämlich eine je Haltestelle. Wir meinen im Moment immer den Startpunkt der Fahrt.

14. Bereits in der Programmiersprache PASCAL wurde dies ebenso gehandhabt; an der Definitionsstelle des Begriffs kann man natürlich immer erkennen, ob es sich um ein Attribut oder um eine Funktion handelt.

15. Vergleiche dazu die Diskussion weiter oben in Abschnitt 14.3 (Namensgebung).

14.9 Navigation entlang von Beziehungen

In manchen Modellen findet man Notationen der folgenden Art:

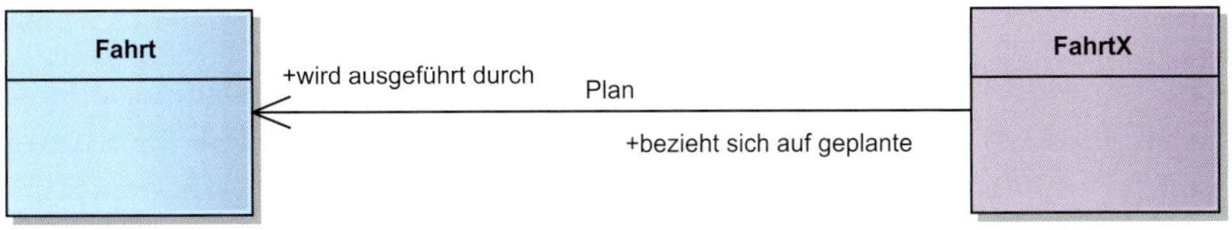

Abb. 14-6
Prädikate zur Bezeichnung von Beziehungen

Wir halten diese Art der Darstellung für besonders eingängig, verzichten aber dennoch darauf, da sie unzweckmäßig wird, wenn man durch das Modell navigiert.

Benennung von Beziehungen

Verbalkonstruktionen lassen sich nämlich nur schlecht als Ausgangspunkt für weitere Attribute verwenden:

`FahrtX`*.bezieht_sich_auf_geplante.AbfahrtZeit*

Dies mag zwar gerade noch gehen, doch hat eine `Fahrt` auch wiederum Verweise, z. B. auf einen `Umlauf`, der wiederum eine *Dauer* hat. Sucht man nun die Dauer des Umlaufs, zu dem eine `FahrtX` gehört, so müsste man schreiben:

`FahrtX`*.bezieht_sich_auf_geplante.gehört_zu.Dauer*

Das ist wenig intuitiv und sehr langatmig. Wir verwenden daher lieber Substantive für den Namen von Beziehungen. Oft ist er identisch mit dem Beziehungsziel selbst, aber nicht immer, denn das Substantiv bezeichnet die Rolle der referenzierten Klasse aus Sicht der referenzierenden Klasse:

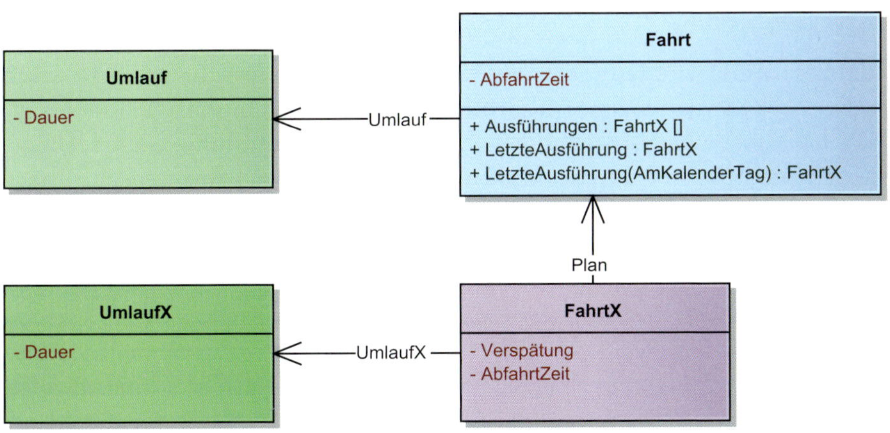

Abb. 14-7
Substantive zur Benennung von gerichteten Beziehungen

So kann man von `FahrtX`*.Plan.Umlauf.Dauer* sprechen, wenn die Dauer des Umlaufs gemeint ist, die laut Fahrplan für den Umlauf gilt, zu dem die aktuelle `FahrtX` gehört. Die tatsächliche Dauer des ausgeführten Umlaufs ergibt sich als `FahrtX`*.UmlaufX.Dauer*.

Wir geben in unserem Modell übrigens nur diejenigen Namen an, die eindeutig auf ein Zielobjekt zeigen.[16] Die Gegenrichtung lässt sich bei Bedarf als Funktion darstellen, welche eine Ergebnismenge[17] liefert, wie z. B.

`FahrtX[ ]: Fahrt.`*Ausführungen*

Will man sich auf die Verspätung der zeitlich jüngsten FahrtX für eine bestimmte Fahrt beziehen, so könnte man eine passende Funktion definieren, die aus den FahrtX-Ausführungen zu einer Fahrt die letzte bekannte heraussucht, und dann schreiben:

`Fahrt.`*LetzteAusführung.Verspätung*

Etwas flexibler wird das Ganze, wenn man erlauben will, sich auf die letzte Ausführung einer Fahrt an einem bestimmten Tag zu beziehen. Man fügt dann ein Datum als Parameter hinzu:

`Fahrt.`*LetzteAusführung(AmKalenderTag).Verspätung*

Beide Funktionen können nebeneinander existieren und je nach Bedarf verwendet werden.

Kardinalitäten und Navigierbarkeit

UML2 sieht vor, dass Beziehungen mit Symbolen gekennzeichnet werden, um Mannigfaltigkeiten auszudrücken.

Abb. 14-8
Angabe von Kardinalitäten

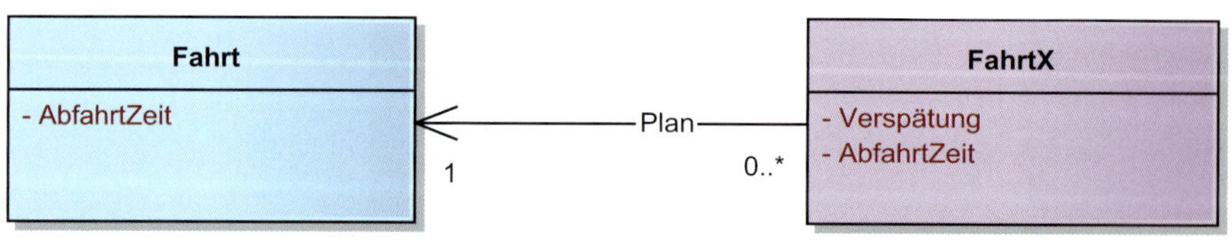

Auf diese Weise wird festgelegt, dass es zu jeder `FahrtX` genau eine `Fahrt` geben muss. Wollten wir hingegen ausdrücken, dass es auch ungeplante, »spontane« `FahrtenX` geben kann, so würden wir »0,1« bei der `Fahrt` hinschreiben. Umgekehrt kann es zu einer `Fahrt` jedoch beliebig viele `FahrtenX` geben, eventuell auch gar keine – z. B. wenn es sich um eine `Fahrt` handelt, die erst in der nächsten Fahrplanperiode gelten soll.

UML2 sieht vor, dass durch Pfeilspitzen die Navigierbarkeit ausgedrückt wird. Es geht dabei u. a. auch darum, ob in der Implementierung eines Klassenmodells eine Klasse die andere »kennt«[18]. Für unsere Zwecke spielen solche Überlegungen keine Rolle. Unser Modell ist grundsätzlich in jeder Richtung navigierbar.

16. Dies entspricht in der klassischen Datenmodellierung dem »Fremdschlüssel«.
17. Dass es sich um eine Menge handelt, deuten wir durch das leere Paar eckiger Klammern an.
18. Zum Beispiel durch das Inkludieren von deren Interface; vgl. etwa die Darstellung von C. Martin in www.objectmentor.com/resources/articles/umlClassDiagrams.pdf.

Um unsere Bilder übersichtlich zu halten, treffen wir folgende *Festlegungen*:

Spezielle Festlegungen für Pfeilrichtungen

- Wenn eine Linie keine Kardinalitätsangabe trägt und keinen Pfeil besitzt, so handelt es sich um eine fakultative, multiple Beziehung (=beidseitig »0...n«, vgl. Abschnitt 14.12).
- Wenn eine Linie eine Pfeilspitze ohne weitere Kardinalitätsangabe trägt, so handelt es sich um die Kardinalität »1«. Dies hat den besonderen Vorteil, *dass man beim Verfolgen einer Beziehungskette entlang der Pfeilrichtung immer sicher sein kann, dass die Eindeutigkeit gewahrt bleibt.* Das Aggregationssymbol (eine kleine Raute) verhält sich in diesem Sinne wie eine Pfeilspitze.
- Bewegt man sich hingegen *entgegen der Pfeilrichtung*, so trifft man potenziell auf 0 oder beliebig viele andere Objekte.
- In allen anderen Fällen geben wir die Kardinalität explizit an. Beträgt sie 0,1 (optionale Beziehung) so behalten wir zusätzlich die Pfeilspitze bei; tritt Mehrdeutigkeit auf (0...n oder 1...n) lassen wir den Pfeil weg.
- Wir geben Beziehungen, die eine Pfeilspitze haben, einen Namen; den Namen schreiben wir in die Nähe des Quellobjekts, da er wie ein Attribut dieses Objekts benutzt werden kann.

Es ist durchaus möglich, dass zwischen zwei Klassen mehrere Beziehungen bestehen. In solchen Fällen müssen beide Beziehungen einen charakteristischen Rollennamen tragen:

Parallele Beziehungen

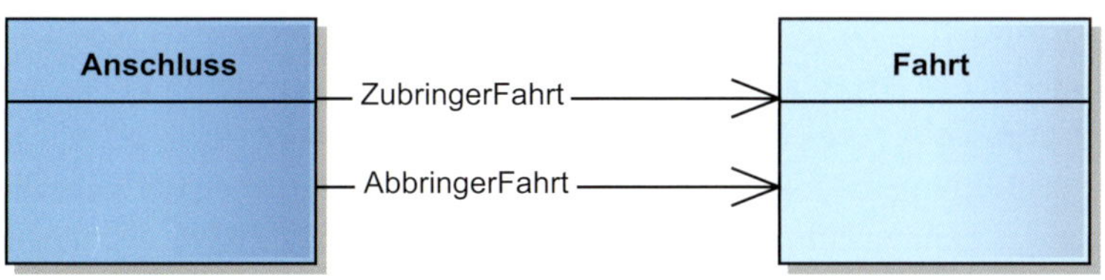

Abb. 14-9
Beziehungsnamen sind Rollenbezeichner

Ein `Anschluss` verbindet zwei Fahrten, indem er auf sie verweist. Er besitzt z. B. ein Merkmal mit dem Namen *MinimaleUmsteigeDauer*.

Es gibt noch andere Fälle, in denen es nicht eine, sondern genau zwei Beziehungen gibt; z. B. gehört zu jeder Strecke ein Anfangs- und ein Endpunkt. Es wäre jedoch nicht gut, dies zu modellieren, indem man jeder `Strecke` genau »2« *RandPunkte* zuordnet. Eine Strecke ist nämlich immer eine gerichtete Verbindung (man denke an Einbahnstraßen!). Wir verwenden also zwei getrennte Beziehungen und können so *AnfangsPunkt* und *EndPunkt* jederzeit unterscheiden.

2 ... n-Beziehungen

14.10 Bedingungen für Beziehungen: Invarianten

Invarianten, Zusicherungen

Zwischen den beiden Beziehungen des vorigen Beispiels besteht eine besondere Konsistenzbedingung: Ein Fahrgast, der mit der *ZubringerFahrt* ankommt, darf davon ausgehen, dass er eine festgelegte Mindestzeit zum Umsteigen erhält, bevor die *AbfahrtZeit* der *AbbringerFahrt* erreicht ist. Solche Konsistenzbeziehungen lassen sich in einer Grafik kaum ausdrücken. Im Text der Modellbeschreibung können sie jedoch einfach so notiert werden:

```
(Anschluss.AbbringerFahrt.AbfahrtZeit
- Anschluss.ZubringerFahrt.AnkunftZeit)
>= Anschluss.MinimaleUmsteigeDauer
```

Die Formulierung besagt nicht, dass sich die *MinimaleUmsteigeDauer* als Differenz aus *Abfahrts-* und *AnkunftsZeit* der beteiligten Fahrten ergibt. Sie besagt vielmehr, dass zwei Fahrten nur dann als Zubringer und Abbringer bei der Definition eines Anschlusses verwendet werden können, wenn ihre Ankunfts- und Abfahrtszeit mindestens eine Differenz in Höhe der vorgegebenen Umsteigedauer aufweisen – diese hängt z. B. von den physikalischen Gegebenheiten an der Umsteigehaltestelle ab.

»Eingeschwungener« Zustand

Unser Modell beschreibt einen Zielzustand, der nach vollständig abgeschlossener Planung hergestellt ist. Beispielsweise gibt es dann zu jedem `Fahrweg` einer `Linie` ein eindeutiges `FahrtZiel`; die Ziele einer Fahrt sind eigene Objekte in unserem Modell – zu jedem Ziel gehören nämlich mehrere Texte und Codes unterschiedlicher Art. Das Modell enthält somit einen eindeutigen Verweis vom `Fahrweg` zum `FahrtZiel` (Pfeilspitze beim `FahrtZiel`).

Zwischenzustände

Während man einen Netzplan aufbaut, kann es aber durchaus sein, dass man sich über das genaue `FahrtZiel` noch nicht im Klaren ist. Man würde gern vorläufig einen pauschalen Text beim `Fahrweg` eintragen, der z. B. ein Zielgebiet (Stadtviertel) benennt. Ein konkretes Softwaresystem ist gut beraten, wenn es eine derartige Vorgehensweise zulässt. Es besteht keine Notwendigkeit, den Benutzer ständig zu gängeln und ihm in frühen Phasen der Planung eine Genauigkeit abzuverlangen, die er zu diesem Zeitpunkt noch nicht angeben kann. Gleichwohl fordert das Modell zu Recht, dass am Ende jedem Fahrweg ein exakt beschriebenes Ziel zugeordnet ist.

Übergangszustände

Manchmal ist die Lage nicht ganz so eindeutig wie zuvor beschrieben. Beispielsweise gehören zu einer `Linie` in der Regel zwei `Fahrwege` (je einer für die beiden Fahrtrichtungen). In Ausnahmefällen (z. B. bei Ringlinien, die nur in einer Richtung befahren werden) genügt jedoch ein einziger Fahrweg. In solchen Fällen stellt das Modell keine strengen Forderungen auf, es enthält allerdings textuelle Hinweise.

Standardfall/Ausnahme

Manchmal sind die Gründe nicht ganz offensichtlich, aus denen eine Beziehung recht »großzügig« formuliert ist. So sollte man eigentlich erwarten dürfen, dass jeder `Fahrweg` auch zu einer `Linie` gehört.[19] Aus Sicht einer vollständigen, abgeschlossenen Planung ergeben Fahrwege, die »in der Luft hängen«, keinen

19. Das Modell drückt dies durch die Aggregationsbeziehung zwischen Fahrweg und Linie aus.

Sinn. Anders sieht es jedoch aus Sicht einer Leitstelle aus: Im Falle einer Störung möchte sie auf vorbereitete alternative Fahrwege zugreifen können. Dabei könnten manche Ausweichfahrwege sogar für mehrere Linien geeignet sein. Dies bedeutet, dass aus der ehemals vollständig-eindeutigen Zuordnung von Fahrwegen eine beliebige »Null oder viele«-Beziehung werden müsste. Auf diese Weise ginge viel Ausdruckskraft des Modells verloren.

Wir gehen daher einen Mittelweg: Entweder ist ein Fahrweg genau einer Linie zugeordnet (dies ist der weit überwiegende Standardfall) oder man verzichtet ganz auf eine Zuordnung.[20] Dann handelt es sich um einen Fahrweg, der (irgend) einer Fahrt spontan zugeordnet werden kann, wenn deren normaler Fahrweg blockiert ist. Wollte man auch noch festhalten, für welche Linien ein Fahrweg als Ersatzfahrweg in Betracht kommen kann, so müsste man das Modell an dieser Stelle weiter ausdifferenzieren. Man würde dazu eine zusätzliche mehrdeutige Beziehung zwischen Fahrweg und Linie einführen und eine Assoziationsklasse schaffen, die z. B. `AlternativFahrweg` heißen könnte.

14.11 Rekursive Beziehungen

Manchmal verweist die Beziehung einer Klasse auf dieselbe Klasse zurück. In solchen Fällen muss der Name der Beziehung ausdrücken, von welcher Art die Beziehung ist.

Zeitliche Verkettung

Eine zeitliche Reihung von Fahrten könnte man z. B. ausdrücken, indem man jeweils auf die nachfolgende Fahrt verweist:

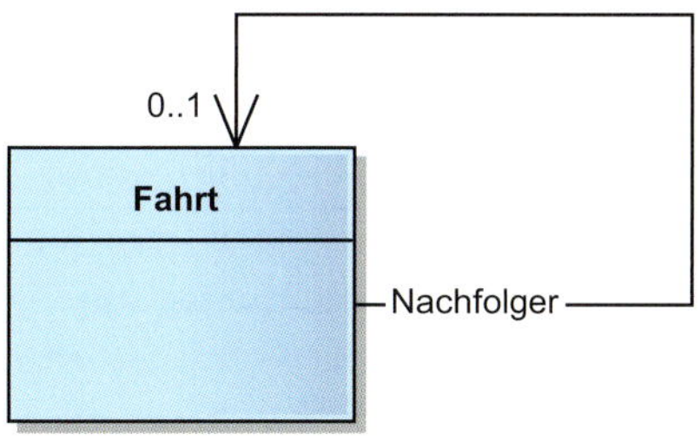

Abb. 14-10
Rekursive Beziehung

Die Darstellung sagt, dass es zu jeder Fahrt eine Folgefahrt geben kann, jedoch nicht muss. Strenggenommen schließt die Darstellung nicht aus, dass eine Fahrt »auf sich selbst zeigt«, so dass eine endlose zeitliche Kette von immer derselben Fahrt entsteht. Ob dies fachlich zulässig ist oder von einem konkreten Softwaresystem verhindert werden muss, ist dabei noch durch eine Nebenbedingung festzulegen.

Hierarchien und Netze

Rekursive Beziehungen sind ein mächtiges Darstellungsmittel; sie eignen sich insbesondere zur Modellierung hierarchischer und vernetzter Strukturen. Wir finden sie im Modell daher unter anderem bei der Klassifikation von `Fahrzeug-`

20. Daher steht 0...1 neben dem Aggregationssymbol.

Typen. Für die zeitliche Anordnung von Objekten eignen sie sich allerdings nur bedingt.[21]

14.12 Mehrdeutige Beziehungen

Nicht jede Beziehung verweist eindeutig auf ein Ziel. So muss z. B. *ein* Fahrer oft *mehrere Qualifikationen* besitzen, um einen Dienst ausführen zu können: Er muss einen gültigen Führerschein besitzen, eine Einweisung auf dem vorgesehenen Fahrzeugtyp erhalten haben und er muss die Streckenführung kennen (insbesondere im Schienenverkehr). Umgekehrt gibt es zu *einer* einzelnen Qualifikation häufig sehr *viele Mitarbeiter*, die sie besitzen, und sehr *viele Dienste*, in denen sie benötigt wird. In unserem Modell drücken wir den Zusammenhang aus, indem wir der Verbindungslinie zwischen den beteiligten Klassen eine *Beziehungsklasse* zuordnen:

Abb. 14-11
Mehrdeutige Beziehungen

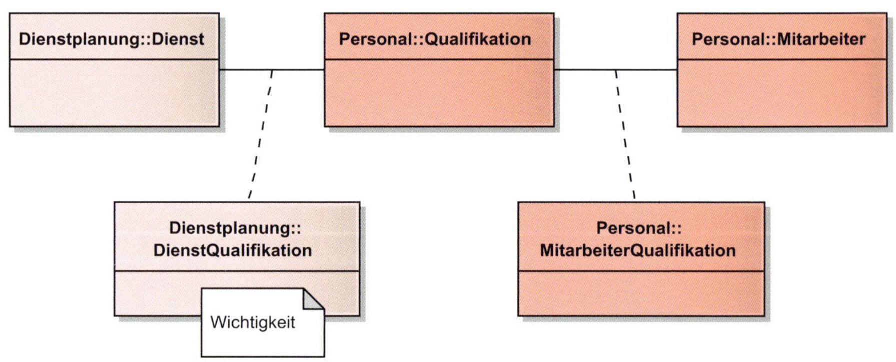

Navigation durch Funktionen

Das Fehlen von Kardinalitätsangaben bedeutet, dass es sich immer um »o...n« handelt – es kann also eine Qualifikation geben, die niemand besitzt oder die in keinem Dienst benötigt wird. Es kann Mitarbeiter ohne Qualifikation geben und Dienste, für die keine einzige Qualifikation erforderlich ist. Mehrdeutige Beziehungen sind »symmetrisch«, d. h., sie haben keine (Vorzugs-)richtung. Um zu navigieren, muss man bei den beteiligten Klassen geeignete Funktionen definieren[22], wie z. B.:

Zusatzinformationen an der Beziehung

Dienst.*ErforderlicheQualifikationen*
Dienst.*AnzahlDerErforderlichenQualifikationen*Dienst.*Hinzufügen-Qualifikation(Qualifikation)*
Qualifikation.*EinschlägigeDienste*

21. In unserem Modell verwenden wir sie bei der zeitlichen Verkettung der Umläufe oder der MaßnahmenX; bei den Fahrten gehen wir bewusst einen anderen Weg, vgl. die Klasse ElementImUmlauf.
22. Diese Funktionen greifen auf die Beziehungsklassen zu, im Beispiel also auf DienstQualifikation und MitarbeiterQualifikation.

In der Regel ist es sinnvoll, die Funktionen den Hauptklassen des Modells zuzuordnen, in unserem Beispiel also dem `Dienst` und der `Qualifikation`. Die `DienstQualifikation` als verbindende Beziehung tritt erst dann in den Vordergrund, wenn sie eigenständige Attribute hat.

In unserem Beispiel könnte man sich vorstellen, dass es ein Attribut *Wichtigkeit* gibt, über das man ausdrückt, wie relevant die entsprechende `Qualifikation` für den entsprechenden `Dienst` ist. Mögliche Werte könnten dabei von »im Ausnahmefall verzichtbar« bis zu »langjährige Erfahrung unbedingt erforderlich« reichen. Die Beziehungsklasse `DienstQualifikation` wird »aufgewertet«, indem sie zusätzlich zur reinen Zuordnung von `Dienst` und `Qualifikation` auch noch die *Art dieser Zuordnung* beschreibt.

14.13 Aggregationen

UML kennt eine spezielle Art der Beziehung, die die Zusammensetzung eines fachlich umfassenderen Objekts aus einzelnen Objekten anderer Klassen abbildet.

Aggregation und Komposition

Bei der sog. *Komposition* gibt es strenge Abhängigkeiten in Bezug auf die Existenz der beteiligten Objekte (Lösch-Semantik). Unser Modell benutzt nur die etwas »liberalere« *Aggregation*, durch die ausgedrückt wird, dass Instanzen der Klasse A »Teil von« Instanzen der Klasse B sind, jedoch auch unabhängig davon existieren können.

Aggregation mit Zusatzinformation

Auch Aggregationen können zusätzliche Informationen tragen, so wie dies oben bei mehrdeutigen Beziehungen dargestellt wurde. In solchen Fällen enthält das Modell eine zusätzliche Assoziationsklasse, in der diese Information untergebracht wird.

Ein Beispiel:

Wenn für eine Fahrt eine mehrköpfige `Besatzung` benötigt wird, dann fassen wir die beteiligten `Mitarbeiter` durch die Beziehung `TeamBildung` zusammen. Wir verwenden eine Aggregation, da sich eine Besatzung durch die Zusammensetzung aus Mitarbeitern konstituiert. Verändern sich die Randbedingungen für die Besatzung, so wirkt sich dies unmittelbar auf jedes Teammitglied aus.

In der `TeamBildung` halten wir diejenigen Attribute fest, die den Mitarbeiter in Bezug auf die Besatzung kennzeichnen, also z. B. seine Rolle innerhalb des Teams, eine eventuell abweichende Einsatzdauer usw.

Im Unterschied dazu können Mitarbeiter auf diverse Arten zu irgendwelchen, frei definierbaren Gruppen (`MitarbeiterGruppe`) zusammengefasst werden, die lediglich einem bestimmten Betrachtungszweck dienen; da diese Beziehung (= die `MitarbeiterGruppierung`) weitaus weniger bindend ist, genügt uns dort eine »normale« Beziehung.

Abb. 14-12
Aggregation

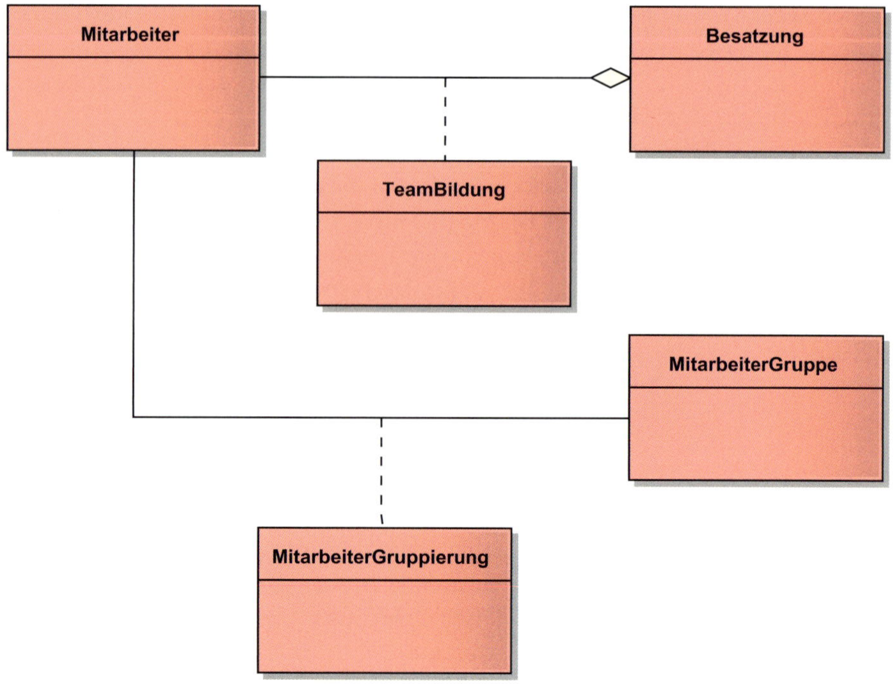

Wir benutzen Aggregationen insbesondere dann, wenn es (anders als bei der Bildung von Besatzungen) darum geht, Objekte *vollständig* und *disjunkt* zusammenzufassen[23].

Die einzelnen `Fahrten`, die ein Fahrzeug an einem Tag ausführt, werden als `UmlaufElemente` aufgefasst und zu sogenannten `Umläufen` zusammengefasst. Am Ende des Planungsvorgangs soll jede `Fahrt` in irgendeinem `Umlauf` untergebracht sein, d.h., es soll keine »freien« Fahrten mehr geben. Denn nur bei vollständiger Verplanung ist gewährleistet, dass auch wirklich jede Fahrt durchgeführt wird, die im Fahrplan versprochen wurde. Während der Planer die Umläufe aufbaut (d.h. aus Fahrten zusammensetzt), ist es jedoch der Normalfall, dass Fahrten ohne Zuordnung »herumliegen«.

Bei der Implementierung eines Softwaresystems muss man dies im Auge behalten, um den Benutzer nicht unnötig zu gängeln. Ein entsprechend verfeinertes (Implementierungs-)Modell würde daher z.B. bei dem `UmlaufPlan` ein Attribut *PlanungsZustand* enthalten und die Überprüfung der Konsistenzbedingung für die Aggregation davon abhängig machen, welchen Wert dieses Attribut hat.

23. Vergleiche dazu den Abschnitt 14.10 über Invarianten.

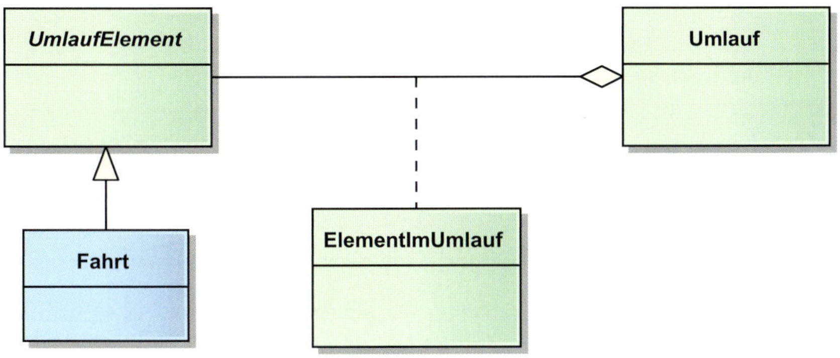

Abb. 14-13
Vollständige Aggregation

14.14 Vererbung und Typisierung

Vererbung

Wenn mehrere Klassen gemeinsame Bündel von Eigenschaften (Attribute, Funktionen) haben, so sucht man nach einem übergeordneten Begriff dafür und ordnet diese Eigenschaften einer entsprechenden Oberklasse zu. Sprachlich drückt sich dies oft dadurch aus, dass man Formulierungen der Art »X ist ein Y« verwendet. So könnte man z. B. auf einer sehr hohen Abstraktionsebene nach gemeinsamen Eigenschaften von Fahrern und Fahrzeugen suchen – z. B. haben beide eine bestimmte zeitliche Verfügbarkeit und einen Kostensatz. Ein Fahrzeug *ist eine* Ressource und ein Fahrer ebenfalls. Die Ressource wird zur gemeinsamen Elternklasse.

Ohne das Stilmittel der Vererbung gelangt man schnell zu umständlichen Konstruktionen, in denen ein einzelnes Attribut die Aufgabe bekommt, zwischen mehreren Varianten einer Klasse zu unterscheiden[24].

Abstrakte Oberklassen

Es gibt Fälle, in denen Oberklassen (»Elternklassen«) keine eigenen Instanzen haben können:

> Ein `HalteBereich` ist eine Zusammenfassung von `HalteOrten`.[25] Wenn ein `HalteBereich` für Fahrgäste vorgesehen ist, dann sprechen wir von einer `Haltestelle`. Ist er für betriebsinterne Zwecke vorgesehen, so handelt es sich z. B. um einen `Betriebshof`, in dem Fahrzeuge parken. Wenn man von einem einzelnen, konkreten `HalteBereich` spricht, so muss es sich dabei immer um genau eine der beiden Subklassen handeln.

Abstrakte Oberklassen werden im Modell in *kursiver Schrift* dargestellt. Vererbungsbeziehungen werden durch eine Linie und einen dreieckigen Pfeil dargestellt, der »vom Kind zum Vater« zeigt.

24. Ein Beispiel dafür findet sich im VDV-Modell: Dort unterscheidet MENGE_ONR_TYP zwischen Haltepunkt, Betriebshof, Ortsmarke und LSA-Meldepunkt.
25. Gleichzeitig ist er auch im Sinne der Vererbung ein `HalteOrt`; vgl. dazu die Ausführungen zum Composite-Muster.

Abb. 14-14
Vererbung mit abstrakten Oberklassen

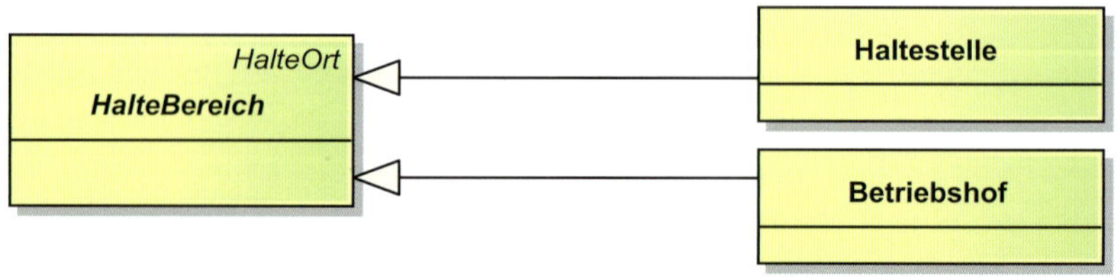

Instantiierbare Oberklassen

Es gibt aber auch den Fall, dass Oberklassen eigene Instanzen haben können:

> Ein `GeoPunkt` ist ein geografischer Punkt (mit X-, Y- und Z-Koordinate). `NetzPunkte` sind benannte `GeoPunkte`, die für den Fahrbetrieb eine Bedeutung haben. Es gibt unterschiedliche Verfeinerungen (Kindklassen) von `NetzPunkten`, wie z. B. `HalteOrte`, oder Punkte auf der Strecke, an denen ein Fahrzeug mit einer vorausliegenden Verkehrsampel Kontakt aufnehmen soll (`LSA-MeldePunkte`), oder Punkte, an denen der Zieltext wechseln soll, der am Fahrzeug angezeigt wird. Anzeigetafeln für Fahrgäste sind manchmal an Orten aufgestellt, die nichts mit dem unmittelbaren Fahrbetrieb zu tun haben, wie z. B. im Ausgangsbereich von Einkaufszentren. Sie verweisen daher auf einen `GeoPunkt`. Wenn sie eine `BetriebsInformation` anzeigen, bezieht sich diese hingegen auf einen `HalteOrt`.[26] Bei der Festlegung von Tarifzonen wird noch genauer differenziert: Hier wird auf den einzelnen konkreten `HaltePunkt` verwiesen.

Abb. 14-15
Vererbung

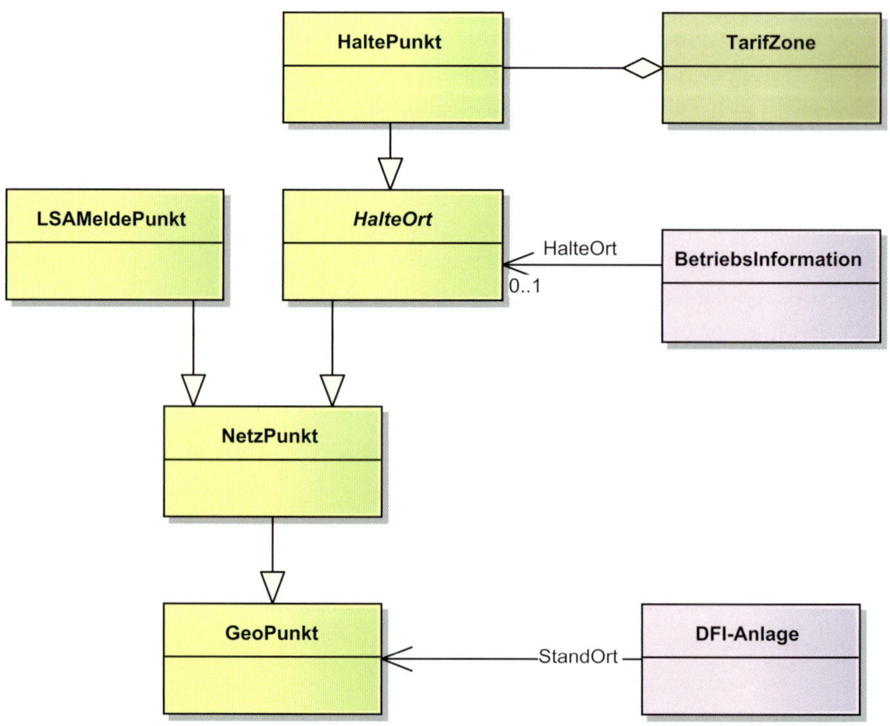

26. Dieser kann wiederum aus mehreren `HalteOrten` zusammengesetzt sein, wie in Abschnitt 14.16 gezeigt wird.

Das Konzept der Vererbung wird nicht selten missbraucht. Man könnte z. B. auf die Idee kommen, Fahrzeugtypen als Klassenhierarchie zu modellieren. Auf oberster Ebene gäbe es das »Fahrzeug«, darunter »Bus«, »Schienenfahrzeug«, »Schiff«, und auf der nächsten Ebene dann den »Doppeldeckerbus«, den »Gelenkbus«; auf der untersten Ebene wären die konkreten Fahrzeugtypen modelliert.

Missbrauchsgefahr: zu viele Klassen

Ein solcher Ansatz würde zu einem sehr großen Modell führen – und eine entsprechende Softwarelösung müsste jedes Mal geändert werden, wenn ein Hersteller einen neuen Fahrzeugtyp entwickelt hat. Besser ist es daher, eine Klasse `FahrzeugTyp` zu definieren, die durch eine Beziehung auf sich selbst beliebige Hierarchien abbilden kann.

In Abbildung 14-16 ist dies dargestellt: Die Hierarchie von `FahrzeugTypOperations` wird durch eine Kompatibilitätsbeziehung zwischen Elementen der Elternklasse `TM-TypOperations` modelliert[27].

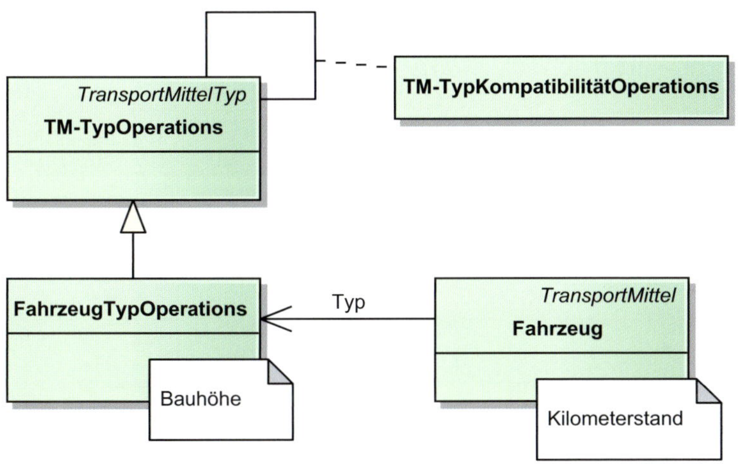

Abb. 14-16
Typhierarchien

Eine andere Missbrauchsgefahr besteht darin, dass man z. B. eine Klasse wie `Fahrzeug` von `FahrzeugTyp` ableitet[28]. Dies klingt logisch und entspricht dem natürlichen Sprachgebrauch: Der Bus mit dem Kennzeichen B-VG-4711 »ist ein« Doppeldeckerbus.

Missbrauchsgefahr: falsche Ableitung

Vererbung drückt eine strukturelle Ähnlichkeit zwischen zwei Klassen aus – sie ist jedoch nicht geeignet, zwei konkrete *Exemplare* der beteiligten Klassen einander zuzuordnen. Im Modell möchte man etwa Folgendes ausdrücken können: Es gibt einen `FahrzeugTyp` namens »DoppeldeckerBus«, und dieser hat eine Bauhöhe von 3,98m. `Fahrzeug` B-VG-4711 »ist ein« DoppeldeckerBus und hat daher eine *Höhe* von 3,98m.

Damit dies klappt, muss eine Instanz von Fahrzeug auf eine bestimmte Instanz von `FahrzeugTyp` verweisen. Wir brauchen also eine verweisende Beziehung vom `Fahrzeug` auf dessen Typ. Zweckmäßigerweise trägt sie den Namen *Typ,* und wir können schreiben: `Fahrzeug`.*Typ.Bauhöhe*. Dies drückt aus, dass die Bauhöhe eines `Fahrzeugs` von dessen *Typ* abhängt. Hingegen könnten wir nicht

Instanzverweise auf den Typ

27. Die Abkürzung *TM* steht für *TransportMittel.*
28. Das heißt,. `FahrzeugTyp` wäre dann eine Elternklasse von `Fahrzeug`.

Fahrzeug.*Typ.Kilometerstand* schreiben, denn der *Kilometerstand* ist bei jedem Fahrzeug unterschiedlich[29]. Abbildung 14-16 zeigt die Instanzbeziehung vom Fahrzeug zum FahrzeugTypOperations[30].

14.15 Korrespondierende Klassenhierarchien

Gelegentlich kommt es vor, dass man zwei parallele Klassenhierarchien hat, bei denen auf jeder Stufe entsprechende Klassen miteinander in Beziehung stehen. Wir drücken dies durch eine Beziehung zwischen den Elternklassen aus und unterstellen, dass diese auf die abgeleiteten Klassen in passender[31] Form projiziert wird. Dies bedeutet, dass nur der zu der jeweiligen Klasse korrespondierende Subtyp als Verweisziel zulässig sein soll. Hierzu ein kleines Beispiel:

Es geht um den Eingriff einer Leitstelle in die Fahrwege. Hierzu gibt es abstrakt vorbereitete »Maßnahmen«, wie z. B. die Definition bestimmter Umleitungswege. Wenn es erforderlich wird, richtet die Leitstelle eine entsprechende Umleitung ein, d. h., sie veranlasst eine konkrete MaßnahmeX auf Basis der vorgedachten Maßnahme. Es gibt nicht nur Maßnahmen zur Fahrwegbeeinflussung, sondern auch zum Einrichten zusätzlicher Fahrten usw.

Abb. 14-17
Korrespondierende Klassenhierarchien

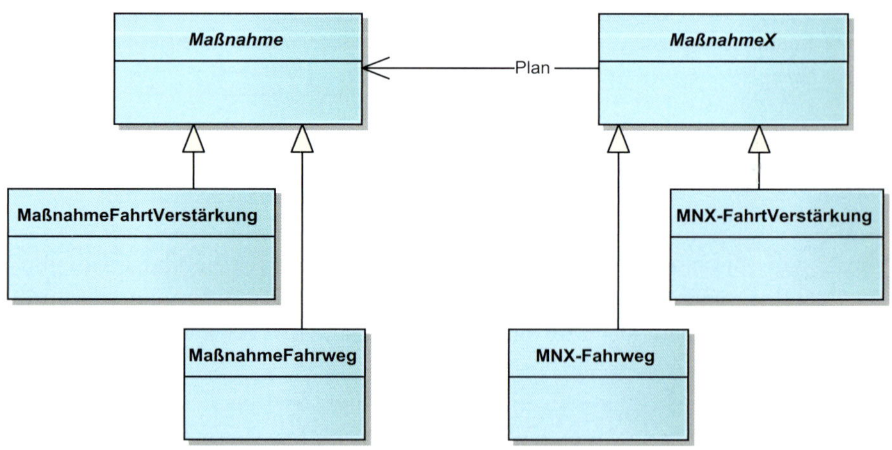

Die MNX-Fahrweg[32] erbt von MaßnahmeX einen allgemeinen Verweis auf eine (geplante) Maßnahme. Es muss sich nach unserer Konvention dabei um einen Verweis auf eine MaßnahmeFahrweg (und nicht um eine MaßnahmeFahrtVerstärkung) handeln, obwohl dies streng formal aus dem Modell nicht ableitbar ist.

29. Genau genommen hängt der Kilometerstand auch noch vom Datum ab.
30. Der etwas merkwürdig anmutende Zusatz »Operations« weist darauf hin, dass es hier um die Typisierung von Fahrzeugen aus Sicht der Verkehrsabwicklung (englisch: *Operations*) geht.
31. Was jeweils »passend« ist, sollte aus der Namensgebung und möglichst auch aus der grafischen Anordnung intuitiv hervorgehen.
32. *MNX* steht als Abkürzung für MaßnahmeX, also eine konkrete Maßnahme, die zu einem bestimmten Zeitpunkt ergriffen wird.

14.16 Kompositionsmuster

An mehreren Stellen im Modell begegnet uns das Problem, dass wir die Abstraktionsebene der Betrachtung wechseln wollen. Einerseits soll das Modell genau sein – andererseits soll es auch allgemeine Zusammenhänge auf »oberer Ebene« gut erkennbar machen.

Orte unter dem Vergrößerungsglas

Betrachtet man einen `HalteOrt` näher, so sieht man, dass es häufig ausreicht, ihn als `Gebiet` zu interpretieren (»Bahnhof«) oder als `Haltestelle` (»Bahnhof Südseite«). Manchmal will man es genauer wissen: »Trambahngleis 2 Richtung Westen auf der Südseite des Bahnhofs«. In Einzelfällen »geht man hinunter« bis zur einzelnen Haltemarkierung – an dem erwähnten Gleis könnten sich mehrere `HaltePunkte` hintereinander befinden. Wenn man einen Aushang drucken möchte, der direkt am Haltemast befestigt wird, dann benötigt man diese Art von Genauigkeit! Umgekehrt ist für die strategische Verkehrsplanung ein Begriff wie »Bahnhofsgegend« angemessen – er umfasst vielleicht sogar Haltestellen, die 500m im Umkreis des Bahnhofs liegen.

Fahrzeuge koppeln und trennen

Vergleichbare Probleme kommen auch an ganz anderen Stellen vor, etwa bei der Bildung eines `FahrzeugVerbands` (gekoppelte S-Bahn-Triebzüge). Einerseits will man aus Fahrplansicht den Verbund genauso behandeln können wie ein einzelnes `Fahrzeug` – und andererseits muss man auch bei Bedarf den Verband auflösen und jedes Fahrzeug gesondert betrachten können.

Entwurfsmuster

Die Informatik hat für diese Art von Problemen eine Standardlösung (»Entwurfsmuster«) entdeckt, das wir auch einsetzen, das sog. Composite Pattern. Angewandt auf Orte sieht es so aus:

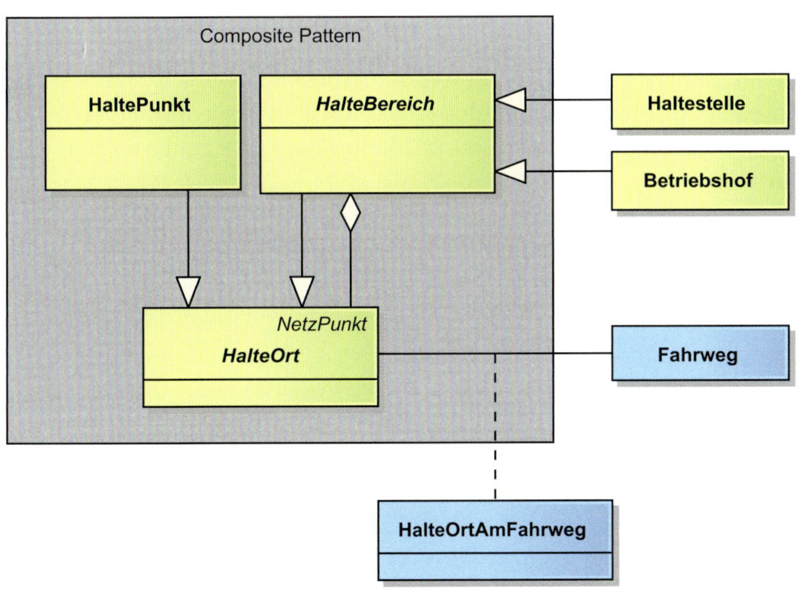

Abb. 14-18
Entwurfsmuster: Komposition

HalteOrte sind eine gedankliche Abstraktion[33] von HaltePunkten und HalteBereichen. HaltePunkte sind atomar, HalteBereiche sind zusammengesetzt. In unserem speziellen Fall ist auch der HalteBereich eine abstrakte Klasse, die erst durch die beiden konkreten Ausprägungen Haltestelle bzw. Betriebshof konkretisiert wird. Der Fahrweg verweist auf den abstrakten HalteOrt, d. h., in unserem Modell kann man Fahrwege nicht nur präzise auf der Ebene von HaltePunkten definieren, sondern auch etwas pauschaler auf der Ebene von Haltestellen.

Die Idee des Kompositionsmusters besteht darin, dass man für die Abbildung einer Zerlegungshierarchie eine abstrakte Oberklasse (HalteOrt) definiert, die die gemeinsamen Eigenschaften der Knoten (HalteBereiche) und der Blätter (HaltePunkte) der Hierarchie repräsentiert. Da die Aggregationsbeziehung der Knoten auf Elementen der abstrakten Oberklasse beruht, kann man beliebig tiefe Hierarchien abbilden, also z. B. HalteBereiche ineinander verschachteln.

14.17 Interfaces

UML bietet die Möglichkeit, Schnittstellen explizit zu modellieren. Dies ist vor allem für technische Modelle wichtig: Schnittstellen legen ein verbindliches Leistungsversprechen fest, das unabhängig von der konkreten Art der technischen Implementierung einzuhalten ist. Sie stellen damit die Brücke zum fachlich-konzeptionellen Modell her.

Ein rein konzeptionelles Klassenmodell kann man im Prinzip als eine vereinheitlichte Darstellung möglicher Schnittstelleninhalte ansehen – ohne dass allerdings explizit ausgedrückt wird, wie die einzelnen Schnittstellen genau heißen und welche Aspekte welcher Klassen darin zusammengefasst sind. Die formale UML-Notation zur Beschreibung von Interfaces benutzen wir in unserem Branchenmodell nur punktuell. Stattdessen legen wir auf eine normalisierte Darstellung großen Wert – ein Gesichtspunkt, der bei der Festlegung von Schnittstellen oft zurücktritt.

33. Abstrakte Klassen sind in kursiver Schrift dargestellt.

Anhang

A Systemlandschaft

Zur Beschreibung von Abläufen bietet UML *Usecases* und *Informationsflüsse* an. Usecases zeigen, wie fachliche Akteure mit einzelnen IT-Systemen in Beziehung treten, um fachliche Aufgaben zu erledigen. Informationsflüsse eignen sich, um ein Verständnis für den Gesamtzusammenhang einer Systemlandschaft zu vermitteln. Sie basieren auf dem Paradigma, dass Daten von einem System zum anderen fließen und dabei verarbeitet bzw. immer weiter angereichert werden. Auch wenn diese Vorstellung nicht ganz zu einem objektorientierten Verständnis passt, ist sie doch gut geeignet, die Abgrenzung zwischen Systemen sichtbar zu machen. Wir geben zunächst einen Überblick und beschreiben dann ca. 40 Systeme nach einem einheitlichen Schema (Abschnitt A.2).

A.1 Geschäftsprozesse und Systeme im Überblick

Wir ordnen die Kernprozesse grafisch von links nach rechts an (vgl. Abb. A-1). Dies entspricht der ungefähren zeitlichen Reihenfolge:

- Die *Planung* ereignet sich Monate und Wochen vor der eigentlichen Fahrt.
- Die *Disposition*, also die Zuordnung konkreter Fahrzeuge und Fahrer zum Fahr- und Dienstplan, passiert zeitnah vor Fahrtbeginn, typischerweise einige Wochen oder Tage vorher.
- *Betriebslenkung* und *dynamische*[1] *Fahrgastinformation* finden während der Ausführung der Fahrten statt.
- Die *Auswertung* stellt Plan- und Istwerte gegenüber und steht gedanklich am Ende der Kette, ist aber als prozessbegleitendes Qualitätsmanagement zu verstehen.
- Das *Ticketing* hat Anteile in mehreren Spalten: Produkte und Tarife werden lange im Voraus definiert, der Verkauf findet vor Fahrtantritt statt, die Validierung während der Fahrt und die Erlösabrechnung danach.

1. Fahrgäste werden natürlich nicht nur dynamisch über das Eintreffen von Fahrzeugen informiert, sondern auch über Tarife oder Fahrpläne. Solche Informationen ordnen wir dem jeweiligen Prozess zu (Planung, Ticketing).

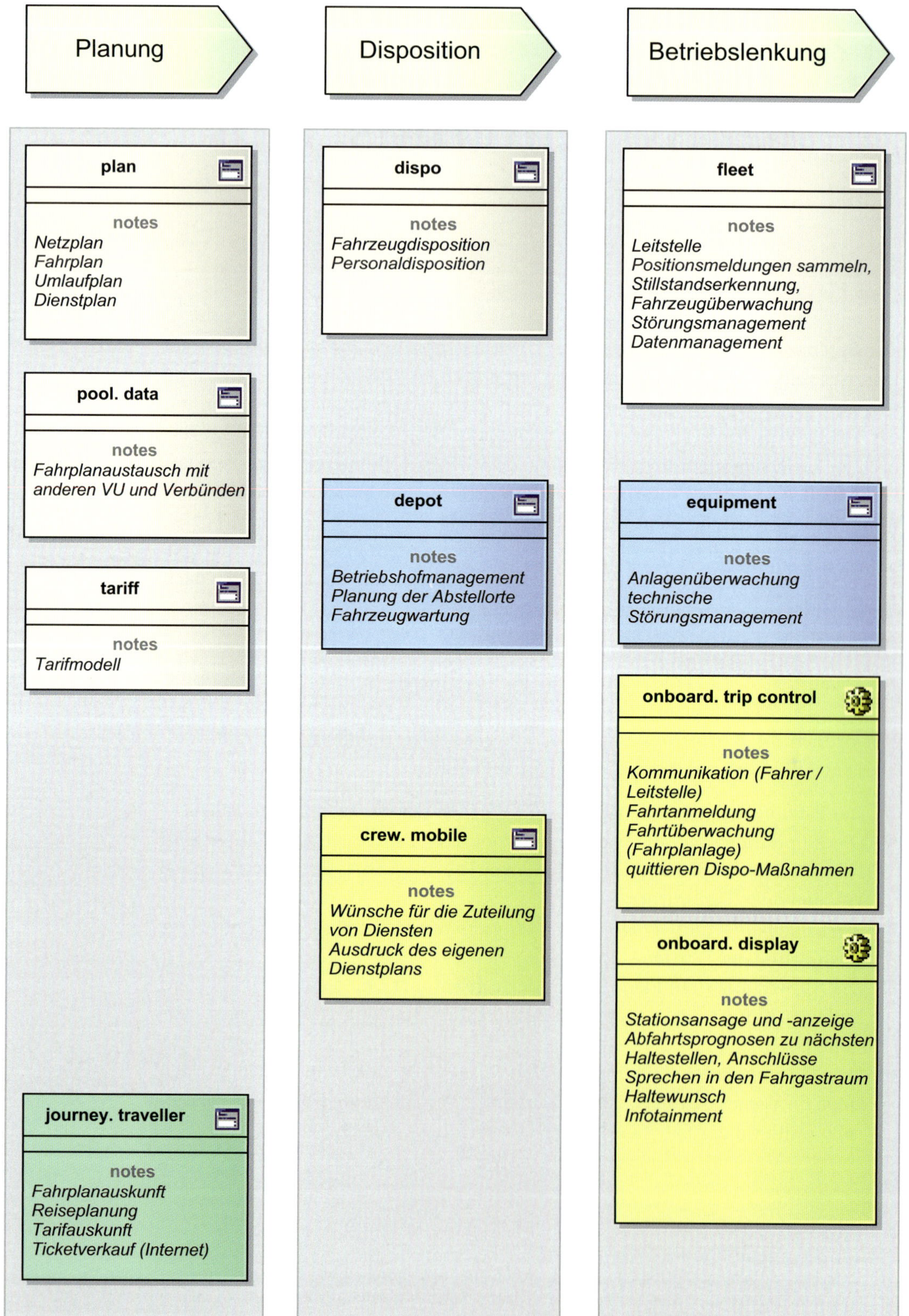

Abb. A-1 Systemlandschaft (statisch)

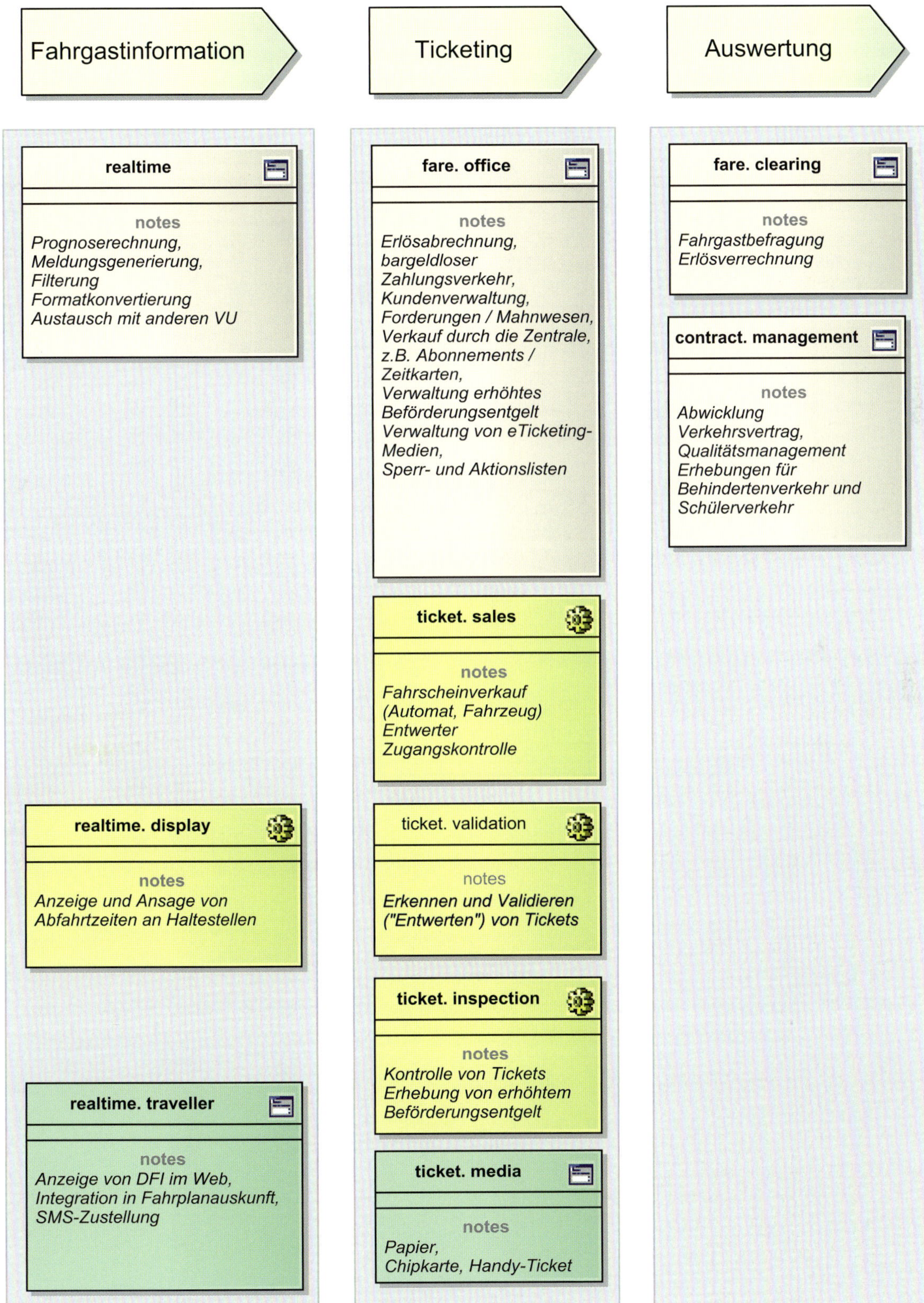
Fahrgastinformation
Ticketing
Auswertung
realtime
notes
Prognoserechnung, Meldungsgenerierung, Filterung Formatkonvertierung Austausch mit anderen VU
realtime. display
notes
Anzeige und Ansage von Abfahrtzeiten an Haltestellen
realtime. traveller
notes
Anzeige von DFI im Web, Integration in Fahrplanauskunft, SMS-Zustellung
fare. office
notes
Erlösabrechnung, bargeldloser Zahlungsverkehr, Kundenverwaltung, Forderungen / Mahnwesen, Verkauf durch die Zentrale, z.B. Abonnements / Zeitkarten, Verwaltung erhöhtes Beförderungsentgelt Verwaltung von eTicketing-Medien, Sperr- und Aktionslisten
ticket. sales
notes
Fahrscheinverkauf (Automat, Fahrzeug) Entwerter Zugangskontrolle
ticket. validation
notes
Erkennen und Validieren ("Entwerten") von Tickets
ticket. inspection
notes
Kontrolle von Tickets Erhebung von erhöhtem Beförderungsentgelt
ticket. media
notes
Papier, Chipkarte, Handy-Ticket
fare. clearing
notes
Fahrgastbefragung Erlösverrechnung
contract. management
notes
Abwicklung Verkehrsvertrag, Qualitätsmanagement Erhebungen für Behindertenverkehr und Schülerverkehr

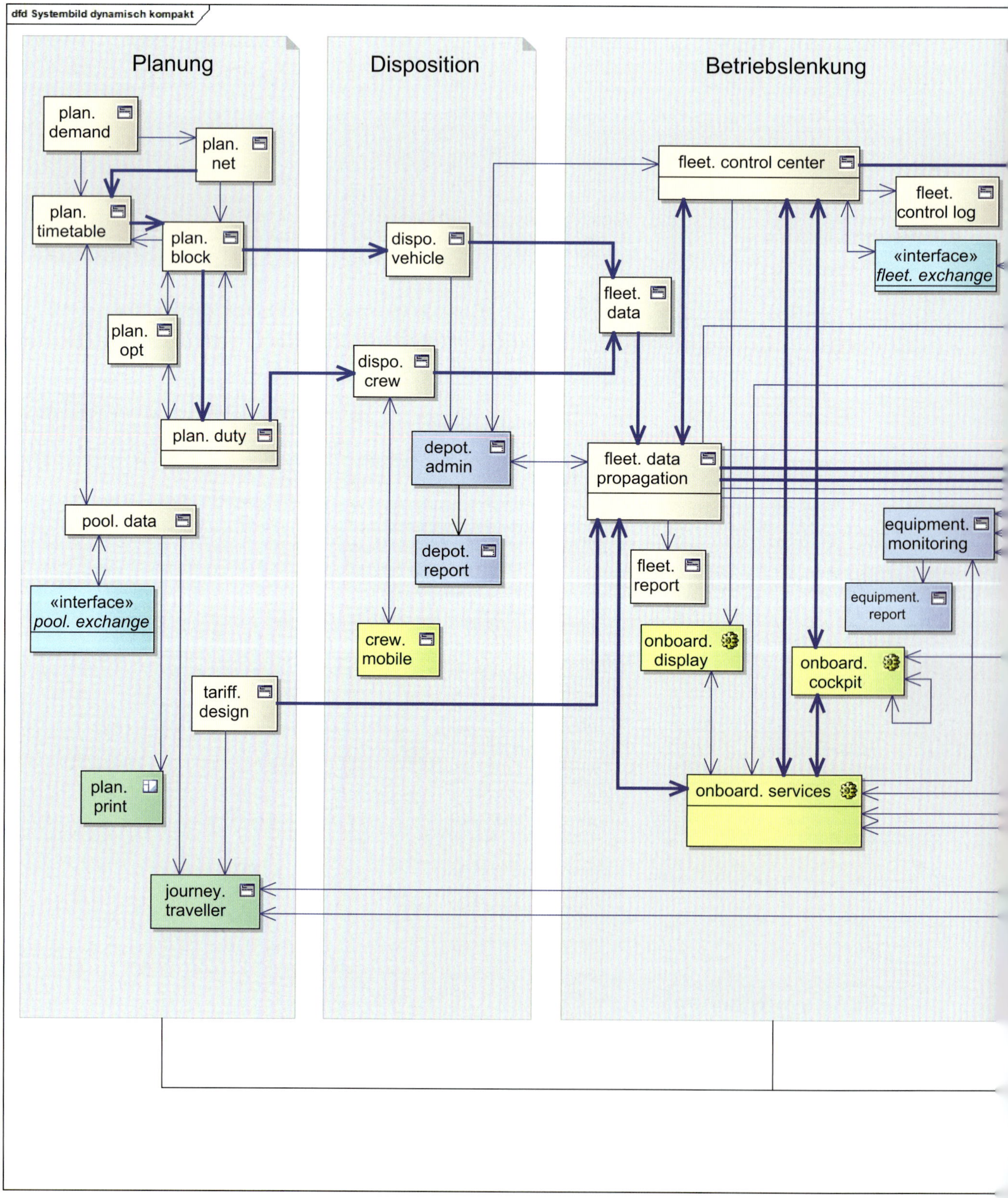
dfd Systembild dynamisch kompakt
Planung
Disposition
Betriebslenkung
plan. demand
plan. net
plan. timetable
plan. block
plan. opt
plan. duty
pool. data
«interface» pool. exchange
tariff. design
plan. print
journey. traveller
dispo. vehicle
dispo. crew
depot. admin
depot. report
crew. mobile
fleet. control center
fleet. control log
«interface» fleet. exchange
fleet. data
fleet. data propagation
fleet. report
onboard. display
onboard. cockpit
onboard. services
equipment. monitoring
equipment. report

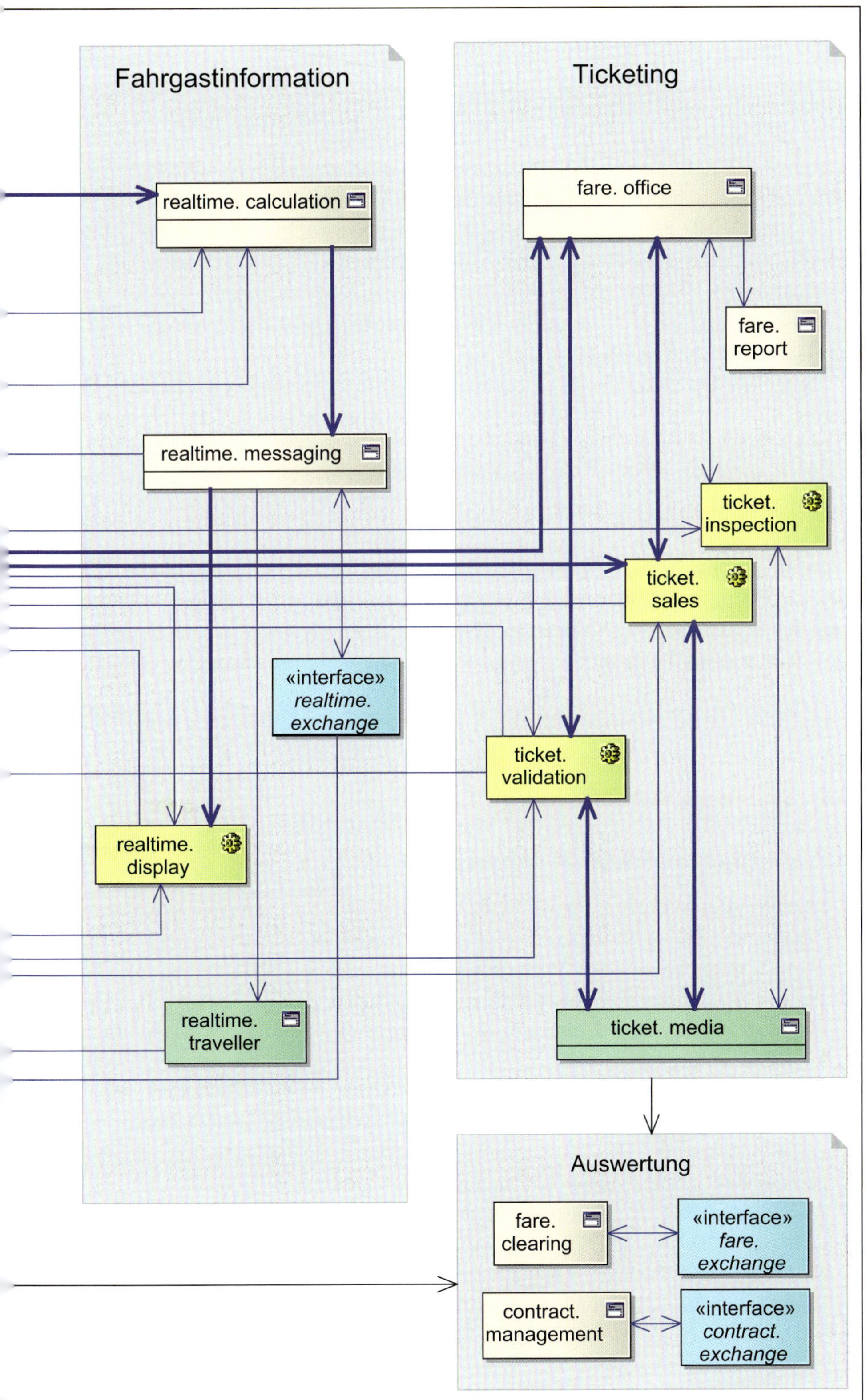

Abb. A-2
Systemlandschaft (dynamisch)

Eine genauere Darstellung gibt Abbildung A-2. Hier zeigen wir zusätzlich ca. 70 *Informationsflüsse* zwischen den Systemen.

Im oberen Bereich (beige Farbe) befinden sich zentrale Systeme; sie verwalten einen Datenbestand, der einheitlich für das ganze Unternehmen gültig ist.

In hellblauer Farbe stellen wir Systeme dar, deren Datenbestand regional begrenzt ist. Diese Ebene existiert vor allem bei größeren Verkehrsbetrieben und ist in der Regel nach Teilbetrieben und Betriebshöfen (Depots) gegliedert.

In gelber Farbe stellen wir Systeme dar, von denen es viele verteilte Ausprägungen gibt, z. B. eine je Fahrzeug, je DFI-Anlage oder je Ticketverkaufseinrichtung.

Im unteren Bereich (grüne Farbe) stellen wir Systeme dar, mit denen der Fahrgast unmittelbar in Interaktion tritt (Webdialoge) oder die ihm sogar gehören (Handy, PDA, Chipkarte).

Einige Systeme sind durch ein kleines Zahnrad-Symbol gekennzeichnet. Es handelt sich dabei um »embedded systems«, also um eine innige Verbindung aus Hardware und Software. Solche Systeme bauen zwar auf standardisierten Hardwarekomponenten (CPUs, Speicherbausteine, Touchscreens) auf, integrieren diese Bausteine jedoch in einer Weise, die maßgeschneidert für den jeweiligen Zweck ist.

Informationsflüsse zu Systemen außerhalb des Verkehrsunternehmens, wie etwa die Kommunikation mit Lichtsignalanlagen, sind meist aus der Beschreibung der Funktionalität ableitbar; in Abbildung A-2 sind einige besonders wichtige Schnittstellen dargestellt (*<<interface ..>>*). Die typografischen Unterschiede bei den Verbindungslinien sollen die Übersichtlichkeit verbessern, indem sie besonders wichtige Informationsflüsse deutlicher herausstellen.

A.2 Systeme und Datenflüsse im Detail

Die System-Steckbriefe sind wie folgt aufgebaut:

- Jedes System hat einen *englischen Kurznamen*. Er ist aus zwei Teilen zusammengesetzt, um Gruppenzugehörigkeiten anzudeuten.
- Danach folgt eine *deutsche Bezeichnung*.
- Bei der *Art des Systems* unterscheiden wir zwischen zentral, regional (im Betriebshof) und dezentral (im Internet, im Fahrzeug, an der Haltestelle) genutzten Systemen.
- Es folgen die *Rollen der Hauptnutzer*. Je nach Größe des Verkehrsbetriebs kann eine konkrete Person natürlich auch mehrere Nutzerrollen wahrnehmen.
- Danach steht eine Liste der wichtigsten *Funktionen*. Detaillierte Beschreibungen der Funktionen finden sich in den Hauptkapiteln des Buchs.
- Abschließend wird aufgeführt, an welche anderen Systeme Informationen weitergegeben werden (*Informationsflüsse*), d. h., der Datenfluss ist jeweils an der Quelle beschrieben.[2] Als Stellvertreter von Nachbarsystemen sind Interfaces in der gleichen Art wie Systeme beschrieben.

2. Die Inhalte bidirektionaler Datenflüsse sind daher auf die beidseitigen Quellen verteilt.

A.2.1 Planung

Name	**plan.demand**
Bezeichnung	**Verkehrsbedarfsplanung**
Art	zentral
Nutzer	Fahrplaner beim Besteller
Funktionen	■ Prognose des Verkehrsbedarfs einer Region und allgemeine Planung erwünschter Verkehrsangebote, insbes. im Zusammenhang mit der Stadtentwicklungsplanung (Zensusdaten) ■ Bedarfsplanung wird im Allgemeinen vom Besteller vorgenommen und dient als Grundlage für Ausschreibungen. ■ Es entsteht kein exakter Fahrplan, sondern ein räumlich und zeitlich strukturiertes Nachfrageprofil (Spielraum für anbietende Verkehrsunternehmen).
Datenflüsse	→ **plan.net** ■ Vorschläge für Haltestellen ■ Vorschläge für Streckenführung → **plan.timetable** ■ Vorschläge für Verkehrszeiten ■ Angaben zu Beförderungsbedarf (Hinweise auf Taktdichte/Fahrzeuggröße) je Gebiet und Richtung ■ Angaben zur Art der Fahrgäste (z. B. Schüler, Berufspendler, Veranstaltungsbesucher) → **contract.management** ■ quantitative und qualitative Basisdaten für die Vergabe von Linienbündeln

Name	**plan.net**
Bezeichnung	**Netzplanung**
Art	zentral
Nutzer	Netzplaner, Fahrplaner
Funktionen	■ Erfassung von Haltepunkten (mastgenau) ■ Zusammenfassung von Haltepunkten zu Haltestellen ■ Erfassung interner Haltepunkte und -bereiche (Betriebshöfe, Wendeanlagen) ■ Definition von Strecken ■ Beschreibung von Strecken durch Wegstücke und geografische Stützpunkte (Abbiegeorte) ■ Erfassung von Kurvenradien, Steigungsprofilen und anderen technischen Eigenschaften der (Gleis-)Strecke ■ Erfassung der Standorte und Signaturen von ortsfesten Positionsgebern (Baken) →

Name	**plan.net**
Bezeichnung	**Netzplanung**
Funktionen	■ Erfassung von Netzpunkten für Lichtsignalanlagen-Anmeldung ■ Festlegung von Gebietsgrenzen (Polygonzüge) für unterschiedliche Zwecke (politische Gebiete, Tarifgebiete, Funkeinzugsgebiete) ■ GIS-basierte Visualisierung
Datenflüsse	→ **plan.timetable** ■ alle Arten von Netzpunkten (`HaltePunkte`, `HalteBereiche` inkl. Betriebshöfe, LSA-Punkte, Baken, Gebietsgrenzen, ...) ■ Strecken (inkl. WegStücke, Langsamfahrstrecken, Gleisbelastungsgrenzen, Kurvenradien, Brückenhöhen) → **plan.block** ■ Basisdaten zum Verkehrsnetz, insbesondere zu internen Haltepunkten (Betriebshöfe) und Strecken (Einsetz- und Aussetzwege) → **plan.duty** ■ Ablösepunkte für Fahrer

Name	**plan.timetable**
Bezeichnung	**Fahrplanung**
Art	zentral
Nutzer	Fahrplaner
Funktionen	■ Beschreibung von Fahrwegen ■ Definition von Linien ■ Erfassen von Fahrzeitprofilen je Strecke und Tageszeit ■ Festlegung von Fahrten, Zuordnung von Fahrzeugtypen ■ Verwendung variabler Gültigkeitsmuster (Fahrplanperiode, Tagesart, einzelner Kalendertag) ■ Zuordnung von Aspekten (Regelverkehr, Baustelle, Schülerverkehr, Werksverkehr) zu Fahrten ■ Definition von Anschlüssen
Datenflüsse	→ **plan.block** ■ Menge der Fahrten → **pool.data** ■ Menge der Fahrten zur Abstimmung mit Verbundpartnern und zur Erstellung von Druckerzeugnissen → **contract.management** ■ Fahrplandaten ■ verbindliche Anschlüsse

Name	**plan.block**
Bezeichnung	**Umlaufplanung**
Art	zentral
Nutzer	Fahrplaner, Umlaufplaner
Funktionen	■ Bildung von Umläufen ■ Berücksichtigung von trennbaren Fahrzeugverbänden ■ Berücksichtigung von Wartungszyklen ■ Verkettung von Umläufen über Tages(art)folgen hinweg ■ Druck von Umlauflisten
Datenflüsse	→ **plan.duty** ■ Umläufe, Umlaufketten ■ Fahrzeugtyp-Anforderungen (wegen der Fahrerqualifikation) → **plan.timetable** ■ Vorschläge zur Umwidmung technisch notwendiger Betriebsfahrten zu Fahrgastfahrten → **plan.opt** ■ Ausgangsversion von manuell zusammengestellten Umläufen ■ oder die Menge aller Fahrten ■ Angaben zur Kompatibilität von Fahrzeugtypen → **dispo.vehicle** ■ freigegebene Umläufe ■ resultierende Anforderungen an Fahrzeugtypen

Name	**plan.duty**
Bezeichnung	**Dienstplanung**
Art	zentral
Nutzer	Dienstplaner
Funktionen	■ Bildung von Diensten ■ Ergänzung von Vor- und Nachbereitungszeiten ■ Berücksichtigung von Pausen, Ablösewegen ■ Teambildung (Mehrfachbesetzung) ■ Druck von Dienstplänen →

Name	**plan.duty**
Bezeichnung	**Dienstplanung**
Datenflüsse	→ **plan.block** ■ Hier handelt es sich in der Regel nicht um eine technische Schnittstelle; vielmehr analysiert ein Planer das Ergebnis der Dienstbildung (durch monetäre oder intuitive Bewertung von Zwischenständen) und versucht dann, Umläufe so abzuändern, dass günstigere Dienste herauskommen. Es geht um dasselbe Ziel wie bei der maschinellen Optimierung. → **plan.opt** ■ Menge aller Umläufe ■ Liste der Ablösestellen je Linie ■ Angaben zu benötigten Qualifikationen ■ evtl. Ausgangsversion von Dienstplänen → **dispo.crew** ■ freigegebene Dienste und Dienstfolgen

Name	**plan.opt**
Bezeichnung	**Optimierung von Fahr- und Dienstplänen**
Art	zentral
Nutzer	Fahrplaner, Dienstplaner
Funktionen	■ Generierung von Vorschlägen für Fahr- und Umlaufpläne auf Basis erwarteter Fahrgastzahlen, Fahrzeugvorgaben und Taktfolgen ■ Erstellung von Umlaufplänen auf Basis von Wendezeit- und Fahrzeugrestriktionen ■ Verschiebung von Fahrten, um Verkehrsspitzen zu glätten ■ Erstellen von Dienstplänen auf Basis frei konfigurierbarer Dienstregeln und Kapazitätsvorgaben für Mitarbeiterarten ■ integrierte Optimierung von Fahrplänen, Umläufen und Diensten, Berücksichtigung der Vergabe von Fahrten an Unterauftragnehmer
Datenflüsse	→ **plan.block** ■ generierte bzw. optimierte Umläufe → **plan.duty** ■ generierte bzw. optimierte Dienste und Dienstfolgen

Name	**pool.data**
Bezeichnung	**Datenpool für Fahrpläne**
Art	zentral
Nutzer	Fahrplaner, Verbundmanager
Funktionen	■ Sammlung von Fahrplandaten aus mehreren Planungssystemen, z. B. eigenes VU, eigene Tochterunternehmen, Nachbar-VU ■ neutrales Austauschformat
Datenflüsse	→ **plan.timetable** ■ Fahrtenmasse (ohne interne Fahrten) anderer Verkehrsunternehmen zum Zweck der Anschlussbildung → **pool.exchange** ■ kompletter Fahrplan (ohne Betriebsfahrten) → **plan.print** ■ kompletter Fahrplan (ohne Betriebsfahrten) → **journey.traveller** ■ kompletter Fahrplan (ohne Betriebsfahrten)

Name	**pool.exchange**
Bezeichnung	**Interface zum Fahrplanaustausch**
Art	zentral, Interface
Nutzer	IT-Administrator
Funktionen	■ Weitergabe des eigenen Fahrplans an übergeordnete Auskunftsysteme (z. B. auf Verbundebene) ■ Import von Fahrplänen anderer VU, z. B. als Grundlage für die eigene Planung von Anschlüssen
Datenflüsse	→ **pool.data** ■ Fahrplan anderer Verkehrsunternehmen

Name	**plan.print**
Bezeichnung	**Fahrplandruck**
Art	zentral
Nutzer	Fahrgast, Servicemitarbeiter
Funktionen	■ Ausdruck des vollständigen Fahrplans (»Kursbuch«) für den Kunden, aber auch z. T. mit technischen Hinweisen, die sich an das eigene Personal richten. Das Kursbuch in Papierform stirbt aus, da der Aspekt »Das kann man mit sich herumtragen« an Bedeutung verliert, sobald ein PDA oder Netbook vorhanden sind. ■ Eine Offline-Variante als PDF oder als ad hoc erzeugter individueller Auszug aus dem Gesamtfahrplan gibt es jedoch weiterhin. ■ Druck von Aushangtexten für Haltestellen ■ vorlagenbasierte Montage mehrerer Texte (Fahrplanauszug, Beförderungsbedingungen, Gleisbelegung, Werbung) zum Aushang in Vitrinen
Datenflüsse	–

Name	**tariff.design**
Bezeichnung	**Tarifmodell**
Art	zentral
Nutzer	Tarifplaner
Funktionen	■ exakte Beschreibung der Tarifstruktur, Methoden und Tabellen zur Fahrpreisermittlung, für Einzelkarten und Zeitkarten/Sonderkarten ■ Produktdefinition (Einzelfahrscheine, Mehrfahrtenkarten, Zeitkarten, Abos, Sonderfahrscheine (Hund, Fahrrad)) ■ Fahrschein-Layouterstellung
Datenflüsse	→ **fleet.data propagation** ■ Tariftabellen (Tarifpunkte, Zonen, div. Kriterien zur Preisermittlung) zur Verteilung an Verkaufsstellen und an das Fahrgeld-Managementsystem ■ Fahrscheinlayout → **journey.traveller** ■ Tariftabellen (Tarifpunkte, Zonen, div. Kriterien zur Preisermittlung) zur Auskunft für Reiseanfragen, zur generellen Tarifberatung und ggf. zum Online-Verkauf

Name	journey.traveller
Bezeichnung	**Fahrplan- und Tarifauskunft**
Art	dezentral, Internet
Nutzer	Fahrgast, Servicemitarbeiter
Funktionen	■ ortsbezogene Auskunft über den Fahrplan (»Abfahrtstafel«) ■ Reiseplanung (Abfahrtszeiten, Umsteigepunkte, Anschlüsse, Fußwege, Fahrpreis, Fahrzeugtyp, Sondereinrichtungen) ■ Verbindungsorientierter Fahrplanauszug für Start/Ziel und Zeitraum ■ Kundenverwaltung (Merkmale, Präferenzen) ■ Auskunft über das Tarifsystem ■ Ermittlung des günstigsten Tarifs für mehrere Planungsvarianten ■ Ticketverkauf via Internet
Datenflüsse	–

A.2.2 Disposition

Name	dispo.vehicle
Bezeichnung	**Fahrzeugdisposition**
Art	zentral oder regional
Nutzer	Fahrzeugdisponent
Funktionen	■ Zuordnung der Fahrzeuge auf Umläufe ■ Berücksichtigung von Inspektionsterminen und diversen Fahrzeugeigenschaften ■ Druck von Ausfahrlisten ■ Optimierung der Zuteilung von Fahrzeugen auf Umläufe ■ Einbeziehung von Ablöseverkehren (einander ablösende Fahrer fahren zum bzw. vom Ablösepunkt mit einem Dienst-PKW)
Datenflüsse	→ **fleet.data** ■ Sollfahrplan (tagesübergreifend) ■ tagesscharfer Umlaufplan mit zugeordneten Fahrzeugen → **depot.admin** ■ tagesscharfer Umlaufplan mit zugeordneten Fahrzeugen zum Zweck der Abstellung bzw. zum Abruf für die Ausfahrt

Name	dispo.crew
Bezeichnung	**Personaldisposition**
Art	zentral oder regional
Nutzer	Personaldisponent, Dienstplaner
Funktionen	■ Zuordnung von Mitarbeitern und Dienstplänen auf Basis der genauen Verfügbarkeitszeiträume und Qualifikationen ■ Berücksichtigung von Wünschen und Zielvorgaben ■ Ausdruck von (personalisierten) Dienstplänen ■ Diensttauschbörse ■ Generierung von Vorschlägen für die Fahrereinteilung ■ Optimierung der Zuteilung von Fahrern auf Dienste
Datenflüsse	→ **fleet.data** ■ Dienstpläne mit zugeordneten Fahrern, tagesgenau ■ Der Rhythmus kann variieren von täglich bis monatlich (bei langfristiger Personaldisposition). → **crew.mobile** ■ Dienstpläne zum Ausdruck ■ Bestätigung der Dienstantrittsmeldung ■ Bestätigung Krankmeldung ■ Anfragen anderer Fahrer nach Diensttausch ■ Bestätigung über Diensttausch

Name	crew.mobile
Bezeichnung	**Fahrerportal**
Art	regional und dezentral
Nutzer	Fahrer und Personaldisponent
Funktionen	■ Eingabe von Wünschen für die Dienstzuteilung (konkrete Dienste und/oder Präferenzen für Schichtlagen) ■ Abruf/Ausdruck von persönlichen Dienstplänen ■ Mitteilung des Dienstantritts vom Fahrer an die Zentrale ■ Krankmeldung
Datenflüsse	→ **dispo.crew** ■ Dienstwunsch ■ Dienstantrittsmeldung ■ Krankmeldung ■ Wunsch zum Diensttausch bzw. Zusage zu angefragtem Diensttausch

Name	**depot.admin**
Bezeichnung	**Betriebshofmanagement**
Art	regional
Nutzer	Fahrzeugdisponent
Funktionen	■ Planung der Gleisbelegung/Abstellorte im Depot ■ Ausfahrlisten ■ Ausdruck von Wagenlisten (Umlauflisten) ■ Erstellung von Werkstattaufträgen für Inspektion und Reparatur ■ Update von Software in Fahrzeugen ■ Durchführung von Inspektionen (meist in ein separates System für Auftragsplanung und Materialwirtschaft ausgelagert)
Datenflüsse	→ **fleet.data propagation** ■ Abstellorte je Umlauf und Tag ■ Software zur Verteilung an Fahrzeuge und andere dezentrale Geräte (Automaten, DFI) → **fleet.control center** ■ zugewiesener Stellplatz für Abstellung (zeitnah bei der Anfahrt des Fahrzeugs) → **depot.report** ■ Laufleistungen der Fahrzeuge ■ Betriebsstoffverbrauch (Angaben zu Tankvorgängen, Öl etc.)

Name	**depot.report**
Bezeichnung	**Betriebshofbericht**
Art	regional
Nutzer	Fahrzeugdisponent
Funktionen	■ Wirtschaftlichkeit von Fahrzeugen (Spritverbrauch vs. Kilometerleistung) ■ Wartungshistorie
Datenflüsse	–

A.2.3 Betriebslenkung

Name	**onboard.cockpit**
Bezeichnung	**Fahrerarbeitsplatz**
Art	im Fahrzeug
Nutzer	Fahrer
Funktionen	■ Fahreranmeldung ■ Fahrtanmeldung ■ Fahrplanlage permanent anzeigen, z. B. als Farbcode ■ anzeigen/quittieren Dispo-Maßnahmen ■ Kommunikation (Fahrer/Leitstelle) ■ Webzugang für Fahrer ■ Wunschdienstplanung in der Wendezeit
Datenflüsse	→ **onboard.cockpit** ■ Direktgespräch mit anderem Fahrzeug → **fleet.control center** ■ Auslösung von Notruf oder stillem Überfallruf ■ Sprechwunsch des Fahrers ■ codierte Meldungen (»*Ich verlasse vorübergehend das Fahrzeug.*«) ■ Quittierung des Erhalts von codierten Anweisungen ■ Fahrtantrittsmeldung → **onboard.services** ■ Fahreridentifikation (Karte) ■ Gerätestatus (Autodiagnose) ■ Quittung über Firmwareupdate

Name	**fleet.data**
Bezeichnung	**Datenmanagement**
Art	zentral
Nutzer	Datenpfleger
Funktionen	■ Verwaltung, Ergänzung und kurzfristige Modifikation folgender Daten: ■ statische Fahrzeugdaten (Kalibrierfaktoren, Ausstattung, Funkfrequenzen, IP-Adressen, Reklameaufdruck) ■ Basisfahrplan ■ aktueller/modifizierter Tagesfahrplan ■ aktueller/modifizierter Umlaufplan ■ evtl. Dienstpläne →

Name	**fleet.data**
Bezeichnung	**Datenmanagement**
Datenflüsse	→ **fleet.data propagation** ■ Dienstpläne mit zugeordneten Fahrern (tagesgenau) ■ Sollfahrplan (tagesübergreifend) ■ tagesscharfer Umlaufplan mit zugeordneten Fahrzeugen ■ Abstellorte je UmlaufX und Tag ■ Infrastrukturdaten (IP-Adressen von Fahrzeugen und Haltestellenrechnern, LSA-Kommunikationsparameter, gerätespezifische Zieltexte, Via-Texte)

Name	**fleet.data propagation**
Bezeichnung	**Datenverteilung**
Art	zentral
Nutzer	(Hintergrundsystem)
Funktionen	■ automatische Datenkette zur Replikation von Fahrplandaten und Tarifdaten ■ Versorgung aller Außenanlagen, Fahrzeuge und mobilen Mitarbeiter (z. B. Kontrolleure) ■ »Ausrollen« des Fahrplans auf konkrete Abfahrtszeiten je Haltestelle ■ Weiterleitung an die zugehörigen zentralen Systeme ■ Verteilung von Softwareupdates an Fahrzeuge und andere dezentrale Geräte
Datenflüsse	→ **fleet.control center** ■ Sollfahrplan ■ Dienstpläne mit zugeordneten Fahrern (tagesgenau) ■ tagesscharfe Umlaufpläne mit zugeordneten Fahrzeugen ■ Abstellorte je Umlauf und Tag ■ Infrastrukturdaten (IP-Adressen von Fahrzeugen) → **onboard.services** ■ Sollfahrplan ■ Netz- und Streckenplan ■ tagesscharfer Umlaufplan (entweder nur für das eigene Fahrzeug oder für das gesamte Verkehrsgebiet oder einen regionalen Teil des Verkehrsgebiets) ■ Man verteilt gerne mehr Daten vorab als eigentlich nötig, denn dann kann man spontan jedes Fahrzeug im Betriebshof für einen bestimmten Umlauf auswählen (»Last Minute«-Fahrzeugdisposition). ■ Alternativ kann man auch Zielfolgen online sehr zeitnah verteilen, d. h., der Bordrechner hat kein längerfristiges Wissen; Voraussetzung ist die zuverlässige Erreichbarkeit (also z. B. bei Stadtverkehr im Depot beim Losfahren). ■ Infrastrukturdaten (IP-Adressen von Haltestellen (für Kurierdaten), LSA-Kommunikationsparameter, gerätespezifische Zieltexte, Via-Texte, Lageinformation und Kommunikationsparameter zur Ansteuerung von Weichen und Straßenblockaden) ■ Audiodaten (MP3-Stationsansagen, Umsteigehinweise) ■ Multimediainhalte, evtl. mit Ortsbezug (Werbung, Infotainment) ■ Softwareupdates →

Name	**fleet.data propagation**
Bezeichnung	**Datenverteilung**
Datenflüsse	*Hinweis:* Der gesamte Datenfluss ist hier im Sinne einer Vorabversorgung beschrieben; bei ausreichender Bandbreite und Funkstabilität könnte er auch indirekt (über das fleet.control center) erfolgen und »just in time«. → **realtime.calculation** ■ Sollfahrplan (tagesübergreifende Gültigkeit oder auch tagesgenau) ■ Infrastrukturdaten (IP-Adressen von Haltestellen, aufbereitete Zieltexte) → **realtime.display** ■ Sollfahrplan (tagesübergreifende Gültigkeit) ■ Planabfahrtszeiten je Haltestelle ■ Softwareupdates → **fleet.report** ■ statistische Daten aus fleet.control center und onboard.services → **depot.admin** ■ Mess- und Verbrauchsdaten zum Fahrzeugeinsatz → **fare.office** ■ Tarifdaten ■ Produktdaten → **ticket.sales** ■ Tariftabellen (Tarifpunkte, Zonen, div. Kriterien zur Preisermittlung) ■ Fahrscheinlayout ■ Fahrplandaten (falls das Verkaufsgerät auch Reiseauskunft geben kann) → **ticket.validation** ■ Tariftabellen (Tarifpunkte, Zonen, div. Kriterien zur Preisermittlung) → **ticket.inspection** ■ Tariftabellen (Tarifpunkte, Zonen, div. Kriterien zur Preisermittlung) ■ Fahrplandaten (falls das Kontrolleursgerät auch Reiseauskunft geben kann) → **fare.clearing** ■ Fahrgastzählungen als statistische Basis für die Aufteilung von Erlösen zwischen mehreren Verkehrsbetrieben

Name	**fleet.control center**
Bezeichnung	**Leitstand, RBL, itcs**
Art	zentral
Nutzer	Leitstellendisponent
Funktionen	■ Fahrzeugkommunikation (Sprache und Daten) ■ Gewährleistung der Fahrersicherheit (Unfallruf, stiller Überfallruf) ■ Fahrtantrittsüberwachung ■ Fahrzeugüberwachung (Ortung) ■ Verfolgung der Fahrplanlage und Takttreue ■ Maßnahmen zur Behebung von Störungen (Änderung von Fahrwegen, Tausch oder Verstärkung von Fahrzeugen und Fahrern) →

Name	**fleet.control center**
Bezeichnung	**Leitstand, RBL, itcs**
Datenflüsse	→ **fleet.exchange** ■ Anschlüsse, allgemeine Nachrichten, Fahrzeugvisualisierung: VDV 453 (ANS, AND, VIS) ausgehende Nachrichten ■ alternativ SIRI-Formate (CT/CM, GM, VM) → **onboard.services** ■ Fahrwege (Fahrziele und -zeiten, Haltestellen, Liniennummern) bei zentraler Fahrwegsteuerung oder bei Ad-hoc-Änderungen → **onboard.services** ■ Fahrplanlage (falls sie zentral auf Basis der Ortung und des Fahrplans ermittelt wird) ■ Anweisungen zum Wechsel von Funkkanälen ■ dynamische Geschwindigkeitsvorgaben (z. B. zur Intervallsicherung) → **onboard.cockpit** ■ codierte Anweisungen (Warten auf umsteigenden Fahrgast, Änderung des Fahrwegs, dispositiv geänderter Fahrplan, z. B. durch Taktverschiebung) ■ Rückruf aufgrund eines Gesprächswunsches des Fahrers ■ initiales Gespräch mit dem Fahrer (bzw. mit einer Fahrergruppe) ■ fachliche Quittungen (z. B. Fahrtantrittsbestätigung) → **onboard.display** ■ Anzeige für Fahrgäste (Anschlüsse) ■ Durchsage an die Passagiere ■ stilles Hören in den Fahrgastraum (bei Notruf/im Überfallszenario) → **fleet.data propagation** ■ Pünktlichkeiten ■ Fahrtausfälle ■ dispositive Änderungen → **fleet.control log** ■ alle durchgeführten Maßnahmen mit Status, gegliedert in Einzelaktionen ■ Unfallberichte ■ Berichte für Polizei und Hilfskräfte → **depot.admin** ■ Stellplatzanfrage für Fahrzeuge, die sich aktuell dem Betriebshof nähern ■ Laufleistung von Fahrzeugen →

Name	**fleet.control center**
Bezeichnung	**Leitstand, RBL, itcs**
Datenflüsse	→ **realtime.calculation** ■ aktuelle Planabfahrten (Abweichungen vom tagesübergreifenden Sollfahrplan aufgrund von Maßnahmen des Störungsmanagements) ■ aktuelle Fahrzeugpositionen (Annahme: Fahrtabwicklung und Prognose liegen bei realtime.calculation) und Dispomaßnahmen (Verstärker, Kurzführungen, Streckensperrung etc.) ■ alternativ: prognostizierte Ankünfte und Abfahrten (Hochrechnung für alle Fahrzeuge und die nächsten n vorausliegenden Haltestellen), dabei müssen die Auswirkungen von dispositiven Maßnahmen bereits berücksichtigt sein ■ Aktualisierung von Prognosen (nur signifikante Veränderungen) → **contract.management** ■ Pünktlichkeitsnachweise, insbesondere Verfrühungen bei Abfahrten

Name	**fleet.exchange**
Bezeichnung	**ANS/AND/VIS-Import/Export**
Art	zentral, Interface
Nutzer	(Hintergrundsystem)
Funktionen	■ Datenaustausch mit anderen ÖPV-Unternehmen, bidirektional ■ kann mit realtime.exchange zu einer gemeinsamen »Datendrehscheibe« kombiniert sein
Datenflüsse	→ **fleet.control center** ■ Anschlüsse, allgemeine Nachrichten, Fahrzeugvisualisierung: VDV 453 (ANS, AND, VIS) eingehende Nachrichten ■ alternativ SIRI-Formate (CT/CM, GM, VM) → **realtime.calculation** ■ allgemeine Nachrichten: VDV 453 (AND) eingehende Nachrichten ■ alternativ SIRI-Format (GM)

Name	**fleet.report**
Bezeichnung	**Betriebsstatistik**
Art	zentral
Nutzer	Leitstellendisponent
Funktionen	■ Nachweis von Laufleistungen der Fahrzeuge ■ Nachweis von Einsatzzeiten der Mitarbeiter (Überleitung an Lohnabrechnung) ■ Pünktlichkeitsstatistik ■ Fahrgastzählungen ■ Effizienzkontrolle (z. B. Spritverbrauch -> Motoreinstellung, Fahrweise)
Datenflüsse	–

Name	**fleet.control log**
Bezeichnung	**Ereignisprotokoll**
Art	zentral
Nutzer	Leitstellendisponent
Funktionen	■ Nachweis durchgeführter Maßnahmen ■ Checkliste für die Aufhebung getroffener Maßnahmen ■ Unfallberichte ■ Berichte für Polizei und Hilfskräfte ■ Meldungen über Planabweichungen ■ Protokollierung von Funkgesprächen ■ Störungsmeldungen
Datenflüsse	–

Name	**onboard.services**
Bezeichnung	**Fahrzeugdienste**
Art	im Fahrzeug
Nutzer	andere IT-Systeme
Funktionen	■ Es handelt sich um autonome Dienste, die auf dem Fahrzeugrechner laufen. ■ Ortung (GPS, Odometer/Tür/Fahrplan, Ortsbaken) ■ Fahrplanlage ermitteln ■ Fahrplandatenverwaltung ■ Verarbeitung dispositiver Maßnahmen aus der Leitstelle – Anpassung des aktuellen Fahrplans ■ Datenkommunikation mit der Zentrale, Relaisfunktion für diverse Peripheriegeräte im Fahrzeug ■ LSA-Beeinflussung ■ Ansteuerung von Weichen, Schranken, Hubpollern ■ DFI-An-/Abmeldung ■ Datenspediteur (Kurier) für DFI-Anlagen ■ Fahrgastzählung ■ Fahrzeugdiagnose (technisch, Sauberkeit, Kilometerstand) usw., wahlweise automatisch oder manuelle Eingabe ■ floating car data (Rohdatengewinnung für Verkehrsmanagement) ■ Ansteuerung von Fahrtzielanzeigen (innen und außen) ■ Erzeugung von Haltestellenansagen für Fahrgäste (MP3 oder TTS) ■ Aufzeichnung von Fahrprofil, Logdaten und Störungsmeldungen ■ Energiemanagement basierend auf Streckenprofilen
Datenflüsse	→ **fleet.control center** ■ Fahrzeugstandort (Meter hinter Haltestelle und/oder Geo-Koordinaten) ■ Fahrplanlage ■ Störungsmeldungen →

<table>
<tr><td>Name</td><td>onboard.services</td></tr>
<tr><td>Bezeichnung</td><td>Fahrzeugdienste</td></tr>
<tr><td>Datenflüsse</td><td>
→ fleet.data propagation
■ Logdaten und statistische Fahrtaufzeichnungen
■ bezogen nicht nur auf <code>HalteOrte</code>, sondern auf <code>NetzPunkte</code>
■ Fahrgast-Zähldaten
■ Laufleistungen und Einsatzdauern von Fahrzeugen (zur Inspektionsüberwachung)
■ Einsatzart und -dauer von Fahrern (zur Lohnabrechnung)

→ onboard.cockpit
■ logische Position (Meter seit letzter Haltestelle) im Haltestellenband
■ Fahrplanlage
■ Indikator über bestehende Funkverbindung
■ Diagnosemeldungen (für den Bordrechner und die Fahrzeugperipherie)
■ Statusmeldungen und Daten von Fahrzeugperipheriegeräten (z. B. Türstatus, Defektmeldung eines Entwerters, Bild der Rückfahrkamera)
■ Fahrtauswahl für Fahrtantrittsdialog

→ onboard.cockpit
■ automatische Präsentation der Folgefahrt des aktuellen Umlaufs am Endhaltepunkt einer Fahrt
■ geografischer Standort (z. B. GPS-Daten für Navigationsanzeige)

→ onboard.display
■ Linie und Fahrtziel
■ Haltestellenfolge und Standort
■ Medieninhalte und Steuerdaten für Infotainment
■ Ansage von Haltestellen (MP3)
■ statische und dynamische Umsteigehinweise (MP3, TTS)
■ Abfahrtsprognosen und Anschlüsse bezogen auf die nächsten Haltestellen
■ Sonderansagen (»Bitte Tür frei machen«)
■ Firmware-Update

→ realtime.display
■ schnelle Abmeldung (Löschen der Anzeige unmittelbar bei Abfahrt)
■ dezentrale Anmeldung (Istabfahrt für Fahrzeuge, die nicht im RBL geführt sind, jedoch von den Solldaten her bekannt sind)
■ schnelle Anmeldung (optionale Feinkorrektur der Ankunftszeit unter Umgehung der Zentrale kurz vor dem Eintreffen)

→ ticket.sales
■ aktueller Standort (zur Ermittlung von Tarifzonengrenzen)

→ ticket.validation
■ aktueller Standort (zur Ermittlung von Tarifzonengrenzen, Ansteuerung von Entwertern)

→ equipment.monitoring
■ automatische Angaben zum eigenen Status (Autodiagnose)
</td></tr>
</table>

Name	onboard.display
Bezeichnung	**Fahrgastinfo im Fahrzeug**
Art	im Fahrzeug
Nutzer	Fahrgast
Funktionen	■ »Display« ist in sehr weitem Sinne zu verstehen und umfasst alle Funktionen, die mit dem Fahrgast zu tun haben: ■ Haltestellenanzeige im Innenraum ■ Zieltext-Beschilderung (Außenhülle des Fahrzeugs) ■ Ansage von Haltestellen und Umsteigemöglichkeiten ■ Sprechen in den Fahrgastraum (Fahrer, Leitstelle) ■ Haltewunsch und Rückmeldung ■ Infotainment
Datenflüsse	→ **onboard.services** ■ Gerätestatus (Autodiagnose) ■ Quittung über Firmware-Update

Name	equipment.monitoring
Bezeichnung	**Anlagenüberwachung**
Art	zentral oder regional
Nutzer	Servicetechniker
Funktionen	■ technisches Störungsmanagement ■ Erfassung von (Auto-)Diagnosemeldungen, Behebung technischer Störungen (verklemmte Weichen, ausgefallene Anzeigetafeln, defekte Funkgeräte, Stromausfall in der Oberleitung)
Datenflüsse	→ **equipment.report** ■ Auflistung von Statusinformationen und Störungen, ggf. mit Angaben zur Behebung

Name	equipment.report
Bezeichnung	**Anlagenverfügbarkeitsnachweis**
Art	zentral
Nutzer	Qualitätsmanagement
Funktionen	■ Nachweis der Einsatzbereitschaft der Anlagen ■ quantitative und qualitative Beschreibung von Ausfällen
Datenflüsse	–

A.2.4 Dynamische Fahrgastinformation

Name	realtime.calculation
Bezeichnung	**DFI-Prognose**
Art	zentral
Nutzer	DFI-Disponent, Leitstellenmitarbeiter
Funktionen	■ Positionsmeldungen sammeln ■ Prognose (Fahrtabwicklung, Fahrzeitprofile) → Ankunfts-/Abfahrtszeiten je `HaltePunkt` des vorausliegenden Fahrwegs ■ Filterung, Fahrzeug-Verzögerungsdetektion (Stillstand, Stau) ■ Erfassung und Publikation von Sondertexten
Datenflüsse	→ **realtime.messaging** ■ Abfahrtsinformationen (ungefiltert, in neutralem Format) ■ Sondertexte → **fleet.exchange** ■ allgemeine Nachrichten: VDV 453 (AND) ausgehende Nachrichten

Name	realtime.messaging
Bezeichnung	**DFI-Meldungsverteilung**
Art	zentral
Nutzer	(Hintergrundsystem)
Funktionen	■ Aufbereitung für Anzeigen, Webdialoge, SMS ■ Meldungsmanagement, Bedienung von Schnittstellen
Datenflüsse	→ **realtime.display** ■ Abfahrtsinformationen (gefiltert, in gerätespezifischem Format) ■ Sondertexte → **onboard.services** ■ Abfahrtsprognosen bezogen auf die nächsten Haltestellen rollender Fahrzeuge ■ Sondertexte → **realtime.traveller** ■ Abfahrtsinformationen und Sondertexte für ausgewählte Haltestellen als Antwort auf einen Web-Request ■ Abfahrtsinformationen und Sondertexte als Web-Stream auf Basis eines Web-Abo-Request ■ Abfahrtsinformationen und Sondertexte für ausgewählte Haltestellen als SMS-Antwort auf einen SMS-Request → **realtime.exchange** ■ VDV 453 (DFI) und 454(AUS): ausgehende Meldungen mit Soll- und Istdaten für Ankünfte und Abfahrten ■ alternativ: SIRI-Formate (PT/ET bzw. ST/SM)

Name	realtime.exchange
Bezeichnung	**DFI-Import/Export**
Art	zentral, Interface
Nutzer	(Hintergrundsystem)
Funktionen	■ Datenaustausch mit anderen ÖPV-Unternehmen, bidirektional ■ kann mit fleet.exchange zu einer gemeinsamen »Datendrehscheibe« kombiniert sein
Datenflüsse	→ **realtime.messaging** ■ VDV 453 (DFI): eingehende Meldungen mit Soll- und Istdaten für Ankünfte und Abfahrten ■ alternativ: SIRI-Format (SM/ST) → **journey.traveller** ■ VDV 454 (AUS): eingehende Meldungen zu Fahrtauskünften ■ alternativ: SIRI-Format (PT/ET)

Name	realtime.display
Bezeichnung	**DFI-Anzeigen**
Art	dezentral, stationär
Nutzer	Fahrgast
Funktionen	■ Anzeige und Ansage (z. B. für Sehbehinderte, TTS-Technologie) von Abfahrtszeiten an Haltestellen ■ Hinweise auf Verspätungen ■ Anzeige von Sondertexten und Zusatztexten ■ Anzeige der genauen Halteposition einfahrender Fahrzeuge
Datenflüsse	→ **equipment.monitoring** ■ automatische Angaben zum eigenen Status (Autodiagnose) → **onboard.services** ■ Gerätestatus (Autodiagnose) (alternativ zum direkten Weg zum equipment.monitoring über Funk) ■ Quittung über Firmware-Update

Name	**realtime.traveller**
Bezeichnung	**DFI-Auskunft**
Art	dezentral, auch in Fahrzeugen
Nutzer	Fahrgast
Funktionen	■ Anzeige von DFI im Web ■ Anzeige als SMS ■ Übermittlung von Abfahrtszeiten an Fahrzeuge (für die jeweils nächste angefahrene Haltestelle) ■ Überleitung von DFI zur Fahrplanauskunft
Datenflüsse	→ **journey.traveller** ■ Abfahrtprognosen bezogen auf die in einer Fahrplanauskunft angezeigten Fahrten

A.2.5 Ticketing

Name	**fare.office**
Bezeichnung	**Zentralverkauf und Erlösabrechnung**
Art	zentral
Nutzer	Verkaufspersonal, Buchhalter
Funktionen	■ zentraler Verkauf von Abonnements, Zeitkarten und (Spezial-)-Fahrscheinen ■ Erlösabrechnung für dezentrale Fahrgeldeinnahmen aus Automaten, dezentralen Verkaufsstellen und Fahrzeugen ■ Fahrerbezogene Kontoführung (Ablieferung von Bareinnahmen), Erlösabrechnung ■ bargeldloser Zahlungsverkehr ■ Kundenverwaltung ■ Forderungen/Mahnwesen ■ Verwaltung erhöhtes Beförderungsentgelt (EBE) ■ Verwaltung von eTicketing-Medien ■ Sperr- und Aktionslisten
Datenflüsse	→ **fare.report** ■ Erlöse, strukturiert nach diversen Kriterien (Verkaufsstellen, Verkaufstag und -zeit, Tarif, ...) → **fare.clearing** ■ Erlöse, strukturiert nach Tarifen, Produkten, ... → **ticket.sales** ■ Buchungsbestätigung für übergebene Verkaufseinnahmen → **ticket.validation** ■ Sperr- und Aktionslisten → **ticket.inspection** ■ Buchungsbestätigung für übergebene Einnahmen aus EBE ■ Sperrlisten

Name	fare.report
Bezeichnung	**Einnahmennachweis**
Art	zentral
Nutzer	Buchhalter
Funktionen	■ Nachweis der Verkaufserlöse ■ Erlösstatistik
Datenflüsse	–

Name	ticket.sales
Bezeichnung	**Fahrscheinverkauf**
Art	dezentral
Nutzer	Fahrgast, Fahrer
Funktionen	■ Fahrscheinverkauf am Automaten ■ Fahrscheinverkauf im Fahrzeug ■ Bargeldmanagement ■ bargeldlose Zahlung (POS-Frontend) ■ Manchmal sind auch Funktionen zur Reiseauskunft in das Verkaufsgerät integriert.
Datenflüsse	→ **equipment.monitoring** ■ automatische Angaben zum eigenen Status (Autodiagnose), für ortsfeste Verkaufsgeräte (Automaten) → **onboard.services** ■ Gerätestatus (Autodiagnose) (für Verkaufsgeräte im Fahrzeug) ■ Quittung über Firmware-Update → **fare.office** ■ Einzelverkaufsdaten und Abstimmsummen (Bargeld und electronic payment) → **ticket.media** ■ Geld auf die Karte buchen, abbuchen ■ Fahrschein auf die Karte übertragen ■ Fahrscheindaten abrufen ■ Guthabenstand abrufen ■ sonstige Dienste: Abfragen und Aufladen von Parkplatztickets, Eintritt für Museum, Schwimmbad

Name	**ticket.validation**
Bezeichnung	**Fahrscheinentwertung**
Art	dezentral
Nutzer	Fahrgast
Funktionen	▪ Validierung von Papiertickets und elektronischen Tickets (»Entwerter«) ▪ Stempelaufdruck oder RFID-Kommunikation ▪ (De-)aktivierung bei Kontrollen im Fahrzeug (»Razziaknopf«) ▪ Prüfung gegen Sperrliste, Durchführung der Sperre ▪ Prüfung gegen Aktionsliste, Ausführung der Aktionen ▪ mechanische Zugangskontrolle (Drehkreuze mit Ticket-Check) ▪ Einstiegskontrollsysteme (Gültigkeit des eTickets des Fahrgasts wird beim Einsteigen ermittelt und angezeigt)
Datenflüsse	→ **equipment.monitoring** ▪ automatische Angaben zum eigenen Status (Autodiagnose) → **ticket.media** ▪ Stempelaufdruck ▪ Check-in-Vermerk bei eTickets (automatisierte Fahrtberechtigung) ▪ Sperrvermerk ▪ Verarbeitung von Aktionslisteneinträgen (z. B. Guthabenaufladung) → **onboard.cockpit** ▪ Ticketprüfergebnis zur Anzeige beim Fahrer → **onboard.services** ▪ Gerätestatus (Autodiagnose) (für Entwerter im Fahrzeug) ▪ Quittung über Firmwareupdate → **fare.office** ▪ Check-in/Check-out-Daten ▪ Kontrollaufzeichnungen für Statistik, Erlösaufteilung ▪ Quittung über erfolgte Sperre ▪ Quittung über ausgeführte Aktionen

Name	**ticket.inspection**
Bezeichnung	**Fahrscheinkontrolle**
Art	dezentral
Nutzer	Kontrolleur
Funktionen	■ Fahrscheinkontrolle (visuell und elektronisch) ■ Erhebung von erhöhtem Beförderungsentgelt ■ Prüfung gegen Sperrliste, Durchführung der Sperre ■ Die Funktionen können Bestandteil eines allgemeinen mobilen Verkaufsgeräts sein.
Datenflüsse	→ **fare.office** ■ Erlöse aus erhöhtem Beförderungsentgelt (Bargeld und electronic payment) ■ Quittung über erfolgte Sperre → **ticket.media** ■ Sperrvermerk

Name	**ticket.media**
Bezeichnung	**(elektronischer) Fahrschein**
Art	dezentral
Nutzer	Fahrgast, Kontrolleur
Funktionen	■ Papierticket ■ elektronisches Ticket (2D-Barcode) ■ Chipkarte ■ Handy-Ticket (Transponder+Chip)
Datenflüsse	→ **ticket.sales** ■ Geld auf die Karte buchen, abbuchen ■ Fahrschein entgegennehmen ■ Fahrscheindaten abgeben ■ Guthabenstand abgeben ■ sonstige Dienste: Abgeben und Entgegennehmen von Parkplatztickets, Eintritt für Museum, Schwimmbad → **ticket.inspection** ■ Ticketinhalt ■ bei eTickets: Verarbeitungsbestätigung → **ticket.validation** ■ Ticketinhalt ■ bei eTickets: Verarbeitungsbestätigung

A.2.6 Auswertung, Qualitätsmanagement

Name	**contract.management**
Bezeichnung	**Vertragsmanagement**
Art	zentral
Nutzer	Qualitätsmanagement, Buchhaltung
Funktionen	■ Nachweis von erbrachten Leistungen ■ Nachweis von Pünktlichkeit ■ Nachweis anderer Messgrößen (Sauberkeit) ■ Erhebungen nach §148f SGB (Behindertenbeförderung) ■ Erhebungen nach §45a PBefG (Schülerbeförderung) ■ Abrechnung des Verkehrsvertrags mit dem Aufgabenträger
Datenflüsse	→ **contract.exchange** ■ Nachweis vertragskonformen Handelns, d. h.: ■ Hardfacts: Leistungserbringung, Pünktlichkeit, Takttreue ■ Softfacts: Freundlichkeit, Sauberkeit, Image (via Befragung, Assessment)

Name	**contract.exchange**
Bezeichnung	**Vertragsabrechnung**
Art	zentral, Interface
Nutzer	(Hintergrundsystem)
Funktionen	■ automatischer Datenaustausch mit dem Bedarfsträger
Datenflüsse	→ **contract.management** ■ finanzieller Zuschuss ■ Qualitätsauflagen, Regelungen für Pönalen

Name	**fare.clearing**
Bezeichnung	**Einnahmenverrechnung**
Art	zentral
Nutzer	Buchhalter
Funktionen	■ Verrechnung wechselseitiger Leistungen (Verbundtickets) auf Basis konkreter Einzelnachweise oder auf Basis statistischer Erhebungen (Fahrgastbefragungen) ■ finanzieller Ausgleich
Datenflüsse	→ **fare.exchange** ■ Forderungen/Verbindlichkeiten gegenüber Verbundpartnern ■ Zahlungsausgänge

Name	**fare.exchange**
Bezeichnung	**Einnahmenausgleich**
Art	zentral, Interface
Nutzer	(Hintergrundsystem)
Funktionen	■ Zahlungsverkehr ■ Einzugsverfahren für Abonnement mit monatlicher Zahlung
Datenflüsse	→ **fare.clearing** ■ Forderungen/Verbindlichkeiten gegenüber Verbundpartnern ■ Zahlungseingänge

B Pakete und Klassen

Die Pakete sind in alphabetischer Reihenfolge aufgeführt. Hinter jedem Paket stehen – ebenfalls in alphabetischer Reihenfolge – die dazugehörenden Klassen.

B.1 Anschlüsse

Paket **Anschlüsse**	*Bereich: Angebot*	Package **Connections**

Das Paket stellt Klassen zur Verfügung, über die Umsteigeverbindungen so gekennzeichnet werden können, dass feste Übergangszeiten für Fahrgäste berücksichtigt werden. Es geht nicht um »zufällig passende« Anschlüsse, sondern um verbindliche Zusicherungen, die auch dann noch eingehalten werden sollen, wenn bei der Durchführung der Fahrten Verspätungen auftreten.

Anschluss	*Anschlüsse*	**Connection**

Ein Anschluss beschreibt den planmäßigen Übergang von einer ankommenden Fahrt (Zubringerfahrt) auf eine anschließende Abfahrt (Abbringerfahrt). Die Fahrgäste steigen auf der Zubringerfahrt an einem `HalteOrtAmFahrweg` aus und steigen an einem anderen oder am selben Ort in das abbringende `Fahrzeug` ein. Wir unterscheiden folgende Anschlusstypen: statistischer Anschluss, vorgesehener Anschluss, limitierter Anschluss, garantierter Anschluss, Kreuzung. Die Umsteigedauer von einem Fahrzeug in das andere wird in Sekunden festgehalten. Man unterscheidet weiterhin `Einzelanschlüsse` und `Systemanschlüsse`.

EinzelAnschluss	*Anschlüsse*	**SingularConnection**

Ein EinzelAnschluss beschreibt den Wechsel von einer `Fahrt` zu einer anderen; er gilt für gegebene Fahrten auf bestimmten `Linien`.

SystemAnschluss	*Anschlüsse*	**ConnectionPattern**

Ein SystemAnschluss beschreibt eine systematische Anschlussbeziehung, die zwischen Fahrten auf bestimmten Linien und innerhalb eines bestimmten Zeitraums immer gelten soll.

B.2 Aspekte

Paket **Aspekte**	*Bereich: Basis*	Package **Aspects**

Die Klassen dieses Pakets ermöglichen es, zeitlich begrenzte Besonderheiten der Planung abzubilden.

Aspekt *Aspekte* **Aspect**

Als *Aspekt* bezeichnen wir einen fachlichen Anlass, der dazu führt, dass die zeitliche Gültigkeit eines `PlanungsObjekts` beschränkt werden soll. Ein typisches Beispiel sind Schulferien: In der Ferienzeit sollen bestimmte `Fahrten` nicht stattfinden. Ein anderes Beispiel ist eine Baustelle: Die entsprechenden Umleitungsfahrten sollen nur für die Dauer der Baustelle gelten.

AspektAusprägung *Aspekte* **AspectValue**

Die Klasse repräsentiert die möglichen Werte, die einem `Aspekt` zugeordnet werden können. Manche Aspekte sind zweiwertig (*trifft zu* oder *trifft nicht zu*), andere sind mehrwertig: Ein Aspekt namens *Skisaison* könnte beispielsweise die Werte {*Vorsaison, Hauptsaison, Nachsaison*} haben.

AspektKonstellation *Aspekte* **AspectConstellation**

Eine AspektKonstellation charakterisiert eine reale oder hypothetische *Situation* dadurch, dass sie für gewisse `Aspekte` deren `Ausprägung` festlegt. Macht eine AspektKonstellation zu einem bestimmten Aspekt keine Aussage, so ist dessen Wert irrelevant. Beispiel: Eine Situation, die als [*BaustelleX = trifft zu* UND *Schulzeit = trifft nicht zu*] gekennzeichnet ist, liegt immer dann vor, wenn an einem Kalendertag diese beiden Bedingungen erfüllt sind, unabhängig von *Skisaison*, *verkaufsoffenen Sonntagen* und anderen denkbaren Aspekten.

AspektRestriktion *Aspekte* **AspectRestriction**

Die AspektRestriktion erlaubt festzulegen, welche unterschiedlichen `Aspekte` planerisch überhaupt kombinierbar sein sollen (Koinzidenzverbot).

GültigkeitsTerm *Aspekte* **ValidityTerm**

Die Gültigkeit von PlanungsObjekten wird durch eine Menge von planerisch in Betracht gezogenen Szenarien beschrieben, d.h. durch beliebige logische Verknüpfungen von `AspektAusprägungen` (Boolsche Algebra).

PlanungsObjekt *Aspekte* **PlanningObject**

Das PlanungsObjekt ist eine abstrakte Elternklasse aller Klassen, deren Gültigkeit im Rahmen der Planungsprozesse durch `GültigkeitsTerme` beeinflussbar sein soll, die von `AspektAusprägungen` abhängen. Für eine technische Umsetzung kommt neben Vererbung auch die Verwendung von Interfaces in Betracht.

B.3 BasisTypen

Paket **BasisTypen**	*Bereich: Basis*	Package **BasicTypes**

Das Paket enthält einige relativ einfache Klassen rund um das Thema *Zeit*.

KalenderTag	*BasisTypen*	**CalendarDay**

Fahrpläne bauen in den meisten Ländern auf dem *Gregorianischen* Kalender auf. Im arabischen Raum spielt der *islamische* Kalender eine Rolle; dort gibt es einen fachlichen Zusammenhang zwischen dem Fastenmonat Ramadan und dem Verkehrsangebot bestimmter Verkehrsunternehmen (etwa bei Pilgerreisen).

Uhrzeit	*BasisTypen*	**Time**

Als Uhrzeit bezeichnen wir eine relative Zeitangabe – bezogen auf den Beginn eines Tages. Der Tag kann ein gedachter Tag einer bestimmten `TagesArt` oder ein konkreter `KalenderTag` sein. Der Wertebereich ist größer als 24 Stunden. Man lässt negative Zahlen und auch Werte von 36, 48 oder noch mehr Stunden zu, denn manchmal kann es z. B. besser sein, den Beginn einer Fahrt als »Sonntag, 25:30« darzustellen und nicht als »Montag, 1:30«.

ZeitPunkt	*BasisTypen*	**DateTime**

Als ZeitPunkt bezeichnen wir eine absolute Zeitangabe, die sich aus einem `KalenderTag` und einer `Uhrzeit` zusammensetzt. Da wir Uhrzeiten <0 und >24 zulassen, kann ein ZeitPunkt auf mehrere Arten dargestellt werden.

ZeitRaum	*BasisTypen*	**TimePeriod**

Ein Intervall, definiert durch einen absoluten Anfangs- und End-`ZeitPunkt`.

B.4 Betrieb

Paket **Betrieb**	*Bereich: Unternehmen*	Package **Company**

Die Klassen dieses Pakets modellieren die Organisationsstruktur eines Verkehrsunternehmens und beschreiben diverse Regelwerke, die den Einsatz von Planungs- und Optimierungsverfahren steuern.

BearbeitungsRegel	*Betrieb*	**ProcessingRule**

BearbeitungsRegeln legen Ziele, Voraussetzungen und Randbedingungen für Bearbeitungsvorgänge in den unterschiedlichen Geschäftsprozessen eines Verkehrsunternehmens fest. Sie können »hart« oder »weich« sein. Im ersten Fall führt ein Verstoß zu einem unzulässigen Ergebnis, im zweiten zu einem Ergebnis, das mehr oder weniger gut ist. Ein typischer Anwendungsfall sind Optimierungsregeln für die Bildung von Umläufen oder Diensten. Bearbeitungsregeln sind Algorithmenbibliotheken, wobei die meisten Algorithmen über einstellbare Parameter in ihrem Verhalten beeinflusst werden können.

BetriebsBereich	*Betrieb*	**OperatingDepartment**

Der Betriebsbereich ist ein betrieblich/organisatorisch abgegrenzter Bereich, in dem Fahrzeuge einer Fahrzeuggattung (z. B. Bus, Schienenfahrzeug) betrieben werden. Der Betriebsbereich ist ein Teil des Gesamtbetriebs, der sich entweder durch seine Dienstleistung oder durch seine Technik wesentlich von anderen Betriebsbereichen unterscheidet und daher in der Betriebsabrechnung gesondert geführt wird. Ein Betriebsbereich ist einem Verkehrsunternehmen eindeutig zugeordnet.

DienstBildungsRegel	*Betrieb*	**DutyAssemblyRule**

DienstBildungsRegeln sind BearbeitungsRegeln, welche die *Dienstplanung* benutzt, um DienstPläne auf Basis der definierten Fahrten bzw. Umläufe zu erzeugen.

DienstReihenfolgeRegel	*Betrieb*	**RosterLayoutRule**

DienstReihenfolgeRegeln sind BearbeitungsRegeln, welche die *Dienstreihenfolgeplanung* benutzt, um MitarbeiterTätigkeitsFolgenX auf Basis der definierten DiensteX zu erzeugen. Dabei werden DiensteX und freie Tage so im Wechsel angeordnet, dass sich effiziente Pläne ergeben, die gleichzeitig den Bedürfnissen der Mitarbeiter (Biorhythmus) gerecht werden.

LohnRegel	*Betrieb*	**WageRule**

LohnRegeln sind BearbeitungsRegeln, welche die *Lohnabrechnung* benutzt, um geleistete DiensteX bzw. deren Bestandteile zu bewerten. Die Einzelnachweise werden danach an ein klassisches Lohnabrechnungssystem weitergeleitet.

UmlaufBildungsRegel	*Betrieb*	**BlockBuildingRule**

UmlaufBildungsRegeln sind BearbeitungsRegeln, welche die *Umlaufplanung* benutzt, um zu entscheiden, welche Fahrten zu Umläufen verknüpft werden dürfen bzw. bevorzugt verknüpft werden sollen.

Verkehrsunternehmen	*Betrieb*	**TransportCompany**

Zu jedem Verkehrsunternehmen werden bestimmte Basisdaten festgehalten; jedes deutsche Verkehrsunternehmen kann durch eine eindeutige Nummer identifiziert werden, die der *Verband Deutscher Verkehrsunternehmen* vergibt. Auf internationaler Ebene kommt die URL eines Verkehrsbetriebs als Identifikationsbegriff in Betracht. Wenn Software *mandantenfähig* sein soll, dann muss sie bei nahezu allen Objekten einen Verweis auf das Verkehrsunternehmen verwalten. Die Frage nach der Mandantenfähigkeit stellt sich besonders bei der Fusion von Verkehrsunternehmen oder bei intensiven Kooperationsformen, die einen gemeinsamen Datenhaushalt erfordern.

B.5 DienstAusführung

Paket **DienstAusführung**	*Bereich: Dienste*	Package **DutyExecution**

In den Klassen dieses Pakets spiegelt sich die konkrete Durchführung einer geplanten Verkehrsleistung aus Sicht des Personaleinsatzes. Zu jedem Planungsobjekt gibt es typischerweise mehrere »PlanungsobjekteX«. Zu einem `Dienst`, der an jedem Mittwoch eines Jahres stattfinden soll, gibt es also 52 Instanzen der Klasse `DienstX`.

DienstBestandteilX	*DienstAusführung*	**StretchX**

Ein DienstBestandteilX ist die Konkretisierung eines `DienstBestandteils` an einem konkreten `FirmenKalenderTag` durch einen bestimmten `Mitarbeiter`. Er ist Bestandteil eines `DienstX`, welcher wiederum mit dem entsprechenden geplanten `Dienst` korrespondiert.

DienstX	*DienstAusführung*	**DutyX**

Ein DienstX stellt die Konkretisierung eines geplanten `Dienstes` an einem bestimmten `FirmenKalenderTag` dar. Jedem DienstX wird zu Beginn ein konkreter `Mitarbeiter` (z. B. Mitarbeiter mit Personalnummer 231435) zugeordnet, welcher im Normalfall diesen DienstX dann auch vollständig ausführt. Dabei muss beachtet werden, dass der Mitarbeiter alle `Qualifikationen` besitzt, die für den DienstX benötigt werden. Im Ausnahmefall kann es zu einem `MNX-MitarbeiterWechsel` während der Ausführung des DienstX kommen.

FahrDienstElementX	*DienstAusführung*	**DrivingSpellX**

Ein FahrDienstElementX ist die Konkretisierung eines geplanten `FahrDienstElements` an einem bestimmten `FirmenKalenderTag`. Es ist ein »Umlauf-reiner« Teil eines `DienstX`, d. h., es repräsentiert eine Einheit aus `Fahrzeug` und `Fahrer`.

MitarbeiterAbwesenheitX	*DienstAusführung*	**EmployeeAbsenceX**

Als MitarbeiterAbwesenheitX wird die Tatsache bezeichnet, dass ein `Mitarbeiter` für einen gegebenen Zeitraum nicht zum Einsatz zur Verfügung steht und daher keinem `DienstX` zugeordnet werden kann. Der Abwesenheit wird ein `AbwesenheitsGrund` zugeordnet.

MitarbeiterPräferenz	*DienstAusführung*	EmployeePreference

Eine MitarbeiterPräferenz beschreibt für einen bestimmten Zeitraum, welche Schichtlage ein `Mitarbeiter` für die `Dienste` bevorzugt, die ihm in diesem Zeitraum zugeteilt werden sollen.

MitarbeiterTätigkeitX	*DienstAusführung*	EmployeeActivityX

Jede MitarbeiterTätigkeitX repräsentiert einen Zeitblock, der bei der Bildung von Dienstreihenfolgen relevant ist. Es handelt sich dabei sowohl um die eigentlichen `Dienste` (Fahrdienste oder Verfüger/Bereitschaftsdienste) als auch um die eingeplanten freien Tage, um anderweitige Aufgaben des Mitarbeiters (z. B. Schulungsteilnahme) und auch um sonstige »Tätigkeiten« wie Urlaub oder Krankheit (→`MitarbeiterAbwesenheitX`).

Mitarbeiter TätigkeitsFolgeX	*DienstAusführung*	Employee ActivityOrderX

Als MitarbeiterTätigkeitsFolgeX bezeichnen wir die zeitliche Anordnung von `Tätigkeiten` eines Mitarbeiters; die Anordnung kann vor oder nach der `Zuteilung` auf einen konkreten `Mitarbeiter` erfolgen. Sie muss Regeln berücksichtigen, die eine Erholung der Mitarbeiter gewährleisten sollen. Mediziner empfehlen, den Schichtbeginn von Tag zu Tag etwas nach hinten zu verlagern, da die innere Uhr des Menschen eher bei 25 Stunden liegt als bei 24. Verfahren zur personenbezogenen Optimierung der Dienstzuteilung beziehen konkrete Wünsche der Mitarbeiter mit ein. Im Einzelfall mag dies sogar bedeuten, dass ein Fahrer sich einen Dienst wünscht, bei dem der Ablösepunkt in der Nähe seiner privaten Wohnung liegt. Oft berücksichtigt man zumindest die Präferenz der Mitarbeiter für eine bestimmte `SchichtLage`.

MitarbeiterZuordnung	*DienstAusführung*	EmployeeAssignment

Die MitarbeiterZuordnung beschreibt, welcher Mitarbeiter für welchen Zeitraum einem bestimmten `DienstX` zugeordnet ist. Normalerweise wird der gesamte DienstX demjenigen Mitarbeiter zugewiesen, dessen zugeordnete `MitarbeiterTätigkeitsFolgeX` den betreffenden DienstX enthält. Im Zuge des Störungsmanagements kann es erforderlich werden, dass ein Mitarbeiter seinen aktuellen DienstX vorzeitig beendet und ein anderer Mitarbeiter den verbleibenden Teil des DienstX übernimmt (→ `MNX-MitarbeiterWechsel`).

ZuteilungMitarbeiter TätigkeitsFolgeX	*DienstAusführung*	AssignmentEmployee ActivityOrderX

Wenn eine `MitarbeiterTätigkeitsFolgeX` gebildet ist (oder ggf. auch schon bei der Bildung), ordnet man sie einem `Mitarbeiter` zu. Im einfachsten Fall gilt die Zuordnung für die gesamte Dauer der Tätigkeitsfolge. Dies kann bei manchen Verkehrsunternehmen ein ganzes Jahr umfassen. Manchmal gibt es aber auch Gründe (Abwechslung schaffen, ausscheidende Mitarbeiter, dauerhafte Vertretungen), warum man die Zuordnung nur für einen bestimmten Abschnitt der Zeitachse vornehmen möchte. Man muss dabei natürlich dafür sorgen, dass alle Tätigkeitsfolgen lückenlos und überschneidungsfrei zugeteilt werden. Genau dies leistet die ZuteilungMitarbeiterTätigkeitsFolgeX.

B.6 Dienstplanung

Paket **Dienstplanung**	*Bereich: Dienste*	Package **DutyPlan**

ÖPV ist (fast) rund um die Uhr verfügbar, d. h., bei der Planung sind spezifische Besonderheiten von Schichtarbeit zu berücksichtigen. Das Paket beschreibt `Dienste` und die dafür benötigten `Qualifikationen`. `DienstBestandteile` zerlegen einen Dienst in Blöcke gleichartiger Tätigkeit (und Vergütung). Das `FahrDienstElement` stellt parallel dazu eine zweite Art der Zerlegung dar, welche die Brücke zum Einsatz der `Fahrzeuge` herstellt.

Dienst	*Dienstplanung*	**Duty**

Ein Dienst ist eine Zusammenfassung von geplanten Tätigkeiten für eine bestimmte `TagesArt`, die innerhalb eines fachlichen Zusammenhangs von einem `Mitarbeiter` mit einem bestimmten Bündel an `Qualifikationen` erbracht werden können und sollen. Ein Dienst setzt sich aus verschiedenen `DienstBestandteilen` zusammen (Vorbereitung, Nachbereitung, Lenkzeiten, Pausenzeiten, Führerstands-Wechselzeiten, benutzerdefinierte Tätigkeiten). Einem Dienst können `Qualifikationen` zugeordnet sein, die der ausführende Mitarbeiter besitzen muss. In der Regel ist ein Dienst zeitlich zusammenhängend; es gibt jedoch auch den Sonderfall des »geteilten Dienstes«, bei dem eine sehr lange (nicht bezahlte) Unterbrechung zwischen zwei großen Tätigkeitsblöcken liegt. Neben den eigentlichen »Fahrdiensten«, die aus der Fahr- und Umlaufplanung abgeleitet werden, gibt es auch Bereitschaftsdienste, die auf Basis statistischer Erfahrungswerte zusammen mit den Fahrdiensten definiert werden.

DienstBestandteil	*Dienstplanung*	**Stretch**

Ein DienstBestandteil stellt eine zeitlich nicht unterbrochene Einzelleistung eines geplanten `Dienstes` dar, die sich eindeutig einer bestimmten Art von Tätigkeit (z. B. »fahren«) zuordnen lässt (→`DienstBestandteilTyp`). Die summierte Dauer derjenigen DienstBestandteile, die vom Typ »fahren« sind, wird häufig als »Lenkzeit« bezeichnet. Auch bezahlte Pausen sind DienstBestandteile. Sie dienen dem `Mitarbeiter` zur Erholung zwischen DienstBestandteilen mit Fahrtätigkeit. Es gibt umfangreiche Regeln zur Festlegung von Pausenzeiten. Diese reichen von europäischen Rechtsnormen über nationales Recht bis hin zu Betriebsvereinbarungen im einzelnen Verkehrsunternehmen. Teilweise werden andersartige Tätigkeiten wie etwa die Reinigung des Fahrzeugs als Lenkpausen angerechnet (Einzelabsprachen, Betriebsvereinbarungen). Man beachte, dass die raum-zeitliche Konsistenz in Bezug auf das Personal nicht allein aus den `FahrDienstElementen` ableitbar ist; es gibt nämlich auch DienstBestandteile, die ohne Auswirkung auf das Fahrzeug den Ort des Personals verändern, wie z. B. Wegezeiten für Einsetzen, Aussetzen, Pausenwege, Übergangswege oder Mitfahrten. Manche IT-Systeme zur Dienstplanung bilden auch die Lücken zwischen den aktiven (und bezahlten) Tätigkeiten als DienstBestandteile ab, so dass man in der Lage ist, dem Fahrer gegenüber einen lückenlosen Nachweis zu liefern.

DienstBestandteilTyp	*Dienstplanung*	**StretchType**

DienstBestandteilTypen beschreiben Tätigkeitsarten eines `Mitarbeiters`, die insbesondere für die Vergütung relevant sind. »Fahren« ist der wichtigste DienstBestandteilTyp; er kann noch weiter untergliedert sein – beispielsweise kann man zwischen »Fahren im Tunnel« (U-Bahn) und »Fahren an der Erdoberfläche« unterscheiden. Auch bezahlte Pausen sind DienstBestandteilTypen.

DienstElement	*Dienstplanung*	**Spell**

DienstElemente sind Teile von `Diensten`, die entweder `stationär` erbracht werden oder einen Fahrt-Bezug tragen (→ `FahrDienstElemente`). Für den `FahrzeugService` gibt es spezielle `ServiceDienstElemente`.

DienstGruppe	*Dienstplanung*	**DutyGroup**

Eine DienstGruppe dient der Bündelung von Diensten, die eine eng zusammengehörige gemeinschaftliche Tätigkeit bilden (Schiffs-Crew, Zugbesatzung). Obwohl der Planer noch nicht weiß, welche Mitarbeiter konkret zugeteilt werden, kann er so ausdrücken, dass diese Dienste von Mitarbeitern wahrgenommen werden sollen, die als »Team« betrachtet werden. Der Personaldisponent kann dann später erkennen, dass auch über Umlaufgrenzen hinweg für bestimmte Dienste immer wieder dieselbe Teamzusammensetzung erwünscht ist. Wenn der Teambegriff den einzelnen Umlauf nicht überdauert (d.h., die Zusammensetzung einer Besatzung kann jedesmal frei neu gemischt werden), benötigt man die DienstGruppe nicht, denn die Zusammengehörigkeit der Dienste innerhalb eines Umlaufs ist durch ihre zeitliche Lage und durch den gemeinsamen Bezug zum selben Umlauf ohnehin erkennbar.

DienstPlan	*Dienstplanung*	**DutySchedule**

Ein DienstPlan ist ein symbolischer Name für ein bestimmtes Bündel an `Diensten`, das geeignet ist, eine in einem `UmlaufPlan` beschriebene Menge von Beförderungsleistungen sowie die dazu benötigten Hilfsleistungen zu erbringen. Ein Verkehrsunternehmen kann zu einem gegebenen Umlauf-Plan mehrere verschiedene DienstPläne entwickeln und einsetzen, ohne dass dies aus Fahrgastsicht die wahrgenommene Beförderungsleistung beeinflusst.

DienstQualifikation	*Dienstplanung*	**DutyQualification**

Die Klasse DienstQualifikation beschreibt, welche `Qualifikationen` ein Mitarbeiter besitzen muss, um diesen Dienst ausführen zu können. Typische DienstQualifikationen betreffen den Besitz eines gültigen Führerscheins für den geforderten Fahrzeugtyp sowie die Kenntnis der vorgesehenen Strecke (insbesondere bei Gleisstrecken).

ElementImDienst	*Dienstplanung*	**SpellWithinDuty**

Ein ElementImDienst ordnet `DienstElemente` dem zugehörigen Dienst zu und legt dabei eine (zeitliche) Reihenfolge fest.

FahrDienstElement	*Dienstplanung*	**DrivingSpell**

FahrDienstElemente sind `Umlauf`-reine Teile von `Diensten`. Sie stellen »atomare« Einzelleistungen dar, die zusammenhängend von einem `Mitarbeiter` (Fahrer) und einem `Fahrzeug` erbracht werden, d.h., sie sind die kleinsten Bausteine der Dienstbildung. Sie beginnen und enden an einem Ablösepunkt für Fahrer.

SchichtLage	*Dienstplanung*	**ShiftPosition**

Eine SchichtLage klassifiziert einen `Dienst` in Bezug auf seine zeitliche Lage. Typische Werte sind »Frühdienst«, »Tagesdienst«, »Spätdienst«, »Nachtdienst«, »geteilter Dienst«. Die SchichtLage der Dienste, die einem `Mitarbeiter` zugeteilt werden, kann dieser beeinflussen, indem er seine `Präferenzen` dazu angibt.

ServiceDienstElement	*Dienstplanung*	**ServiceSpell**

ServiceDienstElemente sind `DienstElemente`, welche Arbeitsleistungen beschreiben, die zur Erbringung eines `FahrzeugService` benötigt werden, also z. B. Waschen, Tanken, Reinigen.

StationäresDienstElement	*Dienstplanung*	**StationarySpell**

StationäreDienstElemente sind `DienstElemente`, welche Arbeitsleistungen beschreiben, die – an einem Ort – oder mit der stationären Leistung eines Fahrzeugs (→`Stillstand`) verbunden sind, also z. B. die Betreuung eines Museumszuges oder die Bereitschaft in Verbindung mit einem Schneepflug.

B.7 FahrgastInformation

Paket **FahrgastInformation**	*Bereich: Steuerung*	Package **PassengerInformation**

Das Paket behandelt die logische und die physikalische Sicht auf *Dynamische Fahrgastinformationen (DFI)*. Es befasst sich mit den Standorten von DFI-Einrichtungen (Steuerrechner und Anzeigegeräte) und mit der Frage, wie die Informationen zusammengestellt werden, die dort präsentiert werden.

AbfahrtsInformation	*FahrgastInformation*	**DepartureInformation**

AbfahrtsInformationen beschreiben den Inhalt einer Darstellungszeile in einer `DFI-Anzeige` – es kann sich dabei z. B. auch um eine Zeile im Browserdialog handeln. Sie enthalten den *AbfahrtZeitPunkt* einer `FahrtX`, ihr `FahrtZiel` und die `Liniennummer`. Über die Beziehung einer FahrtX zu der zugrunde liegenden geplanten `Fahrt` wird die Brücke zu den Plandaten hergestellt. AbfahrtsInformationen verweisen auf die Klasse `HaltBeiFahrtX`, deren Instanzen den tatsächlichen Haltevorgängen einer FahrtX an einem `HalteOrtAmFahrweg` entsprechen. AbfahrtsInformationen berücksichtigen die *Wegezeit* vom Standort der Anzeige bis zu dem jeweiligen `HalteOrt`. AbfahrtsInformationen werden über normierte Schnittstellen mit anderen Verkehrsunternehmen ausgetauscht und an übergeordnete Auskunftssysteme weitergegeben.

BetriebsInformation	*FahrgastInformation*	**OperationalInformation**

BetriebsInformationen sind Hinweise auf Besonderheiten im Betrieb der Linien; insbesondere betrifft dies Umleitungen, Störungen, Ausfälle. Aber auch der Wechsel des Fahrzeugtyps ist relevant: Wenn anstelle des erwarteten Fahrzeugs mit Niederflureinstieg eines mit normalen Türen kommt, ist dies für einen Rollstuhlfahrer ein erheblicher Unterschied. BetriebsInformationen ergeben sich aus höherer Gewalt oder aus gezielten Eingriffen der Leitstelle (`MaßnahmeX`) und werden auf den `DFI-Anzeigen` dargestellt. Der Geltungsbereich von Betriebsinformationen kann wahlweise durch den Verweis auf eine bestimmte `FahrtX`, auf eine `Linie` oder auf einen `HalteOrt` beschränkt werden. Eine BetriebsInformation ist nur für einen bestimmten Zeitraum gültig, d. h., die Anzeige muss im richtigen Moment wieder beendet werden.

DFI-Anlage	*FahrgastInformation*	**PI-Device**

Eine DFI-Anlage steuert eine oder mehrere `DFI-Anzeigen` und leitet die empfangenen Informationen über `Abfahrten` weiter. Sie fungiert gegenüber dem zentralen DFI-System als Informationsabnehmer und `Funk-Teilnehmer`. Die DFI-Anlage besitzt üblicherweise zusätzlich eine lokale Funkeinrichtung, über die ein abfahrendes `Fahrzeug` eine rasche Löschung der Anzeige auslösen kann. Sie beherbergt üblicherweise einen Steuerrechner (Haltestellenrechner), der mit dem Bordrechner eines Fahrzeugs in mancher Hinsicht vergleichbar ist.

DFI-Ansager	*FahrgastInformation*	**PI-Announcer**

DFI-Ansager sind elektroakustische Anlagen (ELA), die in der räumlichen Nähe von `Haltestellen` stehen oder sich im Fahrzeug befinden. Sie können Abfahrtszeiten für einzelne `FahrtenX` ansagen und Störmeldungen (`BetriebsInformationen`) akustisch wiedergeben. Jeder DFI-Ansager gehört einem bestimmten `DFI-AnsagerTyp` an. Wir unterscheiden klassische Lautsprecheranlagen und Systeme, die Texte synthetisieren, entweder aufgrund von Sound-Samples oder durch Text-to-Speech-Konvertierung. Die Ausgabe erfolgt üblicherweise über Lautsprecher, sie kann aber auch über Nahbereichsfunk (z. B. Bluetooth) gezielt an mobile Endgeräte einzelner Fahrgäste gerichtet werden.

DFI-Anzeige	*FahrgastInformation*	**PI-Indicator**

Eine DFI-Anzeige zeigt Fahrgästen `AbfahrtsInformationen` für `FahrtenX` und `BetriebsInformationen` bezogen auf einen bestimmten `HalteOrt`. Da HalteOrte wiederum aus anderen HalteOrten bestehen können, kann sich der Inhalt einer Anzeige auch auf mehrere HalteOrte (bzw. `HaltePunkte`) beziehen. Eine DFI-Anzeige hat zwei mögliche Ausprägungen: ein `DFI-Ansager`, der Fahrgastinformationen akustisch darbietet oder ein `DFI-Display`, das Informationen visuell zur Verfügung stellt. Eine DFI-Anzeige steht an einem `GeoPunkt` und wird von einer `DFI-Anlage` gesteuert.

DFI-Display	*FahrgastInformation*	**PI-Display**

DFI-Displays sind Anzeigegeräte, die in der räumlichen Nähe von `Haltestellen` oder in `Fahrzeugen` angebracht sind und die `Abfahrtszeiten` für einzelne Fahrten anzeigen sowie Fahrgäste über Störungen informieren. Jedes DFI-Display gehört einem bestimmten `DFI-DisplayTyp` an.

B.8 Fahrplanung

Paket **Fahrplanung**	*Bereich: Angebot*	Package **Timetable**

Das Paket enthält Klassen zur Beschreibung von `Fahrten`. Fahrten beziehen sich auf `Linien`. Neben der Fahrt als Kernleistung kennt das Paket auch Hilfsleistungen, die an einem Ort (oder mitfahrend unterwegs) eingeplant werden, wie z. B. Reinigen, Waschen, Tanken. Unterhalb der einzelnen Fahrt kennt das Paket die Klasse `HaltBeiFahrt`, die den einzelnen (geplanten) Haltevorgang beschreibt.

FahrPlan	*Fahrplanung*	**TripSchedule**

Der FahrPlan ist ein symbolischer Name für ein bestimmtes Angebot an Verkehrsleistungen, z. B. *Sommerfahrplan 2010* oder *Notfahrplan bei blockiertem Tunnel.*

Fahrt	*Fahrplanung*	**Trip**

Eine Fahrt ist die geplante Bewegung eines `Fahrzeugs` eines festgelegten `FahrzeugTyps` von einem Startpunkt zu einem Endpunkt für eine bestimmte `TagesArt` und `Uhrzeit`. Typischerweise beginnt und endet eine Fahrt an den Start- bzw. Endhaltestellen einer `Linie` oder an einem `Betriebshof`. Eine Fahrt ist die kleinste Einheit bei der Bildung eines `Umlaufs`. Fahrten werden in zwei Gruppen klassifiziert: Fahrgastfahrten (»Nutzleistung«) sowie betriebsinterne Fahrten (»Hilfsleistungen«), bei denen das Fahrzeug ohne Fahrgäste zwischen seinen Einsatzorten bewegt wird (Leerfahrt, Einsetzfahrt, Aussetzfahrt, Überläuferfahrt, Wendefahrt/Rangierfahrt, Betriebsfahrt, z. B. für Messzwecke). Der Begriff der Fahrt ist aus der Sicht des Fahrzeugs bzw. aus der Sicht des veröffentlichten Fahrplans definiert. Für den Fahrgast bedeutet dies, dass er in dem Fahrzeug sitzen bleiben kann, um von irgendeiner Haltestelle einer Fahrt zu einer beliebigen anderen Haltestelle dieser Fahrt zu fahren. Aus der Sicht des `Fahrers` stellt sich die Sache anders dar: Er kann während der Fahrt an einem bestimmten Punkt von einem anderen Fahrer abgelöst werden.

HaltBeiFahrt	*Fahrplanung*	**HaltOnTrip**

Der HaltBeiFahrt beschreibt den geplanten Haltevorgang an einem `HalteOrt` bei einer bestimmten `Fahrt`. Die Haltedauer eines Fahrzeugs kann sich von Fahrt zu Fahrt unterscheiden, da beispielsweise Übergänge für die Fahrgäste zu anderen `Linien` ermöglicht werden sollen (`Anschlüsse`). Eine generelle Abhängigkeit der Haltedauer von dem `FahrZeitProfil` kann über die `HalteZeit` beschrieben werden.

Stillstand	*Fahrplanung*	**Standstill**

Als Stillstand bezeichnen wir Situationen, in denen ein Fahrzeug keine Fahrleistung erbringt. Dies kann einerseits ein Wartungsaufenthalt in der Werkstatt sein oder auch andererseits ein »produktiver Stillstand«, der explizit geplant wird, etwa wenn ein Museumszug für Filmaufnahmen bereitgestellt wird oder wenn ein Schneepflug in Bereitschaft gehalten wird. Auch in diesen Fällen muss man einen Fahrer bzw. Betreuer zuteilen. Neben der Beginn- und Ende-Zeit benötigt man lediglich einen Verweis auf den Aufenthaltsort und einen Richtungshinweis. Letzterer ist nötig, da bei schienengebundenen Fahrzeugen ein Rangieren oft nicht ohne Weiteres möglich ist.

B.9 FahrtAusführung

Paket **FahrtAusführung**	*Bereich: Umläufe*	Package **TripExecution**

In den Klassen dieses Pakets spiegelt sich die konkrete Durchführung einer geplanten Verkehrsleistung aus der Sicht des Fahrzeugeinsatzes. Zu jedem Planungsobjekt gibt es typischerweise mehrere »PlanungsobjekteX«. Zu einer `Fahrt`, die an jedem Werktag eines Jahres stattfinden soll, gibt es also ca. 240 Instanzen der Klasse `FahrtenX`.

BestellGrund	*FahrtAusführung*	**CallReason**

Der BestellGrund repräsentiert den Anlass, der dazu geführt hat, dass ein Fahrzeug in die Werkstatt beordert wurde (`WerkstattBestellung`).

FahrtX	*FahrtAusführung*	**TripX**

Eine FahrtX ist die Konkretisierung einer geplanten `Fahrt` an einem bestimmten Kalendertag (z. B. Montag, 13.6.2010). In der Alltagssprache eines Verkehrsunternehmens wird oft in beiden Fällen von »Fahrt« gesprochen; man muss den Kontext kennen, um zu wissen, ob die planerische Sicht (= Bezug auf `TagesArt` und `FahrzeugTyp`) oder die Sicht der Leistungserbringung (= Bezug auf `FirmenKalenderTag` und einzelnes `Fahrzeug`) gemeint ist. So wie die geplanten Fahrten einem `Umlauf` zugeordnet sind, werden auch die durchgeführten Fahrten (=`FahrtX`) zu einem durchgeführten `UmlaufX` zusammengefasst.

FahrzeugAbwesenheitX	*FahrtAusführung*	**VehicleAbsenceX**

Eine FahrzeugAbwesenheitX repräsentiert einen Zeitraum von einem oder mehreren Tagen, in dem ein `TransportMittel` nicht fahrbereit (→ `Inspektion`) oder aus anderen Gründen für einen Einsatz nicht verfügbar ist (z. B. Ausleihe).

FahrzeugReihung	*FahrtAusführung*	**VehicleCombinationOrder**

Durch die FahrzeugReihung wird die genaue Position einzelner `Fahrzeuge` innerhalb eines `FahrzeugVerbands` beschrieben.

FahrzeugServiceX	*FahrtAusführung*	**VehicleServiceX**

Als FahrzeugServiceX bezeichnen wir an einem konkreten Tag auszuführende bzw. ausgeführte stationäre Arbeiten, wie z. B. Waschen, Reinigen, Tanken, (kleinere) Inspektionen, welche als `UmlaufElementX` Bestandteil eines `UmlaufX` sind. Während auf der planerischen Ebene ein `FahrzeugService` einem `Umlauf` pauschal zugeordnet wird, muss bei der Ausführung genau festgelegt werden, an welcher Stelle im Umlauf der FahrzeugService stattfinden soll.

FahrzeugTätigkeitX	*FahrtAusführung*	**VehicleActivityX**

FahrzeugTätigkeitX ist eine abstrakte Bezeichnung für an einem Kalendertag auszuführende bzw. ausgeführte Transportleistungen (→ `UmlaufX`) und Hilfsleistungen (→ `FahrzeugAbwesenheitX`).

FahrzeugTätigkeitsFolgeX	*FahrtAusführung*	**VehicleActivityOrderX**

Eine FahrzeugTätigkeitsFolgeX beschreibt die Anordnung verschiedener `FahrzeugTätigkeitenX` auf der absoluten Zeitachse. Sie enthält neben den »normalen« `UmläufenX` und `FahrzeugAbwesenheitenX` auch UmläufeX, die an der Nahtstelle zwischen zwei benachbarten `TagesArten` Fahrzeuge zwischen zwei Abstellorten bewegen, falls dies erforderlich ist.

FahrzeugVerband	*FahrtAusführung*	**VehicleCombination**

Ein FahrzeugVerband repräsentiert mehrere miteinander verbundene Fahrzeuge. Durch die `FahrzeugReihung` wird die genaue Position der Fahrzeuge im Zugverband beschrieben.

FahrzeugZuordnung	*FahrtAusführung*	**VehicleAssignment**

Die FahrzeugZuordnung beschreibt, welches `Fahrzeug` für einen bestimmten `UmlaufX` eingesetzt wird. Fällt das Fahrzeug unterwegs aus, so wird hier auch die Zuordnung des Ersatzfahrzeugs festgehalten.

HaltBeiFahrtX	*FahrtAusführung*	**HaltOnTripX**

Der HaltBeiFahrtX beschreibt den tatsächlichen Haltevorgang bei einer konkreten `FahrtX`. Die tatsächlichen Ankunfts- und Abfahrtszeiten können sich von den entsprechenden Planwerten in `HaltBeiFahrt` unterscheiden. Das Ausmaß der Abweichung fließt in die Pünktlichkeitsstatistik ein.

Inspektion	*FahrtAusführung*	**Inspection**

Eine Inspektion ist eine `FahrzeugAbwesenheitX`, bei der eine oder mehrere Arbeiten gemäß der definierten `ServiceFristen` an einem `Fahrzeug` vorgenommen werden.

LogbuchEintrag	*FahrtAusführung*	**LogbookEntry**

Ein LogbuchEintrag enthält eine Fehlermeldung, die während der Fahrt auftritt und entweder vom Fahrzeug selbst automatisch erzeugt wird oder vom Fahrer manuell erstellt wird.

TankVorgang	*FahrtAusführung*	**FuelStop**

Ein TankVorgang beschreibt, welche Mengen an Verbrauchsstoffen nachgefüllt wurden. Man merkt sich dazu den Kilometerstand des Fahrzeugs. Ein TankVorgang ist ein `FahrzeugServiceX`; wenn der Planer den Tankstopp im Umlauf berücksichtigt hat, gibt es einen zugehörigen `FahrzeugService`.

TransportMittel	*FahrtAusführung*	**MeansOfTransport**

Das TransportMittel ist eine begriffliche Abstraktion von einem konkreten `Fahrzeug`; es bezieht sich sowohl auf das Einzelfahrzeug als auch auf den `FahrzeugVerband`.

UmlaufElementX	*FahrtAusführung*	**BlockElementX**

Das UmlaufElementX repräsentiert die Durchführung eines geplanten `UmlaufElements` an einem konkreten `FirmenKalenderTag` durch ein konkretes `TransportMittel`.

UmlaufX	*FahrtAusführung*	**BlockX**

Ein UmlaufX ist die Konkretisierung eines geplanten `Umlaufs` an einem bestimmten Kalendertag (z. B. Montag, 13.6.2010). Einem UmlaufX wird zu Beginn ein konkretes Fahrzeug (z. B. B-VG-4711) zugeordnet, welches im Normalfall diesen UmlaufX dann auch vollständig durchführt (→ `FahrtX`). In der Alltagssprache eines Verkehrsunternehmens wird oft in beiden Fällen von »Umlauf« gesprochen; man muss den Kontext kennen, um zu wissen, ob die planerische Sicht oder die Sicht der Leistungserbringung gemeint ist.

Der Unterschied zwischen beiden Sichtweisen wird deutlich, wenn es zu Abweichungen zwischen Soll und Ist kommt, weil z. B. ein Fahrzeug während des Einsatzes defekt wird (→ `MNX-Fahrzeug-Wechsel`). In solchen Fällen wird der FahrtX und somit auch dem UmlaufX ein zweites Fahrzeug zugeordnet, wobei dann angegeben werden muss, welchen Anteil des UmlaufsX das jeweilige Fahrzeug erbracht hat. Aus planerischer Sicht ist dieser Fall nicht vorgesehen – aus Sicht der Betriebslenkung und des Betriebshofs ist er aber relevant, da z. B. die Laufleistung der beiden Fahrzeuge individuell fortgeschrieben werden muss.

Während beim `UmlaufX` das Fahrzeug im Mittelpunkt der Betrachtung steht, geht es beim `DienstX` um die Sicht auf den Mitarbeiter. Das `FahrDienst-ElementX` stellt die verbindende Brücke zwischen beiden Perspektiven her.

WartungsEinrichtung	*FahrtAusführung*	**MaintenanceFacility**

WartungsEinrichtungen sind typischerweise Werkstätten, es werden hier aber auch Tankstellen und Reinigungsanlagen subsumiert.

WerkstattBestellung	*FahrtAusführung*	**MaintenanceCall**

Die Objekte dieser Klasse legen fest, wann ein bestimmtes `Fahrzeug` bei einer bestimmten `WartungsEinrichtung` erscheinen soll, damit dort eine fristgerechte `Inspektion` stattfinden kann.

B.10 Fahrzeuge

Paket **Fahrzeuge**	*Bereich: Umläufe*	Package **Vehicles**

Dieses Paket enthält Klassen zur *Typisierung von Fahrzeugen*. Die Klassen fassen Fahrzeuge aus zwei verschiedenen Perspektiven zu *FahrzeugTypen* zusammen: zum einen aus der operativen Sicht des Fahrzeugdisponenten, der die konkrete Einsatzentscheidung trifft, und zum anderen aus der Sicht des Fahrplaners, der bestimmte Anforderungen an die Fahrzeuge formuliert, die für einen geplanten `Umlauf` eingesetzt werden sollen.

Die Bildung von FahrzeugVerbänden spiegelt sich auf beiden Ebenen der Typisierung wider. Die Klasse `TransportMittelTyp` ist eine Abstraktion, die sowohl den einzelnen *Fahrzeugtyp* als auch den *Verband von Fahrzeugtypen* abdeckt. Über das `Composite Pattern` erlauben wir die Schachtelung von `FahrzeugTypVerbänden`. Daraus ergibt sich insgesamt eine relativ große Zahl von Klassen, die jedoch wegen der klaren Namensgebungsregeln relativ leicht einzuordnen sind.

Schließlich befindet sich in dem Paket noch eine Klasse (`ServiceFrist`) zur Beschreibung von Regeln für die Durchführung von *Wartungsarbeiten*.

EinsatzBeschränkung	*Fahrzeuge*	**UsageRestriction**

EinsatzBeschränkungen dienen dazu, die Verwendbarkeit eines `TransportMittels` für bestimmte `Strecken` oder `HalteOrte` einzuschränken (z. B. Höchstgeschwindigkeit) oder auszuschließen. Ursache ist eine Eigenheit oder leichte Beschädigung des jeweiligen Fahrzeugs. Es wäre denkbar, das ITVU-Modell so zu erweitern, dass Einsatzbeschränkungen auch auf der Ebene von `Transport-MittelTypen` definiert werden können (Beispiel: Gelenkbusse können eine bestimmte Strecke mit engen Kurven nicht befahren).

Fahrzeug	*Fahrzeuge*	**Vehicle**

Fahrzeuge sind steuerbare Transportmittel für Fahrgäste wie beispielsweise ein einzelner Bus oder ein Triebzug. Manchmal können Fahrzeuge miteinander verbunden werden (z. B. Kopplung von Triebzügen bei Bahnen). Jedes Fahrzeug gehört einem bestimmten `technischen FahrzeugTyp` an. Bei der Erstellung des `FahrPlans` und des `UmlaufPlans` abstrahiert der Planer von diesen Typen: Er hat seine eigene vereinfachte Sicht auf die Typenwelt der Fahrzeuge (→ `FahrzeugTypPlanung`). Nicht alle Ausstattungsdetails schlagen sich in den FahrzeugTypen nieder: Zusätzlich gibt es die Möglichkeit, `konfigurierbare Merkmale` zu definieren, die den einzelnen Fahrzeugen frei zugeordnet werden. Diese Art der Modellierung ist z. B. nützlich, wenn es um veränderliche Merkmale wie etwa die Ausstattung von Fahrzeugen mit Werbung geht. Zusätzlich zur Typisierung werden Fahrzeuge durch ihre `FahrzeugAusrüstung` charakterisiert.

In der Regel ist einem Fahrzeug ein einzelner `Fahrer` zugewiesen, doch kommt es auch vor, dass eine mehrköpfige Besatzung zugeordnet werden muss (z. B. bei Zügen Lokführer, Zugführer, Zugbegleiter). Typische Attribute eines Fahrzeugs sind sein Baujahr oder seine Laufleistung. Die meisten Verkehrsunternehmen identifizieren ihre Fahrzeuge durch eine Nummer, die sie selbst vergeben. Diese Fahrzeugnummer ist oft auf der Außenseite des Fahrzeugs gut lesbar angebracht. Ein Fahrzeug ist einem `BetriebsBereich` (und somit einem Verkehrsunternehmen) eindeutig zugeordnet. Viele Verkehrsunternehmen ordnen jedem Fahrzeug einen festen Heimatstandort zu, meist einen bestimmten `Betriebshof`, manchmal auch einen festen Abstellplatz.

FahrzeugTypOperations	*Fahrzeuge*	**VehicleTypeOperations**

Der FahrzeugTypOperations spiegelt die Sicht des Disponenten auf die `Fahrzeuge`. Mit »Operations« meint man die Vorbereitung und Durchführung des Fahrbetriebs im engeren Sinne. Der Disponent interessiert sich für technische Fahrzeugmerkmale, die bei verschiedenen Fahrzeugen identisch sind, weil diese Fahrzeuge vom gleichen Hersteller und aus der gleichen Baureihe stammen.

FahrzeugTypPlanung	*Fahrzeuge*	**VehicleTypePlanning**

Der FahrzeugTypPlanung spiegelt die Sicht des Planers auf die Welt der `FahrzeugTypen`. Er abstrahiert von allen möglichen Ausstattungsdetails und bezieht sich im Wesentlichen auf die Beförderungskapazität sowie einschränkende Randbedingungen für die Befahrbarkeit bestimmter Strecken (zul. Gesamtgewicht, Fahrzeughöhe, Wendekreis).

FzTypReihungOperations	*Fahrzeuge*	**VhTypeCombinationOrderOperations**

Durch die operative FahrzeugTypReihung wird die genaue Position einzelner `FahrzeugTypOperations`-Instanzen innerhalb eines `Verbands von FahrzeugTypen` beschrieben. Die Idee ist, dass man bereits auf Typebene einen FahrzeugVerband »konstruiert«, der dann als Ganzes betrachtet und eingesetzt werden kann (z. B. eine Einheit von sechs S-Bahn-Wagen). Dabei wird unterstellt, dass dieser Verband während eines Umlaufs nicht aufgelöst werden kann.

FzTypReihungPlanung	*Fahrzeuge*	**VhTypeCombinationOrderPlanning**

Durch die planerische FahrzeugTypReihung wird die genaue Position einzelner `FahrzeugTypPlanung`-Instanzen innerhalb eines `Verbands von FahrzeugTypen` beschrieben. Die Idee ist dieselbe wie bei der `FzTypReihungOperations`.

FzTypVerbandOperations	*Fahrzeuge*	**VhTypeCombinationOperations**

Ein Verband von operativen `FahrzeugTypen` besteht aus mehreren miteinander verbundenen FahrzeugTypen. Durch die `FzTypReihungOperations` wird die genaue Position der FahrzeugTypen im Verband beschrieben.

FzTypVerbandPlanung	*Fahrzeuge*	**VhTypeCombinationPlanning**

Ein planerischer Verband von `FahrzeugTypen` besteht aus mehreren miteinander verbundenen FahrzeugTypen. Durch die `FzTypReihungPlanung` wird die genaue Position der FahrzeugTypen im Verband beschrieben.

ServiceFrist	*Fahrzeuge*	**ServiceInterval**

Die ServiceFrist legt fest, wann bestimmte Arten von Wartungsarbeiten (von der Innenreinigung bis zur Generalüberholung) durchzuführen sind. Fristen können vom Zeitablauf und von der erbrachten Laufleistung abhängen.

TM-TypKompatibilitätOperations *Fahrzeuge* **MOT-TypeCompatibilityOperations**

Die TM-TypKompatibilität aus Operations-Sicht beschreibt, welche `TransportMittelTypen` unter bestimmten Gesichtspunkten durch andere ersetzt werden können.

TM-TypKompatibilitätPlanung *Fahrzeuge* **MOT-TypeCompatibilityPlanning**

Die TM-TypKompatibilität beschreibt, welche `TransportMittelTypen` unter bestimmten Gesichtspunkten durch andere ersetzt werden können. Je nach Kriterium ist »kompatibel« unterschiedlich zu interpretieren (»kleiner als« bei Gewicht und Höhe, »größer als« beim Platzangebot).

TM-TypOperations *Fahrzeuge* **MOT-TypeOperations**

Der TM-TypOperations gruppiert `TransportMittel` aus der Sicht von `Operations`, die in Bezug auf bestimmte Merkmale gleichartig sind. Siehe `FahrzeugTypOperations` und `FzTypVerbandOperations`.

TM-TypPlanung *Fahrzeuge* **MOT-TypePlanning**

Der TMTypPlanung gruppiert `TransportMittel` aus planerischer Sicht, die in Bezug auf bestimmte Merkmale gleichartig sind. Siehe `FahrzeugTypPlanung` und `FzTypVerbandPlanung`.

TM-TypZuordnung *Fahrzeuge* **MOT-TypeMapping**

Die TM-TypZuordnung beschreibt, wie die `technischen TransportMittelTypen` (Fahrzeug-Baureihen) auf die bei der Fahrplanung benutzten Typen von TransportMitteln (`TM-TypPlanung`) abgebildet werden. Für Disponenten ist es wichtig zu wissen, welche konkreten Fahrzeugtypen sie einsetzen können, sowohl bei der Erstzuordnung als auch bei einem eventuellen `MNX-Fahrzeug-Wechsel`.

TransportMittelTyp *Fahrzeuge* **MeansOfTransportType**

Der TransportMittelTyp gruppiert `TransportMittel`, die in Bezug auf bestimmte Merkmale gleichartig sind. Der Begriff des TransportMittels wird verwendet, um nicht zwischen Einzelfahrzeug und Verband unterscheiden zu müssen. Siehe auch `TM-TypPlanung`, `FahrzeugTypPlanung` und `FZ-TypVerbandPlanung`.

B.11 FahrzeugPeripherie

Paket **FahrzeugPeripherie**	*Bereich: Umläufe*	Package **VehicleEquipment**

Das Paket gruppiert Klassen zur Modellierung diverser technischer Geräte in einem Fahrzeug, vom `Bordrechner` über Zählgeräte für die Erfassung der Fahrgäste bis zu Geräten aus dem Bereich *Ticketing*.

BakenLeser	*FahrzeugPeripherie*	**BeaconScanner**

Ein BakenLeser erkennt beim Passieren einer Funkbake deren Signal und leitet daraus eine Ortsinformation ab.

BordRechner	*FahrzeugPeripherie*	**BordComputer**

Ein Bordrechner ist ein Computer, der an Bord des Fahrzeugs vielfältige Aufgaben übernimmt: Authentifizierung des Fahrers, Standortermittlung (bezogen auf Fahrweg und Fahrplan), Steuerung der Sprachkommunikation, Datenkommunikation mit der Zentrale (Fahrtanmeldung, Standortmeldung, Maßnahmen), Information für den Fahrer (Fahrplanlage, Anschlüsse), Ansteuerung der Fahrzeugperipherie (Anzeiger innen und außen, ELA), Navigation, Ticketverkauf, Ansteuerung der Validatoren, Sonderfunktionen (Notruf, stiller Alarm/Überfallruf/Zentrale spricht direkt in den Innenraum des Fahrzeug hinein).

FahrgastZähler	*FahrzeugPeripherie*	**PassengerCounter**

Ein FahrgastZähler ist ein Gerät, das zusteigende und aussteigende Personen erfassen kann (z. B. über Infrarot-Sensoren).

FahrzeugAnsageGerät	*FahrzeugPeripherie*	**VehicleAnnouncer**

Ein FahrzeugAnsageGerät kann `AnsageTexte` speichern und wiedergeben. Früher handelte es sich um separate Geräte (Magnetaufzeichnungstechnik), heute ist die Funktionalität im `Bordrechner` integriert.

FahrzeugAnzeigeGerät	*FahrzeugPeripherie*	**VehicleDisplay**

Ein FahrzeugAnzeigeGerät stellt Informationen für Fahrgäste im Fahrzeug oder an dessen Außenfläche optisch dar.

FahrzeugAusrüstung	*FahrzeugPeripherie*	**VehicleEquipment**

Die FahrzeugAusrüstung ist eine gemeinsame Elternklasse für alle anderen Klassen in diesem Paket.

B.12 Kalender

Paket **Kalender**	*Bereich: Zeit*	Package **Calendar**

Öffentlicher Personenverkehr folgt zeitlichen Wiederholungsmustern. Das Paket enthält Klassen, um Mustertage (`TagesArten`) zu definieren und diese auf echte Kalendertage abzubilden.

BasisVersion	*Kalender*	**BaseVersion**

BasisVersionen sind symbolische Bezeichnungen für einen bestimmten Planungsstand, wie z. B. *Sommerfahrplan 2010*. Ein Verkehrsbetrieb muss in der Lage sein, mehrere Planungsstände (»Versionen«) parallel zu verwalten. Das Ausarbeiten eines neuen Fahrplans kann sich über Monate erstrecken und muss zeitlich parallel zum laufenden Betrieb passieren. Damit die Planer in den Verkehrsunternehmen nicht durcheinanderkommen, bieten viele Softwaresysteme bereits bei der Anmeldung eines Benutzers die Möglichkeit, einen Filter so zu setzen, dass der Planende nur diejenige BasisVersion sieht, die er gerade bearbeiten will.

Zu jedem beliebigen Zeitpunkt ist immer nur genau *eine* BasisVersion gültig. Alle Planungsobjekte des ITVU-Modells tragen einen Verweis auf ihre zugehörige BasisVersion. Die Objekte müssen auf viele autonome `Bordrechner` in Fahrzeugen zeitlich im Voraus verteilt werden, d. h., es existieren dort mehrere Planungsstände parallel. Bei jedem Zugriff auf Planungsdaten wird zunächst die für den aktuellen Moment (Kalendertag) gültige BasisVersion ermittelt und für den Datenzugriff als Filter benutzt.

FirmenKalenderTag	*Kalender*	**OperatingDay**

Verkehrsunternehmen benutzen in der Regel einen eigenen Firmenkalender, um die Kalendertage durchzunummerieren. Sie sprechen dabei manchmal auch vom »Betriebstag«. Jeder FirmenKalenderTag wird genau einem normalen KalenderTag zugeordnet, so dass 0:00 Uhr des Kalendertags und 0:00 des FirmenKalenderTags zusammenfallen. Jedem FirmenKalenderTag ordnet das Verkehrsunternehmen genau eine `TagesArt` zu. `Uhrzeiten` gelten immer relativ zum Tagesanfang; sie können negativ sein und weit mehr als 24 Stunden umfassen (26:15 Uhr = 2:15 Uhr am Folgetag).

TagesArt	*Kalender*	**DayType**

Die TagesArt ist eine Typisierung von Tagen, die sich danach richtet, welche Beförderungsnachfrage ein Verkehrsunternehmen an Tagen dieser Art erwartet und welches Beförderungsangebot es daher plant. Jedem `FirmenKalenderTag` wird genau eine TagesArt zugeordnet. Typische Tagesarten sind Werktag, Samstag, Sonn- und Feiertag; manchmal wird auch zusätzlich zwischen Schul- und Ferienzeit unterschieden. Im Allgemeinen werden die Tagesarten im veröffentlichten Fahrplan genannt. Sie werden häufig auch als »Betriebstage« bezeichnet. Manche Verkehrsunternehmen bezeichnen jedoch den FirmenKalenderTag als »Betriebstag«.

TagesArtFolge	*Kalender*	**DayTypeSequence**

Die TagesArtFolge ist eine Sequenz von `TagesArten`, die als zyklisches Schema für Reihenfolgeplanungen bei Umläufen oder Diensten verwendet wird. Eine Standardwoche könnte beispielsweise als MoDo-MoDo-MoDo-MoDo-Fr-Sa-So abgebildet werden.

TagesArtPosition	*Kalender*	**DayTypePosition**

Die TagesArtPosition legt die Position(en) einer `TagesArt` innerhalb einer `TagesArtFolge` fest.

B.13 Kommunikation

Paket **Kommunikation**	*Bereich: Steuerung*	Package **Communication**

Das Paket enthält Klassen, die für den Aufbau von Gesprächen oder für die Übertragung von Daten benötigt werden. Bei Sprachverbindungen wird davon abstrahiert, ob es sich um eine klassische Telefonverbindung, um Voice-Over-IP oder um eine Funkverbindung (analog oder digital) handelt. Bei Datennachrichten denken wir gleichermaßen an E-Mail, SMS oder codierte Funknachrichten.

Bei der praktischen Umsetzung des Modells wird man Subklassen bilden, die die technischen Spezifika der jeweiligen `KommunikationsGeräte` repräsentieren. Bei der Verfeinerung des Modells in Bezug auf die `DatenNachricht` wäre hingegen eine statische Hierarchie von Subklassen zwar denkbar, aber unpraktisch, da das Kommunikationssystem die inhaltliche Struktur von übertragenen Informationen nicht kennen soll. Stattdessen wird man eine abstrakte Notation zur Beschreibung von Nachrichtentypen verwenden (XSL, XML-DTD, CORBA-IDL oder ASN.1).

AdressRaumFachlich	*Kommunikation*	**LogicalNameSpace**

Ein Verkehrsunternehmen spannt einen fachlichen Adressraum auf. Innerhalb dieses Adressraums wird jeder Kommunikations-`Teilnehmer` eindeutig *fachlich* gekennzeichnet, d. h. durch Bezeichnungen, die für Menschen lesbar und verständlich sind (»Leitstelle«, »Kunden Service Center«). Dies schließt nicht aus, dass auch Nummern als Bestandteil vorkommen (»Fahrzeug 4711«). Aus globaler Sicht ist nur die Kombination von Adressraum und Teilnehmeradresse eindeutig; Beispiel: »mvbnet.de/fz/4711« bezeichnet ein bestimmtes Fahrzeug der Magdeburger Verkehrsbetriebe, während »bvg.de/fz/4711« ein Fahrzeug der Berliner Verkehrsgesellschaft bezeichnet, das zufälligerweise dieselbe Fahrzeugnummer hat.

AdressRaumTechnisch	*Kommunikation*	**PhysicalNameSpace**

Der technische Adressraum eines Kommunikationsnetzes ist ein Wertebereich für Anschlusskennungen (Funkrufnummern, IP-Adressen, Nebenstellennummern), die zur Identifikation von `KommunikationsGeräten` innerhalb des jeweiligen Netzes dienen.

DatenNachricht	*Kommunikation*	**DataMessage**

Eine Datennachricht ist eine Nachricht, deren Inhalt als Zeichenkette aufgefasst werden kann; je nach der Mächtigkeit des einzelnen technischen Verfahrens kann der Inhalt aus einfachen ASCII-Zeichen oder aus verschiedenen Alphabeten (UTF-Codierung) bestehen. Auch Attachments (binary large objects) sind denkbar. Sender und Empfänger einer Nachricht müssen sich über die syntaktische und semantische Struktur des Nachrichteninhalts verständigen. Das Kommunikationssystem ist hieran nicht beteiligt, bzw. allenfalls, indem es die dazu erforderlichen Metadaten ebenfalls überträgt. Der Inhalt einer DatenNachricht kann selbstbeschreibend sein (DTD + XML-Tags) oder auf einer Struktur beruhen, über die sich die Kommunikationspartner vorab verständigt haben.

FunkEinzugsbereich	*Kommunikation*	**RadioFootprint**

Ein FunkEinzugsBereich ist das räumliche Gebiet, in dem unter normalen Betriebsbedingungen (Wetter) eine stabile Kommunikationsverbindung über eine bestimmte Art von `KommunikationsGerät` mit einem `Teilnehmer` hergestellt werden kann, der sich in diesem Gebiet aufhält.

KommunikationsEreignis *Kommunikation* **CommunicationEvent**

Ein KommunikationsEreignis ist ein Übermittlungsobjekt zwischen einem `Teilnehmer` (Initiator) und einem `KommunikationsPartner` (Adressat). Wir unterscheiden `DatenNachrichten` und `SprachVerbindungen`.

KommunikationsGerät *Kommunikation* **CommunicationDevice**

Der Zugang eines `Teilnehmers` zum Kommunikationsnetz wird durch ein oder mehrere KommunikationsGeräte hergestellt. Im Gegensatz zum Teilnehmer, der durch eine logische Adresse identifiziert wird, wird das KommunikationsGerät durch eine technische Adresse identifiziert (Rufnummer, IP-Adresse). Da ein KommunikationsGerät gleichzeitig von mehreren Teilnehmern benutzt werden kann, stehen Teilnehmer und Gerät in einer n:m-Beziehung (→ `Teilnehmer-Erreichbarkeit`).

KommunikationsPartner *Kommunikation* **CommunicationPartner**

Ein KommunikationsPartner ist ein `Teilnehmer` oder eine `TeilnehmerGruppe`. Der KommunikationsPartner ist Auslöser oder Adressat eines `KommunikationsEreignisses`. Er fungiert also als Anrufender/Angerufener einer `SprachVerbindung` bzw. als Sender/Empfänger einer `DatenNachricht`. KommunikationsPartner werden durch eine fachlich-logische Adresse identifiziert. Beispiele für solche Adressen sind: *Fahrzeug/4711*, *Haltestelle/110418*, *Linie/16A*, *alle_Verkehrsmeister*. Während die ersten beiden Adressen einzelne Teilnehmer identifizieren, handelt es sich bei den anderen beiden Beispielen um Adressen von TeilnehmerGruppen.

SprachVerbindung *Kommunikation* **VoiceLink**

Wir unterscheiden zwischen dem Management der Sprachverbindung (Aufbau, Abbau, Konferenzbildung, Umleitung usw.) und dem eigentlichen Transport der Sprachdaten(pakete). Letzterer ist nicht Teil des Modells. Historisch bedingt gibt es unterschiedliche Standards, um Sprachverbindungen zu erstellen. Eine generalisierende Beschreibung, wie wir sie in unserem Modell andeuten, könnte sich z. B. auf Protokolle stützen, die im VoIP-Umfeld verwendet werden (Session Initiation Protocol und Session Description Protocol), da diese Protokolle den überwiegenden Teil des Befehlsvorrats anderer Systeme abdecken.

Teilnehmer *Kommunikation* **Subscriber**

Ein Teilnehmer ist ein (Funk-)`KommunikationsPartner`, von dem ein `KommunikationsEreignis` ausgeht. Er fungiert also als Partner einer `SprachVerbindung` bzw. als Absender/Empfänger einer `DatenNachricht`. Im Gegensatz zu einer `TeilnehmerGruppe` handelt es sich bei dem Teilnehmer um ein einzelnes Individuum. Beispiele für Teilnehmer sind `Fahrzeuge`, `Mitarbeiter`, `Haltestellen` etc. Das heißt, es können nicht nur natürliche Personen, sondern auch technische Systeme als Teilnehmer auftreten.

TeilnehmerErreichbarkeit *Kommunikation* **SubscriberReachability**

In der TeilnehmerErreichbarkeit wird vermerkt, dass (bzw. seit wann) ein `Teilnehmer` über ein bestimmtes `KommunikationsGerät` erreicht werden kann. Sie enthält die Abbildung der technischen Geräteadresse auf die logische Adresse des Teilnehmers.

TeilnehmerGruppe	*Kommunikation*	SubscriberGroup

Eine TeilnehmerGruppe besteht aus `KommunikationsPartnern`, beispielsweise aus den Fahrzeugen, die aktuell eine bestimmte Linie befahren.

TeilnehmerGruppierung	*Kommunikation*	SubscriberGrouping

Eine TeilnehmerGruppierung fasst `Teilnehmer` zu `TeilnehmerGruppen` zusammen. Da ein Teilnehmer in mehreren Gruppen Mitglied sein kann, handelt es sich um eine n:m-Beziehung, die durch eine eigene Klasse repräsentiert wird. Die Art der Mitgliedschaft sowie der Zeitpunkt des Beitritts können in der TeilnehmerGruppierung festgehalten werden. Für bestimmte Fälle kann es hilfreich sein, eine Präferenzordnung innerhalb der Gruppenmitglieder zu definieren.

B.14 KonfigurierbareMerkmale

Paket **Konfigurierbare Merkmale**	*Bereich: Basis*	Package **Customisable Attributes**

Das Paket beschreibt eine Möglichkeit, andere Klassen des Modells um Attribute zu erweitern, deren Definition nicht statisch durch das Modell festgelegt wird, sondern in Form von Instanzen der hier beschriebenen Metaklassen erfolgt. Hintergrund ist die Erfahrungstatsache, dass bei der Nutzung eines IT-Systems öfter der Wunsch auftritt, an einer bestimmten Stelle weitere beschreibende Merkmale zu ergänzen, die in dem jeweiligen System nicht vorgesehen sind. Sofern solche Merkmale nur erfasst, angezeigt und gedruckt werden sollen oder als Sortier- und Filterkriterien für den menschlichen Systembenutzer dienen, können KonfigurierbareMerkmale im hier beschriebenen Sinne dazu verwendet werden. Sollen die zusätzlichen Kriterien hingegen innerhalb des IT-Systems Funktionalität beeinflussen, so ist der hier beschriebene Mechanismus ungeeignet und eine explizite Modellerweiterung erforderlich.

KonfigurierbareKlasse	*KonfigurierbareMerkmale*	CustomisableClass

KonfigurierbareKlasse ist ein Interface, das die Fähigkeit einer implementierenden Klasse widerspiegelt, `konfigurierbare Merkmale` zu besitzen.

KonfigurierbarerTyp	*KonfigurierbareMerkmale*	CustomisableType

Ein KonfigurierbarerTyp ist ein elementarer (skalarer, enumerativer) Datentyp, der den Wertebereich der Ausprägungen eines `konfigurierbaren Merkmals` festlegt.

Beispiel: Bei Fahrzeugen soll zwischen Komfortstufen unterschieden werden; dazu wird eine Art Schulnotensystem von 1–5 benutzt. »KomfortStufe« ist dann ein KonfigurierbarerTyp, der sich auf den technischen Typ »Ganzzahl« im Wertebereich von 1 … 5 abstützt. Die Vergleichsfunktion »größer als« wird als »komfortabler als« interpretiert und entspricht der mathematischen Funktion »numerisch kleiner als«, denn eine »2« ist besser als eine »3«. Bei Auswertungslisten oder in (konfigurierbaren) Dialogen kann der Benutzer das Merkmal »Komfortstufe« einblenden und z. B. danach sortieren. Es wäre denkbar, das Modell so zu erweitern, dass jede Klasse des Modells als KonfigurierbarerTyp dienen kann. Dann könnte man auch verweisende Merkmale konfigurieren, wie z. B. einen Verweis von einem `Mitarbeiter` auf die `Haltestelle`, an der er am liebsten Pause macht. Allerdings darf man nicht erwarten, dass durch solche Annotationen die Funktionalität des Systems beeinflusst werden kann (vgl. die Anmerkungen zum `Paket KonfigurierbareMerkmale`).

Konfigurierbares Merkmal	*KonfigurierbareMerkmale*	**Customisable Attribute**

Konfigurierbare Merkmale werden benutzt, um bei bestimmten Klassen des Modells eine »freie Attributierung« anzubieten, d.h., der Administrator des Verkehrsunternehmens kann – ohne den Softwarehersteller bemühen zu müssen – den Objekten bestimmter Klassen zusätzliche beschreibende Merkmale hinzufügen. Er kann den technischen Typ dieser Merkmale vorgeben, inkl. Wertebereichen, Default-Werten, Darstellungsart usw. Auch die Festlegung von Vergleichsoperationen (größer, kleiner, gleich, ähnlich) ist möglich.

MerkmalsAusprägung	*KonfigurierbareMerkmale*	**AttributeValue**

Die MerkmalsAusprägung stellt die Verbindung zwischen einer `konfigurierbaren Klasse` und einem ihrer `Merkmale` her. Sie besagt für jede Instanz der konfigurierbaren Klasse, welchen Wert das entsprechende Merkmal hat. Sie könnte auch die Merkmalshistorie oder den Zeitpunkt der Zuweisung vermerken.

B.15 Kunde

Paket **Kunde**	*Bereich: Vertrieb*	Package **Kunde**

Das Paket enthält Klassen, die einen Fahrgast in der Rolle als persönlich bekannter Kunde beschreiben. Dem Kunden werden Zahlungskanäle und Konten zugeordnet.

BankVerbindung	*Kunde*	**BankAccount**

Wenn ein Verkehrsbetrieb die Bankverbindung seines Kunden kennt, kann er ihm Produkte anbieten, bei denen die Bezahlung in Raten (Jahreskarte) oder nachträglich erfolgt. Letzteres ist interessant in Verbindung mit Best-Price-Vereinbarungen, d. h., der Verkehrsbetrieb ermittelt für alle Fahrten des Kunden monatlich im Nachhinein, welche Ticket-Kombination (Zeitkarten, Einzelkarten) am kostengünstigsten gewesen wäre, und stellt genau den damit verbundenen Preis in Rechnung.

BonusKonto	*Kunde*	**BonusAccount**

Kundenbindungsprogramme sehen oft vor, dass der Erwerb von `Produkten` mit `BonusGutschriften` einhergeht; diese werden als abstrakte Werteinheiten auf einem BonusKonto angesammelt und können in Prämien umgewandelt werden. Das ITVU-Modell bietet das BonusKonto als Anker für eventuelle Verfeinerungen – ein »ausgewachsenes« Bonussystem kann ziemlich kompliziert werden und zahlreiche weitere Klassen erfordern.

Fahrgast	*Kunde*	**Passenger**

Die Klasse repräsentiert im Modell den anonymen Fahrgast. Sie existiert im ITVU-Modell aus didaktischen Gründen als Anker für `Reisen` und `FahrAusweise`; sie stellt die Brücke zum `PersonenTyp` her, der beim Kauf von Fahrausweisen eine Rolle für die Anwendbarkeit bestimmter `FahrPreisKonditionen` spielt (Schülerstatus, Lebensalter, Zugehörigkeit zu einer Gruppe). Bei einer Implementierung wird man aus naheliegenden Gründen keine Instanzen dieser Klasse erzeugen.

Kunde	*Kunde*	**Customer**

Ein Kunde ist jemand, der potenziell oder tatsächlich das Angebot des öffentlichen Personenverkehrs nutzt und als Individuum bekannt ist – anonyme Fahrgäste sind daher im Sinne des ITVU-Modells keine Kunden. Es kann ein Vertrag zwischen dem Kunden und dem `Verkehrsunternehmen` bezüglich der vereinbarten Dienstleistung bestehen. Kunde kann eine natürliche Person oder eine Institution sein.

Reise	*Kunde*	**PassengerJourney**

Eine Reise ist die (geplante oder durchgeführte) Nutzung öffentlicher Verkehrsmittel aus der Sicht des `Fahrgastes`. Häufig steigt der Fahrgast während einer Reise um; Auskunftsysteme ermitteln alle einzelnen Reiseabschnitte und planen Fußweg-Übergangszeiten bei der Ermittlung von Anschlüssen mit ein.

WE-SpeicherZentral	*Kunde*	**VU-StoreCentral**

Der zentrale Werteinheitenspeicher repräsentiert das Guthaben eines Kunden, das dieser über eine `VertriebsStelle` erworben hat und zur Bezahlung von `FahrAusweisen` oder anderen Produkten des Verkehrsbetriebs verwenden kann. Der zentrale Speicher steht zu dem `WE-SpeicherFahrgast`, der sich auf einem `ElektronischenMedium` im Besitz des `Kunden` befindet, in einem »Master-Slave-Verhältnis«. Verliert der Kunde die Karte, so kann er sie sperren lassen und das Guthaben des zentralen Werteinheitenspeichers auf seine neue Karte übertragen lassen. Wertkarten, die ein Fahrgast anonym erwirbt, sind hingegen wie Bargeld zu betrachten – gehen sie verloren, so kann ein Finder sie nutzen, ohne dass der Erwerber dies verhindern kann.

B.16 KundenspezifischeTypen

Paket **KundenspezifischeTypen**	*Bereich: Basis*	Package **CustomerSpecificTypes**

Das ITVU-Modell enthält eine Reihe von Klassen zur Repräsentation von unterschiedlichen Bauformen und Protokolltypen technischer Geräte: **AnzeigeGerätTyp**, **DFI-AnsagerTyp**, **DFI-DisplayTyp**, **ValidatorTyp**, **KommunikationsGerätTyp**, **OrtsMarkeTyp**. Zusätzlich gibt es die Möglichkeit, einfache Klassifikationssysteme für Objekte aller Art generisch zu definieren.

Kundenspezifischer AufzählungsTyp	*KundenspezifischeTypen*	**CustomerSpecific EnumerationType**

Kundenspezifische Aufzählungstypen erlauben eine individuelle, aber genormte Klassifikation von Objekten. Ein Administrator kann meist für jede Ausprägung eines solchen Typs einen Kurztext, einen Langtext und einen (meist numerischen) Sortierbegriff festlegen; manchmal kann auch ein Wert als genereller Default-Wert gekennzeichnet werden. Die Ausprägungen können mit Benutzerrechten verknüpft sein (z. B. nur wenn ein Benutzer einer bestimmten Berechtigungsgruppe angehört, darf er bestimmte Objekte disponieren). Im Gegensatz zu `KonfigurierbarenMerkmalen` können über KundenspezifischeAufzählungsTypen auch Algorithmen angesteuert werden, insbesondere Implementierungen proprietärer Kommunikationsprotokolle, die der Softwarelieferant bereitstellt oder im Auftrag des Verkehrsunternehmens erstellt.

B.17 Linien

Paket **Linien**	*Bereich: Angebot*	Package **Lines**

In diesem Paket geht es um die Strukturierung des Verkehrsangebots durch die Definition von `Fahrwegen` und `Linien`. Das Paket baut auf Klassen auf, die im `Paket Ort` und im `Paket Netz` beschrieben sind.

AnsageText	*Linien*	**Announcement**

AnsageTexte beschreiben Textkonserven für die Ansage von Stationsnamen und Umsteigehinweisen. Da Ansagetexte vom `Fahrweg` abhängen, sind sie nicht der entsprechenden `Haltestelle` zugeordnet, sondern dem `HalteOrtAmFahrweg`. Früher gab es Geräte, die Tonbandschleifen benutzten und speziell angesteuert werden mussten. Heute handelt es sich in der Regel um komprimierte Audio-Dateien, die über die Soundkarte des Bordrechners an die ELA weitergeleitet werden. Versuche, diese Texte durch Text-to-Speech-Systeme zu ersetzen, sind derzeit noch nicht befriedigend.

FahrtZiel	*Linien*	**DestinationText**

FahrtZiele beschreiben die an einer `Haltestelle` oder an einem `Fahrzeug` angezeigten Zieltexte (z. B. an der Fahrzeugvorderseite, an der Seitenwand oder auch im Fahrzeuginnenraum). Typischerweise wird die Nummer der `Linie` zusammen mit der Zielhaltestelle angezeigt. Manchmal sind auch Zwischenhalte (sog. Via-Punkte) angegeben. Während heute oft universelle Displays in die Fahrzeuge eingebaut werden, die ein `BordRechner` direkt ansteuern kann, gab es früher spezielle Geräte, die über einen bestimmten Code den Auftrag erhielten, fest voreingestellte Texte anzuzeigen. Als Kommunikationsstandard für die Übermittlung der entsprechenden Codes dient ein einfaches serielles Protokoll, der sogenannte IBIS Wagenbus. Moderne Techniken ermöglichen es, mehr Information auf der gleichen Anzeigefläche unterzubringen, z. B. indem man Laufschriften verwendet.

Fahrweg	*Linien*	**Route**

Ein Fahrweg ist ein symbolischer Name für eine Folge von `Strecken` (bzw. `HalteOrten`), die Bestandteil einer `Linie` sind und deren örtlichen Verlauf festlegen. Um welche Strecken es sich handelt und in welcher Reihenfolge sie im Fahrweg vorkommen, lässt sich aus der `StreckeAmFahrweg` entnehmen. Zu jeder Linie werden mindestens zwei Fahrwege definiert: je einer für die Hin- und Rück-Richtung. Bei variablem Verlauf der Linie gibt es für jede Variante weitere Fahrwege. Jeder `Fahrt` ist eindeutig ein Fahrweg zugeordnet. Wenn ein Verkehrsunternehmen über die Fahrgastfahrten hinaus auch interne Fahrten exakt planen will, dann müssen auch für diese Fahrten Fahrwege definiert werden. Es kann Fahrwege geben, denen keine Linie zugeordnet ist (z. B. alternative Fahrwege für den Störfall).

HalteOrtAmFahrweg	*Linien*	**StopPlaceOnRoute**

Der HalteOrtAmFahrweg benennt für einen `Fahrweg` (= Variante einer `Linie`) die zugehörigen `HalteOrte` in der gewollten Anordnung, also den Fahrwegverlauf. Die Folge der HalteOrteAmFahrweg kann algorithmisch aus der `StreckeAmFahrweg` ermittelt werden, denn über die Streckenfolge ergibt sich automatisch die Folge der durchfahrenen HalteOrte. Das Gegenteil gilt nicht, denn es kann sein, dass zwischen zwei bestimmten Orten mehrere alternative `Strecken` existieren. Dennoch stellen wir die HalteOrteAmFahrweg im Modell dar, da andere Klassen auf sie verweisen, aus deren Sicht ein Verweis auf die Strecke nicht sinnvoll wäre (z. B. `HaltBeiFahrt` oder `HaltBeiFahrtX`).

Linie	*Linien*	**Line**

Eine Linie ist eine symbolische Bezeichnung für ein bestimmtes Beförderungsangebot, das ausgewählte Netzpunkte (Endhaltestellen) miteinander verbindet und dabei eine Reihe von Zwischenhaltemöglichkeiten vorsieht (→ `Fahrweg`). Aus Fahrgastsicht hat die Linie eine wichtige Orientierungsfunktion. Häufig legen Verkehrsunternehmen Liniennummern so fest, dass Zahlengruppen einer bestimmten Himmelsrichtung oder einem bestimmten Gebiet zugeordnet werden. Oft werden mehrere »Linienvarianten« vorgesehen, beispielsweise weil morgens und mittags zusätzlich eine Schule angefahren werden soll. Manchmal möchte man in den Abendstunden das Verkehrsangebot ausdünnen, z. B. indem nur jede zweite Fahrt bis zur Endhaltestelle fährt. Auch Gabelungen des Fahrwegs kommen vor. Eine Linie wird als betriebliche Einheit geführt, die einem `BetriebsBereich` eindeutig zugeordnet ist.

StreckeAmFahrweg	*Linien*	**LinkOnRoute**

Die StreckeAmFahrweg beschreibt für einen `Fahrweg` (= Variante/Richtung einer `Linie`) die zugehörigen `Strecken` und ihre Anordnung, also den Fahrwegverlauf.

B.18 Netz

Paket **Netz**	*Bereich: Infrastruktur*	Package **Network**

Das Paket baut auf den Klassen des `Pakets Ort` auf, indem es Verbindungen hinzufügt. Auf unterster Ebene werden `GeoPunktFolgen` definiert, die den Streckenverlauf physikalisch präzise beschreiben. Auf höherer Ebene werden daraus `Strecken` gebildet, welche jeweils eine gerichtete Verbindung zwischen zwei `HalteOrten` darstellen. Die Fahrzeiten auf einer Strecke können von der Art der Nutzung (Fahrzeugtyp, Tageszeit usw.) abhängen; das Paket bietet dazu das Konstrukt des `FahrZeitProfils` an.

FahrZeit	*Netz*	**RunTime**

Die Fahrzeiten auf einer bestimmten `Strecke` können – abhängig von dem `FahrZeitProfil` – variieren (z. B. Berufsverkehr). Dieser Sachverhalt wird durch das Definieren unterschiedlicher FahrZeiten je `Strecke` abgebildet.

FahrZeitProfil	*Netz*	**RunTimeProfile**

Das FahrZeitProfil kategorisiert Situationen, in denen unterschiedliche Fahr- und `HalteZeiten` gelten (»Rush-Hour-Intervalle«).

GeoPunktFolge	*Netz*	**GeoPointSequence**

Eine GeoPunktFolge ist eine geordnete Liste von `GeoPunkten`, die zur Beschreibung eines `WegStückes` herangezogen wird.

HaltBeiFahrweg	*Netz*	**StopOnRoute**

Der HaltBeiFahrweg beschreibt Haltezeiten, die von der `Linie` (bzw. genauer: vom `Fahrweg`) abhängen, wie z. B. Linie 5 hält am Rathaus immer 10 Minuten.

HalteZeit	*Netz*	**WaitTime**

Die Haltezeiten an bestimmten `HalteOrten` können – abhängig von dem `FahrZeitProfil` – variieren, weil z. B. bei vollen Fahrzeugen im Berufsverkehr der Zeitbedarf für den Fahrgastwechsel steigt. Dieser Sachverhalt wird durch das Definieren unterschiedlicher HalteZeiten abgebildet. Beispiel: Früh am Morgen 2 Minuten am Rathaus halten. Der `HaltBeiFahrt` kann abweichend von der hier festgelegten Haltedauer eine spezielle Haltedauer festlegen, beispielsweise weil Anschlussverbindungen ermöglicht werden sollen.

NetzPlan	*Netz*	**NetworkPlan**

Der NetzPlan ist ein symbolischer Name für eine bestimmte Konfiguration des physikalischen Transportnetzes. Er spielt in Angebotssituationen eine Rolle, wenn ein Verkehrsunternehmen verschiedene Varianten des Netzlayouts für ein noch nicht erschlossenes Gebiet durchkalkulieren möchte. Auch große strukturelle Veränderungen an bestehender Infrastruktur können dazu führen, dass man einen neuen NetzPlan anlegt (z. B. mit/ohne Tunnel durch die Innenstadt).

Strecke	*Netz*	**Link**

Eine Strecke beschreibt die gerichtete Verbindung zweier `HalteOrte` des Verkehrsnetzes. Auch interne `Fahrten` (Einsetzfahrten, Aussetzfahrten, Überläufer) beziehen sich auf eine zuvor definierte Strecke, denn ein »freies Herumfahren« von Fahrzeugen ist im ÖPV nicht erwünscht. Durch eine Strecke wird immer nur eine Fahrtrichtung beschrieben. Verkehren auf einem Straßenstück oder einem Gleiskörper Fahrzeuge im Gegenverkehr, so wird jede Fahrtrichtung durch eine eigene Strecke beschrieben. Auf einer Strecke können zudem technische Netzpunkte liegen, wie etwa LSA-Meldepunkte. Für jede Strecke wird die planmäßig vorgesehene Fahrzeit definiert. Da eine Streckenfahrzeit tageszeitabhängig sein kann, können für dieselbe Strecke mehrere Fahrzeiten gültig sein, die anhand des `FahrZeitProfils` eindeutig identifiziert werden.

WegStück	*Netz*	**RouteSegment**

Ein WegStück ist ein Teil einer `Strecke`. Eine Strecke kann entweder insgesamt aus einem einzigen WegStück bestehen oder in mehrere WegStücke unterteilt sein. Eine Unterteilung nimmt man vor, wenn ein Teil der Strecke mit einem Teil einer anderen Strecke identisch ist. Auf diese Weise reduziert sich das Datenvolumen, das zur Abspeicherung der Streckenverläufe benötigt wird. Beispiel: Zwei Fahrwege führen von einem bestimmten `HaltePunkt` auf eine Verkehrsampel zu. Dahinter biegt der eine Weg ab, der andere verläuft weiter geradeaus. Der Teil bis zur Ampel wird als ein (gemeinsam verwendetes) WegStück modelliert, die beiden Teile hinter der Ampel sind ebenfalls je ein WegStück. Die Aufteilung in Wegstücke erfolgt so, dass der überlappende Punkt (im Beispiel der letzte Punkt vor der Ampel) in allen drei WegStücken vorkommt.

WegStückFolge	*Netz*	**RouteSegmentOrder**

Eine WegStückFolge beschreibt die Reihenfolge von `WegStücken`, die zusammen eine `Strecke` bilden.

B.19 Ort

Paket **Ort**	*Bereich: Infrastruktur*	Package **Location**

In diesem Paket geht es um räumliche Punkte und Gebiete auf unterschiedlicher Abstraktionsebene. Der `GeoPunkt` dient als Elternklasse für alle Orte. Für besondere Orte gibt es jeweils eigene, davon abgeleitete Klassen. Die wichtigste solche Klasse ist der `HalteOrt`; es kann sich dabei – je nach Genauigkeit der Betrachtung – um einen (ausdehnungslosen) einzelnen `HaltePunkt` handeln oder um eine Menge von HaltePunkten oder HalteOrten, die zu einem `HalteBereich` zusammengefasst sind. Der wichtigste HalteBereich ist die `Haltestelle`; aber auch interne Einrichtungen der Verkehrsbetriebe, wie etwa `Betriebshöfe`, werden im Modell als HalteBereiche abgebildet.

Betriebshof	*Ort*	**Depot**

Betriebshöfe sind Stützpunkte von Verkehrsunternehmen für Personal und `Fahrzeuge`. Sie dienen den Fahrern zur Einsatzvorbereitung sowie zum Abstellen, Instandsetzen, Warten und Pflegen der Fahrzeuge. Es gibt Verwaltungsräume, in denen der Einsatz von Fahrpersonal und Fahrzeugen disponiert wird. Ein Betriebshof ist einem `BetriebsBereich` eindeutig zugeordnet.

GeoPunkt	*Ort*	**GeoPoint**

Ein GeoPunkt ist ein konkreter Punkt auf der Erdoberfläche, der aus Sicht des Verkehrsunternehmens irgendeine Bedeutung hat. Es kann sich um einen `NetzPunkt` bzw. um eine von dessen Subklassen handeln oder um einen Punkt, der zur Markierung eines Streckenverlaufs benutzt wird. Im letzteren Fall ist er Teil einer `GeoPunktFolge`, die ein `WegStück` beschreibt.

HalteBereich	*Ort*	**StopArea**

Ein HalteBereich ist eine konkrete Ausprägung eines `HalteOrts`. Ein HalteBereich fasst mehrere `HaltePunkte` (oder auch andere HalteBereiche) zusammen, damit sie auf einer höheren Abstraktionsebene als eine Einheit (beispielsweise als eine Haltestelle) betrachtet werden können. Die wichtigste Zusammenfassung von Haltepunkten stellt die `Haltestelle` dar. Bei einer einfachen Linie werden typischerweise jeweils die beiden Haltepunkte für die Hin- und Rück-Richtung zu einer Haltestelle zusammengefasst. Neben der Haltestelle gibt es noch den `Betriebshof` als eine weitere Zusammenfassung von Haltepunkten.

HalteOrt	*Ort*	**StopPlace**

Ein HalteOrt ist ein Punkt im Verkehrsnetz des Unternehmens, an dem Fahrzeuge planmäßig halten. Es kann sich um `HaltePunkte` oder `HalteBereiche` handeln. Die (gerichtete) Verbindung zwischen zwei HalteOrten bezeichnet man als `Strecke`.

HaltePunkt	*Ort*	**StopPoint**

Ein HaltePunkt ist ein konkreter Punkt im Verkehrsnetz des Unternehmens, an dem das Ein- und Aussteigen von Fahrgästen möglich ist. Im Gegensatz zum `HalteBereich` bezeichnet der HaltePunkt exakt die Stelle, an der das Fahrzeug hält (Haltemast, Markierung am Bahnsteig). Zudem kann ein HaltePunkt als ein Betriebshofpunkt fungieren. HaltePunkte können zu `HalteBereichen` aggregiert werden. Die wichtigste Aggregation ist die `Haltestelle`.

Haltestelle	*Ort*	**Stop**

Eine Haltestelle ist eine Zusammenfassung von `HaltePunkten`, an denen Fahrgäste ein- und aussteigen können. Haltestellen werden im Fahrplan genannt. Es kann passieren, dass Haltestellen räumlich verlegt oder im Laufe der Zeit auch umbenannt werden.

LSAMeldePunkt	*Ort*	**TrafficSignalTriggerPoint**

Der LSAMeldePunkt ist ein Punkt, an dem ein Fahrzeug mit einer Lichtsignalanlage (»Ampel«) Kontakt aufnimmt, um seine baldige Ankunft an der Ampel zu signalisieren und eine bevorzugte Behandlung anzufordern (Vorrangschaltung). Die Punkte hängen von der Richtung ab, aus der das Fahrzeug kommt und in die es weiterfahren möchte. Meistens sind es zwei Punkte (für Voranmeldung und Hauptanmeldung). Um die Beeinträchtigung des Individualverkehrs gering zu halten, wird oft auch noch ein dritter LSAMeldePunkt für die Abmeldung nach dem Passieren der Kreuzung festgelegt.

NetzPunkt	*Ort*	**Point**

Ein Netzpunkt ist ein referenzierbarer Punkt im Verkehrsnetz des Unternehmens. Abhängig von der Rolle/Funktion können Netzpunkte `HalteOrte` sein, an denen Fahrzeuge planmäßig halten. Hierbei kann es sich um `HaltePunkte` für die Fahrgäste oder um betriebliche HalteOrte (`Betriebshof`) handeln. Netzpunkte können jedoch auch Warte- oder Wendepunkte sein. Sie können als `OrtsMarken`, als Meldepunkte für die Ansteuerung von Lichtsignalanlagen (`LSAMeldePunkte`) oder als Routen-Zwischenpunkte dienen, die den räumlichen Verlauf einer `Strecke` genauer beschreiben (z. B. Kreuzungen, an denen abgebogen wird).

OrtAufVerbundEbene	*Ort*	**GlobalPoint**

Normalerweise werden `NetzPunkte` aus der Sicht des einzelnen Verkehrsunternehmens individuell benannt und identifiziert (meist durch irgendeine Nummer). Für die Beschreibung von Anschlussbeziehungen und für übergreifende Fahrplanauskünfte ist es jedoch erforderlich, bestimmte Orte deutschlandweit (weltweit) eindeutig zu identifizieren. Jeder einzelne Verkehrsbetrieb kann dann seine Identifikation wiederum dieser globalen Identifikation zuordnen.

OrtsMarke	*Ort*	**LocationMarker**

Eine OrtsMarke ist ein Hilfspunkt im Verkehrsnetz des Unternehmens, der zum Beispiel für den Streckenverlauf wichtig ist. Ortsmarken sind mit elektronischen Einrichtungen versehen (Transponder, Bake), die ein eindeutiges Erkennungssignal aussenden, welches das Fahrzeug beim Vorbeifahren erkennen kann.

B.20 Personal

Paket **Personal**	*Bereich: Dienste*	Package **Employees**

In diesem Paket sind Klassen gebündelt, die mit Mitarbeitern, Teams und Qualifikationen zu tun haben.

AbwesenheitsGrund	*Personal*	**TypeOfAbsence**

Abwesenheitsgründe beschreiben die Ursache für `Abwesenheiten` von `Mitarbeitern`, wie z. B. *Krankheit*, *Urlaub* oder *Fortbildung*. Sie sind als eigene Klasse modelliert, da sie Auswirkung auf die Lohnabrechnung haben können. Ein wichtiger AbwesenheitsGrund ist »*Frei*«; er bezeichnet dienstfreie Tage, die als `MitarbeiterTätigkeitX` der Erholung dienen sollen. Es gibt umfangreiche Regeln, wie diese Tage im Verhältnis zu den Diensten liegen müssen. Häufig wird gefordert, dass in bestimmten Abständen mindestens zwei freie Tage hintereinander liegen müssen (Wochenendersatz).

Besatzung	*Personal*	**Crew**

Eine Besatzung ist eine Gruppe von `Mitarbeitern`, die gemeinsam eingesetzt wird, z. B. bei Zügen (Lokführer, Schaffner) oder Fähren. Auch bei langen Bustouren, wie sie in Ländern außerhalb Deutschlands durchaus üblich sind, kommen Besatzungen in Form von zwei Fahrern vor, die sich abwechseln. Da für die Bildung von Besatzungen etliche Besonderheiten bei der Dienstbildung zu beachten sind, sind Besatzungen nicht als `MitarbeiterGruppen` modelliert.

Mitarbeiter	*Personal*	**Employee**

Ein Mitarbeiter ist typischerweise ein Fahrzeugführer; er ist einem `Betriebshof` eindeutig zugeordnet. Die Einsetzbarkeit eines Mitarbeiters für eine bestimmte Aufgabe hängt von seiner `Qualifikation` ab, also z. B. ob er einen passenden Führerschein und die notwendigen Kenntnisse von Fahrzeug und Strecke besitzt. Außerdem muss der Mitarbeiter verfügbar sein. Die `Abwesenheit` macht ggf. Aussagen darüber, wann ein bestimmter Mitarbeiter – beispielsweise aufgrund einer Krankheit – nicht für `Dienste` eingeplant werden darf.

MitarbeiterGruppe	*Personal*	**EmployeeGroup**

Eine MitarbeiterGruppe dient der Klassifikation von `Mitarbeitern` nach unterschiedlichsten Kriterien, wie z. B. Berufsgruppe (Laufbahn), Arbeitsgruppe (Teambildung) oder Quotengruppe. Für Quotengruppen gelten bestimmte einschränkende Regeln in Bezug auf die Urlaubsplanung. Beispiel: Nur zwei von sieben Mitarbeitern einer Quotengruppe dürfen gleichzeitig Urlaub haben. Aus welchen Mitgliedern eine MitarbeiterGruppe zusammengesetzt ist, wird in der `MitarbeiterGruppierung` festgehalten.

MitarbeiterGruppierung	*Personal*	**EmployeeGrouping**

Die MitarbeiterGruppierung beschreibt, welche `Mitarbeiter` zu welchen `MitarbeiterGruppen` gehören. Die Zuordnung kann sich im Zeitablauf ändern. Ein Mitarbeiter kann gleichzeitig mehreren Gruppen angehören, da die Zwecke der Gruppenbildung recht vielfältig sind.

MitarbeiterQualifikation	*Personal*	**EmployeeQualification**

Als MitarbeiterQualifikation bezeichnen wir die nachgewiesene Fähigkeit und Erlaubnis eines Mitarbeiters, eine Tätigkeit durchzuführen, für die die entsprechende `Qualifikation` erforderlich ist. Damit ein Fahrer mit einem S-Bahn-Triebzug eine bestimmte Strecke befahren kann, muss er eine allgemeine Berechtigung für das Führen von Schienenfahrzeugen besitzen, er muss den speziellen Fahrzeugtyp kennen und er muss die Besonderheiten der `Strecke` (Standorte von Signalen, Langsamfahrstellen usw.) kennen. MitarbeiterQualifikationen sind im Allgemeinen nur befristet gültig, d. h., sie müssen überwacht und durch geeignete Maßnahmen regelmäßig (Schulungen, Prüfungen) erneuert werden.

Qualifikation	*Personal*	**Qualification**

Eine Qualifikation ist die Fähigkeit, Kenntnis und Eignung, etwas zu tun. Die Einsetzbarkeit eines `Mitarbeiters` für eine Tätigkeit hängt davon ab, ob er für die entsprechende Fähigkeit eine aktuell gültige `MitarbeiterQualifikation` besitzt.

TeamBildung	*Personal*	**CrewConfiguration**

Die TeamBildung ist eine spezielle Art der `MitarbeiterGruppierung`, welche die Bildung von `Besatzungen` beschreibt.

B.21 StörungsManagement

Paket **StörungsManagement**	*Bereich: Steuerung*	Package **TrafficControl**

In diesem Paket geht es um die Produktionsüberwachung des Verkehrsbetriebs. Mitarbeiter in einer Leitstelle ergreifen bei auftretenden Abweichungen zwischen Soll und Ist Maßnahmen, um diese »Störungen« zu beheben. Der Begriff »Störung« ist dabei sehr weit gefasst, insbesondere bedeutet er nicht nur die technische Störung eines Fahrzeugs oder einer Gleisanlage.

Ereignis	*StörungsManagement*	**Incident**

Ein Ereignis verursacht oder charakterisiert eine Situation, auf die im Rahmen einer `Maßnahme` reagiert werden soll (`Reaktion`). Das Ereignis ist generisch, wie z. B. »Blockade auf der Hauptallee«; im Gegensatz zum `EreignisX` hat es keinen Zeitbezug.

EreignisX	*StörungsManagement*	**IncidentX**

Ein EreignisX ist ein Vorfall, der im Rahmen der Betriebslenkung eine oder mehrere `MaßnahmenX` nach sich zieht. Im Gegensatz zu dem generischen `Ereignis` hat das EreignisX einen konkreten Zeitbezug. Ein EreignisX, wie z. B. (»*Wasserrohrbruch am 16.02.2011 in der Hauptallee, Ecke Horstweg*«) bezieht sich nach Möglichkeit auf ein dazu passendes `Ereignis` wie etwa »*Blockade auf der nördlichen Hauptallee*«. Ist ein solcher Bezug herstellbar, so kann der Disponent in der Leitstelle als `ReaktionX` eine oder mehrere MaßnahmenX einleiten, die für dieses Ereignis vorab erdacht und als `Maßnahmen` beschrieben worden sind.

MNX-FahrtEinfügung	*StörungsManagement*	**CAX-TripInsertion**

Eine MNX-FahrtEinfügung ist eine `MaßnahmeX` zur Umlaufmodifikation und dient zur Erweiterung eines `UmlaufX` durch das Einfügen von neuen `Fahrten` an einem `HalteOrtAmFahrweg`.

MNX-FahrtLöschung	*StörungsManagement*	**CAX-TripCancellation**

Eine MNX-FahrtLöschung ist eine `MaßnahmeX` zur Umlaufmodifikation und dient zum Löschen von ein oder mehreren `Fahrten` aus einem `UmlaufX` bzw. zum Löschen eines `UmlaufStückX`.

MNX-FahrtModifikation	*StörungsManagement*	**CAX-TripModification**

Eine MNX-FahrtModifikation ist eine `MaßnahmeX` zur Umlaufmodifikation und dient der Änderung von Eigenschaften einer `FahrtX`. Sie verweist auf eine konkrete FahrtX, für die die freie *WendeDauer* oder *Gültigkeit* verändert wird. Sie kann zudem für den zugeordneten `HaltBeiFahrtX` die HalteDauer an einem `HalteOrtAmFahrweg` verändern.

MNX-FahrtVerstärkung	*StörungsManagement*	**CAX-TripAddition**

Eine MNX-FahrtVerstärkung ist eine `MaßnahmeX` und dient der Bewältigung einer Nachfragespitze. Das zur Verstärkung eingesetzte `TransportMittel` mit dem eingesetzten `Verstärker-Mitarbeiter` fährt meist zeitlich versetzt zur originalen Fahrt. Die Verstärkerfahrten korrespondieren zu einem Ausschnitt eines bestehenden UmlaufX (→ `UmlaufStückX`). Da zur Verstärkung dieses Ausschnitts ein neues TransportMittel eingesetzt wird, spricht man hier von einem neuen Verstärker-`UmlaufX`.

MNX-Fahrweg	*StörungsManagement*	**CAX-Rerouting**

Eine MNX-Fahrweg ist die Konkretisierung einer geplanten `MaßnahmeFahrweg` zu einem bestimmten Zeitpunkt. Sie verweist auf den tatsächlichen Ersatzfahrweg (falls dieser sich von dem vorgesehenen ErsatzFahrweg unterscheidet) und auf die `Fahrten`, für die die Maßnahme gelten soll.

MNX-FahrzeugWechsel	*StörungsManagement*	**CAX-VehicleReplacement**

Eine MNX-FahrzeugWechsel ist eine `MaßnahmeX` zu Ressourcen, durch die ein `TransportMittel` während eines `Umlaufs` durch ein anderes TransportMittel ersetzt wird. Der Ort des Wechsels wird vermerkt. Das Ersatztransportmittel übernimmt den Rest der aktuellen `FahrtX` und die verbleibenden Fahrten des aktuellen `UmlaufX`. Durch den Austausch verändern sich die Laufleistungen der beiden Transportmittel anders als geplant. In der Konsequenz kann dies z. B. dazu führen, dass laufleistungsabhängige Wartungsvorgänge zu anderen Zeitpunkten erforderlich werden als ursprünglich geplant.

MNX-LiKuTausch	*StörungsManagement*	**CAX-LineCourseSwap**

Eine MNX-LiKuTausch ist eine `MaßnahmeX` zum Tausch von Linien-Kurs-Nummern zweier `Fahrten`. Dies hat zur Folge, dass die Fahrzeugbesetzung in den beiden `Umläufen`, zu denen die Fahrten gehören, und auch die `MitarbeiterZuordnung` in den beiden `Diensten` verändert werden. Daher verweist MNX-LiKuTausch zweimal auf `MNX-FahrzeugWechsel` und zweimal auf `MNX-MitarbeiterWechsel`. Eine mögliche Ursache für einen Linien-Kurs-Tausch ist zum Beispiel die Gewährleistung der Takttreue auf einer `Linie`.

MNX-MitarbeiterWechsel	*StörungsManagement*	**CAX-EmployeeReplacement**

Eine MNX-MitarbeiterWechsel ist eine `MaßnahmeX` zu Ressourcen, bei der ein `Mitarbeiter` während der Ausführung eines `DienstX` durch einen anderen Mitarbeiter ersetzt wird. Der Ort des Wechsels wird vermerkt. Der ablösende Mitarbeiter übernimmt die Restarbeit des aktuellen `DienstX`. Durch den Wechselvorgang verändern sich die Arbeitszeiten der betroffenen Mitarbeiter; dies hat in der Regel Auswirkungen auf die Lohnabrechnung; es kann sich auch auf den Zeitpunkt der nächsten Pause oder auf die Einsetzbarkeit der Mitarbeiter am Folgetag auswirken (z. B. wegen der Mindestdauer der nächtlichen Erholung).

Maßnahme	*StörungsManagement*	**ControlAction**

Maßnahmen sind Zusammenfassungen einzelner Handlungen, die bei Abweichungen vom Fahrplanangebot über vordefinierte Toleranzgrenzen hinweg den Betrieb wieder an den Plan anpassen sollen. Maßnahmen sind »vorgedachte Bausteine«, die beim konkreten Eintreten einer Störung instantiiert werden (→ `MaßnahmeX`). Diese Bausteine können kombiniert werden, um für komplexere Störungen gleich einen vorkonfigurierten »Baukasten« an (Einzel-)Maßnahmen vorzusehen. Das Modell sieht eine einfache Zusammenfassung vor; bei Bedarf könnte man eine Assoziationsklasse hinzufügen, um Reihenfolgebedingungen und/oder mögliche Parallelisierungen im Sinne eines Netzplans auszudrücken. In der Planung unterscheiden wir zwischen `Maßnahmen zum Fahrweg` und `Maßnahmen zur FahrtVerstärkung`.

MaßnahmeFahrtVerstärkung	*StörungsManagement*	**ControlActionTripAddition**

Eine MaßnahmeFahrtVerstärkung ist eine vorgeplante `Maßnahme` zur Verdichtung des Verkehrsangebots. Sie verweist auf die `Fahrt` bzw. Fahrten, die verstärkt werden sollen, und auf den jeweiligen Beginn- und EndeOrt der Verstärkung. Beispielsweise werden für die Tage, an denen Fußballspiele stattfinden, im Voraus für Fahrten zum Stadion Verstärkungen eingeplant.

MaßnahmeFahrweg	*StörungsManagement*	**ControlActionRerouting**

MaßnahmenFahrweg sind vorgedachte `Maßnahmen` zur Veränderung des `Fahrwegs` von `Fahrzeugen`, für den Fall, dass bestimmte Störungen eintreten (blockierte Streckenabschnitte) oder dass der Fahrzeugabstand (Takt) durch vorausgegangene Verkehrsstaus unregelmäßig ist. Typische MaßnahmenFahrweg sind Umleitungen oder das vorzeitige Wenden eines Fahrzeugs oder das zusätzliche Befahren einer Strecke (mit anschließendem Wenden), die eigentlich nicht zu der aktuellen Fahrt gehört. Der Disponent muss beim Anordnen solcher Maßnahmen technische Einschränkungen beachten: Beispielsweise muss es für Straßenbahnen eine Wendeschleife geben, Umleitungswege müssen für die Fahrzeuge befahrbar sein (Brückenhöhe, Einbahnstraßen).

MaßnahmeX	*StörungsManagement*	**ControlActionX**

Eine MaßnahmeX ist die Konkretisierung einer geplanten `Maßnahme`, die an einem konkreten Zeitpunkt ausgeführt wird. MaßnahmenX können aus anderen MaßnahmenX bestehen (gemäß der analogen Kompositionsstruktur der korrespondierenden Maßnahme). Mitunter kommt es vor, dass aus einer MaßnahmeX weitere FolgeMaßnahmenX entstehen. Diese Verkettungen werden im Modell festgehalten. Bei jeder MaßnahmeX werden der auslösende Disponent und der aktuelle Zeitpunkt vermerkt.

Eine MaßnahmeX kann verschiedene Ausprägungen annehmen: Maßnahmen zur Beeinflussung des Fahrwegs (→ `MNX-Fahrweg`), zur Modifikation von Umläufen (→ `MNX-FahrtModifikation`, `MNX-FahrtLöschung`, `MNX-FahrtEinfügung`), zur Verstärkung von Fahrten (→ `MNX-FahrtVerstärkung`) und zum Wechsel von Ressourcen (→ `MNX-MitarbeiterWechsel`, `MNX-FahrzeugWechsel`, `MNX-LiKuTausch`).

Reaktion	*StörungsManagement*	**Reaction**

Eine Reaktion ordnet einem Ereignis eine oder mehrere Betriebslenkungs-`Maßnahmen` zu, die geeignet sind, die Auswirkungen einer eintretenden Störung zu mildern. Eine Maßnahme kann zu mehreren Ereignissen passen. Ereignis, Reaktion und Maßnahme sind generisch; die auf ein konkretes `EreignisX` hin ergriffenen `MaßnahmenX` schlagen sich in der `ReaktionX` nieder.

ReaktionX	*StörungsManagement*	**ReactionX**

Die ReaktionX ordnet einem `EreignisX` eine oder mehrere `Betriebslenkungs-MaßnahmenX` zu, die ergriffen worden sind, um die Störung zu beseitigen. In der Regel werden diese MaßnahmenX mit den `Maßnahmen` korrespondieren, die in der `Reaktion` auf das entsprechende `Ereignis` allgemein vorgesehen sind.

UmlaufStückX	*StörungsManagement*	**BlockSegmentX**

Das UmlaufStückX kennzeichnet einen Ausschnitt eines bestehenden `UmlaufsX`, der von einer Dispositionsmaßnahme betroffen war. Das UmlaufStückX hat Verbindungen zu den `HalteOrtenAmFahrweg`, an denen es beginnt bzw. endet. Zudem enthält es Verweise auf die erste und letzte betroffene `FahrtX`.

B.22 Tarif

Paket **Tarif**	*Bereich: Vertrieb*	Package **Tariff**

Die Klassen dieses Pakets modellieren die Produktwelt des Verkehrsbetriebs; dazu gehören Gebietseinteilungen, Entfernungsstaffeln und diverse Produktarten, angefangen von dem Einzelfahrschein über Zeitkarten und Kombiprodukte bis hin zum Jahresabonnement.

AbonnementProduktArt	*Tarif*	**SubscriptionProductType**

Ein Abonnement (abgekürzt Abo) ist eine Vereinbarung, mit der ein `Kunde` sich verpflichtet, eine `FahrAusweisArt` regelmäßig und über einen bestimmten Zeitraum zu kaufen. Der Fahrpreis wird regelmäßig vom Kundenkonto abgebucht.

BonusKondition	*Tarif*	**BonusCondition**

BonusKonditionen legen fest, welche Wertzuschreibung (`BonusGutschrift`) auf einem `BonusKonto` mit dem Erwerb eines `Produkts` einer bestimmten `ProduktArt` verbunden ist.

EinzelProduktArt	*Tarif*	**SingleProductType**

Die EinzelProduktArt ist von der abstrakten Elternklasse `ProduktArt` abgeleitet und beschreibt eine elementare ProduktArt; sie bildet den Normalfall des »klassischen Tickets« ab und wird im Zusammenhang mit dem Composite Pattern zur Abgrenzung von `KombiProduktArten` benötigt.

FahrAusweisArt	*Tarif*	**TravelDocumentKind**

Der Begriff FahrAusweisArt bezeichnet einen Ausweis, der zur Benutzung eines öffentlichen Verkehrsmittels berechtigt; er dient gleichzeitig als Quittung sowie als Beleg bei der Fahrausweisprüfung. Ein FahrAusweis ist einem bestimmten `TarifGebiet` zugeordnet und ist in einem bestimmten Zeitraum gültig. Es gibt verschiedene FahrAusweisArten: Einzelfahrausweise, Einzelfahrausweise mit uhrzeitabhängiger Gültigkeit, Gruppenfahrausweise, Kurzstrecken, Jahreskarten, Monatskarten, Wochenkarten etc.

Einer FahrAusweisArt werden unterschiedliche Gültigkeitszeiträume zugeordnet. Die *Verkaufsperiode* beschreibt den Zeitraum, in dem FahrAusweise einer Art verkauft werden können; die *Benutzbarkeit* bezieht sich hingegen auf die Verwendbarkeit durch den Fahrgast (relativ zum Verkaufszeitpunkt). Der *Geltungszeitraum* beschreibt die Gültigkeit des entwerteten Fahrausweises relativ zum Entwertungszeitpunkt.

FahrAusweisArtLayout	*Tarif*	**TravelDocumentTypeLayout**

Das FahrAusweisArtLayout beschreibt, wie das Druckbild von `FahrAusweisen` der betreffenden `FahrAusweisArt` auf den unterschiedlichen `FahrAusweisDruckerTypen` erscheinen soll.

FahrAusweisDruckerTyp	*Tarif*	**TravelDocumentPrinterType**

Die Klasse bildet technische Eigenheiten von Geräten ab, die `FahrAusweise` drucken. Ticketdrucker im ÖPV erstellen werthaltige Dokumente auf `Spezialpapier` und verfügen dazu über einige Besonderheiten. Sind die Geräteunterschiede zu groß für eine Beschreibung durch Konfigurationsparameter, so wird man bei der Umsetzung dieser Klasse das Factory-Entwurfsmuster anwenden.

FahrPreis	*Tarif*	**Fare**

Der FahrPreis wirkt auf den ersten Blick wie ein einfaches Attribut, ist jedoch als separate Klasse modelliert, da er in Abhängigkeit von der `FahrAusweisArt`, der `PreisStufe` und der `FahrPreisKondition` ermittelt werden muss und zudem zeitlichen Veränderungen unterliegt, die nachvollziehbar sein müssen (Historie, vordatierte Änderungen).

FahrPreisKondition	*Tarif*	**FareCondition**

Die FahrPreisKondition ist eine Kombination aus Beförderungsklasse, `PersonenTyp` und *Fahrart* (einfache Fahrt, Hin- und Rückfahrt); sie hat Einfluss auf den `FahrPreis`.

HP-TZ-Zuordnung	*Tarif*	**SP-TZ-Mapping**

Die HP-TZ-Zuordnung beschreibt die Zuordnung von `HaltePunkten` zu `TarifZonen`; eine TarifZone besteht aus einem oder mehreren HaltePunkten, umgekehrt kann ein HaltePunkt mehreren TarifZonen angehören (z. B. an der Tarifzonengrenze).

KombiProduktArt	*Tarif*	

KombiProduktArten beschreiben `ProduktArten`, die aus `EinzelProduktArten` und möglicherweise auch aus anderen KombiProduktArten zusammengesetzt sind. Typische Beispiele sind Schwimmbadkarten oder Zoo-Tickets; sie decken die ÖPV-Beförderung und den Eintrittspreis pauschal ab. Bei KombiProduktArten bestimmt sich der Preis aus den Einzelpreisen (→ `FahrPreis`) und bestimmten `PreisModifikationsRegeln`, die die Struktur der Einnahmenzuschreibung festlegen.

PersonenTyp	*Tarif*	**PersonType**

Die Klasse modelliert Fahrgastmerkmale, die für die Preisermittlung relevant sind. In der Regel geht es um Preisermäßigungen für bestimmte soziale Gruppen (z. B. Schüler, Studenten, Senioren, Behinderte).

PreisModifikationsRegel	*Tarif*	**FareModificationRule**

PreisModifikationsRegeln beschreiben Rabatte auf `FahrPreise`, die aus unterschiedlichsten Gründen gewährt werden. Zuschläge werden als negative Rabatte dargestellt. PreisModifikationsRegeln hängen potenziell von etlichen anderen Klassen im Modell ab – dies ist jedoch nicht explizit dargestellt. Beispielsweise könnte man über eine Verbindung zur Klasse `Kunde` spezielle Rabatte für Job-Tickets beschreiben, die mit einem Großkunden vereinbart werden.

PreisStufe	*Tarif*	**FareStage**

Eine PreisStufe ist ein vom räumlichen Geltungsbereich abhängiges Raster für die Preisbildung. Manche Entfernungszonen spielen nur für bestimmte `ProduktArten` eine Rolle (Beispiel: Kurzstreckenzone gelten nur für Einzeltickets). Zusammen mit der ProduktArt ist die PreisStufe der Einstiegspunkt in die Fahrpreisberechnung.

ProduktArt	*Tarif*	ProductType

Die ProduktArt ist eine abstrakte Elternklasse und repräsentiert den Typ eines einfachen `Produkts` (z. B. Einzelfahrschein, Monatskarte) oder eines Kombinationsprodukts (Schwimmbadkarte). Zahlreiche Algorithmen (Preisberechnung, Validierung, Bonuszuschreibung, Ermittlung der Zulässigkeit des Verkaufs in einem bestimmten Kontext) sind von der ProduktArt beeinflusst.

ProduktArtGruppe	*Tarif*	ProductTypeGroup

ProduktArten können gruppiert werden, um Eigenschaften festzulegen, die für alle Elemente der Gruppe gemeinsam gelten sollen. Beispielsweise könnte man eine ProduktArtGruppe bilden, die definiert, welche `ProduktArten` von einer bestimmten `VertriebsStelle` verkauft werden dürfen (Geltungsbereich einer `VertriebsVereinbarung`).

TarifEbene	*Tarif*	TariffLayer

TarifEbenen dienen der Zusammenfassung von `TarifZonen`. Sie sind geordnet. TarifZonen höherer Ebenen überlagern niedrigere bei der Preisfindung.

TarifGebiet	*Tarif*	TariffRegion

Ein TarifGebiet entspricht einer Stadt oder mehreren kleinen Städten/Gemeinden zusammen. Große Städte sind manchmal in mehrere Tarifgebiete aufgeteilt. Eine `TarifZone` ist einem TarifGebiet eindeutig zugeordnet.

TarifGültigkeit	*Tarif*	TariffValidity

Die TarifGültigkeit beschreibt die zeitliche Einschränkung einer `FahrAusweis-Art`, eines `Produktes`, eines `FahrPreises` oder einer `PreisModifikationsRegel`.

TarifVerbindung	*Tarif*	TariffLink

Eine TarifVerbindung ordnet einer Folge von `TarifZonen` eine `PreisStufe` zu. Verbindungen sind nur zwischen TarifZonen gleicher `TarifEbene` zulässig. Auch *Umfahrten* werden durch TarifVerbindungen abgedeckt.

TarifZone	*Tarif*	TariffZone

Eine TarifZone beschreibt eine tarifrelevante Aggregation von `HaltePunkten`; in der Regel wird hier eine zusammenhängende Fläche (Wabe, Ring) abgebildet.

B.23 Ticket

Paket **Ticket**	*Bereich: Vertrieb*	Package **Ticket**

Die Klassen dieses Pakets beschreiben den Fahrausweis und das zugehörige Trägermaterial (Papier, Chipkarte).

AutomatisierteFahrtBerechtigung	*Ticket*	**AutomaticTravelPermit**

Bei bestimmten Ticketing-Verfahren erwirbt der `Fahrgast` vor Fahrtbeginn keinen normalen `FahrAusweis`, sondern führt einen Check-in-Vorgang durch, d.h., er präsentiert am Ausgangsort seiner `Reise` ein `ElektronischesMedium` (Karte, Handy) an einem Check-in-Point. Die damit einhergehende `Validierung` erzeugt eine AutomatisierteFahrtberechtigung. Wenn später bekannt ist, wo die Reise beendet wurde, wird ein dazu passender FahrAusweis erzeugt und mit der AutomatisiertenFahrtBerechtigung verknüpft.

ElektronischesMedium	*Ticket*	**ElectronicMedia**

Elektronische Medien können `AutomatisierteFahrtBerechtigungen`, Werteinheiten (→ `WE-SpeicherFahrgast`), `FahrAusweise` und vieles mehr speichern. Zusätzlich besitzen sie einen eigenen kleinen Prozessor, der Daten ver- und entschlüsseln kann und die Kontrolle über alle Veränderungsvorgänge übernimmt (aufwerten, abbuchen). Die meisten Medien haben keine eigene Energieversorgung, sondern erhalten ihre Energie während der Datenübertragung auf hochfrequentem Weg, quasi zusammen mit den Daten. Häufig handelt es sich um Chipkarten, die der Verkehrsbetrieb verkauft und mit seinem Branding versieht; es ist jedoch auch möglich, ÖPV-spezifische Daten und Algorithmen einer Karte hinzuzufügen, die eine andere Institution ausgibt (Firmenausweis, Studentenausweis). Abgesehen von Karten eignen sich auch NFC-fähige Handys als ElektronischesMedium für den ÖPV.

FahrAusweis	*Ticket*	**Ticket**

Die Klasse repräsentiert das konkrete Ticket, das für eine bestimmte `Reise` eines `Fahrgasts` oder für eine bestimmte Menge von Reisen (bei Zeitkarten) gültig ist.

FahrAusweisTräger	*Ticket*	**TicketMedia**

Der FahrAusweisTräger ist das physikalische Medium, auf dem sich ein `FahrAusweis` befindet. Bei klassischen Tickets handelt es sich um `Papier`, bei E-Tickets um ein `ElektronischesMedium`. Der primäre Träger eines Online-Tickets ist der Zentralrechner eines Verkehrsunternehmens; der physikalische Ausdruck hat zwar Papier als Träger, doch spielt dieses Papierblatt nicht dieselbe Rolle wie die entsprechenden Klassen im ITVU-Modell, da es keine Schutzfunktion besitzt.

PapierBlatt	*Ticket*	**PaperSheet**

Das Papierblatt, auf dem sich ein ÖPV-Ticket befindet, ist sehr häufig eindeutig identifizierbar. Selbst wenn es im Drucker von einer `PapierRolle` abgeschnitten wird, trägt es auf der Rückseite die Rollenidentifikation und eine fortlaufende Nummer. Das Papierblatt ist das Pendant zum `ElektronischenMedium`.

PapierBlock	*Ticket*	**PaperPad**

In einfachen Fällen benutzen Verkehrsbetriebe (identifizierbare) Papierblocks, um einen raschen `Verkauf` derjenigen `FahrAusweisArten` zu ermöglichen, die am häufigsten benutzt werden – typischerweise durch den Fahrer während des Einsteigevorgangs der Fahrgäste. Der Geldkreislauf lässt sich vereinfachen, indem der Fahrer den Block zunächst dem Verkehrsbetrieb gegen Bargeld oder Kontoverrechnung abkauft und dann die Einnahmen behält. In Gebieten mit niedriger öffentlicher Sicherheit ist das Mitführen von Bargeld oder werthaltigen Ticket-Blocks allerdings häufig unerwünscht.

PapierRolle	*Ticket*	**PaperRole**

PapierRollen werden individuell identifiziert und verwaltet. Durch Bedrucken und Abschneiden entsteht ein `PapierBlatt` als individualisierter `FahrAusweisTräger`. Teilbenutzte Rollen können aus einem `VerkaufsGerät` entnommen, gelagert und in einem anderen Gerät weiter benutzt werden.

PapierRollenEinsatz	*Ticket*	**PaperRoleUsage**

Der PapierRollenEinsatz hält den Zeitraum der Zuordnung zwischen einer bestimmten `PapierRolle` und einem bestimmten `VerkaufsGerät` fest.

PapierVorrat	*Ticket*	**PaperStock**

Der PapierVorrat ist eine gemeinsame Elternklasse für `PapierBlocks` und `PapierRollen` und stellt die Brücke zum `PapierBlatt` her.

Produkt	*Ticket*	**Product**

Die Klasse Produkt stellt das konkrete zu verkaufende Produkt dar. Zu den Produkten gehören unter anderem auch `FahrAusweise` mit festen Preisen und `WarenArtikel`. Zudem wird einem Produkt eine Gültigkeit zugeordnet (ein Zeitbereich, in dem das Produkt verkauft werden kann).

WE-SpeicherFahrgast	*Ticket*	**VU-StorePassenger**

Der WE-SpeicherFahrgast ist eine physikalische, technisch geschützte Repräsentation des `WE-SpeicherZentral`, die sich im Besitz des `Fahrgasts` befindet. Um zu sehen, »was auf der Karte ist«, muss der Fahrgast ein elektronisches Lesegerät besitzen oder ein öffentlich zugängliches Lesegerät benutzen (an Entwertern und Verkaufsautomaten). Bei der `Validierung` prüfen die `Validatoren` die prinzipielle Gültigkeit des `ElektronischenNutzermediums` und verändern den Werteinheitenspeicher auf der Karte. Zeitlich leicht versetzt aktualisieren sie im Nachhinein auch den WE-SpeicherZentral. Während des eigentlichen Validierungsvorgangs benutzen sie aus Zeitgründen (und weil ein Online-Zugang zum zentralen WE-Speicher nicht jederzeit gewährleistet werden kann) ausschließlich den WE-SpeicherFahrgast.

WarenArtikel	*Ticket*	**Commodity**

WarenArtikel repräsentieren im Gegensatz zu `FahrAusweisen` alle anderen Produkte, die ein Verkehrsbetrieb verkauft. Das Spektrum der WarenArtikel erstreckt sich auf ÖPV-spezifische Druckwerke, auf Lebensmittel und Zeitungen, kann aber auch darüber hinaus reichen. Während Tickets im Wesentlichen immateriell sind, kommen bei WarenArtikeln Bevorratungsprobleme ins Spiel (Haltbarkeit, Platzbedarf).

WarenBestand	*Ticket*	**CommodityStock**

Der WarenBestand ist eine Klasse, die symbolisch für die Bevorratung von `WarenArtikeln` in `VerkaufsGeräten` steht. Da diese Thematik nicht ÖPV-spezifisch ist, gehen wir nicht näher darauf ein.

B.24 Umlaufplanung

Paket **Umlaufplanung**	*Bereich: Umläufe*	Package **BlockSchedule**

Das Paket enthält Klassen zur Beschreibung von Umläufen. Neben den Fahrgast-Fahrten kennt das Paket auch Hilfsleistungen als Bestandteile von Umläufen, die an einem Ort (oder mitfahrend unterwegs) eingeplant werden, wie z. B. Reinigen, Waschen, Tanken. Die Umlaufplanung bezieht sich auf `TagesArten`. Die Nahtstelle zwischen zwei aufeinanderfolgenden Tagen wird durch sog. `UmlaufVerkettungen` repräsentiert.

ElementImUmlauf	*Umlaufplanung*	**ElementWithinBlock**

Das ElementImUmlauf beschreibt die Zuordnung (Reihenfolge) von `UmlaufElementen` (= `Fahrten` oder `Stillstände`) auf `Umläufe` (bzw. Umlaufvarianten). Bei korrekter Vollverplanung gehört jede `FahrzeugTätigkeit` zu einem `Umlauf`.

FahrzeugEinsatz	*Umlaufplanung*	**VehicleMission**

Als FahrzeugEinsatz bezeichnen wir die einzelne Planungszeile innerhalb eines `FahrzeugEinsatz-Schemas` zur Umlaufverkettung.

FahrzeugEinsatzSchema	*Umlaufplanung*	**VehicleMissionPattern**

Als FahrzeugEinsatzSchema bezeichnen wir eine matrixförmige Anordnung von Umläufen, bei der die Zeilen zyklisch verkettet werden und die Spalten jeweils einer `TagesArt` entsprechen. Die Abfolge der Spalten beschreibt eine Musterwoche; die (gedachten) `Fahrzeuge` sind den Zeilen zugeordnet und »springen« am Ende einer Woche jeweils in die nächste Zeile (die Fahrzeuge aus der letzten Zeile springen in die erste Zeile). Ein FahrzeugEinsatzSchema kann Wartungsblöcke enthalten.

FahrzeugService	*Umlaufplanung*	**VehicleService**

Als FahrzeugService bezeichnen wir geplante (meist stationäre) Arbeiten an einem `Fahrzeug`, die den Charakter von Wartung und Pflege haben, wie z. B. Waschen, Reinigen, Tanken oder (kleinere) Inspektionen. Bei der Fahrplanung werden diese Arbeiten einem `Umlauf` pauschal zugeordnet; in der Regel wird auch ein `HalteOrt` (Waschanlage, Tankstelle) mit angegeben – in manchen Fällen kann dies jedoch auch unterbleiben, z. B. wenn in einem Zug Mülleimer während der Fahrt ausgeleert werden. Im Schienenverkehr benötigt man zudem eine Richtungsangabe (auch wenn das Fahrzeug steht). Die Planung entsprechender Mitarbeitertätigkeiten schlägt sich in `ServiceDienst-Elementen` nieder.

Umlauf	*Umlaufplanung*	**Block**

Ein Umlauf beschreibt eine geplante Abfolge von `Fahrten` (in nicht unterbrochener Reihenfolge) für eine bestimmte `TagesArt`, die ein `Fahrzeug` eines bestimmten `FahrzeugTyps` (z. B. Doppelstockbus) in einer bestimmten Zeitspanne (Richtwert: ein Tag) durchführen soll. Ein Umlauf beginnt in der Regel mit einer Einsetzfahrt und endet mit einer Aussetzfahrt; während eines Umlaufs kann das Fahrzeug die `Linie` wechseln. Im Nahverkehr werden Umläufe häufig so gestaltet, dass die Fahrzeuge am Tagesende wieder am Ausgangsort landen. Im Regional- und Fernverkehr gelingt dies nicht; dort werden Umläufe über mehrere Tage zu Zyklen verknüpft (`UmlaufVerkettung`).

UmlaufElement	*Umlaufplanung*	**BlockElement**

UmlaufElement ist eine abstrakte Bezeichnung für Transportleistungen (→ `Fahrt`) und Stillstandsleistungen (→ `Stillstand`), welche die elementaren Einheiten eines `Umlaufs` darstellen. Zeitliche Lücken zwischen Umlaufelementen werden nicht explizit modelliert. Es handelt sich dabei um Wendezeiten oder um kürzere Stillstandszeiten, die in den Umlauf eingebettet sind. Diese Zeiten können berechnet und summiert werden, beispielsweise um Kennziffern zu ermitteln, die den »Wirkungsgrad« eines Umlaufs abschätzen. Die Lücken zwischen den UmlaufElementen sind in der Regel deutlich größer als die technisch benötigte Zeit für die Wendefahrt eines Fahrzeugs. Bei sehr genauer Planung kann man auch die Wendefahrten und damit auch die technisch notwendigen Wendezeiten als eigene UmlaufElemente modellieren und erhält so als Lücke die verbleibende Restzeit (oft als »freie Wendezeit« bezeichnet).

UmlaufImSchema	*Umlaufplanung*	**BlockInPattern**

Die Klasse stellt die Zuordnung zwischen einem `Umlauf` und einem `FahrzeugEinsatzSchema` her.

UmlaufPlan	*Umlaufplanung*	**VehicleSchedule**

Ein UmlaufPlan ist ein symbolischer Name für ein bestimmtes Bündel an `Umläufen`, das geeignet ist, ein im `FahrPlan` beschriebenes Angebot an Verkehrsleistungen zu erbringen. Ein Verkehrsunternehmen kann zu einem gegebenen FahrPlan mehrere verschiedene UmlaufPläne entwickeln und einsetzen, ohne dass dies aus Fahrgastsicht die wahrgenommene Transportleistung beeinflusst. Im Vergleich zu einem `DienstPlan` ist ein UmlaufPlan relativ stabil (typische Geltungsdauer mehrere Monate).

UmlaufVerkettung	*Umlaufplanung*	**BlockChaining**

Es kann vorkommen, dass Fahrzeuge wochenlang außerhalb des `Betriebshofs` bleiben (Außenabstellung). In solchen Fällen bietet es sich an, bereits planerisch mehrtägige Umlauffolgen zu betrachten. Durch die UmlaufVerkettung kann man einem Umlauf einen Nachfolge-Umlauf zuordnen. In der Regel wird man einen Umlauf zuordnen, dessen `TagesArt` derjenigen TagesArt entspricht, die im Kalender typischerweise nach der TagesArt des aktuellen Umlaufs folgt. Da dies jedoch nicht immer eindeutig ist, kann man auch mehrere (alternative) Nachfolger gleichzeitig vorsehen.

B.25 Validierung

Paket **Validierung**	*Bereich: Vertrieb*	Package **Validation**

In diesem Paket geht es um die Validierung (»Entwertung«) und Kontrolle von Fahrscheinen.

CheckInOut	*Validierung*	**CheckInOut**

Bei einem Check-in oder Check-out präsentiert der `Fahrgast` sein `ElektronischesMedium` an einem `Validator`. Über den Standort des Validators und die Uhrzeit gewinnt man elementare Informationen zum Reiseverlauf (Ort, Zeitpunkt, evtl. Fahrtrichtung, Identifikation und vorheriger Status des Nutzermediums). Verlässt der Fahrgast bei einem Umsteigevorgang ein geschlossenes System (etwa eine U-Bahn), so müssen später mehrere Check-in/Check-out-Folgen zusammengeführt werden, um die `Reise` als Ganzes zu rekonstruieren.

FahrAusweisKontrolle	*Validierung*	**TicketInspection**

Ein Kontrollvorgang ist mit der `Validierung` verwandt, bewirkt jedoch keine Veränderung auf dem `FahrAusweis` bzw. bei der `AutomatisiertenFahrtBerechtigung` – es sei denn, man hinterlegt dort, dass kontrolliert wurde. Bei `Fahrgästen` ohne gültiges Ticket bewirkt eine Kontrolle, dass besondere `FahrAusweise` mit erhöhtem Beförderungsentgelt ausgestellt werden. Außerdem erfasst man die Personalien des Fahrgasts, um ihn im Wiederholungsfall identifizieren zu können. Im Sinne des Modells wird er dadurch (unfreiwillig) zum `Kunden`.

Validator	*Validierung*	**Validator**

Ein Validator (Ticket-Entwerter) ist ein Gerät zur Kennzeichnung von `FahrAusweisen` mit beschränkter Fahrtenzahl; dabei werden Ort und Zeit des Fahrtantritts vermerkt. Im Prinzip wäre es auch möglich (etwa bei Be-in/Be-out-Systemen), die Benutzungsfälle einer Zeitkarte zu vermerken, so dass der Fahrgast feststellen kann, ob sie sich für ihn rentiert.

Validierung	*Validierung*	**Validation**

Bei einer Validierung präsentiert der `Fahrgast` sein `ElektronischesMedium` an einem `Validator`. Dieser ermittelt, ob sich auf dem Medium ein geeigneter `FahrAusweis` befindet, und aktiviert diesen. Alternativ werden Werteinheiten abgebucht (`WE-Verzehr`), und es wird ein passendes Ticket erstellt und aktiviert.

WE-Verzehr	*Validierung*	**VU-Consumption**

Der WE-Verzehr ist ein Buchungsvorgang auf dem `WE-SpeicherFahrgast`. Bei personalisierten `ElektronischenNutzerMedien` wird der WE-Verzehr parallel dazu auch auf dem `WE-Speicher-Zentral` vollzogen. Das Aufladen des Speichers ist ebenfalls ein Buchungsvorgang (nämlich ein Werteinheiten-Verzehr mit negativem Betrag).

B.26 Verkauf

Paket **Verkauf**	*Bereich: Vertrieb*	Package **Sales**

In diesem Paket befinden sich Klassen, die den Verkaufsvorgang und die Verkaufsorganisation beschreiben. Das Paket befasst sich auch mit Provisionen und der Weiterleitung von Verkaufseinnahmen der Vertriebsstellen an die Zentrale des Verkehrsbetriebs.

BonusGutschrift	*Verkauf*	**BonusCredit**

BonusGutschriften sind Buchungsvorgänge auf einem `BonusKonto`, die als Folge des `Verkaufs` eines `Produkts` an einen `Kunden` entstehen können, wenn entsprechende `BonusKonditionen` existieren.

ProvisionsAnspruch	*Verkauf*	**CommissionClaim**

ProvisionsAnsprüche sind Forderungen einer `VertriebsStelle` an ein `Verkehrsunternehmen`, die aufgrund einer `VertriebsVereinbarung` aus den `Verkäufen` resultieren, die die `Verkäufer` dieser VertriebsStelle abwickeln.

Verkauf	*Verkauf*	**Sale**

Als Verkauf(svorgang) bezeichnen wir einen rechtlichen und tatsächlichen Akt, bei dem ein anonymer Käufer oder ein im Modell bekannter `Kunde` ein oder mehrere `Produkte` des `Verkehrsunternehmens` erwirbt (→ `VerkaufsPositionen`). An einem Verkauf kann ein menschlicher `Verkäufer` einer `VertriebsStelle` mitwirken, es kann sich aber auch um einen Vorgang an einem Selbstbedienungsautomaten handeln. Jeder Verkauf ist an ein `VerkaufsGerät` (Kasse, Automat) gebunden. Anmerkung: »Verkauf« wird auch in einem pauschaleren Sinn als Name des ganzen Pakets verwendet.

VerkaufsGerät	*Verkauf*	**SalesConsole**

Verkaufsgeräte registrieren `Verkaufsvorgänge`. Es kann sich um Verkaufsautomaten handeln, die der Käufer selbst bedient, oder um Geräte, die Transaktionen aufzeichnen, welche unter Mitwirkung menschlicher `Verkäufer` abgewickelt werden (Kasse).

VerkaufsPosition	*Verkauf*	**SalesItem**

Eine VerkaufsPosition ist Teil eines `Verkaufs(vorgangs)`. Sie verweist auf das verkaufte `Produkt` und enthält die Stückzahl. Bei der praktischen Umsetzung in Softwaresystemen verzichtet man häufig auf die technische Instantiierung des einzelnen Produkts und fügt stattdessen der Verkaufsposition qualifizierende bzw. identifizierende Angaben hinzu, wie etwa den Gültigkeitszeitraum einer Zeitkarte oder die Identifikationsnummer eines Papiertickets. In Verbindung mit solchen Angaben genügt dann ein Verweis auf die verkaufte `ProduktArt`.

VerkaufsSchicht	*Verkauf*	**SalesShift**

Die Verkaufsschicht stellt eine zeitlich befristete Bindung zwischen `Verkäufer` und `VerkaufsGerät` her. Die Bezeichnung »Schicht« deutet an, dass es sich üblicherweise um den Arbeitszeitraum eines Tages handelt; meldet sich ein Verkäufer jedoch untertags mehrmals von VerkaufsGeräten ab und wieder an, so entstehen mehrere Verkaufsschichten. Bei autonomen VerkaufsGeräten kann es zweckmäßig sein, denjenigen, der die Bareinnahmen abholt oder das Gerät organisatorisch überwacht, als Verkäufer über eine entsprechende VerkaufsSchicht zuzuordnen.

Verkäufer	*Verkauf*	**Vendor**

Der Verkäufer ist ein Mitarbeiter des Unternehmens, der für einen `Verkauf`(svorgang) die Verantwortung trägt. Im Modell ordnen wir auch autonomen `VerkaufsGeräten` einen Verkäufer zu. Bei Bussen und Trambahnen sind Fahrer oft auch gleichzeitig Verkäufer.

VerkäuferEinzahlung	*Verkauf*	**VendorDeposit**

Eine VerkäuferEinzahlung beschreibt die Übergabe von Bareinnahmen aus `Verkaufsvorgängen` durch einen `Verkäufer` an eine zentrale Anlaufstelle im Unternehmen. Da es nicht immer praktikabel ist, dass der exakte Betrag eingezahlt wird, werden häufig Salden fortgeschrieben (die natürlich langfristig um die Nulllinie schwanken). VerkäuferEinzahlungen werden auf der Basis von `VerkaufsSchichten` mit Belegen abgeglichen, die die `VerkaufsGeräte` automatisch erstellen.

VerkäuferKonto	*Verkauf*	**VendorAccount**

Ein Konto, das `VerkäuferEinzahlungen` entgegennimmt

VertriebsStelle	*Verkauf*	**SalesAgency**

Eine interne oder externe Organisationseinheit, die auf der Basis einer `VertriebsVereinbarung` `Produkte` des `Verkehrsunternehmens` ggf. gegen Provisionsbeteiligung verkauft

VertriebsVereinbarung	*Verkauf*	**SalesAgreement**

Ein Vertrag, der für eine `VertriebsStelle` festlegt, welche `ProduktArten` sie in welchem Zeitraum an welchen Kundenkreis verkaufen darf und soll und welche Art von Vergütung (Provision) sie dafür erhält

B.27 Verkehrsplanung

Paket **Verkehrsplanung**	*Bereich: Angebot*	Package **TrafficPlanning**

Die Planung der angebotenen Verkehrsleistung beruht auf einer Abschätzung der Nachfrage. Diese ist im Modell (vereinfacht) durch die Klasse `BeförderungsNachfrage` abgebildet.

BeförderungsNachfrage	*Verkehrsplanung*	**TransportDemand**

Die BeförderungsNachfrage beschreibt die Menge an Beförderungsleistungen, die von einer Quellregion in eine bestimmte Zielregion vermutlich benötigt werden. Die Nachfrage ist in Zeitscheiben eingeteilt und abstrakten `TagesArten` zugeordnet.

Man beachte, dass es hier nicht um einzelne `Haltestellen` geht, sondern um räumliche Gebiete unterschiedlicher Granularität. Da der `HalteBereich` eine Aggregation von `HalteOrten` darstellt und gleichzeitig selbst auch ein HalteOrt ist, erlaubt das Modell die Darstellung beliebiger räumlicher Aggregationsstufen.

Wenn die Verkehrsplanung zu einem Zeitpunkt durchgeführt wird, zu dem die Lage der späteren Haltestellen noch nicht bekannt ist, so bestimmt man einfach einen Punkt als Nachfrageschwerpunkt der Region und verfeinert das Modell später.

B.28 Zahlung

Paket **Zahlung**	*Bereich: Vertrieb*	Package **Payment**

Die Klassen dieses Pakets (**Zahlung, BarZahlung, UnbareZahlung**) beschreiben den Zahlvorgang des Kunden. Bei einer praktischen Implementierung wird man bargeldlose Zahlungsvorgänge durch Subklassenbildung je nach Zahlungsweg weiter ausdifferenzieren. Da Zahlungsvorgänge nicht ÖPV-spezifisch sind, betrachten wir sie im ITVU-Modell nicht näher.

C Glossar

Ein ausführliches Glossar ist online (www.itvu.de) verfügbar. Dort ist eine Gruppierung nach Domänen (IT-Welt, Verkehrswesen, Projekt- und Firmennamen) möglich. Wir beschränken die Darstellung hier jeweils auf den ersten Satz der Begriffsdefinition. Abkürzungen sind alphabetisch eingereiht, ohne Rücksicht auf Groß- oder Kleinschreibung.

Eine Liste deutscher Verkehrsunternehmen kann man beim VDV abrufen: http://www.vdv.de/wir_ueber_uns/organisation/mitglieder_links_ord.html (gewünschte Sparten auswählen, die anderen Suchfelder leer lassen).

Erläuterungen zur Notation im Glossar:

- Blau hervorgehobene Begriffe weisen daraufhin, dass dieses Wort in der Onlineversion ein Hyperlink mit weiteren Informationen ist.
- Mit einem Pfeil (→) wird auf einen anderen Begriff in diesem Glossar verwiesen.
- In eckigen Klammern [...] stehen Erklärungen für Abkürzungen und Verweise auf anderssprachige Begriffe in diesem Glossar

Abstellplatz
Ein Ort zum Abstellen von Fahrzeugen für einen längeren Zeitraum. Umläufe beginnen und enden an einem Abstellplatz.

Aufgabenträger [Public Transport Authority]

Aushangfahrplan
Eine gedruckte Version des Fahrplans, mit Bezug und zum Aushängen an einer Haltestelle oder einem Bahnhof, die für die gesamte Fahrplanperiode gilt und nur in Ausnahmefällen zwischendurch aktualisiert wird. Je nach Standort kann sich ein Aushangfahrplan auf eine Fahrtrichtung (Bushaltestelle) oder auf mehrere Richtungen/Gleise beziehen (Bahnhof).

Aussetzfahrt
Fahrt vom Ende der letzten Linienfahrt zum Betriebshof oder zu einem anderen Abstellplatz

AVL [Automatic Vehicle Location], → ITCS

AVM [Automatic Vehicle Monitoring], → ITCS

Bedarfsträger [Public Transport Authority]

Besteller [Public Transport Authority]

Betriebsleitsystem

Ein System, das den Fahrplan und die aktuellen Positionen der Fahrzeuge kennt und dadurch die aktiv steuernde Begleitung des Verkehrsgeschehens durch eine zentrale Leitstelle erlaubt. Zu einem Betriebsleitsystem gehört die Sprechverbindung über Funk ebenso wie die Möglichkeit, Texte und Daten mit den Fahrern bzw. mit technischen Geräten in den Fahrzeugen auszutauschen.

BR [Bordrechner]

BVG [Berliner Verkehrsbetriebe]

CAN [Controller Area Network]

CEN [Comité Européen de Normalisation]

COM [Component Object Model]

Common Object Request Broker Architecture

Ein standardisiertes, objektorientiertes und programmiersprachenunabhängiges Kommunikationsverfahren für verteilte Systeme. Es kann benutzt werden, um Softwarekomponenten unterschiedlicher Hersteller zu verbinden (z.B. im Fahrzeug Bordrechner, Entertainmentsystem, Fahrgastzählgerät, Ticketinggeräte).

Component Object Model

Eine Technologie, die unter MS-Windows Interprozesskommunikation und dynamische Objekterzeugung ermöglicht; sie ist vereinzelt bei der Vernetzung von Office-Softwarekomponenten im Bereich QM/Auswertungen anzutreffen, ansonsten von eher geringer Bedeutung für Verkehrsunternehmen.

Composite Pattern

Ein objektorientiertes Entwurfsmuster zur Modellierung von Zerlegungsstrukturen, das eine gemeinsame Abstraktionsebene für Knoten und Blätter eines Strukturbaums bietet. Das Pattern wird im ITVU-Modell mehrfach benutzt, z. B. bei Haltestellen.

Controller Area Network

Eine Norm zur Vernetzung von elektronischen Komponenten in Fahrzeugen; der CAN-Bus ist multimasterfähig und kann bis zu 100 Teilnehmer vernetzen. Manche ÖPV-Fahrzeuge haben eine CAN-Schnittstelle; es gibt jedoch bisher nur wenige Beispiele für eine Kopplung des CAN-Bussystems mit dem Bordrechner.

CORBA [Common Object Request Broker Architecture]

DACH [Deutschsprachiger Raum (Deutschland, Österreich, Schweiz)]

DECT [Digital Enhanced Cordless Telecommunications]

DEFAS

Online-Informationssystem für den öffentlichen Personennah- und Regionalverkehr in Bayern, geplant und betrieben von der Bayerischen Eisenbahngesellschaft (BEG), seit Januar 2011 unter dem Namen Bayern-Fahrplan online.

DEFAS steht für »Durchgängiges Elektronisches Fahrgastinformations- und Anschlusssicherungs-System« und stellt Fahrplan- und Echtzeitinformationen verschiedener Verkehrsbetriebe sowohl über Internet als auch über dezidierte elekrtronische Anzeigetafeln zur Verfügung.

DELFI

Ein vom Bundesverkehrsministerium gefördertes Projekt, das vorhandene Auskunftssysteme so miteinander verknüpft, dass für den Reisenden eine durchgängige Verbindungsinformation zwischen seinem Startort und dem Zielort entsteht.

DFI [Dynamische Fahrgastinformation]

Digital Enhanced Cordless Telecommunications

Eine Technologie zur Verbindung von Mobilgeräten mit einer Basisstation; die Reichweite liegt bei wenigen hundert Meter.

DISTEL

Ein Projekt, in dem Verkehrsunternehmen, Industriepartner und Forschungseinrichtungen einen Vorschlag für einen digitalen Kommunikationsstandard zur Zusammenarbeit von VU bei der Durchführung von Fahrten erarbeitet haben. Der Schwerpunkt lag auf der Gestaltung eines Protokolls, das sich für den häufigen Austausch kleiner Nachrichten eignet. Aus Effizienzgründen wurde kein selbstbeschreibendes Format (wie XML) vorgeschlagen, sondern eine PER-codierte ASN.1-Notation.

Dynamische Fahrgastinformation

Funktion eines Verkehrsbetriebes, die aktuelle Informationen zu Fahrplanabweichungen bzw. zur Pünktlichkeit der Fahrten verbreitet. DFI kann über das Internet abgerufen oder an speziellen elektronischen Anzeigern in der Nähe von Haltestellen dargestellt werden.

EA [Enterprise Architect]

EDGE [Enhanced Data Rates for GSM Evolution]

EEPROM [Electrically Erasable Programmable Read Only Memory]

Einsetzfahrt

Fahrt vom Betriebshof oder Abstellplatz zum ersten Einsatzort (Beginn der ersten Linienfahrt).

ELA [Elektro-akustische Anlage]

Electrically Erasable Programmable Read Only Memory

Ein Speicherbaustein, dessen Inhalt auch ohne Stromversorgung dauerhaft erhalten bleibt. Durch Anlegen einer elektrischen Spannung kann der Inhalt wieder gelöscht werden.

Elektro-akustische Anlage

Eine Verstärkeranlage (»Soundsystem«) im Fahrzeug, an die diverse Mikrofone und Lautsprechergruppen angeschlossen sind. Üblicherweise ist das Funkgerät mit der ELA verbunden, so dass z. B. die Leitstelle in den Fahrgastraum hineinsprechen oder -hören kann.

Enhanced Data Rates for GSM Evolution

Eine verhältnismäßig preiswerte Technik zur Erhöhung der Datenübertragungsrate in GSM-Mobilfunknetzen. Die so erzielbare Datenübertragungsrate erlaubt genauere Ortung von Fahrzeugen und häufigere Übertragung kleiner Datenmengen. Sie kann ausreichen, um auch größere Datenpakete (MP3-Dateien mit Sprachansagen, ganze Fahrplane, Softwareupdates) zu übertragen, die Übertragungszeiten können dann aber deutlich länger als beipielsweise mittels WLAN im Betriebshof sein.

Enterprise Architect

Ein Werkzeug für Softwareingenieure, das die Entwicklung von UML-Modellen vereinfacht. Bei der Erstellung des ITVU-Modells wurde *Enterprise Architect* eingesetzt.

Estimated Time of Arrival

Die erwartete Ankunftszeit eines Fahrzeugs an einer bestimmten Haltestelle. DFI-Systeme prognostizieren auf Basis des aktuellen Fahrzeugstandorts und der Verkehrslage permanent ETA-Werte. Wichtiger für den Fahrgast ist in der Regel die Abfahrtszeit Estimated Time of Departure.

Estimated Time of Departure

Die voraussichtliche Abfahrtszeit eines Fahrzeugs (bzw. einer Fahrt) an einer Haltestelle. Sie hängt vom Zeitpunkt des Eintreffens (→ ETA), von technisch bedingten Haltezeiten (Fahrgastwechselzeit) und natürlich von der geplanten Abfahrtszeit (»Sollzeit«) ab. Außerdem kann die Anschlusssicherung (Warten auf Anschlussreisende) die ETD beeinflussen.

ETA [Estimated Time of Arrival]

ETD [Estimated Time of Departure]

Extensible Markup Language

Eine Notation zur Beschreibung hierarchisch strukturierter Daten in Textform. Durch die Beschreibung eines XML-Dokumenttyps oder eines XML-Schemas können Regeln für die Art der Schachtelung und für die Wertebereiche von Elementinhalten definiert werden. Sehr viele IT-Systeme im ÖPV bieten XML-Schnittstellen an, da sie leicht erweiterbar und gut lesbar sind. Zudem existieren unterstützende Werkzeuge (Parser, XSL-Transformatoren) für viele Programmiersprachen und Systemplattformen.

Extensible Stylesheet Language

Eine Notation, die dazu dient, den Inhalt eines XML-Dokuments in einem bestimmten Layout darzustellen. Das Ausgabeformat muss nicht immer für den menschlichen Betrachter gedacht sein – es kann sich auch um Formate handeln, die von Anzeigegeräten als Input erwartet werden. XSL-Technologie spielt bei der Verbindung von IT-Systemen über XML-Schnittstellen im ÖPV eine Rolle.

Fahrplanlage

Ein Maß für die zeitliche Abweichung eines Fahrzeugs vom Sollfahrplan. Die Fahrplanlage wird in der Regel in Sekunden ausgedrückt, wobei positive Werte Verspätungen und negative Werte Verfrühungen darstellen. Um die Anzahl von Standortmeldungen zu reduzieren, kann man festlegen, dass der Standort eines Fahrzeugs nur gemeldet wird, wenn sich die Fahrplanlage gegenüber der letzten Meldung signifikant geändert hat. Solange ein Fahrzeug innerhalb eines gewissen Toleranzbandes plangemäß fährt, würde bei einer solchen Konfiguration keine Meldung erfolgen. Dies setzt voraus, dass Fahrzeug und Zentrale gleichermaßen in der Lage sind, aufgrund des Fahrplans und der Streckenführung jederzeit den Sollstandort des Fahrzeugs zu bestimmen.

Fahrtanmeldung

Die Registrierung eines Fahrzeugs für den Antritt einer bestimmten Fahrt. Sie erfolgt in der Regel durch einen Dialog des Fahrers mit dem Bordrechner, in dem die Fahrt ausgewählt und zugeordnet wird. Oft ist auch die Leitstelle eingeschaltet; sie verhindert die versehentliche Anmeldung von zwei Fahrzeugen für dieselbe Fahrt und erkennt umgekehrt, wenn das Risiko droht, dass eine Fahrt unbesetzt bleibt (Fahrtantrittsüberwachung).

Fahrzeugabmeldung

Wenn ein Fahrzeug abgestellt wird, wird es nicht mehr in das permanente Ortungsverfahren einbezogen. Die Abmeldung kann beim Ausschalten des Fahrzeugs automatisch ausgelöst werden. Da es jedoch auch Fälle gibt, in denen man die Fahrzeuge während der Abstelldauer erreichen möchte (z. B. zum Laden neuer Daten), wird die Meldung meist erst nach Ablauf einer Wartezeit (Nachlaufdauer) ausgelöst.

Fahrzeuganmeldung

Eine automatische Nachricht eines Fahrzeugs an die Leitstelle beim erstmaligen Anlassen des Fahrzeugs. Die Leitstelle erfährt den GPS-Standort und kann über das Funkgerät im Fahrzeug den Fahrer ansprechen sowie Datenverbindungen zu Geräten im Fahrzeug herstellen. Siehe auch → Fahrtanmeldung.

FMS [Fleet Management System] → ITCS

Funkbereich

Reichweite einer Funkübertragung. Je nach Funkverfahren kann an den Rändern des Gebiets der Wechsel auf eine andere Frequenz notwendig werden. Hinterlegt man die (einmalig vermessenen) Funkbereiche elektronisch, so kann das Fahrzeug den Funkwechsel im Überschneidungsgebiet veranlassen, ohne darauf zu warten, dass die Verbindung zum aktuellen Basispunkt verloren geht.

Funkfrequenz

Kennzeichnung einer Frequenz (bzw. eines Frequenzpaares), die im Funksystem eines öffentlichen Transportsystems benutzt wird. Oft sind die Frequenzen nach einem festen Kanalraster organisiert.

FZ [Fahrzeug]

General Packet Radio Service

Ein paketorientierter Dienst zu Datenübertragung im GSM-Netz. GPRS ist – zusammen mit GSM – bei Verkehrsbetrieben weit verbreitet, die ein öffentliches Mobilfunksystem für ihre Kommunikation benutzen. War dies früher teurer als der Betrieb eines eigenen Funksystems, so ist es heute eher umgekehrt.

Geographical Information System

Ein System zur digitalen Erfassung, Verarbeitung und Veranschaulichung raumbezogener Daten. GIS-Systeme verwalten Geoobjekte in einer Datenbank und können sie bei der Darstellung filtern und überlagern (Layer). Geoobjekte sind in der Regel mit weiterführenden fachlichen Attributen verbunden; so kann man sich z. B. die Ausstattung von Haltestellen (DFI-Anzeige, Witterungsschutz, Notrufstelle etc.) direkt in einer Karte anzeigen lassen; man sieht neben dem Fahrzeug den Namen des Fahrers usw.

GIS [Geographical Information System]

Global Positioning System

Ein satellitengestütztes System zur weltweiten Positionsbestimmung. Die Genauigkeit liegt in der Größenordnung von 10 m.

Global System for Mobile Communications

Ein Standard für digitale Mobilfunknetze, der hauptsächlich für Telefonie, aber auch für Datenübertragung (GPRS) sowie Kurzmitteilungen (SMS) genutzt wird. Verkehrsunternehmen, die öffentliche Netze für ihre Funkkommunikation nutzen, setzen in der Regel den GSM-Standard ein. Den meist im Vergleich zum Aufbau eines eigenen Digitalfunksystems (z. B. TETRA) geringeren Kosten steht die Einschränkung gegenüber, dass Gruppengespräche (»Zentrale an alle Fahrzeuge der Linie 8«) nicht oder nur mit Einschränkungen möglich sind.

GPRS [General Packet Radio Service]

GPS [Global Positioning System]

Graphical User Interface

Ein Gestaltungsprinzip für Bedienoberflächen von Computern, bei denen der Anwender mit einem Zeigegerät (Maus) grafische Symbole anklickt und verschiebt. Während ein GUI im Bereich der zentralen IT-Systeme zum Standard gehört, ist es für den Fahrerarbeitsplatz oder Ticketverkaufssysteme (»embedded systems«) nicht geeignet.

GSM [Global System for Mobile Communications]

GUI [Graphical User Interface]

HTML [Hypertext Markup Language]

HTTP [Hypertext Transfer Protocol]

Hypertext Markup Language

Eine textbasierte Auszeichnungssprache zur Gestaltung von Webseiten. Webdialoge von Verkehrsbetrieben sind in besonderem Maße darauf angewiesen, auf unterschiedlichen Geräten nutzbar zu sein, insbesondere auf mobilen Geräten mit kleinem Bildschirm (PDA). Man setzt daher in der Regel Redaktionssysteme ein, die auf Templates und abstrakten Layoutvorgaben beruhen und daraus zielgerätspezifisches HTML erzeugen.

Hypertext Transfer Protocol

Ein Protokoll zur Übertragung von Daten in einem Netzwerk. HTTP wird hauptsächlich eingesetzt, um HTML-Webseiten zu übertragen. Verkehrsbetriebe benutzen HTTP auch, um Schnittstellendaten auszutauschen, die in einer festgelegten XML-Notation verfasst sind. VDV 453/454 sieht beispielsweise vor, dass DFI-Prognosen über die Grenzen einzelner Verkehrsunternehmen hinweg als XML via HTTP transportiert werden.

IBIS [Integriertes Bordinformationssystem]

IEEE [Institute of Electrical and Electronics Engineers]

Integrated Transport Smartcard Organisation

Eine britische Non-Profit-Organisation, die Spezifikationen und Geschäftsregeln für die Etablierung von eTicketing-Systemen entwickelt und verbreitet.

Integriertes Bordinformationssystem

Eine schon etwas ältere Spezifikation für die Vernetzung von elektronischen Komponenten in ÖPV-Fahrzeugen. IBIS beschreibt ein einfaches serielles Bussystem und normiert die Transportschichten bis hinunter zum Physical Layer im ISO-Schichtenmodell (z. B. Stromschleifen anstelle von Spannungsangaben, um mehr Robustheit gegenüber Bordnetz-Spannungsspitzen im Straßenbahnbetrieb zu erzielen). Das IBIS-System ist in Deutschland weit verbreitet und stellt einen De-facto-Standard dar. Es ist allerdings limitiert aufgrund der niedrigen Bandbreite und muss im internationalen Maßstab als proprietär angesehen werden.

Intermodal Transport Control System

Vom VDV eingeführter Begriff als Ersatz für Rechnergestütztes Betriebsleitsystem (→ RBL), da »rechnergestützt« altmodisch erscheint. In diesem Buch nicht verwendet, weil »intermodal« den Übergang zwischen Individual- und öffentlichem Verkehr bezeichnet. Dieser wird durch die hier behandelten und in der Praxis eingesetzten Betriebsleitsysteme nicht abgedeckt. Außerdem suggeriert die englische Bezeichnung internationalen Gebrauch, den der Begriff kaum findet. Vielmehr werden benutzt: Fleet Management (→ FMS) und (weniger treffend) Automatic Vehicle Location/Monitoring (→ AVL, AVM).

ISO [International Organization for Standardization]

IT-Systeme für Verkehrsunternehmen

Die generische Bezeichnung für das Modell, welches wir in diesem Buch vorstellen. Gemeint sind ÖPV-Unternehmen, nicht etwa Speditionen oder Fluggesellschaften. Die Abkürzung »ITÖPV« fanden wir jedoch weniger ansprechend als »ITVU«.

ITCS [Intermodal Transport Control System]

ITSO [Integrated Transport Smartcard Organisation]

ITVU [IT-Systeme für Verkehrsunternehmen]

Kurs

Bezeichnung für ein einzelnes Fahrzeug aus derjenigen Gruppe von Fahrzeugen, welche die UmläufeX einer Linie aktuell ausführt. Die Kombination von Linie und Kursnummer ist daher geeignet, im aktuellen Augenblick eine FahrtX zu identifizieren. Kurze Zeit später kann allerdings derselbe Kurs bereits eine andere Fahrt ausführen (nämlich die nächste seines Umlaufs).

LAN [Local Area Network]

LCD [Liquid Crystal Display]

LED [Light Emitting Diode]

Leerfahrt

Eine Fahrt, die notwendig ist, um das Fahrzeug zwischen zwei Linienfahrten vom letzten bis zum neuen Einsatzort oder aus dem Betriebshof zum ersten Einsatzort bzw. vom letzten Einsatzort zum Betriebshof zu bewegen. Sie wird oft auch als *Betriebsfahrt* bezeichnet.

Leitstelle

Zentraler Ort, an dem das Verkehrsgeschehen in einem Betriebszweig eines Verkehrsunternehmens überwacht und gesteuert wird. Es ist nützlich, wenn Leitstellen über VU-Grenzen hinaus zusammenarbeiten, z. B. zur Anschlusssicherung oder zur wechselseitigen Vertretung in lastschwachen Zeiten.

Lichtsignalanlage

Eine Verkehrsampel. Manche Lichtsignalanlagen besitzen die Fähigkeit, auf ein Funksignal zu reagieren, das ein Fahrzeug abstrahlt, wenn es sich der Ampel nähert. Das Fahrzeug muss hierzu ein genau vorgeschriebenes Verfahren einhalten und die Meldung an einem vorher festgelegten LSAMeldePunkt absetzen.

Light Emitting Diode

Eine robuste Anzeigetechnik, die bei manchen DFI-Anzeigen eingesetzt wird. Die Lesbarkeit ist sehr gut, die Auflösung allerdings stärker begrenzt als bei anderen Techniken.

Liquid Crystal Display

Eine Anzeigetechnik, die im ÖPV vielfältig eingesetzt wird: Als Bildschirm an fahrerbedienten Bordrechnern und an kundenbedienten Verkaufsautomaten und Validatoren sowie auch als preiswertere Alternative zur LED-Technik bei DFI-Anzeigen.

Im Vergleich zur LED-Technik, bietet LCD eine wesentlich höhere Auflösung, aber eine geringere Lichtstärke, weshalb die Verwendung als DFI-Anzeiger häufig auf den Einsatz in Innenräumen (Bahnhofshallen, Kundencenter) beschränkt wird. LCD haben einen begrenzten Betrachtungswinkel und einen eingeschränkten Temperaturbereich, insbesondere versagen sie bei sehr tiefen Temperaturen.

Local Area Network

Ein Rechnernetz mit hoher Bandbreite, das typischerweise die Geräte innerhalb der Zentrale eines VU miteinander verbindet. Durch den Aufbau von WLANs in der Nähe von Abstellplätzen dehnt sich das LAN während der Abstellzeit bis in die Fahrzeuge hinein aus.

LSA [Lichtsignalanlage]

MAC [Media Access Control Adresse]

MAIS

Ein Projekt in Schleswig-Holstein, das die Informationen eines DFI-Anzeigers auf ein mobiles Endgerät des Fahrgasts übertragen kann. Über eine Ortsbake wird automatisch erkannt, ob der Fahrgast sich in der Nähe der Haltestelle befindet. Das Endgerät kann die Informationen anzeigen oder vorlesen (für Sehbehinderte). Hat der PDA auch Spracheingabe, so kann der Fahrgast sein Fahrziel nennen und erhält daraufhin eine akustische Antwort, die ihm den Bussteig, die Linie und die Fahrtrichtung sowie Abfahrtszeit und Fahrtdauer nennt.

Media-Access-Control-Adresse

Ein technischer Schlüsselbegriff, der jede Komponente in einem Rechnernetz physikalisch identifiziert. Ein weltweites Vergabeverfahren stellt die Eindeutigkeit sicher. Manche Sicherheitsverfahren im WLAN-Umfeld benutzen die MAC-Adresse, um nur bekannten, eigenen Geräten den Zugang zu erlauben.

MNX [MaßnahmeX], Klasse im UML-Modell

MOT [MeansOfTransport], Klasse im UML-Modell

MP3

Ein Verfahren und Datenformat zur Kompression von Audiosignalen. Bei guter Qualität (vergleichbar Audio-CD) veranschlagt man ca. 1 MB/Minute, für den Einsatz im ÖPV ist in der Regel eine deutlich geringere Datenrate und damit Dateigröße ausreichend. MP3-Dateien werden u. a. für die automatische Ansage von Haltestellen in Fahrzeugen verwendet. Wegen ihrer Größe werden sie in der Regel vorab über WLAN verteilt.

MVV [Münchner Verkehrsverbund]

National Marine Electronics Association

Eine US-amerikanische Vereinigung von Elektronikherstellern im maritimen Bereich. Das gleichnamige Protokoll normiert die Art der Kommunikation zwischen GPS-Empfängern und Softwareanwendungen.

NMEA [National Marine Electronics Association]

Object Linking and Embedding

Ein von Microsoft entwickeltes Verfahren zur objektorientierten Kollaboration von Anwendungen. OLE ist auf MS-Windows beschränkt und wird von VU gelegentlich im Bereich der Erstellung von Auswertungen (Office-Software) benutzt.

Odometer

Ein Gerät, das mit der Tachowelle eines Fahrzeugs verbunden ist und elektrische Impulse je Radumdrehung erzeugt. Odometer dienen als Input für Bordrechner; sie funktionieren sehr genau und arbeiten auch dann noch, wenn kein GPS-Empfang möglich ist. Allerdings können sie prinzipbedingt nur eindimensionale Ortsinformation liefern (Anzahl Umdrehungen seit letztem Referenzpunkt). Odometerdaten werden mit einem fahrzeugspezifischen Kalibrierfaktor in Entfernungsangaben umgerechnet.

OLE [Object Linking and Embedding]

Operations

Ein Sammelbegriff für alle Tätigkeiten eines VU, die im unmittelbaren Zusammenhang mit der Durchführung von Fahrten stehen, wie z. B. die Überwachung der Fahrzeuge durch eine Leitstelle. Wir verwenden *Operations* gelegentlich als Gegenbegriff zu *Planning*.

ÖPNV [Öffentlicher Personennahverkehr]

ÖPV [Öffentlicher Personenverkehr]

PCMCIA [Personal Computer Memory Card International Association]

PDA [Personal Digital Assistant]

Personal Computer Memory Card International Association

Eine Vereinigung, die den sog. Cardbus-Standard zur Erweiterung mobiler Computer geschaffen hat. Neben USB ist PCMCIA eine der Möglichkeiten, Bordrechner im Feld durch neue Hardwarekomponenten zu ergänzen.

Personal Digital Assistant

Ein mobiles Endgerät, das eigene Programme ausführen und drahtlos kommunizieren kann. Manche VU bieten Software an, die ein Fahrgast auf seinem PDA installieren kann, um den Fahrplan abzufragen. Die Übermittlung von DFI ist mitunter sogar auf mehreren Wegen möglich (Mail, SMS-Empfang, Browser). Neben dem Fahrgast können auch Mitarbeiter des VU als PDA-Nutzer auftreten, z. B. Kontrolleure oder mobile Serviceteams.

Personal Identification Number

Eine Zeichenfolge, über die der Nutzer eines Geräts authentifiziert wird. Benutzt ein Bordrechner SIM-Karten für die Telekommunikation, so muss die PIN sicher gespeichert und die SIM-Karte vor Entwendung geschützt werden.

PIN [Personal Identification Number]

POI [Point of Interest]

Point of Interest

Ein Ort allgemeinen Interesses, der für den Fahrgast interessant sein könnte, beispielsweise um sein Fahrziel oder seinen aktuellen Aufenthaltsort zu identifizieren. POIs umfassen Sehenswürdigkeiten, Gastronomie, Unterkünfte, Tankstellen, Parkhäuser, Apotheken, Kinos usw.

PTA [Public Transport Authority]

PTO [Public Transport Operator]

Public Transport Authority

Öffentliche Körperschaften (Kreise, Kommunen, Zweckverbände), die den Bedarf der Gesellschaft an öffentlichem Personenverkehr artikulieren und durch Ausschreibung von Konzessionen dafür sorgen, dass dieser Bedarf effizient durch PTOs befriedigt wird. PTA und PTO sind international übliche Bezeichnungen; in Deutschland spricht man anstatt von PTA oft vom *Aufgabenträger*, *Bedarfsträger* oder *Besteller*. Das deutsche Synonym zu PTO ist *Verkehrsunternehmen* oder *Verkehrsbetrieb*.

Public Transport Operator

Unternehmen, die Verkehrsleistungen erbringen (Verkehrsbetriebe). PTOs bewerben sich auf Ausschreibungen der PTAs hin und schließen, wenn sie den Zuschlag erhalten haben, mit der jeweiligen PTA einen sog. Verkehrsvertrag, der die wechselseitigen Rechte und Pflichten regelt. Bei aller Anstrengung, Verkehrsleistungen zu einem handelbaren Gut zu machen, das befristet zu bestimmten Bedingungen ausgeschrieben und als Konzession (Lizenz) vergeben werden kann, muss man auch sehen, dass historisch viele Verkehrsbetriebe Eigenbetriebe der jeweiligen Kommune waren (oder noch sind) und oft beidseitig ein hohes Interesse an Kontinuität besteht.

RBL [Rechnergestütztes Betriebsleitsystem]

RMV [Rhein-Main-Verkehrsverbund]

RS232

Ein serieller Datenübertragungsstandard für eine Verbindung zwischen zwei Partnern.

RS485

Ein serieller Datenübertragungsstandard für die Verbindung mehrerer Teilnehmer (Master/Slave-Betrieb).

RTPI [Realtime Passenger Information] → DFI

RUDY

Ein regionales Projekt zur Dynamisierung von Fahrplaninformation, Buchung und Betrieb im ÖPNV.

Schienenersatzverkehr

Busverbindungen, die parallel zu einer Schienenstrecke eingesetzt werden, weil und solange die Schienenstrecke nicht fahrplangemäß befahrbar ist.

SDOA [Specification Documentation on Open Architecture]

SDS [Short Data Service], Bestandteil von TETRA, vergleichbar mit SMS

Service Interface for Real Time Information

Ein XML-Protokoll, das in UK zum Austausch von aktuellen Ankunftsprognosen zwischen Verkehrsunternehmen dient. SIRI beruht auf CEN und Transmodel und korrespondiert mit der VDV 453/454-Norm.

SEV [Schienenersatzverkehr]

SGB [Sozialgesetzbuch]

Short Message Service

Ein Dienst im GSM-Netz, über den man asynchron kurze Textmitteilungen zustellen kann. Bei geeignetem Gebührenmodell (Flatrate) ist es denkbar, Teile des Datenverkehrs zwischen Leitstelle, Fahrzeugen und DFI-Einrichtungen über SMS zu organisieren; in der Regel bevorzugt man jedoch Paketübertragungsdienste wie GPRS.

SIRI [Service Interface for Real Time Information]

SITP [Système d' Information pour le Transport Public], → SIRI

SMS [Short Message Service]

SOAP [Standard Object Adapter Protocol]

Sonderfahrt

Außerplanmäßiger Einsatz von Nahverkehrsfahrzeugen für eine geschlossene Personengruppe zu einem bestimmten Reisezweck.

Specification Documentation on Open Architecture

Ein Verfahren, das bei der niederländischen Initiative zur Etablierung eines landesweiten eTicketing-Standards angewandt wurde, um allen Marktteilnehmern Zugang zu den technischen Spezifikationen zu geben und Herstellerabhängigkeit zu vermeiden.

SPNV [Schienenpersonennahverkehr]

SQL [Structured Query Language]

Standard Object Adapter Protocol
Ein Verfahren zur objektorientierten Kommunikation, das sich auf offene Standards stützt (Nachrichtenaustausch via XML, HTTP). Interfaces werden in einer neutralen Form beschrieben und in standardisierter Form publiziert (UDDI). SOAP wird eingesetzt, wenn eine lose Kopplung zwischen Systemen abgestrebt wird und der damit verbundene Aufwand (Protokollkonvertierung, Übertragungsvolumen) gerechtfertigt erscheint.

Structured Query Language
Eine standardisierte Abfragesprache für relationale Datenbanken. In operativen Systemen werden SQL-Statements meist in sog. Zugriffsschichten gekapselt. Für Auswertungen kann es nützlich sein, auf einem konzeptionellen Modell wie dem ITVU-Modell direkt SQL-Abfragen zu formulieren. Zwischen beiden Modellen wird in der Regel ein »Impedanz-Mismatch« bestehen, da das operative Datenbankdesign diverse Optimierungen und Verfeinerungen gegenüber dem konzeptionellen Modell aufweist. Man kann SQL benutzen, um eine konzeptionelle Kopie des operativen Bestands für lesenden Zugriff durch beliebige Auswertungen bereitzustellen.

TCP/IP [Transmission Control Protocol/Internet Protocol]

Terrestrial Trunked Radio
Ein Standard für digitalen Bündelfunk, der besonders auf die Bedürfnisse von Organisationen mit Sicherheitsaufgaben zugeschnitten werden kann. TETRA unterstützt Gruppenrufe und geht durch spezielle Codierverfahren besonders ökonomisch mit der Übertragungsbandbreite um. Im Vergleich zu GSM kann der Organisationskanal vielfältig konfiguriert und an die Bedürfnisse des betreibenden Verkehrsunternehmens angepasst werden.

TETRA [Terrestrial Trunked Radio]

TETRAPOL
Ein digitaler Funkstandard, der besonderen Wert auf Sicherheit legt; er ist nicht kompatibel zu TETRA.

Text to Speech Synthesis
Ein System, das aus Text gesprochene Sprache macht. Im Gegensatz zu Sprachmontage-Systemen (die abgespeicherte Bausteine hintereinander abspielen) verwenden »echte« TTS-Systeme mathematische Verfahren zur Formantsynthese, die den menschlichen Vokaltrakt nachbilden. Der geringeren Qualität steht als Vorteil gegenüber, dass beliebige Texte wiedergegeben werden können. So können z.B. Störmitteilungen, die auf einer DFI-Anzeige erscheinen, für sehbehinderte Fahrgäste vorgelesen werden. Die Ausgabe kann dabei durch einen Lautsprecher an der Haltestelle oder durch einen PDA des Fahrgasts erfolgen.

TM [TransportMittel], Klasse im UML-Modell

Transmission Control Protocol/Internet Protocol
Eine Familie von Netzwerkprotokollen, die im LAN und im Internet große Bedeutung hat. Die an einer Kommunikation beteiligten Geräte werden durch sog. IP-Adressen identifiziert.

Transmodel

Ein Referenzmodell für den ÖPV, das unter Beteiligung mehrerer europäischer Länder entwickelt wurde. Das ITVU-Modell baut auf dem Gedankengut von Transmodel auf.

Trasse

Der Verlauf eines Verkehrswegs. Bei Eisenbahnen wird der Begriff mitunter zusätzlich sehr spezifisch verwendet: Er bezeichnet dann das Benutzungsrecht für eine bestimmte Strecke innerhalb eines bestimmten Zeitraums, also z. B. das Befahren eines bestimmten Gleisabschnitts an einem konkreten Tag innerhalb eines festgelegten Uhrzeitraums.

TTS [Text to Speech Synthesis]

Türprotokoll

Messwertaufzeichnung eines Fahrzeugs am Haltepunkt (Zeitpunkterfassung bestimmter Ereignisse: Ankunftszeiten, Fahrgastzählung).

UML [Unified Modeling Language]

UMTS [Universal Mobile Telecommunications System]

Unified Modeling Language

Eine grafische Modellierungssprache zur Beschreibung von Software und anderen Systemen. Wir verwenden Teile der UML zur Beschreibung des ITVU-Modells.

Uniform Resource Identifier

Eine Zeichenfolge, die eine Ressource (weltweit eindeutig) identifiziert. Bei der Zusammenarbeit von Verkehrsunternehmen müssen Daten ausgetauscht werden. Die Identifikation der Übergabepunkte erfolgt zweckmäßigerweise durch eine URI. URIs folgen jeweils einem bestimmten Schema, wie z. B. *http* (→ URL) oder *mailto* oder *file*.

Uniform Resource Locator

Die wichtigste Unterart der URI; sie bezeichnet den Ort einer Ressource im Netz (z. B. http oder ftp).

Universal Mobile Telecommunications System

Ein Mobilfunkstandard der dritten Generation, der deutlich höhere Datenraten als GPRS oder EDGE zulässt. Mit einigen hundert kByte/sec lassen sich Datenmengen über Funk transportieren, für die bisher nur andere Verfahren (WLAN oder USB-Sticks als »Turnschuhnetz«) in Frage kamen.

Universal Serial Bus

Ein serielles Bussystem, das sehr hohe Übertragungsraten zulässt und weit verbreitet ist. USB unterstützt Hot-Plug-in, d. h., Verbindungen können hergestellt und getrennt werden, während die beteiligten Geräte eingeschaltet sind. Viele Bordrechner verfügen heute über einen USB-Anschluss.

URI [Uniform Resource Identifier]

URL [Uniform Resource Locator]

USB [Universal Serial Bus]

VDV [Verband Deutscher Verkehrsunternehmen]

VDV-KA [VDV-Kernapplikation]

VDV-Kernapplikation

Eine vom VDV herausgegebene Spezifikation für die Gestaltung von eTicketing-Systemen. Sie erstreckt sich auf bargeldloses Zahlen, die Normierung elektronischer Fahrscheine und auf die automatisierte Fahrpreisfindung. Die Kernapplikation legt kein bestimmtes Tarifsystem fest. Sie beschreibt die Kommunikation zwischen dem elektronischen Medium (Chipkarte) und dem Terminal so, dass der Fahrgast ein einziges Medium für Fahrten mit allen Verkehrsunternehmen benutzen kann.

Verband Deutscher Verkehrsunternehmen

Eine Vereinigung von mehr als 300 deutschen Verkehrsunternehmen. Der VDV arbeitet mit Industriepartnern und Forschungseinrichtungen zusammen, um Softwareschnittstellen zu standardisieren.

Verkehrsmeister

Verkehrsmeister sind Angestellte eines Verkehrsunternehmens, die den Betriebsablauf im Streckennetz überwachen (z. B. Einhaltung des Fahrplanes, Beobachtung des Verkehrsaufkommens und der Fahrzeugbesetzung, Beaufsichtigung der Schaffnertätigkeit, Entgegennahme von Beschwerden und Meldungen), die bei Verkehrs- und Betriebsstörungen sowie Unfällen eingreifen und den Betriebsablauf regeln, die das Fahrpersonal auf Einhaltung der Dienstvorschriften überwachen, belehren und beurteilen, die die Betriebsmittel und Betriebsanlagen auf Betriebssicherheit überwachen.

Verkehrsvertrag

Im Verkehrsvertrag legen der Aufgabenträger als Auftraggeber und der Verkehrsbetrieb als Auftragnehmer den Umfang der zu erbringenden Beförderungsleistung sowie das Entgelt fest. Letzteres ist in der Regel von Qualitätsvorgaben abhängig, deren Messung im Verkehrsvertrag genau geregelt wird.

VGA [Video Graphics Adapter]

Video Graphics Adapter

Ein analoger Bildübertragungsstandard zwischen Rechner und Bildschirm. Wenn in einem Fahrzeug der Bordrechner nicht mit dem Fahrerbildschirm integriert ist, dann kann ein VGA-Kabel zur Verbindung benutzt werden.

Virtueller Netzpunkt

Ein Referenzpunkt (gemeinsame Haltestelle), der die Netze mehrerer Verkehrsunternehmen miteinander verknüpft.

VNP [Virtueller Netzpunkt]

Voice over IP

Ein Standard zum Aufbau von Sprechverbindungen über eine IP-Verbindung (»Telefonieren über das Internet«). Wenn Verkehrsunternehmen ihre Leitstellen in lastarmen Zeiten zusammenlegen, kann VoIP eine Möglichkeit bieten, die Sprechfunkverbindungen umzuleiten. Sprachdurchsagen an Haltestellen lassen sich ebenfalls per VoIP realisieren. Es ist möglich, sämtliche Gespräche im Funknetz eines VU über VoIP abzuwickeln. Damit umgeht man die Beschränkungen der GSM-Telefonie mit langen Rufaufbauzeiten und fehlender Gruppenruffunktionalität. Effiziente VoIP-Implementierungen erreichen ähnlich gute Bandbreitenverbräuche wis GSM-Telefonie.

VoIP [Voice over IP]

VRR [Verkehrsverbund Rhein-Ruhr]

VU [Verkehrsunternehmen]

Wegmessung

Ein eindimensionales Ortungsverfahren, das auf der Messung des zurückgelegten Weges der Fahrzeuge durch Erfassung der Radumdrehungen beruht. Naturgemäß funktioniert das Verfahren nur, wenn das Fahrzeug nicht vom vorher festgelegten Weg abweicht.

Wenden

Das Ändern der Fahrtrichtung eines Fahrzeugs in die Gegenrichtung. Als Wendeanlagen werden betriebliche Einrichtungen bezeichnet, an denen gewendet werden kann, wie z. B. Wendeschleifen für Straßenbahnen. Ein Sonderfall des Wendens ist das *Kehren*: Wenn ein Schienenfahrzeug für Zweirichtungsbetrieb ausgelegt ist (doppelter Führerstand), dann kann der Fahrer dadurch wenden, dass er zum anderen Führerstand geht. Aus der Sicht der Dienstplanung legt man hierfür eine »Führerstandswechselzeit« fest.

WEP [Wired Equivalent Privacy]

Wi-Fi Protected Access

Ein Protokoll für WLAN-Verbindungen, das gegenüber WEP einen etwas höheren Grad an Sicherheit bietet.

Wiki

Ein einfach zu benutzendes Hypertextsystem, das kooperatives Arbeiten mehrerer Autoren erlaubt.

Wired Equivalent Privacy

Ein veraltetes Verfahren zur Sicherung von WLAN-Verbindungen. Es hält einem ernsthaften Angriff nicht stand.

Wireless LAN
Eine Erweiterung des LAN, bei der Teilnehmer über Nahbereichsfunk angeschlossen werden. Bandbreiten und Sicherheitsstandards haben sich im Laufe der Zeit deutlich gesteigert. Verkehrsunternehmen nutzen WLAN unter anderem, um größere Datenmengen auf Fahrzeuge zu übertragen (Sprachansagen, Software-Updates, Fahrplan, Multimediainhalte) oder von dort abzuholen (Ticketverkaufsnachweis, Fahrgastzähldaten, Türprotokolle).

Witterungsschutz
Bauliche Einrichtung nahe dem Haltepunkt zum Aufenthalt von wartenden Fahrgästen.

WLAN [Wireless LAN]

WPA [Wi-Fi Protected Access]

XML [Extensible Markup Language]

XSL [Extensible Stylesheet Language]

XSL Transformation
Die Umformung eines XML-Dokuments in ein anderes XML-Dokument oder eine sonstige Darstellung, wobei die Regeln des Transformationsprozesses wiederum in XML dargestellt sind und spezielle Ausdrücke (z. B. Path-Notationen) verwenden, um den Prozess möglichst abstrakt zu beschreiben. XSL ist eine Technik, die beim Verbinden von IT-Anwendungen unterschiedlicher Hersteller in der Zentrale von Verkehrsunternehmen immer häufiger zum Einsatz kommt.

XSLT [XSL Transformation]

Zentraler Omnibusbahnhof
Vergleichbar mit einem Bahnhof für Schienenfahrzeuge. Häufig finden sich DFI-Anzeigen an den Spuren oder Haltebuchten, die auf den jeweiligen Ort bezogen sind, ähnlich wie Gleisanzeiger bei der Bahn.

ZOB [Zentraler Omnibusbahnhof]

Zugangsrecht
Der Berechtigungsnachweis für die Inanspruchnahme einer ÖPNV-Dienstleistung. Im Falle einer Kontrolle müssen – vor allem bei »unsichtbaren« elektronischen Tickets Fahrgast und Kontrolleur erkennen können, dass ein Zugangsrecht vorliegt. Fehlt es, so erheben Verkehrsbetriebe ein »erhöhtes Beförderungsentgelt«.

D Literatur

Über die in den Fußnoten genannten Hinweise hinaus führen wir einige exemplarische Quellen auf, die der Vertiefung einzelner Themen dienen können.

ÖPV allgemein

Brauer, Karl:
Informationswesen der Verkehrsbetriebe. Duncker + Humblot, Berlin 1986

Lehner, Friedrich:
Der maximale Wirkungsgrad des Personaleinsatzes. Alba Verlag, Düsseldorf 1978

Rüger, Siegfried:
Transporttechnologie städtischer öffentlicher Personenverkehr. Transpress, Berlin 1986

Verband Deutscher Verkehrsunternehmen (Hrsg.):
Handbuch der Verkehrsunternehmen im VDV. Schmidt-Verlag, Berlin (erscheint jährlich)

Fahrzeuge

Marx, Manfred:
Optimierung des Fahrerarbeitsplatzes im Niederflur-Linienbus. Forschungsgesellschaft Kraftfahrwesen, Aachen 1997

Pütz, Ralph:
Modell zur ökologischen und ökonomischen Analyse und strategischen Optimierung von Linienbusflotten. Alba-Verlag, Düsseldorf, 2010

Zimmermann, Werner/Schmidgall, Ralf:
Bussysteme in der Fahrzeugtechnik: Protokolle und Standards. Vieweg + Teubner, Wiesbaden 2008

Verkehrsangebot, Bedarfsanalyse

Winter, Olaf:
Analyse und Evaluation von Nahverkehrsplänen und die Aufstellung von Kriterien zur Bewertung von Standards im ÖPNV. University Press, Kassel 2005

Fahrplanung

Albrecht, Thomas:
Ein Beitrag zur Nutzbarmachung genetischer Algorithmen für die optimale Steuerung und Planung eines flexiblen Stadtschnellbahnbetriebes. Diss. TU Dresden 2005

Caimi, Gabrio C.:
Algorithmic decision support for train scheduling in a large and highly utilised railway network. Diss. ETH Zürich 2009

Ferchland, Christian:
Interaktive Fahrplanerstellung für den intermodalen ÖPV mit Methoden der Netzplantechnik. Diss. Universität der Bundeswehr München 1998

Gröger, Thomas Andreas:
Simulation der Fahrplanerstellung auf der Basis eines hierarchischen Trassenmanagements und Nachweis der Stabilität der Betriebsabwicklung. Diss. RWTH Aachen 2002

Anschlussplanung

Liebchen, Christian:
Periodic Timetable Optimization in Public Transport. Diss. TU Berlin, dissertation.de – Verlag im Internet GmbH, 2006

Fahrplanauskunft

Dobeschinsky, Harry:
Automatisierte verkehrsträgerübergreifende Informationssysteme: ein Beitrag zur Verbesserung der Fahrgastinformation im öffentlichen Verkehr. Diss. Uni Stuttgart 1991

Fiehn, Dietmar:
Verteilte Berechnung einer Fahrplanauskunft durch kooperierende Routing-dienstleister. Diss. Stuttgart 2002

Franzen, Jörg:
ÖPNV-Fahrgastinformation im Internet. Books on Demand GmbH, Norderstedt 2000

Umlaufplanung

Kliewer, Natalia:
Optimierung des Fahrzeugeinsatzes im öffentlichen Personennahverkehr. Diss. Uni Paderborn 2005

Löbel, Andreas:
Optimal Vehicle Scheduling in Public Transit. Diss. TU Berlin, Shaker Verlag Aachen 1997

Dienstplanung

Borndörfer, Ralf/Löbel, Andreas/Strubbe, Uwe/Volker, Manfred:
Zielorientierte Dienstplanoptimierung. Seiten 171–194 in: Forschungsgesellschaft für Strassen- und Verkehrswesen: Heureka '99: Optimierung in Verkehr und Transport. Köln, 1999

Grüneberg, Ulrich:
Betriebsplanung zwischen Erfahrungswissen und EDV: menschengerechte Gestaltung der Fahr- und Dienstplanung im ÖPNV. Montania-Druck- und Verlagsgesellschaft, Dortmund 1993, 3. Auflage

Schroll, Alexandra:
Bedarfs- und mitarbeitergerechte Dienstplanung mit Fuzzy-Control. Diss. Uni Magdeburg 2006

Stumm, Philipp:
Dienstplanoptimierung: vom mathematischen Modell zum optimalen Dienstplan. VDM Verlag Dr. Müller, Saarbrücken 2007

Integrierte Planung

Borndörfer, Ralf/Löbel, Andreas/Weider, Steffen:
Integrierte Umlauf- und Dienstplanung im Öffentlichen Verkehr. Seiten 77–98 in: Forschungsgesellschaft für Strassen- und Verkehrswesen: Heureka '02: Optimierung in Verkehr und Transport. Köln, 2002

Borndörfer, Ralf/Löbel, Andreas/Weider, Steffen:
A Bundle Method for Integrated Multi-Depot Vehicle and Duty Scheduling in Public Transit. Pages 3–24 in: Hickman. Mark et al. (Hrsg.): Computer-aided Systems in Public Transport. Springer-Verlag, 2008

Weider, Steffen:
Integration of vehicle and duty scheduling in public transport. Diss. TU Berlin 2007

Disposition

Gauderer, Patric Claude:
Individualisierte Dienstplangestaltung: ein partizipativer Ansatz zur Flexibilisierung der Arbeitszeit des Fahrpersonals im öffentlichen Personennahverkehr (ÖPNV). Diss. Uni Karlsruhe 2001

Wegele, Stefan:
Echtzeitoptimierung für die Disposition im Schienenverkehr. VDI-Verlag, Düsseldorf 2005

Steuerung

Becker, Gerhard (Hrsg.):
Einsatz neuer Informations- und Leitsysteme in Verkehr, Prozessführung, Fertigung; 3. Internationaler Workshop Leitwarten. Köln, Mai 1994

Boltze, Manfred:
Analyse und Bewertung neuer Forschungserkenntnisse zur Lichtsignalsteuerung [Forschungsbericht], Wirtschaftsverlag NW, Verlag für Neue Wissenschaft, Bremerhaven 2007

Ebner, André:
Selbstorganisierende Datenfunknetze für Anwendungen im Straßenverkehr. Cuvillier-Verlag, Göttingen 2005

Dynamische Fahrgastinformation

Forschungsgesellschaft für Straßen- und Verkehrswesen/Arbeitsausschuss Planung und Betrieb des Öffentlichen Verkehrs:
Hinweise zur Fahrgastinformation im öffentlichen Verkehr. FGSV Köln, 2009

IGGH (Interessengemeinschaft Gehörlose und Hörbehinderte im Kanton Bern):
Hörbehinderte und gehörlose Fahrgäste im öffentlichen Verkehr: Anforderungen an die Fahrgastinformation für Fahrzeuge des öffentlichen Verkehrs, IGGH Bern 1998

Wittowsky, Dirk:
Dynamische Informationsdienste im ÖPNV: Nutzerakzeptanz und Modellierung. Diss. Uni Karlsruhe 2008

Tarife, Ticketing

Kopelsky, Sebastian:
Preisbildung im Öffentlichen Personennahverkehr (ÖPNV). GRIN Verlag GmbH, München 2010

Richard, Ludwig:
Einnahmenaufteilung im öffentlichen Personennah- und Regionalverkehr. Sierke, Göttingen 2007

Stobbe, Wolfgang [Hrsg. Rudolf Juchelka]:
Preispolitik und Nachfragestrukturen im großstädtischen ÖPNV. Diss. Uni Kiel 2009

Wohlers, Günter/Breitner, Michael (Hrsg.):
RFID-Anwendungen: Einführung, Fallbeispiele und Szenarien in der Praxis. Shaker, Aachen 2008

Qualitätsmanagement, Abrechnung

Dauber, Franz-Josef:
Einflussgrößen auf die Bedienungsqualität von Buslinienverkehren unter besonderer Beachtung von Fahrplan- und Folgezeitabweichungen. Diss. TH Aachen 1986

Höfinger, Petra:
Qualitätsmonitoring im ÖPNV zur Angebotsverbesserung: Eine Methode zur kontinuierlichen Steigerung der Kundenzufriedenheit für Verkehrsunternehmen. VDM-Verlag Dr. Müller, Saarbrücken 2009

Höhn, Günter-Jürgen:
Zum Problem der betriebswirtschaftlich richtigen Linienerfolgsrechnung. Schmidt-Verlag, Bielefeld 1972

Ott, Matthias:
Controlling-Instrumente in Unternehmen des Öffentlichen Personennahverkehrs unter besonderer Berücksichtigung des Linienerfolgscontrollings. Diplomica-Verlag, Hamburg 2008

Verkehrspolitik, Verkehrsunternehmen, Verbünde

Fandrey, Alexander:
Direktvergabe von Verkehrsleistungen: Beauftragung ohne vorherige Durchführung eines Vergabeverfahrens im Bereich straßengebundener Beförderung nach den Vorgaben der Verordnung (EG) Nr. 1370/2007. Banana-Wissensverlag, Langenfeld 2010

Knieps, Manfred:
Verkehrsverbünde: durch Kooperation und Integration zu mehr Attraktivität und Effizienz im ÖPNV; VDV-Buchreihe Bd. 16, DVV-Media Group, Hamburg 2009

Maass, Roland:
Der Wettbewerb im örtlichen Personenbeförderungswesen: Möglichkeiten und Notwendigkeiten im Bereich straßengebundener Beförderung. Duncker und Humblot, Berlin 1998

Weimar, Markus:
Outsourcing im ÖPNV: Gemeinsam mehr bewegen. Books on Demand, Norderstedt 2010

Softwaremodellierung

Seemann, Jochen/von Gudenberg, Wolff:
Software-Entwurf mit UML 2. Springer, Berlin 2006

Stichwortverzeichnis

V

W

Z

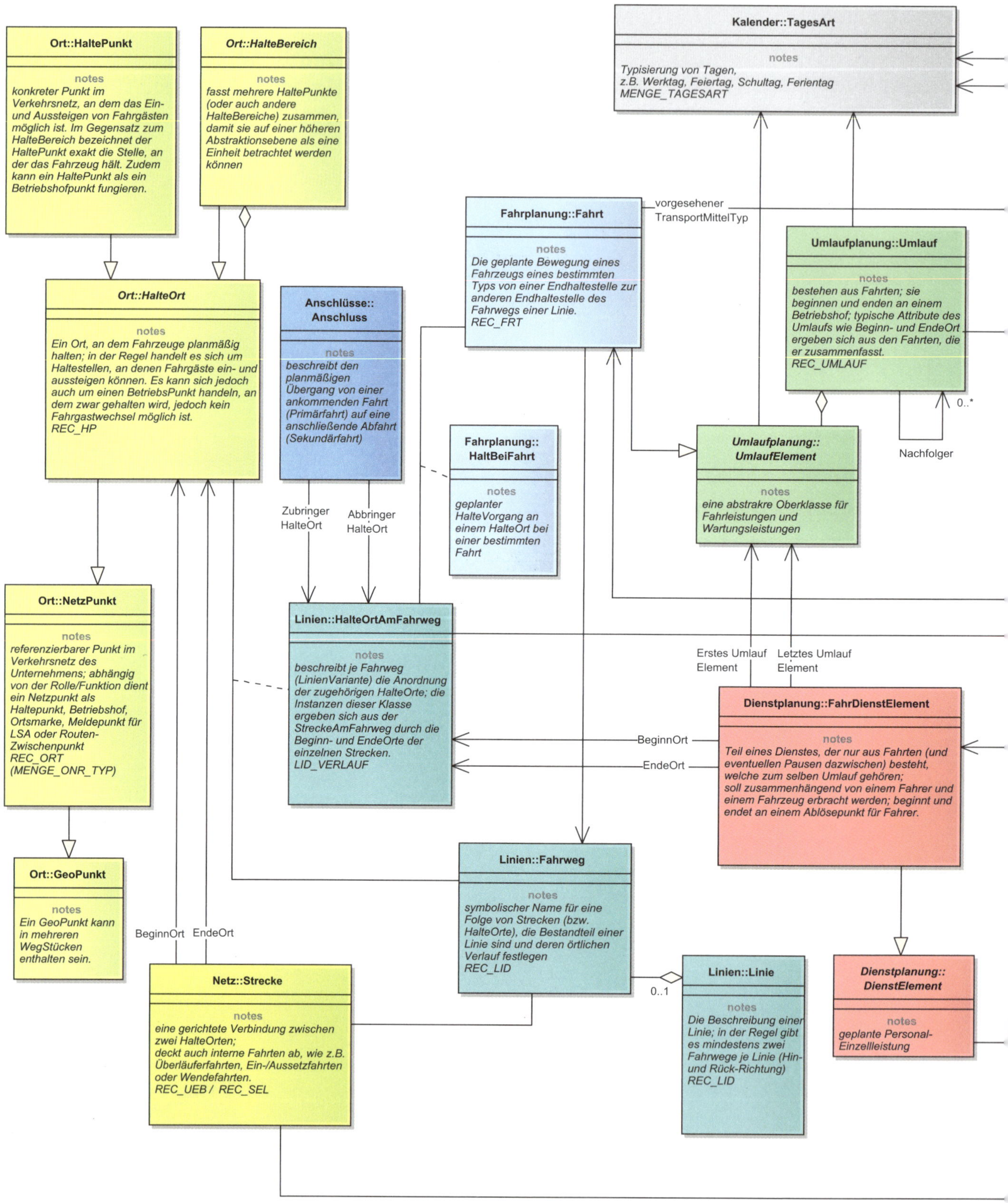

Kalender::TagesArt
notes
Typisierung von Tagen,
z.B. Werktag, Feiertag, Schultag, Ferientag
MENGE_TAGESART
Ort::HaltePunkt
notes
konkreter Punkt im Verkehrsnetz, an dem das Ein- und Aussteigen von Fahrgästen möglich ist. Im Gegensatz zum HalteBereich bezeichnet der HaltePunkt exakt die Stelle, an der das Fahrzeug hält. Zudem kann ein HaltePunkt als ein Betriebshofpunkt fungieren.
Ort::HalteBereich
notes
fasst mehrere HaltePunkte (oder auch andere HalteBereiche) zusammen, damit sie auf einer höheren Abstraktionsebene als eine Einheit betrachtet werden können
Fahrplanung::Fahrt
notes
Die geplante Bewegung eines Fahrzeugs eines bestimmten Typs von einer Endhaltestelle zur anderen Endhaltestelle des Fahrwegs einer Linie.
REC_FRT
vorgesehener TransportMittelTyp
Umlaufplanung::Umlauf
notes
bestehen aus Fahrten; sie beginnen und enden an einem Betriebshof; typische Attribute des Umlaufs wie Beginn- und EndeOrt ergeben sich aus den Fahrten, die er zusammenfasst.
REC_UMLAUF
0..*
Nachfolger
Ort::HalteOrt
notes
Ein Ort, an dem Fahrzeuge planmäßig halten; in der Regel handelt es sich um Haltestellen, an denen Fahrgäste ein- und aussteigen können. Es kann sich jedoch auch um einen BetriebsPunkt handeln, an dem zwar gehalten wird, jedoch kein Fahrgastwechsel möglich ist.
REC_HP
Anschlüsse::Anschluss
notes
beschreibt den planmäßigen Übergang von einer ankommenden Fahrt (Primärfahrt) auf eine anschließende Abfahrt (Sekundärfahrt)
Fahrplanung::HaltBeiFahrt
notes
geplanter HalteVorgang an einem HalteOrt bei einem bestimmten Fahrt
Umlaufplanung::UmlaufElement
notes
eine abstrakre Oberklasse für Fahrleistungen und Wartungsleistungen
Zubringer HalteOrt
Abbringer HalteOrt
Ort::NetzPunkt
notes
referenzierbarer Punkt im Verkehrsnetz des Unternehmens; abhängig von der Rolle/Funktion dient ein Netzpunkt als Haltepunkt, Betriebshof, Ortsmarke, Meldepunkt für LSA oder Routen-Zwischenpunkt
REC_ORT
(MENGE_ONR_TYP)
Linien::HalteOrtAmFahrweg
notes
beschreibt je Fahrweg (LinienVariante) die Anordnung der zugehörigen HalteOrte; die Instanzen dieser Klasse ergeben sich aus der StreckeAmFahrweg durch die Beginn- und EndeOrte der einzelnen Strecken.
LID_VERLAUF
Erstes Umlauf Element
Letztes Umlauf Element
Dienstplanung::FahrDienstElement
notes
Teil eines Dienstes, der nur aus Fahrten (und eventuellen Pausen dazwischen) besteht, welche zum selben Umlauf gehören; soll zusammenhängend von einem Fahrer und einem Fahrzeug erbracht werden; beginnt und endet an einem Ablösepunkt für Fahrer.
BeginnOrt
EndeOrt
Ort::GeoPunkt
notes
Ein GeoPunkt kann in mehreren WegStücken enthalten sein.
Linien::Fahrweg
notes
symbolischer Name für eine Folge von Strecken (bzw. HalteOrte), die Bestandteil einer Linie sind und deren örtlichen Verlauf festlegen
REC_LID
BeginnOrt
EndeOrt
Netz::Strecke
notes
eine gerichtete Verbindung zwischen zwei HalteOrten;
deckt auch interne Fahrten ab, wie z.B. Überläuferfahrten, Ein-/Aussetzfahrten oder Wendefahrten.
REC_UEB / REC_SEL
0..1
Linien::Linie
notes
Die Beschreibung einer Linie; in der Regel gibt es mindestens zwei Fahrwege je Linie (Hin- und Rück-Richtung)
REC_LID
Dienstplanung::DienstElement
notes
geplante Personal-Einzellleistung